Grundlagen der Übertragung elektrischer Energie

Von

Dr.-Ing. Paul Denzel

o. Professor
an der Rhein.-Westf. Technischen Hochschule Aachen
Direktor des Instituts für Elektrische Anlagen und Energiewirtschaft

Mit 349 Abbildungen

Springer-Verlag
Berlin / Heidelberg / New York
1966

Printed in Germany
Library of Congress Catalog Card Number: 66-17834

Titel-Nr. 1303

Vorwort

Die Energieform *elektrische Energie* gewinnt immer mehr an Bedeutung. Aufgrund langjähriger Erfahrung rechnet man mit einer Verdopplung des Bedarfs an elektrischer Energie in zehn Jahren. Rohenergie wird heute in Kraftwerken mit Leistungen bis zu einigen 1000 MW in elektrische Energie umgewandelt, die einer Vielzahl von Verbrauchern mit zum Teil sehr kleinen Leistungen möglichst unterbrechungslos zugeführt werden muß. So sind aus den ursprünglichen Einzelleitungen und eng begrenzten Ortsnetzen ganze Länder überspannende Übertragungsleitungen und mehrfach überlagerte Verteilernetze entstanden. Die Übertragung elektrischer Energie hat sich zu einem Hauptgebiet der Starkstromtechnik entwickelt.

Voraussetzung für eine fruchtbare Tätigkeit auf diesem Gebiet ist die Beherrschung der Grundlagen der Übertragung elektrischer Energie. Da ein zusammenfassendes Lehrbuch hierüber seit Jahren fehlt, ist das vorliegende Buch aufgrund meiner langjährigen Tätigkeit in verschiedenen Energie-Versorgungsunternehmen und meiner Vorlesungen über elektrische Anlagen an der Rhein.-Westf. Technischen Hochschule Aachen entstanden. Es handelt sich um ein ausgesprochenes Lehrbuch, dessen Stoff jedem Elektroingenieur und insbesondere den Studenten der Starkstromtechnik bekannt sein müßte. Es enthält den Stoff meiner Vorlesungen, die ich auf dem Gebiet der Energieübertragung für Studierende des sechsten bis achten Semesters halte. Aus den zu diesen Vorlesungen gehörenden Übungen sind fast jedem Kapitel einige Aufgaben mit ausgeführtem Rechengang zur Anwendung der Theorie auf praktische Beispiele angefügt.

In der Bezeichnung und Schreibweise der Größen habe ich mich nach Möglichkeit an die Empfehlungen des Ausschusses für Einheiten und Formelgrößen (AEF) gehalten. Zur Darstellung komplexer Größen habe ich unterstrichene Buchstaben gewählt. Anstelle der vielfach üblichen Schreibweise $\mathrm{r} \cdot \mathrm{e}^{j\varphi}$ für komplexe Zahlen in Polarkoordinaten habe ich mich für die in der amerikanischen Literatur gebräuchliche, einfachere Schreibweise $\mathrm{r} \cdot \underline{/\varphi}$ entschieden. Die symmetrischen Komponenten sind von mir, abweichend von den Empfehlungen des AEF, mit den hochgestellten Indizes m (Mit-), g (Gegen-) und 0 (Nullsystem) gekennzeichnet worden.

Am Aufbau und an der Niederschrift meiner Vorlesungen haben meine Assistenten, insbesondere mein Oberingenieur Dipl.-Ing. F. Hammer und meine Assistenten Dipl.-Ing. R. GRÖBER und Dipl.-Ing. H. SPICKMANN, mitgearbeitet. Anregung zu einer klareren Fassung einzelner Probleme hat auch mancher Studierende gegeben. Herrn GRÖBER und Herrn SPICKMANN habe ich die redaktionelle Bearbeitung des Manuskriptes und das Lesen der Korrekturen übertragen. Allen genannten Herren bin ich zu besonderem Dank verpflichtet.

Dem Springer-Verlag danke ich für die gute Ausstattung des Buches, die sorgfältige Ausführung der vielen Zeichnungen und auch dafür, daß er auf meine verschiedenen Wünsche eingegangen ist und insbesondere der von mir vorgeschlagenen Verwendung der *Dreher* zur Darstellung komplexer Größen in Polarkoordinaten zugestimmt hat. Ich wünsche dem Buch eine gute Aufnahme.

Aachen, im Januar 1966

P. Denzel

Inhaltsverzeichnis

Seite

Verzeichnis der verwendeten Formelzeichen IX

1 Einführung 1

1.1 Die Bedeutung der elektrischen Energie 1
1.2 Prinzipieller Aufbau der Energieanlagen 6

2 Das Rechnen mit Wechselströmen 8

2.1 Wechselgrößen 8
2.2 Zerlegung einer Wechselgröße in Harmonische 9
2.3 Elektrische Grundlagen 13
2.3.1 Die Maxwellschen Gleichungen 13
2.3.2 Die Kirchhoffschen Regeln 15
2.3.3 Die idealisierten Zweipole 16
2.3.3.1 Der ideale ohmsche Widerstand 17
2.3.3.2 Die ideale Spule 18
2.3.3.3 Der ideale Kondensator 18
2.3.3.4 Die ideale Spannungs- und Stromquelle 19
2.4 Der unverzweigte Stromkreis 20
2.5 Die symbolische Rechnung 24
2.6 Reihen- und Parallelschaltung von Impedanzen 28
2.7 Elektrische Netzwerke 30
2.7.1 Das Verfahren der Maschenanalyse 30
2.7.2 Das Verfahren der Knotenanalyse 33
2.7.3 Der Überlagerungssatz 36
2.7.4 Der Satz von der Ersatzspannungsquelle 37
2.7.5 Umwandlung eines Impedanzdreiecks in einen Impedanzstern und umgekehrt 41
2.8 Elektrische Leistung 44
2.9 Übungsaufgaben zu Kapitel 2 50

3 Mehrphasensysteme 54

3.1 Das allgemeine Mehrphasensystem 55
3.1.1 Die Leistung des allgemeinen Mehrphasensystems 58
3.2 Symmetrische Mehrphasensysteme 61
3.3 Spezielle Mehrphasensysteme 64
3.3.1 Das symmetrische Zweiphasensystem 64
3.3.2 Das unsymmetrische Zweiphasensystem 65
3.3.3 Das symmetrische Dreiphasensystem 67
3.3.3.1 Das symmetrisch belastete Dreiphasensystem 73
3.3.3.2 Die Leistungsmessung im symmetrischen Dreiphasensystem 74
3.3.3.2.1 Wirkleistungsmessung 74
3.3.3.2.2 Blindleistungsmessung 78

Seite

3.4 Oberschwingungen im symmetrischen Drehstromsystem 79
3.5 Übungsaufgabe zu Kapitel 3 83

4 Die Drehstromleitung 87

4.01 Die Leitungsgleichungen 87
4.02 Deutung des Ergebnisses 93
4.03 Die natürliche Leistung 97
4.04 Die verlustlose Leitung 99
4.05 Die Ersatzschaltung der Drehstromleitung 105
4.06 Das Betriebsdiagramm der Leitung 107
4.07 Die Ersatzschaltung von Leitungen unter 500 km Länge 111
4.08 Die experimentelle Ermittlung der Impedanzen der Ersatzschaltung und der Leitungskonstanten 113
4.08.1 Der Kurzschlußversuch 114
4.08.2 Der Leerlaufversuch 115
4.09 Die Berechnung des Spannungsabfalles einer Leitung 116
4.10 Der Spannungsabfall bei Leitungen mit Zwischenentnahmen 119
4.10.1 Die Berechnung des Spannungsabfalles bei Fernübertragungsleitungen mit Zwischenentnahmen. 119
4.10.2 Die Berechnung des Spannungsabfalles bei Nieder- und Mittelspannungsleitungen mit Zwischenentnahmen 121
4.10.2.1 Der Spannungsabfall bei verteilter Belastung 126
4.10.2.2 Der Verlauf des Spannungsbetrages längs Nieder- und Mittelspannungsleitungen. 127
4.11 Das Verwerfen der Lasten und die zweiseitig gespeiste Leitung . . . 129
4.12 Die Bestimmung der Stromverteilung in vermaschten Netzen . . . 134
4.13 Übungsaufgaben zu Kapitel 4. 142

5 Der Transformator 147

5.1 Bezeichnung und Schaltung der Transformatoren. 147
5.2 Die Ersatzschaltung des Drehstromtransformators 151
5.3 Kurzschluß- und Leerlaufversuch 154
5.3.1 Der Kurzschlußversuch 155
5.3.2 Der Leerlaufversuch. 156
5.4 Der Spannungsabfall im Transformator 158
5.5 Parallelbetrieb von Transformatoren 159
5.6 Der wirtschaftliche Einsatz parallel geschalteter Transformatoren. . . 164
5.7 Der Transformator im Netzverband. 165
5.8 Übungsaufgabe zu Kapitel 5 167

6 Die Leitungskonstanten 169

6.1 Der ohmsche Widerstand 169
6.2 Die Ableitung g_B 174
6.3 Induktivitäten von Leitungen 175
6.3.01 Das magnetische Feld eines stromdurchflossenen, langen, kreiszylindrischen Leiters 176
6.3.02 Das magnetische Feld einer Leiterschleife, ihre Induktivität und der mit ihr verkettete Fluß 178
6.3.03 Der Einfluß weiterer stromführender Leiter auf eine Leiterschleife 182

Seite

6.3.04 Induktivitäten von Mehrleitersystemen 185
6.3.05 Induktivitäten und Ersatzschaltung des Dreileitersystems . . 188
6.3.06 Die Ersatzschaltung des Vierleitersystems 191
6.3.07 Induktivitäten und Ersatzschaltungen von Doppelleitungen . . 192
6.3.08 Induktivitäten und Ersatzschaltungen verdrillter Leitungen . . 194
6.3.09 Die Berücksichtigung der Magnetisierbarkeit von Stahlseilen. . 198
6.3.10 Die Erde als stromführender Leiter 198
6.3.11 Induktivitäten und Flußkoeffizienten von Bündelleitern. . . . 202
6.3.12 Die Verallgemeinerung der Flußkoeffizienten auf Leiter beliebigen Querschnitts 207
6.3.13 Die näherungsweise Berechnung der Induktivitäten von Sammelschienen 209

6.4 Kapazitäten von Leitungen 212
6.4.01 Das elektrische Feld eines langgestreckten Leiters mit kreisförmigem Querschnitt 212
6.4.02 Die Kapazität eines Koaxialkabels 214
6.4.03 Die Kapazität einer Leiterschleife 215
6.4.04 Der Einfluß der Erde auf das elektrische Feld 217
6.4.05 Teilkapazitäten von *n* Leitern über Erde 220
6.4.06 Die Berechnung der Schleifenkapazität und der Erdkapazität einer Leiterschleife 222
6.4.07 Betriebs- und Erdkapazität der symmetrisch gebauten Drehstromleitung ohne Erdseil 228
6.4.08 Betriebs- und Erdkapazität der symmetrischen Drehstromleitung mit Erdseil 229
6.4.09 Betriebs- und Erdkapazität verdrillter Leitungen 231
6.4.10 Kapazitäten von Doppelleitungen 235
6.4.11 Kapazitäten von Leitungen aus Bündelleitern 237
6.4.12 Die kapazitive Beeinflussung von Leitungen 239
6.4.13 Die Berechnung der Randfeldstärke 244

6.5 Übungsaufgaben zu Kapitel 6 247

7 Der Erdschluß im isoliert betriebenen und im gelöschten Netz 256
7.1 Die Betriebsweisen von Netzen 256
7.2 Der Erdschluß im isoliert betriebenen Drehstromnetz geringer Ausdehnung 259
7.3 Der Erdschluß im gelöscht betriebenen Netz geringer Ausdehnung . . 266
7.4 Der Doppelerdschluß im isolierten und im gelöschten Netz 271
7.5 Übungsaufgabe zu Kapitel 7 272

8 Der Kurzschluß im Drehstromnetz 275
8.1 Dreipoliger Kurzschluß hinter dem Transformator 276
8.2 Dreipoliger Kurzschluß der Synchronmaschine 279
8.3 Dreipoliger Kurzschluß im Netz 282
8.4 Die Kurzschlußberechnung mit 10 kV als Bezugsspannung 290
8.5 Die thermische Kurzschlußbeanspruchung 292
8.6 Übungsaufgabe zu den Kapiteln 8 und 10 295

9 Das Verfahren der symmetrischen Komponenten zur Behandlung unsymmetrischer Fehler 298
9.1 Herleitung der Komponenten-Ersatzschaltungen eines zyklisch symmetrischen Netzes 299

Seite

9.2 Die Verknüpfung der Komponenten-Ersatzschaltungen eines Drehstromnetzes zur Darstellung unsymmetrischer Fehler 304
9.2.1 Der zweipolige Kurzschluß 306
9.2.2 Der zweipolige Erdkurzschluß 307
9.2.3 Der einpolige Erdschluß bzw. Erdkurzschluß 308
9.3 Die Komponenten-Ersatzschaltungen der einzelnen Anlagenteile . . . 309
9.4 Die Berücksichtigung von Fehlerwiderständen 319
9.5 Leiterunterbrechungen und Doppelfehler 322
9.5.1 Leiterunterbrechungen 323
9.5.2 Doppelfehler 327
9.6 Übungsaufgabe zu Kapitel 9 329

10 Die mechanischen Kräfte im elektrischen und magnetischen Feld . . . 332

10.1 Berechnung der Kraft auf die Leiter einer Schleife aufgrund ihres elektrischen Feldes 333
10.2 Berechnung der Kraft auf die Leiter einer Schleife aufgrund ihres magnetischen Feldes 334
10.2.1 Leiter mit rundem Querschnitt 334
10.2.2 Leiter mit rechteckigem Querschnitt 336
10.3 Bestimmung der Kräfte aus der Feldenergie 338

11 Die Stabilität der Energieübertragung mit Drehstrom 341

11.1 Die statische Stabilität von Energieübertragungssystemen 341
11.1.1 Einspeisung einer Synchronmaschine in ein Netz starrer Spannung 342
11.1.1.1 Ermittlung der von einer Synchonmaschine erzeugten Leistung 342
11.1.1.2 Das Stabilitätskriterium einer Synchronmaschine . . 347
11.1.1.3 Die Grenzleistung eines Übertragungssystems 350
11.1.2 Die statische Stabilität bei zwei Synchronmaschinen 355
11.1.3 Mittel zur Erhöhung der übertragbaren Leistung 363
11.1.3.1 Verbesserung der Stabilität durch Einbau von Kondensatoren in das Übertragungsnetz 363
11.1.3.2 Verbesserung der Stabilität durch zusätzliche Entnahme von Blindleistung 365
11.2 Dynamische Stabilität 367
11.2.1 Die Schwingungsgleichung der Synchronmaschine 370
11.2.2 Der Flächensatz 372
11.2.3 Numerische Integration der Schwingungsgleichung 377

Literaturverzeichnis 382

Sachverzeichnis 384

Verzeichnis der verwendeten Formelzeichen

1. Beispiele für die verschiedenen Schreibweisen

f	Augenblickswert einer periodischen Zeitfunktion $f(t)$
$\overline{f}$	lineares Mittel einer periodischen Zeitfunktion $f(t)$
w_+, w_-	betragsmäßig größter positiver bzw. negativer Wert einer Wechselgröße $w(t)$
$\overline{\lvert w \rvert}$	Gleichrichtwert einer Wechselgröße $w(t)$
$\underline{w}$	komplexe Zeitfunktion
$\underline{w}^*$	konjugiert komplexe Zeitfunktion
W	Effektivwert einer Wechselgröße $w(t)$
$\hat{a}$	Scheitelwert einer harmonischen Funktion
U_-	Gleichspannung
$\underline{U}, \underline{I}, \underline{Z}$	Zeiger (Effektivwerte)
$\vec{E}, \vec{H}$	Vektoren (der elektrischen und magnetischen Feldstärke)
$\mathrm{Re}\,\underline{U}$	Realteil von $\underline{U}$
$\mathrm{Im}\,\underline{U}$	Imaginärteil von $\underline{U}$
$\mathrm{Arc}\,\underline{U}$	Winkel zwischen der reellen Achse und dem Zeiger $\underline{U}$
r, l, g, c	auf die Längeneinheit bezogene Größen
u_k, x_d	auf Nennwerte bezogene (dimensionslose) Größen

2. Indizes

0	Nullkomponente	der symmetrischen Komponenten (hochgestellte Indizes)
m	Mitkomponente	
g	Gegenkomponente	
$''$	subtransienter Bereich	beim Kurzschlußstrom der Synchronmasch. (hochgestellte Indizes)
$'$	transienter Bereich	
d	magnetische Längsachse	der Synchronmaschine
q	magnetische Querachse	
l	Längsrichtung	beim Spannungsabfall
q	Querrichtung	
A	Anfang	
E	Ende	
$0, l$	Leerlauf	
k	Kurzschluß	
w	Wirkanteil	
b	Blindanteil	
v	vorlaufend	
r	rücklaufend	
e	elektrisch	
m	magnetisch	
L	Leiter, Leitung	
M	Mp-Leiter	
B	Betrieb	

D	Drossel
DE	Doppelerdschluß
E	Erde, Erdschluß
$\overline{E}$	Erdseil
m	Mittelwert
N	Nenn-
S	Schleife
Sp	Speise-
Sq	Spannungs- bw. Stromquelle
St	Sternpunkt
Z	Zusatz

3. Lateinische Buchstaben

a	Dämpfungsmaß
a	Anfangswert des Gleichstromgliedes
a_{ii}, a_{ik}	Flußkoeffizienten bzw. Potentialkoeffizienten
a_n	Schlaglänge bei Leiterseilen
$\underline{a}$	$= \underline{/120^\circ} = e^{j\,120^\circ}$
A	Arbeit
A	Abstand
A	Dämpfungskonstante des Läufers der Synchronmaschine
b	Phasenmaß
B	magnetische Induktion
B	$= \mathrm{Im}\,\underline{Y}$ Blindleitwert, Suszeptanz
c	Lichtgeschwindigkeit
c	spezifische Wärme
c	Federkonstante
C	Kapazität
d	Länge eines Leitungsabschnittes
dF	Flächenelement
ds	Wegelement
D	elektrische Verschiebung
D	Durchmesser
D	Determinante
D_{ik}	Abstand eines Leiters i von einem Leiter k
e_m	Höchstwert der Einschwingspannung
E	elektrische Feldstärke
E	Elastizitätsmodul
E	Polradspannung
E'	transiente treibende Spannung
E''	subtransiente treibende Spannung
f	$= 1/T$ Frequenz
f	Durchhang einer Leitung
f_e	Einschwingfrequenz
F	Fläche, Querschnitt
g	Grundschwingungsgehalt
g	Erdbeschleunigung
g_B	Ableitung pro Längeneinheit bei Drehstromleitungen
g_{pq}	mittlerer geometrischer Abstand eines Leiters p von einem Leiter q.
$\underline{g}$	Fortpflanzungsmaß
G	Stromdichte

G	$= \mathrm{Re}\,\underline{Y}$ ohmscher Leitwert, Konduktanz
G	Gewicht
h	Höhe eines Leiters über Erde
H	magnetische Feldstärke
I	Strom
I_a	Ausschaltwechselstrom
I_k	Dauerkurzschlußstrom
I'_k	Übergangs-Kurzschlußwechselstrom
I''_k	Anfangs-Kurzschlußwechselstrom
I_s	Stoßkurzschlußstrom
I_{th}	Einsekundenstrom
I	Trägheitsmoment
k, n, l, i	natürliche Zahlen
k	Oberschwingungsgehalt
k	Kennzahl von Transformatoren
k	Korrekturfaktor zur Berechnung der Kraft
K	Kraft
K_{ik}	Teilkapazität zwischen zwei Leitern i und k
l	Länge eines Leitungsabschnittes
L	Induktivität
m	Anzahl der Phasen
m	Masse
m, n	Faktoren zur Berechnung des thermisch wirksamen Kurzschlußstromes
M	Gegeninduktivität
$\underline{M}_S$	$= M_P + jM_Q$ Summe von Scheinleistungsmomenten
M	mechanisches Moment
n	Anzahl der Leiter eines Mehrleitersystems
p	Polpaarzahl
p	Anzahl der Zweige eines Netzwerkes
P	Wirkleistung
q	Anzahl der Knoten eines Netzwerkes
Q	Ladung
Q	Blindleistung
Q	Wärmemenge
r	Radius
$\underline{r}$	Reflexionsfaktor
R	$= \mathrm{Re}\,\underline{Z}$ ohmscher Widerstand
s	Leitungslänge
S	Stromdichte
$\underline{S}$	$= P + jQ$ Scheinleistung
S	Anfangssteilheit
S_a	Netzausschaltleistung
S''_k	Anfangs-Kurzschlußwechselstromleistung
S_{th}	Nenn-Kurzzeit-Stromdichte
t	Zeit
t_a	Schaltverzug
T	Periodendauer
T_a	Anlaufzeitkonstante
T_g	Zeitkonstante des Gleichstromgliedes
T_m	Benutzungsdauer der Höchstlast
T'	transiente Zeitkonstante
T''	subtransiente Zeitkonstante

$\ddot{u}$	Übersetzung
U	Spannung
v	Geschwindigkeit
V	Potential
V	Verluste
w	Windungszahl
w	Anzahl der Spannungsquellen
W_m	magnetische Energie
X	$= \mathrm{Im}\,\underline{Z}$ Reaktanz
X_d	synchrone Längsreaktanz
X'_d	transiente Längsreaktanz
X''_d	subtransiente Längsreaktanz
$\underline{Y}$	Scheinleitwert, Admittanz
z	Koordinate
$\underline{Z}$	Impedanz, Scheinwiderstand
$\underline{Z}_W$	Wellenwiderstand

4. Griechische Buchstaben

α	Winkel
α	Dämpfungskonstante
β	Phasenkonstante
γ	Fortpflanzungskonstante
γ	Überschwingfaktor
δ	Ersatzradius der Erdrückleitung
ε	$\varepsilon_0\,\varepsilon_r$ Dielektrizitätskonstante
ζ	Koordinate
η	Wirkungsgrad
ϑ	Phasenwinkel
ϑ	Polradwinkel
ϑ	Temperatur
ϑ_0	Materialkonstante
θ	elektrische Durchflutung
θ	Trägheitsmoment
$\varkappa$	elektrische Leitfähigkeit
$\varkappa$	Faktor zur Berechnung des Stoßkurzschlußstromes
λ	Wellenlänge
λ_n	Schlaglängenverhältnis
μ	$= \mu_0\,\mu_r$ Permeabilität
μ	Faktor zur Berechnung des Ausschaltwechselstromes
ϱ	Radius
ϱ	Dichte
σ	Aufschwingfaktor
τ	Zeitpunkt
φ	Phasenwinkel
Φ	magnetischer Fluß
ω, ω_0	Kreisfrequenz

1 Einführung

1.1 Die Bedeutung der elektrischen Energie

In der heutigen Zeit ist Energie in ihren verschiedenen Formen für die Wirtschaft eines Volkes und für das tägliche Leben des einzelnen von großer Bedeutung. Es wird von Jahr zu Jahr mehr Energie verlangt. Ursache dafür ist einmal die steigende Bevölkerungszahl der Erde und zum anderen das Streben nach einem höheren Lebensstandard.

Den Verbraucher interessiert vor allem die Nutzenergie in Form mechanischer Energie, Wärme und Licht. Die Nutzenergie wird in der Regel nicht direkt aus den Rohenergien Kohle, Wasserkraft, Kernenergie usw. gewonnen, sondern über die Umwandlung in veredelte Energie oder Sekundärenergie. Unter dieser Energieform nimmt die elektrische Energie, die vorwiegend in standortgebundenen Geräten verwendet wird, eine immer größere Rolle ein. Dafür gibt es zwei Gründe:

1. Die elektrische Energie läßt sich über verhältnismäßig billige Leitungen bequem und mit gutem Wirkungsgrad zu beliebigen Orten leiten.

2. Die elektrische Energie kann man leicht in die Nutzenergien Licht, mechanische Arbeit und Wärme umwandeln. Der Wirkungsgrad bei dieser Umwandlung ist zum Teil weit besser als bei anderen Energieformen.

In Bild 1.01 ist die Erzeugung elektrischer Energie in verschiedenen Ländern dargestellt. Die Zunahme des gesamten Energieverbrauchs liegt in verschiedenen Ländern in der Größenordnung 2,5 bis 3%, die Zunahme des Verbrauchs an elektrischer Energie bei 7 bis 10% des jeweiligen Vorjahresbedarfs. Nimmt der Bedarf jährlich um 7% zu, so verdoppelt er sich in zehn Jahren. Um diesen Bedarf befriedigen zu können, müssen in den nächsten zehn Jahren neue Kraftwerke mit einer Gesamtleistung gebaut werden, die gleich der heute vorhandenen Kraftwerksleistung ist. Außerdem müssen die Übertragungsnetze entsprechend erweitert werden.

Eine Voraussetzung für die Verdopplung des Bedarfes an elektrischer Energie in zehn Jahren ist unter anderem, daß in diesem Zeitraum noch einmal so viel Elektrogeräte, Elektromotoren usw. hergestellt werden, wie heute bereits vorhanden sind.

In Bild 1.02 ist noch einmal die Kurve für die Bundesrepublik aus Bild 1.01 dargestellt. Die Gesamterzeugung elektrischer Energie setzt sich aus dem Anteil der öffentlichen Kraftwerke und dem der Industriekraftwerke zusammen. Die Energie, die in den industriellen Anlagen erzeugt wird, wird auch zum größten Teil wieder in der Industrie verbraucht.

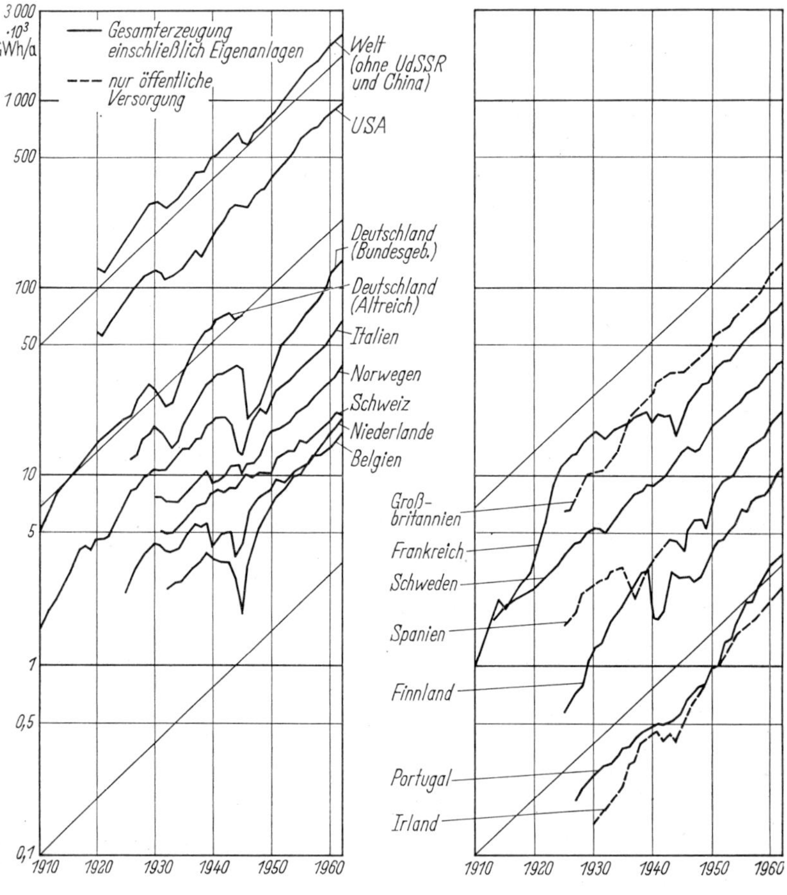

Bild 1.01 Die Erzeugung elektrischer Energie in verschiedenen Ländern von 1910 bis 1962 (nach UNIPEDE, L'Economie Electrique und Statistical Yearbook).

In Bild 1.03 ist die Kurve „öffentliche Kraftwerke" aus Bild 1.02 nochmals aufgetragen (zweitoberste Kurve) und dargestellt, in welchem Maße die klassischen Rohenergien Wasserkraft und Kohle an der erzeugten elektrischen Energie beteiligt sind. Man erkennt, daß die Wasserkräfte in der Bundesrepublik im wesentlichen ausgebaut sind und die von ihnen gelieferte Energie einen immer kleineren Prozentsatz der gesamten Energieerzeugung für die öffentliche Versorgung ausmacht, während die Kohle immer stärker zur Gewinnung elektrischer Energie herangezogen wird. Man rechnet, daß ab 1970 auch die Kernenergie in größerem Umfange zur Erzeugung elektrischer Energie verwandt wird.

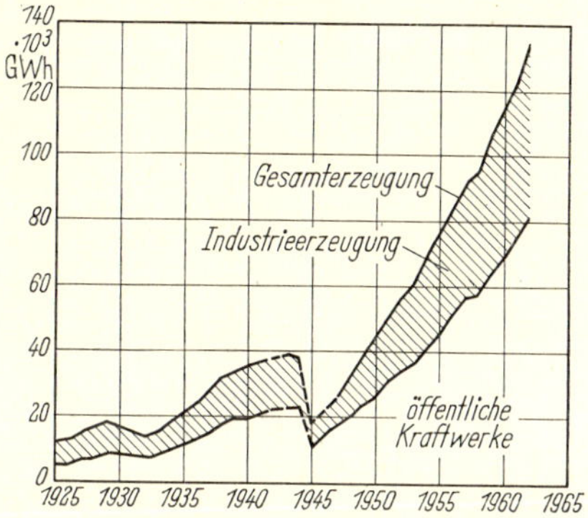

Bild 1.02 Erzeugung elektrischer Energie im Gebiet der Bundesrepublik (aus „Ringbuch der Energiewirtschaft").

Bild 1.04 zeigt, welchen Anteil an Energie die verschiedenen Verbraucher, die an das öffentliche Netz angeschlossen sind, diesem Netz entnehmen. Den größten Verbraucher stellt die Industrie dar; sie verbraucht mehr als die Hälfte der insgesamt dem öffentlichen Netz entnommenen Energie. Rechnet man die elektrische Energie hinzu, die von

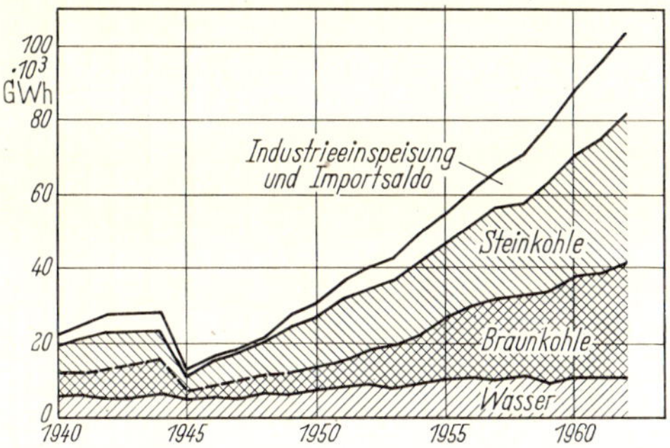

Bild 1.03 Aufteilung der Energieerzeugung für die öffentliche Versorgung nach Energiequellen.

der Industrie selbst erzeugt und verbraucht wird, so ergibt sich, daß von der gesamten elektrischen Energie, die in der Bundesrepublik erzeugt wird, rund $^2/_3$ der Industrie zufließen.

Der Verbrauch an elektrischer Energie wird vielfach als Maß für die Industrialisierung und für den Lebensstandard eines Volkes genommen. Richtzahl ist der jährliche Nettoverbrauch an elektrischer Energie pro Person. In der Bundesrepublik betrug im Jahre 1962 die Netto-Gesamterzeugung an elektrischer Energie, d. h. die Gesamterzeugung ohne Eigenbedarf der Kraftwerke und Verluste, etwa 126 TWh. Mit einer Bevölkerung von 57 Mio im Jahre 1962 erhält man für den Netto-Verbrauch an elektrischer Energie pro Person und Jahr rund 2210 kWh. In Bild 1.05 ist diese Ziffer für verschiedene Länder angegeben.

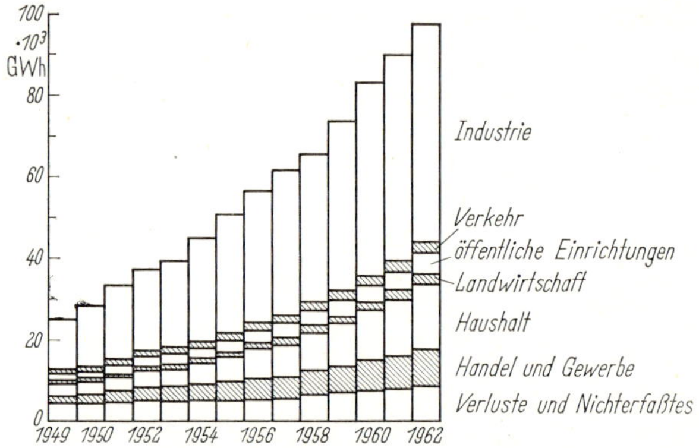

Bild 1.04 Aufteilung der elektrischen Energie aus dem öffentlichen Netz unter den Verbrauchern.

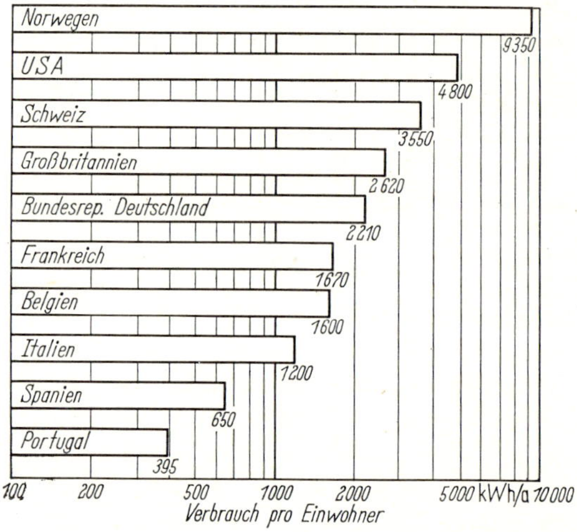

Bild 1.05 Der Nettoverbrauch an elektrischer Energie pro Person im Jahre 1962 für verschiedene Länder (nach Résultats techniques provisoires 1962 ÉdF).

Die Leistung, mit der die elektrische Arbeit in Anspruch genommen wird, wechselt von Stunde zu Stunde, ja von Minute zu Minute. Neben ihren vielen Vorzügen hat die elektrische Energie den einen bedeutenden Nachteil, daß sie im Großen wirtschaftlich nicht speicherbar ist. Deshalb muß die in den Kraftwerken erzeugte Leistung in jedem Augenblick gleich der von allen Abnehmern verlangten Leistung einschließlich den Leistungsverlusten der Übertragung sein. Die Kraftwerksleistung muß also gleich der nur einmal im Jahr für wenige Minuten auftretenden Höchstbelastung sein, die von den Abnehmern insgesamt verlangt wird, plus der Verlustleistung im Übertragungssystem.

Bild 1.06 zeigt die Belastung des öffentlichen Netzes am 19. Dezember 1962. Die höchste abgegebene Leistung betrug 18730 MW, die zur gleichen Zeit verfügbare Kraftwerksleistung 21500 MW. Es war also eine Leistungsreserve von 12,9% vorhanden.

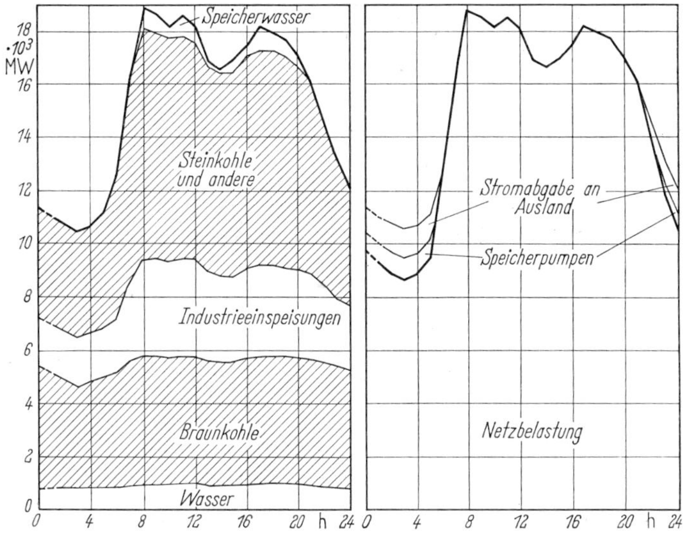

Bild 1.06 Tagesbelastungskurven vom 19. Dezember 1962.

Wegen der stark schwankenden Belastung müssen im Laufe des Tages Kraftwerke zu- oder abgeschaltet werden. Man unterscheidet im wesentlichen zwischen Grundlast-Kraftwerken und Spitzenkraftwerken. Grundlast-Kraftwerke geben eine konstante Leistung ab. Sie müssen daher mit hohem Wirkungsgrad, den man durch hohe Anlagekosten erreicht, und mit niedrigen Kosten für die Rohenergien arbeiten. Flußwasser- und Braunkohlen-Kraftwerke benutzt man daher als Grundlast-Kraftwerke. Spitzenkraftwerke müssen vor allen Dingen schnell anfahrbar und leicht regelbar sein. Diese Forderung erfüllen Speicher- und Pumpspeicherkraftwerke am besten. Letztere entnehmen zur Zeit der Schwachlast dem Netz Energie, pumpen damit große Wassermengen in einen hochgelegenen Speichersee und geben zur Zeit der Spitzenlast die Energie wieder an das Netz ab. Die starken Schwankungen in der Belastungskurve werden dadurch etwas gemildert. Da die Benutzungsdauer der Spitzenkraftwerke geringer ist, ist man bestrebt, ihre Anlagekosten niedrig zu halten. Bei Steinkohlen-Kraftwerken nimmt man dann einen geringeren Wirkungsgrad in Kauf. Die Brennstoffkosten spielen nicht die gleiche Rolle wie bei Grundlastkraftwerken.

Aus der abgegebenen elektrischen Jahresarbeit und der aufgetretenen Jahreshöchstlast ergibt sich eine für die Wirtschaftlichkeit der Elektrizitätsversorgung wichtige Zahl:

$$\text{Benutzungsdauer der Höchstlast } T_m = \frac{A}{P_{\max}}.$$

Für das öffentliche Netz der Bundesrepublik ergibt sich für das Jahr 1962 $T_m = 5158$ h.

1.2 Prinzipieller Aufbau der Energieanlagen

Unter einer Energieanlage versteht man alle nötigen Einrichtungen zur Ausnutzung der Rohenergie. Prinzipiell sieht eine solche Anlage folgendermaßen aus:

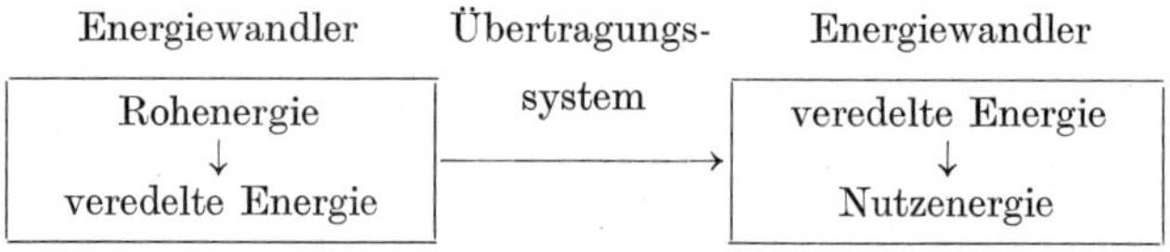

Bild 1.07 Grundsätzlicher Aufbau einer Energieanlage.

Im Falle einer elektrischen Anlage besteht die Rohenergie z. B. in kinetischer Energie, die veredelte Energie in elektrischer Energie und die Nutzenergie in Licht, mechanischer Arbeit und Wärme.

Der erste Energiewandler kann ganz allgemein als Generator bezeichnet werden, ob es sich nun um ein galvanisches Element, eine Maschine oder ein ganzes Kraftwerk handelt. Der zweite Energiewandler ist der Verbraucher, wieder im weitesten Sinne. Das Übertragungssystem besteht im wesentlichen aus Leitungen und Transformatoren.

Zur Übertragung elektrischer Energie benutzt man hauptsächlich folgende Systeme:

1. Wechselstrom- oder Drehstromanlage mit einer Spannungsstufe (Bild 1.08a). Generator, Übertragungssystem und Verbraucher haben die gleiche Frequenz — in Europa im allgemeinen 50 Hz, im Bahnbetrieb auch $16\frac{2}{3}$ Hz — und bei Vernachlässigung der Spannungsabfälle die gleiche Spannung. Mit diesem System können wirtschaftlich nur verhältnismäßig geringe Leistungen übertragen werden, da die Spannung mit Rücksicht auf die Gefährdung des Verbrauchers in den meisten Fällen nicht höher als etwa 250 V gewählt werden kann. Deshalb arbeitet man zur Übertragung größerer Leistungen mit mehreren Spannungsstufen.

2. *Wechselstrom- oder Drehstromanlagen mit mehreren Spannungsstufen* (Bild 1.08b). Das System arbeitet wieder mit einer Frequenz. Die Spannung der Generatoren wird mit Rücksicht auf die Frage der Isolation der Maschine meist nicht höher gewählt als etwa 20 kV. Zur Übertragung der Energie wird in einer oder mehreren Stufen die Spannung durch Transformatoren heraufgesetzt — in der Bundesrepublik bis 400 kV — und in den Verbrauchszentren in mehreren Stufen ent-

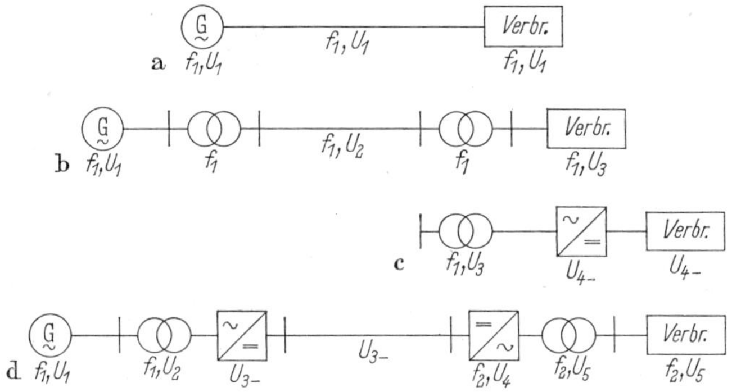

Bild 1.08a–d Verschiedene Systeme zur Übertragung elektrischer Energie.

sprechend den Spannungen der verschiedenen Verteilernetze durch Transformatoren auf den für den Verbraucher erforderlichen Wert von 380/220 V herabgesetzt. Indem man also Transformatoren verwendet, kann man die große Übertragungsfähigkeit der hohen Spannung zur Überwindung weiter Entfernungen ausnutzen und doch dem Verbraucher eine ungefährliche Spannung zuführen.

Die Versorgung einzelner Verbraucher mit Gleichstrom kann in der gleichen Weise, also ebenfalls mit Wechselstrom, vorgenommen werden. Dem Verbraucher wird dann noch ein Umformer vorgeschaltet (Bild 1.08c).

3. *Übertragung mit Gleichspannung* (Bild 1.08d). In einigen Fällen wird heute die Übertragung mit hochgespannter Gleichspannung dem System 2 vorgezogen. Die hochgespannte Wechselspannung wird gleichgerichtet und so die Energie auf der Leitung mit Gleichspannung übertragen. Am Verbrauchsort wird dann durch Wechselrichter wieder eine

Wechselspannung erzeugt, die wie in System 2 über Transformatoren auf den vom Verbraucher gewünschten Wert herabgesetzt wird. Die Frequenzen f_1 und f_2 müssen nicht gleich sein.

In den folgenden Abschnitten werden nur Energieanlagen nach Bild 1.08a und b behandelt.

2 Das Rechnen mit Wechselströmen

2.1 Wechselgrößen

In der Technik der elektrischen Energieübertragung sind Ströme, Spannungen, Leistungen, Feldstärken usw., wenn man von Ausgleichsvorgängen bei Schalthandlungen und beim Auftreten von Fehlern absieht, periodische Funktionen der Zeit. Aus diesem Grund ist es erforderlich, sich eingehend mit solchen Funktionen zu befassen.

Eine Funktion $f(t)$ ist periodisch, wenn sie für die Argumente $t \pm nT$ $(n = 1, 2, 3, \ldots)$ den gleichen Funktionswert ergibt wie für das Argument t.

$$f(t \pm nT) = f(t). \tag{2.001}$$

T ist eine Konstante und wird als Periode oder Periodendauer bezeichnet.

Bild 2.01 zeigt eine beliebige periodische Zeitfunktion. Man kann sie sich aus zwei Anteilen zusammengesetzt denken: Aus einer Konstante $\bar{f}$,

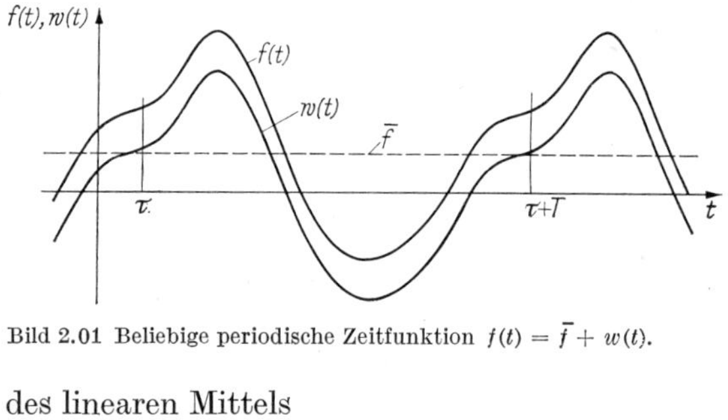

Bild 2.01 Beliebige periodische Zeitfunktion $f(t) = \bar{f} + w(t)$.

die den Wert des linearen Mittels

$$\bar{f} = \frac{1}{T} \int_{\tau}^{\tau+T} f(t)\, dt \tag{2.002}$$

hat, und einer Funktion $w(t)$, deren lineares Mittel Null ist.

$$f(t) = \bar{f} + w(t). \tag{2.003}$$

Die Funktion $w(t)$ wird als Wechselgröße oder *reine* Wechselgröße bezeichnet.

Charakteristische Werte einer Wechselgröße sind der größte positive Wert w_+, der betragsmäßig größte negative Wert w_-, der Gleichrichtwert oder Betragsmittelwert

$$\overline{|w|} = \frac{1}{T} \int_{\tau}^{\tau+T} |w(t)| \, dt \tag{2.004}$$

und das quadratische Mittel oder der Effektivwert

$$W = \sqrt{\frac{1}{T} \int_{\tau}^{\tau+T} w^2(t) \, dt} . \tag{2.005}$$

Die Kenntnis dieser vier Werte ist für den Elektrotechniker von größtem Interesse. Die Maximalwerte von Spannung bzw. Feldstärke sind z. B. entscheidend für die Beanspruchung der Isolation in elektrischen Geräten. Der Effektivwert eines Stromes ist z. B. entscheidend für die von ihm erzeugte Wärme. Der Gleichrichtwert ist wichtig in der Gleichrichtertechnik, in der Technik der elektrischen Meßgeräte und in der Magnetverstärkertechnik.

2.2 Zerlegung einer Wechselgröße in Harmonische

Unter harmonischen Funktionen werden die Sinus- und die Cosinusfunktion verstanden. Beide sind gleichwertig und lassen sich durch Verschieben um den Winkel $+\frac{\pi}{2}$ bzw. $-\frac{\pi}{2}$ in die jeweils andere umwandeln.

$$\begin{aligned} \sin \alpha &= \cos (\alpha - \pi/2) \\ \cos \alpha &= \sin (\alpha + \pi/2) . \end{aligned} \tag{2.006}$$

Die Summe harmonischer Funktionen gleicher Periode läßt sich auf eine der beiden allein zurückführen.

$$\begin{aligned} \hat{a} \sin \alpha + \hat{b} \cos \alpha &= \sqrt{\hat{a}^2 + \hat{b}^2} \sin \left(\alpha + \operatorname{arc\,tan} \frac{\hat{b}}{\hat{a}}\right) \\ &= \sqrt{\hat{a}^2 + \hat{b}^2} \cos \left(\alpha - \operatorname{arc\,tan} \frac{\hat{a}}{\hat{b}}\right) . \end{aligned} \tag{2.007}$$

Es genügt daher, nur eine der beiden zu betrachten. Es sei hierfür die Cosinusfunktion gewählt.

Wegen

$$\cos \alpha = -\cos (\alpha + \pi) \tag{2.009}$$

sind die positiven und negativen Halbschwingungen symmetrisch. Positiver und negativer Maximalwert sind daher gleich groß. Der Betrag dieses Wertes wird als Amplitude bezeichnet.

In Bild 2.02 ist der Verlauf einer Cosinusschwingung

$$h(t) = \hat{h} \cos \left(2\pi \frac{t}{T} + \varphi\right) = \hat{h} \cos (\omega t + \varphi) \tag{2.010}$$

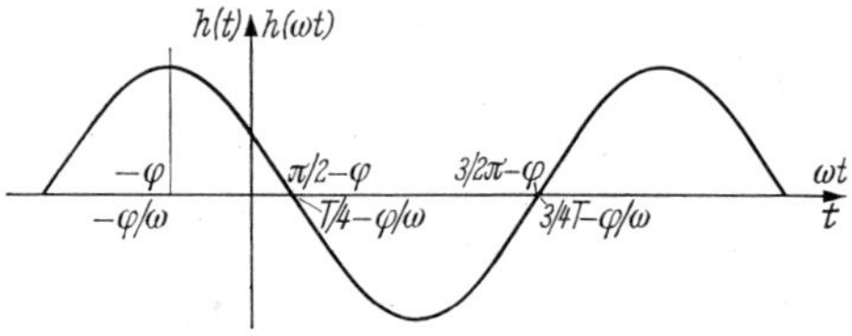

Bild 2.02 Cosinusschwingung.

mit der Periode T, der Amplitude $\hat{h}$ und einer Verschiebung der Zeitzählung um $\frac{\varphi}{2\pi} T$ nach rechts angegeben. Der Kehrwert der Periode ist die Frequenz $f = \frac{1}{T}$, oder mit 2π multipliziert, die Kreisfrequenz $2\pi f = \omega$ der Schwingung.

Gleichrichtwert und Effektivwert ergeben sich zu

$$\overline{|h|} = \frac{1}{T} \int_{\tau}^{\tau+T} \hat{h} |\cos (\omega t + \varphi)| \, dt = \frac{2}{\pi} \hat{h}, \tag{2.011}$$

$$H = \sqrt{\frac{1}{T} \int_{\tau}^{\tau+T} \hat{h}^2 \cos^2 (\omega t + \varphi) \, dt} = \frac{1}{\sqrt{2}} \hat{h}, \tag{2.012}$$

wobei τ beliebig gewählt werden kann. Einfach für die Rechnung ist $\tau = -\frac{\varphi}{2\pi} T$.

Periodische Funktionen beliebigen Verlaufes und im besonderen Wechselgrößen können nach Fourier durch eine Reihe von Sinus- oder Cosinusfunktionen mit Frequenzen, die ganze Vielfache des Kehrwertes der Periode der Funktion sind, dargestellt werden.

$$w(t) = \sum_{k=1}^{n} \hat{h}_k \cos (k\omega t + \varphi_k); \quad k = 1, 2, 3 \ldots n. \tag{2.013}$$

Die einzelnen Teilschwingungen werden als Harmonische bezeichnet. Die Teilschwingung mit dem Index 1, die die Periode der durch die Reihe dargestellten Funktion besitzt, ist die erste Harmonische oder die Grundschwingung. Die Teilschwingung mit dem Index k und der Periode $\frac{T}{k}$ ist die k-te Harmonische oder die k-te Oberschwingung. Die Amplituden $\hat{h}_k$ und die die zeitliche Verschiebung angebenden Phasenwinkel φ_k der Teilschwingungen lassen sich aus dem Verlauf der Funktion errechnen.

Eine andere als die in Gl. (2.013) angegebene Darstellung der Funktion $f(t)$ als FOURIER-Reihe erhält man durch Anwendung der Beziehung

$$\cos\alpha = \frac{1}{2}\left(\underline{/\alpha} + \underline{/-\alpha}\right) = \frac{1}{2}\,(e^{j\alpha} + e^{-j\alpha}). \tag{2.014}$$

Es wird

$$\begin{aligned} w(t) &= \frac{1}{2}\sum_{k=1}^{k=n} \hat{h}_k \left(\underline{/k\omega t + \varphi_k} + \underline{/-(k\omega t + \varphi_k)}\right) \\ &= \frac{1}{2}\left\{\sum_{k=1}^{k=n} \hat{h}_k\, \underline{/k\omega t + \varphi_k} + \sum_{k=1}^{k=n} \hat{h}_k\, \underline{/-(k\omega t + \varphi_k)}\right\} \\ &= \frac{1}{2}\,(\underline{w} + \underline{w}^*). \end{aligned} \tag{2.015}$$

Die dabei aus einer Teilschwingung hervorgehende komplexe Größe $\hat{h}_k\, \underline{/k\omega t + \varphi_k}$ wird als Drehzeiger bezeichnet, da sie, in der komplexen Zahlenebene dargestellt, einen mit der Winkelgeschwindigkeit $k\omega$ umlaufenden Pfeil (Zeiger) ergibt. Eine weitere Möglichkeit der Darstellung von $f(t)$ ist

$$w(t) = Re\{\underline{w}\} = Re\sum_{k=1}^{n} \hat{h}_k\, \underline{/k\omega t + \varphi_k}. \tag{2.016}$$

$w(t)$ wird hierbei durch Realteilbildung aus der Summe der komplexen Drehzeiger gewonnen.

Beide Darstellungen sind in vielen Fällen leichter zu handhaben als die normale FOURIER-Reihe aus Cosinusschwingungen, wie sie in Gl. (2.013) angegeben ist.

In einem späteren Abschnitt wird die komplexe Darstellung einer sinusförmigen Wechselgröße und ihre rechnerische Behandlung in dieser Form eingehend besprochen werden. Es zeigt sich, daß der Effektivwert einer Wechselgröße beliebigen Verlaufes in sehr einfachem Zusammenhang mit den Effektivwerten ihrer Harmonischen steht. Es ist

$$W^2 = \frac{1}{T}\int_{\tau}^{\tau+T} w^2(t)\,dt. \tag{2.005}$$

Mit Gl. (2.015) wird

$$W^2 = \frac{1}{T}\int_{\tau}^{\tau+T} \frac{1}{4}\,(\underline{w} + \underline{w}^*)^2\,dt$$

$$= \frac{1}{4\,T}\int_{\tau}^{\tau+T} (\underline{w}^2 + 2\,\underline{w}\,\underline{w}^* + \underline{w}^{*2})\,dt. \tag{2.017}$$

Alle drei Summanden in der Klammer stellen Produkte zweier Reihen dar, die durch folgende Doppelsummen ausgedrückt werden können:

$$\underline{w}^2 = \sum_{k=1}^{k=n}\sum_{l=1}^{l=n} \hat{h}_k\,\hat{h}_l\,\underline{/\varphi_k + \varphi_l}\;\underline{/\omega t(k+l)} \tag{2.017a}$$

$$\underline{w}^{*2} = (\underline{w}^2)^* = \sum_{k=1}^{k=n}\sum_{l=1}^{l=n} \hat{h}_k\,\hat{h}_l\,\underline{/-\varphi_k - \varphi_l}\;\underline{/-\omega t\,(k+l)} \tag{2.017b}$$

$$2\,\underline{w}\,\underline{w}^* = 2\sum_{k=1}^{k=n}\sum_{l=1}^{l=n} \hat{h}_k\,\hat{h}_l\,\underline{/\varphi_k - \varphi_l}\;\underline{/\omega t(k-l)}\,. \tag{2.017c}$$

Die Integration von $\underline{w}^2$ und $\underline{w}^{*2}$ über eine Periode liefert für beliebige k und l Null, wie man leicht nachprüfen kann. Dasselbe gilt für die Integration von $2\underline{w}\,\underline{w}^*$, solange $k \neq l$ ist. Für $k = l$ ergibt sich jedoch

$$\sum_{k=1}^{k=n} \hat{h}_k^2 \int_{\tau}^{\tau+T} dt = T\sum_{k=1}^{k=n} \hat{h}_k^2\,, \tag{2.018}$$

und somit wird

$$W^2 = \sum_{k=1}^{k=n} \frac{1}{2}\,\hat{h}_k^2 = \sum_{k=1}^{n}\left(\frac{\hat{h}_k}{\sqrt{2}}\right)^2 = \sum_{k=1}^{n} H_k^2\,. \tag{2.019}$$

Der Gleichrichtwert läßt sich auf ähnlich einfache Weise nicht für eine Wechselgröße beliebigen Verlaufes berechnen.

Der Anteil der Oberschwingungen, d. h. der Anteil der Harmonischen mit $k > 1$ in der Wechselgröße $w(t)$, wird durch den Oberschwingungsgehalt

$$k = \frac{\sqrt{\sum_{k=2}^{n} H_k^2}}{W}\,, \tag{2.020}$$

der Anteil der Grundschwingung, d. h. der Anteil der ersten Harmonischen, durch den Grundschwingungsgehalt

$$g = \frac{H_1}{W} \tag{2.021}$$

angegeben. Zwischen beiden besteht der Zusammenhang

$$g^2 + k^2 = 1\,. \tag{2.022}$$

In der Starkstromtechnik strebt man aus verschiedenen Gründen eine möglichst reine Sinusform von Strömen und Spannungen an. Eine Wechselgröße gilt nach VDE 0530 als hinreichend sinusförmig, wenn sie für keinen Zeitpunkt mehr als 5% des Scheitelwertes ihrer Grundschwingung vom zugehörigen Augenblickswert der Grundschwingung abweicht, d. h.

$$\left|\frac{w(t) - \hat{h}_1 \cos(\omega t + \varphi)}{\hat{h}_1}\right| \leq 5\%\,. \tag{2.023}$$

2.3 Elektrische Grundlagen

2.3.1 Die Maxwellschen Gleichungen

Die wichtigste Grundlage der Elektrotechnik ist die von James Clerk Maxwell (1831—1879) aufgestellte Theorie des elektromagnetischen Feldes. Sie ermöglicht es, die meisten in der Elektrotechnik vorkommenden Erscheinungen zu erklären und zu berechnen. Trotz der umfassenden Gültigkeit baut die Maxwellsche Theorie nur auf wenigen Gleichungen auf.

Die erste Hauptgleichung der Maxwellschen Theorie, das Durchflutungsgesetz, stellt den Zusammenhang zwischen Stromdichte, Verschiebungsdichte und magnetischer Feldstärke dar.

$$\oint\limits_{\vec{C}} \vec{H}\, d\vec{s} = \int\limits_{\vec{F}} \left(\vec{S} + \frac{d}{dt}\,\vec{D}\right) d\vec{F}\,. \tag{2.024}$$

Die einzelnen Größen der Gl. (2.024) sind: $\vec{H}$ Vektor des magnetischen Feldes, $\vec{D}$ Vektor der elektrischen Verschiebung, $\vec{S}$ Vektor der Stromdichte. $d\vec{F}$ ist ein Flächenelement der beliebigen Fläche $\vec{F}$, die durch die Randkurve $\vec{C}$ begrenzt wird. $d\vec{s}$ ist das Wegelement dieser Kurve.

Bei niedrigen Frequenzen kann die Verschiebungsstromdichte $\frac{d}{dt}\vec{D}$ im allgemeinen vernachlässigt werden. Das Durchflutungsgesetz lautet dann

$$\oint_{\vec{C}} \vec{H}\, d\vec{s} = \int_{\vec{F}} \vec{S}\, d\vec{F}\,. \qquad (2.024\,\mathrm{a})$$

In dieser Form erlaubt es, das magnetische Feld einfacher Anordnungen bei gegebener Stromverteilung zu berechnen. Die rechte Seite von Gl. (2.024) bzw. (2.024a) wird als Durchflutung Θ bezeichnet. Sie wird positiv gerechnet, wenn sie dem Umlaufsinn der Kurve rechtsschraubig zugeordnet ist.

Die zweite Hauptgleichung der Maxwellschen Theorie, das Induktionsgesetz, stellt den Zusammenhang zwischen magnetischem und elektrischem Feld her. Es lautet in der Integralform:

$$\oint_{\vec{C}} \vec{E}\, d\vec{s} = -\frac{d}{dt}\int_{\vec{F}} \vec{B}\, d\vec{F} \qquad (2.025)$$

$\vec{E}$ ist der Vektor der elektrischen Feldstärke, $\vec{B}$ der der magnetischen Induktion. $\vec{F}$ ist wiederum eine durch die Kurve $\vec{C}$ berandete beliebige Fläche. Der Wert des Integrals auf der rechten Seite wird als magnetischer Fluß Φ bezeichnet. Er wird positiv gerechnet, wenn er dem Umlaufsinn der Kurve $\vec{C}$ rechtsschraubig zugeordnet ist.

Zu den Hauptgleichungen kommen noch die Gln. (2.026) bis (2.031) hinzu.

Die Gln. (2.026) und (2.027) geben Auskunft über die Quellen des Feldes der Verschiebungsdichte und der magnetischen Induktion. Gl. (2.028) ist das Gesetz der Erhaltung der Ladung. In den drei Gleichungen bedeutet $\vec{F}$ eine beliebige geschlossene Hülle und Q die von ihr eingeschlossene Ladung.

$$\oint_{\vec{F}} \vec{D}\, d\vec{F} = Q \qquad (2.026)$$

$$\oint_{\vec{F}} \vec{B}\, d\vec{F} = 0 \qquad (2.027)$$

$$\oint_{\vec{F}} \left(\vec{S} + \frac{d\vec{D}}{dt}\right) d\vec{F} = \oint_{\vec{F}} \vec{S}\, d\vec{F} + \frac{dQ}{dt} = 0 \qquad (2.028)$$

oder unter Vernachlässigung des Verschiebungsstromes

$$\oint_{\vec{F}} \vec{S}\, d\vec{F} = 0\,. \qquad (2.028\,\mathrm{a})$$

Die Gln. (2.029) bis (2.031) sind die sogenannten Materialgleichungen:

$$\vec{D} = \varepsilon\, \vec{E} \qquad (2.029)$$

mit $\varepsilon = \varepsilon_0 \varepsilon_r$ als Dielektrizitätskonstante,

$$\vec{B} = \mu \vec{H} \tag{2.030}$$

mit $\mu = \mu_0 \mu_r$ als Permeabilität und

$$\vec{S} = \varkappa \vec{E} \tag{2.031}$$

mit $\varkappa$ als elektrischer Leitfähigkeit.

2.3.2 Die Kirchhoffschen Regeln

Bei der Berechnung von Stromkreisen ist es meist nicht erforderlich, die Maxwellschen Gleichungen in der angegebenen allgemeinen Form zu verwenden. Sind die zu berechnenden Stromkreise oder Netze aus konzentrierten Zweipolen zusammengesetzt, so läßt sich insbesondere das Induktionsgesetz (2.025) und das Gesetz der Erhaltung der Ladung (2.028) vereinfachen. Unter konzentrierten Zweipolen werden Widerstände, Spulen, Kondensatoren und Spannungsquellen verstanden, deren Felder räumlich nur wenig ausgedehnt sind.

Bild 2.03 zeigt einen Teil eines aus solchen Elementen aufgebauten Netzwerkes. Jedes der gezeichneten Kästchen stellt einen beliebigen konzentrierten Zweipol dar. Magnetische Felder und Ladungen sollen nur innerhalb der Kästchen vorhanden sein. Die Verbindungen der Elemente miteinander seien widerstandslos. Ein geschlossener Umlauf von Klemme zu Klemme umschließt, wie man leicht sieht, keinen magnetischen Fluß. Daher wird aus (2.025)

$$\oint_{\vec{C}} \vec{E}\, d\vec{s} = 0 \tag{2.025a}$$

oder

$$\sum_{i=1}^{i=n} u_i = 0, \tag{2.032}$$

wobei u_i die Spannungen an den Klemmen der einzelnen Elemente sind.

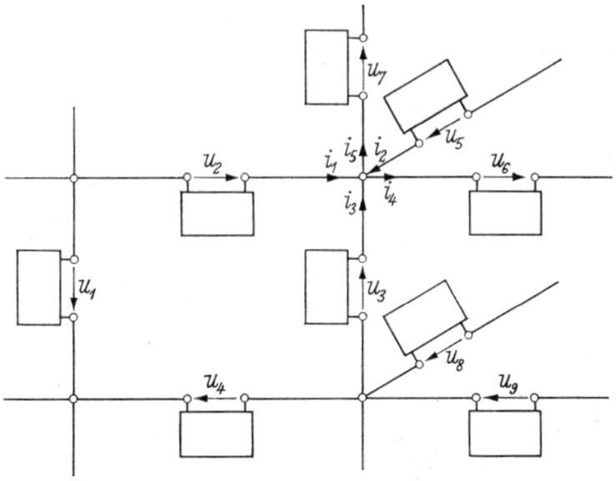

Bild 2.03 Teil eines aus konzentrierten Schaltelementen aufgebauten Netzwerkes.

Auf einem Stromverzweigungspunkt (Knoten) befindet sich wegen der gemachten Annahme keine elektrische Ladung. Wendet man

Gl. (2.028) auf eine den Knoten einschließende Hülle an, so wird

$$\oint_{\vec{F}} \vec{S}\, d\vec{F} = 0 \tag{2.028a}$$

oder

$$\sum_{i=1}^{i=n} i_i = 0, \tag{2.033}$$

wobei i_i die Ströme in den Verbindungen sind, die den betreffenden Knoten bilden.

Gl. (2.032) ist die Kirchhoffsche Maschenregel und Gl. (2.033) die Kirchhoffsche Knotenpunktregel.

2.3.3 Die idealisierten Zweipole

Um die Ströme in den Zweigen eines aus solchen konzentrierten Zweipolen bestehenden Netzwerkes mit Hilfe der Kirchhoffschen Regeln berechnen zu können, muß zusätzlich für jeden Zweipol ein Zusammenhang zwischen der Spannung an seinen Klemmen und dem Strom, von dem er durchflossen wird, gefunden werden. Um einfache Beziehungen für die einzelnen Zweipole zu bekommen, seien sie durch folgende Annahmen idealisiert:

Magnetische Felder sollen nur in Spulen auftreten, Verschiebungsströme nur in Kondensatoren, Verluste nur in ohmschen Widerständen.

Die ersten beiden Forderungen führen bei realen (räumlich konzentrierten) Spulen und Kondensatoren bei den niedrigen Frequenzen der Starkstromtechnik nur zu äußerst kleinen, vernachlässigbaren Fehlern.

Die dritte Annahme, die besagt, daß die elektrische Leitfähigkeit außerhalb ohmscher Widerstände unendlich groß sei und Dielektrika in Kondensatoren einen unendlich hohen Isolationswiderstand besitzen und keine Polarisationsverluste aufweisen, führt unabhängig von der Höhe der Frequenz zu meist nicht vernachlässigbaren Fehlern.

Reale Schaltelemente können durch passende Zusammenschaltung idealer Elemente in, wenigstens für eine bestimmte Frequenz, äquivalenten Ersatzschaltungen nachgebildet werden. So kann z. B. eine reale Spule für nicht zu hohe Frequenzen durch eine Reihenschaltung einer idealen Spule mit einem idealen ohmschen Widerstand, ein verlustbehafteter Kondensator durch die Parallelschaltung eines idealen Kondensators mit einem idealen ohmschen Widerstand ersetzt werden. Ebenso kann eine widerstandsbehaftete Spannungsquelle durch die

Reihenschaltung einer idealen Spannungsquelle mit einem ohmschen Widerstand nachgebildet werden.

2.3.3.1 Der ideale ohmsche Widerstand. In Bild 2.04a ist eine Widerstandswicklung angedeutet. Sie sei in dem betrachteten Augenblick von einem Strom i in der durch den Strompfeil angegebenen Richtung durchflossen. Die zugehörige Spannung an den Klemmen 1, 2 sei u_R mit der Richtung des Spannungspfeiles. Wendet man das Induktionsgesetz (2.025) unter den oben gemachten idealisierenden Annahmen auf den Umlauf von Klemme 2 über den Spannungspfeil nach Klemme 1 und von dort über den Widerstandsdraht zurück nach Klemme 2 an, so wird

$$-u_R + \int\limits_{\substack{1\\ \text{Draht}}}^{2} \vec{E}\, d\vec{s} = 0. \qquad (2.034)$$

Setzt man weiter voraus, daß die Stromdichte an jeder Stelle des Drahtes gleichmäßig über seinem Querschnitt verteilt ist, so erhält man mit (2.031)

$$-u_R = i \int\limits_1^2 \frac{1}{\varkappa F}\, ds \qquad (2.035)$$

oder

$$u_R = i \cdot R. \qquad (2.036)$$

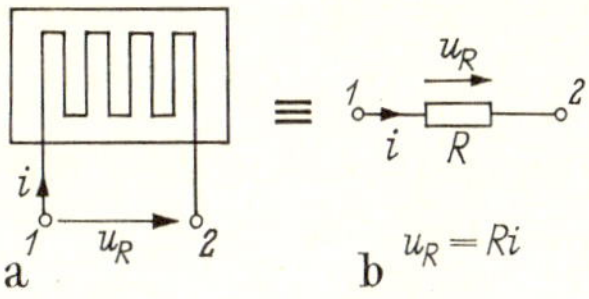

Bild 2.04a u. b Ohmscher Widerstand und zugehöriges Schaltzeichen.

Der Strom im ohmschen Widerstand ist proportional der Spannung. Der Proportionalitätsfaktor ist

$$R = \int\limits_1^2 \frac{1}{\varkappa F}\, ds \qquad (2.037)$$

oder für konstanten Querschnitt und konstante Leitfähigkeit mit l als Drahtlänge

$$R = \frac{l}{\varkappa F}. \qquad (2.038)$$

Als Symbol für den (idealen) ohmschen Widerstand dient das in Bild 2.04b angegebene längliche Rechteck.

2.3.3.2 Die ideale Spule. Die in Bild 2.05a angedeutete räumlich konzentrierte Spule sei durch die gemachten Annahmen idealisiert. Sie sei in dem betrachteten Augenblick vom Strom i in der angegebenen Richtung durchflossen. Die zugehörige Spannung an ihren Klemmen sei u_L. Aus dem Durchflutungsgesetz (2.024), auf die geschlossene Kurve $\vec{C}_1$

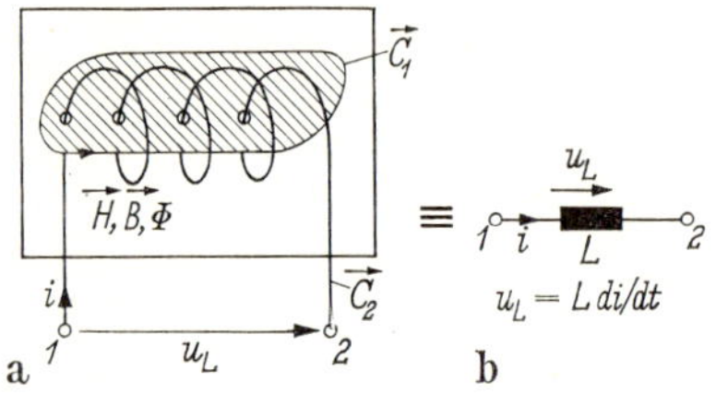

Bild 2.05a u. b Die Spule und ihr Schaltzeichen.

$$\oint_{\vec{C}} \vec{H}\, d\vec{s} = 4i = \Theta \tag{2.039}$$

angewandt, ergibt sich, daß die magnetische Feldstärke bei dem angenommenen Strom innerhalb der Windungen im wesentlichen die durch den Pfeil in Bild 2.05a angegebene Richtung hat. Diese Richtung hat auch der magnetische Fluß Φ. Er durchsetzt die Fläche, die von dem Wicklungsdraht und dem Spannungspfeil aufgespannt wird.

Wendet man das Induktionsgesetz auf den Umlauf $\vec{C}_2$ an, der von Klemme 2 über den Spannungspfeil nach Klemme 1 und über den Spulendraht zurück nach Klemme 2 führt, so wird

$$\oint_{\vec{C}_2} \vec{E}\, d\vec{s} = -\frac{d\Phi}{dt} \tag{2.040}$$

oder

$$-u_L = -\frac{d\Phi}{dt}. \tag{2.041}$$

Ist Φ proportional i, also

$$\Phi = Li \tag{2.042}$$

mit konstantem L als Induktivität, so erhält man schließlich

$$u_L = L\frac{di}{dt}. \tag{2.043}$$

Als Symbol für die (ideale) Spule dient das in Bild 2.05b angegebene ausgefüllte Rechteck.

2.3.3.3 Der ideale Kondensator. Der in Bild 2.06a angedeutete Kondensator sei idealisiert. Strom und Spannung haben in dem betrachteten Augenblick die durch die Pfeile angegebenen Richtungen. Die Ladung auf der linken Platte ist dann positiv, die der rechten negativ. Ferner gilt

$$q = Cu_C \tag{2.044}$$

mit C als Kapazität des Kondensators. Wendet man das Gesetz der Erhaltung der Ladung [Gl. (2.028)] auf die in Bild 2.06a angedeutete Hülle an, so wird

$$-i + \frac{dq}{dt} = 0 \qquad (2.045)$$

oder mit Gl. (2.044)

$$i = C\,\frac{du_C}{dt}. \qquad (2.046)$$

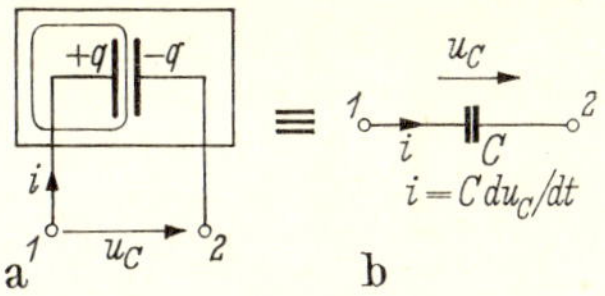

Bild 2.06a u. b Kondensator mit zugehörigem Schaltzeichen.

Als Symbol dient der in Bild 2.06b angegebene Plattenkondensator. Die ermittelten Zusammenhänge zwischen Strömen und Spannungen der idealisierten Schaltelemente ohmscher Widerstand [Gl. (2.036)], Spule [Gl. (2.043)] und Kondensator [Gl. (2.046)] sind nur dann mit den angegebenen Vorzeichen gültig, wenn die Strom- und Spannungspfeile die in den zugehörigen Bildern eingetragenen Richtungen oder beide Pfeile die entgegengesetzte Richtung haben. Ist nur ein Pfeil entgegengesetzt, muß ein Vorzeichen geändert werden. Dies ergibt sich bei geänderter Pfeilrichtung durch die erneute Anwendung der Gln. (2.025) und (2.028).

2.3.3.4 Die ideale Spannungs- und Stromquelle. Unter einer idealen Spannungsquelle wird ein Zweipol verstanden, an dessen Klemmen eine Spannung gegebenen zeitlichen Verlaufes vorhanden ist, unabhängig davon, welcher Strom durch die Spannungsquelle fließt.

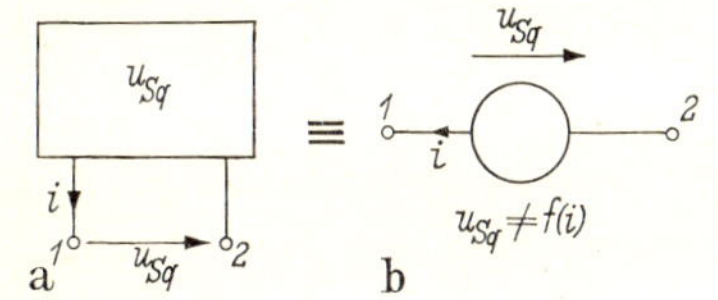

Bild 2.07a u. b Die ideale Spannungsquelle und ihr Schaltzeichen.

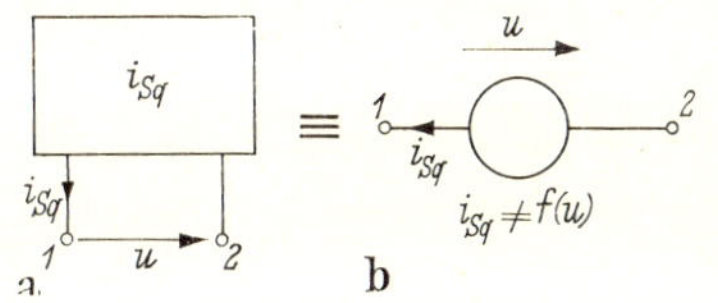

Bild 2.08a u. b Die ideale Stromquelle und ihr Schaltzeichen.

Da der Spannungsverlauf an den Klemmen der idealen Spannungsquelle vorgegeben und damit bekannt ist, liegt die Richtung der Spannung und des zugehörigen Spannungspfeiles für jeden betrachteten Augenblick fest. Sie sei in dem gewählten Augenblick von Klemme 1 nach Klemme 2 gerichtet. Die Richtung des Stromes, der in diesem Augenblick durch die Spannungsquelle fließt, ist zunächst unbekannt. Sie kann, ohne daß auf Vorzeichen geachtet werden muß, beliebig angenommen werden, da zwischen Spannung und Strom der idealen Spannungsquelle kein Zusammenhang besteht [(Gl. 2.047)].

$$u_{Sq} \neq f(i), \qquad i_{Sq} \neq f(u). \qquad (2.047)$$

Es ist jedoch zweckmäßig, wie später noch gezeigt werden wird, die Stromrichtung wie in Bild 2.07a anzunehmen. Das Symbol der idealen Spannungsquelle ist in Bild 2.07b angegeben.

Die ideale Stromquelle ist das polare Gegenstück zur idealen Spannungsquelle. Was dort über die Spannung gesagt wurde, gilt hier für den Strom und umgekehrt. So ist hier der Strom fest vorgegeben und unabhängig von der an den Klemmen der Stromquelle liegenden Spannung.

2.4 Der unverzweigte Stromkreis

Der allgemeine unverzweigte Stromkreis besteht aus der Hintereinanderschaltung aller in 2.3 behandelten idealen Zweipole. In Bild 2.09 ist eine solche Hintereinanderschaltung gezeigt.

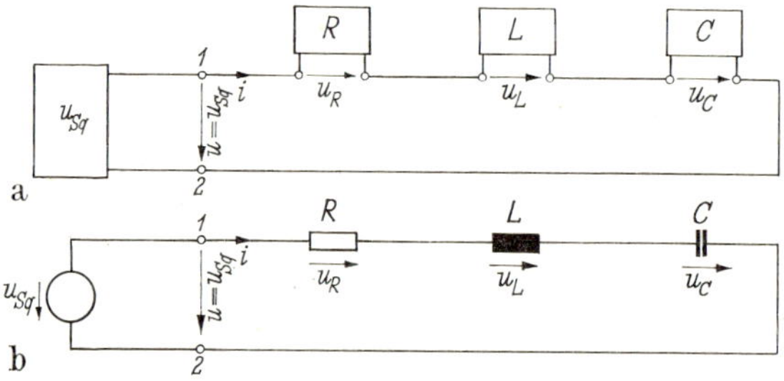

Bild 2.09a u. b Reihenschaltung von Widerstand, Spule und Kondensator.

In Bild 2.09a sind die konzentrierten Zweipole durch die schon im vorigen Kapitel beschriebenen Kästchen mit zwei Klemmen, in Bild 2.09b durch ihre Symbole dargestellt.

Die Spannung der Spannungsquelle sei zunächst beliebig mit der Zeit veränderlich, jedoch fest vorgegeben. Sie sei in dem Augenblick $t = t_A$, für den die Richtung des Stromes angenommen werden soll, von Klemme 1 nach Klemme 2 gerichtet.

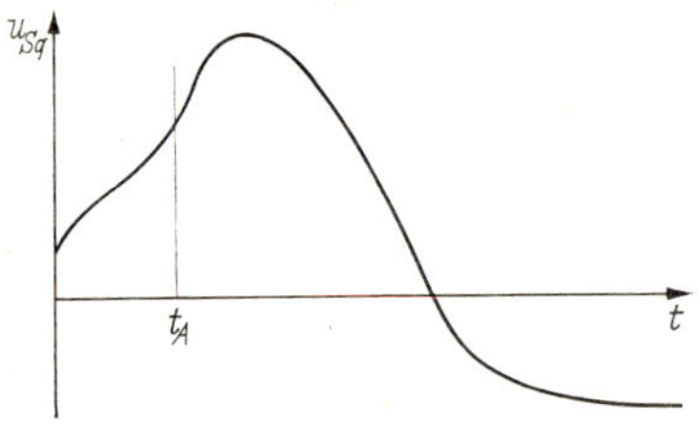

Bild 2.10 Zeitlicher Verlauf der Spannung u_{Sq}.

Die Richtung des Stromes kann zunächst, wie im vorigen Abschnitt gezeigt wurde, beliebig gewählt werden. Zweckmäßig ist die Wahl nach Bild 2.07. Will man die für die einzelnen Schaltelemente abgeleiteten Beziehungen zwischen Strom und Spannung ohne Vorzeichenänderung benützen, müssen die Spannungspfeile an den Klemmen der Schaltelemente wie der Strompfeil gerichtet sein. Ob der Strom und die einzelnen Klemmenspannungen tatsächlich diese Richtung haben, kann erst nach der Rechnung gesagt werden.

Hat der Strom oder die Spannung im betrachteten Augenblick die angenommene Richtung, so ergibt die Rechnung ein positives, hat der Strom oder die Spannung die entgegengesetzte Richtung, so ergibt sich ein negatives Vorzeichen. Ein Strom oder eine Spannung ist ganz allgemein nur dann festgelegt, wenn die Richtung, in der positiv gezählt wird, *und* der zahlenmäßige Wert der Größe einschließlich des Vorzeichens gegeben sind. Die Angabe der positiven Zählrichtung kann durch Zählpfeile im Schaltbild oder durch geeignete Indizierung der Größen erfolgen. Ein Beispiel hierfür ist in Bild 2.11 angeführt.

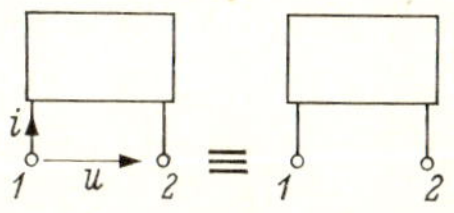

Bild 2.11 Genaue Angabe von Spannungen und Strömen durch Zahlenwert, Einheit und Zählpfeil oder Indizes.

$i = 5$ A $\qquad i_{12} = 5$ A

$u = -10$ V $\qquad u_{12} = -10$ V

Wird in der Schaltung nach Bild 2.09 die Summe der Klemmenspannungen nach Gl. (2.032) gebildet, so wird

$$-u + u_R + u_L + u_C = 0 \qquad (2.048)$$

und mit Gl. (2.036), (2.043) und (2.044)

$$-u + Ri + L\frac{di}{dt} + \frac{q}{C} = 0. \qquad (2.049)$$

Durch einmalige Differentiation nach der Zeit wird mit Gl. (2.045)

$$R\frac{di}{dt} + L\frac{d^2i}{dt^2} + \frac{1}{C}\,i = \frac{du}{dt}. \qquad (2.050)$$

Gl. (2.050) ist die für die vorliegende Reihenschaltung gültige Differentialgleichung des Stromes. Sie ist von zweiter Ordnung und inhomogen durch das Störglied du/dt. Mit ihrer Hilfe läßt sich der Strom bei gegebener Spannung und gegebenen Anfangsbedingungen, z. B. $i(0) = i_0$ und $q(0) = q_0$ bzw. $u_C(0) = u_{C0}$, berechnen. Ist u eine reine Wechselgröße, so wird die hier interessierende partikuläre Lösung ebenfalls eine Wechselgröße. Ist $u(t)$ als Fourier-Reihe nach Gl. (2.015) gegeben

$$u(t) = \frac{1}{2}\,(\underline{u} + \underline{u}^*)\,;\ \underline{u} = \sum_{k=1}^{k=n} \hat{u}_k\,\underline{/k\omega t + \varphi_{uk}} \qquad (2.051)$$

und setzt man $i(t)$ ebenfalls in dieser Form an

$$i(t) = \frac{1}{2}\,(\underline{i} + \underline{i}^*)\,; \quad \underline{i} = \sum_{k=1}^{k=n} \hat{\imath}_k \;\underline{/k\,\omega\,t + \varphi_{ik}}\,, \qquad (2.052)$$

so erhält man durch Einsetzen in die Differentialgleichung

$$-\frac{d\underline{u}}{dt} + R\,\frac{d\underline{i}}{dt} + L\frac{d^2\underline{i}}{dt^2} + \frac{1}{C}\,\underline{i} +$$

$$+\frac{-\,d\underline{u}^*}{dt} + R\,\frac{d\underline{i}^*}{dt} + L\,\frac{d^2\underline{i}^*}{dt^2} + \frac{1}{C}\,\underline{i}^* = 0 \qquad (2.053)$$

oder wegen $\underline{a}^* + \underline{b}^* + \underline{c}^* = (\underline{a} + \underline{b} + \underline{c})^*$

$$\frac{-\,d\underline{u}}{dt} + R\,\frac{d\underline{i}}{dt} + L\,\frac{d^2\underline{i}}{dt^2} + \frac{1}{C}\,\underline{i}$$

$$+\left(\frac{-\,d\underline{u}}{dt} + R\,\frac{d\underline{i}}{dt} + L\,\frac{d^2\underline{i}}{dt^2} + \frac{1}{C}\,\underline{i}\right)^* = 0\,. \qquad (1.054)$$

Die beiden Klammerausdrücke sind zueinander konjugiert komplex. Da ihre Summe für alle t gleich Null ist, muß jede Klammer für sich verschwinden.

$$\frac{-\,d\underline{u}}{dt} + R\,\frac{d\underline{i}}{dt} + L\,\frac{d^2\underline{i}}{dt^2} + \frac{1}{C}\,\underline{i} = 0\,. \qquad (2.055)$$

Mit den Gln. (2.051) und (2.052) wird

$$-\sum_{k=1}^{k=n} j\,k\,\omega\,\hat{u}_k \;\underline{/k\,\omega\,t + \varphi_{uk}} +$$

$$+\sum_{k=1}^{k=n} j\,k\,\omega\,\hat{\imath}_k \;\underline{/k\,\omega\,t + \varphi_{ik}}\left\{R + j\left(k\,\omega\,L - \frac{1}{k\,\omega\,C}\right)\right\} = 0 \qquad (2.056)$$

oder

$$\sum_{k=1}^{k=n} j\,k\,\omega \;\underline{/k\,\omega\,t}\left\{-\,\hat{u}_k \;\underline{/\varphi_{uk}} + \hat{\imath}_k \;\underline{/\varphi_{ik}}\left[R + j\left(k\,\omega\,L - \frac{1}{k\,\omega\,C}\right)\right]\right\} = 0\,. \qquad (2.057)$$

Diese Gleichung kann unabhängig von t nur erfüllt sein, wenn für alle k gilt:

$$-\,\hat{u}_k \;\underline{/\varphi_{uk}} + \hat{\imath}_k \;\underline{/\varphi_{ik}}\left[R + j\left(k\,\omega\,L - \frac{1}{k\,\omega\,C}\right)\right] = 0\,. \qquad (2.058)$$

Somit ist eine Beziehung zwischen Amplitude und Phase der k-ten Harmonischen der gegebenen Spannung und der Amplitude und Phase der Harmonischen gleicher Ordnung des gesuchten Stromes gefunden. Wird noch die Abkürzung

$$\underline{Z}_k = R + j\left(k\omega L - \frac{1}{k\omega C}\right) = Z_k \,\underline{/\varphi_k} \tag{2.059}$$

mit φ_k als Argument der komplexen Zahl $\underline{Z}_k$ eingeführt, erhält man schließlich:

$$\hat{\imath}_k \,\underline{/\varphi_{ik}} = \frac{\hat{u}_k}{Z_k} \,\underline{/\varphi_{uk} - \varphi_k} \tag{2.060}$$

mit

$$\hat{\imath}_k = \frac{\hat{u}_k}{Z_k}; \quad \varphi_{ik} = \varphi_{uk} - \varphi_k \tag{2.061}$$

und

$$i(t) = \sum_{k=1}^{n} \frac{\hat{u}_k}{Z_k} \cos(k\omega t + \varphi_{uk} - \varphi_k) \tag{2.062}$$

mit

$$Z_k = |\underline{Z}_k| = \sqrt{R^2 + \left(k\omega L - \frac{1}{k\omega C}\right)^2}$$

und

$$\varphi_k = \operatorname{arc\,tan} \frac{k\omega L - \dfrac{1}{k\omega C}}{R}. \tag{2.063}$$

Wie Gl. (2.058) zeigt, stehen immer nur Teilschwingungen mit gleichem Index miteinander in Zusammenhang. Dies ist eine Folge der Linearität der bei der Berechnung verwendeten Beziehungen (2.032), (2.036), (2.043) und (2.046). Um den Strom, der von einer beliebigen Wechselspannung verursacht wird, zu berechnen, genügt es, wie man sieht, alle Z_k und φ_k zu berechnen.

Nun sind aber nicht nur die bei der Berechnung des unverzweigten Stromkreises verwendeten Beziehungen linear, sondern die Maxwellschen Gleichungen selbst, solange μ, ε, $\varkappa$ nicht direkt oder indirekt von elektromagnetischen Größen abhängen. Sind μ, ε, $\varkappa$ konstant, kann daher ganz allgemein gesagt werden, daß, wenn elektromagnetische Größen als Wechselgrößen auftreten, immer nur deren Harmonische mit gleichem Index miteinander in Zusammenhang stehen. Hieraus folgt direkt, daß, wenn eine Größe (z. B. die speisende Spannung) rein sinusförmig ist, alle anderen mit ihr in Zusammenhang stehenden Größen (z. B. Strom, magnetische Feldstärke usw.) auch rein sinusförmig sind.

2.5 Die symbolische Rechnung

Wie im vorigen Beispiel des unverzweigten Stromkreises gezeigt wurde, können lineare Beziehungen zwischen Wechselgrößen auf Beziehungen zwischen ihren Harmonischen mit gleichem Index und diese wiederum auf Beziehungen zwischen den zugehörigen Amplituden und Phasen zurückgeführt werden.

Auf dieser Tatsache beruht die sogenannte symbolische Rechnung. Sie ist eine Rechenmethode für sinusförmige Vorgänge, bei der bereits beim Aufstellen der Gleichungen nicht mit den Größen selbst, sondern nur mit den Amplituden und den Phasen der einzelnen Harmonischen gerechnet wird.

Da in der Starkstromtechnik Ströme und Spannungen meist angenähert sinusförmig sind, soll die Verallgemeinerung für beliebige Harmonische fallen gelassen werden und nur noch mit der Grundschwingung ($k = 1$) gerechnet werden:

Lineare Beziehungen sind:

1. Die Addition und die Subtraktion

$$a = b \pm c\,. \tag{2.064}$$

Sind b und c Cosinusschwingungen

$$\begin{aligned} b &= \frac{1}{2}\left\{\hat{b}\ \underline{/\varphi_b}\ \underline{/\omega t} + \hat{b}\ \underline{/-\varphi_b}\ \underline{/-\omega t}\right\} \\ c &= \frac{1}{2}\left\{\hat{c}\ \underline{/\varphi_c}\ \underline{/\omega t} + \hat{c}\ \underline{/-\varphi_c}\ \underline{/-\omega t}\right\} \end{aligned} \tag{2.065}$$

oder mit $B = \dfrac{\hat{b}}{\sqrt{2}}$, $C = \dfrac{\hat{c}}{\sqrt{2}}$ und $B\ \underline{/\varphi_b} = \underline{B}$ und $C\ \underline{/\varphi_c} = \underline{C}$ als sogenannten Effektivwertzeigern (Zeiger, weil sie in der komplexen Zahlenebene als Pfeile dargestellt werden)

$$\begin{aligned} b &= \frac{1}{2}\sqrt{2}\left\{\underline{B}\ \underline{/\omega t} + \underline{B}^*\ \underline{/-\omega t}\right\} \\ c &= \frac{1}{2}\sqrt{2}\left\{\underline{C}\ \underline{/\omega t} + \underline{C}^*\ \underline{/-\omega t}\right\}, \end{aligned} \tag{2.066}$$

so wird

$$\begin{aligned} a &= \frac{1}{2}\sqrt{2}\left\{(\underline{B} \pm \underline{C})\ \underline{/\omega t} + (\underline{B}^* \pm \underline{C}^*)\ \underline{/-\omega t}\right\} \\ &= \frac{1}{2}\sqrt{2}\left\{(\underline{B} \pm \underline{C})\ \underline{/\omega t} + (\underline{B} \pm \underline{C})^*\ \underline{/-\omega t}\right\}. \end{aligned} \tag{2.067}$$

a ist ebenfalls eine Cosinusschwingung. Schreibt man a in gleicher Form wie b und c

$$a = \frac{1}{2}\sqrt{2}\left\{\underline{A}\,\underline{/\omega t} + \underline{A}^*\,\underline{/-\omega t}\right\}, \tag{2.068}$$

so sieht man durch Vergleich mit Gl. (2.067), daß

$$\underline{A} = \underline{B} \pm \underline{C} \tag{2.069}$$

sein muß.

Der additiven Beziehung der Größen a, b, c, : $a = b \pm c$ entspricht die ebenfalls additive Verknüpfung der zugehörigen Effektivwertzeiger $\underline{A}$, $\underline{B}$, $\underline{C}$: $\underline{A} = \underline{B} \pm \underline{C}$.

2. Die Differentiation

$$a = \frac{db}{dt}. \tag{2.070}$$

Im allgemeinen tritt nur die Differentiation nach der Zeit auf. Ist eine Größe von einer anderen Variablen als der Zeit sinusförmig abhängig, so kann jedoch mit dieser Variablen entsprechend verfahren werden.

Mit Gl. (2.066) wird

$$a = \frac{1}{2}\sqrt{2}\left\{j\omega\underline{B}\,\underline{/\omega t} + (-j\omega)\,\underline{B}^*\,\underline{/-\omega t}\right\}$$

$$= \frac{1}{2}\sqrt{2}\left\{j\omega\underline{B}\,\underline{/\omega t} + (j\omega\,\underline{B})^*\,\underline{/-\omega t}\right\} \tag{2.071}$$

$$= \frac{1}{2}\sqrt{2}\left\{\underline{A}\,\underline{/\omega t} + \underline{A}^*\,\underline{/-\omega t}\right\}. \tag{2.072}$$

Der Vergleich der Gln. (2.071) und (2.072) ergibt die der Differentiation $a = db/dt$ entsprechende Beziehung der zu a und b gehörigen Effektivwertzeiger

$$\underline{A} = j\omega\underline{B}. \tag{2.073}$$

3. Die Integration

$$a = \int b\,dt. \tag{2.074}$$

Auch für die Integration gilt das oben Gesagte. Die der Integration entsprechende Beziehung der Effektivwertzeiger von a und b kann auf ähnlichem Wege durch Vergleich gefunden werden. Sie kann jedoch auch durch Differentiation der Gl. (2.074) und Anwendung der für die Differentiation gültigen Beziehung der Effektivwertzeiger gefunden werden, da in (2.074) keine Konstante enthalten sein soll.

Es wird

$$\underline{A} = \frac{1}{j\omega}\,\underline{B}. \tag{2.075}$$

4. Die Multiplikation mit einer Konstanten

$$a = K \cdot b. \tag{2.076}$$

Hierfür ergibt sich auf einfache Weise die Beziehung der Effektivwertzeiger

$$\underline{A} = K \cdot \underline{B}. \tag{2.077}$$

Multiplikation und Division sind keine linearen Verknüpfungen:

$$a = bc \qquad\qquad a = \frac{b}{c}.$$

Die resultierende Größe a ist in diesen Fällen keine Sinusschwingung der gleichen Frequenz, wie die Schwingungen b und c. Solche Beziehungen kommen jedoch in den Maxwellschen Gleichungen nicht vor. Produkte zweier Größen, z. B. Strom und Spannung, tauchen nur bei der Leistungsberechnung auf. Sie wird in einem besonderen Abschnitt behandelt.

Als Beispiel zur Anwendung der symbolischen Rechnung sei noch einmal auf den in Abschn. 2.4 behandelten unverzweigten Stromkreis zurückgegriffen.

Gl. (2.032) auf den in Bild 2.09 dargestellten Stromkreis angewandt, ergab

$$-u + u_R + u_L + u_C = 0. \tag{2.048}$$

Die zugehörige Beziehung der Effektivwertzeiger lautet nach (2.069)

$$-\underline{U} + \underline{U}_R + \underline{U}_L + \underline{U}_C = 0. \tag{2.078}$$

Den Zusammenhang zwischen Strom und Spannung der einzelnen Schaltelemente geben die Gln. (2.036), (2.043) und (2.046) wieder:

$$u_R = Ri \quad (2.036) \qquad u_L = L\frac{di}{dt} \quad (2.043) \qquad i = C\frac{du_C}{dt} \quad (2.046)$$

Ihnen entsprechen in der symbolischen Schreibweise die Beziehungen der Effektivwertzeiger

$$\underline{U}_R = R \cdot \underline{I} \quad (2.079) \qquad \underline{U}_L = j\omega L \underline{I} \quad (2.080) \qquad \underline{U}_C = \frac{1}{j\omega C}\underline{I}\,. \quad (2.081)$$

Somit wird aus (2.078)

$$\underline{U} = \underline{I}\left[R + j\left(\omega L - \frac{1}{\omega C}\right)\right] = \underline{I}\,\underline{Z} \qquad (2.082)$$

oder

$$\underline{I} = \frac{\underline{U}}{\underline{Z}}. \qquad (2.083)$$

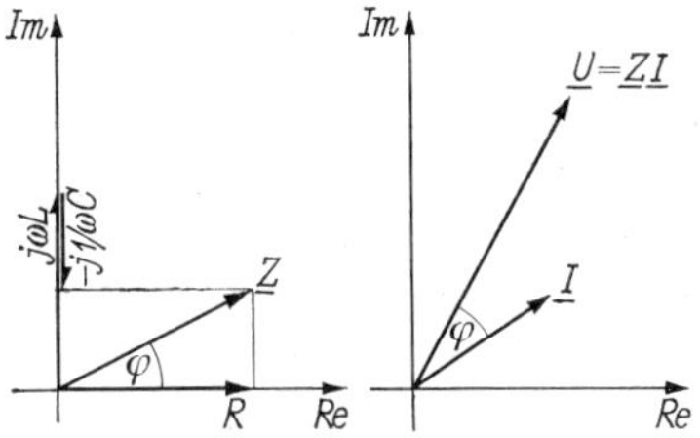

Bild 2.12 Darstellung von Scheinwiderstand, Strom- und Spannungszeiger in der Gaußschen Zahlenebene.

Die Darstellung dieses Zusammenhanges in der komplexen Ebene ergibt das zugehörige Zeigerbild (Bild 2.12).

Die Lage der Zeiger in der komplexen Ebene hängt von der Phase der zugehörigen Schwingung ab, diese wiederum hängt von der willkürlichen Wahl des Beginns der Zeitzählung ab. Meist interessieren die Phasen der Schwingungen selbst nicht, sondern nur ihre Differenzen, die die Phasenverschiebungen der Schwingungen gegeneinander angeben. Daher können Zeiger beliebig in der komplexen Ebene gedreht werden, solange ihre Lage zueinander erhalten bleibt.

Im allgemeinen werden die Zeiger so gedreht, daß eine gegebene Größe als Bezugsgröße (z. B. eine Spannung) senkrecht steht. Als Koordinatenachsen gelten dann die Richtung der Bezugsgröße und die dazu senkrechte Richtung. Soll eine Rechenoperation ausgeführt werden, die zweckmäßig in Komponenten erfolgt, werden die Zeiger in Komponenten parallel zu den Koordinatenachsen, also parallel und senkrecht zur Richtung der Bezugsgröße aufgeteilt.

Die Größe $\underline{Z}$ hat die Dimension Ohm. Sie wird deshalb als Wechselstromwiderstand, Scheinwiderstand oder Impedanz, ihr Kehrwert $1/\underline{Z} = \underline{Y}$ als Scheinleitwert oder Admittanz bezeichnet. Darüber hinaus sind folgende Bezeichnungen üblich:

$Re\,\underline{Z} = R$ ohmscher Widerstand, Wirkwiderstand, Resistanz.

$Im\,\underline{Z} = X$ induktiver bzw. kapazitiver Widerstand, Blindwiderstand, Reaktanz

$Re\,\underline{Y} = G$ ohmscher Leitwert, Wirkleitwert, Konduktanz.

$Im\,\underline{Y} = B$ Blindleitwert, Suszeptanz.

Als Symbol der Impedanz dient das in Bild 2.13 dargestellte längliche Rechteck mit eingezeichneter Sinuswelle.

Die nach $\underline{Z}$ aufgelöste Gl. (2.083) stellt die Definitionsgleichung der Impedanz dar. Sie gilt für jedes Klemmenpaar, an dem auf beliebige Weise ausschließlich passive Zweipole, also keine Spannungs- oder Stromquellen, angeschlossen sind. Sie kann unabhängig von der tatsächlich vorliegenden Schaltung als Reihenschaltung oder Parallelschaltung eines ohmschen Widerstandes und einer Reaktanz aufgefaßt werden (s. S. 50).

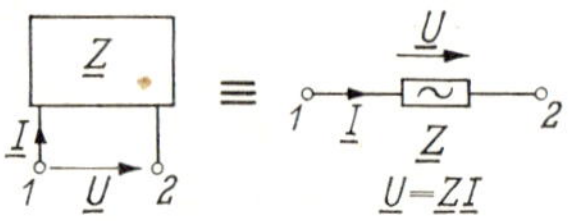

Bild 2.13 Scheinwiderstand (Impedanz) und zugehöriges Schaltzeichen.

$$\underline{Z} = \frac{\underline{U}}{\underline{I}}. \qquad (2.083\,\mathrm{a})$$

2.6 Reihen- und Parallelschaltung von Impedanzen

Das Wesen der *Reihen*schaltung ist, daß alle in Reihe geschalteten Zweipole von ein und demselben Strom durchflossen werden. Hieraus ergibt sich mit Gl. (2.083) für die Reihenschaltung von Impedanzen, daß sich die Spannungen an den Klemmen der in Reihe geschalteten Impedanzen wie die Impedanzen selbst verhalten.

$$\underline{U}_1 : \underline{U}_2 : \underline{U}_3 : \cdots : \underline{U}_m = \underline{Z}_1 : \underline{Z}_2 : \underline{Z}_3 : \cdots : \underline{Z}_m. \qquad (2.084)$$

In Bild 2.14 ist eine Reihenschaltung von m Impedanzen dargestellt. Mit den im Bild eingetragenen Bezeichnungen ergibt Gl. (2.032) in symbolischer Form

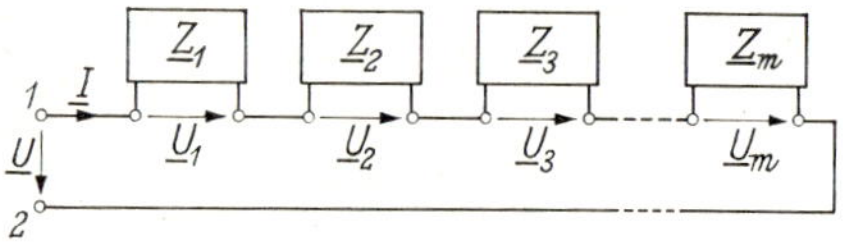

Bild 2.14 Reihenschaltung von Impedanzen.

$$\underline{U} = \sum_{i=1}^{i=m} \underline{U}_i. \qquad (2.085)$$

Da alle Impedanzen vom gleichen Strom durchflossen werden, wird hieraus

$$\underline{U} = \underline{I} \sum_{i=1}^{i=m} \underline{Z}_i = \underline{I}\,\underline{Z}_{\mathrm{ges.}\,R}. \qquad (2.086)$$

Das bedeutet, daß die Hintereinanderschaltung von m Impedanzen wie eine Impedanz mit dem Wert

$$\underline{Z}_{\mathrm{ges.}\,R} = \sum_{i=1}^{i=m} \underline{Z}_i \qquad (2.087)$$

wirkt.

Das Wesen der *Parallel*schaltung ist, daß an allen parallelgeschalteten Zweipolen ein und dieselbe Spannung liegt. Daraus ergibt sich, daß sich die Ströme in parallelgeschalteten Impedanzen wie deren Kehrwerte verhalten.

$$\underline{I}_1 : \underline{I}_2 : \underline{I}_3 : \cdots : \underline{I}_m = \frac{1}{\underline{Z}_1} : \frac{1}{\underline{Z}_2} : \frac{1}{\underline{Z}_3} : \cdots : \frac{1}{\underline{Z}_m} = \underline{Y}_1 : \underline{Y}_2 : \underline{Y}_3 \cdots : \underline{Y}_m . \qquad (2.088)$$

In Bild 2.15 ist eine Parallelschaltung von m Impedanzen wiedergegeben. Mit den dort angegebenen Bezeichnungen ergibt sich bei Anwendung der Gl. (2.033) in symbolischer Form auf die im Bild angedeutete Hülle

$$\underline{I} = \sum_{i=1}^{i=m} \underline{I}_i . \qquad (2.089)$$

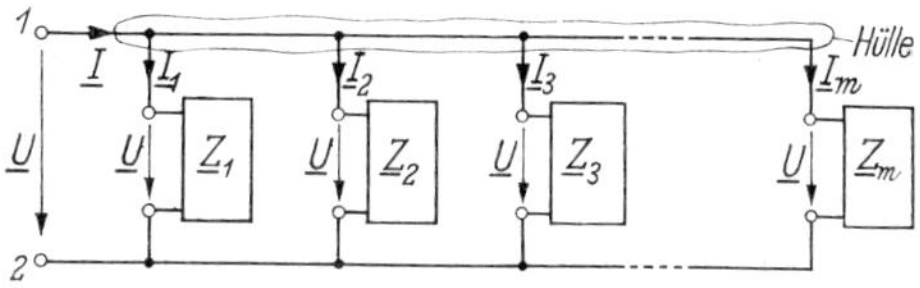

Bild 2.15 Parallelschaltung von Impedanzen.

Da die Spannung an allen Impedanzen gleich der Spannung $\underline{U}$ an den Klemmen $1 - 2$ ist, gilt

$$\underline{I} = \underline{U} \sum_{i=1}^{i=m} \frac{1}{\underline{Z}_i} = \underline{U} \sum_{i=1}^{i=m} \underline{Y}_i = \underline{U}\, \underline{Y}_{\text{ges.}P} = \underline{U} \frac{1}{\underline{Z}_{\text{ges.}P}} . \qquad (2.090)$$

Dies bedeutet, daß die Parallelschaltung von m Impedanzen wie eine Impedanz mit dem Wert

$$\underline{Z}_{\text{ges.}P} = \frac{1}{\sum\limits_{i=1}^{i=m} \frac{1}{\underline{Z}_i}} \qquad (2.091)$$

wirkt. In Admittanzen ausgedrückt lautet (2.091)

$$\underline{Y}_{\text{ges.}P} = \sum_{i=1}^{i=m} \underline{Y}_i . \qquad (2.092)$$

Schaltungen, in denen Reihen- und Parallelschaltungen vorkommen, werden als gemischte Schaltungen bezeichnet. Sie lassen sich mit Hilfe der gefundenen Beziehungen in reine Reihen- oder Parallelschaltungen umwandeln, und diese können dann auf eine einzige Impedanz zurückgeführt werden.

2.7 Elektrische Netzwerke

Schaltungen, die nicht nur aus Reihen- und Parallelschaltungen von Impedanzen bestehen, sondern kompliziertere Verbindungen der Verzweigungspunkte aufweisen, nennt man Netzwerke. Die Verzweigungspunkte bezeichnet man als Knoten. Sind zwei Knoten durch eine Reihenschaltung von Schaltelementen miteinander verbunden, so nennt man diese Verbindung einen Zweig des Netzwerkes. Jeder Zweig kann außer einer Impedanz zusätzlich eine Spannungsquelle enthalten. Ferner können einzelne Zweige aus nur einer Spannungs- oder nur einer Stromquelle bestehen, was gleichbedeutend mit der Vorgabe von Spannung bzw. Strom für den betreffenden Zweig ist.

Die Kirchhoffschen Regeln erlauben immer, eine für die Berechnung der Ströme oder Spannungen der Zweige genügende Anzahl unabhängiger Gleichungen aufzustellen. Bei einem beliebigen Netzwerk mit p Zweigen und q Knoten ergeben sich $m = q - 1$ unabhängige Knoten- und $n = p - (q - 1)$ unabhängige Maschengleichungen, insgesamt also p Gleichungen, was gerade gleich der Zahl der Unbekannten (Ströme oder Zweigspannungen) ist. Dies gilt ganz allgemein und läßt sich an Beispielen leicht nachprüfen.

Versieht man die Knoten eines Netzwerkes mit einer laufenden Nummer, so lassen sich die Größen eines Zweiges (Strom, Spannung, Impedanz bzw. Admittanz, Spannung einer Spannungsquelle, Strom einer Stromquelle) eindeutig durch Angabe der Knoten, zwischen denen der betreffende Zweig liegt, angeben, wenn evtl. vorhandene parallele Zweige durch einen zusätzlichen Index gekennzeichnet werden. Bei Spannungen und Strömen gibt die Reihenfolge der die Knoten bezeichnenden Indizes die positive Zählrichtung an (Bild 2.16).

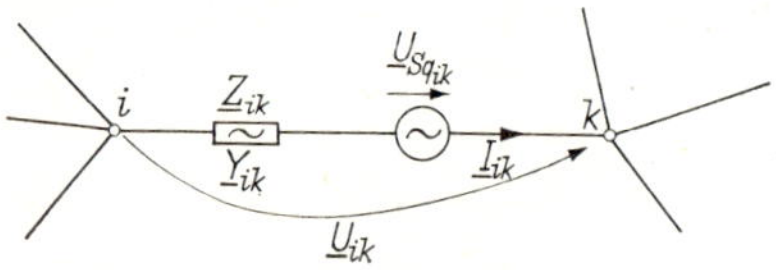

Bild 2.16 Zweig eines Netzwerkes zwischen den Knoten i und k, bestehend aus Impedanz und Spannungsquelle.

Verfahren zur systematischen Aufstellung von Maschengleichungen und Knotengleichungen sind in den Abschnitten 2.7.1 und 2.7.2 beschrieben.

2.7.1 Das Verfahren der Maschenanalyse

Das Verfahren der Maschenanalyse ist eine Methode zur Berechnung von Netzwerken, bei der das Berechnungsproblem auf die Lösung eines Systemes von Maschengleichungen mit Strömen als Unbekannten zurückgeführt wird. Dies bedeutet, daß das zu lösende Gleichungssystem für ein beliebiges Netzwerk mit p Zweigen und q Knoten $p - (q - 1)$ Gleichungen enthalten muß.

Um beim Aufstellen der Maschengleichungen von vornherein nur unabhängige Gleichungen zu bekommen, ist es notwendig, daß, ausgehend von einer beliebigen Masche, jede weitere Masche, für die die Maschengleichung aufgestellt werden soll, so gewählt wird, daß sie mindestens einen neuen, noch nicht durchlaufenen Zweig enthält. Maschen mit unabhängigen Gleichungen werden als unabhängige Maschen bezeichnet. Betrachtet man die Ströme in den Zweigen als Unbekannte, so hat man zunächst p Unbekannte. Durch jede der $q - 1$ unabhängigen Knotengleichungen sind jedoch jeweils eine Anzahl der Unbekannten additiv miteinander verknüpft, so daß es auf einfache Weise möglich ist, alle p Unbekannten durch $p - (q - 1)$ auszudrücken. Eliminiert man die abhängigen Unbekannten aus den aufgestellten unabhängigen Maschengleichungen, bleibt schließlich ein Gleichungssystem aus den $n = p - (q - 1)$ Maschengleichungen für ebensoviele Unbekannte (Zweigströme) übrig.

Eine gewisse Schwierigkeit stellt die Wahl der unabhängigen Ströme dar. Man kann zu ihrer Bestimmung auf folgende Weise vorgehen: Man wählt einen beliebigen Knoten des Netzwerkes aus und markiert alle von diesem Knoten ausgehenden Zweige bis auf einen als Zweige unabhängiger Ströme. Der Strom des ausgenommenen Zweiges ist über die Knotengleichung des betrachteten Knotens von den Strömen der markierten Zweige abhängig. Dieser Zweig wird deshalb als Zweig mit abhängigem Strom markiert. Nun geht man zu einem Nachbarknoten, d. h. zu einem Knoten, der mit dem vorigen durch einen Zweig verbunden ist, weiter und markiert die von dort ausgehenden, mit noch keinerlei Markierung versehenen Zweige alle bis auf einen als Zweige unabhängiger Ströme. Der Strom des ausgenommenen Zweiges ist über die Knotengleichung dieses Knotens von den Strömen der übrigen Zweige abhängig. Der zugehörige Zweig wird als Zweig mit abhängigem Strom markiert. Danach geht man zu einem Nachbarknoten der bereits behandelten Knoten über und verfährt dort entsprechend. Um Widersprüche zu vermeiden, sind bei der Auswahl des jeweils nächsten Knotens solche in der Reihenfolge vorzuziehen, bei denen nur ein Zweig noch nicht markiert ist, da dieser Zweig bereits notwendig ein Zweig mit abhängigem Strom ist.

Sind alle Knoten bis auf einen durchlaufen, hat man $q - 1$ Zweige abhängiger und $p - (q - 1)$ Zweige unabhängiger Ströme vorliegen. Bezeichnend ist, daß die Zweige mit abhängigen Strömen ein zusammenhängendes Gebilde darstellen, das alle Knoten des Netzwerkes, jedoch keine Masche enthält. Es wird als vollständiger Baum bezeichnet (Bild 2.17).

Auf die geschilderte Weise läßt sich immer eine Kombination unabhängiger Ströme bzw. ein vollständiger Baum finden. Sie liegen jedoch nicht eindeutig fest, d. h. in einem Netzwerk existieren im allgemeinen mehrere vollständige Bäume.

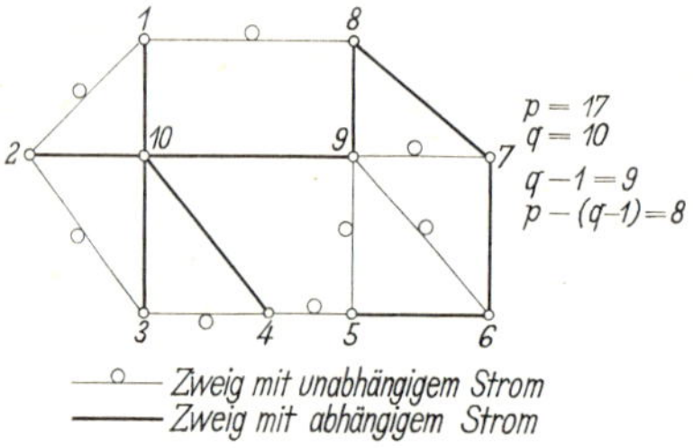

Bild 2.17 Beispiel zur Bestimmung unabhängiger Ströme und des vollständigen Baumes eines Netzwerkes. Die Zweige des Netzwerkes sind der Einfachheit halber nur als Verbindungslinien der Knoten angegeben.

Die Zweige der *abhängigen* Ströme, also die im vollständigen Baum enthaltenen Zweige, stellen gleichzeitig eine Kombination von Zweigen mit *unabhängigen* Spannungen dar. Dies ist mit Hilfe der Maschengleichung leicht nachzuprüfen.

Stellt man für die so gefundenen unabhängigen Ströme die Maschengleichungen beliebig gewählter unabhängiger Maschen auf, erhält man ein Gleichungssystem, das im allgemeinen keinen ersichtlich systematischen Aufbau zeigt. Dieser Mangel tritt nicht auf, wenn zur Aufstellung der Maschengleichungen solche Maschen gewählt werden, die durch den vollständigen Baum derart festgelegt sind, daß jede unabhängige Masche aus einem nicht zum vollständigen Baum gehörenden Zweig und sonst nur aus Zweigen des Baumes besteht. Auf diese Weise ist jedem Nichtbaumzweig, d. h. jedem unabhängigen Strom, eine Masche eindeutig zugeordnet. Die abhängigen Ströme in den Baumzweigen ergeben sich dann aus der Überlagerung der in den so gewählten unabhängigen Maschen als Kreisströme (Maschenströme) fließenden unabhängigen Ströme.

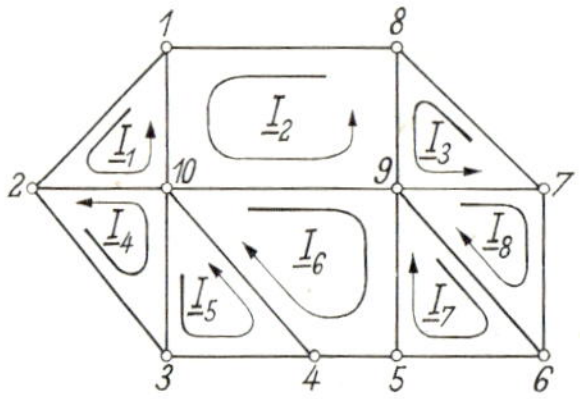

Bild 2.18 Maschenströme eines Netzwerkes.

Man kann noch einen Schritt weitergehen, auf die Bestimmung unabhängiger Zweigströme verzichten und von vorneherein Maschenströme in beliebig zu wählenden unabhängigen Maschen als Unbekannte einführen (Bild 2.18). Die wirklichen Zweigströme ergeben sich dann aus der Überlagerung der Maschenströme.

Stellt man für ein beliebiges Netzwerk die Maschengleichungen mit den beschriebenen Maschenströmen als Unbekannte für beliebig gewählte unabhängige Maschen $i = 1, 2, 3, \ldots n$ auf, so erhält man ein Gleichungssystem folgender Art:

$$\begin{aligned}
\underline{I}_1\underline{Z}^{11} + \underline{I}_2\underline{Z}^{12} + \cdots + \underline{I}_n\underline{Z}^{1n} &= -\underline{U}_{Sq_1}\\
\underline{I}_1\underline{Z}^{21} + \underline{I}_2\underline{Z}^{22} + \cdots + \underline{I}_n\underline{Z}^{2n} &= -\underline{U}_{Sq_2}\\
\vdots \qquad\quad \vdots \qquad\qquad\quad \vdots \quad &\qquad \vdots\\
\underline{I}_1\underline{Z}^{n1} + \underline{I}_2\underline{Z}^{n2} + \cdots + \underline{I}_n\underline{Z}^{nn} &= -\underline{U}_{Sq_n}.
\end{aligned} \tag{2.093}$$

Dabei bedeutet $\underline{I}_i$ den Maschenstrom der Masche i, $\underline{Z}^{ii}$ die Summe der Impedanzen aller zur Masche i gehörenden Zweige, $\underline{Z}^{ik} = \underline{Z}^{ki}$ die Summe der Impedanzen aller den Maschen i und k gemeinsamen Zweige und $\underline{U}_{Sq_i}$ die unter Berücksichtigung der Umlaufrichtung ermittelte Summe der Spannungen der Spannungsquellen aller zur Masche i gehörenden Zweige. Die gegenseitige Impedanz zweier Maschen $\underline{Z}^{ik} = \underline{Z}^{ki}$ ist mit einem negativen Vorzeichen zu versehen, wenn die angenommene Richtung der Maschenströme $\underline{I}_i$ und $\underline{I}_k$ in den gemeinsamen Zweigen einander entgegengesetzt gerichtet sind. Falls die Maschen i und k keinen gemeinsamen Zweig haben, verschwinden im Gleichungssystem die entsprechenden Glieder.

Wie man sieht, ist das so erhaltene Gleichungssystem systematisch aufgebaut und kann, wenn die unabhängigen Maschen gewählt und die Zählpfeilrichtungen der zugehörigen Maschenströme festgelegt sind, sofort, ohne Zuhilfenahme der Maschen- oder Knotenpunktsgleichungen, angeschrieben werden.

2.7.2 Das Verfahren der Knotenanalyse

Bei der Knotenanalyse wird die Berechnung eines elektrischen Netzwerkes auf die Lösung eines Systemes von Knotengleichungen mit Spannungen als Unbekannten zurückgeführt. Dies bedeutet, daß das zu lösende Gleichungssystem bei einem beliebigen Netzwerk mit p Zweigen und q Knoten $q - 1$ Gleichungen haben muß. Als Unbekannte seien zunächst die Zweigspannungen, d. h. die Spannungen längs der Zweige von Knoten zu Knoten, betrachtet.

Mit Hilfe der $n = p - (q - 1)$ unabhängigen Maschengleichungen ist es möglich, die p unbekannten Zweigspannungen durch $p - \big(p - (q - 1)\big) = q - 1 = m$ unabhängige Unbekannte auszudrücken. Führt man diese in die Knotengleichungen ein, so bleibt schließlich ein System von $q - 1 = m$ Gleichungen für ebensoviele Unbekannte zu lösen übrig.

Die Auswahl der unabhängigen Spannungen kann über die im vorigen Abschnitt beschriebene Baumsuche mit Hilfe der *Knoten*gleichung erfolgen (die Spannungen der Zweige des vollständigen Baumes stellen eine Kombination unabhängiger Zweigspannungen dar). Man kann jedoch auch die *Maschen*gleichung zugrunde legen und durch Markieren der Zweige einer *Masche* solche mit unabhängigen Spannungen ermitteln. Hierbei geht man von einer beliebigen Masche aus und markiert alle Zweige dieser Masche bis auf einen als Zweige mit *unabhängigen* Spannungen. Die Spannung des ausgenommenen Zweiges ist über die Maschengleichung der betrachteten Masche von den Spannungen der schon markierten Zweige abhängig. Dieser Zweig wird deshalb als Zweig mit *abhängiger* Spannung markiert. Anschließend geht man zu einer Nachbarmasche über und markiert dort alle noch nicht markierten Zweige bis auf einen als Zweige mit *unabhängigen* Spannungen. Der ausgenommene ist dann ein Zweig mit *abhängiger* Spannung und als solcher zu markieren. Hat man auf diese Weise $n = p - (q - 1)$ Maschen durchlaufen, wobei solche Maschen, bei denen nur noch ein Zweig ohne Markierung ist, in der Reihenfolge vorzuziehen sind, liegt eine Kombination unabhängiger Spannungen bzw. ein vollständiger Baum vor.

Das mit diesen Unbekannten erhaltene System von Knotengleichungen zeigt im allgemeinen keinen ersichtlich systematischen Aufbau.

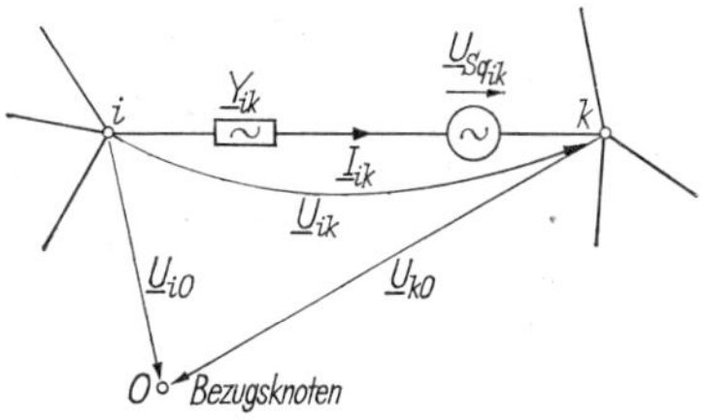

Bild 2.19 Zweig eines Netzwerkes zwischen den Knoten i und k mit zugehörigen Knotenspannungen

Ein Gleichungssystem, das diesen Mangel nicht aufweist, ergibt sich, wenn statt der Zweigspannungen sog. Knotenspannungen als Unbekannte eingeführt werden. Unter Knotenspannungen versteht man die Spannungen der $q - 1$ unabhängigen Knoten gegen einen frei wählbaren abhängigen „Bezugsknoten". Bezeichnet man den Bezugsknoten mit 0, so ergibt sich die Zweigspannung zwischen den Knoten i und k als Differenz der zugehörigen Knotenspannungen

$$\underline{U}_{ik} = \underline{U}_{i0} - \underline{U}_{k0}. \tag{2.094}$$

Der dazugehörige Strom wird nach Bild 2.19

$$\underline{I}_{ik} = \underline{Y}_{ik}(\underline{U}_{i0} - \underline{U}_{k0}) - \underline{Y}_{ik}\,\underline{U}_{Sq_{ik}}. \tag{2.095}$$

Bezeichnet man in einem beliebigen Netz den frei wählbaren Bezugsknoten mit 0 und beziffert die unabhängigen Knoten von 1 bis $m = q - 1$, so erhält man folgendes System von Knotengleichungen

$$\begin{array}{l} \underline{I}_{10} + \underline{I}_{12} + \underline{I}_{13} + \cdots + \underline{I}_{1m} = 0 \\ \underline{I}_{20} + \underline{I}_{21} + \underline{I}_{23} + \cdots + \underline{I}_{2m} = 0 \\ \vdots \qquad \vdots \qquad \vdots \qquad \vdots \\ \underline{I}_{m0} + \underline{I}_{m1} + \underline{I}_{m2} + \cdots + \underline{I}_{m(m-1)} = 0, \end{array} \tag{2.096}$$

wobei $\underline{I}_{ik} = -\underline{I}_{ki}$ der gesamte vom Knoten i zum Knoten k fließende Strom ist. Hierauf ist bei parallelen Zweigen zu achten. Ist zwischen zwei Knoten kein Zweig vorhanden, ist der zugehörige Strom selbstverständlich Null zu setzen.

Mit Hilfe der Gl. (2.095) können die Knotenspannungen in das Gleichungssystem (2.096) eingeführt werden, und man erhält

$$\begin{aligned} -\underline{Y}_{11}\underline{U}_{10} + \underline{Y}_{12}\underline{U}_{20} + \underline{Y}_{13}\underline{U}_{30} + \cdots + \underline{Y}_{1m}\underline{U}_{m0} &= \underline{I}_{Sq_1} \\ \underline{Y}_{21}\underline{U}_{10} - \underline{Y}_{22}\underline{U}_{20} + \underline{Y}_{23}\underline{U}_{30} + \cdots + \underline{Y}_{2m}\underline{U}_{m0} &= \underline{I}_{Sq_2} \\ \vdots \qquad\qquad \vdots \qquad\qquad\qquad \vdots \quad &\quad \vdots \\ \underline{Y}_{m1}\underline{U}_{10} + \underline{Y}_{m2}\underline{U}_{20} + \underline{Y}_{m3}\underline{U}_{30} + \cdots - \underline{Y}_{mm}\underline{U}_{m0} &= \underline{I}_{Sq_m}. \end{aligned} \tag{2.097}$$

Hierin bedeuten $\underline{Y}_{ik} = \underline{Y}_{ki}$ die Summe der Admittanzen der Zweige zwischen den Knoten i und k und $\underline{Y}_{ii}$ die Summe der Admittanzen aller von dem Knoten i ausgehenden Zweige. $\underline{I}_{Sq_i}$ ist die Summe der Produkte aus den Spannungen der Spannungsquellen mit den zugehörigen Admittanzen aller vom Knoten i ausgehenden Zweige einschließlich der Ströme der in den Knoten i einspeisenden Stromquellen. Dabei zählen die Spannungen und Ströme der Quellen, deren Bezugspfeile auf den Knoten i zu weisen, positiv, die anderen negativ.

Wählt man zur Kennzeichnung paralleler Zweige den Index p, gilt

$$\underline{Y}_{ik} = \underline{Y}_{ki} = \sum_{p} \underline{Y}_{ikp} \tag{2.098}$$

$$\underline{Y}_{ii} = \sum_{\substack{k=0 \\ k \neq i}}^{k=m} \underline{Y}_{ik} = \sum_{\substack{k=0 \\ k \neq i}}^{k=m} \sum_{p} \underline{Y}_{ikp} \tag{2.099}$$

$$\underline{I}_{Sq_i} = \sum_{\substack{k=0 \\ k \neq i}}^{k=m} \sum_{p} \underline{U}_{Sq_{kip}} \underline{Y}_{kip} + \sum_{\substack{k=0 \\ k \neq i}}^{k=m} \underline{I}_{Sq_{ki}}. \tag{2.100}$$

Hier ist anzumerken, daß Stromquellen nur allein, d. h. nicht in Reihe mit einer Impedanz, und außerdem nicht in allen Zweigen eines Knotens auftreten können. Die Admittanz eines Zweiges, der von einer (idealen) Stromquelle gebildet wird, ist Null, die eines Zweiges, der ausschließlich von einer (idealen) Spannungsquelle gebildet wird, unendlich (s. Abschn. 2.7.4). Im letzteren Fall ist es erforderlich, daß die Gleichungen, in denen die Admittanz des Zweiges mit der Spannungsquelle auftritt, mit dieser Admittanz durchdividiert werden. Man erhält auf diese Weise eine Beziehung zwischen der Spannung der Spannungsquelle und den zugehörigen Knotenspannungen. Das für die Knotenspannungen erhaltene Gleichungssystem ist systematisch aufgebaut. Es kann für ein beliebiges Netzwerk, wenn der Bezugsknoten gewählt ist und die anderen Knoten beziffert sind, sofort, ohne Zuhilfenahme einer Maschen- oder Knotengleichung, angeschrieben werden. Die Admittanzen nicht vorhandener Zweige sind Null zu setzen.

Welches der beiden beschriebenen Verfahren letzten Endes für die Berechnung eines Netzwerkes am zweckmäßigsten ist, hängt von der Zahl der unabhängigen Maschen und Knoten ab, da sie die Anzahl der Unbekannten bestimmen. Netzwerke, deren Zweigzahl p größer als die doppelte Zahl der unabhängigen Knoten ist

$$p > 2(q-1),$$

wird man wegen der geringeren Zahl der Unbekannten mit dem Verfahren der Knotenanalyse berechnen, Netzwerke deren Zweigzahl kleiner ist als die doppelte Zahl der unabhängigen Knoten

$$p < 2(q-1),$$

wird man aus demselben Grunde nach dem Verfahren der Maschenanalyse berechnen. Hat man es mit Netzwerken zu tun, bei denen diese beiden Zahlen übereinstimmen

$$p = 2(q-1),$$

so muß man beachten, daß beim Verfahren der Knotenanalyse die im allgemeinen gefragten Zweigströme nach der Lösung des Gleichungssystemes aus den gefundenen Unbekannten nach Gl. (2.095) errechnet werden müssen.

2.7.3 Der Überlagerungssatz

Der Überlagerungssatz besagt, daß die in einem linearen Netzwerk von mehreren Spannungsquellen und (oder) Stromquellen bewirkten Ströme und Spannungen gleich der Summe der entsprechenden Ströme und Spannungen sind, die im Netzwerk vorhanden sind, wenn jeweils nur eine der Quellen wirksam ist.

Die Richtigkeit dieses Satzes ist leicht zu erkennen: Berechnet man mit Hilfe der Kirchhoffschen Gleichungen die unabhängigen Ströme ($\underline{I}_i$) eines linearen Netzwerkes, stößt man auf ein lineares Gleichungssystem, auf dessen rechter Seite bekannte Spannungen von Spannungsquellen und bekannte Ströme von Stromquellen erscheinen. Löst man ein solches Gleichungssystem z. B. mit Hilfe der CRAMERschen Regel nach den Strömen auf, erhält man Ausdrücke folgender Form:

$$\begin{aligned} \underline{I}_i = {} & \underline{a}_{i1}\,\underline{U}_{Sq_1} + \underline{a}_{i2}\,\underline{U}_{Sq_2} + \cdots \\ & + \underline{\alpha}_{i1}\,\underline{I}_{Sq_1} + \underline{\alpha}_{i2}\,\underline{I}_{Sq_2} + \cdots . \end{aligned} \tag{2.101}$$

Hierin bedeuten $\underline{U}_{Sq_k}$ die Spannungen der Spannungsquellen und $\underline{I}_{Sq_k}$ die Ströme der Stromquellen. Die Koeffizienten $\underline{a}_{ik}$ haben die Dimension von Admittanzen, während die Koeffizienten $\underline{\alpha}_{ik}$ dimensionslos sind. Man sieht, daß sich die Ströme aus Anteilen zusammensetzen, die von den vorhandenen Quellen herrühren und die voneinander unabhängig sind. Dies bedeutet, daß die Stromanteile einer Quelle gleich den entsprechenden wirklichen Strömen sind, wenn alle anderen Quellen unwirksam sind. Bei Spannungsquellen bedeutet die Unwirksamkeit Kurzschluß, bei Stromquellen Unterbrechung (Bild 2.20).

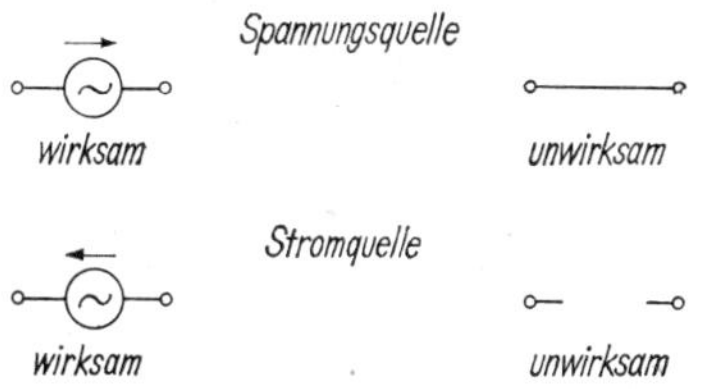

Bild 2.20 Wirksamkeit und Unwirksamkeit von Spannungs- und Stromquellen.

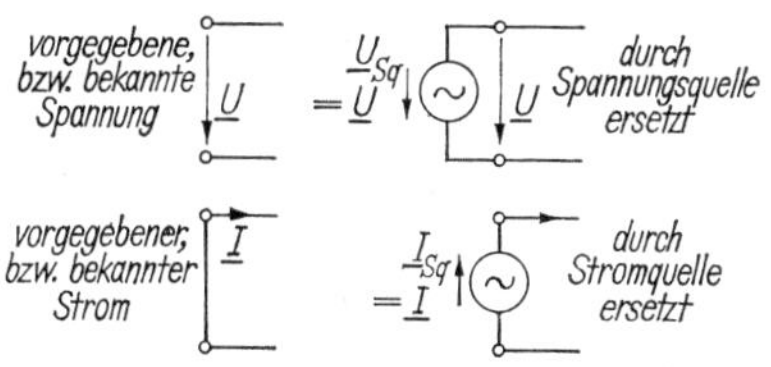

Bild 2.21 Ersatz vorgegebener Spannungen bzw. Ströme durch Spannungs- bzw. Stromquellen.

Auf gleiche Weise kann die Gültigkeit des Überlagerungssatzes auch für die Spannungen eines Netzwerkes (z. B. die Knotenspannungen) gezeigt werden.

Vorgegebene oder bekannte Spannungen und Ströme einzelner Zweige sind im Hinblick auf das Gleichungssystem den Spannungs- und Stromquellen gleichwertig. Auf sie erstreckt sich deshalb der Überlagerungssatz ebenfalls. Der Anschaulichkeit halber stellt man bekannte oder vorgegebene Spannungen bzw. Ströme, wenn vom Überlagerungssatz Gebrauch gemacht werden soll, als Spannungs- bzw. Stromquellen dar (Bild 2.21).

Die Anwendung des Überlagerungssatzes bringt bei der Netzberechnung dann Vorteile, wenn mit ihm ein vorliegendes, relativ kompliziertes Problem auf mehrere einfachere Probleme zurückgeführt werden kann.

2.7.4 Der Satz von der Ersatzspannungsquelle

Wie der Überlagerungssatz beruht auch der Satz von der Ersatzspannungsquelle auf der Linearität elektrischer Netze. Er besagt, daß jedes lineare Netzwerk bezüglich zweier beliebiger Klemmen ersetzt werden kann durch eine Reihenschaltung einer (idealen) Spannungsquelle, deren Spannung $\underline{U}_{Sq}$ gleich der mit $\underline{U}_0$ bezeichneten Spannung zwischen den betrachteten Klemmen des Netzwerkes ist, und einer Impedanz $\underline{Z}_i$, die gleich der resultierenden Impedanz des Netzwerkes zwischen diesen Klemmen ist (Bild 2.22).

Unter der resultierenden Impedanz eines Klemmenpaares versteht man die Impedanz, die sich an den Klemmen ergibt, wenn alle Quellen des Netzwerkes unwirksam sind.

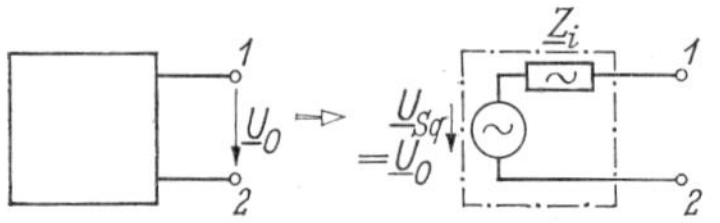

Bild 2.22 Ersatz eines beliebigen linearen, aktiven Netzes durch eine Ersatzspannungsquelle.

Dieser Satz erlaubt es, den Strom in einem einzelnen Zweig eines linearen Netzwerkes auf relativ einfache Weise zu berechnen, falls durch das Entfernen dieses Zweiges das Netzwerk wesentlich vereinfacht wird. Bei diesem Verfahren wird das ganze Netzwerk ohne den Zweig, dessen Strom berechnet werden soll, wie beschrieben, als „Ersatzspannungsquelle“ aufgefaßt (Bild 2.23).

Die Spannung $\underline{U}_{Sq}$ ist gleich der Spannung $\underline{U}_0$, die nach Öffnen des interessierenden Zweiges an der Unterbrechungsstelle ansteht. Die Im-

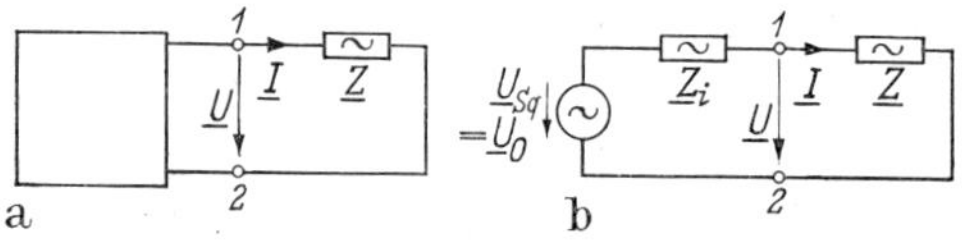

Bild 2.23a u. b a) Beliebiges lineares Netzwerk mit interessierendem Zweig 1—2; b) Netzwerk durch Ersatzspannungsquelle ersetzt.

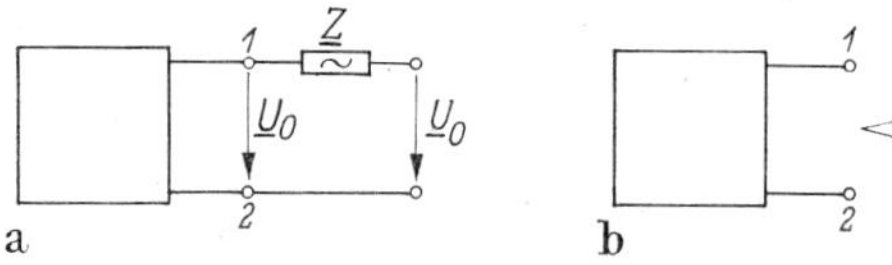

Bild 2.24a u. b a) Bestimmung von $\underline{U}_0$ durch Unterbrechen des interessierenden Zweiges; b) Ermittlung von $\underline{Z}_i$ bei unwirksamen Quellen.

pedanz $\underline{Z}_i$ ist gleich der resultierenden Impedanz des Netzwerkes zwischen den Klemmen 1 und 2 (Bild 2.24).

Sind $\underline{U}_0$ und $\underline{Z}_i$ bekannt, läßt sich der Strom im Zweig 1–2 nach Bild 2.23b angeben zu

$$\underline{I} = \frac{\underline{U}_0}{\underline{Z} + \underline{Z}_i}. \tag{2.102}$$

Der Beweis für die Richtigkeit dieses Verfahrens kann mit Hilfe des Überlagerungssatzes erbracht werden: Der Überlagerungssatz gilt, wie im vorigen Abschnitt erwähnt, nicht nur für Spannungen von Spannungsquellen, sondern auch für vorgegebene und bekannte Spannungen. Nimmt man die Spannung $\underline{U}_0$ an den Klemmen 1—2 als bekannt an und ersetzt sie durch eine Spannungsquelle mit der Spannung $\underline{U}_0$ (Bild 2.25a, b), so ergibt sich die Stromverteilung des in Bild 2.25a bzw. b dargestellten Falles aus der Überlagerung der Stromverteilungen der Fälle c und d in Bild 2.25.

Während in c nur die Quellen des Netzwerkes wirksam sind und die Spannungsquelle $\underline{U}_0$ kurzgeschlossen ist, ist in d nur die Spannungsquelle $\underline{U}_0$ wirksam, und die Quellen des Netzwerkes sind unwirksam.

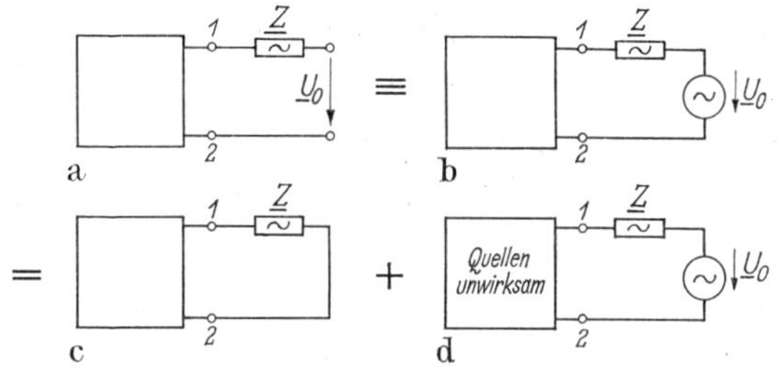

Bild 2.25 a – d Zum Beweis des Satzes von der Ersatzspannungsquelle mit Hilfe des Überlagerungsprinzips. In c sind nur die Quellen des Netzwerkes, in d ist nur die Spannungsquelle $\underline{U}_0$ wirksam.

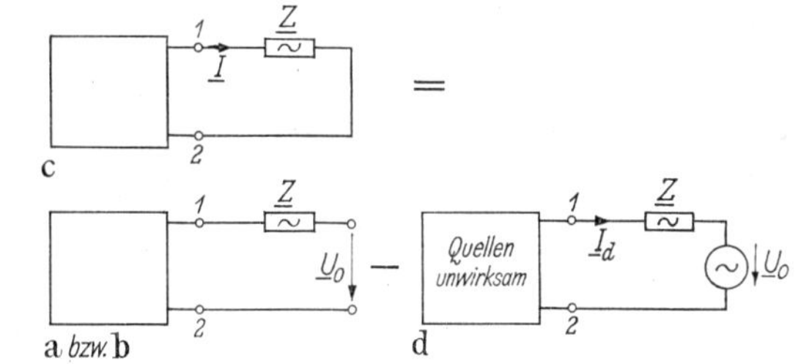

Bild 2.26 a – d Die Differenz der Stromverteilungen a bzw. b und d ergibt die gesuchte Stromverteilung c.

Die gesuchte Stromverteilung der Schaltung c ergibt sich durch Subtraktion der Stromverteilung der Schaltung d von der der Schaltung b bzw. a (Bild 2.26).

Für den Strom des Zweiges 1—2 erhält man, da a bzw. b hierzu nichts beiträgt, nur einen Anteil von d:

$$\underline{I} = -\underline{I}_d = \frac{\underline{U}_0}{\underline{Z} + \underline{Z}_i}. \qquad (2.103)$$

$\underline{U}_0$ und $\underline{Z}_i$ sind charakteristische Größen des Klemmenpaares 1–2. Nimmt die Impedanz $\underline{Z}$ den Wert Null an, so wird der dort fließende Strom $\underline{I}$ zum Kurzschlußstrom $\underline{I}_k$, der nach Gl. (2.103)

$$\underline{I}_k = \frac{\underline{U}_0}{\underline{Z}_i} \qquad (2.104)$$

ist. Auch der Kurzschlußstrom $\underline{I}_k$ ist eine charakteristische Größe des Klemmenpaares 1–2.

Um das beschriebene Verfahren zur Berechnung des Stromes in einem einzelnen Zweig eines Netzwerkes anwenden zu können, ist die Kenntnis zweier dieser charakteristischen Größen erforderlich. Die dritte läßt sich mit Hilfe der Beziehung (2.104) leicht finden. Welche am günstigsten direkt zu berechnen sind, ist von Fall zu Fall verschieden.

Wie gezeigt wurde, gibt die Ersatzspannungsquelle das Verhalten des Netzwerkes bezüglich der Klemmen 1 und 2 wieder. Ebenso kann dieses Verhalten durch eine Ersatz*strom*quelle, einer Parallelschaltung einer (idealen) Stromquelle mit einer Impedanz, wiedergegeben werden. Die Begründung dafür ist folgende: Für die Spannung an den Klemmen 1–2 ergibt sich für einen beliebigen Strom $\underline{I}$

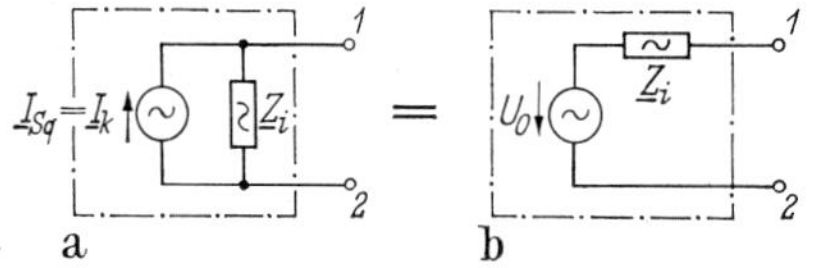

Bild 2.27a u. b Äquivalente Ersatzstromquelle (a) und Ersatzspannungsquelle (b).

$$\underline{U} = \underline{U}_0 - \underline{Z}_i \underline{I}. \quad (2.105)$$

Mit Gl. (2.104) wird hieraus

$$\underline{U} = \underline{Z}_i (\underline{I}_k - \underline{I}). \quad (2.106)$$

Wie sich leicht nachprüfen läßt, wird diese Gleichung durch die in Bild 2.27 wiedergegebene, aus der Parallelschaltung einer (idealen) Stromquelle $\underline{I}_{Sq} = \underline{I}_k$ mit der Impedanz $\underline{Z}_i$ bestehende „Ersatzstromquelle" erfüllt.

Dies bedeutet, daß Ersatzspannungs- und Ersatzstromquelle bezüglich ihrer Klemmen gleichwertig sind, wenn die Beziehung $\underline{U}_{Sq} = \underline{Z}_i \underline{I}_{Sq}$ erfüllt und die Impedanzen $\underline{Z}_i$ die gleichen sind. Es kann jeweils die eine in die andere umgerechnet werden, sofern $\underline{Z}_i$ endlich ist.

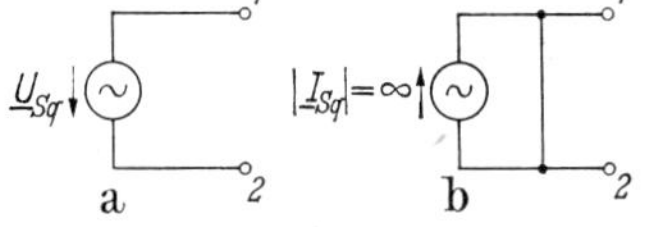

Bild 2.28a u. b Formale Umwandlung einer (idealen) Spannungsquelle in die entsprechende Ersatzstromquelle.

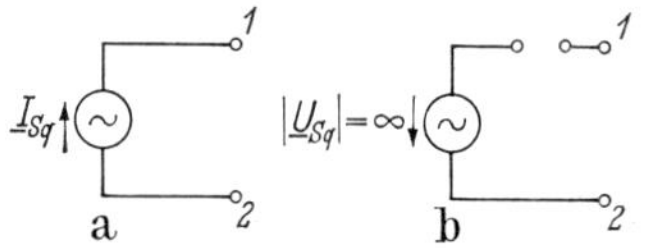

Bild 2.29a u. b Formale Umwandlung einer (idealen) Stromquelle in die entsprechende Spannungsquelle.

Läßt man $\underline{Z}_i$ gegen Null gehen, so wird die Ersatz*spannungs*quelle zur (idealen) Spannungsquelle, die zugehörige Ersatz*strom*quelle zu einer kurzgeschlossenen (idealen) Stromquelle mit unendlich großem Strom (Bild 2.28)

Läßt man $\underline{Z}_i$ dagegen nach unendlich gehen, wird die Ersatz*strom*quelle zur (idealen) Stromquelle, während die zugehörige Ersatzspannungsquelle zur Reihenschaltung einer Spannungsquelle mit unendlich großer Spannung und einer unendlich großen Impedanz (Unterbrechung) wird (Bild 2.29). Hieraus kann man entnehmen, daß das Unwirksammachen einer idealen Spannungsquelle einen Kurzschluß, das Unwirksammachen einer idealen Stromquelle jedoch eine Unterbrechung zwischen den Klemmen 1–2 ergibt.

2.7.5 Umwandlung eines Impedanzdreiecks in einen Impedanzstern und umgekehrt

Die Stern-Dreieckumwandlung wie die Dreieck-Sternumwandlung gehören zu den am meisten vorkommenden „Netzumwandlungen". Hierunter versteht man die Umformung von Teilen eines Netzwerkes derart, daß die Berechnung des Gesamtnetzwerkes dadurch erleichtert wird. Im allgemeinen beschränkt man sich auf die Umwandlung passiver, d. h. keine Quellen enthaltender Netzwerksteile.

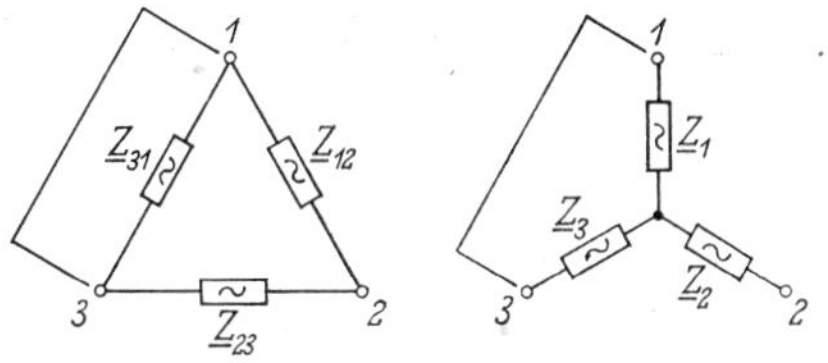

Bild 2.30 Zur Dreieck-Stern- und Stern-Dreieckumwandlung.

In Bild 2.30 sind ein Impedanzdreieck und ein dreistrahliger Impedanzstern dargestellt. Wenn beide Schaltungen äquivalent sein sollen, müssen die resultierenden Impedanzen der Klemmenpaare 1–2, 2–3 und 3–1 sowohl für das Dreieck als auch für den Stern jeweils gleich sein. Diese Bedingung liefert drei Gleichungen, in denen die Impedanzen des Sternes eindeutig durch die des Dreiecks und umgekehrt bestimmt sind. Es muß sein:

$$\underline{Z}_1 + \underline{Z}_2 = \frac{\underline{Z}_{12}(\underline{Z}_{23} + \underline{Z}_{31})}{\underline{Z}_{12} + \underline{Z}_{23} + \underline{Z}_{31}} \tag{2.107a}$$

$$\underline{Z}_2 + \underline{Z}_3 = \frac{\underline{Z}_{23}(\underline{Z}_{31} + \underline{Z}_{12})}{\underline{Z}_{12} + \underline{Z}_{23} + \underline{Z}_{31}} \tag{2.107b}$$

$$\underline{Z}_3 + \underline{Z}_1 = \frac{\underline{Z}_{31}(\underline{Z}_{12} + \underline{Z}_{23})}{\underline{Z}_{12} + \underline{Z}_{23} + \underline{Z}_{31}}. \tag{2.107c}$$

Subtrahiert man Gl. (2.107b) von Gl. (2.107a) und addiert Gl. (2.107c), so wird

$$\underline{Z}_1 = \frac{\underline{Z}_{12}\,\underline{Z}_{31}}{\underline{Z}_{12} + \underline{Z}_{23} + \underline{Z}_{31}}.$$

Durch zyklisches Vertauschen der Indizes erhält man für $\underline{Z}_2$ und $\underline{Z}_3$

$$\underline{Z}_2 = \frac{\underline{Z}_{23}\underline{Z}_{12}}{\underline{Z}_{12} + \underline{Z}_{23} + \underline{Z}_{31}}$$
$$\underline{Z}_3 = \frac{\underline{Z}_{31}\underline{Z}_{23}}{\underline{Z}_{12} + \underline{Z}_{23} + \underline{Z}_{31}}. \tag{2.108}$$

Löst man das Gleichungssystem (2.108) nach den Dreiecksimpedanzen $\underline{Z}_{12}$, $\underline{Z}_{23}$ und $\underline{Z}_{31}$ auf, so erhält man die Transformationsgleichungen für die Umwandlung eines dreistrahligen Impedanzsternes in ein Impedanzdreieck. Die Auflösung des genannten Gleichungssystemes nach den Dreiecksimpedanzen ist etwas umständlich. Das gewünschte Ergebnis kann auf nachstehende Art leichter gewonnen werden.

Sind beide Schaltungen äquivalent, ist diese Äquivalenz unabhängig davon, was an den einzelnen Klemmen angeschlossen ist, gegeben. Schließt man z. B. das Klemmenpaar 1–3 kurz, so ergibt sich für die resultierende Admittanz zwischen den Klemmen 3/1 und 2

$$\underline{Y}_{12} + \underline{Y}_{23} = \frac{\underline{Y}_2(\underline{Y}_3 + \underline{Y}_1)}{\underline{Y}_1 + \underline{Y}_2 + \underline{Y}_3}.$$

Durch zyklisches Vertauschen der Indizes erhält man entsprechende Gleichungen, die sich bei Kurzschluß der Klemmen 1–2 und 2–3 ergeben würden. Die so erhaltenen Gleichungen sind genauso aufgebaut wie die Gln. (2.107). Nur stehen an Stelle der Impedanzen Admittanzen und statt der Indizes 1, 2, 3 die Indizes 23, 31 und 12. Das Ergebnis findet man deshalb auf dem gleichen Weg wie oben. Es wird

$$\underline{Y}_{23} = \frac{\underline{Y}_3\underline{Y}_2}{\underline{Y}_1 + \underline{Y}_2 + \underline{Y}_3}, \quad \underline{Y}_{31} = \frac{\underline{Y}_1\underline{Y}_3}{\underline{Y}_1 + \underline{Y}_2 + \underline{Y}_3}, \quad \underline{Y}_{12} = \frac{\underline{Y}_2\underline{Y}_1}{\underline{Y}_1 + \underline{Y}_2 + \underline{Y}_3}$$

oder in Impedanzen ausgedrückt

$$\underline{Z}_{23} = \underline{Z}_2 + \underline{Z}_3 + \frac{\underline{Z}_2\underline{Z}_3}{\underline{Z}_1}$$
$$\underline{Z}_{31} = \underline{Z}_3 + \underline{Z}_1 + \frac{\underline{Z}_3\underline{Z}_1}{\underline{Z}_2} \tag{2.108a}$$
$$\underline{Z}_{12} = \underline{Z}_1 + \underline{Z}_2 + \frac{\underline{Z}_1\underline{Z}_2}{\underline{Z}_3}.$$

Es liegt nahe, zu überlegen, ob eine entsprechende Transformation auch bei Netzteilen mit mehr als drei Knoten möglich ist, also z. B. die Umwandlung eines vierstrahligen Sternes in ein Viereck.

Sollen beide Netzgebilde, n-strahliger Stern und n-Eck gleichwertig sein, so müssen sich für einander entsprechende Klemmenpaare gleiche resultierende Impedanzen bzw. Admittanzen ergeben. Ein Netzgebilde (Stern oder Vieleck) mit n Knoten hat $\frac{n}{2}(n-1)$ verschiedene äußere Klemmenpaare, d. h. es ergeben sich ebenso viele Gleichungen. Nun besitzt aber ein Impedanzstern mit n Strahlen und ein Impedanzvieleck (ohne Diagonalverbindungen) nur n Impedanzen. Das bedeutet, daß für $n > 3$ die n Impedanzen durch die $\frac{n}{2}(n-1)$ Gleichungen überbestimmt sind und eine Umwandlung nicht möglich ist.

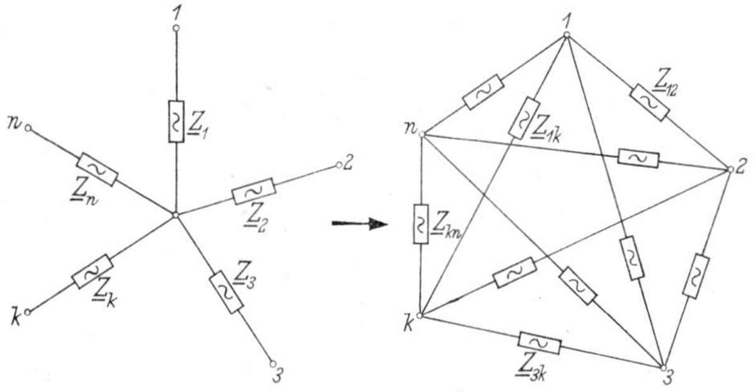

Bild 2.30a Umwandlung eines n-strahligen Sterns in ein vollständiges n-Eck.

Läßt man Diagonalverbindungen im Vieleck zu, so stimmt dort die Anzahl der Impedanzen mit der Anzahl der Gleichungen überein. Die Umwandlung eines n-strahligen Sternes in ein n-Eck mit allen möglichen Diagonalverbindungen, ein sog. vollständiges n-Eck, ist deshalb möglich, aber nur in dieser Richtung. Der Gewinn ist hierbei jedoch nicht so groß wie bei der Stern-Dreiecktransformation, da das Verschwinden eines Knotens durch die Zunahme der Zahl der Zweige im Netzwerk erkauft wird.

Bild 2.30a veranschaulicht eine derartige Umwandlung. Die Impedanz $\underline{Z}_{ki}$ des vollständigen n-Ecks errechnet sich aus den Impedanzen des n-strahligen Sterns nach folgender Beziehung:

$$\underline{Z}_{ki} = \frac{\underline{Z}_k \underline{Z}_i}{\underline{Z}} \quad \text{mit} \quad \frac{1}{\underline{Z}} = \sum_{\nu=1}^{n} \frac{1}{\underline{Z}_\nu}. \tag{2.109}$$

$\underline{Z}$ stellt die Impedanz zwischen den zusammengefaßten Klemmen 1 bis n des Sterns und seinem Mittelpunkt dar.

2.8 Elektrische Leistung

Unter der elektrischen Leistung versteht man allgemein die vom elektrischen Feld in der Zeiteinheit geleistete Arbeit. Ein beliebiges Netzwerk, an dessen Klemmen 1–2 eine Spannung in Richtung des angenommenen Spannungspfeiles u liegt und ein Strom i in Richtung des angenommenen Strompfeiles fließt, nimmt an diesem Klemmenpaar die elektrische Leistung

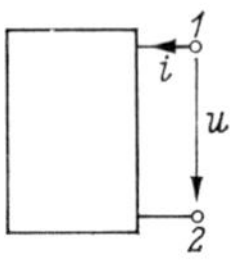

Bild 2.31 Leistungsaufnahme bei gleichgerichtetem Spannungs- und Strompfeil.

$$p_{12} = u\,i \tag{2.110a}$$

auf, wenn Spannungs- und Strompfeil gleichgerichtet sind, und

$$p_{12} = -u\,i, \tag{2,110b}$$

wenn sie entgegengesetzt sind. Gleichgerichtet heißt z. B., daß, wenn der Spannungspfeil von Klemme 1 nach Klemme 2 weist, die durch den Strompfeil angedeutete Fließrichtung des Stromes innerhalb des Zweipoles ebenfalls von Klemme 1 nach Klemme 2 führt.

Ergibt p_{12} einen positiven Wert, bedeutet dies, wie oben gesagt, daß das elektrische Feld Arbeit leistet. Es wird also elektrische Energie in eine andere Energieform innerhalb des angedeuteten Netzwerkes umgewandelt. Das Netzwerk nimmt Leistung auf. Ist p_{12} negativ, so wird innerhalb des Netzwerkes elektrische Energie erzeugt und über die Klemmen 1–2 nach außen abgegeführt: das Netzwerk gibt Leistung ab.

Spannungs- und Stromquellen geben im allgemeinen Leistung ab. Es ist deshalb angebracht, den Strompfeil der Spannungsquelle bzw. den Spannungspfeil der Stromquelle entgegengesetzt dem zugehörigen Spannungs- bzw. Strompfeil zu wählen. Der Strom, der durch die Spannungsquelle fließt, und die Spannung, die an der Stromquelle liegt, werden dann positiv, wenn tatsächlich Leistung abgegeben wird.

Sind u und i beliebige Wechselgrößen, so wird die Leistung $p = u\,i$ eine periodische Größe, jedoch im allgemeinen keine Wechselgröße, d. h. ihr lineares Mittel ist nicht Null.

Das lineare Mittel der Leistung wird als Wirkleistung bezeichnet.

$$P = \frac{1}{T}\int_{\tau}^{\tau+T} p(t)\,dt = \frac{1}{T}\int_{\tau}^{\tau+T} u(t)\,i(t)\,dt. \tag{2.111}$$

Sind u und i als Fourierreihen nach Gl. (2.013) gegeben, so erhält man auf gleiche Weise, wie in Abschn. 2.2 der Effektivwert einer Wechselgröße berechnet wurde,

$$P = \sum_{k=1}^{k=n} U_k I_k \cos \varphi_k , \tag{2.112}$$

wobei $\varphi_k = \varphi_{uk} - \varphi_{ik}$ die Phasendifferenz oder Phasenverschiebung von Spannung und Strom der k-ten Harmonischen ist. Insbesondere wird bei sinusförmiger Spannung und sinusförmigem Strom

$$P = P_1 = U I \cos \varphi_1 . \tag{2.113}$$

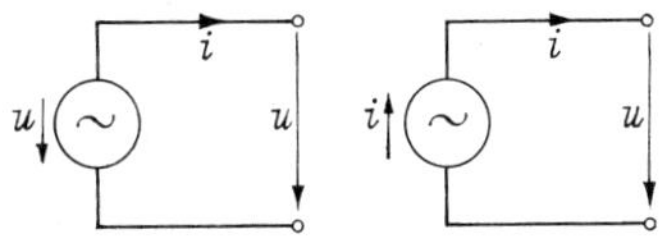

Bild 2.32 Zweckmäßige Annahme der Strom- und Spannungspfeile bei Spannungs- und Stromquelle.

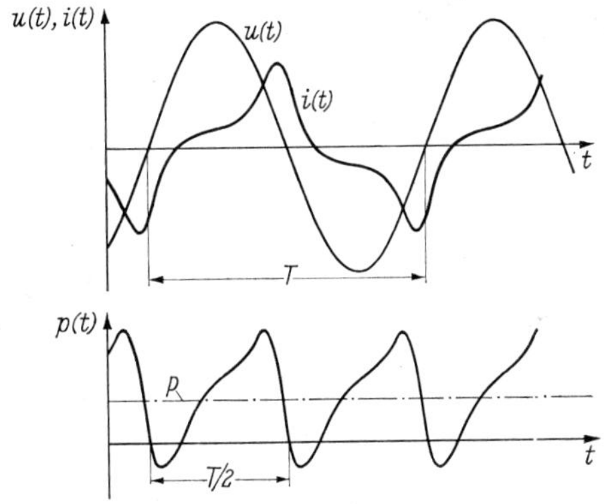

Bild 2.33 Augenblickswert der Leistung.

Die sogenannte Scheinleistung ist definiert als Produkt der Effektivwerte von Strom und Spannung

$$S = U I = \sqrt{\frac{1}{T} \int_{\tau}^{\tau+T} u^2(t)\, dt} \cdot \sqrt{\frac{1}{T} \int_{\tau}^{\tau+T} i^2(t)\, dt} , \tag{2.114}$$

die sog. Blindleistung als

$$Q = \sqrt{S^2 - P^2} . \tag{2.115}$$

Beide Größen sind für beliebigen zeitlichen Verlauf von Spannung und Strom nicht anschaulich zu deuten. Für den Fall der sinusförmigen Spannung und des sinusförmigen Stromes ist dies möglich, wie im folgenden gezeigt wird. Der Wert der Blindleistung ergibt sich für diesen Fall aus Gl. (2.115) zu

$$Q = \sqrt{(U I)^2 - (U I)^2 \cos^2 \varphi} = U I \sin \varphi . \tag{2.116}$$

Für den Fall der sinusförmigen Spannung und des sinusförmigen Stromes soll der zeitliche Verlauf der Leistung ermittelt werden.

Ist

$$u(t) = \frac{1}{2}\,\hat{u}\left\{\underline{/\omega t + \varphi_u} + \underline{/-(\omega t + \varphi_u)}\right\}$$

und

$$i(t) = \frac{1}{2}\,\hat{\imath}\left\{\underline{/\omega t + \varphi_i} + \underline{/-(\omega t + \varphi_i)}\right\},$$

wird

$$p(t) = \frac{1}{4}\,\hat{u}\hat{\imath}\left\{\underline{/2\omega t + \varphi_u + \varphi_i} + \underline{/-(2\omega t + \varphi_u + \varphi_i)}\right.$$

$$\left. + \underline{/\varphi_u - \varphi_i} + \underline{/-(\varphi_u - \varphi_i)}\right\}$$

$$= \frac{1}{2}\left\{\underline{U}\,\underline{I}\,\underline{/2\omega t} + \underline{U}^*\underline{I}^*\,\underline{/-2\omega t} + \underline{U}\,\underline{I}^* + \underline{U}^*\underline{I}\right\}.$$

Setzt man φ_u willkürlich gleich Null, so erhält man mit $\varphi_u - \varphi_i = \varphi$

$$p(t) = U I\,[\cos(2\omega t - \varphi) + \cos\varphi], \tag{2.117}$$

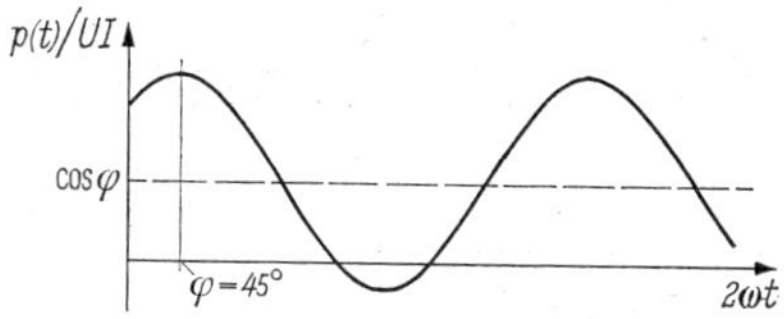

Bild 2.34 Augenblickswert der Leistung bei sinusförmiger Spannung und sinusförmigem Strom. $\varphi = \frac{\pi}{4} = 45°$.

d. h. die Leistung schwingt mit doppelter Frequenz und der Amplitude UI um ihren zeitlichen Mittelwert, die Wirkleistung. In Bild 2.34 ist der Verlauf einer solchen Leistungsschwingung für $\varphi = \frac{\pi}{4}$ dargestellt.

Ist $\varphi = 0$, so ist $\cos\varphi = 1$, und die Leistungsschwingung verläuft ganz oberhalb der Zeitachse und berüht diese nur in ihrem Minimum bei $2\omega t = \pi$. Ihre Gleichung lautet

$$p(t)\,|_{\varphi=0} = UI(\cos 2\omega t + 1). \tag{2.118}$$

Ist $\varphi = \pm\,\pi/2$, so ist $\cos\varphi = 0$. Die Leistungsschwingung liegt symmetrisch zur Zeitachse, ihr zeitlicher Mittelwert, die Wirkleistung, ist Null. Die zugehörige Gleichung lautet

$$p(t)\,|_{\varphi=\pm\pi/2} = UI\cos\left(2\omega t \mp \frac{\pi}{2}\right). \tag{2.119}$$

Die Leistungsschwingung mit beliebigem φ läßt sich durch eine trigonometrische Umformung in zwei Anteile aufspalten:

$$\begin{aligned} p(t) &= UI[\cos(2\omega t - \varphi) + \cos\varphi] \\ &= UI\cos\varphi[\cos 2\omega t + 1] \\ &\quad + UI\sin\varphi\cdot\cos\left(2\omega t - \frac{\pi}{2}\right) \\ &= p_w(t) + p_b(t)\,. \end{aligned} \tag{2.120}$$

Der erste Anteil $p_w(t)$ hat die gleiche Form wie die Leistungsschwingung für $\varphi = 0$, mit dem Unterschied, daß die Amplitude nur $UI\cos\varphi$ ist. Der Mittelwert des ersten Anteiles ist gleich dem Mittelwert der gesamten Schwingung $UI\cos\varphi$.

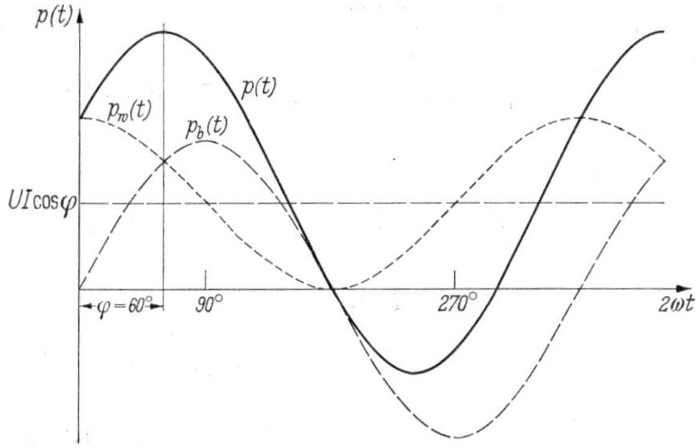

Bild 2.35 Aufspalten einer Leistungsschwingung.

Der zweite Anteil $p_b(t)$ hat die Form der Leistungsschwingung für $\varphi = \pm\pi/2$. Die Amplitude beträgt jedoch $UI\sin\varphi$ und ist gleich der Blindleistung der gesamten Leistung $p(t)$. Der Mittelwert des zweiten Anteils ist Null.

Für sinusförmigen Strom und sinusförmige Spannung ist die Scheinleistung gleich der Amplitude der Leistungsschwingung, die Blindleistung gleich der Amplitude des durch die angegebene trigonometrische Umformung erhaltenen Anteiles $p_b(t)$ der Leistungsschwingung.

Die komplexe Scheinleistung. Für sinusförmige Spannung und sinusförmigen Strom ergab sich im vorigen für die Wirkleistung

$$P = UI\cos\varphi$$

oder mit $\varphi = \varphi_u - \varphi_i$ und $\cos\alpha = 1/2\left(\underline{/\alpha} + \underline{/-\alpha}\right)$

$$P = U I \frac{1}{2}\left[\underline{/\varphi_u - \varphi_i} + \underline{/-(\varphi_u - \varphi_i)}\right] = \frac{1}{2}\left(\underline{U}\,\underline{I}^* + \underline{U}^*\underline{I}\right), \quad (2.121)$$

für die Blindleistung

$$Q = U I \sin\varphi$$

oder mit $\varphi = \varphi_u - \varphi_i$ und $\sin\alpha = \frac{1}{2j}\left(\underline{/\alpha} - \underline{/-\alpha}\right)$

$$Q = U I \frac{1}{2j}\left[\underline{/\varphi_u - \varphi_i} - \underline{/-(\varphi_u - \varphi_i)}\right] = \frac{1}{2j}\left(\underline{U}\,\underline{I}^* - \underline{U}^*\underline{I}\right). \quad (2.122)$$

Definiert man die komplexe Größe $\underline{U}\,\underline{I}^*$, deren Betrag gleich der Scheinleistung ist, als Scheinleistungszeiger $\underline{S}$,

$$\underline{S} = \underline{U}\,\underline{I}^*, \quad (2.123)$$

so wird

$$P = \frac{1}{2}\left(\underline{S} + \underline{S}^*\right) \qquad Q = \frac{1}{2j}\left(\underline{S} - \underline{S}^*\right) \quad (2.124)$$

und hieraus $\underline{S}$ selbst

$$\underline{S} = P + jQ \quad (2.125)$$

und

$$\begin{aligned} P &= Re\,\underline{S} = Re(\underline{U}\,\underline{I}^*) \\ Q &= Im\,\underline{S} = Im(\underline{U}\,\underline{I}^*). \end{aligned} \quad (2.126)$$

Wirk- und Blindleistung sind nach den Gln. (2.113) und (2.116) eindeutig der Schwingung der Wechselstromleistung zugeordnet. Dies bedeutet, daß, wenn die Leistungsschwingung $p(t)$ gleich der Summe mehrerer Leistungsschwingungen $p_k(t)$

$$p(t) = \sum_{k=1}^{k=n} p_k(t) \quad (2.127)$$

ist, Wirkleistung und Blindleistung von $p(t)$ auch gleich der Summe der Wirk- bzw. Blindleistungen der Leistungsschwingungen $p_k(t)$ sind:

$$P = \sum_{k=1}^{k=n} P_k \quad (2.128\,\text{a})$$

$$Q = \sum_{k=1}^{k=n} Q_k. \quad (2.128\,\text{b})$$

Hieraus ergibt sich nach Gl. (2.125) für den Scheinleistungszeiger

$$\underline{S} = \sum_{k=n}^{k=1} \underline{S}_k. \tag{2.128c}$$

Als einfaches Beispiel für die Rechnung mit dem Scheinleistungszeiger $\underline{S}$ sei Wirk- und Blindleistung einer beliebigen Impedanz, die einmal als Reihenschaltung und einmal als Parallelschaltung eines ohmschen Widerstandes und einer Reaktanz aufgefaßt wird, berechnet.

Mit den in Bild 2.36 angenommenen Pfeilrichtungen ist zunächst die Leistungsschwingung

$$p(t) = u(t)\, i(t)$$

und der zugehörige Scheinleistungszeiger, auch komplexe Scheinleistung genannt,

$$\underline{S} = \underline{U}\,\underline{I}^*. \tag{2.123}$$

Außerdem gilt bei den angenommenen Pfeilrichtungen

$$\underline{I} = \frac{\underline{U}}{\underline{Z}} = \underline{U}\,\underline{Y}.$$

Hiermit wird

$$\underline{S} = \frac{U^2}{\underline{Z}^*} = \frac{U^2}{Z^2}\,\underline{Z} = U^2\,\underline{Y}^*.$$

Wird $\underline{Z}$ als Reihenschaltung $\underline{Z} = R_R + j X_R$ aufgefaßt (Bild 2.36b), erhält man für Wirk- und Blindleistung

$$P = \frac{U^2}{Z^2} R_R$$

$$Q = \frac{U^2}{Z^2} X_R.$$

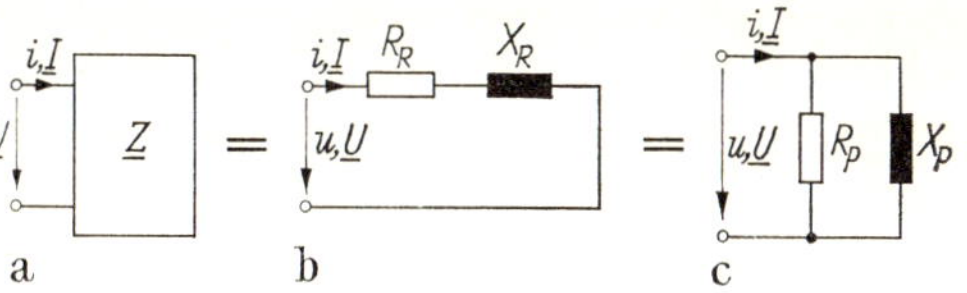

Bild 2.36a–c Darstellung einer beliebigen Impedanz durch eine Reihen- oder Parallelschaltung eines ohmschen Widerstandes und einer Reaktanz.

Ist dagegen $\frac{1}{\underline{Z}} = \underline{Y} = \frac{1}{R_P} + \frac{1}{j X_P}$ (Bild 2.36c), so wird

$$P = \frac{U^2}{R_P} \tag{2.129a}$$

$$Q = \frac{U^2}{X_P}. \tag{2.129b}$$

Aus den Gln. (2.129a) und (2.129b) lassen sich leicht die Umwandlungsgleichungen für die Umwandlung einer Reihenschaltung aus ohmschem Widerstand und einer Reaktanz in eine Parallelschaltung eines ohmschen Widerstandes und einer Reaktanz ablesen:

$$R_R R_P = Z^2 \quad \text{und} \quad X_R X_P = Z^2. \tag{2.130}$$

2.9 Übungsaufgaben zu Kapitel 2

Aufgabe 1

Reihen- und Parallelschaltung von Impedanzen. In Bild 2.37 ist eine Schaltung dargestellt, die durch eine Spannungsquelle mit sinusförmiger Spannung der Frequenz $\frac{\omega}{2\pi}$ gespeist wird. Es sollen die Ströme $\underline{I}_1$ und $\underline{I}_2$ und die Spannungen $\underline{U}_1$ und $\underline{U}_2$ berechnet und in einem Zeigerdiagramm dargestellt werden. Der ohmsche Widerstand R, die Induktivität L und die Kapazität C seien so gewählt, daß $R = \omega L = X_L = \frac{1}{\omega C} = X_C = 1\ \mathrm{k\Omega}$ ist. Sie Spannung der Spannungsquelle sei $\underline{U}_{Sq} = 100\ \underline{/0^\circ}\ \mathrm{V}$.

Nach den Gln. (2.087) und (2.091) ergibt sich für die resultierende Impedanz zwischen den Klemmen 1 und 2

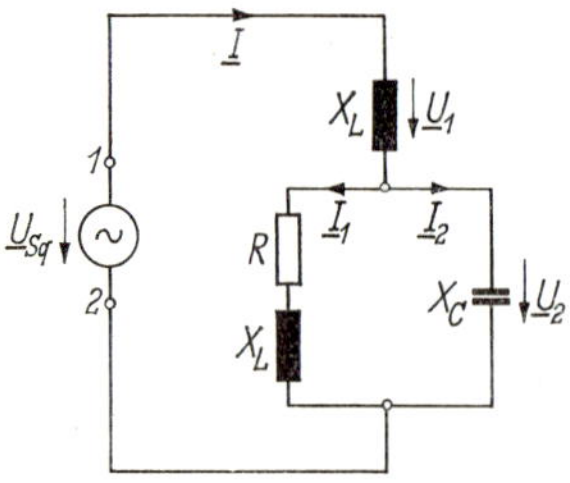

Bild 2.37 Schaltung zu Übungsaufgabe 1 von Kapitel 2.

$$\underline{Z}_{12} = jX_L + \frac{1}{\dfrac{1}{R + jX_L} + \dfrac{1}{-jX_C}}.$$

Setzt man die gegebenen Werte für R, X_L und X_C ein, so wird

$$\underline{Z}_{12} = \left(j + \frac{1}{\dfrac{1}{1+j} + \dfrac{1}{-j}}\right) \mathrm{k\Omega} = 1\ \underline{/0^\circ}\ \mathrm{k\Omega}.$$

Der Strom $\underline{I}$ ist dann

$$\underline{I} = \frac{\underline{U}_{Sq}}{\underline{Z}_{12}} = \frac{100\ \underline{/0^\circ}\ \mathrm{V}}{1\ \underline{/0^\circ}\ \mathrm{k\Omega}} = 0{,}1\ \underline{/0^\circ}\ \mathrm{A}.$$

Nach Gl. (2.088) verhalten sich die Zeiger der Ströme einer Parallelschaltung wie die zugehörigen Admittanzen bzw. umgekehrt wie die zugehörigen Impedanzen. Es gilt daher

$$\frac{\underline{I}_1}{\underline{I}_2} = \frac{\dfrac{1}{R + jX_L}}{\dfrac{1}{-jX_C}}.$$

Die gegebenen Werte eingesetzt, gibt

$$\frac{\underline{I}_1}{\underline{I}_2} = -\frac{j}{1+j}.$$

Ferner ist nach Gl. (2.089)

$$\underline{I} = \underline{I}_1 + \underline{I}_2,$$

so daß

$$\underline{I}_1 = -j\underline{I} = 0{,}1 \,\underline{/-90^\circ}\,\text{A},$$

$$\underline{I}_2 = (1+j)\,\underline{I} = \sqrt{2}\cdot 0{,}1 \,\underline{/45^\circ}\,\text{A}$$

wird. Die gesuchten Spannungen ergeben sich zu

$$\underline{U}_1 = \underline{I}\cdot jX_L = 0{,}1\text{ A}\cdot 1\text{ k}\Omega \,\underline{/90^\circ} = 100 \,\underline{/90^\circ}\,\text{V}$$

$$\underline{U}_2 = \underline{I}_2(-jX_C) = 0{,}1\cdot\sqrt{2}\,\underline{/45^\circ}\,\text{A}\cdot 1\text{ k}\Omega\,\underline{/-90^\circ} = 100\sqrt{2}\,\underline{/-45^\circ}\,\text{V}.$$

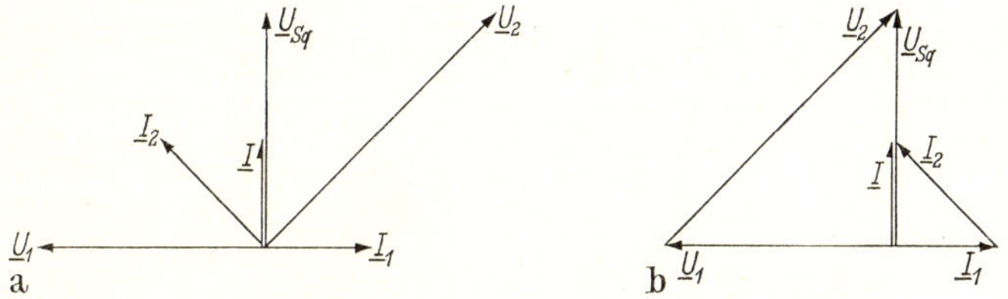

Bild 2.38a u. b Zeigerdiagramme zu Übungsaufgabe 1 von Kapitel 2.
a) Normale Darstellung; b) topografische Darstellung.

In Bild 2.38 ist das Zeigerdiagramm der Spannungen und Ströme wiedergegeben, und zwar in Bild 2.38a in normaler, in 2.38b in topografischer Darstellung.

Aufgabe 2

Berechnung der Stromverteilung in einem Netzwerk mit dem Verfahren der Maschenanalyse und der Knotenanalyse. Es sollen die Ströme in den Zweigen des in Bild 2.39 wiedergegebenen Netzwerkes a) mit dem Verfahren der Maschenanalyse, b) mit dem Verfahren der Knotenanalyse berechnet werden. Die Zweigimpedanzen bestehen der Einfachheit halber nur aus ohmschen Widerständen.

Zu 2a: Die Bezifferung der Knoten in Bild 2.39 ist bereits so gewählt, daß sie für die Knotenanalyse geeignet ist. Ein Knoten ist als Bezugsknoten mit der Ziffer Null bezeichnet. Die Anzahl der Knoten beträgt $q = 4$, die der Zweige $p = 6$. Es ergeben sich drei unabhängige Knoten und drei unabhängige Maschen. Als unabhängige Maschen seien die Maschen 1–2–0–1, 2–3–0–2 und 1–2–3–1 gewählt. Dieser Wahl entspricht der in Bild 2.40 stark ausgezogene vollständige Baum. Die in den unabhängigen Maschen fließenden Maschenströme sind ebenfalls in Bild 2.40 mit ihren beliebig wählbaren Richtungen eingezeichnet.

Nach (2.093) wird nun, wenn die Gleichungen durch die Einheit Ω dividiert werden,

$$\begin{aligned} 10\,\underline{I}_1 - 2\,\underline{I}_2 - 4\,\underline{I}_3 &= 0 \\ -2\,\underline{I}_1 + 11\,\underline{I}_2 - 5\,\underline{I}_3 &= 100\text{ A} \\ -4\,\underline{I}_1 - 5\,\underline{I}_2 + 14\,\underline{I}_3 &= 150\text{ A}. \end{aligned}$$

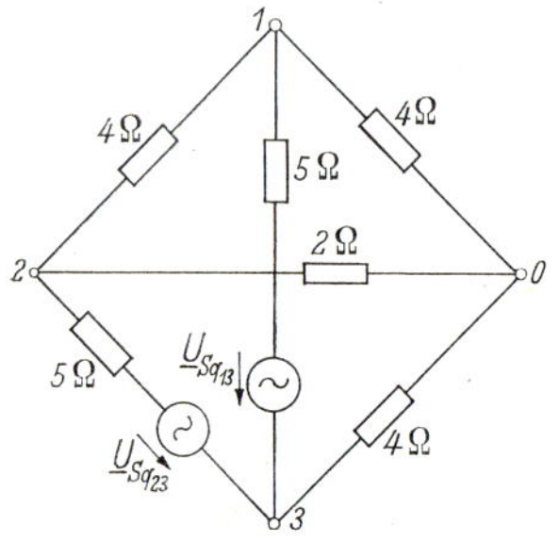

Bild 2.39 Schaltung zu Übungsaufgabe 2 von Kapitel 2.
$p = 6,\ q = 4,\ q - 1 = 3,\ p - (q - 1) = 3,$
$\underline{U}_{Sq_{12}} = 100\ \underline{/0°}\text{ V},\ \underline{U}_{Sq_{23}} = 150\ \underline{/0°}\text{ V}.$

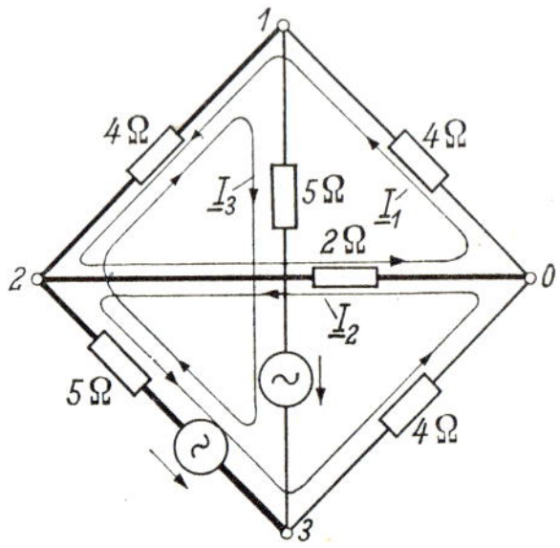

Bild 2.40 Maschenströme und zugehöriger vollständiger Baum des Netzwerkes aus Bild 2.39.

Löst man dieses Gleichungssystem mit der Cramerschen Regel auf, so wird

$$\underline{I}_1 = \frac{D_1}{D} = -\,7{,}669\text{ A},\quad \underline{I}_2 = \frac{D_2}{D} = -\,15{,}644\text{ A},\quad \underline{I}_3 = \frac{D_3}{D} = -\,11{,}350\text{ A}.$$

Hierbei ist

$$D = \begin{vmatrix} 10 & -2 & -4 \\ -2 & 11 & -5 \\ -4 & -5 & 14 \end{vmatrix} = 978,$$

$$D_1 = \begin{vmatrix} 0 & -2 & -4 \\ 100 & 11 & -5 \\ 150 & -5 & 14 \end{vmatrix} \cdot A = -\,7500\text{ A},$$

$$D_2 = \begin{vmatrix} 10 & 0 & -4 \\ -2 & 100 & -5 \\ -4 & 150 & -14 \end{vmatrix} \cdot A = -\,15300\text{ A},$$

$$D_3 = \begin{vmatrix} 10 & -2 & 0 \\ -2 & 11 & 100 \\ -4 & -5 & 150 \end{vmatrix} \cdot A = -\,11100\text{ A}.$$

Die gesuchten Zweigströme werden hiermit

$$\underline{I}_{01} = \underline{I}_1 = -7{,}669\ \text{A},\quad \underline{I}_{02} = \underline{I}_2 - \underline{I}_1 = -7{,}975\ \text{A},$$
$$\underline{I}_{03} = -\underline{I}_2 = 15{,}644\ \text{A},\quad \underline{I}_{12} = \underline{I}_1 - \underline{I}_3 = 3{,}681\ \text{A},$$
$$\underline{I}_{13} = \underline{I}_3 = -11{,}350\ \text{A},\quad \underline{I}_{23} = \underline{I}_2 - \underline{I}_3 = -4{,}294\ \text{A}.$$

Zu 2b: In Bild 2.41 ist das zu untersuchende Netzwerk noch einmal dargestellt. An Stelle der ohmschen Widerstände sind jedoch ihre Kehrwerte, die ohmschen Leitwerte angegeben.

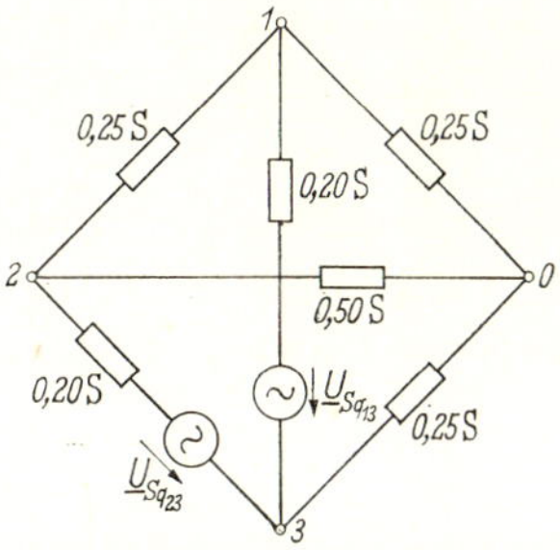

Bild 2.41 Schaltung wie in Bild 2.39. An Stelle der ohmschen Widerstände sind jedoch deren Kehrwerte, die ohmschen Leitwerte angegeben.

Nach (2.097) wird nun, wenn die Gleichungen durch die Einheit S dividiert werden,

$$-0{,}70\,\underline{U}_{10} + 0{,}25\,\underline{U}_{20} + 0{,}20\,\underline{U}_{30} = -30\ \text{V},$$
$$0{,}25\,\underline{U}_{10} - 0{,}95\,\underline{U}_{20} + 0{,}20\,\underline{U}_{30} = -20\ \text{V},$$
$$0{,}20\,\underline{U}_{10} + 0{,}20\,\underline{U}_{20} - 0{,}65\,\underline{U}_{30} = 50\ \text{V}.$$

Hieraus wird

$$D = \begin{vmatrix} -0{,}70 & 0{,}25 & 0{,}20 \\ 0{,}25 & -0{,}95 & 0{,}20 \\ 0{,}20 & 0{,}20 & -0{,}65 \end{vmatrix} = -0{,}305625,$$

$$D_1 = \begin{vmatrix} -30 & 0{,}25 & 0{,}20 \\ -20 & -0{,}95 & 0{,}20 \\ 50 & 0{,}20 & -0{,}65 \end{vmatrix} \cdot \text{V} = -9{,}3750\ \text{V},$$

$$D_2 = \begin{vmatrix} -0{,}70 & -30 & 0{,}20 \\ 0{,}25 & -20 & 0{,}20 \\ 0{,}20 & 50 & -0{,}65 \end{vmatrix} \cdot \text{V} = -4{,}8750\ \text{V},$$

$$D_3 = \begin{vmatrix} -0{,}70 & 0{,}25 & -30 \\ 0{,}25 & -0{,}95 & -20 \\ 0{,}20 & 0{,}20 & 50 \end{vmatrix} \cdot \text{V} = 19{,}1250\ \text{V}.$$

Die Knotenspannungen sind

$$\underline{U}_{10} = 30{,}675\ \text{V},\quad \underline{U}_{20} = 15{,}951\ \text{V},\quad \underline{U}_{30} = -62{,}577\ \text{V}.$$

Hieraus ergeben sich die gesuchten Zweigströme nach (2.095) zu

$$\underline{I}_{01} = 0{,}25\ \text{S}\,(-\underline{U}_{10}) = -7{,}669\ \text{A},$$
$$\underline{I}_{02} = 0{,}50\ \text{S}\,(-\underline{U}_{20}) = -7{,}975\ \text{A},$$
$$\underline{I}_{03} = 0{,}25\ \text{S}\,(-\underline{U}_{30}) = 15{,}544\ \text{A},$$
$$\underline{I}_{12} = 0{,}25\ \text{S}\,(\underline{U}_{10} - \underline{U}_{20}) = 3{,}681\ \text{A},$$
$$\underline{I}_{13} = 0{,}20\ \text{S}\,(\underline{U}_{10} - \underline{U}_{30} - 150\ \text{V}) = -11{,}350\ \text{A},$$
$$\underline{I}_{23} = 0{,}20\ \text{S}\,(\underline{U}_{20} - \underline{U}_{30} - 100\ \text{V}) = -4{,}294\ \text{A}.$$

Aufgabe 3

Netzumwandlung. Es ist der resultierende Widerstand bzw. Leitwert des Klemmenpaares 1–2 der Schaltung in Bild 2.41 durch Stern-Dreieckumwandlung zu ermitteln.

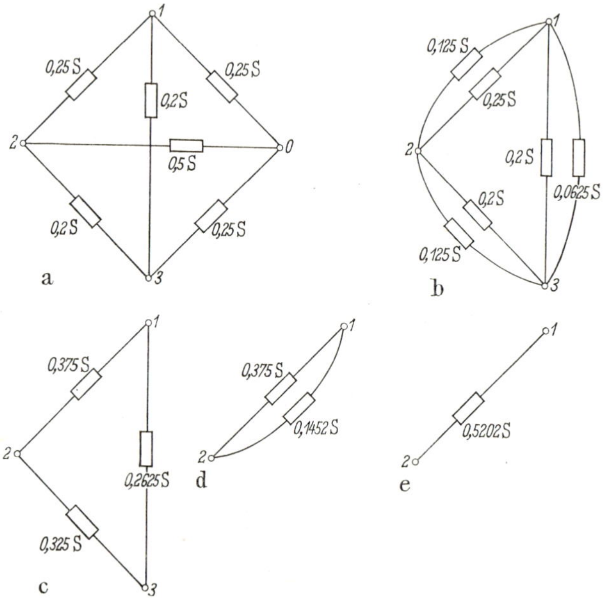

Bid 2.42a–e Zu Übungsaufgabe 3 von Kapitel 2. Netzumwandlung durch Stern-Dreieckumformung.

Zu 3: Zunächst wird das Netzwerk passiv gemacht (Bild 2.42a). Dann wird der Widerstandsstern des Knotens 0 nach Gl. (2.108a) in Leitwertform in ein Widerstandsdreieck umgewandelt (Bild 2.42b). Danach werden parallel geschaltete und hintereinander geschaltete Widerstände zusammengefaßt (Bild 2.42c, d und e). Für den resultierenden Leitwert ergibt sich schließlich 0,5202 S entsprechend 1,922 Ω.

3 Mehrphasensysteme

Unter einem Mehrphasensystem versteht man ein System aus mehreren sinusförmigen Spannungen gleicher Frequenz, jedoch unterschiedlicher Phase, die zum Zwecke der Energieübertragung auf geeignete Weise zusammengeschaltet sind.

Die Erzeugung der Spannungen eines Mehrphasensystems erfolgt im allgemeinen in *einer* umlaufenden Maschine, deren Wicklungen räumlich gegeneinander versetzt und in geeigneter Weise zusammengeschaltet sind. In ihnen werden durch ein mit konstanter Winkelgeschwindigkeit umlaufendes Polrad zeitlich gegeneinander verschobene sinusförmige Spannungen induziert (Bild 3.01).

Die einzelnen Wicklungen der Maschine sind magnetisch miteinander gekoppelt. Außerdem besitzt jede Wicklung eine Streureaktanz und einen ohmschen Widerstand. Bei den folgenden Betrachtungen geht es ausschließlich um die verschiedenen Möglichkeiten zur Zusammenschaltung der Wicklungen, während die Eigenschaften der Maschine, die durch die genannten magnetischen Kopplungen, Streureaktanzen und ohmschen Widerstände bestimmt werden, nicht interessieren. Eine Maschine mit w Wicklungen sei daher einfach durch eine gleiche Anzahl idealer Spannungsquellen ersetzt (Bild 3.02).

In Bild 3.02 bedeuten $\underline{U}_{Sq_k}$ für $k = 1, 2, 3, \ldots w$ die Spannungszeiger der die Wicklungen darstellenden Spannungsquellen. Ihre Richtungen

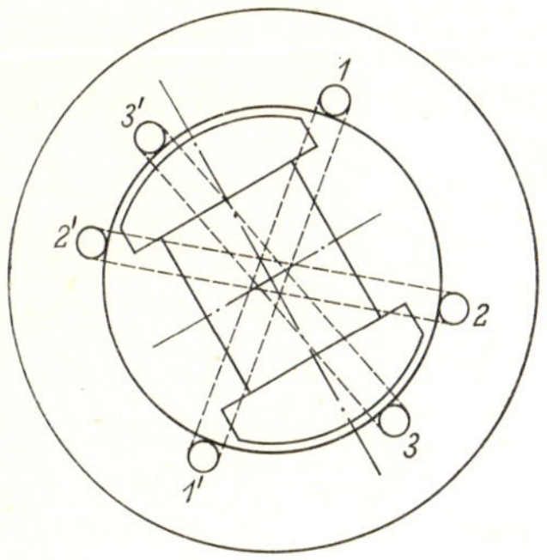

Bild 3.01 Erzeugung phasenverschobener Spannungen in einer umlaufenden Maschine.

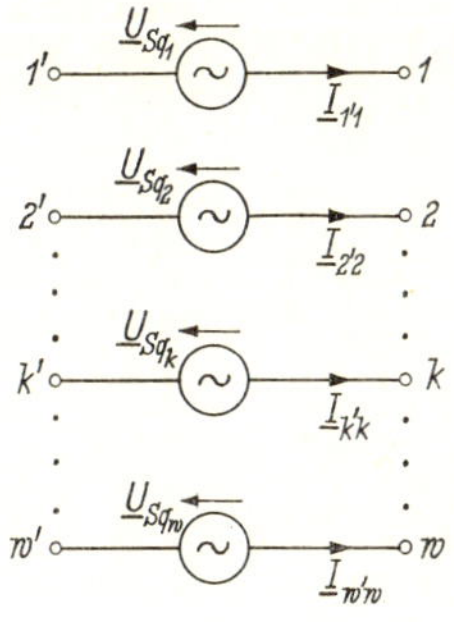

Bild 3.02 Ersatz einer Maschine mit w Wicklungen durch w ideale Spannungsquellen.

sind durch Pfeile in Bild 3.02 festgelegt. $\underline{I}_{k'k}$ ($k = 1, 2, 3, \ldots w$) sind die Zeiger der die Spannungsquellen durchfließenden Ströme. Die zugehörigen Strompfeile sind entsprechend den Ausführungen in Abschn. 2.7 entgegengesetzt zu den jeweiligen Spannungspfeilen angenommen.

3.1 Das allgemeine Mehrphasensystem

Sind die Zeiger der in Bild 3.02 dargestellten Spannungsquellen nach Betrag und Phase beliebig, ergibt ihre Zusammenschaltung ein allgemeines Mehrphasensystem, dessen Spannungen ebenfalls keine Regelmäßigkeit aufweisen.

Die Zusammenschaltung der Spannungsquellen kann auf verschiedene Weise erfolgen.

1. Die offene Ringschaltung. Verbindet man in Bild 3.02 die Klemmen 1′ mit 2, 2′ mit 3 usw. bis $(w-1)'$ mit w, so erhält man die in Bild 3.03

dargestellte Schaltung mit $n = w + 1$ Klemmen. Die Spannungen zwischen diesen Klemmen, bzw. den ausgeführten Leitern, bilden ein Mehrphasensystem.

Setzt man die Spannungszeiger entsprechend der Hintereinanderschaltung der Spannungsquellen zusammen, erhält man das in Bild 3.03b dargestellte offene Vieleck. Der Zeiger der Spannung zwischen zwei beliebigen Klemmen der Schaltung in Bild 3.03a kann dem Zeigerdiagramm in 3.03b wegen Gl. (2.032) direkt entnommen werden. Es wird z. B. mit Gl. (2.032) in symbolischer Form der zu der Spannung zwischen den Klemmen n und 1 gehörige Zeiger

$$\underline{U}_{n1} = -\sum_{k=1}^{n-1} \underline{U}_{k(k+1)}. \tag{3.001}$$

Wie man leicht sieht, ist dies der in Bild 3.03b zwischen den Punkten n und 1 eingetragene gestrichelte Zeiger. Die Zeiger der Spannungen zwischen den ausgeführten Leitungen bilden ein geschlossenes Vieleck.

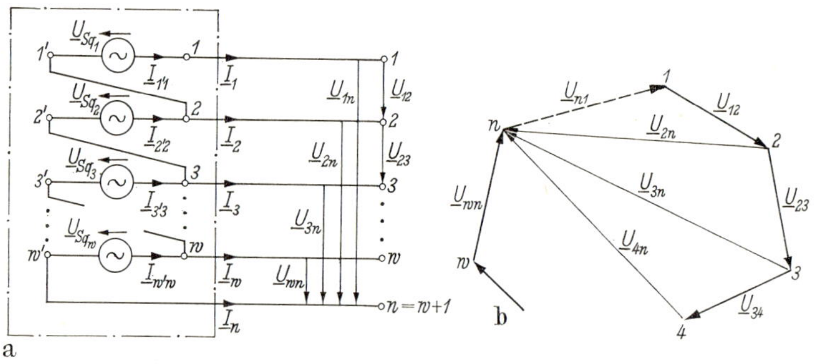

Bild 3.03a u. b Offene Ringschaltung von Spannungsquellen.

Es wird wenig von der offenen Ringschaltung zur Erzeugung eines Mehrphasensystems Gebrauch gemacht. Als Beispiel kann jedoch die sogenannte V-Schaltung von Spannungswandlern angeführt werden, bei der aus zwei statisch induzierten Wicklungen, den Spannungswandlern, ein Mehrphasensystem zwischen drei Leitern erzeugt wird.

2. Die geschlossene Ringschaltung. Ist die Summe der Spannungen der in Bild 3.02 dargestellten Spannungsquellen Null, so kann die Klemme 1 mit der Klemme w' verbunden und so die Schaltung zu einem Ring geschlossen werden, ohne daß in dem geschlossenen Ring ein unerwünschter Strom fließt. In dieser Schaltung ist die Anzahl der nach außen zu führenden Leiter $n = w$, die alle gleichberechtigt sind. Außerdem sind alle Spannungen zwischen zwei aufeinanderfolgenden Leitern jeweils gleich der Spannung einer Spannungsquelle.

3. Die Sternschaltung. Verbindet man in Bild 3.02 alle in der Bezeichnung mit einem Strich versehenen Klemmen der Spannungsquellen miteinander, so erhält man die in Bild 3.05 dargestellte Schaltung. Sie besitzt insgesamt $n = w + 1$ Klemmen, von denen die Klemmen 1 bis w gleichwertig sind. Die davon ausgehenden Leiter werden als Hauptleiter bezeichnet. Die im Bild mit Mp bezeichnete Klemme des sog. Stern- oder Mittelpunktes nimmt dagegen eine Sonderstellung ein. Der zu ihr

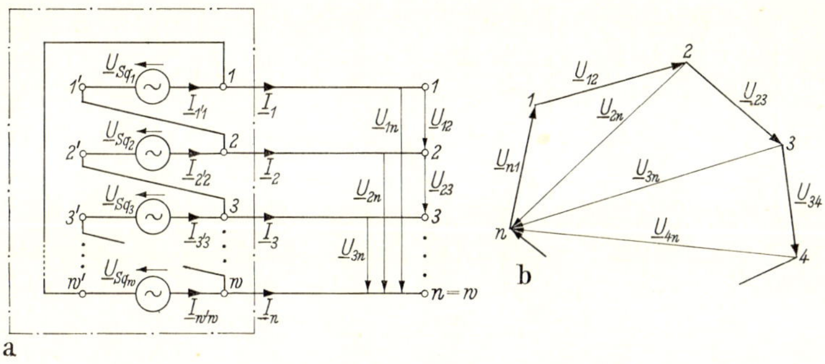

Bild 3.04a u. b Geschlossene Ringschaltung von Spannungsquellen.

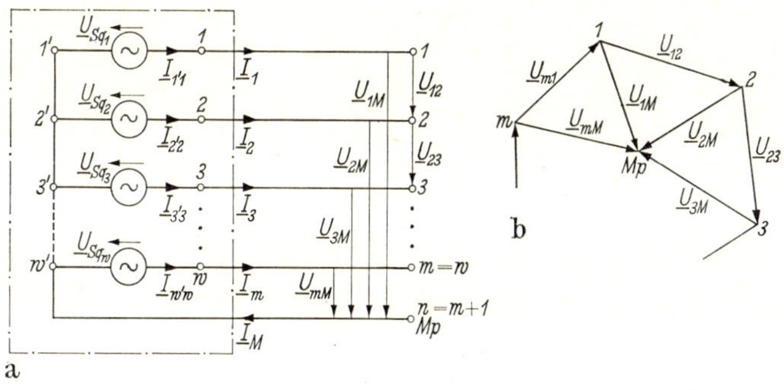

Bild 3.05a u. b Sternschaltung von Spannungsquellen mit ausgeführtem Sternpunkt.

gehörende Leiter wird als Mittelpunktsleiter, kurz Mp-Leiter bezeichnet.

Das Zeigerdiagramm der Spannungsquellen ergibt in dieser Schaltung einen Stern (Bild 3.05b). Die Spannungen zwischen den nach außen geführten Leitern bilden wiederum ein Mehrphasensystem.

Die Spannungen der Hauptleiter gegen den Mp-Leiter werden Leiter-Sternspannungen, kurz Sternspannungen genannt und mit $\underline{U}_{kM}$ bezeichnet, wobei k den betreffenden Hauptleiter angibt. Die Spannungen zwischen zwei Hauptleitern heißen dagegen Leiterspannungen und werden mit $\underline{U}_{kl}$ bezeichnet, wobei k und l die Hauptleiter angeben, deren Spannung gemeint ist. Die Ströme in den Hauptleitern werden mit $\underline{I}_k$, der Strom im Mp-Leiter mit $\underline{I}_M$ bezeichnet. Durch die Sternschaltung von w Spannungsquellen erhält man bei ausgeführtem Sternpunkt ein Mehrphasensystem zwischen $n = w + 1$ Leitern. Ein solches Mehrphasensystem wird als vollständiges m-Phasensystem bezeichnet (m ist die sog. Phasenzahl, die allgemein gleich der Zahl der Hauptleiter ist). Im Gegensatz dazu werden das aus w Spannungsquellen durch eine offene Ringschaltung erhaltene Mehrphasensystem zwischen $n = w + 1$ Leitern

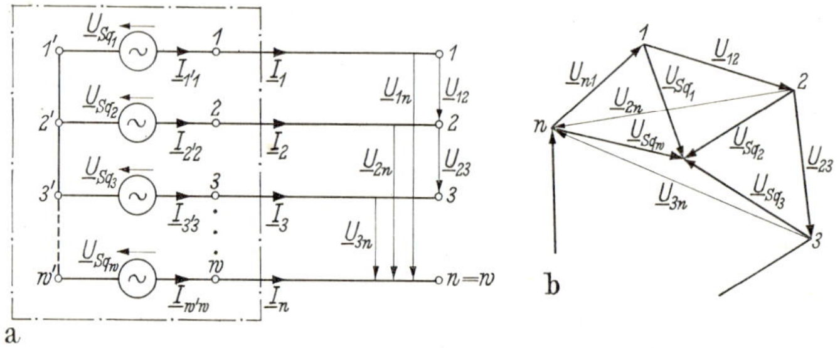

Bild 3.06a u. b Sternschaltung ohne ausgeführten Sternpunkt.

und das aus w Spannungsquellen durch eine geschlossene Ringschaltung erhaltene Mehrphasensystem zwischen $n = w$ Leitern als unvollständige m-Phasensysteme mit $m = w + 1$ bzw. $m = w$ bezeichnet. Alle ausgeführten Leiter sind in diesen Fällen Hauptleiter.

Wird bei der oben behandelten Sternschaltung der Sternpunkt nicht ausgeführt, so spricht man ebenfalls von einem unvollständigen m-Phasensystem.

3.1.1 Die Leistung des allgemeinen Mehrphasensystems

In diesem Abschnitt soll die elektrische Leistung ermittelt werden, die von einer beliebigen Schaltung aufgenommen wird, wenn an ihren Klemmen die Spannungen eines Mehrphasensystems liegen. Durch welche Schaltung das an den Klemmen 1 bis n (Bild 3.07) liegende Mehrphasensystem entstanden ist, sei unbekannt. Ebenso sei unbekannt, ob es sich um ein vollständiges oder ein unvollständiges Mehrphasensystem handelt. Alle Leiter sind deshalb gleichwertig.

In Abschn. 2.7 wurde gezeigt, daß die an einem Klemmenpaar einer elektrischen Schaltung aufgenommene elektrische Leistung gleich dem Produkt aus Spannung und Strom an diesen Klemmen ist [Gln. (2.110a und b)]. Für sinusförmige Spannung und sinusfömigen Strom ergab sich eine zugehörige komplexe Scheinleistung

$$\underline{S} = \pm\, \underline{U}\,\underline{I}^*, \tag{2.123}$$

wobei das positive Vorzeichen gilt, wenn Spannungs- und Strompfeil gleichgerichtet sind, das negative, wenn sie entgegengesetzt sind. Die Ströme in den ausgeführten Leitern eines Mehrphasensystems sind im allgemeinen voneinander verschieden, so daß zunächst für kein Klemmenpaar die obige Gleichung anwendbar ist.

Mit Hilfe einer kleinen Umwandlung kann man jedoch aus den n Klemmen $n - 1$ Klemmenpaare machen, für die jeweils die obige Gleichung gilt.

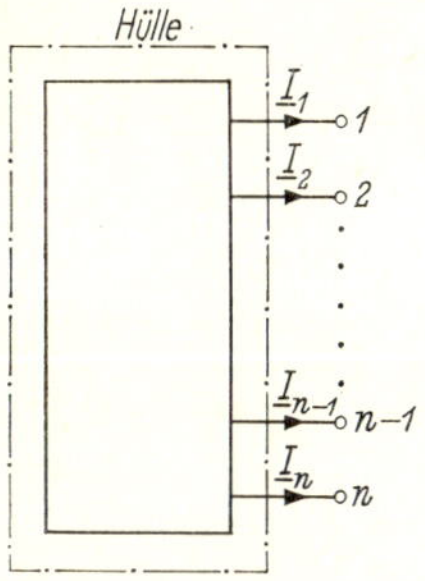

Bild 3.07 Beliebige Schaltung mit n Klemmen.

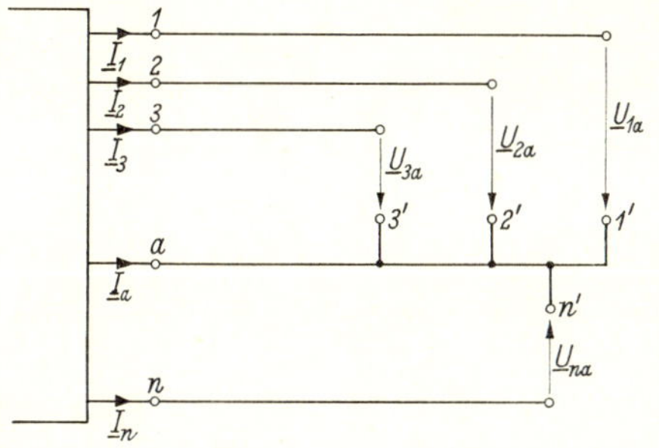

Bild 3.08 Mehrphasensystem zwischen n Leitern. Die Klemme des Leiters a ist in $n - 1$ Teilklemmen aufgelöst.

Betrachtet man die in Bild 3.07 angedeutete Hülle, sieht man, daß nach Gl. (2.033)

$$\sum_{k=1}^{k=n} \underline{I}_k = 0$$

ist, oder der Strom in einem beliebigen Leiter mit dem Index a

$$\underline{I}_a = -\sum_{\substack{k=1 \\ k \neq a}}^{k=n} \underline{I}_k$$

ist. Dies bedeutet, daß der Strom im Leiter a gleich der negativen Summe der Ströme der übrigen Leiter ist. Löst man die Klemme des Leiters a in $n - 1$ Teilklemmen $1'$ bis n' ohne a' auf (Bild 3.08) und stellt sich vor, daß die aus den Hauptleiterklemmen austretenden Ströme über die entsprechenden Teilklemmen des Leiters a zurückfließen, so läßt sich jetzt auf jedes der erhaltenen Klemmenpaare 1–$1'$ bis n–n' ohne a–a' die Gl. (2.110) bzw. (2.123) anwenden. Der Scheinleistungszeiger der gesamten Anordnung wird somit unter Berücksichtigung der in Bild 3.08 angenommenen Pfeile

$$\underline{\underline{S}} = -\sum_{\substack{k=1 \\ k \neq a}}^{k=n} \underline{U}_{ka} \underline{I}_k^* . \tag{3.002}$$

Da $\underline{U}_{ka}$ für $k = a$ die Spannung des Leiters a gegen sich selbst ergibt und diese selbstverständlich Null ist, kann Gl. (3.002) auch geschrieben werden als

$$\underline{S} = -\sum_{k=1}^{k=n} \underline{U}_{ka} \underline{I}_k^* . \tag{3.002 a}$$

Da ferner

$$\sum_{k=1}^{k=n} \underline{I}_k = 0$$

ist, gilt verallgemeinernd

$$\underline{S} = -\sum_{k=1}^{k=n} (\underline{U}_{ka} + \underline{U})\, \underline{I}_k^* , \tag{3.002 b}$$

wobei $\underline{U}$ ein beliebiger Spannungszeiger ist. Setzt man für dieses $\underline{U}$

$$\underline{U} = -\frac{1}{n} \sum_{k=1}^{k=n} \underline{U}_{ka} ,$$

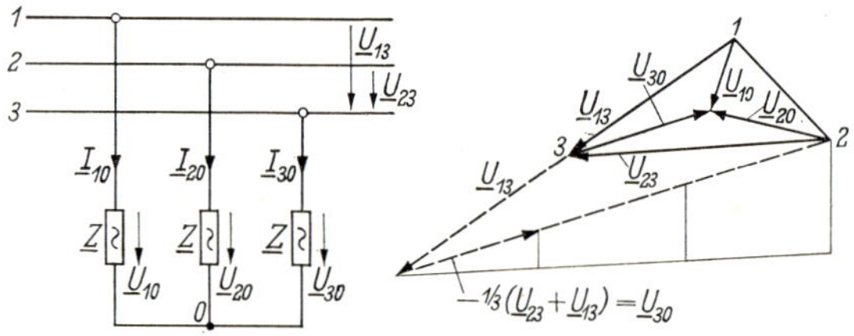

Bild 3.09 Mehrphasensystem zwischen drei Leitern mit Leiter 3 als Leiter a und symmetrischem Sternpunkt.

weisen die Spannungszeiger $\underline{U}_{ka} + \underline{U}$ im topografischen Zeigerdiagramm von den Ecken des Zeigervieleckes zu dessen Schwerpunkt. Die Summe dieser Zeiger ist Null. Verifizieren läßt sich dieser Punkt als Sternpunkt einer Sternschaltung aus gleichen Impedanzen. Für jede dieser Impedanzen gilt mit $\underline{I}_{k0}$ als Strom und $\underline{U}_{k0}$ als Spannung der k-ten Impedanz

$$\underline{I}_{k0} = \frac{\underline{U}_{k0}}{\underline{Z}} .$$

Wegen $\sum_{k=1}^{k=n} \underline{I}_{k0} = 0$ und $\underline{Z} = \text{const}$ ergibt sich $\sum_{k=1}^{k=n} \underline{U}_{k0} = 0$.

Es gilt somit

$$\underline{U}_{ka} - \frac{1}{n} \sum_{k=1}^{k=n} \underline{U}_{ka} = \underline{U}_{k0}$$

und

$$\underline{S} = \pm \sum_{k=1}^{k=n} \underline{U}_{k0} \underline{I}_k^* , \tag{3.002 c}$$

wobei das untere Vorzeichen für die in Bild 3.08 angenommenen Zählpfeilrichtungen gilt. Gl. (3.002c) ist die Leistungsformel, die dem allgemeinen Mehrphasensystem am gerechtesten wird: Alle Leiter sind gleichberechtigt.

Daß die Gln. (3.002a) bis (3.002c) tatsächlich die richtige komplexe Scheinleistung ergeben, unabhängig davon, wie das Mehrphasensystem erzeugt wird, läßt sich auf folgende Weise zeigen:

Wird ein Mehrphasensystem aus den in Bild 3.02 dargestellten Spannungsquellen erzeugt, so muß die aufgenommene oder abgegebene Leistung gleich der Summe der von den einzelnen Spannungsquellen aufgenommenen oder abgegebenen Leistungen sein, unabhängig davon, wie die Spannungsquellen zusammengeschaltet sind, solange nur die Ströme der Spannungsquellen die gleichen sind. Mit den in Bild 3.02 angenommenen Zählpfeilen wird die gesamte aufgenommene Leistung

$$\underline{S} = -\sum_{k=1}^{k=w} \underline{U}_{Sq_k} \underline{I}^*_{k'k}. \tag{3.003}$$

Ersetzt man $\underline{U}_{Sq_k}$ durch die in (3.002a) oder (3.002c) vorkommenden Spannungen $\underline{U}_{ka}$ bzw. $\underline{U}_{k0}$, lassen sich für jede Schaltungsart der Spannungsquellen die Leiterströme einführen, so daß man als Ergebnis die Gl. (3.002a) bzw. (3.002b) erhält.

3.2 Symmetrische Mehrphasensysteme

Symmetrische Mehrphasensysteme zeichnen sich dadurch aus, daß die Zeiger der Spannungen zwischen zwei im Zyklus aufeinander folgenden Hauptleitern gleichen Betrag haben und die Phasendifferenz zweier solcher zyklisch aufeinander folgender Spannungen konstant ist. Dies bedeutet, daß

$$\frac{\underline{U}_{12}}{\underline{U}_{23}} = \frac{\underline{U}_{23}}{\underline{U}_{34}} = \frac{\underline{U}_{34}}{\underline{U}_{45}} = \cdots = \frac{\underline{U}_{(m-1)m}}{\underline{U}_{m1}} \underline{/\pm \frac{2\pi}{m}} \tag{3.004}$$

oder mit $|\underline{U}_{k(k+1)}| = U_L$ und $\underline{U}_{12} = U_L \underline{/\varphi_{U_L}}$

$$\underline{U}_{k(k+1)} = U_L \underline{/\varphi_{U_L}} \underline{/\mp (k-1)\frac{2\pi}{m}}. \tag{3.005}$$

Für symmetrische vollständige Mehrphasensysteme gilt zusätzlich die gleiche Bedingung für die Sternspannungen:

$$\frac{\underline{U}_{1M}}{\underline{U}_{2M}} = \frac{\underline{U}_{2M}}{\underline{U}_{3M}} = \frac{\underline{U}_{3M}}{\underline{U}_{4M}} = \cdots = \frac{\underline{U}_{mM}}{\underline{U}_{1M}} = \underline{/\pm \frac{2\pi}{m}}. \tag{3.006}$$

Oder mit $|\underline{U}_{kM}| = U_M$ und $\underline{U}_{1M} = U_M \, \underline{/\varphi_{U_M}}$

$$\underline{U}_{kM} = U_M \, \underline{/\varphi_{U_M}} \; \underline{/\mp (k-1)\frac{2\pi}{m}}. \tag{3.007}$$

Aus Bild 3.10 entnimmt man eine Beziehung zwischen den Beträgen der Sternspannungen und der Leiterspannungen:

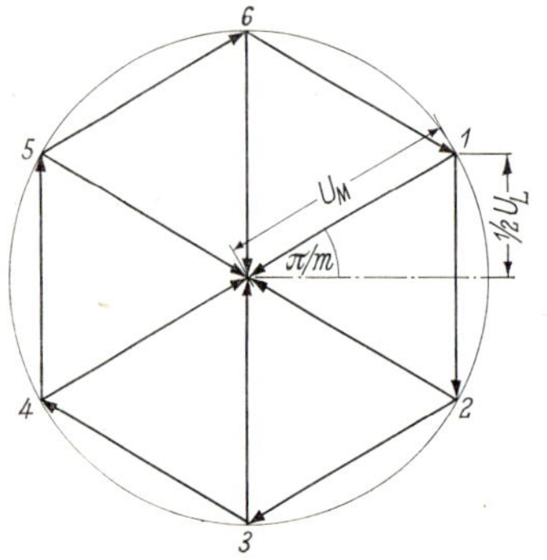

Bild 3.10 Diagramm eines symmetrischen 6-Phasensystems. $m = 6$; $\frac{2\pi}{m} = \frac{\pi}{3}$.

$$U_L = U_M \, 2 \sin \frac{\pi}{m}. \tag{3.008}$$

In einem allgemeinen Mehrphasensystem ohne *Mp*-Leiter sind die Sternspannungen nicht definiert. Sie lassen sich aus den Hauptleiterspannungen ohne Zusatzbedingung nicht eindeutig bestimmen. Bei symmetrischen Mehrphasensystemen spricht man jedoch unabhängig davon, ob ein *Mp*-Leiter vorhanden ist oder nicht, von Sternspannungen und versteht darunter die Sternspannungen des zugehörigen vollständigen Systems.

Die Überlegenheit der symmetrischen Mehrphasensysteme gegenüber dem einfachen Wechselstromsystem liegt vor allem in der Tatsache, daß mit Hilfe symmetrischer Mehrphasensysteme bei m größer 2 auf sehr einfache Weise magnetische Drehfelder erzeugt werden können, die ihrerseits einfache und billige Motorkonstruktionen erlauben. Ein weiterer Vorteil ist der im Verhältnis zur übertragenen Leistung geringere Aufwand an Leitermetall sowie die zeitliche Konstanz der Leistung. Dies letztere gilt nur für symmetrisch belastete Systeme, deren Phasenzahl größer als 2 ist.

Ein Mehrphasensystem ist dann symmetrisch belastet, wenn für die Leiterströme

$$\underline{I}_k = I_L \, \underline{/\varphi_{I_L}} \; \underline{/\mp (k-1)\frac{2\pi}{m}}; \quad \underline{I}_1 = I_L \, \underline{/\varphi_{I_L}} \tag{3.009}$$

gilt.

Systeme, deren Augenblicksleistung konstant ist, werden als balanciert bezeichnet. Zu ihnen gehören alle symmetrisch belasteten symmetrischen Systeme mit m größer 2. Systeme mit zeitlich sich ändernder Leistung bezeichnet man entsprechend als unbalanciert. Die Unterscheidung balancierter und unbalancierter Systeme hat insofern Bedeutung, als die pulsierende Leistung eines unbalancierten Systemes die erzeugende

Maschine mit einem der Leistung entsprechend sich ändernden Drehmoment belastet und dadurch eine mechanische Mehrbeanspruchung der Maschine zur Folge hat.

Die komplexe Scheinleistung eines symmetrisch belasteten symmetrischen Systems ist nach Gl. (3.002)

$$\underline{S} = \sum_{k=1}^{m} \underline{U}_{kM}\,\underline{I}^* \tag{3.010}$$

und wegen $\underline{U}_{kM} = U_M \,\underline{/\varphi_{U_M}}\,\underline{/\mp (k-1)\frac{2\pi}{m}}$,

$$\underline{I}_k = I_L \,\underline{/\varphi_{I_L}}\,\underline{/\mp (k-1)\frac{2\pi}{m}}, \tag{3.009}$$

$$\underline{S} = m\,U_M I_L \,\underline{/\varphi_{U_M} - \varphi_{I_L}} = m\,U_M I_L \,\underline{/\varphi}\,. \tag{3.010}$$

Die zugehörige Augenblicksleistung ist:

$$p = \sum_{k=1}^{k=m} u_{kM}\, i_k \tag{3.011}$$

$$= 2\,U_M I_L \sum_{k=1}^{k=m} \frac{1}{2}\left[\underline{/\omega t + \varphi_{U_M} \mp (k-1)\frac{2\pi}{m}} + \underline{/-\left[\omega t + \varphi_{U_M} \mp (k-1)\frac{2\pi}{m}\right]}\right] \times$$

$$\times \frac{1}{2}\left[\underline{/\omega t + \varphi_{I_L} \mp (k-1)\frac{2\pi}{m}} + \underline{/-\left[\omega t + \varphi_{I_L} \mp (k-1)\frac{2\pi}{m}\right]}\right]$$

$$= U_M I_L \sum_{k=1}^{k=m} \frac{1}{2}\left\{\underline{/2\omega t + \varphi_{U_M} + \varphi_{I_L} \mp 2\,(k-1)\frac{2\pi}{m}} + \underline{/-\left[2\omega t + \varphi_{U_M} + \varphi_{I_L} \mp 2\,(k-1)\frac{2\pi}{m}\right]} + \underline{/\varphi_{U_M} - \varphi_{I_L}} + \underline{/-(\varphi_{U_M} - \varphi_{I_L})}\right\}$$

$$= U_M I_L\, m \cos\varphi + \frac{1}{2}\,U_M I_L \left\{\underline{/2\omega t + \varphi_{U_M} + \varphi_{I_L}} \sum_{k=1}^{k=m} \underline{/\mp 2\,(k-1)\frac{2\pi}{m}} + \underline{/-(2\omega t + \varphi_{U_M} + \varphi_{I_L})} \sum_{k=1}^{k=m} \underline{/\pm 2\,(k-1)\frac{2\pi}{m}}\right\}. \tag{3.012}$$

Es ist leicht nachzuprüfen, daß für m größer 2 die Zeigersummen in Gl. (3.012) Null werden. Somit ist der gesuchte Augenblickswert der Leistung

$$p = m\, U_M\, I_L \cos\varphi\,. \tag{3.013}$$

Dies ist auch gleichzeitig die Wirkleistung des Systems.

In symmetrischen Mehrphasensystemen, deren Phasenzahl geradzahlig und größer als 2, also $m = 4, 6, 8, \ldots$ ist, sind jeweils zwei Hauptleiterspannungen und zwei Sternspannungen einander entgegengesetzt gleich. In Bild 3.11 ist als Beispiel das Zeigerdiagramm der Spannungen für $m = 4$ dargestellt.

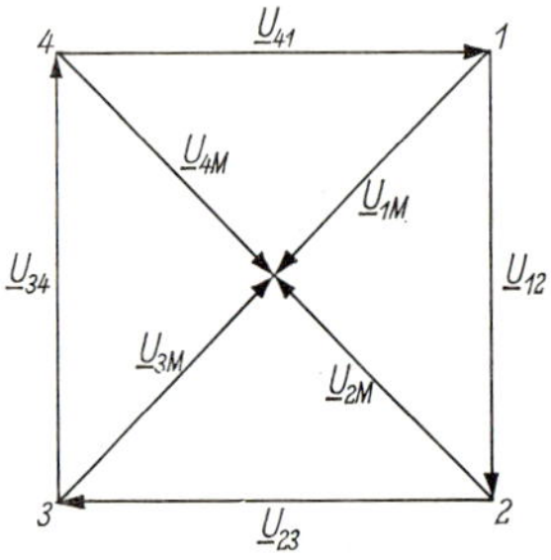

Bild 3.11 Spannungsdiagramm eines symmetrischen Vierphasensystems. $m = 4;\quad \frac{2\pi}{m} = \frac{\pi}{2} = 90°$.

Da Spannungen mit Hilfe von Transformatoren ohne Schwierigkeiten in ihrer Richtung umgekehrt werden können, ist es nicht erforderlich, alle Spannungen zu übertragen.

Bildet man die Zeigersummen in Gl. (3.012) grafisch für $m = 4, 6, 8, \ldots$, sieht man, daß hierbei Vielecke der Eckenzahl $m/2$ entstehen, die zweimal durchlaufen werden. Dies bedeutet, daß bei symmetrischer Belastung bereits das halbe System ausgeglichen, also balanciert ist:

$$\sum_{k=1}^{k=m/2} u_{kM}\, i_k = \frac{m}{2}\, U_M\, I_L \cos\varphi = \text{const}\,. \tag{3.014}$$

Mit solchen „halben symmetrischen Mehrphasensystemen" lassen sich auf die gleiche einfache Weise Drehfehler erzeugen wie mit den ganzen Systemen. In dieser Hinsicht besitzen sie die gleichen Vorzüge wie die normalen symmetrischen Systeme. In anderer Beziehung sind sie ihnen jedoch unterlegen, was in Abschn. 3.3.2 an einem Beispiel gezeigt wird.

3.3 Spezielle Mehrphasensysteme

3.3.1 Das symmetrische Zweiphasensystem

Das symmetrische Zweiphasensystem nimmt unter allen symmetrischen Mehrphasensystemen eine Sonderstellung ein. Wird der Mp-Leiter nicht mitgeführt, so geht das symmetrische Zweiphasensystem in einen einfachen Wechselstromkreis über (Bild 3.12).

Es ist selbst bei symmetrischer Belastung nicht balanciert und ist außerdem nicht in der Lage, ein Drehfeld zu erzeugen. Obwohl die Möglichkeit der einfachen Drehfelderzeugung nicht gegeben ist, findet das System in der Energieversorgung verbreitet Anwendung. Es ist

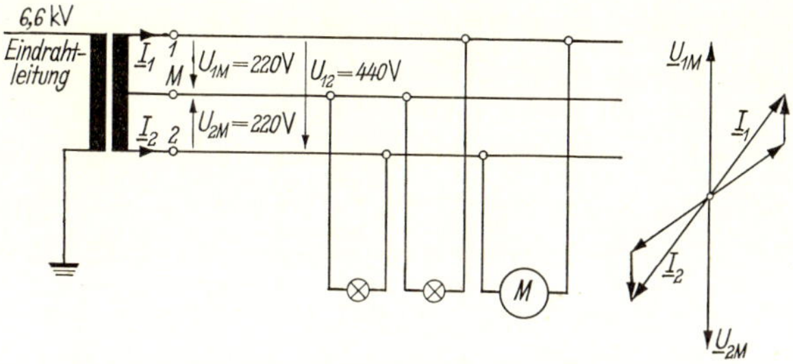

Bild 3.12 Beispiel eines symmetrischen Zweiphasensystems mit angeschlossenen Glühlampen und Motor.

das übliche System zur Versorgung ländlicher Bezirke und kleiner Städte in England und USA. Der Grund hierfür liegt in der billigen Ausführung der Hochspannungsleitungen. Sie können zweidrähtig oder bei Verwendung der Erde als Rückleiter sogar eindrähtig ausgeführt werden.

3.3.2 Das unsymmetrische Zweiphasensystem

Vor der eingehenden Behandlung des wichtigsten symmetrischen Mehrphasensystems, des symmetrischen Dreiphasensystems, soll als Beispiel eines ,,halben symmetrischen Mehrphasensystems“ dasjenige

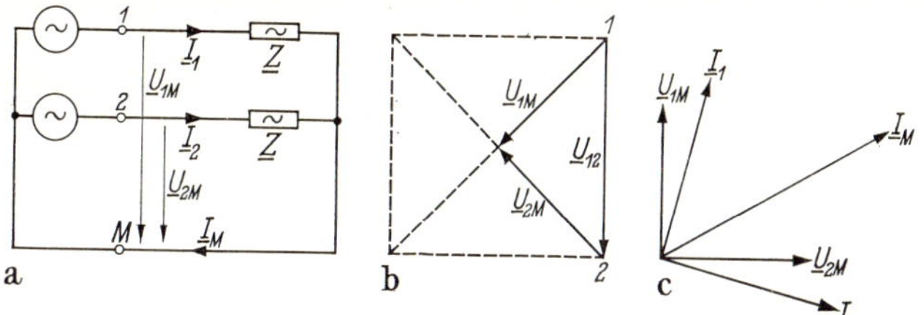

Bild 3.13a–c Unsymmetrisches Zweiphasensystem mit angeschlossenen Impedanzen.

für $m = 4$ kurz besprochen werden. Dieses System wird vielfach als unsymmetrisches Zweiphasensystem bezeichnet.

Das vollständige Diagramm der Spannungen ist schon in Bild 3.11 angegeben worden. Läßt man die Leiter 3 und 4 weg, verbleibt ein System mit drei Leitern (Bild 3.13).

Der *Mp*-Leiter ist mitzuführen, da nur die Summe *aller* Außenleiterströme Null ist. Aus diesem Grunde können sowohl die erzeugenden Spannungsquellen als auch die angeschlossenen Verbraucherimpedanzen nur im Stern geschaltet werden.

Der Nachteil einer solchen Schaltung ist der selbst bei gleich belasteten Außenleitern fließende *Mp*-Leiterstrom. Er ist, wie man aus Bild 3.13c entnimmt, sogar größer als die Außenleiterströme. Er erhöht den Bedarf an Leitermetall und die Verluste:

Können die Leiter mit einer Stromdichte G belastet werden, so beträgt der gesamte Querschnittsbedarf für das symmetrisch belastete m-Phasensystem

$$F_{\text{ges.}} = mF = m\,\frac{I_L}{G}. \tag{3.015}$$

Bei einer übertragenen Scheinleistung S wird

$$I_L = \frac{S}{m\,U_M} \tag{3.016}$$

und somit

$$F_{\text{ges.}} = \frac{S}{U_M\,G}. \tag{3.015a}$$

Für das halbe symmetrische m-Phasensystem wird

$$F_{\text{ges.}\,{}^1\!/_2} = \frac{m}{2}\cdot\frac{I_{L\,{}^1\!/_2}}{G} + \frac{I_M}{G} \tag{3.017}$$

und mit

$$I_{L\,{}^1\!/_2} = \frac{S}{\frac{m}{2}\,U_M} \tag{3.018}$$

$$F_{\text{ges.}\,{}^1\!/_2} = \frac{S}{U_M G} + \frac{I_M}{G}. \tag{3.017a}$$

Speziell bei $m = 4$ wird $I_M = \sqrt{2}\cdot I_{L\,{}^1\!/_2} = \sqrt{2}\,\frac{S}{U_M\cdot 2}$, und man erhält schließlich

$$\frac{F_{\text{ges.}\,{}^1\!/_2}}{F_{\text{ges.}}} = 1 + \frac{1}{2}\sqrt{2} = 1{,}707. \tag{3.019}$$

Der Bedarf an Leitermetall ist für dieses System rund 70% höher, als er bei Übertragung der gleichen Leistung mit dem gesamten Vierphasensystem ohne *Mp*-Leiter wäre. Trotz dieses erhöhten Aufwandes an Leitermetall werden die Verluste V größer als bei der Übertragung derselben Leistung mit dem gesamten System. Auf die Leitungslänge bezogen ergeben sich bei Ausführung aller Außenleiter

$$V = \frac{S\,G}{U_M \varkappa}. \tag{3.020}$$

Bei Übertragung mit nur zwei Außenleitern und dem Mp-Leiter wird

$$V_{1/2} = \frac{S\,G}{U_M \varkappa}\left(1 + \frac{1}{2}\sqrt{2}\right) \tag{3.021}$$

und

$$\frac{V_{1/2}}{V} = 1 + \frac{1}{2}\sqrt{2} = 1{,}707. \tag{3.022}$$

Es ist einleuchtend, daß deswegen solche Systeme — bei $m/2 = 3, 4, \ldots$ sind die Verhältnisse nur wenig besser — für die Energieübertragung nicht in Frage kommen. Das behandelte System wird nur dann benützt, wenn es von Vorteil ist, ein Drehfeld mit nur zwei Wicklungen erzeugen zu können.

3.3.3 Das symmetrische Dreiphasensystem

Das symmetrische Dreiphasensystem, auch Drehstromsystem genannt, hat sich in der Energieübertragung weitgehend durchgesetzt. Gegenüber dem einfachen Wechselstromsystem besitzt es die schon erwähnten Vorzüge der symmetrischen Mehrphasensysteme mit der Phasenzahl größer zwei:

Einfache Möglichkeit zur Drehfelderzeugung.

Beim vollständigen System stehen Spannungen verschiedener Größe zur Verfügung.

Bei symmetrischer Belastung ist der Augenblickswert der Leistung konstant.

Der Bedarf an Leitermetall und die Übertragungsverluste sind in bezug auf die übertragene Leistung geringer.

Gegenüber den anderen symmetrischen Mehrphasensystemen, die diese Eigenschaften auch besitzen, hat es den Vorteil der geringeren Leiterzahl.

Der Verdrehungswinkel des symmetrischen Dreiphasensystems ist

$$\pm\frac{2\pi}{m} = \pm\frac{2\pi}{3} = \pm 120°.$$

Nach den Gln. (3.005) und (3.007) wird hiermit

$$\underline{U}_{1M} = U_M \, \underline{/\varphi_{U_M}} \tag{3.023}$$

$$\underline{U}_{2M} = U_M \, \underline{/\varphi_{U_M}} \, \underline{/\mp 120^\circ} = \underline{U}_{1M} \, \underline{/\mp 120^\circ}$$

$$\underline{U}_{3M} = U_M \, \underline{/\varphi_{U_M}} \, \underline{/\mp 240^\circ} = \underline{U}_{1M} \, \underline{/\mp 240^\circ} = \underline{U}_{1M} \, \underline{/\pm 120^\circ}$$

$$\underline{U}_{12} = U_L \, \underline{/\varphi_{U_L}} \tag{3.024}$$

$$\underline{U}_{23} = U_L \, \underline{/\varphi_{U_L}} \, \underline{/\mp 120^\circ} = \underline{U}_{12} \, \underline{/\mp 120^\circ}$$

$$\underline{U}_{31} = U_L \, \underline{/\varphi_{U_L}} \, \underline{/\mp 240^\circ} = \underline{U}_{12} \, \underline{/\mp 240^\circ} = \underline{U}_{12} \, \underline{/\pm 120^\circ}.$$

In Bild 3.14 ist das topografische Zeigerdiagramm der Spannungen des symmetrischen Dreiphasensystems mit dem negativen Vorzeichen der Gln. (3.023) und (3.024) wiedergegeben. Systeme, für die dieses Vorzeichen gilt, nennt man Rechtssysteme, da bei ihnen die zyklisch aufeinanderfolgenden Spannungen und bei symmetrischer Belastung auch die Ströme im Uhrzeigersinn, also rechtssinnig gegeneinander verdreht sind. Im allgemeinen versteht man unter einem symmetrischen Dreiphasensystem ein rechtsdrehendes System.

Die Beziehung (3.008) zwischen den Beträgen der Stern- und der Leiterspannungen liefert:

$$U_L = U_M \, 2 \sin \frac{\pi}{3} = U_M \, 2 \sin 60^\circ = U_M \sqrt{3}. \tag{3.025}$$

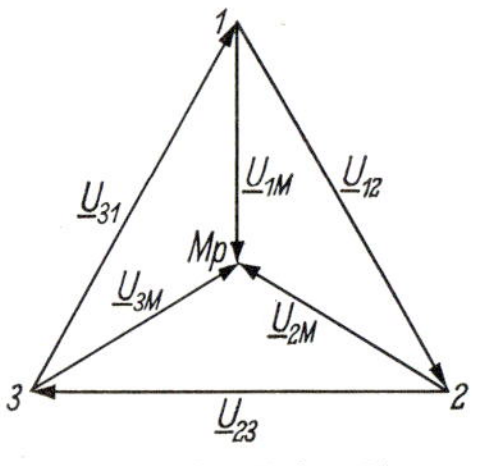

Bild 3.14 Topografisches Zeigerdiagramm der Spannungen des symmetrischen Dreiphasensystems.

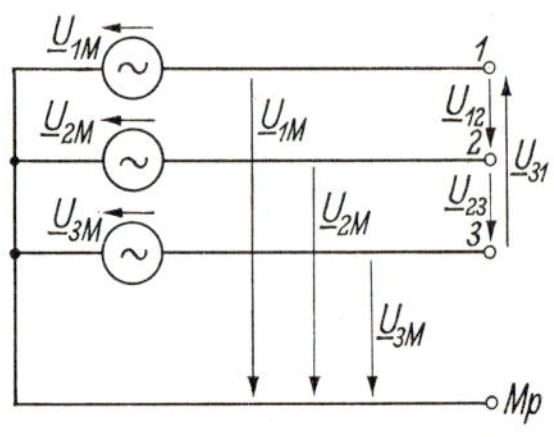

Bild 3.15 Durch Sternschaltung der Spannungsquellen erzeugtes symmetrisches Dreiphasensystem.

Die Beziehung zwischen ihren Phasenlagen lautet

$$\varphi_{U_{12}} = \varphi_{U_{1M}} + 30^\circ. \tag{3.026}$$

Wie in Abschn. 3.1 gezeigt wurde, können Mehrphasensysteme durch verschiedene Schaltungen der Spannungsquellen erzeugt werden. Ein Drehstromsystem liegt dann vor, wenn die Spannungen zwischen den

Leitern die Gln. (3.023) und (3.024) erfüllen, unabhängig von der Schaltungsart der Spannungsquellen. Für die rechnerische Behandlung des Drehstromsystems ist es meist zweckmäßig, sich das System durch eine Sternschaltung entstanden zu denken. Die Spannungen der Spannungsquellen sind dann gleich den Sternspannungen (Bild 3.15).

Schließt man zwischen je zwei Leitern beliebige Impedanzen an, erhält man den allgemeinen Belastungsfall des Drehstromsystems, der in Bild 3.16 dargestellt ist. Die Spannungen an den Verbraucherimpedanzen sind gleich den Spannungen des Drehstromsystems und unabhängig von der Größe der Belastungsimpedanzen.

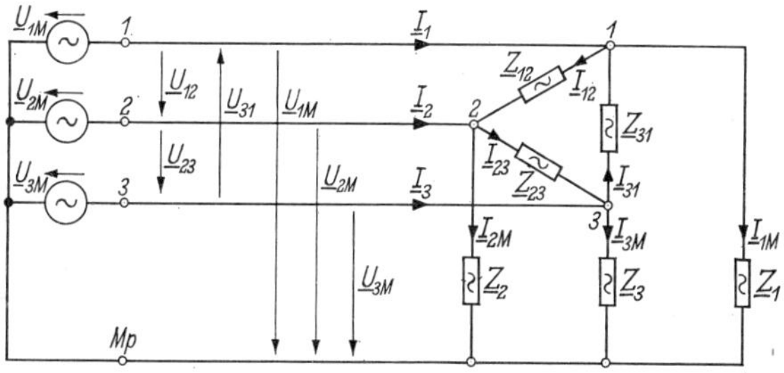

Bild 3.16 Allgemeiner Belastungsfall des symmetrischen Dreiphasensystems.

Mit Hilfe der Knotenpunktsgleichung (2.033), in symbolischer Form auf Klemme 1 angewandt, erhält man mit den Bezeichnungen aus Bild 3.16 für den Strom des Leiters 1

$$\underline{I}_1 = \underline{I}_{1M} + \underline{I}_{12} - \underline{I}_{31}. \tag{3.027}$$

Die Ströme in den Impedanzen des Dreieckes und des Sternes sind jeweils unter sich und gegenseitig voneinander unabhängig, so daß sie getrennt bestimmt werden können. Es wird

$$\underline{I}_1 = \frac{\underline{U}_{1M}}{\underline{Z}_1} + \frac{\underline{U}_{12}}{\underline{Z}_{12}} - \frac{\underline{U}_{31}}{\underline{Z}_{31}}. \tag{3.028}$$

Entsprechende Gleichungen erhält man durch zweimaliges zyklisches Vertauschen der Indizes für die Ströme der anderen beiden Leiter.

Außer den oben angeführten Möglichkeiten der Belastung des Drehstromsystems mit einer Dreieckschaltung und einer Sternschaltung mit angeschlossenem *Mp*-Leiter gibt es noch die der Belastung mit einer Sternschaltung mit „freiem" Sternpunkt (Bild 3.17).

In dieser Schaltung sind die Spannungen an den Verbrauchern nicht gleich den Spannungen des Drehstromsystems. Es gilt vielmehr mit den

Bezeichnungen aus Bild 3.17

$$\begin{aligned} \underline{Z}_1 \underline{I}_1 &= \underline{U}_{1M'} = \underline{U}_{1M} - \underline{U}_{M'M} \\ \underline{Z}_2 \underline{I}_2 &= \underline{U}_{2M'} = \underline{U}_{2M} - \underline{U}_{M'M} \\ \underline{Z}_3 \underline{I}_3 &= \underline{U}_{3M'} = \underline{U}_{3M} - \underline{U}_{M'M} . \end{aligned} \tag{3.029}$$

Die Bestimmung von $\underline{U}_{M'M}$ erfolgt am einfachsten mit Hilfe des Verfahrens der Ersatzspannungsquelle (Abschn. 2.7.4). Die charakteristischen Größen des Klemmenpaares M_p–M_p' sind die Leerlaufspannung $\underline{U}_0 = \underline{U}_{M'M}$, die Impedanz $\underline{Z}_i = \underline{Z}_{M'M}$, für die sich die Beziehung

$$\frac{1}{\underline{Z}_i} = \frac{1}{\underline{Z}_1} + \frac{1}{\underline{Z}_2} + \frac{1}{\underline{Z}_3} \tag{3.030}$$

ergibt, sowie der Kurzschlußstrom $\underline{I}_k$

$$\underline{I}_k = \frac{\underline{U}_{1M}}{\underline{Z}_1} + \frac{\underline{U}_{2M}}{\underline{Z}_2} + \frac{\underline{U}_{3M}}{\underline{Z}_3} . \tag{3.031}$$

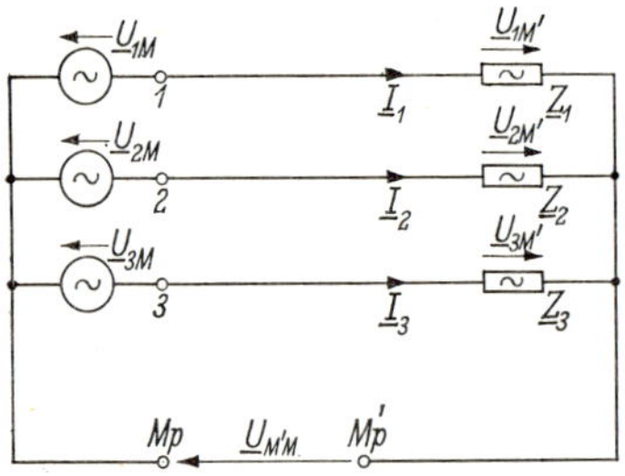

Bild 3.17 Belastung des Dreiphasensystems mit einer Sternschaltung mit freiem Sternpunkt.

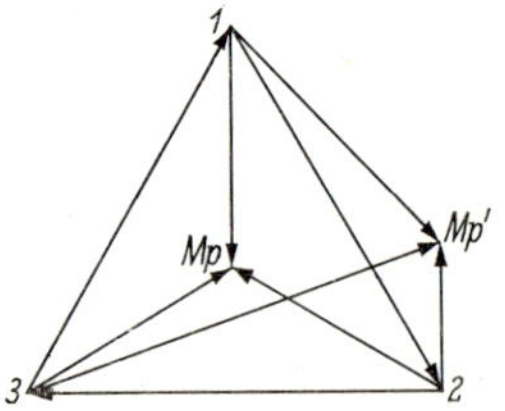

Bild 3.18 Topografisches Zeigerdiagramm der Spannungen eines durch eine Sternschaltung mit freiem Sternpunkt belasteten symmetrischen Dreiphasensystems.

$\underline{U}_0$ und damit $\underline{U}_{M'M}$ wird nach Gl. (2.104) aus Abschn. 2.7.4

$$\underline{U}_{M'M} = \underline{Z}_i \underline{I}_k = \frac{\underline{U}_{1M} \underline{Z}_2 \underline{Z}_3 + \underline{U}_{2M} \underline{Z}_3 \underline{Z}_1 + \underline{U}_{3M} \underline{Z}_1 \underline{Z}_2}{\underline{Z}_1 \underline{Z}_2 + \underline{Z}_2 \underline{Z}_3 + \underline{Z}_3 \underline{Z}_1} . \tag{3.032}$$

Nach den Gln. (3.029) lassen sich nunmehr die Verbraucherspannungen und die Leiterströme bestimmen. Das zugehörige topografische Zeigerdiagramm für die Spannungen ist in Bild 3.18 wiedergegeben. Sind die Impedanzen $\underline{Z}_1$, $\underline{Z}_2$ und $\underline{Z}_3$ alle gleich, wird, wie aus (3.032) zu ersehen ist, die Spannung $\underline{U}_{M'M}$ zu Null. Die Verbraucherspannungen sind im symmetrischen Fall auch bei nicht angeschlossenem Mp-Leiter gleich den Sternspannungen des Systems.

Im allgemeinen treten unsymmetrische Belastungen nicht in den Sternschaltungen mit freiem Sternpunkt auf, da Unsymmetrien fast ausschließlich durch einphasige Lasten entstehen und diese nur entweder zwischen zwei Hauptleitern oder einem Hauptleiter und dem Mp-Leiter angeschlossen werden können. Wohl kann eine unsymmetrische Sternschaltung mit freiem Sternpunkt durch Umwandlung einer unsymmetrischen Dreieckschaltung in eine Sternschaltung entstehen. Eine solche Umwandlung ist dann zweckmäßig, wie noch gezeigt wird, wenn Leiterimpedanzen bzw. Innenimpedanzen im Stern geschalteter Spannungsquellen berücksichtigt werden sollen.

Die Berücksichtigung der Leiterimpedanzen macht die Berechnung des allgemeinen Belastungsfalles bereits recht schwierig. Die Ströme in den Impedanzen des Dreiecks und in den Impedanzen des Sternes in Bild 3.19 sind nicht mehr voneinander unabhängig und können nicht mehr getrennt voneinander bestimmt werden.

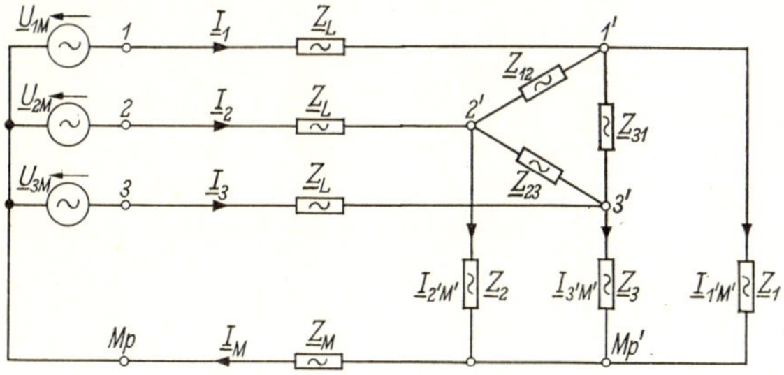

Bild 3.19 Allgemeiner Belastungsfall mit Berücksichtigung der Leiterimpedanzen.

Die Berechnung könnte z. B. auf folgende Art geschehen:

Man berechnet zunächst die Leiterströme in Abhängigkeit der unbekannten Verbraucherspannungen. Man erhält hierbei z. B. für den Strom im Leiter 1

$$\underline{I}_1 = \frac{\underline{U}_{1'M'}}{\underline{Z}_1} + \frac{\underline{U}_{1'2'}}{\underline{Z}_{12}} - \frac{\underline{U}_{3'1'}}{\underline{Z}_{31}}. \tag{3.033}$$

Den Zusammenhang der Verbraucherspannungen mit den bekannten Spannungen liefern geeignete Maschenumläufe

$$\begin{aligned}\underline{U}_{1'M'} &= \underline{U}_{1M} - \underline{Z}_L \underline{I}_1 - \underline{Z}_M \underline{I}_M\\ \underline{U}_{1'2'} &= \underline{U}_{12} - \underline{Z}_L \underline{I}_1 + \underline{Z}_L \underline{I}_2\\ \underline{U}_{3'1'} &= \underline{U}_{31} - \underline{Z}_L \underline{I}_3 + \underline{Z}_L \underline{I}_1.\end{aligned} \tag{3.034}$$

$\underline{Z}_L$ ist, wie aus Bild 3.19 hervorgeht, die in allen drei Hauptleitern gleiche Impedanz. $\underline{Z}_M$ ist die Impedanz des Mp-Leiters.

Setzt man die Gln. (3.034) in die Gl. (3.033) ein und berücksichtigt ferner, daß $\underline{I}_M = \underline{I}_1 + \underline{I}_2 + \underline{I}_3$ ist, erhält man eine Gleichung, die als Unbekannte die drei Hauptleiterströme enthält.

$$\underline{I}_1 \left[1 + \frac{\underline{Z}_L}{\underline{Z}_1} + \frac{\underline{Z}_M}{\underline{Z}_1} + \frac{\underline{Z}_L}{\underline{Z}_{12}} + \frac{\underline{Z}_L}{\underline{Z}_{31}}\right] + \underline{I}_2 \left[\frac{\underline{Z}_M}{\underline{Z}_1} - \frac{\underline{Z}_L}{\underline{Z}_{12}}\right] +$$

$$+ \underline{I}_3 \left[\frac{\underline{Z}_M}{\underline{Z}_1} - \frac{\underline{Z}_L}{\underline{Z}_{31}}\right] = \frac{\underline{U}_{1M}}{\underline{Z}_1} + \frac{\underline{U}_{12}}{\underline{Z}_{12}} - \frac{\underline{U}_{31}}{\underline{Z}_{31}}. \tag{3.035}$$

Durch zweimalige zyklische Vertauschung der Indizes 1, 2, 3 findet man zwei weitere Gleichungen, die zusammen mit Gl. (3.035) eine Lösung ermöglichen. Ist das Drehstromsystem nur mit einer Dreieckschaltung belastet, kann diese in eine Sternschaltung mit freiem Sternpunkt umgewandelt werden. Die Leiterimpedanzen können danach zu den erhaltenen Impedanzen des Sternes addiert werden, so daß insgesamt eine Sternschaltung mit freiem Sternpunkt entsteht, die an die Spannungsquellen direkt angeschlossen ist. Ist das Drehstromsystem nur mit einer Sternschaltung mit angeschlossenem *Mp*-Leiter belastet, können die Leiterimpedanzen der Hauptleiter direkt zu den zugehörigen Belastungsimpedanzen addiert werden. Die Impedanz des *Mp*-Leiters bleibt jedoch erhalten (Bild 3.20).

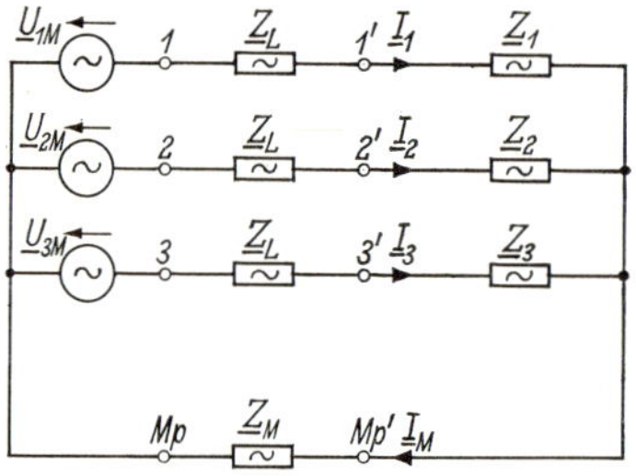

Bild 3.20 Belastung eines Dreiphasensystems mit einer Sternschaltung bei Berücksichtigung der Leiterimpedanzen.

Für den Strom im Leiter 1 und für die zugehörige Verbraucherspannung erhält man folgende Gleichungen:

$$\underline{I}_1 = \frac{\underline{U}_{1M} - \underline{I}_M \underline{Z}_M}{\underline{Z}_1 + \underline{Z}_L},$$

$$\underline{U}_{1'M'} = \underline{I}_1 \underline{Z}_1 = \frac{\underline{U}_{1M} - \underline{I}_M \underline{Z}_M}{1 + \frac{\underline{Z}_L}{\underline{Z}_1}} \tag{3.036}$$

mit $\underline{I}_M = \underline{I}_1 + \underline{I}_2 + \underline{I}_3$.

Entsprechende Gleichungen kann man wiederum durch Vertauschen der Indizes für die anderen Leiterströme und Verbraucherspannungen ableiten. Man sieht, daß die Leiterströme jeweils von den beiden anderen, die Verbraucherspannungen von allen drei Strömen abhängen. Die Abhängigkeit von den beiden nicht dazugehörigen Strömen (im betrachteten Falle die Abhängigkeit von $\underline{I}_2$ und $\underline{I}_3$) ist unerwünscht. Da die Kopplung über die Impedanz $\underline{Z}_M$ des *Mp*-Leiters erfolgt, muß diese, damit eine Kopplung vermieden wird, so klein gehalten werden, daß das Produkt $\underline{Z}_M \underline{I}_M$ vernachlässigbar klein wird. Der *Mp*-Leiter muß mit einem

Querschnitt verlegt werden, der die Unsymmetrie im Betrieb berücksichtigt.

Der Strom im Mp-Leiter wird zweckmäßigerweise mit dem Verfahren der Ersatzstromquelle berechnet. Es ist nach der Schaltung in Bild 2.27 (S. 40)

$$\underline{I}_M = \underline{I}_k \frac{\underline{Z}_i}{\underline{Z}_i + \underline{Z}_M} \tag{3.037}$$

mit

$$\underline{I}_k = \frac{\underline{U}_{1M}}{\underline{Z}_1 + \underline{Z}_L} + \frac{\underline{U}_{2M}}{\underline{Z}_2 + \underline{Z}_L} + \frac{\underline{U}_{3M}}{\underline{Z}_3 + \underline{Z}_L} \tag{3.038}$$

nud

$$\frac{1}{\underline{Z}_i} = \frac{1}{\underline{Z}_1 + \underline{Z}_L} + \frac{1}{\underline{Z}_2 + \underline{Z}_L} + \frac{1}{\underline{Z}_3 + \underline{Z}_L}. \tag{3.039}$$

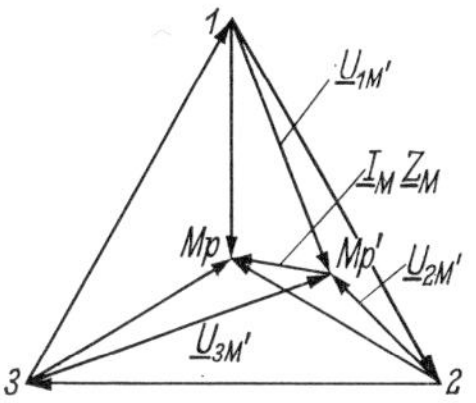

Bild 3.21 Topografisches Zeigerdiagramm der Spannungen zu Bild 3.20.

Das topografische Zeigerdiagramm der Spannungen einer solchen Schaltung ist für eine verhältnismäßig große Sternpunktsverschiebung $\underline{I}_M \underline{Z}_M$ in Bild 3.21 wiedergegeben.

3.3.3.1 Das symmetrisch belastete Dreiphasensystem. Sind die Dreiecks- und Sternimpedanzen des allgemeinen Belastungsfalles (Bild 3.19) jeweils unter sich gleich, ergeben sich Leiterströme, deren Zeiger den gleichen Betrag haben und die wie die Spannungen gegenseitig um 120°

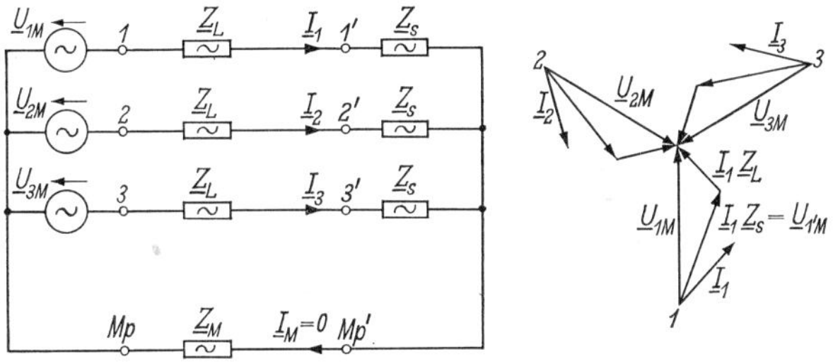

Bild 3.22 Symmetrisch belastetes Dreiphasensystem.

phasenverschoben sind. Ihre Summe $\underline{I}_M$ ist unabhängig vom Vorhandensein eines Mp-Leiters Null. Freie Sternpunkte, die durch die Umwandlungen von Dreieckschaltungen in Sternschaltungen entstanden sind, können bei Symmetrie untereinander und mit dem Mp-Leiter verbunden werden, ohne daß sich an den Spannungen und den Strömen etwas ändert. Dies ist möglich, da vor und nach der Verbindung dieselben Spannungen an den Impedanzen liegen.

Insgesamt kann deshalb eine symmetrische Last als Sternschaltung dargestellt werden.

Ein Maschenumlauf von Klemme 1 über Mp, Mp' $1'$ zurück nach 1 gibt wegen $\underline{I}_M = 0$

$$\underline{I}_1 = \frac{\underline{U}_{1M}}{\underline{Z}_L + \underline{Z}_s}, \qquad \underline{I}_1 \underline{Z}_s = \underline{U}_{1'M'} = \underline{U}_{1'M} = \frac{\underline{U}_{1M}}{1 + \dfrac{\underline{Z}_L}{\underline{Z}_s}}. \tag{3.040}$$

Entsprechende Gleichungen erhält man für die beiden anderen Ströme und Spannungen.

Wegen der Symmetrie des Systems unterscheiden sich die Ströme und Spannungen der Phasen 2 und 3 nur durch eine Phasenverschiebung von $\mp 120°$ von den entsprechenden Werten der Phase 1. Es genügt deshalb, die Werte der Phase 1 zu berechnen. Ebenso kann man sich in Schaltungen auf die Darstellung der Phase 1 beschränken. Um dennoch

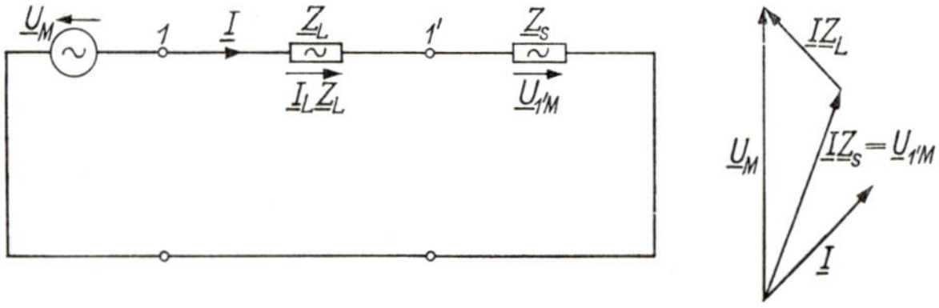

Bild 3.23 Einphasige Ersatzschaltung und einphasiges Zeigerdiagramm des symmetrisch belasteten Drehstromsystems.

einen geschlossenen Stromweg zu erhalten, wird ein *impedanzloser Mp*-Leiter mitgeführt, gleichgültig, ob in Wirklichkeit ein Mp-Leiter vorhanden ist oder nicht. Die Mitführung des Index 1 ist nicht erforderlich.

3.33.2. Die Leistungsmessung im symmetrischen Dreiphasensystem.

3.3.3.2.1. Wirkleistungsmessung. Die Wirkleistung im Wechselstromkreis kann mit Hilfe von Wattmetern gemessen werden, deren Eigenfrequenz viel niedriger ist als die Frequenz der zu messenden Leistungsschwingung. Ein solches Instrument kann dem sich periodisch rasch ändernden elektrischen Drehmoment nicht folgen: Der Zeiger des Instrumentes stellt sich so ein, daß der Mittelwert des elektrisch wirkenden Drehmomentes gleich dem mechanischen Rückstellmoment ist. Das auf das Meßsystem wirkende elektrische Drehmoment ist proportional dem Produkt der Augenblickswerte von Strom und Spannung, die an die Klemmen des Strom- bzw. Spannungspfades des Instrumentes angeschlossen sind, so daß der Zeigerausschlag ein Maß für die aus dieser Spannung und diesem Strom gebildete Wirkleistung ist.

Um die Wirkleistung eines beliebigen Zweipoles zu messen, müßte das Wattmeter so geschaltet werden, daß der Strom des Zweipoles das

Wattmeter durchfließt und die Spannung am Zweipol auch am Wattmeter liegt. Beide Forderungen gleichzeitig exakt zu erfüllen, ist bei Normalausführungen von Wattmetern nicht möglich. In Bild 3.24 sind die beiden möglichen Schaltungen und die bei sinusförmigen Strömen und Spannungen damit tatsächlich gemessenen Leistungen angegeben. Sind die Zählpfeile von $\underline{U}$ und $\underline{I}$ nicht wie in Bild 3.24 von E (Eingang) nach A (Ausgang) gerichtet, müssen in den Gleichungen für P_a die entsprechenden Vorzeichen geändert werden.

In Schaltung a wird die im Spannungspfad ($\underline{Z}_u$), in Schaltung b die im Strompfad ($\underline{Z}_i$) verbrauchte Leistung mitgemessen.

Im folgenden werden Wattmeter als ideal angenommen, d. h. die Impedanz des Strompfades sei Null, die des Spannungspfades unendlich. Soweit es zum Verständnis nicht erforderlich ist, werden in Schaltbildern diese Impedanzen nicht mehr eingezeichnet.

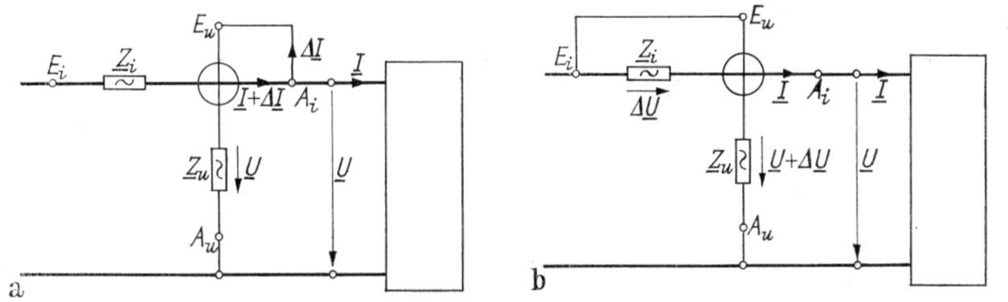

Bild 3.24a u. b Wirkleistungsmessung mit gewöhnlichen Wattmetern.
a) $P_a = Re\{\underline{U}(\underline{I} + \Delta\underline{I})^*\} = P + Re\{\underline{U}\Delta\underline{I}^*\}$; b) $P_a = Re\{(\underline{U} + \Delta\underline{U})\underline{I}^*\} = P + Re\{\Delta\underline{U}\underline{I}^*\}$.

Wie in Abschn. 3.1.1 gezeigt wurde, ist die komplexe Scheinleistung eines Mehrphasensystems zwischen n Leitern

$$\underline{S} = \pm \sum_{k=1}^{k=n} \underline{U}_{ka}\underline{I}_k^*, \tag{3.002a}$$

und die zugehörige Wirkleistung wird hieraus

$$P = Re\,\underline{S} = Re\left\{\pm \sum_{k=1}^{k=n} \underline{U}_{ka}\underline{I}_k^*\right\} = \pm \sum_{k=1}^{k=n} Re\,\underline{U}_{ka}\underline{I}_k^*.$$

Wegen $\underline{U}_{aa} = 0$ entfällt das Glied für $k = a$. Die Summe enthält insgesamt $n - 1$ von Null verschiedene Glieder. Zur Messung der Wirkleistung nach Gl. (3.002a) sind $n - 1$ Meßwerke erforderlich. Im vollständigen Dreiphasensystem werden drei, im unvollständigen zwei Instrumente benötigt. Welcher Leiter als Leiter a gewählt wird, ist gleichgültig. Beim vollständigen System ist es jedoch zweckmäßig, den Mp-

Leiter hierfür zu wählen, da dann bei Spannungssymmetrie an allen drei Wattmetern Spannungen gleichen Betrages liegen und bei zusätzlicher Stromsymmetrie alle Wattmeter den gleichen Ausschlag zeigen.

Für den Fall der völligen Symmetrie genügt es, eines der drei Instrumente anzuschließen und dessen Anzeige zu verdreifachen.

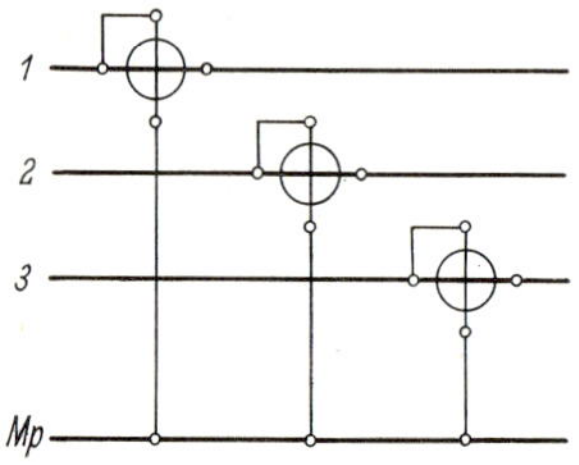

Bild 3.25a Schaltung zur Wirkleistungsmessung im vollständigen Dreiphasensystem.

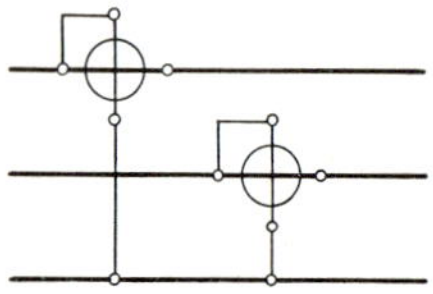

Bild 3.25b Schaltung zur Wirkleistungsmessung im unvollständigen Dreiphasensystem (Aronschaltung).

Ebenso wie Gl. (3.002a) kann auch Gl. (3.002c) als Anweisung für die Leistungsmessung angesehen werden.

$$\underline{S} = \pm \sum_{k=1}^{k=n} \underline{U}_{k0} \underline{I}_k^*$$

$$P = \pm \sum_{k=1}^{k=n} Re\, \underline{U}_{k0} \underline{I}_k^*$$

In dieser Summe verschwindet kein Glied: Bei n vorhandenen Leitern sind n Instrumente erforderlich. Ferner müssen die Spannungen $\underline{U}_{k0}$ durch einen künstlichen symmetrischen Sternpunkt erzeugt werden. Bei lauter gleichen Meßwerken geschieht dies durch die Sternschaltung der Spannungspfade. Wegen $\sum_{k=1}^{k=n} \underline{U}_{k0} = 0$ kann zu den Zeigern $\underline{I}_k$ ein beliebiger Zeiger $\underline{I}$ addiert werden, ohne daß die Summe in Gl. (3.002c) geändert wird.

$$\underline{S} = \pm \sum_{k=1}^{k=n} \underline{U}_{k0} \cdot (\underline{I}_k + \underline{I})^*, \qquad (3.002\,\text{d})$$

$$P = \pm \sum_{k=1}^{k=n} Re\, \underline{U}_{k0} (\underline{I}_k + \underline{I})^*.$$

Setzt man im unvollständigen Dreiphasensystem $\underline{I}$ beispielsweise $= -\underline{I}_3$, wird

$$P = \pm (Re\, \underline{U}_{10} (\underline{I}_1 - \underline{I}_3)^* + Re\, \underline{U}_{20} (\underline{I}_2 - \underline{I}_3)^*). \qquad (3.041)$$

Hieraus läßt sich die in Bild 3.26 wiedergegebene Meßschaltung ablesen.

Sie besteht aus zwei Wattmetern, die mit zwei voneinander isolierten gleichwertigen Strompfaden ausgerüstet sind. Die Impedanz $\underline{Z}_u$ in Bild 3.26 ergänzt die Spannungspfade zu einem symmetrischen Impedanzstern. Ein Vorteil gegenüber der in Bild 3.25b wiedergegebenen Aronschaltung ist nicht gewonnen, da die doppelten Strompfade die Meßwerke wesentlich verteuern.

Die Nützlichkeit dieser Schaltung zeigt sich jedoch, wenn man versucht, die gleiche Schaltung auch im vollständigen symmetrischen System zu benützen (Bild 3.27).

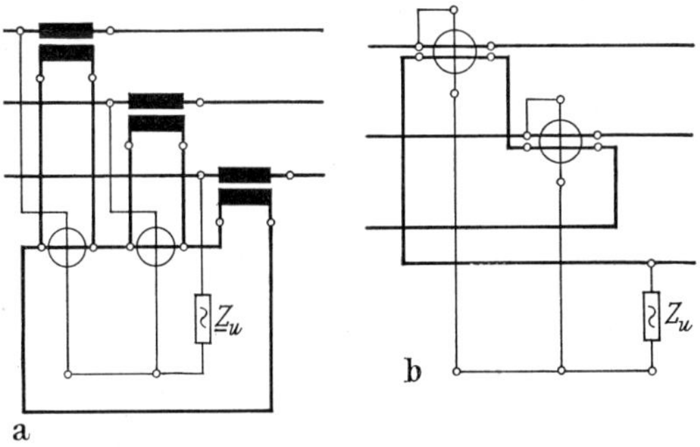

Bild 3.26a u. b $2\frac{1}{2}$-Schaltung ohne *Mp*-Leiter (in Bild 3.26a mit Stromwandlern).

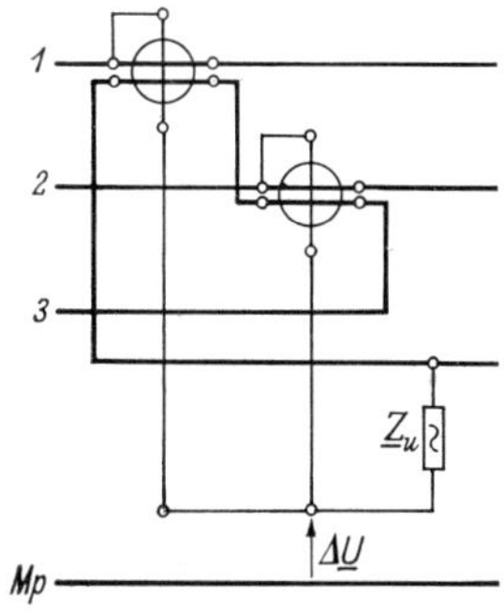

Bild 3.27 $2\frac{1}{2}$-Schaltung mit *Mp*-Leiter.

Ist keine Spannungssymmetrie gegeben, liegt zwischen *Mp*-Leiter und künstlichem Sternpunkt eine Spannung, die in Bild 3.27 mit $\Delta\,\underline{U}$ bezeichnet ist. Berechnet man die Leistung des Systems mit Hilfe der Gl. (3.002b), setzt hierin $\underline{U} = \Delta\,\underline{U}$ und wählt als Leiter a den *Mp*-Leiter, erhält man für das vollständige Dreiphasensystem

$$P = \pm\left\{\sum_{k=1}^{k=3} Re(\underline{U}_{kM} + \Delta\,\underline{U})\,\underline{I}_k^* - Re\,\Delta\,\underline{U}\,\underline{I}_M^*\right\}. \qquad (3.042)$$

Der erste Teil in der geschweiften Klammer ist die von der Schaltung in Bild 3.27 gemessene Leistung. Der Fehler beträgt somit

$$\Delta P = \mp\, Re\,\Delta\,\underline{U}\underline{I}_M^*. \qquad (3.043)$$

$\Delta\,\underline{U}$ ist bei symmetrischen Spannungen, wie man leicht nachprüfen kann, Null und bei geringer Unsymmetrie klein, so daß der Meßfehler gering ist. Die Schaltung in Bild 3.27 wird als $2\frac{1}{2}$-Schaltung bezeichnet.

3.3.3.2.2 Blindleistungsmessung. Bei sinusförmigen Strömen und Spannungen läßt sich auch die Blindleistung mit Wattmetern messen. Dies ergibt sich aus folgender Rechnung.

Es ist

$$Q = Im\,\underline{S} = \frac{1}{2j}(\underline{S} - \underline{S}^*)$$

$$= \frac{1}{2}(-j\underline{S} + j\underline{S}^*) = \frac{1}{2}[(-j\underline{S}) + (-j\underline{S})^*] \quad (3.044)$$

$$= Re(-j\underline{S}) = Re(-j\underline{U}\,\underline{I}^*) = Re[(-j\underline{U})\underline{I}^*].$$

Die Blindleistung ist gleich einer Wirkleistung, die aus der um $-90°$ gedrehten Spannung und dem Strom gebildet wird.

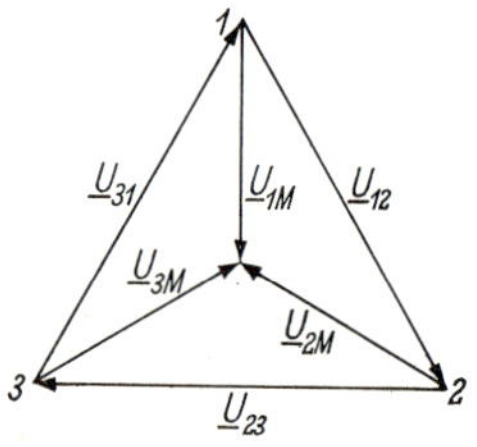

Bild 3.28 Beziehungen zwischen Stern- und Dreieckspannungen.

$$-j\underline{U}_{1M} = \underline{U}_{23}\frac{1}{\sqrt{3}}; \quad -j\underline{U}_{12} = -\sqrt{3}\,\underline{U}_{3M}$$

$$-j\underline{U}_{2M} = \underline{U}_{31}\frac{1}{\sqrt{3}}; \quad -j\underline{U}_{23} = -\sqrt{3}\,\underline{U}_{1M}$$

$$-j\underline{U}_{3M} = \underline{U}_{12}\frac{1}{\sqrt{3}}; \quad -j\underline{U}_{31} = -\sqrt{3}\,\underline{U}_{2M}$$

Die Wirkleistung kann mit einem normalen Wattmeter gemessen werden.

Die erforderliche Drehung der Spannung läßt sich durch Kunstschaltungen erzielen. Bei Blindleistungsmessungen im Drehstromsystem wird die Verdrehung durch Vertauschen der Sternspannungen mit den im Spannungsdiagramm gegenüberliegenden Dreieckspannungen und umgekehrt unter gleichzeitiger Berücksichtigung der unterschiedlichen Beträge erreicht.

In dem Sonderfall der Spannungs- und Stromsymmetrie kann man die Blindleistung aus den Anzeigen der in Bild 3.25 wiedergegebenen Aronschaltung bestimmen.

Bei Strom- und Spannungssymmetrie gilt:

$$Q = 3\,Im\,\underline{U}_{1M}\underline{I}_1^* = 3\,Im\,\underline{U}_{2M}\underline{I}_2^* = 3\,Im\,\underline{U}_{3M}\underline{I}_3^* \quad (3.045)$$

und mit vertauschten Spannungen

$$Q = \sqrt{3}\,Re\,\underline{U}_{23}\underline{I}_1^* = \sqrt{3}\,Re\,\underline{U}_{31}\underline{I}_2^* = \sqrt{3}\,Re\,\underline{U}_{12}\underline{I}_3^*. \quad (3.046)$$

Setzt man $\underline{U}_{12} = -\underline{U}_{23} - \underline{U}_{31}$ und $\underline{I}_3 = -\underline{I}_1 - \underline{I}_2$ ein, wird

$$Q = \sqrt{3}\, Re(-\underline{U}_{31} - \underline{U}_{23})(-\underline{I}_1 - \underline{I}_2)^*$$
$$= \sqrt{3}\, Re(\underline{U}_{31}\underline{I}_1^*) + \sqrt{3}\, Re(\underline{U}_{23}\underline{I}_1^*) + \sqrt{3}\, Re(\underline{U}_{31}\underline{I}_2^*) +$$
$$+ \sqrt{3} Re(\underline{U}_{23}\underline{I}_2^*). \qquad (3.047)$$

Unter Berücksichtigung der Gl. (3.046) erhält man schließlich

$$Q = -\sqrt{3}\, Re\, \underline{U}_{31}\underline{I}_1^* - \sqrt{3}\, Re\, \underline{U}_{23}\underline{I}_2^*$$

und mit $\underline{U}_{31} = -\underline{U}_{13}$

$$Q = \sqrt{3}\, Re\, \underline{U}_{13}\underline{I}_1^* - \sqrt{3}\, Re\, \underline{U}_{23}\underline{I}_2^*. \qquad (3.048)$$

Die Blindleistung bei Spannungs- und Stromsymmetrie ist somit gleich der mit $\sqrt{3}$ multiplizierten Differenz der Anzeigen der Wattmeter in Bild 3.25

$$Q = \sqrt{3}\,(P_{13} - P_{23}). \qquad (3.049)$$

3.4 Oberschwingungen im symmetrischen Drehstromsystem

In den vorhergehenden Abschnitten war angenommen worden, daß die Spannungen der Spannungsquellen rein sinusförmig sind. Wegen der Linearität der Schaltelemente ergab sich für die Ströme und die anderen Spannungen ebenfalls die Sinusform.

Die Leerlaufspannungen von Generatoren sind jedoch meist nicht rein sinusförmig. Es soll deshalb untersucht werden, welchen Einfluß nichtsinusförmige Spannungen der Spannungsquellen im symmetrisch belasteten Drehstromsystem haben.

In Abschn. 2.1 ist eine Wechselgröße beliebigen Verlaufes mit der Periode $T = \frac{2\pi}{\omega}$ als komplexe Fourierreihe dargestellt worden:

$$w(t) = \frac{1}{2}\sum_{k=1}^{k=n} \hat{h}_k \left(\underline{/k\omega t + \varphi_k} + \underline{/-(k\omega t + \varphi_k)}\right)$$
$$= \frac{1}{2}\left[\sum_{k=1}^{k=n} \underline{\hat{h}}_k\, \underline{/k\omega t} + \sum_{k=1}^{k=n} \underline{\hat{h}}_k^*\, \underline{/-k\omega t}\right]$$
$$= \frac{1}{2}\,(\underline{w} + \underline{w}^*). \qquad (2.015)$$

Die Leerlaufspannungen von Generatoren genügen aus Konstruktionsgründen außer der Bedingung der Periodizität zusätzlich der Bedingung

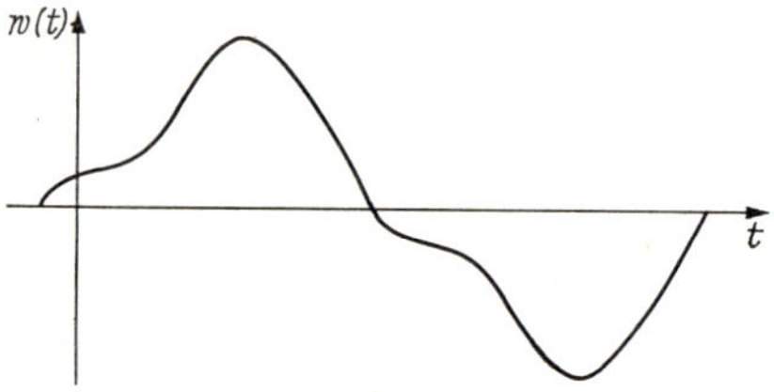

Bild 3.29 Beispiel einer Wechselgröße, die die Bedingung (3.050) erfüllt.

$$w\left(t + \frac{T}{2}\right) = -w(t), \qquad (3.050)$$

auch wenn sie nicht sinusförmig sind.

Dies bedeutet, daß die positive und die negative Halbschwingung die gleiche Form haben.

Gl. (3.050) wird auch von allen anderen im Zusammenhang stehenden Größen erfüllt, wenn die Beziehungen zwischen den einzelnen Größen ungerade Funktionen, insbesondere lineare Funktionen sind (Bild 3.30).

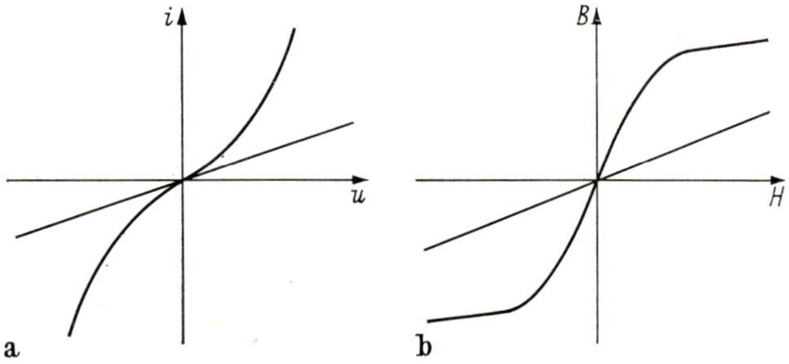

Bild 3.30a u. b Beispiele für Zusammenhänge elektrischer Größen durch ungerade Funktionen. a) Strom-Spannungskennlinien eines konstanten und eines spannungsabhängigen Widerstandes; b) Magnetisierungskennlinien einer Luftspule und einer Spule mit Eisenkern.

Führt man die Bedingung $w(t + T/2) = -w(t)$ in Gl. (2.015) ein, erhält man die entsprechende Bedingung für die komplexe Funktion $\underline{w}$ oder

$$\sum_{k=1}^{k=n} \underline{\hat{h}}_k \; \underline{/k\omega t + k\pi} = -\sum_{k=1}^{k=n} \underline{\hat{h}}_k \; \underline{/k\omega t}.$$

Damit diese Forderung unabhängig von t und den zufälligen $\underline{\hat{h}}_k$ erfüllt ist, muß

$$\underline{/k\pi} = -1$$

sein. Dies trifft für alle ungeraden k zu.

Wechselgrößen enthalten demnach unter den angeführten Bedingungen, insbesondere bei Linearität, nur Harmonische ungerader Ordnungszahl.

Wie in Abschn. 2.4 gezeigt wurde, bringen lineare Beziehungen nur Harmonische gleicher Ordnung miteinander in Zusammenhang. Es genügt daher, eine Harmonische der allgemeinen Ordnung k zu betrachten. Berechnungen können mit der symbolischen Methode durchgeführt werden. Auf die Summation der Teilströme und Teilspannungen verschiedener Ordnung sei verzichtet, da die Bedeutung der einzelnen Harmonischen ohnedies zu erkennen ist.

Die Spannungen eines Drehstromgenerators sind, auch wenn sie nicht rein sinusförmig sind, jeweils um $^1/_3$ Periode gegeneinander versetzt, haben sonst jedoch den gleichen zeitlichen Verlauf. Für die drei Spannungen gilt:

$$\begin{aligned} u_{Sq1}(t) &= u_{Sq}(t) \\ u_{Sq2}(t) &= u_{Sq}(t \mp T/3) \\ u_{Sq3}(t) &= u_{Sq}(t \pm T/3)\,. \end{aligned} \tag{3.051}$$

Das obere Vorzeichen ist für rechtsdrehende, das untere für linksdrehende Systeme zu wählen. Die weiteren Betrachtungen gelten für ein Rechtssystem.

Die Zeiger der k-ten Harmonischen der Spannungen (3.051) genügen den folgenden Gleichungen:

$$\begin{aligned} \underline{U}_{Sq1_k} &= \underline{U}_{Sq_k} \\ \underline{U}_{Sq2_k} &= \underline{U}_{Sq_k} \underline{/k\omega(-T/3)} = \underline{U}_{Sq_k} \underline{/-k\,120^\circ} \\ \underline{U}_{Sq3_k} &= \underline{U}_{Sq_k} \underline{/k\omega(+T/3)} = \underline{U}_{Sq_k} \underline{/+k\,120^\circ}\,. \end{aligned} \tag{3.052}$$

Setzt man in den obigen Gln. (3.052) $k = 1, 3, 5, 7, \ldots$, erkennt man, daß grundsätzlich drei Fälle unterschieden werden können:

1. Die 1., 7., 13., ... Harmonischen bilden symmetrische rechtsdrehende Systeme.

2. Die 3., 9., 15., ... Harmonischen sind gleichphasig.

3. Die 5., 11., 17., ... Harmonischen bilden symmetrische linksdrehende Systeme.

Es ergeben sich im einzelnen die in Tab. 3.1 angegebenen Verdrehungswinkel der Harmonischen der drei Spannungsquellen.

Tabelle 3.1 *Verdrehungswinkel der harmonischen Teilspannungen bei nicht sinusförmigen Generatorspannungen im symmetrischen Drehstromsystem*

	$\underline{U}_{Sq1_k}$	$\underline{U}_{Sq2_k}$	$\underline{U}_{Sq3_k}$
$k = 1, 7, 13, \ldots$	0	-120°	$+120^\circ$
$k = 3, 9, 15, \ldots$	0	0	0
$k = 5, 11, 17, \ldots$	0	$+120^\circ$	-120°

Die durch die symmetrischen Systeme der 1. und 3. Gruppe verursachten Ströme und Spannungen können unter Berücksichtigung der k-fachen Frequenz wie in Abschn. 3.3.3.1 ermittelt werden. Eine besondere Betrachtung verlangen jedoch die gleichphasigen Harmonischen der 2. Gruppe.

In Bild 3.31 ist die Schaltung eines im Stern geschalteten Generators für eine beliebige gleichphasige Harmonische gezeigt. Die Belastung ist symmetrisch und ebenfalls im Stern geschaltet. Die Sternpunkte sind miteinander verbunden.

Dem Bild 3.31 entnimmt man

$$\underline{I}_{1_k} = \underline{I}_{2_k} = \underline{I}_{3_k} = \underline{I}_k = \frac{\underline{U}_{Sqk}}{\underline{Z}_k}, \quad \underline{I}_{M_k} = 3\,\underline{I}_{L_k},$$

$$\underline{U}_{1M_k} = \underline{U}_{2M_k} = \underline{U}_{3M_k} = \underline{U}_{M_k} = \underline{U}_{Sq_k}, \quad \underline{U}_{12_k} = \underline{U}_{23_k} = \underline{U}_{31_k} = 0.$$

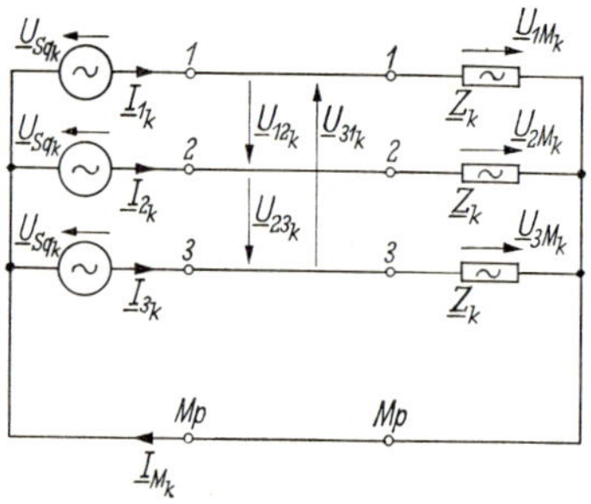

Bild 3.31 Gleichphasige Oberschwingungen bei Sternschaltung von Generator und Verbraucher mit Mp-Leiter.

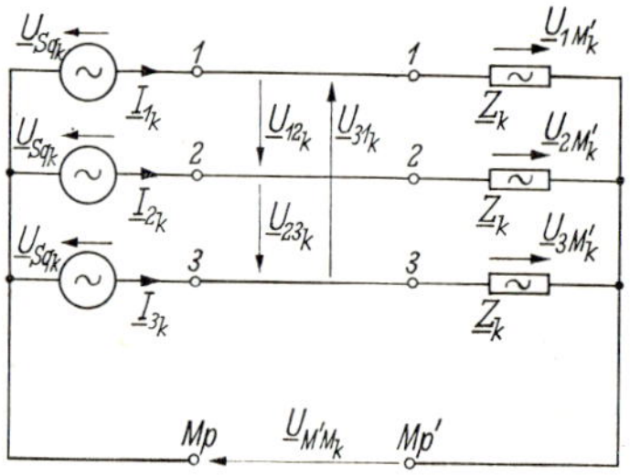

Bild 3.32 Gleichphasige Oberschwingungen bei Sternschaltung von Generator und Verbraucher ohne Mp-Leiter.

Die Hauptleiter und insbesondere der Mp-Leiter sind durch gleichphasige Ströme belastet. In den Leiterspannungen treten keine gleichphasigen Harmonischen auf.

Sind die Sternpunkte nicht verbunden (Bild 3.32), wird

$$\underline{I}_{1_k} = \underline{I}_{2_k} = \underline{I}_{3_k} = 0,$$

$$\underline{U}_{1M_k} = \underline{U}_{2M_k} = \underline{U}_{3M_k} = 0, \qquad \underline{U}_{12_k} = \underline{U}_{23_k} = \underline{U}_{31_k} = 0,$$

$$\underline{U}_{M'M_k} = \underline{U}_{Sq_k}.$$

Die gleichphasigen Harmonischen wirken sich in dieser Schaltung nicht aus.

Bei Dreieckschaltung des Generators (Bild 3.33) sind die Leiterströme wegen der Symmetrie und der Gleichphasigkeit der treibenden Spannungen

$$\underline{I}_{1_k} = \underline{I}_{2_k} = \underline{I}_{3_k} = 0.$$

Somit wird

$$\underline{I}_{21_k} = \underline{I}_{32_k} = \underline{I}_{13_k} = \underline{I}_{d_k} = \frac{3\,\underline{U}_{Sq_k}}{3\,\underline{Z}_{i_k}} = \frac{\underline{U}_{Sq_k}}{\underline{Z}_{i_k}}$$

und

$$\underline{U}_{12_k} = \underline{U}_{23_k} = \underline{U}_{31_k} = \underline{U}_{L_k} = \underline{U}_{Sq_k} - \underline{I}_{d_k}\underline{Z}_{i_k} = 0\,.$$

Bei Dreieckschaltung der Generatorwicklungen bleibt die Wirkung der gleichphasigen Harmonischen auf den Generator beschränkt. Seine Wicklungen werden jedoch durch gleichphasige Ströme zusätzlich belastet.

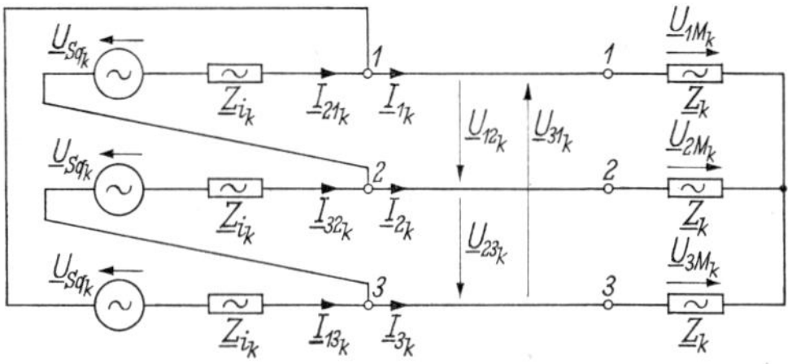

Bild 3.33 Gleichphasige Oberschwingungen bei Sternschaltung des Verbrauchers und Dreieckschaltung des Generators.

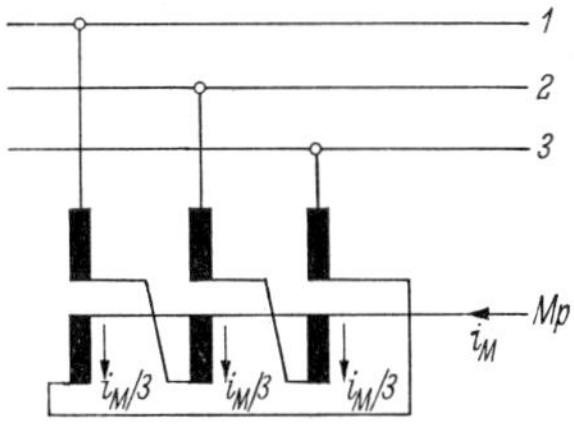

Bild 3.34 Zickzackdrossel als künstlicher belastbarer Sternpunkt.

Generatoren werden deshalb stets in Sternschaltung mit freiem Sternpunkt ausgeführt. Soll direkt ein Vierleiternetz gespeist werden, wird der Mp-Leiter nicht an den Sternpunkt des Generators, sondern an einen künstlichen, durch eine Zickzackdrossel gebildeten Sternpunkt angeschlossen (Bild 3.34). Die Zickzackdrossel verteilt den bei unsymmetrischer Last im Mp-Leiter fließenden Strom gleichmäßig auf die drei Hauptleiter. Bei symmetrischer Last läuft sie leer und nimmt nur den Magnetisierungsstrom auf.

3.5 Übungsaufgabe zu Kapitel 3

In Bild 3.35 ist ein Drehstromgenerator dargestellt, der über ein symmetrisch aufgebautes Vierleitersystem einen unsymmetrischen Verbraucher speist.

a) Man berechne die von dem Verbraucher aufgenommene Wirkleistung.

b) Welchen prinzipiellen Fehler würde man machen bei Messung der Wirkleistung mit

α) der Aronschaltung,

β) der $2\frac{1}{2}$-Schaltung mit künstlichem Sternpunkt?

Bild 3.35 Unsymmetrische Last an einem symmetrisch aufgebauten Drehstromsystem mit Mp-Leiter.
$\underline{U}_{1M} = 231\ \underline{/0°}\ \text{V}$, $\underline{U}_{2M} = 231\ \underline{/240°}\ \text{V}$,
$\underline{U}_{3M} = 231\ \underline{/120°}\ \text{V}$
$\underline{Z}_L = 0{,}5\ \underline{/30°}\ \Omega$, $\underline{Z}_D = 6{,}0\ \underline{/30°}\ \Omega$,
$\underline{Z} = 3{,}0\ \underline{/30°}\ \Omega$

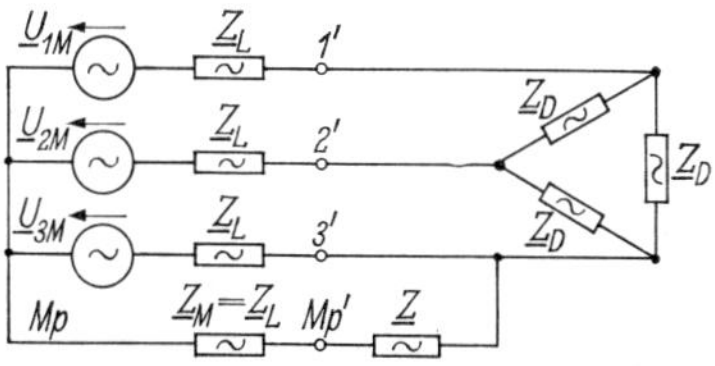

Die beiden Wattmeter sollen in den Leitern 1 und 2 liegen.

Zu a): Die Dreieckschaltung aus den Impedanzen $\underline{Z}_D$ läßt sich in eine äquivalente Sternschaltung verwandeln (Bild 3.36a). Mit Gl. (2.108) erhält man:

$$\underline{Z}_Y = 1/3\,\underline{Z}_D = 1/3 \cdot 6\,\angle 30°\,\Omega = 2\,\angle 30°\,\Omega .$$

Löst man die Verbindung der Impedanz $\underline{Z}$ mit Leiter 3, so entsteht eine symmetrische Belastung. An der Trennungsstelle mißt man dann eine Spannung $\underline{U}_0$, die um den Spannungsabfall an $\underline{Z}_L$ kleiner ist als die Generatorspannung $\underline{U}_{3M}$. Man ändert auch nichts an der Stromverteilung, wenn man an der Stelle, wo $\underline{U}_0$ auftritt, eine Spannungsquelle mit derselben Spannung anschließt. Der Überlagerungssatz besagt dann aber, daß sich die Ströme $\underline{I}'_1$ bis $\underline{I}'_M$ aus Teilströmen zusammensetzen, die von den Sternspannungen des Generators bei kurzgeschlossener

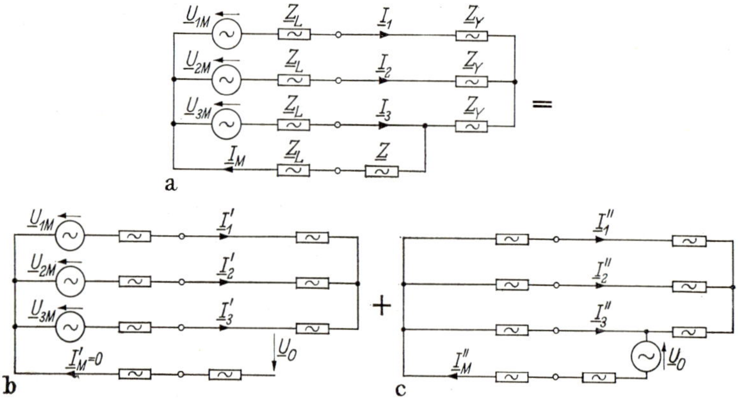

Bild 3.36a–c Anwendung des Überlagerungssatzes zur Ermittlung der Stromverteilung.

Spannungsquelle $\underline{U}_0$ hervorgerufen werden, und aus Teilströmen, die von der Spannungsquelle $\underline{U}_0$ erzeugt werden, wenn die Spannungen des Generators unwirksam sind. Anders ausgedrückt: Man erhält die gesuchte Stromverteilung (Bild 3.36a), indem man zu den Strömen des symmetrischen Betriebs (Bild 3.36b) die Ströme addiert, die von der Spannungsquelle $-\underline{U}_0$ bei unwirksamen Generatorspannungen hervorgerufen werden (Bild 3.36c; vgl. auch Abschn. 7.2).

Für die Ströme erhält man:

$$\underline{I}'_1 = \frac{\underline{U}_{1M}}{\underline{Z}_L + \underline{Z}_Y} = \frac{231\,\angle 0°\ \mathrm{V}}{(0{,}5+2)\,\angle 30°\,\Omega} = (80 - j\,46{,}2\,)\ \mathrm{A},$$

$$\underline{I}'_2 = \frac{\underline{U}_{2M}}{\underline{Z}_L + \underline{Z}_Y} = \frac{231\,\angle 240°\ \mathrm{V}}{(0{,}5+2)\,\angle 30°\,\Omega} = (-80) - \mathrm{j}\,46{,}2)\ \mathrm{A},$$

$$\underline{I}'_3 = \frac{\underline{U}_{3M}}{\underline{Z}_L + \underline{Z}_Y} = \frac{231\,\angle 120°\ \mathrm{V}}{(0{,}5+2)\,\angle 30°\,\Omega} = \mathrm{j}\,92{,}4\ \mathrm{A};\quad \underline{I}'_M = 0,$$

$$\underline{I}''_M = \frac{\underline{U}_0}{\underline{Z}_i}; \; \underline{Z}_i = \underline{Z} + \underline{Z}_L + \left(\frac{\underline{Z}_L + \underline{Z}_Y}{2} + \underline{Z}_Y\right) // \underline{Z}_L$$

$$\frac{\underline{Z}_L + \underline{Z}_Y}{2} + \underline{Z}_Y = \frac{(0{,}5 + 2) \underline{/30^\circ}\,\Omega}{2} + 2 \underline{/30^\circ}\,\Omega = 3{,}25 \underline{/30^\circ}\,\Omega\,,$$

$$\left(\frac{\underline{Z}_L + \underline{Z}_Y}{2} + \underline{Z}_Y\right) // \underline{Z}_L = \frac{3{,}25 \underline{/30^\circ}\,\Omega \; 0{,}5 \underline{/30^\circ}\,\Omega}{(3{,}25 + 0{,}5) \underline{/30^\circ}\,\Omega} = 0{,}433 \underline{/30^\circ}\,\Omega\,,$$

$$\underline{Z}_i = (3 + 0{,}5 + 0{,}433) \underline{/30^\circ}\,\Omega = 3{,}933 \underline{/30^\circ}\,\Omega\,.$$

$$\underline{U}_0 = \underline{U}_{3M} - \underline{Z}_L \underline{I}'_3 = 231 \underline{/120^\circ}\,\mathrm{V} - 0{,}5 \underline{/30^\circ}\,\Omega\, 92{,}4 \underline{/90^\circ}\,\mathrm{A} = 185 \underline{/120^\circ}\,\mathrm{V}\,,$$

$$\underline{I}''_M = \frac{185 \underline{/120^\circ}\,\mathrm{V}}{3{,}933 \underline{/30^\circ}\,\Omega} = 47{,}1 \underline{/90^\circ}\,\mathrm{A}; \; \underline{I}_M = \underline{I}'_M + \underline{I}''_M = 47{,}1 \underline{/90^\circ}\,\mathrm{A}\,,$$

$$\underline{I}''_M (\underline{Z} + \underline{Z}_L) = 47{,}1 \underline{/90^\circ}\,\mathrm{A}\, (3 + 0{,}5) \underline{/30^\circ}\,\Omega = 164{,}7 \underline{/120^\circ}\,\mathrm{V}\,,$$

$$(185 - 164{,}7) \underline{/120^\circ}\,\mathrm{V} = 20{,}3 \underline{/120^\circ}\,\mathrm{V}\,,$$

$$\underline{I}''_3 = \frac{20{,}3 \underline{/120^\circ}\,\mathrm{V}}{0{,}5 \underline{/30^\circ}\,\Omega} = 40{,}6 \underline{/90^\circ}\,\mathrm{A}\,,$$

$$\underline{I}_3 = \underline{I}'_3 + \underline{I}''_3 = (92{,}4 + 40{,}6) \underline{/90^\circ}\,\mathrm{A} = 133 \underline{/90^\circ}\,\mathrm{A}\,,$$

$$\frac{20{,}3 \underline{/120^\circ}\,\mathrm{V}}{3{,}25 \underline{/30^\circ}\,\Omega} = 6{,}25 \underline{/90^\circ}\,\mathrm{A} = 2\underline{I}''_1 = 2\underline{I}''_2; \; \underline{I}''_1 = \underline{I}''_2 = 3{,}125 \underline{/90^\circ}\,\mathrm{A}\,,$$

$$\underline{I}_1 = \underline{I}'_1 + \underline{I}''_1 = (80 - \mathrm{j}\,46{,}2 + \mathrm{j}\,3{,}125)\,\mathrm{A} = (80 - \mathrm{j}\,43{,}1)\,\mathrm{A} = 90{,}8 \underline{/-28{,}3^\circ}\,\mathrm{A}\,,$$

$$\underline{I}_2 = \underline{I}'_2 + \underline{I}''_2 = (-80 - \mathrm{j}\,46{,}2 + \mathrm{j}\,3{,}125)\,\mathrm{A} = (-80 - \mathrm{j}\,43{,}1)\,\mathrm{A}$$
$$= 90{,}8 \underline{/208{,}3^\circ}\,\mathrm{A}\,.$$

Damit sind die Leiterströme bestimmt. Nun müssen noch die Spannungen $\underline{U}_{1'M'}$, $\underline{U}_{2'M'}$ und $\underline{U}_{3'M'}$ berechnet werden (s. Bild 3.20).

$$\underline{U}_{1'M'} = \underline{U}_{1M} - \underline{Z}_L(\underline{I}_1 + \underline{I}_M)$$
$$= 231 \underline{/0^\circ}\,\mathrm{V} - 0{,}5 \underline{/30^\circ}\,\Omega\, (80 - j43{,}1 + j47{,}1)\,\mathrm{A} = 199 \underline{/-6{,}28^\circ}\,\mathrm{V}$$

$$\underline{U}_{2'M'} = \underline{U}_{2M} - \underline{Z}_L(\underline{I}_2 + \underline{I}_M)$$
$$= 231 \underline{/240^\circ}\,\mathrm{V} - 0{,}5 \underline{/30^\circ}\,\Omega\, (-80 - j43{,}1 + j47{,}1)\,\mathrm{A} = 199 \underline{/-113{,}7^\circ}\,\mathrm{V}$$

$$\underline{U}_{3'M'} = \underline{U}_{3M} - \underline{Z}_L(\underline{I}_3 + \underline{I}_M)$$
$$= 231 \underline{/120^\circ}\,\mathrm{V} - 0{,}5 \underline{/30^\circ}\,\Omega\, (j133 + j47{,}1)\,\mathrm{A} = 140{,}95 \underline{/120^\circ}\,\mathrm{V}$$

Nach Gl. (3.002 a) ergibt sich nun für die Wirkleistung, die von den Impedanzen $\underline{Z}_D$ und $\underline{Z}$ aufgenommen wird:

$$P = \sum_{k=1}^{n} Re\, \underline{U}_{ka}\, \underline{I}_k^* .$$

Mit dem Mp-Leiter als Leiter a wird daraus:

$$P = Re(\underline{U}_{1'M'}\, \underline{I}_1^* + \underline{U}_{2'M'}\, \underline{I}_2^* + \underline{U}_{3'M'}\, \underline{I}_3^*)$$

$$= Re(199 \underline{/-6{,}28^\circ}\ \text{V}\ 90{,}8 \underline{/+28{,}3^\circ}\ \text{A} + 199 \underline{/-113{,}7^\circ}\ \text{V}\ 90{,}8 \underline{/-208{,}3^\circ}\ \text{A} +$$

$$+ 140{,}95 \underline{/120^\circ}\ \text{V}\ 133 \underline{/-90^\circ}\ \text{A}); \quad P = 47{,}19\ \text{kW}.$$

Zu b): α) Wählt man als Leiter a den Leiter 3, so findet man für die aufgenommene Wirkleistung:

$$P = Re(\underline{U}_{1'3'}\, \underline{I}_1^* + \underline{U}_{2'3'}\, \underline{I}_2^* - \underline{U}_{M'3'}\, \underline{I}_M^*) .$$

Ohne den dritten Ausdruck ist P die Wirkleistung, die mit der Aronschaltung gemessen wird. Die Aronschaltung mißt also

$$Re(-\underline{U}_{M'3'}\, \underline{I}_M^*) = \text{Re}\,(140{,}95 \underline{/120^\circ}\ \text{V}\ 47{,}1 \underline{/-90^\circ}\ \text{A}) = 5{,}75\ \text{kW} \ \text{zu wenig.}$$

β) Der Meßfehler, der bei der $2\frac{1}{2}$-Schaltung auftritt, ist nach Gl. (3.043)

$$\Delta P = Re\, \Delta \underline{U}\, \underline{I}_M^* .$$

$\Delta \underline{U}$ zeigt vom Mp-Leiter zum künstlichen Sternpunkt (Bild 3.27). Es ist

$$\underline{U}_{1M} - \underline{Z}_L(\underline{I}_1 + \underline{I}_M) = \underline{U}_{1'0} - \Delta \underline{U}$$

$$\underline{U}_{2M} - \underline{Z}_L(\underline{I}_2 + \underline{I}_M) = \underline{U}_{2'0} - \Delta \underline{U}$$

$$\underline{U}_{3M} - \underline{Z}_L(\underline{I}_3 + \underline{I}_M) = \underline{U}_{3'0} - \Delta \underline{U} .$$

Addiert man diese drei Gleichungen und berücksichtigt, daß sowohl die Summe der Generator-Sternspannungen als auch die Summe der Sternspannungen des künstlichen Sternpunktes verschwindet, erhält man für $\Delta \underline{U}$:

$$3 \Delta \underline{U} = \underline{Z}_L(\underline{I}_1 + \underline{I}_2 + \underline{I}_3 + 3\, \underline{I}_M); \ \Delta \underline{U} = 4/3\, \underline{Z}_L\, \underline{I}_M .$$

Damit wird $\Delta P = Re\, 4/3\, \underline{Z}_L\, I_M^2 = Re\, \frac{4}{3}\, 0{,}5 \underline{/30^\circ}\, \Omega\, (47{,}1\ \text{A})^2 = 1{,}283\ \text{kW}$.

Die $2\frac{1}{2}$-Schaltung mißt also 1,283 kW zu viel.

4 Die Drehstromleitung

In dem folgenden Abschnitt soll die Ortsabhängigkeit von Spannungen und Strömen einer Drehstromleitung untersucht werden. Hierfür sind Kenntnisse über das magnetische und elektrische Feld kreiszylindrischer langgestreckter Leiter erforderlich. Verzichtet man jedoch zunächst auf die Interpretation der in den später abgeleiteten Gleichungen auftretenden Konstanten, können die Zusammenhänge auch ohne Kenntnis des Verlaufes der beiden Felder betrachtet werden.

Auf Grund der Linearität der Maxwellschen Gleichungen ist der magnetische Fluß eines Leiters, gleichgültig, wie er definiert wird, eine lineare Funktion der vorkommenden Ströme, die elektrische Ladung eines Leiters eine lineare Funktion der Spannungen dieses Leiters gegen alle anderen vorhandenen Leiter einschließlich der Erde. Gleiches gilt für den Ableitstrom, der bei endlicher Isolierfähigkeit der Isolation fließt, sowie für die Ströme, die bei Freileitungen die Koronaverluste und bei Kabeln die Dielektrikumsverluste hervorrufen.

Der Ermittlung der zunächst unbekannten Koeffizienten sind später ausführliche Abschnitte gewidmet.

4.01 Die Leitungsgleichungen

Eine Leitung ist naturgemäß räumlich ausgedehnt. Außerdem überlagern sich die magnetischen Felder der Ströme der einzelnen Leiter. Es ist deshalb nicht möglich, die Feldanteile der einzelnen Leiter räumlich gegeneinander abzugrenzen und die Leiter als konzentrierte Schaltelemente im Sinne der in Abschn. 2.3.3 gegebenen Definition aufzufassen. Die rechnerische Behandlung der Leitung kann deshalb zunächst nicht mit den Gln. (2.032) und (2.033) erfolgen.

Die im folgenden betrachtete Leitung sei homogen, d. h. ihre elektrischen Eigenschaften und ihre geometrischen Abmessungen seien nicht mit der Koordinate z, die in Längsrichtung weist, veränderlich. Ferner sei die Leitung elektrisch symmetrisch, d. h. kein Leiter sei gegenüber den anderen in elektrischer Hinsicht bevorzugt. Dies trifft zu, wenn die Leiter gleiche Abmessungen und gleiche elektrische Eigenschaften besitzen und im gleichseitigen Dreieck — bei Freileitungen genügend hoch über der Erde — angeordnet sind. Der Einfluß der Erde bei Freileitungen bzw. des Kabelmantels bei Kabeln auf die Leiter und umgekehrt, sowie der gegenseitige Einfluß der Leiter aufeinander sind dann für alle Leiter in gleichem Maße gegeben.

Elektrisch unsymmetrische Leitungen können durch Verdrillen (s. Abschn. 6.3.08) stückweise symmetriert werden.

Die bei einer Leitung interessierenden Spannungen sind einmal die Spannungen der Leiter gegen Erde bzw. gegen den Kabelmantel u_{1E}, u_{2E}, u_{3E} sowie die Spannungen der Leiter gegeneinander u_{12}, u_{23}, u_{31}. Alle diese Spannungen sind als Integral der elektrischen Feldstärke längs eines Weges, der in einer Ebene senkrecht zur Leitungsrichtung liegt und dessen Anfangs- und Endpunkt durch die Indizes der Spannungen festgelegt sind, definiert.

Wird eine elektrisch symmetrische Leitung mit den Spannungen eines symmetrischen Drehstromsystems gespeist und ist sie am Ende symmetrisch belastet, was beides im folgenden angenommen werden soll, so sind die Ströme und Spannungen längs der Leitung an jeder Stelle symmetrisch.

Die folgenden an einer Drehstromfreileitung angestellten Betrachtungen gelten sinngemäß auch für Drehstromkabel.

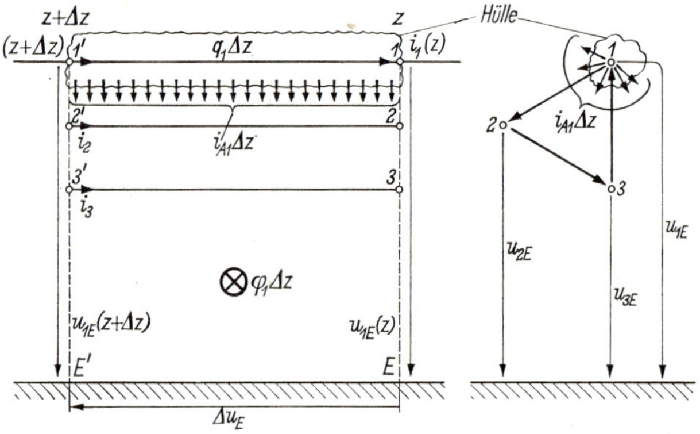

Bild 4.01 Zur Ableitung der Leitungsgleichungen: Ein Stück Δz einer symmetrisch gebauten und betriebenen Drehstromfreileitung.

In Bild 4.01 ist ein Stück Δz einer symmetrisch betriebenen, elektrisch symmetrischen Freileitung dargestellt. Die Koordinate z läuft vom Ende zum Anfang. Die Feldstärken in den Leitern sind bei 50 Hz in guter Näherung $r_B i_1$, $r_B i_2$ und $r_B i_3$, wobei r_B der auf die Länge bezogene wirksame ohmsche Widerstand eines Leiters ist. In der Erde bzw. an ihrer Oberfläche ist auf Grund der vorausgesetzten Symmetrie keine elektrische Feldstärke vorhanden[1].

[1] Bei nicht symmetrischen Freileitungen und Kabeln ist dies nicht der Fall, doch gilt, wenn $\vec{E}_E$ die Feldstärke in der Erde bzw. im Kabelmantel und v die Länge eines Verdrillungszyklus bei Freileitungen bzw. die Schlaglänge bei Kabeln ist,

$$\Delta u_E = \int\limits_{z}^{z \pm nv} \vec{E}_E \, d\vec{z} = 0. \tag{4.001}$$

Das heißt, wenn Δz ein ganzes Vielfaches von v ist, wird Δu_E auch dann Null, wenn $\vec{E}_E \neq 0$ ist.

Wendet man auf den Umlauf E'–$1'$–1–E–E' das Induktionsgesetz an, wird bei genügend kleinem Δz

$$-u_{1E}(z+\Delta z)+r_B i_1\,\Delta z+u_{1E}(z)=-\frac{\partial}{\partial t}\,\varphi_1\,\Delta z. \tag{4.002}$$

$\varphi_1\,\Delta z$ ist der von dem Umlauf umfaßte magnetische Fluß. Er ist linear von allen drei Strömen abhängig.

$$\varphi_1\,\Delta z=(a_{11}i_1+a_{12}i_2+a_{13}i_3)\,\Delta z \tag{4.003}$$

Da elektrische Symmetrie vorausgesetzt ist, muß die Beeinflussung der Spannung u_{1E} durch den Strom i_2 in gleichem Maße gegeben sein wie die Beeinflussung durch den Strom i_3. Demnach ist $a_{13}=a_{12}$.

Wegen

$$i_2+i_3=-i_1 \tag{4.004}$$

folgt

$$\varphi_1=(a_{11}-a_{12})i_1=l_B i_1. \tag{4.005}$$

l_B ist, wie später gezeigt wird, die auf die Länge bezogene Betriebsinduktivität der symmetrischen Drehstromleitung. Nach Division mit Δz und Übergang zum Differentialquotienten wird aus (4.002) mit (4.005)

$$-\frac{\partial u_{1E}}{\partial z}+r_B i_1+l_B\frac{\partial i_1}{\partial t}=0 \tag{4.006}$$

oder in symbolischer Schreibweise

$$-\frac{d\underline{U}_{1E}}{dz}+\underline{I}_1(r_B+j\omega l_B)=0. \tag{4.007}$$

Mit der Abkürzung $\underline{R}'_B=(r_B+j\omega l_B)$ wird schließlich

$$-\frac{d\underline{U}_{1E}}{dz}+\underline{I}_1\,\underline{R}'_B=0. \tag{4.008}$$

Nimmt man an, daß die Ladung des Leiters 1 auf dem Stück Δz $q\Delta z$ ist und daß vom Leiter 1 zu den anderen Leitern und zur Erde der Strom $i_{A1}\,\Delta z$ zur Berücksichtigung der Korona- und Ableitverluste abfließt, wird durch Anwendung der Gl. (2.028) auf die in Bild 4.01 eingezeichnete Hülle

$$i_1(z+\Delta z)-i_1(z)-i_{A1}\,\Delta z=\frac{\partial q_1}{\partial t}\,\Delta z. \tag{4.009}$$

q_1 und i_{A1} hängen linear von den Spannungen des Leiters 1 gegen die Leiter 2 und 3 und gegen Erde ab:

$$q_1 = k_E u_{1E} + k_{12} u_{12} + k_{13} u_{13} \tag{4.010}$$

$$i_{A1} = g_E u_{1E} + g_{12} u_{12} + g_{13} u_{13}. \tag{4.011}$$

Wegen der vorausgesetzten elektrischen Symmetrie ist $k_{13} = k_{12}$ und $g_{13} = g_{12}$. Ferner gilt

$$u_{12} + u_{13} = u_{12} - u_{31} = u_{1E} - u_{2E} - u_{3E} + u_{1E} \tag{4.012}$$

und wegen der vorausgesetzten symmetrischen Speisung und Belastung, falls keine gleichphasigen Oberschwingungen vorhanden sind,

$$u_{1E} = -u_{2E} - u_{3E}. \tag{4.013}$$

Somit schließlich

$$q_1 = u_{1E}(k_E + 3k_{12}) = u_{1E} c_B \tag{4.014}$$

$$i_{A1} = u_{1E}(g_E + 3g_{12}) = u_{1E} g_B. \tag{4.015}$$

c_B ist die auf die Länge bezogene Betriebskapazität der symmetrischen Drehstromleitung, g_B der entsprechende Wert der Ableitung. Nach Division durch Δz und Übergang zum Differentialquotienten wird aus (4.009) mit (4.014) und (4.015)

$$-\frac{\partial i_1}{\partial z} + g_B u_{1E} + c_B \frac{\partial u_{1E}}{\partial t} = 0 \tag{4.016}$$

oder in symbolischer Schreibweise

$$-\frac{d\underline{I}_1}{dz} + \underline{U}_{1E}(g_B + j\omega c_B) = 0. \tag{4.017}$$

Mit der Abkürzung $\underline{G}'_B = g_B + j\omega c_B$ wird schließlich

$$-\frac{d\underline{I}_1}{dz} + \underline{U}_{1E}\underline{G}'_B = 0. \tag{4.018}$$

Die Gln. (4.008) und (4.018) ergeben nach Eliminieren von $\underline{I}_1$ aus (4.008) und $\underline{U}_{1E}$ aus (4.018) durch Differenzieren nach z

$$\frac{d^2\underline{U}_{1E}}{dz^2} - \underline{G}'_B \underline{R}'_B \underline{U}_{1E} = 0, \tag{4.019}$$

$$\frac{d^2\underline{I}_1}{dz^2} - \underline{G}'_B \underline{R}'_B \underline{I}_3 = 0. \tag{4.020}$$

Wegen der vorausgesetzten Symmetrie sind die Spannungen und Ströme der anderen beiden Leiter jeweils nur um $\pm 120°$ gegen Spannung und Strom des Leiters 1 phasenverschoben. Das System ist durch $\underline{U}_{1E}$ und $\underline{I}_1$ völlig bestimmt. Die Mitführung des Index 1 ist deshalb nicht erforderlich, er wird im folgenden weggelassen. Da ferner der Index E später zur Bezeichnung der Spannung am Ende der Leitung gebraucht wird, sei im folgenden der Index E zur Bezeichnung der Leiter-Erd-Spannung ebenfalls fortgelassen. Aus (4.019) und (4.020) wird mit den neuen Bezeichnungen

$$\frac{d^2\underline{U}}{dz^2} - \underline{G}'_B\,\underline{R}'_B\,\underline{U} = 0\,, \tag{4.019a}$$

$$\frac{d^2\underline{I}}{dz^2} - \underline{G}'_B\,\underline{R}'_B\,\underline{I} = 0\,. \tag{4.020a}$$

Untersucht man auf gleiche Weise die Veränderlichkeit von Spannung und Strom der symmetrischen *Wechsel*stromleitung, findet man Gleichungen, die wie (4.019a) und (4.020a) aufgebaut sind, lediglich die Koeffizienten von $\underline{U}$ und $\underline{I}$ sind andere.

Wie leicht nachgeprüft werden kann, ergeben die Gln. (2.032) und (2.033) für die in Bild 4.02 dargestellte Schaltung nach Division durch Δz und Übergang zum Differentialquotienten dieselben Gln. (4.007) und (4.017), wie sie durch Anwendung der Maxwellschen Gleichungen auf das Leitungsstück Δz der betrachteten symmetrischen Drehstromleitung gewonnen worden sind. Die Schaltung in Bild 4.02 stellt demnach unter der gemachten Voraussetzung symmetrischer Speisung und Belastung eine Ersatzschaltung des Leitungsstückes Δz dar. Sie gibt die Veränderlichkeit der Leiter-Erdspannung und des Leiterstromes mit der Koordinate z richtig wieder.

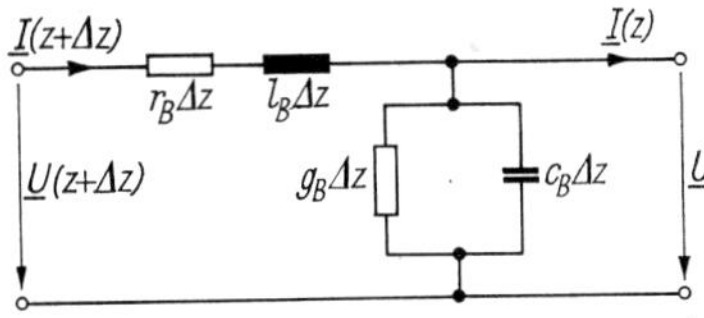

Bild 4.02 Leitungsstück der Länge Δz einer symmetrischen Drehstromfreileitung.

Die Lösung der beiden Differentialgleichungen (4.019a) und (4.020a) erfolgt durch den Exponentialansatz

$$\underline{U} = \underline{K}\,e^{\underline{\lambda} z} \tag{4.021}$$

mit $\underline{K}$ als komplexer Konstante. Durch Einsetzen in (4.019a) ergibt sich für

$$\underline{\lambda} = \pm\sqrt{\underline{R}'_B\,\underline{G}'_B} = \pm\,\underline{\gamma} = \pm\,(\alpha + j\beta)\,. \tag{4.022}$$

Somit wird die allgemeine Lösung unter Einführung der Konstanten $\underline{U}_v$ und $\underline{U}_r$

$$\underline{U}(z) = \underline{U}_v e^{\underline{\gamma} z} + \underline{U}_r e^{-\underline{\gamma} z}\,. \tag{4.023}$$

Mit Gl. (4.008) erhält man für den Strom

$$\underline{I}(z) = \frac{\underline{\gamma}}{\underline{R}'_B} \underline{U}_v e^{\underline{\gamma} z} - \frac{\underline{\gamma}}{\underline{R}'_B} \underline{U}_r e^{-\underline{\gamma} z} \tag{4.024}$$

oder mit

$$\frac{\underline{\gamma}}{\underline{R}'_B} = \frac{\sqrt{\underline{R}'_B \underline{G}'_B}}{\underline{R}'_B} = \frac{1}{\sqrt{\frac{\underline{R}'_B}{\underline{G}'_B}}} = \frac{1}{\underline{Z}_W}, \tag{4.025}$$

$$\underline{I}(z) = \frac{\underline{U}_v}{\underline{Z}_W} e^{\underline{\gamma} z} - \frac{\underline{U}_r}{\underline{Z}_W} e^{-\underline{\gamma} z}, \tag{4.026}$$

$$\underline{I}(z) = \underline{I}_v e^{\underline{\gamma} z} - \underline{I}_r e^{-\underline{\gamma} z}. \tag{4.027}$$

Die Konstanten sind durch die Randbedingungen bestimmt. Nimmt man die Spannung $\underline{U}_E$ und den Strom $\underline{I}_E$ am Ende der Leitung ($z = 0$) als fest gegeben an

$$\underline{U}(0) = \underline{U}_E \quad \text{und} \quad \underline{I}(0) = \underline{I}_E, \tag{4.028}$$

ergeben sich die Konstanten zu

$$\underline{U}_v = \frac{1}{2}(\underline{U}_E + \underline{I}_E \underline{Z}_W) \quad \text{und} \quad \underline{U}_r = \frac{1}{2}(\underline{U}_E - \underline{I}_E \underline{Z}_W). \tag{4.029}$$

In die Gln. (4.023) und (4.026) eingesetzt, erhält man unter Berücksichtigung von

$$\begin{aligned} \frac{1}{2}(e^{\underline{\gamma} z} + e^{-\underline{\gamma} z}) &= \cosh \underline{\gamma} z \\ \frac{1}{2}(e^{\underline{\gamma} z} - e^{-\underline{\gamma} z}) &= \sinh \underline{\gamma} z \end{aligned} \tag{4.030}$$

$$\underline{U}(z) = \underline{U}_E \cosh \underline{\gamma} z + \underline{I}_E \underline{Z}_W \sinh \underline{\gamma} z \tag{4.031}$$

$$\underline{I}(z) = \underline{I}_E \cosh \underline{\gamma} z + \frac{\underline{U}_E}{\underline{Z}_W} \sinh \underline{\gamma} z. \tag{4.032}$$

Die gefundenen Gln. (4.031) und (4.032) erlauben, Spannung und Strom an jeder Stelle der Leitung zu bestimmen. Es ist selbstverständlich möglich, die Konstanten durch andere Randbedingungen als (4.028) zu ermitteln. Z. B. könnte der Strom und die Spannung am Anfang der Leitung oder die Spannung an Anfang und Ende der Leitung fest gegeben sein. Für den späteren Gebrauch ist jedoch die Lösung mit den Randbedingungen (4.028) am zweckmäßigsten.

4.02 Deutung des Ergebnisses

Nach den Gln. (4.023) und (4.027) ist der Zeiger des Stromes auf der Leitung gleich der Differenz zweier Anteile $\underline{I}_v e^{\underline{\gamma} z}$ und $\underline{I}_r e^{-\underline{\gamma} z}$, der Zeiger der Spannung gleich der Summe zweier Anteile $\underline{U}_v e^{\underline{\gamma} z}$ und $\underline{U}_r e^{-\underline{\gamma} z}$. Der Augenblickswert des ersten Anteiles des Stromes ist mit $\underline{I}_v = I_v \underline{/\varphi_v}$ und $\underline{\gamma} = \alpha + j\beta$

$$i_v(z, t) = \sqrt{2}\, Re\,(\underline{I}_v e^{\underline{\gamma} z}\, \underline{/\omega t}) = \sqrt{2}\, I_v e^{\alpha z}\, Re\, \underline{/\omega t + \varphi_v + \beta z}$$

$$= \sqrt{2}\, I_v e^{\alpha z} \cos(\omega t + \varphi_v + \beta z). \tag{4.033}$$

(4.033) ist die Gleichung einer vom Leitungsanfang zum Leitungsende laufenden gedämpften Sinuswelle. In Bild 4.03 ist $i_v(z, t)$ für $t = t_1$ und $t = t_2 > t_1$ dargestellt. Die Geschwindigkeit, mit der sich die Welle fortpflanzt, ist gleich der Geschwindigkeit, mit der sich die Nullstellen der Welle verschieben. Für die Nulldurchgänge der Welle gilt

$$\omega t + \varphi_v + \beta z_n = \pm(2n + 1)\frac{\pi}{2}$$

oder

$$z_n = \frac{\pm(2n+1)\frac{\pi}{2} - \omega t - \varphi_v}{\beta}$$

und hieraus

$$v_v = \frac{dz_n}{dt} = -\frac{\omega}{\beta}. \tag{4.034}$$

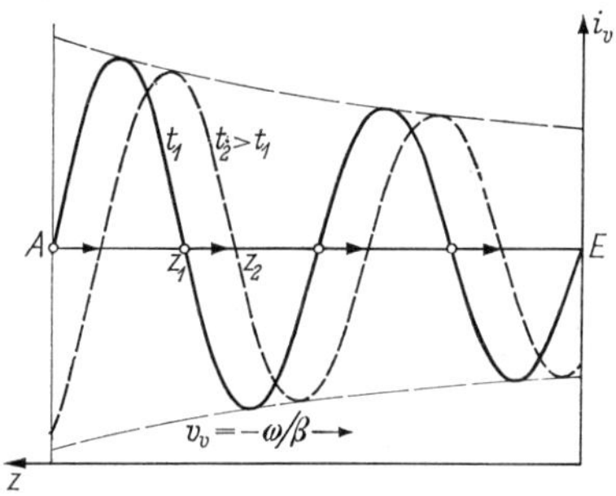

Bild 4.03 Darstellung der vorlaufenden Stromwelle $i_v(z, t)$.

Das negative Vorzeichen in (4.034) bedeutet, daß die Fortpflanzung der Welle in negativer z-Richtung erfolgt.

Für den Augenblickswert des zweiten Anteiles des Stromes erhält man mit $\underline{I}_r = I_r \underline{/\varphi_r}$

$$i_r(z, t) = \sqrt{2}\, Re\,(\underline{I}_r e^{-\underline{\gamma} z}\, \underline{/\omega t}) = \sqrt{2}\, I_r e^{-\alpha z}\, Re\, \underline{/\omega t + \varphi_r - \beta z}$$

$$= \sqrt{2}\, I_r e^{-\alpha z} \cos(\omega t + \varphi_r - \beta z). \tag{4.035}$$

(4.035) ist ebenfalls die Gleichung einer gedämpften Sinuswelle. Sie läuft jedoch, wie man durch Bestimmung der Fortpflanzungsgeschwindigkeit feststellt, vom Ende zum Anfang der Leitung. Die Nullstellen sind hier

$$z_n = \frac{\mp (2n+1)\frac{\pi}{2} + \omega t + \varphi_r}{\beta}.$$

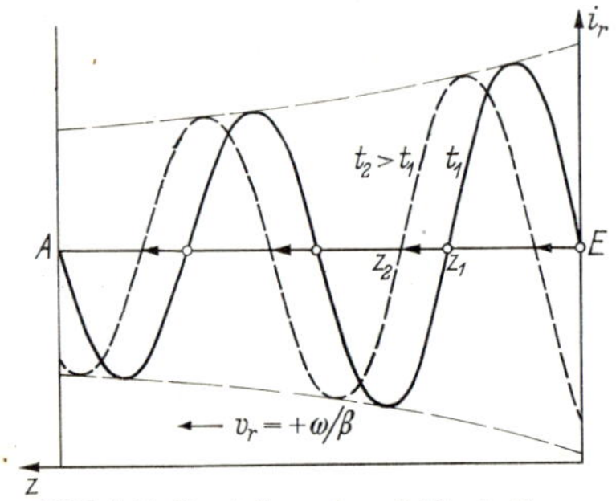

Bild 4.04 Darstellung der rücklaufenden Stromwelle $i_r(z, t)$.

Hieraus

$$v_r = \frac{dz_n}{dt} = +\frac{\omega}{\beta}. \qquad (4.036)$$

In Bild 4.04 ist $i_r(z, t)$ für zwei Zeitpunkte $t = t_1$ und $t = t_2 > t_1$ dargestellt.

Ganz entsprechende Ergebnisse findet man für die beiden Anteile der Spannung:

$$u_v(z, t) = \sqrt{2}\, U_v e^{\alpha z} \cos(\omega t + \varphi_v + \varphi_W + \beta z) \qquad (4.037)$$

$$u_r(z, t) = \sqrt{2}\, U_r e^{-\alpha z} \cos(\omega t + \varphi_r + \varphi_W - \beta z) \qquad (4.038)$$

mit φ_W als Winkel der Impedanz $\underline{Z}_W$. Die gesamte Stromverteilung ergibt sich aus der Differenz der Wellenströme i_v und i_r. Entsprechend erhält man die gesamte Spannungsverteilung aus der Summe der beiden Wellenspannungen u_v und u_r. Die Zeiger der Wellenspannungen ergeben sich nach den Gln. (4.026) und (4.027) durch Multiplikation der Zeiger der Wellenströme mit $\underline{Z}_W$. $\underline{Z}_W$ wird deshalb als Wellenwiderstand bezeichnet. Er gehört wie die sogenannte Fortpflanzungskonstante $\underline{\gamma}$ zu den für eine bestimmte Leitungsart charakteristischen Größen. Der Realteil von $\underline{\gamma}$, der für die Dämpfung der Wellenspannungen und -ströme maßgebend ist, wird als Dämpfungskonstante, der Imaginärteil, der für die Änderung ihrer Phase maßgebend ist, als Phasenkonstante bezeichnet.

Bildet man das Verhältnis des Zeigers der rücklaufenden Spannungswelle (Stromwelle) zum Zeiger der vorlaufenden Spannungswelle (Stromwelle) am Leitungsende ($z = 0$), erhält man

$$\frac{\underline{U}_r}{\underline{U}_v} = \frac{\underline{I}_r \underline{Z}_W}{\underline{I}_v \underline{Z}_W} = \frac{\underline{I}_r}{\underline{I}_v} = \underline{r}. \qquad (4.039)$$

Ersetzt man $\underline{U}_r$ und $\underline{U}_v$ durch $\underline{U}_E$ und $\underline{I}_E$ nach den Gln. (4.029), wird

$$\underline{r} = \frac{\underline{U}_E - \underline{I}_E \underline{Z}_W}{\underline{U}_E + \underline{I}_E \underline{Z}_W} = \frac{\underline{U}_E/\underline{I}_E - \underline{Z}_W}{\underline{U}_E/\underline{I}_E + \underline{Z}_W}. \qquad (4.040)$$

$\underline{U}_E/\underline{I}_E$ ist die Abschlußimpedanz der Leitung. Bezeichnet man sie mit $\underline{Z}_E$, wird schließlich

$$\underline{r} = \frac{\underline{Z}_E - \underline{Z}_W}{\underline{Z}_E + \underline{Z}_W}. \tag{4.041}$$

Am Ende der Leitung ergibt sich der Zeiger der zurücklaufenden Welle jeweils durch Multiplikation des Zeigers der vorlaufenden Welle mit dem Faktor $\underline{r}$. Das bedeutet, daß die vorlaufende Welle nach Maßgabe von $\underline{r}$ am Leitungsende reflektiert wird. $\underline{r}$ ist der Reflexionsfaktor der mit $\underline{Z}_E$ abgeschlossenen Leitung.

Die an einer beliebigen Stelle z der Leitung in Richtung zum Leitungsende transportierte Wirkleistung ist mit den in Bild 4.02 angegebenen Spannungs- und Strompfeilen

$$P(z) = 3\,Re\big(\underline{U}(z)\,\underline{I}^*(z)\big). \tag{4.042}$$

Nimmt man den Wellenwiderstand als rein rell an — dies ist, wie später gezeigt wird, im allgemeinen wenigstens angenähert der Fall —, wird mit den Gln. (4.023) und (4.027)

$$P(z) = 3\,(U_v I_v e^{2\alpha z} - U_r I_r e^{-2\alpha z}), \tag{4.043}$$

d. h. die effektiv in Richtung zum Leitungsende transportierte Leistung ist, bei rein rellem Wellenwiderstand, gleich der Differenz der Leistungen der Vorwärts- und Rückwärtswelle. Führt man noch den Reflexionsfaktor ein, wird schließlich

$$P(z) = 3\,U_v I_v (e^{2\alpha z} - r^2 e^{-2\alpha z}). \tag{4.044}$$

Da die Leitungen der Starkstromtechnik der Energieübertragung dienen, ist es wichtig, daß die beim Energietransport auftretenden Verluste klein gehalten werden. Energieübertragungsleitungen werden deshalb so gebaut, daß die Verluste im Verhältnis zur übertragenen Leistung klein sind. Für solche verlustarmen Leitungen gelten folgende Ungleichungen:

$$\frac{r_B}{\omega l_B} \ll 1 \quad \text{und} \quad \frac{g_B}{\omega c_B} \ll 1. \tag{4.045}$$

Für die Fortpflanzungskonstante erhält man nach Gl. (4.022)

$$\begin{aligned}\underline{\gamma}^2 &= \underline{R}'_B \underline{G}'_B = (r_B + j\omega l_B)(g_B + j\omega c_B)\\ &= r_B g_B - \omega^2 l_B c_B + j(r_B \omega c_B + g_B \omega l_B).\end{aligned} \tag{4.046}$$

Mit den Bedingungen (4.045) wird

$$\underline{\gamma}^2 \approx -\omega^2 l_B c_B \left[1 - j\left(\frac{r_B}{\omega l_B} + \frac{g_B}{\omega c_B}\right)\right],$$

$$\underline{\gamma} \approx j\omega \sqrt{l_B c_B} \sqrt{1 - j\left(\frac{r_B}{\omega l_B} + \frac{g_B}{\omega c_B}\right)}. \tag{4.047}$$

Wegen (4.045) und

$$\sqrt{1 + x} \approx 1 + \frac{1}{2}\, x \qquad |x| \ll 1 \tag{4.048}$$

wird

$$\begin{aligned}\underline{\gamma} &\approx j\omega \sqrt{l_B c_B} \left[1 - j\frac{1}{2}\left(\frac{r_B}{\omega l_B} + \frac{g_B}{\omega c_B}\right)\right] \\ &= \frac{1}{2}\,\omega \sqrt{l_B c_B}\left(\frac{r_B}{\omega l_B} + \frac{g_B}{\omega c_B}\right) + j\omega\sqrt{l_B c_B} \\ &\approx \alpha + j\beta.\end{aligned} \tag{4.049}$$

Für den Wellenwiderstand erhält man entsprechend

$$\underline{Z}_W^2 = \frac{\underline{R}'_B}{\underline{G}'_B} = \frac{r_B + j\omega l_B}{g_B + j\omega c_B} = \frac{l_B}{c_B}\,\frac{1 - j r_B/\omega l_B}{1 - j g_B/\omega c_B},$$

$$\underline{Z}_W = \sqrt{\frac{l_B}{c_B}}\,\frac{\sqrt{1 - j r_B/\omega l_B}}{\sqrt{1 - j g_B/\omega c_B}}. \tag{4.050}$$

Wegen (4.045) und (4.048) wird zunächst

$$\underline{Z}_W \approx \sqrt{\frac{l_B}{c_B}}\,\frac{1 - j\frac{1}{2}\, r_B/\omega l_B}{1 - j\frac{1}{2}\, g_B/\omega c_B}, \tag{4.051}$$

und da

$$\frac{1}{1 + x} \approx 1 - x \qquad |x| \ll 1, \tag{4.052}$$

schließlich

$$\underline{Z}_W \approx \sqrt{\frac{l_B}{c_B}}\left[1 + j\frac{1}{2}\left(\frac{g_B}{\omega c_B} - \frac{r_B}{\omega l_B}\right)\right] \tag{4.053}$$

$$\approx \sqrt{\frac{l_B}{c_B}}\; \underline{/\tfrac{1}{2}\,(g_B/\omega c_B - r_B/\omega l_B)}\,. \tag{4.054}$$

Im allgemeinen kann der Wellenwiderstand einer durch die Bedingungen (4.045) gekennzeichneten verlustarmen Leitung, ohne daß dabei ein unzulässiger Fehler gemacht wird, als rein reell angesehen werden:

$$\underline{Z}_W = Z_W \,\underline{/0} = Z_W = \sqrt{\frac{l_B}{c_B}}. \tag{4.055}$$

Um eine Vorstellung von der Größe des Wellenwiderstandes und der Phasenkonstante zu geben, seien die Werte für eine Freileitung bei 50 Hz angegeben.

Mit den in späteren Abschnitten abgeleiteten Beziehungen für l_B und c_B

$$l_B = \frac{\mu_0}{2\pi}\left(\ln\frac{D}{\varrho} + \frac{1}{4}\right) \approx \frac{\mu_0}{2\pi}\ln\frac{D}{\varrho}$$

$$c_B = \frac{2\pi\varepsilon_0}{\ln\frac{D}{\varrho}},$$

wobei D der gegenseitige Abstand und ϱ der Radius der Leiter ist, wird der Wellenwiderstand unabhängig von der Frequenz

$$Z_W = \sqrt{\frac{\mu_0}{\varepsilon_0}}\,\frac{1}{2\pi}\ln\frac{D}{\varrho} = 60\ln\frac{D}{\varrho}\,\Omega$$

und die Phasenkonstante bei 50 Hz

$$\beta = \omega\sqrt{l_B c_B} = \omega\sqrt{\mu_0\varepsilon_0} = \frac{6^\circ}{100\,\text{km}}.$$

Ferner ergibt sich für die Fortpflanzungsgeschwindigkeit unabhängig von der Frequenz

$$v = \frac{\omega}{\beta} = \frac{1}{\sqrt{\mu_0\,\varepsilon_0}} = c = 300\,000\,\frac{\text{km}}{\text{s}}$$

und für die Wellenlänge bei 50 Hz

$$\lambda = vT = v/f = 6000\,\text{km}.$$

4.03 Die natürliche Leistung

Ist die Abschlußimpedanz einer Leitung gleich deren Wellenwiderstand, liegt ein ausgezeichneter Betriebsfall vor. Nach Gl. (4.041) wird der Reflexionsfaktor für $\underline{Z}_E = \underline{Z}_W$ Null, d. h. es tritt keine Reflexion am Leitungsende auf. Strom und Spannung auf der Leitung sind gleich der vorlaufenden Strom- bzw. Spannungswelle.

$$\underline{I}(z) = \underline{I}_v e^{\underline{\gamma} z} = \underline{I}_E e^{\underline{\gamma} z} \tag{4.056}$$

$$\underline{U}(z) = \underline{U}_v e^{\underline{\gamma} z} = \underline{U}_E e^{\underline{\gamma} z} \tag{4.057}$$

Das Verhältnis der Zeiger von Spannung und Strom ist auf der ganzen Leitung konstant gleich $\underline{Z}_W$.

Die bei Abschluß der Leitung mit Wellenwiderstand und Nennspannung am Ende der Leitung $\left(U_E = \frac{U_N}{\sqrt{3}}\right)$ übertragene Scheinleistung wird als natürliche Leistung bezeichnet.

$$\underline{S}_{\text{nat}} = P_{\text{nat}} + jQ_{\text{nat}} = \frac{U_N^2}{\underline{Z}_W^*}. \tag{4.058}$$

Dabei ist U_N die Nennspannung der Leitung[1].

Die natürliche Leistung ist nur von der Nennspannung einer Leitung und über $\underline{Z}_W$ von der Geometrie der Leitung abhängig und kennzeichnet deshalb eine Leitungsart. Da der Wellenwiderstand und damit die natürliche Leistung im allgemeinen wenigstens angenähert rein reell sind, wird meist nur der Realteil P_{nat} der natürlichen Leistung angegeben und dieser dann als natürliche Leistung bezeichnet. In Tab. 4.1 sind für verschiedene Leitungsarten die natürliche Leistung und der Wellenwiderstand einander gegenübergestellt.

Tabelle 4.1 *Wellenwiderstand und natürliche Leistung je System bei Freileitungen für verschiedene Spannungen*

U_N/kV	Einfachleiter		Bündelleiter	
	Z_W/Ω	P_{nat}/MW	Z_W/Ω	P_{nat}/MW
150	375	60	225	100
220	375	130	240	200
400	—	—	270	600
750	—	—	280	2000

Ist eine Leitung verlustlos, d. h. $r_B = 0$, $g_B = 0$, $\underline{\gamma} = j\beta$, tritt bei Belastung mit natürlicher Leistung längs der Leitung kein Spannungsverlust auf. Der Betrag der Spannung längs der Leitung ist konstant:

$$\underline{U}(z) = \underline{U}_E \,\underline{/\beta z}$$

$$|\underline{U}(z)| = U(z) = |\underline{U}_E| = U_E. \tag{4.059}$$

[1] Nenn- und Betriebsspannungen in einem Drehstromsystem werden üblicherweise als Leiterspannungen (verkettete Spannungen) angegeben.

Bei verlustarmen Leitungen ist der Spannungsverlust bei Belastung mit natürlicher Leistung entsprechend gering. Dies ist insbesondere bei langen Leitungen von großer Bedeutung.

Der Betrieb mit natürlicher Leistung stellt nicht nur im Hinblick auf den Spannungsverlust einen äußerst günstigen Betriebsfall dar, sondern auch bezüglich des Wirkungsgrades. Es läßt sich zeigen, daß der Übertragungswirkungsgrad einer Leitung mit rein reellem Wellenwiderstand bei Abschluß der Leitung mit Wellenwiderstand maximal ist. Bei nur angenähert rein reellem $\underline{Z}_W$ ist die Abweichung vom maximalen Wirkungsgrad nur gering.

Der Wirkungsgrad einer beliebig abgeschlossenen Leitung ist gleich dem Verhältnis der am Ende abgegebenen zu der am Anfang aufgenommenen Wirkleistung:

$$\eta = \frac{P_E}{P_A} = \frac{3\,Re\,\underline{U}_E \underline{I}_E^*}{3\,Re\,\underline{U}_A \underline{I}_A^*}, \tag{4.060}$$

wobei der Index A die Größen am Leitungsanfang bezeichnet. Mit den Gln. (4.023), (4.027) und (4.039) wird

$$\eta = \frac{Re\,[\underline{U}_v \underline{I}_v^* (1 + \underline{r})\,(1 - \underline{r}^*)]}{Re\,[\underline{U}_v \underline{I}_v^* (e^{\underline{\gamma} s} + \underline{r} e^{-\underline{\gamma} s})\,(e^{\underline{\gamma}^* s} - \underline{r}^* e^{-\underline{\gamma}^* s})]}. \tag{4.061}$$

s bedeutet hierin die Leitungslänge. Ist der Wellenwiderstand rein reell, wird hieraus [s. a. Gl. (4.044)]

$$\eta = \frac{1 - r^2}{e^{4\alpha s} - r^2}\, e^{2\alpha s}. \tag{4.062}$$

Bildet man nun $d\eta/dr$ und setzt den dabei gewonnenen Ausdruck gleich Null, ergibt sich die Bedingung $r = 0$. Für diesen Wert des Reflexionsfaktors, der dem Abschluß mit Wellenwiderstand entspricht, ist der Wirkungsgrad maximal. Er hat den Wert

$$\eta_{\max} = \eta_{\text{nat}} = e^{-2\alpha s}. \tag{4.063}$$

Für $2\alpha s \ll 1$ wird hieraus in erster Näherung

$$\eta_{\max} = \eta_{\text{nat}} = 1 - 2\alpha s. \tag{4.064}$$

4.04 Die verlustlose Leitung

Die Gln. (4.031) und (4.032), die Spannung und Strom auf der Leitung in Abhängigkeit von den Werten am Ende der Leitung beschreiben, enthalten die hyperbolischen Funktionen mit komplexem Argument.

Ihre Auswertung ist umständlich, da sie erst mit Hilfe folgender Gleichungen umgeformt werden müssen:

$$\begin{aligned} \cosh(x + jy) &= \cosh x \cos y + j \sinh x \sin y \\ \sinh(x + jy) &= \sinh x \cos y + j \cosh x \sin y\,. \end{aligned} \tag{4.065}$$

Vernachlässigt man r_B und g_B, werden die Leitungsgleichungen (4.031) und (4.032) wesentlich vereinfacht, da das Argument rein imaginär wird ($\underline{\gamma} z = j\beta z$) und die hyperbolischen Funktionen in die Winkelfunktionen übergehen. Außerdem wird der Wellenwiderstand rein reell. Es ergeben sich folgende vereinfachte Gleichungen

$$\underline{U}(z) = \underline{U}_E \cos\beta z + j\,\underline{I}_E Z_W \sin\beta z \tag{4.066}$$

und

$$\underline{I}(z) = \underline{I}_E \cos\beta z + j\,\frac{\underline{U}_E}{Z_W} \sin\beta z\,, \tag{4.067}$$

die leichter zu handhaben sind. Trotz der für die Rechnung bedeutenden Vereinfachung liefern die Gln. (4.066) und (4.067) wegen der meist geltenden Ungleichungen (4.045) das Wesentliche des Spannungs- und Stromverlaufes.

Nimmt man die Spannung am Ende der Leitung als fest gegeben an und ersetzt $\underline{I}_E$ durch $\underline{U}_E/\underline{Z}_E$, erhält man Spannungs- und Stromverlauf in Abhängigkeit von der Belastungsimpedanz $\underline{Z}_E$ allein. Ist ferner $\underline{Z}_E$ die Impedanz einer Parallelschaltung aus R_E und jX_E, wird aus (4.066) und (4.067)

$$\underline{U}(z) = \underline{U}_E \left[\cos\beta z + \frac{Z_W}{X_E} \sin\beta z + j\,\frac{Z_W}{R_E} \sin\beta z\right], \tag{4.066 a}$$

$$\underline{I}(z) = \frac{\underline{U}_E}{Z_W} \left[j\left(\sin\beta z - \frac{Z_W}{X_E} \cos\beta z\right) + \frac{Z_W}{R_E} \cos\beta z\right]. \tag{4.067 a}$$

Eine weitere Form der Leitungsgleichungen ergibt sich durch Einführen der übertragenen Wirk- und Blindleistung P_E und Q_E und der natürlichen Leistung, die für die verlustlose Leitung reine Wirkleistung ist. Dabei wird vorausgesetzt, daß P_E und Q_E mit der gleichen Spannung wie die natürliche Leistung P_{nat} errechnet sind. Es wird aus (4.066 a) und (4.067 a)

$$\underline{U}(z) = \underline{U}_E \left[\cos\beta z + \frac{Q_E}{P_{\text{nat}}} \sin\beta z + j\,\frac{P_E}{P_{\text{nat}}} \sin\beta z\right], \tag{4.066 b}$$

$$\underline{I}(z) = \frac{\underline{U}_E}{Z_W} \left[j\left(\sin\beta z - \frac{Q_E}{P_{\text{nat}}} \cos\beta z\right) + \frac{P_E}{P_{\text{nat}}} \cos\beta z\right]. \tag{4.067 b}$$

Spannung und Strom setzen sich aus drei Anteilen zusammen, von denen der erste belastungsunabhängig ist, also auch im Leerlauf auftritt. Der zweite ist nur von der übertragenen Blindleistung Q_E, der dritte nur von der übertragenen Wirkleistung P_E abhängig. Als Beispiel sei der Verlauf des Betrages der Spannung $\underline{U}(z)$ und der Phase $\vartheta = \text{Arc}\ \underline{U}(z)/\underline{U}_E$

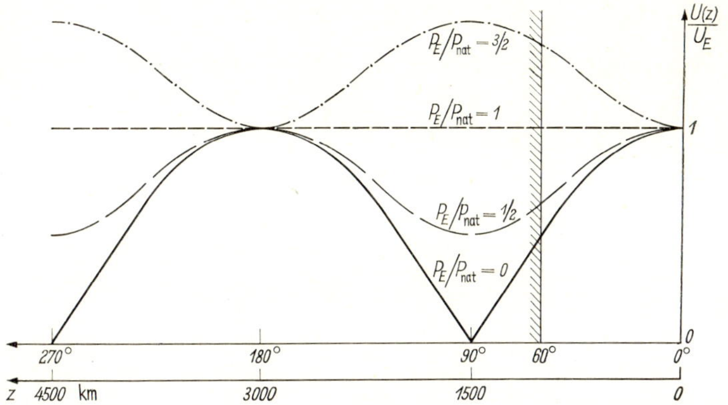

Bild 4.05a Verlauf des Betrages der Spannung $\underline{U}(z)$ entlang der Leitung bei Übertragung reiner Wirkleistung.

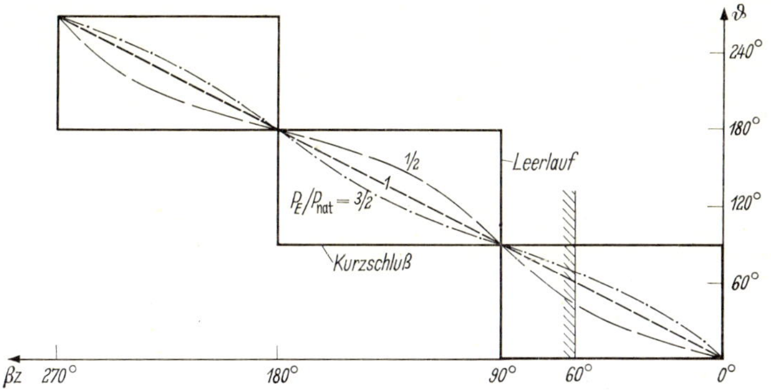

Bild 4.05b Abhängigkeit des Winkels ϑ zwischen $\underline{U}(z)$ und $\underline{U}_E$ vom Leitungsort.

längs der Leitung bei Übertragung reiner Wirkleistung untersucht. Aus Gl. (4.066b) erhält man mit $Q_E = 0$

$$|\underline{U}(z)| = U(z) = U_E \sqrt{\cos^2 \beta z + \frac{P_E^2}{P_{\text{nat}}^2} \sin^2 \beta z}, \qquad (4.068)$$

$$\vartheta = \text{arc tan} \left(\frac{P_E}{P_{\text{nat}}} \tan \beta z \right). \qquad (4.069)$$

In den Bildern 4.05a und 4.05b sind die Ergebnisse für verschiedene Verhältnisse P_E/P_{nat} dargestellt. Der Betrag des Spannungszeigers ändert sich für $P_E/P_{\text{nat}} \neq 1$ periodisch, wobei die Periode halb so groß ist wie die Wellenlänge der vor- und der rücklaufenden Spannungs- und Stromwellen ($\lambda/2 = 3000$ km). Für $P_E/P_{\text{nat}} = 1$ ist der Betrag des Spannungszeigers über der Leitung konstant.

Für die Energieversorgung kommen nur Leitungen mit einer Länge bis etwa 1000 km in Betracht. Für diesen Bereich kann aus Bild 4.05a folgendes abgelesen werden:

Bei Übertragung reiner Wirkleistung ist für $P_E/P_{\text{nat}} > 1$ die Spannung am Ende der Leitung *kleiner* als die Spannung am Anfang der Leitung. Für $P_E/P_{\text{nat}} < 1$ ist die Spannung am Ende der Leitung *größer* als am Anfang der Leitung. Am größten ist die Überhöhung der Endspannung gegenüber der Anfangsspannung bei Leerlauf ($P_E = 0$, $Q_E = 0$)

$$U_E = \frac{U_A}{\cos \beta s}. \tag{4.070}$$

Die Spannungserhöhung der leerlaufenden Leitung wird als Ferranti-Effekt bezeichnet.

Da die Isolation einer Leitung keine beliebig hohe Spannung zuläßt, muß die Leitung so betrieben werden, daß an keiner Stelle die Spannung die von der Isolation gegebene Grenze überschreitet. Liegt ein Belastungsfall vor, bei dem sich der Betrag der Spannung längs der Leitung stark ändert, so ergibt sich notwendig, daß auf einem Teil der Leitung die Spannung wesentlich niedriger ist, als es die Isolation zuläßt. Die Leitung ist teilweise in ihrer Spannungsfestigkeit nicht ausgenützt. Dies wird beim Betrieb der Leitung mit natürlicher Leistung vermieden. Da dieser Betrieb auch in anderer Hinsicht günstig ist, wird er bei langen Leitungen grundsätzlich angestrebt. Abweichungen hiervon, insbesondere die Übertragung geringerer Leistungen und der Leerlauf der Leitung, lassen sich nicht vermeiden, da die Nachfrage elektrischer Energie zeitlich stark schwankt.

Wird die Spannung am Leitungsanfang — nicht wie bisher am Leitungsende — als fest gegeben angenommen, ergibt sich eine in Abhängigkeit von der Belastung sich ändernde Endspannung. Ersetzt man in Gl. (4.066) den Strom $\underline{I}_E$ durch die Scheinleistung $\underline{S}_E$ nach der Beziehung $\underline{I}_E = \underline{S}_E^*/3\,\underline{U}_E^*$, erhält man eine Gleichung zur Bestimmung der gesuchten Endspannung in Abhängigkeit von der übertragenen Scheinleistung

$$\frac{\underline{U}_A}{\underline{U}_E} = \cos \beta s + j\,\frac{\underline{S}_E^*}{3\,U_E^2}\,Z_W \sin \beta s\,.$$

Sie ist im Gegensatz zu den bisherigen Gleichungen nicht linear. Für den Fall, daß die Anfangsspannung gleich der Nennspannung der Leitung ist, wird hieraus wegen $U_N^2/Z_W = 3\,U_A^2/Z_W = P_{\text{nat}}$ mit der Abkürzung $\beta s = b$

$$\frac{\underline{U}_A}{\underline{U}_E} = \cos b + \frac{Q_E}{P_{\text{nat}}}\,\frac{U_A^2}{U_E^2}\sin b + j\,\frac{P_E}{P_{\text{nat}}}\,\frac{U_A^2}{U_E^2}\sin b\,. \tag{4.071}$$

Man vergleiche (4.071) mit (4.066 b) für $z = s$. Wird nur Wirkleistung übertragen, findet man für den Betrag der Endspannung

$$U_E = U_A\,\frac{1}{\sqrt{2}\cos b}\sqrt{1 \pm \sqrt{1 - \left(\frac{P_E}{P_{\text{nat}}}\sin 2b\right)^2}}\,. \tag{4.070 a}$$

Für eine bestimmte abgenommene Leistung P_E ergeben sich zwei Werte der Endspannung. Der größere (positives Vorzeichen) gehört zu einem Abschlußwiderstand, der größer als der Wellenwiderstand der Leitung ist, während der kleinere (negatives Vorzeichen) zu einem Abschlußwiderstand gehört, der kleiner als der Wellenwiderstand ist. Beide nehmen jedoch bei unterschiedlichen Strömen die gleiche Leistung auf. Ausgehend vom Betrieb mit maximaler Übertragungsleistung stellt sich bei Abschaltung von Verbrauchern der jeweils höhere Wert der Endspannung ein. Durch Anschluß von Drosselspulen am Ende der Leitung kann die dort bei Schwachlast auftretende Spannungserhöhung vermieden und damit ein besserer Spannungsverlauf erzielt werden. Dies ergibt sich aus Gl. (4.066 a). Die zu diesem Zweck verwendeten Drosselspulen bezeichnet man als Kompensationsdrosseln. Um den Betrag der Spannung am Anfang und Ende der Leitung auf gleicher Höhe zu halten, ist eine von der übertragenen Wirkleistung abhängige Blindleistung der Kompensationsdrosseln

$$Q_E = P_{\text{nat}}\left\{-\cot\beta s + \sqrt{\cot^2\beta s + 1 - \left(\frac{P_E}{P_{\text{nat}}}\right)^2}\right\} \tag{4.072}$$

erforderlich.

In Bild 4.06 a ist der Verlauf von Spannung und Strom auf einer nach Gl. (4.072) kompensierten, 1000 km langen Leitung für $P_E/P_{\text{nat}} = 0$ (Leerlauf) und in Bild 4.06 b für $P_E/P_{\text{nat}} = {}^1/_2$ aufgetragen. Der Verlauf von Spannung und Strom ohne Kompensationsdrosseln bei gleicher Anfangsspannung und gleicher übertragener Leistung ist jeweils gestrichelt eingezeichnet.

Wie man Bild 4.06 a entnimmt, erhöht sich die Spannung am Ende der Leitung bei Leerlauf ohne Verwendung von Kompensationsdrosseln um 100% gegenüber der Spannung am Anfang der Leitung. Mit Kompensationsdrosseln tritt die höchste Spannung in der Mitte der Leitung auf. Sie ist gegenüber Anfangs- und Endspannung um ca. 15% erhöht. Bei

Belastung der Leitung mit $P_E = {}^1/_2 P_{\text{nat}}$ und Nennspannung am Leitungsanfang erhöht sich die Endspannung gegenüber der Anfangsspannung bei Betrieb ohne Kompensationsdrosseln um ca. 95%. Die höchste Spannung bei Kompensation nach Gl. (4.072) tritt auch hier in der Mitte der Leitung auf. Sie ist gegenüber Anfangs- und Endspannung um ca.

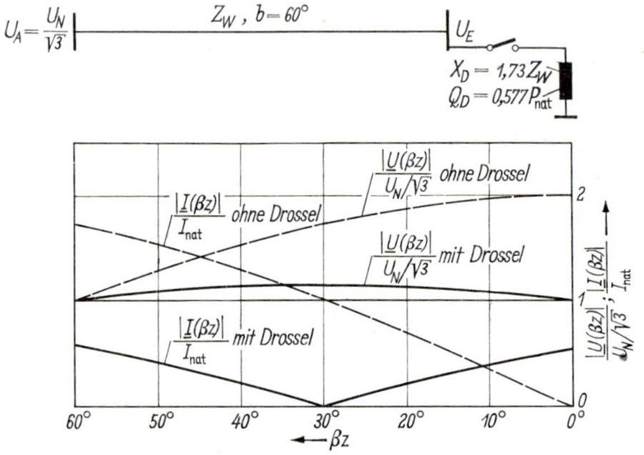

Bild 4.06a Verlauf von Spannung und Strom auf einer kompensierten, 1000 km langen Leitung bei Leerlauf.

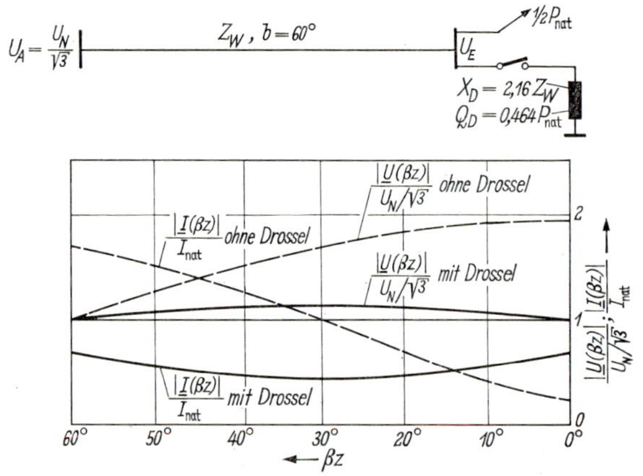

Bild 4.06b Verlauf von Spannung und Strom bei einer kompensierten, 1000 km langen Leitung bei Übertragung der halben natürlichen Leistung.

13% erhöht (Bild 4.06b). Es läßt sich zeigen, daß für den Betrieb mit gleicher Anfangs- und Endspannung ($U_A = U_E$) die höchste Spannung grundsätzlich in der Mitte der Leitung auftritt.

Aus den Bildern 4.05a, 4.06a und 4.06b kann man ferner sehen, daß der Verlauf von $U(z)$ und $I(z)$ für eine Leitung, deren Länge 1000 km nicht überschreitet, näherungsweise durch eine lineare Abhängigkeit dargestellt werden kann. Dies bedeutet, daß $U(z)$ und $I(z)$ im wesentlichen durch die Werte am Anfang und Ende der Leitung bestimmt sind und ihre höchsten Werte den jeweils höheren Wert des Leitungsanfangs oder -endes nicht oder nur unwesentlich überschreiten.

Diese Tatsache gestattet es, im allgemeinen auf die Kenntnis von Strom- und Spannungsverlauf auf der Leitung zu verzichten und sich auf die Kenntnis der Werte am Anfang und Ende der Leitung zu beschränken.

4.05 Die Ersatzschaltung der Drehstromleitung

Der meist ausschließlich interessierende Zusammenhang zwischen den Spannungs- und Stromwerten am Anfang und Ende der Leitung ergibt sich aus den Gln. (4.031) und (4.032), wenn $z = s$ gesetzt wird. Zur Abkürzung sei das Fortpflanzungsmaß

$$\underline{g} = \underline{\gamma} s = a + jb \tag{4.073}$$

mit a als Dämpfungs-, b als Phasenmaß eingeführt. Stellt man die Gl. (4.032) etwas um, wird

$$\underline{U}(s) = \underline{U}_A = \underline{U}_E \cosh \underline{g} + \underline{I}_E \underline{Z}_W \sinh \underline{g}, \tag{4.074}$$

$$\underline{I}(s) = \underline{I}_E = \underline{U}_E \frac{1}{\underline{Z}_w} \sinh \underline{g} + \underline{I}_E \cosh \underline{g}. \tag{4.075}$$

Die obigen Gln. (4.074) und (4.075) sind Vierpolgleichungen in der Kettenform. Die symmetrisch gebaute und betriebene Drehstromleitung kann deshalb, wenn man sich nur für die Spannungs- und Stromwerte

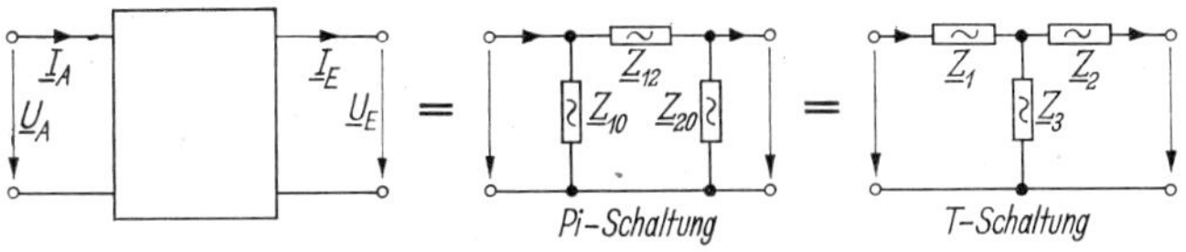

Bild 4.07 Einphasige Ersatzschaltung für die symmetrisch gebaute und betriebene Drehstromleitung.

an Anfang und Ende der Leitung interessiert, einphasig als Vierpol aufgefaßt werden und ersatzweise als Pi-(Dreieck-)Schaltung oder T-(Stern-) Schaltung dargestellt werden.

Da die Leitung bezüglich Anfang und Ende symmetrisch ist, müssen es auch ihre Ersatzschaltungen sein. Dies bedeutet, daß sowohl in der

Pi-Schaltung als auch in der T-Schaltung die symmetrisch liegenden Impedanzen gleich sein müssen.

$$\underline{Z}_{10} = \underline{Z}_{20} = \underline{Z}_0 \quad \text{und} \quad \underline{Z}_1 = \underline{Z}_2 = \underline{Z}. \tag{4.076}$$

Bei Verwendung der T-Schaltung in vermaschten Netzen entsteht für jede Leitung ein zusätzlicher Knoten, der den Rechenaufwand vergrößert. Daher wird fast ausschließlich die Pi-Ersatzschaltung der Leitung benützt.

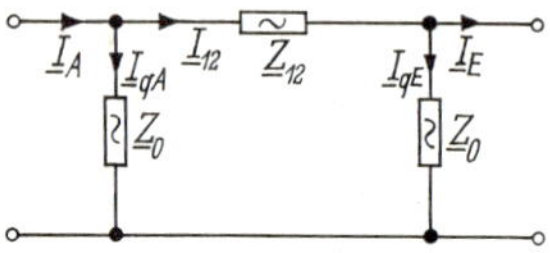

Bild 4.08 Stromverteilung in der Pi-Ersatzschaltung.

In Bild 4.08 ist die Pi-Ersatzschaltung mit den Strömen, die in ihren Impedanzen fließen, dargestellt.

Um Äquivalenz zwischen Leitung und Ersatzschaltung zu erhalten, müssen die Impedanzen $\underline{Z}_{12}$ und $\underline{Z}_0$ so gewählt werden, daß die Vierpolgleichungen der Leitung (4.074) und (4.075) mit den entsprechenden Vierpolgleichungen der Pi-Ersatzschaltung identisch sind. Aus Bild 4.08 erhält man für diese mit Hilfe der Kirchhoffschen Gleichungen

$$\underline{U}_A = \underline{U}_E \left(1 + \frac{\underline{Z}_{12}}{\underline{Z}_0}\right) + \underline{I}_E \underline{Z}_{12}, \tag{4.077}$$

$$\underline{I}_A = \underline{U}_E \frac{1}{\underline{Z}_{12}} \left(2 \frac{\underline{Z}_{12}}{\underline{Z}_0} + \frac{\underline{Z}_{12}^2}{\underline{Z}_0^2}\right) + \underline{I}_E \left(1 + \frac{\underline{Z}_{12}}{\underline{Z}_0}\right). \tag{4.078}$$

Durch Vergleich von (4.077) mit (4.074) ergibt sich

$$\underline{Z}_{12} = \underline{Z}_W \sinh \underline{g} \tag{4.079}$$

und

$$1 + \frac{\underline{Z}_{12}}{\underline{Z}_0} = \cosh \underline{g}. \tag{4.080}$$

(4.079) in (4.080) eingesetzt, ergibt

$$\underline{Z}_0 = \underline{Z}_W \frac{\sinh \underline{g}}{\cosh \underline{g} - 1} = \underline{Z}_W \coth \underline{g}/2. \tag{4.081}$$

Die Identität der Gl. (4.078) mit (4.075) ist durch diese Werte für $\underline{Z}_{12}$ und $\underline{Z}_0$ ebenfalls gegeben.

Die Pi-Schaltung von Bild 4.08 ist somit, wenn ihre Impedanzen die in den Gln. (4.079) und (4.081) angegebenen Werte haben, eine, was Spannungs- und Stromwerte am Anfang und Ende der Leitung betrifft, äquivalente Ersatzschaltung der Leitung. Um einen Überblick zu erhalten, aus was für Impedanzen die Pi-Ersatzschaltung der Leitung besteht, sei die verlustlose Leitung betrachtet. Für sie gilt

$$\underline{g} = jb \quad \text{und} \quad \underline{Z}_W = Z_W .$$

Somit wird für die verlustlose Leitung

$$\underline{Z}_{12} = jZ_W \sin b , \qquad \underline{Z}_0 = -jZ_W \cot b/2 . \tag{4.082}$$

Das bedeutet:

Im Bereich $0 < b < \pi$ ist $\underline{Z}_{12}$ induktiv und $\underline{Z}_0$ kapazitiv.

Im Bereich $\pi < b < 2\pi$ ist $\underline{Z}_{12}$ kapazitiv und $\underline{Z}_0$ induktiv.

In dem für die Energieübertragung ausschließlich in Frage kommenden Bereich $0 < b \leq 60°$ ist $\underline{Z}_{12}$, die Längsimpedanz, induktiv und $\underline{Z}_0$, die Querimpedanz, kapazitiv.

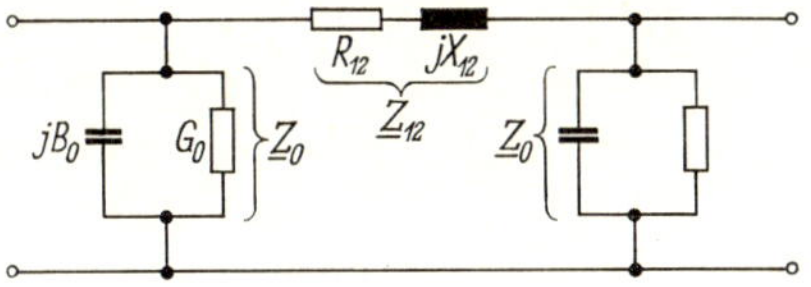

Bild 4.09 Einphasige Ersatzschaltung der symmetrisch gebauten und betriebenen Drehstromleitung.

Für eine verlustbehaftete Leitung ist die Längsimpedanz induktiv-ohmsch und wird zweckmäßig als Reihenschaltung aufgefaßt. Die Querimpedanz ist kapazitiv-ohmsch und wird zweckmäßig als Parallelschaltung aufgefaßt.

4.06 Das Betriebsdiagramm der Leitung

Bereits in Abschn. 4.04 war bei der Betrachtung des Spannungs- und Stromverlaufes der verlustlosen Leitung die Endspannung $\underline{U}_E = \underline{U}(0)$ als fest gegeben angenommen worden. Diese Annahme entspricht dem Wunsche, den Abnehmer am Ende der Leitung mit konstanter Spannung zu versorgen. Die Spannung am Anfang der Leitung muß, wenn die Endspannung konstant sein soll, in Abhängigkeit der übertragenen komplexen Scheinleistung $\underline{S}_E = P_E + jQ_E$ geändert werden. Diese Abhängigkeit $\underline{U}_A = \underline{f}(P_E, Q_E)$ als Ortskurve dargestellt und mit P_E und Q_E parametriert, ergibt das sogenannte Betriebsdiagramm einer Leitung.

Der größeren Anschaulichkeit halber sei es an Hand der Ersatzschaltung der Leitung abgeleitet. Als beliebig einstellbare Last diene eine Parallelschaltung eines einstellbaren ohmschen Widerstandes $G_E = 1/R_E$ und einer einstellbaren Drossel $-jB_E = 1/jX_E$ (Bild 4.10).

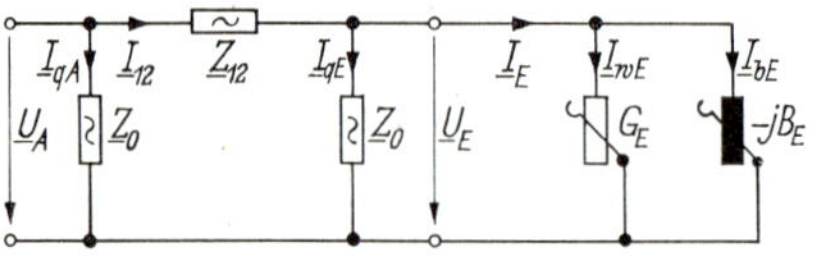

Bild 4.10 Ersatzschaltung einer beliebig belasteten Leitung.

Man erhält mit den Bezeichnungen von Bild 4.10

$$\underline{U}_A = \underline{U}_E + \underline{Z}_{12}(\underline{I}_{qE} + \underline{I}_{wE} + \underline{I}_{bE}) \tag{4.083}$$

oder mit

$$\underline{I}_{qE} = \underline{U}_E \frac{1}{\underline{Z}_0}, \qquad \underline{I}_{wE} = \underline{U}_E \frac{1}{R_E} = \underline{U}_E G_E$$

und

$$\underline{I}_{bE} = \underline{U}_E \frac{1}{jX_E} = \underline{U}_E(-jB_E)$$

$$\underline{U}_A = \underline{U}_E + \underline{Z}_{12}\,\underline{U}_E\left(\frac{1}{\underline{Z}_0} + G_E - jB_E\right). \tag{4.084}$$

Wie man aus Gl. (4.083) sieht, setzt sich der Spannungsabfall $\underline{U}_A - \underline{U}_E$ aus drei voneinander unabhängigen Teilen zusammen, von denen der erste $\underline{Z}_{12}\underline{I}_{qE}$ von der Belastung unabhängig ist und deshalb auch bei Leerlauf der Leitung auftritt. Der zweite Teil $\underline{Z}_{12}\underline{I}_{wE}$ ist nur von der am Leitungsende abgenommenen Wirkleistung, der dritte $\underline{Z}_{12}\underline{I}_{bE}$ nur von der abgenommenen Blindleistung abhängig.

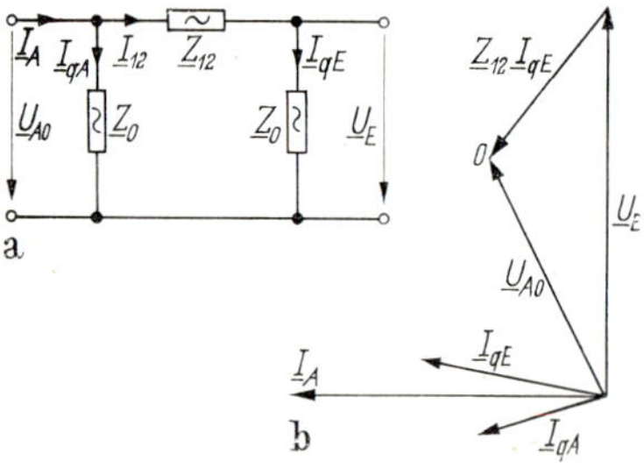

Bild 4.11a u. b Ersatzschaltung (a) und Zeigerdiagramm (b) der leerlaufenden Leitung.

Betrachtet man zunächst die leerlaufende Leitung (G_E, $\underline{I}_{wE}$, $P_E = 0$; B_E, $\underline{I}_{bE}$, $Q_E = 0$), so erhält man das in Bild 4.11b wiedergegebene Zeigerbild.

Der Strom $\underline{I}_{qE}$, der in Bild 4.11a im rechten Querzweig der Ersatzschaltung fließt, eilt der Spannung $\underline{U}_E$ um etwas weniger als 90° vor, da $\underline{Z}_0$ die Impedanz eines verlustbehafteten Kondensators ist. Addiert man zur Endspannung $\underline{U}_E$ die an der Längsimpedanz liegende Spannung $\underline{Z}_{12}\underline{I}_{12} = \underline{Z}_{12}\underline{I}_{qE}$, die gegenüber $\underline{I}_{qE}$ um etwas weniger als 90° vorgedreht ist ($\underline{Z}_{12}$ ist die Impedanz einer verlustbehafteten Spule), erhält man die Spannung am Anfang der Leitung (Punkt 0 in Bild 4.11b).

Wird die Leitung mit einer Wirklast $P_E = 3\,U_E^2 G_E$ entsprechend $\underline{I}_{wE} = \underline{U}_E G_E$ und einer Blindlast $Q_E = 3\,U_E^2 B_E$ entsprechend $\underline{I}_{bE} = \underline{U}_E(-j B_E)$ belastet, so fließen, wie man Gl. (4.083) entnimmt, durch die Längsimpedanz $\underline{Z}_{12}$ außer $\underline{I}_{qE}$ die Ströme $\underline{I}_{wE}$ und $\underline{I}_{bE}$. Zu dem Spannungsabfall $\underline{Z}_{12}\underline{I}_{qE}$ kommen die Spannungsabfälle $\underline{Z}_{12}\underline{I}_{wE}$ und $\underline{Z}_{12}\underline{I}_{bE}$ hinzu (Punkt 1 in Bild 4.12). Wird B_E und damit $\underline{I}_{bE}$ und Q_E festgehalten und G_E bzw. $\underline{I}_{wE}$ und P_E geändert, so läuft die Spitze des Zeigers $\underline{U}_A$ entlang einer Geraden, die mit G_E, I_{wE} oder P_E linear parametriert werden kann.

Hält man umgekehrt den Wirkleitwert G_E und damit $\underline{I}_{wE}$ und P_E fest und ändert B_E, läuft die Zeigerspitze von $\underline{U}_A$ ebenfalls entlang einer Geraden. Diese ist jedoch gegenüber der Geraden B_E, $Q_E = \text{const}$ um 90° gedreht. Sie kann nach B_E, I_{bE} oder Q_E linear parametriert werden.

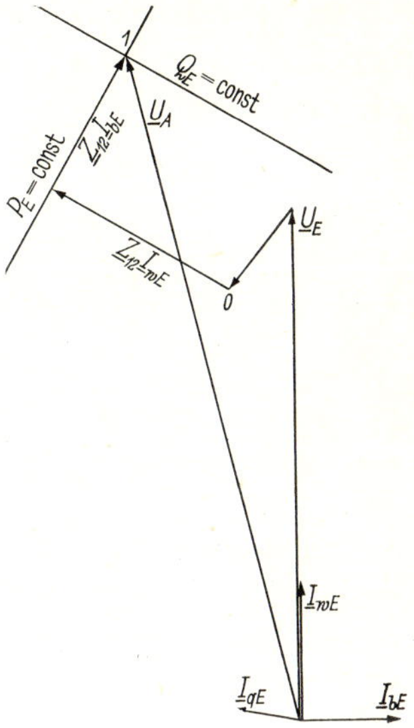

Bild 4.12 Zeigerdiagramm einer beliebig belasteten Leitung.

Trägt man in ein Diagramm geeignete $P_E = \text{const}$-Linien und $Q_E = \text{const}$-Linien ein, so kann man für einen beliebigen Belastungsfall P_E, Q_E sofort die Lage der Spitze des Zeigers $\underline{U}_A$ der zugehörigen Spannung als Schnittpunkt der entsprechenden $P_E = \text{const}$- und $Q_E = \text{const}$-Linien angeben. Trägt man weiter Kreise für $U_A = \text{const}$, die mit $\sqrt{3}\,U_A$ beziffert werden, und Strahlen für Arc $\underline{U}_A = \text{const}$ ein, kann für einen beliebigen Belastungsfall sofort die Anfangs-Leiterspannung und der Winkel zwischen End- und Anfangsspanung abgelesen werden.

In Bild 4.13 ist ein solches Betriebsdiagramm wiedergegeben. Es ist nach P_E/S_N und Q_E/S_N parametriert. S_N ist die Nennleistung der Leitung, die bei langen Leitungen gleich der natürlichen Leistung und sonst gleich der durch den zulässigen Spannungsabfall oder die Strombelastbarkeit gegebenen Grenzleistung ist. Die zu dem Diagramm gehörige Gleichung ergibt sich aus (4.077) mit $\underline{I}_E = \frac{1}{3}\,\underline{S}_E^*/\underline{U}_E^*$ und der Nennspannung $U_N = U_E\sqrt{3}$

$$\underline{U}_A = \underline{U}_E\left[1 + \frac{\underline{Z}_{12}}{\underline{Z}_0} + \underline{Z}_{12}\,\frac{S_N}{U_N^2}\left(\frac{P_E}{S_N} - j\,\frac{Q_E}{S_N}\right)\right]. \tag{4.085}$$

Der Wirkungsgrad einer Leitung ist abhängig von ihrem Betriebszustand. Es ist deshalb nützlich, wenn er dem Betriebsdiagramm direkt entnommen werden kann.

Für den Wirkungsgrad ergibt sich unter der Annahme, daß

$$\frac{1}{\underline{Z}_0} = \underline{Y}_0 = jB_0 \tag{4.086}$$

rein kapazitiv ist, was für Leitungen mit $U_N < 220\,\mathrm{kV}$ im allgemeinen zutrifft,

$$\eta = \frac{P_E}{P_A} = \frac{P_E}{P_E + 3R_{12}\,[I_{wE}^2 + (I_{bE} - U_E B_0)^2]}. \tag{4.087}$$

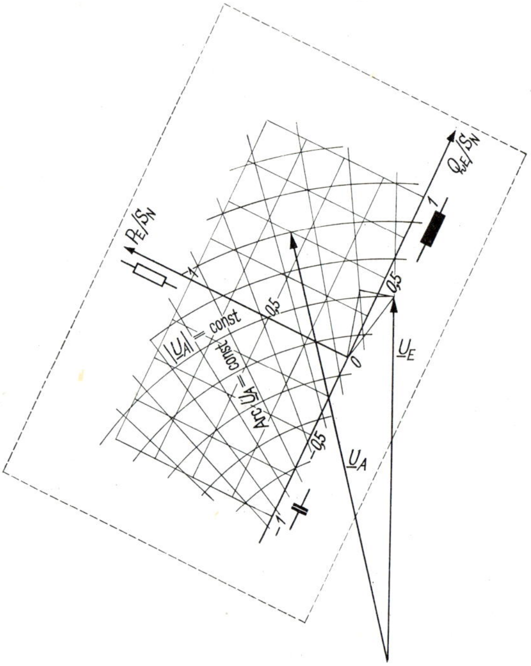

Bild 4.13 Betriebsdiagramm einer Leitung.

Mit den Veränderlichen P_E/S_N und Q_E/S_N wird

$$\eta = \frac{P_E/S_N}{\dfrac{P_E}{S_N} + \dfrac{R_{12}S_N}{U_N^2}\left[\left(\dfrac{P_E}{S_N}\right)^2 + \left(\dfrac{Q_E}{S_N} - \dfrac{U_N^2 B_0}{S_N}\right)^2\right]}. \tag{4.088}$$

Durch Umformen und quadratisches Ergänzen erhält man

$$\left(\frac{P_E}{S_N} - \frac{U_N^2}{R_{12}S_N}\,\frac{1-\eta}{2\,\eta}\right)^2 + \left(\frac{Q_E}{S_N} - \frac{U_N^2 B_0}{S_N}\right)^2 = \left(\frac{U_N^2}{R_{12}\,S_N}\,\frac{1-\eta}{2\,\eta}\right)^2. \tag{4.089}$$

Hieraus entnimmt man, daß die Kurven konstanten Wirkungsgrades Kreise sind, deren Mittelpunkte auf einer im Abstand $U_N^2 B_0/S_N$ zur

P_E/S_N-Achse parallelen Geraden liegen und deren Radien gleich dem Abstand ihrer Mittelpunkte von der Q_E/S_N-Achse sind. Die Kreise gehen dann alle durch den gemeinsamen Punkt $P_E/S_N = 0$, $Q_E/S_N = U_N^2 B_0/S_N$.

In Bild 4.14 ist ein vollständiges Betriebsdiagramm einer 110-kV-Drehstromdoppelleitung wiedergegeben. Die Betriebsgrößen der *Doppelleitung* sind $U_N = 110$ kV, $S_N = 60$ MVA, $r_B = \frac{1}{2} \cdot 0{,}214$ Ω/km, $x_B = \frac{1}{2} \cdot 0{,}400$ Ω/km, $c_B = 2 \cdot 9$ nF/km entsprechend $\omega c_B = 2 \cdot 2{,}83$ µS/km und $s = 100$ km. Sollen auf der Leitung z. B. 48 MW Wirkleistung und 36 MVA induktive Blindleistung ($P_E/S_N = 0{,}8$, $Q_E/S_N = 0{,}6$) übertragen werden, so ergibt sich für diesen Betriebsfall eine Anfangs(leiter)-spannung von $1{,}096 \cdot 110$ kV $= 120{,}7$ kV und ein Winkel zwischen End- und Anfangsspannung von 2,6°. Der Wirkungsgrad beträgt 0,942.

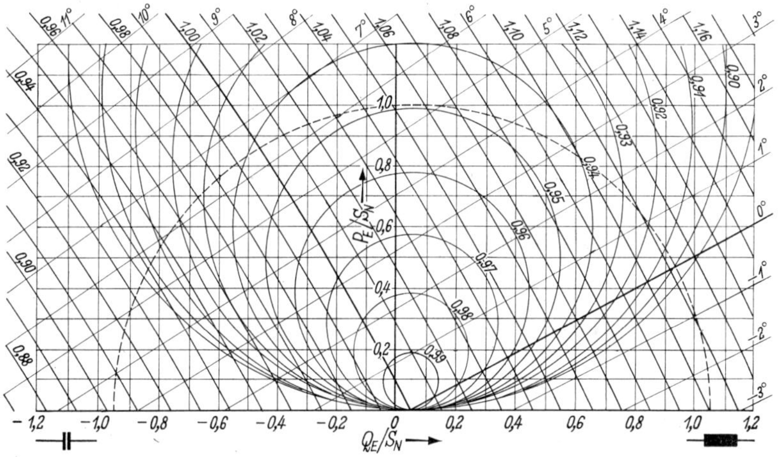

Bild 4.14 Betriebsdiagramm einer 110-kV-Drehstromdoppelleitung mit Kreisen gleichen Wirkungsgrades. Die Anfangsspannung ist auf die konstante Endspannung 110 kV bezogen. Die Doppelleitung hat folgende Daten: $r_B = \frac{1}{2} \cdot 0{,}214$ Ω/km, $x_B = \frac{1}{2} \cdot 0{,}400$ Ω/km, $\omega c_B = 2 \cdot 2{,}83$ µS/km, $s = 100$ km, $S_N = 60$ MVA.

4.07 Die Ersatzschaltung von Leitungen unter 500 km Länge

Die Leitungen der elektrischen Energieübertragung überschreiten, wie schon in Abschn. 4.04 erwähnt, eine Länge von 1000 km nicht. Der weitaus größte Teil aller Leitungen besitzt eine wesentlich geringere Länge.

Für solche kurzen Leitungen können die Impedanzen der Pi-Ersatzschaltung aus den Gln. (4.079) und (4.081) näherungsweise bestimmt werden, indem die hyperbolischen Funktionen durch die ersten Glieder ihrer Reihenentwicklungen

$$\sinh \underline{g} = \underline{g} + \frac{\underline{g}^3}{3!} + \frac{\underline{g}^5}{5!} + \cdots \tag{4.090}$$

$$\cosh \underline{g} = 1 + \frac{\underline{g}^2}{2!} + \frac{\underline{g}^4}{4!} + \cdots \tag{4.091}$$

ersetzt werden. Man erhält

$$\underline{Z}_{12} \approx \underline{Z}_W \underline{g} = \sqrt{\frac{\underline{R}'_B}{\underline{G}'_B}} \sqrt{\underline{R}'_B \underline{G}'_B}\, s = \underline{R}'_B\, s$$

$$= (r_B + j\omega l_B)s = R_B + j\omega L_B, \tag{4.092}$$

$$\underline{Z}_0 \approx \underline{Z}_W \frac{1}{\underline{g}/2} = \sqrt{\frac{\underline{R}'_B}{\underline{G}'_B}} \frac{1}{1/2\sqrt{\underline{R}'_B \underline{G}'_B}\, s} = \frac{1}{1/2\, \underline{G}'_B\, s}$$

$$= \frac{1}{1/2\,(g_B + j\omega\, c_B)s} = \frac{1}{G_B/2 + j\omega C_B/2}. \tag{4.093}$$

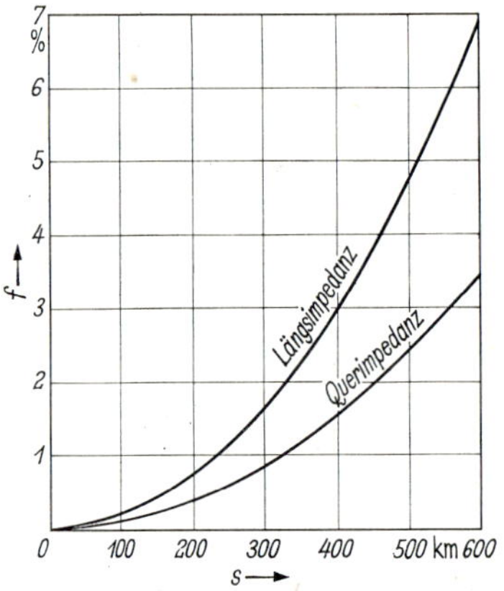

Bild 4.15 Die in den Gln. (4.092) und (4.093) enthaltenen Fehler im Betrag der Impedanzen für eine verlustlose Leitung.

Die bei der Näherung gemachten Fehler sind abhängig von der Leitungslänge. In Bild 4.15 sind die Fehler im Betrag der Impedanzen für eine verlustlose Leitung, bei der diese Fehler am größten sind, aufgetragen. Für eine Länge von 500 km beträgt der Fehler des Längsgliedes 4,7%, der des Quergliedes 2,4%. Diese Fehler sind durchaus tragbar, so daß Leitungen mit Längen bis 500 km durch die in Bild 4.16 wiedergegebene Ersatzschaltung dargestellt werden können.

Der Wirkleitwert $Re\left(\frac{1}{\underline{Z}_0}\right) = G_0 = \frac{G_B}{2}$ ist bei Freileitungen, wenn keine Koronaerscheinungen auftreten, und bei Kabeln gegenüber dem Blindleitwert $Im\left(\frac{1}{\underline{Z}_0}\right) = B_0 = \frac{\omega C_B}{2}$ vernachlässigbar klein. Koronaentladungen treten nur unter bestimmten Bedingungen auf, die für Leitungen unter 220 kV im allgemeinen nicht erfüllt sind. Die Ersatzschaltung für Freileitungen unter 220 kV und für Kabel läßt sich daher gegenüber der in Bild 4.16 dargestellten vereinfachen (Bild 4.17).

Die Ströme $\underline{I}_{qA}$ und $\underline{I}_{qE}$ sind im wesentlichen von der Spannung und der Länge der Leitung abhängig. Bei den kurzen Mittel- und Niederspannungsleitungen sind sie so klein, daß sie gegenüber dem Laststrom vernachlässigt werden können. Dies bedeutet, daß für solche Leitungen

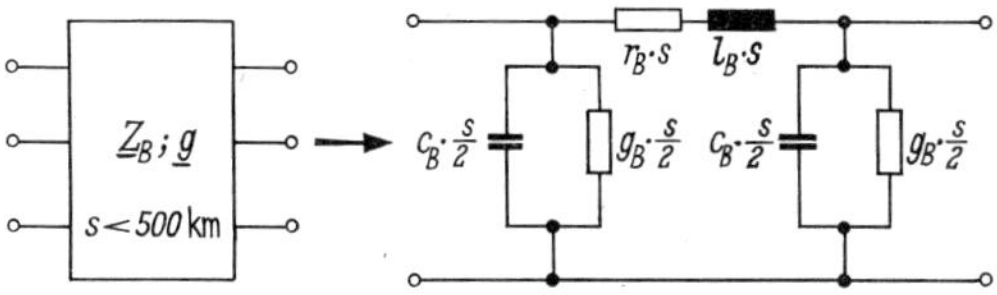

Bild 4.16 Ersatzschaltung für Leitungen bis 500 km Länge.

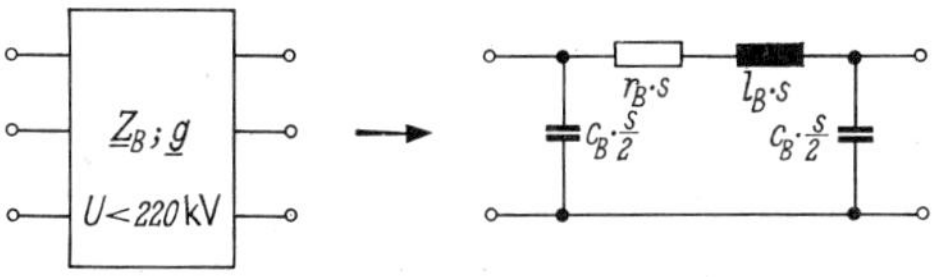

Bild 4.17 Ersatzschaltung aus Bild 4.16 bei Vernachlässigung von g_B.

bei Last die Ersatzschaltung durch Weglassen der ganzen Querimpedanzen weiter vereinfacht werden kann (Bild 4.18).

Bei geringer Last und insbesondere bei Leerlauf können die Ströme in den Querimpedanzen nicht vernachlässigt werden, jedoch ist hierbei

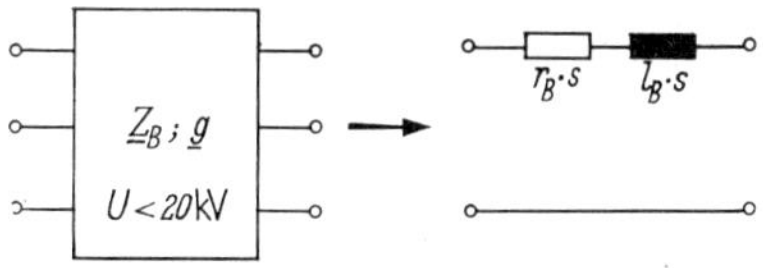

Bild 4.18 Ersatzschaltung für die belastete Mittel- und Niederspannungsleitung.

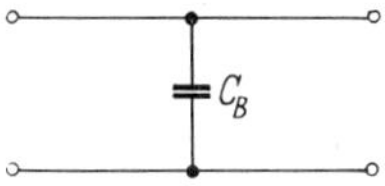

Bild 4.19 Ersatzschaltung einer leerlaufenden Mittel- und Niederspannungsleitung.

der Strom über die Längsimpedanz $\underline{Z}_{12}$ so gering, daß nur ein äußerst geringer Spannungsabfall auftritt, der im allgemeinen vernachlässigt werden kann. Für diesen Fall ergibt sich die in Bild 4.19 wiedergegebene Ersatzschaltung.

4.08 Die experimentelle Ermittlung der Impedanzen der Ersatzschaltung und der Leitungskonstanten

Da die Ersatzschaltung der Drehstromleitung zwei Impedanzen $\underline{Z}_{12}$ und $\underline{Z}_0$ besitzt, sind zur experimentellen Bestimmung der Ersatzschaltung zwei Messungen bei beliebigen verschiedenen Belastungszuständen erforderlich. Zweckmäßigerweise wählt man hierfür Leerlauf und Kurzschluß der Leitung.

4.08.1 Der Kurzschlußversuch

Beim Kurzschlußversuch wird die Leitung an einem Ende kurzgeschlossen und am anderen mit einem symmetrischen Spannungssystem derart gespeist, daß Ströme in der Größenordnung des Nennstromes der Leitung fließen. Gemessen werden die Leiterspannung U_k an der Speisestelle, die Leiterströme I_1, I_2, I_3 und die von der Leitung aufgenommene Wirkleistung V_k (Bild 4.20).

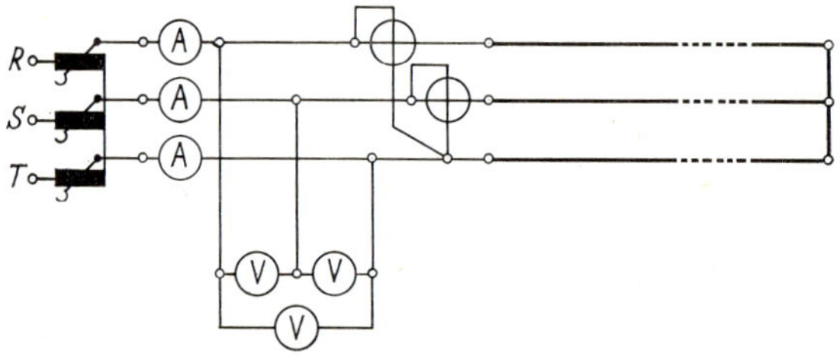

Bild 4.20 Kurzschlußversuch bei der Drehstromleitung.

Da meist auch bei symmetrisch gebauten oder verdrillten Leitungen kleine Unsymmetrien auftreten, werden, wie angegeben, die Ströme aller drei Leiter gemessen und für die einphasige Betrachtung daraus das Mittel gebildet.

$$I = \frac{1}{3}(I_1 + I_2 + I_3) \tag{4.094}$$

Schließt man in der Ersatzschaltung der Drehstromleitung das dem kurzgeschlossenen Ende der Leitung entsprechende Klemmenpaar kurz, erhält man die in Bild 4.21 a wiedergegebene Schaltung. Der kurzgeschlossene Querzweig ist unwirksam, so daß lediglich eine Parallelschaltung von $\underline{Z}_0$ und $\underline{Z}_{12}$ vorliegt.

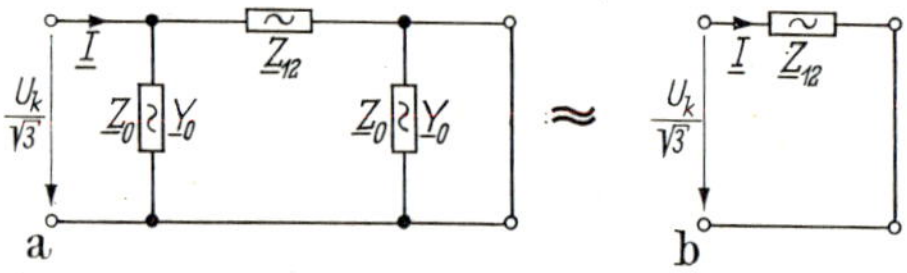

Bild 4.21 a u. b Ersatzschaltung der Drehstromleitung für den Kurzschlußversuch.

Da $Z_0 \gg Z_{12}$ ist, kann zudem der Strom über $\underline{Z}_0$ gegenüber dem über $\underline{Z}_{12}$ vernachlässigt werden. Es bleibt schließlich nur die Impedanz $\underline{Z}_{12} = R_{12} + jX_{12}$ übrig (Bild 4.21 b).

Aus den gemessenen Werten ergibt sich nun

$$Z_{12} = \frac{U_k/\sqrt{3}}{I}, \tag{4.095}$$

$$R_{12} = \frac{V_k}{3 I^2}, \tag{4.096}$$

$$X_{12} = \sqrt{Z_{12}^2 - R_{12}^2}. \tag{4.097}$$

Für Leitungen unter 500 km Länge lassen sich hieraus nach Gl. (4.092) auf einfache Weise die Leitungskonstanten r_B und l_B angeben:

$$r_B = \frac{R_{12}}{s}, \qquad l_B = \frac{X_{12}}{s\omega}. \tag{4.098}$$

4.08.2 Der Leerlaufversuch

Bei der Durchführung des Leerlaufversuches wird die an einem Ende offene Leitung mit einem symmetrischen Spannungssystem von Nennspannung gespeist. Gemessen werden die einzustellende Leiterspannung U_N, die Ströme in den drei Leitern I_{0_1}, I_{0_2}, I_{0_3} und die von der

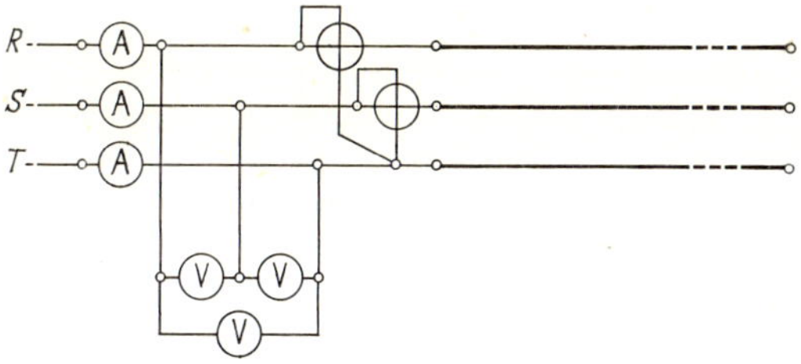

Bild 4.22 Leerlaufversuch bei der Drehstromleitung.

Leitung aufgenommene Wirkleistung V_0. Die Einhaltung der Nennspannung ist wegen der Spannungsabhängigkeit des Realteiles von $\underline{Y}_0$ wichtig. Auch hier werden die Ströme der drei Leiter selbst bei symmetrisch gebauten oder verdrillten Leitungen nicht genau gleich groß sein, so daß für die einphasige Betrachtung wieder das Mittel gebildet werden muß:

$$I_0 = \frac{1}{3}\left(I_{0_1} + I_{0_2} + I_{0_3}\right). \tag{4.099}$$

In Bild 4.23a ist die für eine leerlaufende Leitung gültige Ersatzschaltung dargestellt. Da $Z_0 \gg Z_{12}$, kann $\underline{Z}_{12}$ gegen $\underline{Z}_0$ vernachlässigt werden. Es ergibt sich die Schaltung in Bild 4.23b.

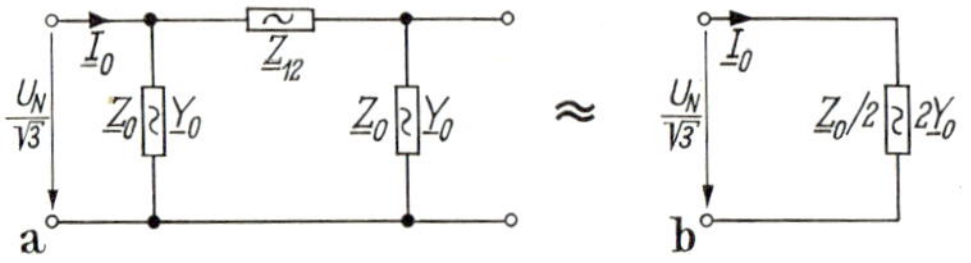

Bild 4.23a u. b Ersatzschaltung der Drehstromleitung beim Leerlaufversuch.

Aus den gemessenen Werten erhält man nun

$$2\,Y_0 = \frac{I_0}{U_N/\sqrt{3}}, \tag{4.100}$$

$$2\,G_0 = \frac{V_0}{U_N^2}, \tag{4.101}$$

$$2\,B_0 = \sqrt{(2\,Y_0)^2 - (2\,G_0)^2}. \tag{4.102}$$

Mit Gl. (4.093) lassen sich nun für Leitungen unter 500 km Länge die Leitungskonstanten g_B und c_B bestimmen:

$$g_B = \frac{2\,G_0}{s}, \qquad c_B = \frac{2\,B_0}{s\,\omega}. \tag{4.103}$$

4.09 Die Berechnung des Spannungsabfalles einer Leitung

Unter dem Spannungsabfall $\Delta\,\underline{U}$ einer Leitung versteht man die Differenz der Zeiger der Anfangs- und der Endspannung.

$$\Delta\,\underline{U} = \underline{U}_A - \underline{U}_E \tag{4.104}$$

Diese ist nach Bild 4.10 und Gl. (4.083) gleich der an der Längsimpedanz der Pi-Ersatzschaltung liegenden Spannung $\underline{Z}_{12}\underline{I}_{12}$

$$\Delta\,\underline{U} = \underline{U}_A - \underline{U}_E = \underline{Z}_{12}\underline{I}_{12}. \tag{4.104a}$$

Da im allgemeinen die Endspannung fest gegeben ist, ist es zweckmäßig, diese als Bezugsgröße zu nehmen, d. h. die reelle Achse des Koordinatensystems so zu legen, daß sie auf den Zeiger $\underline{U}_E$ fällt und $\underline{U}_E = U_E\,\underline{/0}$ wird, und die Ströme und Spannungen in Komponenten parallel und senkrecht zu $\underline{U}_E$ zu zerlegen.

Mit den Bezeichnungen aus Bild 4.24 wird

$$\Delta \underline{U} = U_l + j\,U_q = \underline{Z}_{12}(I_{w12} - j\,I_{b12}). \tag{4.105}$$

Das negative Vorzeichen der imaginären Komponente von $\underline{I}_{12}$ bedeutet, daß I_{b12} induktiv ist. Mit $\underline{Z}_{12} = R_{12} + j\,X_{12}$ wird schließlich die zu $\underline{U}_E$ parallele Komponente des Spannungsabfalles, die sogenannte Längsspannung

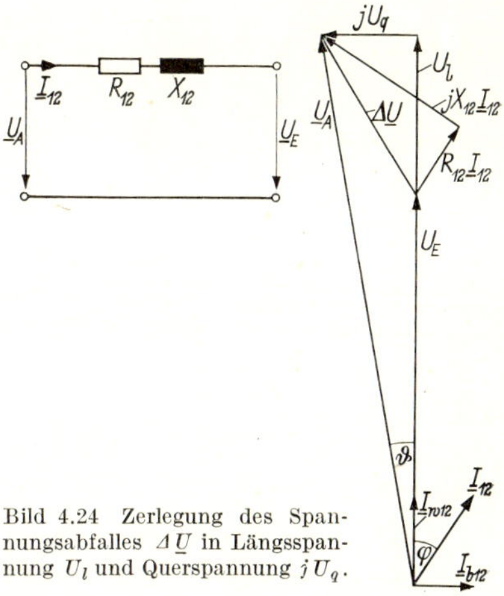

Bild 4.24 Zerlegung des Spannungsabfalles $\Delta \underline{U}$ in Längsspannung U_l und Querspannung $j\,U_q$.

$$U_l = R_{12} I_{w12} + X_{12} I_{b12} \tag{4.106}$$

und die zu $\underline{U}_E$ senkrechte Komponente des Spannungsabfalles, die Querspannung

$$U_q = X_{12} I_{w12} - R_{12} I_{b12}. \tag{4.107}$$

Der Betrag der Anfangsspannung ergibt sich zu

$$|\,\underline{U}_A| = U_A = \sqrt{(U_E + U_l)^2 + U_q^2} \tag{4.108}$$

und der Winkel zwischen $\underline{U}_A$ und $\underline{U}_E$

$$\vartheta = \operatorname{arc\,tan} \frac{U_q}{U_E + U_l}. \tag{4.108a}$$

In den meisten Fällen ist die Belastung einer Leitung durch die Wirkleistung P_E und die Blindleistung Q_E gegeben. Es ist deshalb zweckmäßig, diese in die Berechnung des Spannungsabfalles einzuführen. Nach Gl. (4.085) wird mit $\sqrt{3}\,U_E = U_N$, wobei U_N für die Leiterspannung am Leitungsende steht,

$$\Delta \underline{U} = \underline{U}_A - \underline{U}_E = \underline{U}_E \underline{Z}_{12}\left[\underline{Y}_0 + \frac{P_E}{U_N^2} - j\,\frac{Q_E}{U_N^2}\right]. \tag{4.109}$$

Dividiert man Gl. (4.109) durch $\underline{U}_E$, erhält man den relativen Spannungsabfall

$$\frac{\Delta \underline{U}}{\underline{U}_E} = u_l + j\,u_q \tag{4.110}$$

mit

$$u_l = R_{12}\left(\frac{P_E}{U_N^2} + G_0\right) + X_{12}\left(\frac{Q_E}{U_N^2} - B_0\right) \tag{4.111}$$

und

$$u_q = X_{12}\left(\frac{P_E}{U_N^2} + G_0\right) - R_{12}\left(\frac{Q_E}{U_N^2} - B_0\right). \tag{4.112}$$

Die in den Klammern stehenden Größen entsprechen den Strömen I_{w12} und I_{b12} in den Gln. (4.105) und (4.106). Es wird deshalb gesetzt

$$\frac{P_E}{U_N^2} + G_0 = \frac{P_{12}}{U_N^2}, \tag{4.113}$$

$$\frac{Q_E}{U_N^2} - B_0 = \frac{Q_{12}}{U_N^2}. \tag{4.114}$$

Hiermit wird schließlich

$$u_l = R_{12}\frac{P_{12}}{U_N^2} + X_{12}\frac{Q_{12}}{U_N^2}, \tag{4.115}$$

$$u_q = X_{12}\frac{P_{12}}{U_N^2} - R_{12}\frac{Q_{12}}{U_N^2}. \tag{4.116}$$

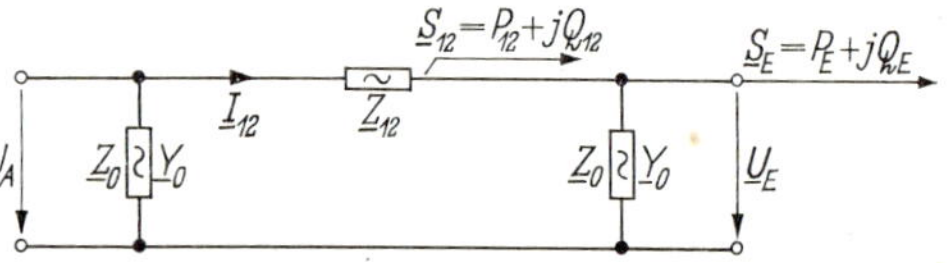

Bild 4.25 Einphasige Ersatzschaltung einer Leitung zur Berechnung des Spannungsabfalles über die abgenommene Scheinleistung.

Betrag und Winkel der Anfangsspannung ergeben sich entsprechend den Gln. (4.108) und (4.108a):

$$|\underline{U}_A| = U_A = U_E\sqrt{(1 + u_l)^2 + u_q^2} \tag{4.117}$$

$$\vartheta = \arctan\frac{u_q}{1 + u_l}. \tag{4.118}$$

Je nach Art und Länge der Leitung kann bei der Spannungsabfallberechnung von den in Abschn. 4.07 angegebenen Vereinfachungen der Ersatzschaltung Gebrauch gemacht werden.

Für Nieder- und Mittelspannungsleitungen, bei denen die Querzweige der Ersatzschaltung vernachlässigt werden können, ist

$$P_{12} = P_E, \qquad Q_{12} = Q_E. \tag{4.119}$$

Außerdem kann, wie für alle Leitungen unter 500 km Länge, nach Gl. (4.092)

$$R_{12} = R_B, \qquad X_{12} = X_B \tag{4.092a}$$

gesetzt werden. Hiermit wird der relative Spannungsabfall

$$u_l = R_B \frac{P_E}{U_N^2} + X_B \frac{Q_E}{U_N^2}, \tag{4.120}$$

$$u_q = X_B \frac{P_E}{U_N^2} - R_B \frac{Q_E}{U_N^2}. \tag{4.121}$$

Da Längs- und Querspannung wegen der geringen bei diesen Spannungen vorkommenden Leitungslängen klein gegenüber der Endspannung sind, ergibt sich der Betrag der Anfangsspannung unter Berücksichtigung von Gl. (4.048) näherungsweise zu

$$\begin{aligned} U_A &\approx U_E \left[1 + u_l + \frac{1}{2} \frac{u_q^2}{1 + u_l}\right], \\ \vartheta &\approx \operatorname{arc\,tan} u_q \approx u_q \end{aligned} \tag{4.122}$$

oder, da meist auch $u_q^2 \ll u_l$,

$$U_A \approx U_E(1 + u_l). \tag{4.123}$$

Dies bedeutet, daß der Spannungsverlust $U_A - U_E$ gleich der Längsspannung ist. Unter dem Spannungsverlust einer Leitung versteht man im Gegensatz zum Spannungsabfall, der gleich der Differenz der Zeiger von Anfangs- und Endspannung ist, den Unterschied der Beträge dieser Spannungen.

Der Winkel zwischen Anfangs- und Endspannung bleibt bei Leitungen dieser Art in der Größenordnung weniger Grade und interessiert im allgemeinen nicht.

4.10 Der Spannungsabfall bei Leitungen mit Zwischenentnahmen

4.10.1 Die Berechnung des Spannungsabfalles bei Fernübertragungsleitungen mit Zwischenentnahmen

Die Berechnung des Spannungsabfalles auf Leitungen mit Zwischenentnahmen kann, wenn die Endspannung des letzten Leitungsabschnittes fest gegeben ist, beginnend beim letzten Leitungsabschnitt abschnittsweise auf die in 4.09 beschriebene Weise erfolgen. Es muß nur darauf geachtet werden, daß für jeden Leitungsabschnitt die zugehörige Scheinleistung $\underline{S}_E$ bzw. $\underline{S}_{12}$ (Bild 4.25) richtig ermittelt wird.

In Bild 4.26 sind als Beispiel Prinzipschaltbild und einphasige Ersatzschaltung zweier Leitungsabschnitte 1 und 2 mit einer Zwischenentnahme dargestellt. Ausgehend von der Spannung am Ende des letzten Leitungsabschnittes $\underline{U}_{E_2}$ kann die zugehörige Anfangsspannung $\underline{U}_{A_2}$ auf die im vorigen Abschnitt geschilderte Weise errechnet werden. Es sind lediglich in die Gln. (4.111) und (4.112) oder (4.115) und (4.116) die mit dem zusätzlichen, den Leitungsabschnitt 2 kennzeichnenden Index 2 versehenen Werte aus Bild 4.26 einzusetzen.

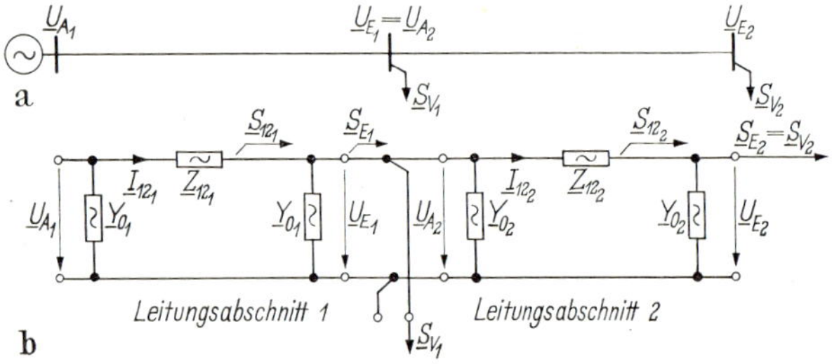

Bild 4.26a u. b Prinzipschaltbild (a) und einphasige Ersatzschaltung (b) einer Leitung mit einer Zwischenentnahme $\underline{S}_{V_1}$ und einem Verbraucher $\underline{S}_{V_2}$ am Leitungsende.

Für die Berechnung des Spannungsabfalles auf dem nächsten Leitungsabschnitt (im Beispiel Leitungsabschnitt 1) muß erst die Scheinleistung $\underline{S}_{E_1}$ bzw. $\underline{S}_{12_1}$ ermittelt werden. Dies geschieht über eine Scheinleistungsbilanz: Die Scheinleistung $\underline{S}_{E_1}$, die am Ende des Leitungsabschnittes 1 nach rechts übertragen wird, muß gleich der Scheinleistung der Verbraucher $\underline{S}_{V_1}$ und $\underline{S}_{V_2}$ zuzüglich der von den Impedanzen des Leitungsabschnittes 2 aufgenommenen Scheinleistungen sein. Hiermit wird für $\underline{S}_{12_1}$

$$\underline{S}_{12_1} = 3\,U_{E_1}^2 \underline{Y}_{0_1}^* + \underline{S}_{E_1} = 3\,U_{E_1}^2 \underline{Y}_{0_1}^* + \underline{S}_{V_1} + 3\,U_{A_2}^2 \underline{Y}_{0_2}^* + 3\,I_{12_2}^2 \underline{Z}_{12_2}^* + 3\,U_{E_2}^2 \underline{Y}_{0_2}^* + \underline{S}_{V_2} \tag{4.124}$$

oder wegen $\underline{U}_{E_1} = \underline{U}_{A_2}$ und $I_{12_2} = \dfrac{S_{12_2}}{3\,U_{E_2}}$

$$\begin{aligned}\underline{S}_{12_1} &= 3\,U_{E_1}^2 (\underline{Y}_{0_1}^* + \underline{Y}_{0_2}^*) + \underline{S}_{V_1} + \underline{Z}_{12_2}^* \frac{S_{12_2}^2}{3\,U_{E_2}^2} + 3\,U_{E_2}^2 \underline{Y}_{0_2}^* + \underline{S}_{V_2} \\ &= 3\,U_{E_1}^2 (G_{0_1} + G_{0_2}) + P_{V_1} + R_{12_2} \frac{S_{12_2}^2}{3\,U_{E_2}^2} + 3\,U_{E_2}^2\, G_{0_2} + P_{V_2} \qquad (4.124) \\ &\quad + j\left[-3\,U_{E_1}^2 (B_{0_1} + B_{0_2}) + Q_{V_1} + X_{12_2} \frac{S_{12_2}^2}{3\,U_{E_2}^2} - 3\,U_{E_2}^2 B_{0_2} + Q_{V_2}\right].\end{aligned}$$

Die Anfangsspannung ergibt sich wieder über Längs- und Querspannung aus den Gln. (4.115) und (4.116). Dabei sind jetzt die Werte mit dem Index 1 des ersten Leitungsabschnittes einzusetzen. Außerdem ist darauf zu achten, daß U_N in (4.115) und (4.116) hier $\sqrt{3}\, U_{E_1}$ ist.

Auf gleiche Weise kann selbstverständlich auch Schritt für Schritt die Anfangsspannung bei mehreren Zwischenentnahmen berechnet werden.

Je nach Leitungsart und Länge der Leitungsabschnitte kann dabei von den in Abschn. 4.07 behandelten Vereinfachungen der Leitungsersatzschaltung Gebrauch gemacht werden.

4.10.2 Die Berechnung des Spannungsabfalles bei Nieder- und Mittelspannungsleitungen mit Zwischenentnahmen

Bei Mittelspannungsleitungen und ganz besonders bei Niederspannungsleitungen ist die Zahl der im Zuge der Leitung versorgten Abnehmer im allgemeinen sehr groß, so daß die im vorigen Abschnitt beschriebene Methode zur Berechnung des Spannungsabfalles einen großen Rechenaufwand erfordert. Auf Grund der Besonderheiten solcher Leitungen kann jedoch eine Näherung eingeführt werden, die eine wesentliche Erleichterung bringt.

Für Leitungen mit Spannungen < 20 kV fallen zunächst einmal die Querglieder weg. Außerdem können unter der meist gegebenen Voraussetzung, daß sich der Spannungszeiger längs der Leitung nur wenig ändert, aus den vorgegebenen Scheinleistungen der Verbraucher genügend genau mit einer einheitlichen Spannung $\underline{U}_m$ Ströme errechnet und diese als vorgegeben angesehen werden. Bezeichnet der Index i den jeweiligen Verbraucher, dann ist

$$\underline{I}_i = \frac{\underline{S}_i^*}{3\,\underline{U}_m^*}. \qquad (4.125)$$

Damit ist das Problem, den Spannungsabfall bei vorgegebenen Verbraucher*scheinleistungen* zu berechnen, auf die Berechnung des Spannungsabfalles bei vorgegebenen Verbraucher*strömen* zurückgeführt. Außerdem werden dadurch die Wirk- und die Blindkomponenten der Ströme aller Verbraucher näherungsweise als parallel angenommen.

Als mittlere Spannung wählt man, insbesondere bei einer großen Anzahl gleicher oder ähnlicher über die ganze Leitung verteilter Verbraucher, zweckmäßig den Mittelwert aus Anfangs- und Endspannung der Leitung

$$\underline{U}_m = \frac{1}{2}\,(\underline{U}_A + \underline{U}_E). \qquad (4.126)$$

In Bild 4.27 ist die Auswirkung der gemachten Vereinfachung auf die Ströme zweier Verbraucher a und b mit den Scheinleistungen $\underline{S}_a$ und $\underline{S}_b$ dargestellt. Wegen der Übersichtlichkeit der Zeigerdiagramme sind insgesamt nur drei Verbraucher angenommen. Aus dem gleichen Grunde sind die Verhältnisse so gewählt, daß die Bedingung für die Zulässigkeit der Vereinfachung nicht gegeben ist und sie deshalb zu erheblichen Fehlern führt.

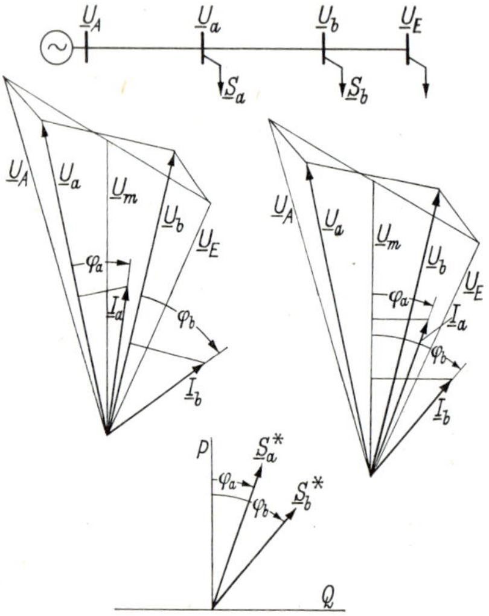

Bild 4.27 Zur Ermittlung der Ströme aus den Scheinleistungen der Verbraucher mit einer einheitlichen Spannung $\underline{U}_m = \frac{1}{2}(\underline{U}_A + \underline{U}_E)$.

Die Bedingung für die geringe Veränderlichkeit der Spannung längs einer Leitung kann durch folgende Ungleichung ausgedrückt werden:

$$\left| \frac{\underline{U}(z) - \underline{U}_m}{\underline{U}_m} \right| \ll 1, \tag{4.127}$$

wobei $\underline{U}(z)$ die Spannung an einer beliebigen Stelle der Leitung ist.

Im weiteren seien nur Leitungen betrachtet, für die diese Ungleichung (4.127) gilt und für die daher die beschriebene Vereinfachung zulässig ist. Dies trifft insbesondere für Niederspannungsleitungen zu. Da Niederspannungsabnehmer keine Möglichkeit zur Regelung der Spannung haben, müssen sie mit einer Spannung versorgt werden, die nur wenig (ca. 5%) von der Nennspannung ihrer Verbrauchsgeräte abweicht. Für eine richtig dimensionierte Niederspannungsleitung gilt, wenn $\underline{U}(z)$ die Spannung an einer beliebigen Stelle der Leitung und $\frac{U_N}{\sqrt{3}}$ der Sternspannungswert der Nennspannung der Verbrauchsgeräte ist,

$$\frac{\left| |\underline{U}(z)| - \frac{U_N}{\sqrt{3}} \right|}{\frac{U_N}{\sqrt{3}}} \leq 5\%. \tag{4.128}$$

Zu dieser Forderung tritt im allgemeinen die Tatsache, daß auf Grund der kurzen Leitungslängen bei Niederspannungsleitungen nur eine geringfügige Drehung des Spannungszeigers erfolgt. Beides zusammen bedeutet, daß (4.127) erfüllt ist.

Es sei eine einseitig gespeiste Leitung gegeben, die eine Anzahl Verbraucher $i = 1, 2, \ldots n$ versorgt und für die die Bedingung (4.127) gilt. Die Verbraucher sind dann durch ihre Ströme $\underline{I}_i$, die sich nach (4.125) aus den Scheinleistungen errechnen, gegeben. Um die Abweichung des Betrages der Spannung auf der Leitung von der Nennspannung gering zu halten, setzt man $|\underline{U}_m| = \frac{U_N}{\sqrt{3}}$. Der Winkel von $\underline{U}_m$ sei willkürlich zu Null angenommen.

$$\underline{U}_m = \frac{U_N}{\sqrt{3}} \underline{/0^\circ}. \tag{4.129}$$

Hiermit wird aus Gl. (4.125)

$$\underline{I}_i = \frac{\underline{S}_i^*}{3\,\underline{U}_m^*} = \frac{\underline{S}_i^*}{\sqrt{3}\,U_N}. \tag{4.125a}$$

Da es sich um vorgegebene Ströme handelt, können sie in der Ersatzschaltung als Stromquellen dargestellt werden. In Bild 4.28 ist die Ersatzschaltung der angenommenen Leitung wiedergegeben.

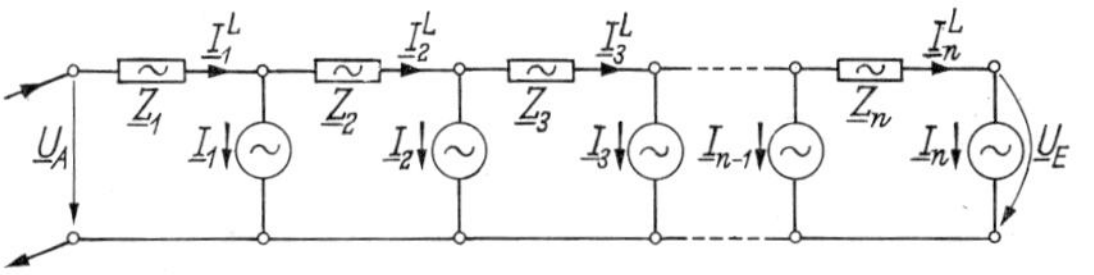

Bild 4.28 Einphasige Ersatzschaltung einer Leitung mit n Verbrauchern bei vorgegebenen Strömen.

Die Impedanzen der einzelnen Leitungsabschnitte sind mit $\underline{Z}_i$ $(i = 1, 2, \ldots n)$, die Ströme in diesen Impedanzen mit $\underline{I}_i^L$ $(i = 1, 2, \ldots n)$ bezeichnet. Mit diesen Bezeichnungen ergibt sich der Spannungsabfall allgemein zu

$$\Delta \underline{U} = \underline{U}_A - \underline{U}_E = \sum_{i=1}^{i=n} \underline{Z}_i \underline{I}_i^L. \tag{4.130}$$

Nun ist jedoch für einseitige Einspeisung am Anfang der Leitung der Strom der i-ten Leitungsimpedanz gleich der Summe der rechts von dieser Impedanz abgenommenen Verbraucherströme

$$\underline{I}_i^L = \sum_{k=i}^{k=n} \underline{I}_k \qquad k = 1, 2, \ldots n, \tag{4.131}$$

so daß der Spannungsabfall in Abhängigkeit von den Lastströmen

$$\Delta \underline{U} = \underline{U}_A - \underline{U}_E = \sum_{i=1}^{i=n} \underline{Z}_i \sum_{k=i}^{k=n} \underline{I}_k \tag{4.132}$$

wird. Rechnet man diesen Ausdruck aus, erkennt man, daß er auch in der Form

$$\Delta \underline{U} = \sum_{k=1}^{k=n} \underline{I}_k \sum_{i=1}^{i=k} \underline{Z}_i \tag{4.133}$$

geschrieben werden kann. Dieses Ergebnis findet man auch direkt durch Anwendung des Überlagerungssatzes auf die Ersatzschaltung in Bild 4.28.

In Abschn. 4.09 war der Spannungsabfall einer Leitung ohne Zwischenentnahme als relativer Spannungsabfall in Abhängigkeit der Verbraucher-*scheinleistung* angegeben worden. Diese Darstellung soll auch hier eingeführt werden. Der Zusammenhang zwischen Verbraucherscheinleistungen und Verbraucherströmen ist näherungsweise durch die Gl. (4.125a) gegeben. Ersetzt man mit Hilfe dieser Gleichung die Verbraucherströme durch deren Scheinleistungen und bezieht den Spannungsabfall auf die gleiche Spannung $\underline{U}_m = U_N/\sqrt{3}$, mit der oben die Belastungsströme errechnet wurden, findet man für den relativen Spannungsabfall

$$\frac{\underline{U}_A - \underline{U}_E}{\underline{U}_m} = \Delta \underline{u} = \frac{1}{U_N^2} \sum_{k=1}^{k=n} \underline{S}_k^* \sum_{i=1}^{i=k} \underline{Z}_i . \tag{4.134}$$

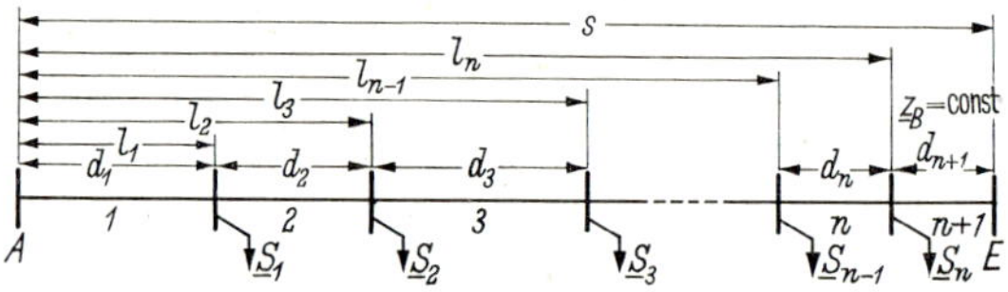

Bild 4.29 Homogene Leitung mit n angeschlossenen Verbrauchern.

Ist die betrachtete Leitung homogen, d. h. besitzt sie überall die gleichen Abmessungen und elektrischen Eigenschaften, ist die Betriebsimpedanz je Länge $\underline{z}_B$ in allen Leitungsabschnitten gleich. Es gilt, wenn d_i die Länge des Abschnittes i ist,

$$\underline{Z}_i = d_i \underline{z}_B . \tag{4.135}$$

Bezeichnet man die Abstände der Verbraucher vom Leitungsanfang mit l_k ($k = 1, 2, \dots n$), erhält man wegen $l_k = \sum_{i=1}^{i=k} d_i$

$$\Delta \underline{u} = \frac{1}{U_N^2} \underline{z}_B \sum_{k=1}^{k=n} \underline{S}_k^* \, l_k . \tag{4.136}$$

Das Produkt $\underline{S}_k l_k$ kann in Analogie zur Mechanik als „Scheinleistungsmoment" bezeichnet werden.

Führt man für die Summe dieser Scheinleistungsmomente die Abkürzung

$$\underline{M}_S = M_P + j\,M_Q = \sum_{k=1}^{k=n} \underline{S}_k l_k = \sum_{k=1}^{k=n} P_k l_k + j \sum_{k=1}^{k=n} Q_k\, l_k \tag{4.137}$$

ein, wird der Spannungsabfall schließlich

$$\begin{aligned} \Delta \underline{u} = u_l + j u_q &= \frac{1}{U_N^2}\, \underline{z}_B\, \underline{M}_S^* \\ &= \frac{1}{U_N^2}\,(r_B M_P + x_B M_Q) + j\,\frac{1}{U_N^2}\,(x_B M_P - r_B M_Q)\,. \end{aligned} \tag{4.138}$$

Vergleicht man das gefundene Ergebnis [insbesondere Gl. (4.136)] mit der zu Beginn des Abschn. 4.10 angegebenen Methode zur genauen Berechnung des Spannungsabfalles bei Zwischenentnahmen, stellt man fest, daß bei der vereinfachten Rechnung die von den Impedanzen der einzelnen Leitungsabschnitte aufgenommenen Scheinleistungen nicht berücksichtigt sind. Die Bedingung für die Zulässigkeit der gemachten Vereinfachung kann deshalb auch so angegeben werden, daß die von den Leitungsimpedanzen aufgenommenen Scheinleistungen im Vergleich zu den Verbraucherscheinleistungen klein sein müssen. Für die behandelte Leitung ohne Querzweige hieße das:

$$3\, Z_i\, (I_i^L)^2 \ll S_i \tag{4.139}$$

Die Berechnung ist durch die eingeführte Vereinfachung bereits wesentlich erleichtert worden. In vielen Fällen ist es möglich, noch eine weitergehende Vereinfachung vorzunehmen: Bei der Nachrechnung bestehender Netze muß man die Belastung aus den Anschlußwerten schätzen. Eine solche Schätzung kann sowohl in bezug auf die Wirk- als auch die Blindleistung keine sicheren Werte liefern, da jeder Verbraucher seine Last nach Bedarf verändert[1]. Da aus diesem Grunde ohnehin kein genaues Ergebnis zu erwarten ist, kann zur Vereinfachung angenommen werden, daß alle Verbraucher den gleichen Lastwinkel φ besitzen. Unter dieser Voraussetzung ergibt sich

$$M_P = M_S \cos\varphi\,, \quad M_Q = M_S \sin\varphi\,, \quad M_S = \sum_{k=1}^{k=n} S_k l_k \tag{4.140}$$

[1] Ähnliches trifft in noch höherem Maße für die bei Netzplanungen geschätzten Belastungen zu.

und

$$u_l = \frac{M_S}{U_N^2}(r_B \cos\varphi + x_B \sin\varphi) = \frac{M_S}{U_N^2} r', \qquad (4.141)$$
$$u_q = \frac{M_S}{U_N^2}(x_B \cos\varphi - r_B \sin\varphi) = \frac{M_S}{U_N^2} r''.$$

Bei allen diesen Leitungen kann der Spannungsverlust in guter Näherung gleich der Längsspannung gesetzt werden.

4.10.2.1 Der Spannungsabfall bei verteilter Belastung. In Fällen, bei denen längs einer Leitung sehr viele gleiche oder zumindest ähnliche Verbraucher angeschlossen sind, ist es vorteilhaft, diese als sogenannte verteilte Last (Streckenlast) aufzufassen. Eine solche verteilte Last hat die Dimension Scheinleistung pro Länge. Sie kann grundsätzlich mit dem Leitungsort veränderlich sein, doch ist es in praktischen Fällen meist nicht erforderlich, mit veränderlichen Streckenlasten zu rechnen. In Bild 4.30 ist eine Leitung dargestellt, die mit einer konstanten Streckenlast $\underline{a} = \frac{\underline{S}}{s}$ belastet ist.

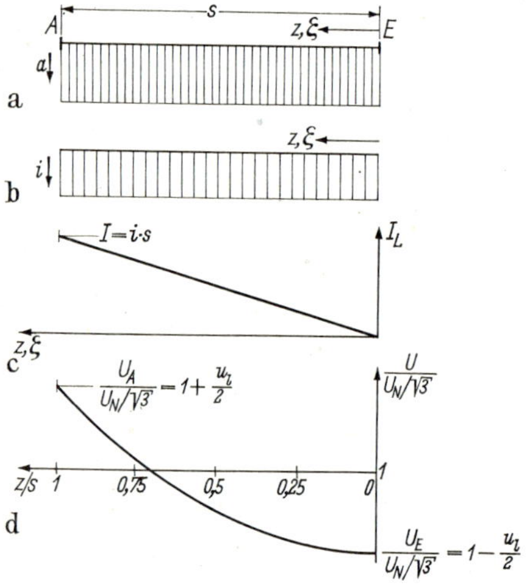

Bild 4.30a–d Leitung mit konstanter Streckenlast.
a) Verteilte Last a (Schienleistung);
b) zugehörige Stromabnahme i;
c) Verlauf des Leitungsstromes $I^L(z)$;
d) Verlauf des Spannungsbetrages $U(z)\Big/\frac{U_N}{\sqrt{3}}$.

Ist für die betrachtete Leitung die Bedingung (4.127) erfüllt, kann zur Berechnung des pro Länge abgenommenen Stromes die einheitliche mittlere Spannung $\underline{U}_m = \frac{1}{2}(\underline{U}_A + \underline{U}_E) = U_N/\sqrt{3}$ verwendet werden, so daß sich eine ebenfalls konstante Stromabnahme i pro Länge ergibt (Bild 4.30b). Für den Leitungsstrom findet man durch Integration

$$\underline{I}^L = \underline{I}^L(z) = \int_0^z \underline{i}\, d\zeta = \underline{i} z = \frac{I}{s} \cdot z, \qquad (4.142)$$

eine lineare Abhängigkeit von der vom Leitungsende aus laufenden Koordinate z. In Bild 4.30 ist I der Betrag des gesamten bei A eingespeisten Stromes und s die Leitungslänge, so daß

$$\underline{I} = \underline{i} \cdot s$$

ist (Bild 4.30c).

Den Spannungsabfall erhält man durch eine weitere Integration

$$\Delta \underline{U} = \underline{U}_A - \underline{U}_E = \underline{z}_B \int_0^s \underline{I}^L(z)\, dz = \underline{z}_B \frac{\underline{I}}{s} \int_0^s z\, dz$$

$$= \underline{z}_B \cdot s \cdot \frac{\underline{I}}{2} = \underline{Z}_B \cdot \underline{I} \cdot \frac{1}{2} \qquad (4.143)$$

oder relativ und mit der Scheinleistung $\underline{S} = \sqrt{3}\, U_N \underline{I}^*$

$$\Delta \underline{u} = \frac{\underline{U}_A - \underline{U}_E}{\underline{U}_m} = \frac{I}{U_N^2} \underline{Z}_B \underline{S}^* \frac{1}{2}. \qquad (4.144)$$

Längs- und Querspannung werden somit

$$u_l = (R_B \cos\varphi + X_B \sin\varphi) \frac{S}{U_N^2} \cdot \frac{1}{2} = s \cdot r' \cdot \frac{S}{U_N^2} \cdot \frac{1}{2},$$
$$u_q = (X_B \cos\varphi - R_B \sin\varphi) \frac{S}{U_N^2} \cdot \frac{1}{2} = s \cdot r'' \cdot \frac{S}{U_N^2} \cdot \frac{1}{2}. \qquad (4.145)$$

4.10.2.2 Der Verlauf des Spannungsbetrages längs Nieder- und Mittelspannungsleitungen. Die Änderung der Spannung mit dem Leitungsort an einer beliebigen Stelle z einer Leitung ergibt sich zu

$$\frac{d\underline{U}(z)}{dz} = \underline{I}^L(z)\, \underline{z}_B, \qquad (4.146)$$

wobei z die vom Leitungsende aus zählende Koordinate und $\underline{I}^L$ der Leitungsstrom ist.

Im Falle punktförmiger Lasten ist $\underline{I}^L$ und damit auch die Änderung der Spannung auf den einzelnen Leitungsabschnitten abschnittsweise konstant. Es gilt für einen beliebigen Leitungsabschnitt i (Bild 4.31a)

$$\left(\frac{d\underline{U}(z)}{dz}\right)_i = \underline{z}_B\, \underline{I}_i^L = \underline{z}_B \sum_{k=i}^{k=n} \underline{I}_k \qquad (4.147)$$

oder auf die mittlere Spannung $\underline{U}_m = U_N/\sqrt{3}$ bezogen

$$\frac{1}{U_N/\sqrt{3}} \left(\frac{d\underline{U}(z)}{dz}\right)_i = \left(\frac{d\underline{u}(z)}{dz}\right)_i = \underline{z}_B \frac{1}{U_N^2} \sum_{k=i}^{k=n} \underline{S}_k^*. \qquad (4.148)$$

Kann nun die Querspannung bei der Berechnung des Spannungsbetrages vernachlässigt werden, ergibt sich hieraus die relative Änderung des Spannungsbetrages im Leitungsabschnitt i näherungsweise zu

$$\begin{aligned}\left(\frac{d\,|\underline{u}\,|}{dz}\right)_i \approx \left(\frac{du_l}{dz}\right)_i &= \frac{r_B}{U_N^2}\sum_{k=i}^{k=n} P_k + \frac{x_B}{U_N^2}\sum_{k=i}^{k=n} Q_k \\ &= m_{P_i} \qquad\quad + m_{Q_i}.\end{aligned} \tag{4.149}$$

Nach dieser Gleichung kann der Verlauf des Spannungsbetrages durch eine grafische Integration wie folgt ermittelt werden:

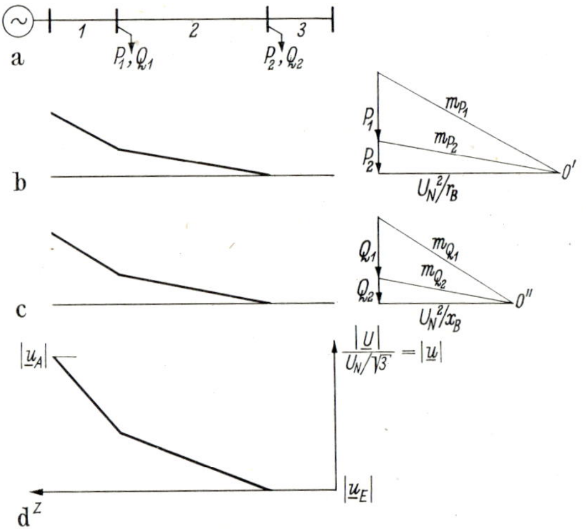

Bild 4.31 a – d Grafische Bestimmung des Verlaufes des Spannungsbetrages längs einer Leitung.

Es ist zweckmäßig, die beiden Summanden

$$m_{P_i} = \frac{r_B}{U_N^2}\sum_{k=i}^{k=n} P_k \quad \text{und} \quad m_{Q_i} = \frac{x_B}{U_N^2}\sum_{k=i}^{k=n} Q_k$$

getrennt zu behandeln und die Addition erst nach der Integration vorzunehmen.

Man trägt alle Wirk- und Blindlasten je für sich in zwei getrennten Diagrammen als gerichtete Strecken (Pfeile) in einem geeigneten Maßstab in der Reihenfolge vom Leitungsende zum Anfang senkrecht von oben nach unten aneinander an. Danach trägt man die Größe U_N^2/r_B an den Fußpunkt der Pfeilsumme der Wirkleistungen, U_N^2/x_B an den Fußpunkt der Pfeilsumme der Blindleistungen jeweils im rechten Winkel im gleichen geeignet gewählten Maßstab an und verbindet die auf diese Weise gefundenen Pole O' und O'' mit den Enden der Pfeile der einzelnen

Lasten (Bild 4.31 b, c). Die Steigungen der so gefundenen Geraden sind, wie man leicht nachprüfen kann, unter Berücksichtigung der gewählten Maßstäbe gleich den Werten von m_{P_i} bzw. m_{Q_i} der einzelnen Leitungsabschnitte.

Die Ermittlung des Verlaufes des Spannungsbetrages ist danach nicht mehr schwierig. Ausgehend vom Leitungsende werden abschnittsweise durch Parallelverschieben der gefundenen Geraden in Diagramme mit der Leitungskoordinate z getrennt für Wirk- und Blindlasten die Anteile am Spannungsbetrag ermittelt und diese schließlich addiert (Bild 4.31 d)[1].

Zum Abschluß sei noch der Verlauf des Betrages der Spannung auf einer Leitung mit konstanter Streckenlast angegeben. Gl. (4.146) unter Berücksichtigung von (4.142) integriert, ergibt mit $\underline{U}(0) = \underline{U}_E$

$$\begin{aligned} \underline{U}(z) &= \underline{U}_E + \underline{z}_B \frac{I}{s} \int_0^z \zeta \, d\zeta \\ &= \underline{U}_E + \underline{Z}_B \underline{I} \left(\frac{z}{s}\right)^2 \frac{1}{2} \end{aligned} \tag{4.150}$$

und hieraus

$$|\underline{U}(z)| \approx U_E + (R_B \cos\varphi + X_B \sin\varphi)\, I \left(\frac{z}{s}\right)^2 \frac{1}{2} \tag{4.151}$$

oder relativ und unter Einführung der Längsspannung der gesamten Leitung nach (4.145)

$$\frac{|\underline{U}(z)|}{U_N/\sqrt{3}} = |\underline{u}(z)| \approx \frac{U_E}{U_N/\sqrt{3}} + u_l \left(\frac{z}{s}\right)^2 = 1 + u_l \left(\left(\frac{z}{s}\right)^2 - \frac{1}{2}\right). \tag{4.152}$$

In Bild 4.30 d ist dieser Verlauf wiedergegeben.

4.11 Das Verwerfen der Lasten und die zweiseitig gespeiste Leitung

Bei vermaschten Netzen ist es in erster Linie wichtig, die Speiseströme der einzelnen Leitungen und die Spannungen an den Verzweigungspunkten zu kennen, während der Spannungsverlauf auf den Leitungen zunächst weniger interessiert.

Zur Vereinfachung der Rechnung können bei der Bestimmung der Speiseströme der Leitungen und der Spannungen in den Knoten die Lastströme längs der Leitungen durch geeignete fiktive Lastströme

[1] Um auf der Ordinate den Maßstab für den Spannungsbetrag $|\underline{u}|$ festzulegen, genügt es, wenn man ein bestimmtes $|\underline{u}|$ an einem beliebigen Ort z ausrechnet.

ersetzt werden. Die von diesen Strömen zu erfüllende Bedingung ist ihre Äquivalenz mit der wirklichen Belastung, was Anfangs- und Endspannung und die Speiseströme der betreffenden Leitung angeht. Außerdem soll sich durch ihre Einführung selbstverständlich eine Vereinfachung der Rechnung ergeben.

Zur Bestimmung solcher fiktiver Ströme sei eine Leitung betrachtet, die aus einem vermaschten Netz stammen soll und deren Anfangs- und Endspannung bereits bekannt seien. Beide Spannungen können dann nach Abschnitt 2.7.3 durch Spannungsquellen verifiziert werden (Bild 4.32). Ob die Leitung tatsächlich direkt, indirekt, zweiseitig oder einseitig gespeist wird, ist bei der Betrachtung gleichgültig. Der Fall der einseitigen Speisung ist als Sonderfall darin enthalten.

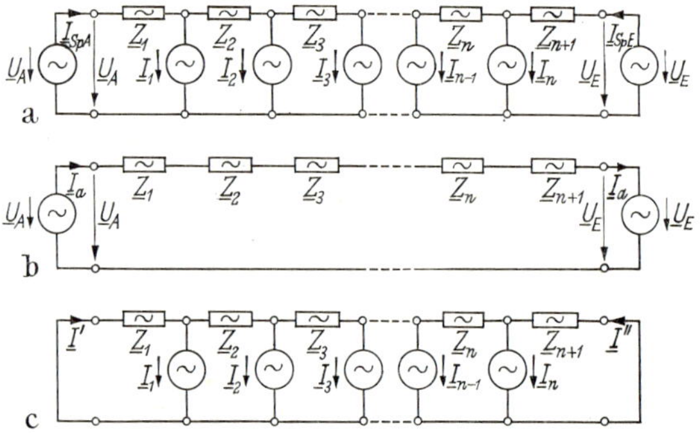

Bild 4.32a–c Zur Ermittlung fiktiver Lasten. Anwendung des Überlagerungssatzes auf eine zweiseitig gespeist angenommene Leitung.
a) Vollständige Ersatzschaltung; b) Ersatzschaltung zur Berechnung des Anteils der Spannungsquellen an der Stromverteilung; c) Ersatzschaltung zur Berechnung des Anteils der Lasten an der Stromverteilung.

Die Stromverteilung der in Bild 4.32a dargestellten Schaltung kann mit Hilfe des Überlagerungssatzes bestimmt werden. Sie setzt sich hiernach aus einem nur von den Spannungsquellen herrührenden und damit lastunabhängigen Anteil und einem nur von den Stromquellen herrührenden und somit von der Anfangs- und Endspannung unabhängigen Anteil zusammen (Bild 4.32b und c). Wie man sieht, trägt die Schaltung in Bild 4.32c zu den Spannungen an Anfang und Ende der Leitung nichts bei.

Die Speiseströme $\underline{I}_{SpA}$ und $\underline{I}_{SpE}$ werden mit den Bezeichnungen aus den Bildern b und c

$$\underline{I}_{SpA} = \underline{I}' + \underline{I}_a, \qquad \underline{I}_{SpE} = \underline{I}'' - \underline{I}_a,$$

wobei

$$\underline{I}_a = \frac{\underline{U}_A - \underline{U}_E}{\underline{Z}_{\text{ges.}}} \quad \text{mit} \quad \underline{Z}_{\text{ges.}} = \sum_{i=1}^{i=n+1} \underline{Z}_i \quad \text{ist.} \tag{4.154}$$

Da Anfangs- und Endspannung bei dieser Betrachtungsweise nicht von den Lastströmen abhängen, braucht bei der Bestimmung fiktiver Belastungsströme nur darauf geachtet zu werden, daß sich für die fiktive Belastung dieselben Speiseströme ergeben wie für die wirkliche Belastung. Da ferner der sog. Ausgleichstrom $\underline{I}_a$ nicht von der Belastung abhängt, ergibt sich, daß die Ströme $\underline{I}'$ und $\underline{I}''$ für die fiktive Last und die wirkliche Last gleich sein müssen.

Jede Belastung ist daher bezüglich Anfangs- und Endspannung und der Speiseströme äquivalent, wenn jeweils die Ströme $\underline{I}'$ und $\underline{I}''$ übereinstimmen. Eine beliebige Belastung kann demnach, was Anfangs- und Endspannung und die Speiseströme betrifft, z. B. durch eine Belastung ersetzt werden, die aus einem Laststrom am Anfang der Leitung, der gleich $\underline{I}'$ ist, und einem Laststrom am Ende der Leitung, der gleich $\underline{I}''$ ist, besteht (Bild 4.33).

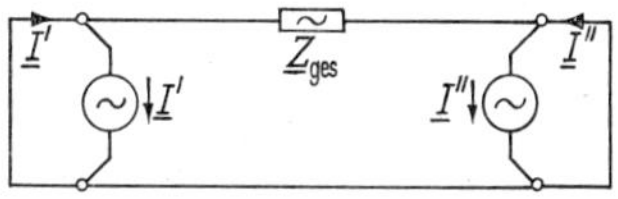

Bild 4.33 Die der Schaltung in Bild 4.32c entsprechende Schaltung wenn die wirkliche Belastung durch Lasten am Anfang und Ende der Leitung ersetzt wird.

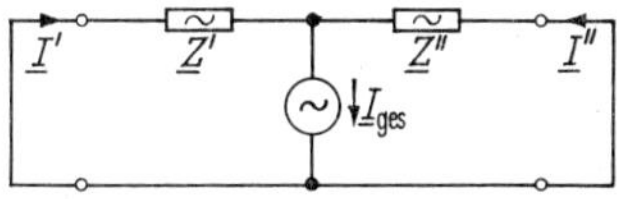

Bild 4.34 Die der Schaltung in Bild 4.32c entsprechende Schaltung, wenn die wirkliche Belastung durch eine im Zuge der Leitung angreifende Einzellast ersetzt wird.

Ebenso kann eine beliebige Belastung durch einen einzigen Laststrom $\underline{I}_{\text{ges.}} = \underline{I}' + \underline{I}'' = \sum_{i=1}^{i=n} \underline{I}_i$ ersetzt werden, wenn der Angriffspunkt dieser fiktiven Last, der die gesamte Leitungsimpedanz in $\underline{Z}'$ und $\underline{Z}''$ teilt, so gewählt wird, daß

$$\underline{Z}' = \underline{Z}_{\text{ges.}} \frac{\underline{I}''}{\underline{I}_{\text{ges.}}} \quad \text{und} \quad \underline{Z}'' = \underline{Z}_{\text{ges.}} \frac{\underline{I}'}{\underline{I}_{\text{ges.}}}$$

ist (Bild 4.34).

In den allermeisten Fällen wird man jedoch von der Verlegung der Lasten auf Anfang und Ende der Leitungen Gebrauch machen, da hierbei, was bei der Netzberechnung wichtig ist, nur Belastungen in den Verzweigungspunkten des Netzes übrigbleiben.

Die Bestimmung von $\underline{I}'$ und $\underline{I}''$ kann durch nochmaliges Anwenden des Überlagerungssatzes auf die einzelnen Stromquellen der Schaltung erfolgen. Man erhält so

$$\underline{I}' = \sum_{k=1}^{k=n} \underline{I}_k \frac{\sum\limits_{i=k+1}^{i=n+1} \underline{Z}_i}{\underline{Z}_{\text{ges.}}}, \tag{4.155}$$

$$\underline{I}'' = \sum_{k=1}^{k=n} \underline{I}_k \frac{\sum\limits_{i=1}^{i=k} \underline{Z}_i}{\underline{Z}_{\text{ges.}}} = \sum_{k=1}^{k=n} \underline{I}_k - \underline{I}'. \tag{4.156}$$

Für homogene Leitungen wird mit den Bezeichnungen aus Bild 4.29

$$\underline{I}'' = \frac{1}{s} \sum_{k=1}^{k=n} \underline{I}_k l_k \quad \text{und} \quad \underline{I}' = \frac{1}{s} \sum_{k=1}^{k=n} \underline{I}_k (s - l_k), \tag{4.157}$$

wobei $\sum_{k=1}^{k=n} \underline{I}_k l_k$ als Summe der Strommomente um Punkt A und $\sum_{k=1}^{k=n} \underline{I}_k (s - l_k)$ als Summe der Strommomente um Punkt E bezeichnet werden können.

An Stelle von $\underline{Z}'$ und $\underline{Z}''$ (Bild 4.34) können für die homogene Leitung bei lauter gleichphasigen Lasten entsprechende Längen angegeben werden

$$l' = s \cdot \frac{I''}{I_{\text{ges.}}}, \quad l'' = s \cdot \frac{I'}{I_{\text{ges.}}}. \tag{4.158}$$

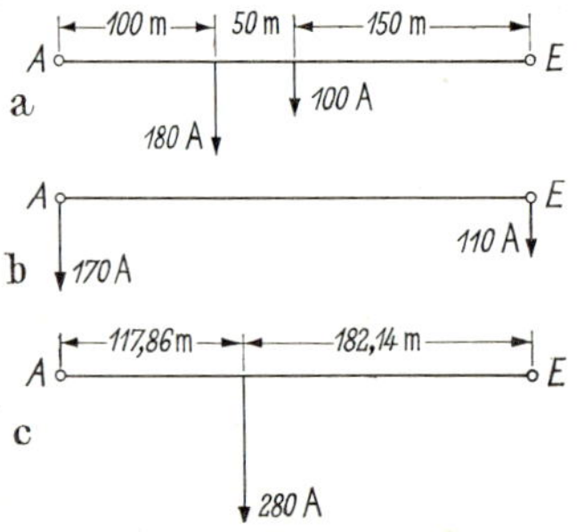

Bild 4.35a–c Beispiel zur Ermittlung fiktiver Lasten nach den Gln. (4.157) bzw. (4.158).

Als Beispiel sei die in Bild 4.35a dargestellte, aus zwei gleichphasigen Lastströmen bestehende Belastung einer homogenen Leitung durch Lasten am Leitungsanfang und -ende bzw. durch eine einzige Last im Zuge der Leitung ersetzt.

Aus den Gln. (4.157) und (4.158) erhält man die in Bild 4.35b angegebenen Werte für $\underline{I}'$ und $\underline{I}''$ bzw. die in Bild 4.35c angegebenen Werte für l' und l''.

Die beschriebene Verlegung der Belastungsströme kann formal auch mit den Scheinleistungen erfolgen. Sie stehen jedoch dann nur an Stelle der Ströme. Dies zu beachten, ist besonders wichtig, wenn Speiseleistungen berechnet werden sollen. In solchen Fällen sind die den Speiseströmen entsprechenden, mit der Nennspannung der Verbraucher errechneten Scheinleistungen auf die tatsächlich errechnete oder gegebene Speisespannung umzurechnen.

Den Strömen $\underline{I}'$ und $\underline{I}''$ entsprechen die Scheinleistungen $\underline{S}'$ und $\underline{S}''$, wobei

$$\underline{S}' = \frac{1}{\underline{Z}_{\text{ges.}}} \sum_{k=1}^{k=n} \underline{S}_k \sum_{i=k+1}^{i=n+1} \underline{Z}_i, \qquad \underline{S}'' = \frac{1}{\underline{Z}_{\text{ges.}}} \sum_{k=1}^{k=n} \underline{S}_k \sum_{i=1}^{i=k} \underline{Z}_i, \tag{4.159}$$

bzw.

$$\underline{S}' = \frac{1}{s} \sum_{k=1}^{k=n} \underline{S}_k (s - l_k) = \frac{1}{s} \underline{M}_S(E), \qquad \underline{S}'' = \frac{1}{s} \sum_{k=1}^{k=n} \underline{S}_k l_k = \frac{1}{s} \underline{M}_S(A) \tag{4.160}$$

ist. $\underline{M}_S(A)$ ist die Summe der Scheinleistungsmomente bezüglich Punkt A, $\underline{M}_S(E)$ die Summe der Scheinleistungsmomente bezüglich Punkt E [s. a. Gl. (4.137)].

Betrachtet man den Sonderfall der z. B. bei A einseitig gespeisten Leitung, so muß wegen $\underline{I}_{SpE} = 0$

$$\underline{I}_a = \underline{I}'' \tag{4.161}$$

sein. Hieraus ergibt sich sofort mit Gl. (4.154)

$$\underline{U}_A - \underline{U}_E = \Delta \underline{U} = \underline{I}'' \cdot \underline{Z}_{\text{ges.}} = \underline{I}_{\text{ges.}} \cdot \underline{Z}_{\text{ges.}} \cdot \frac{\underline{I}''}{\underline{I}_{\text{ges.}}},$$

was den Darstellungen nach Bild 4.33 und Bild 4.34 entspricht und im Ergebnis unter Berücksichtigung der Gl. (4.156) mit dem im vorigen Abschn. 4.10.2 errechneten Spannungsabfall [Gl. (4.133)] übereinstimmt.

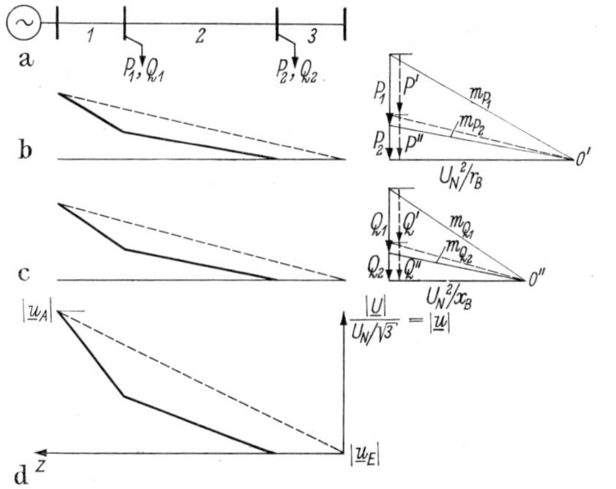

Bild 4.36a–d Grafische Bestimmung von P' und P'' und Q' und Q''.

Die Ströme $\underline{I}'$ und $\underline{I}''$, bzw. die ihnen entsprechenden Scheinleistungen $\underline{S}'$ und $\underline{S}''$ lassen sich auch auf grafischem Wege ermitteln. Wie gezeigt wurde, fließt bei einseitiger Speisung bei A, wenn die wirkliche Belastung durch die Lastströme $\underline{I}'$ und $\underline{I}''$ am Anfang bzw. am Ende der Leitung ersetzt wird, der Strom $\underline{I}''$ über die ganze Leitung und verursacht den gesamten Spannungsabfall. Die Spannungsänderung ist hierbei auf der ganzen Leitung konstant.

In Bild 4.36 sind die durch Wirk- und Blindanteil von $\underline{I}''$ bzw. $\underline{S}''$ erzeugten Spannungsänderungen in die Diagramme des Spannungsverlaufes von Bild 4.31 eingetragen. Durch Parallelverschieben der gestrichelten Geraden in die Lastendiagramme findet man P'' und P' bzw. Q'' und Q' und damit auch $\underline{I}''$ und $\underline{I}'$.

Bei der Ermittlung vereinfachender fiktiver Belastungsströme war bei der dort betrachteten Leitung (Bild 4.32), um die Allgemeingültigkeit zu wahren, über die Speisung keine Voraussetzung gemacht worden. Die dort gefundenen Ergebnisse können also direkt für die zweiseitig gespeiste Leitung übernommen werden.

Um das Arbeiten mit fiktiven Lasten zu zeigen, sollen jedoch die Speiseströme einer zweiseitig gespeisten Leitung noch einmal unter Zuhilfenahme der fiktiven Lasten $\underline{I}'$ und $\underline{I}''$ berechnet werden.

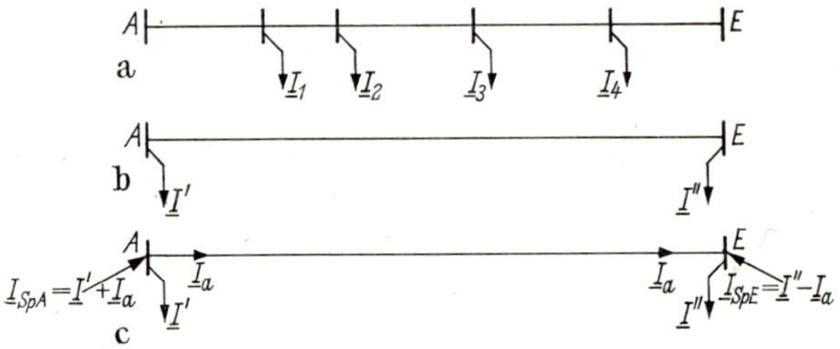

Bild 4.37a–c a) Leitung mit wirklicher Belastung; b) Leitung mit fiktiven Lasten an Anfang und Ende; c) Speiseströme der zweiseitig gespeisten Leitung.

In Bild 4.37a ist die zu untersuchende Leitung dargestellt. Nach Verwerfen der wirklichen Lastströme auf Anfang und Ende der Leitung ergibt sich der in Bild 4.37b wiedergegebene Lastfall. Die Lastströme $\underline{I}'$ und $\underline{I}''$ werden direkt von den Speisestellen übernommen (s. a. Bild 4.34). Dazu fließt über die Leitung ein dem Spannungsunterschied der Speisestellen proportionaler Ausgleichsstrom $\underline{I}_a$, so daß sich als Gesamtspeiseströme die bereits in den Gln. (4.153) angegebenen ergeben (Bild 4.37c).

Für den Fall gleicher Speisespannungen $\underline{U}_A = \underline{U}_E$ ist $\underline{I}_a = 0$ und die Speiseströme werden gleich den fiktiven Lastströmen.

4.12 Die Bestimmung der Stromverteilung in vermaschten Netzen

Sind mehrere Leitungen derart miteinander verbunden, daß Verzweigungspunkte mit mehr als jeweils zwei zusammenkommenden Leitungen entstehen, so wird dieses zusammenhängende Gebilde als vermaschtes Netz bezeichnet. Ein Beispiel eines einfachen vermaschten Netzes ist in Bild 4.38a dargestellt. Die Leitungsverzweigungspunkte und die Speisepunkte bezeichnet man als Knoten, während die Lastabnahmepunkte nicht zu den eigentlichen Knoten zählen, da sie beim Verwerfen der Lasten verschwinden. Die Verbindungen zwischen den Knoten sind die Leitungen oder Strecken.

Wichtig zur Beurteilung eines vermaschten Netzes ist die Kenntnis der Stromverteilung und der Spannungen in den Verzweigungs- und Speisepunkten, wobei eines aus dem anderen bestimmt werden kann.

Um die Stromverteilung eines vermaschten Netzes mit erträglichem Aufwand berechnen zu können, ist es erforderlich, daß die Lasten als *Ströme* gegeben sind. Bei vorgegebenen *Scheinleistungen* ist zunächst nur eine Näherungslösung möglich: Man berechnet mit einer gewählten einheitlichen Spannung oder mit für die einzelnen Lastabnahmepunkte geschätzten, verschiedenen Spannungen aus den vorgegebenen Scheinleistungen die Ströme und betrachtet diese als vorgegeben (s. a. Abschn. 4.10.2). Weichen die Spannungen, die sich an den Lastabnahmepunkten aus der so ermittelten Stromverteilung ergeben, zu sehr von der gewählten einheitlichen Spannung oder den geschätzten Spannungen ab, so ist die Rechnung mit verbesserten Lastströmen zu wiederholen. Die verbesserten Lastströme erhält man aus den vorgegebenen Scheinleistungen und den berechneten Spannungen an den Lastabnahmepunkten. Man kommt so zu einer zweiten Näherung. Selbstverständlich läßt sich dieses Verfahren mehrmals wiederholen. Stellt sich hierbei heraus, daß die Ergebnisse konvergieren, kann auf diese Weise die Stromverteilung vermaschter Netze auch bei vorgegebenen Scheinleistungen mit entsprechendem Zeitaufwand beliebig genau berechnet werden.

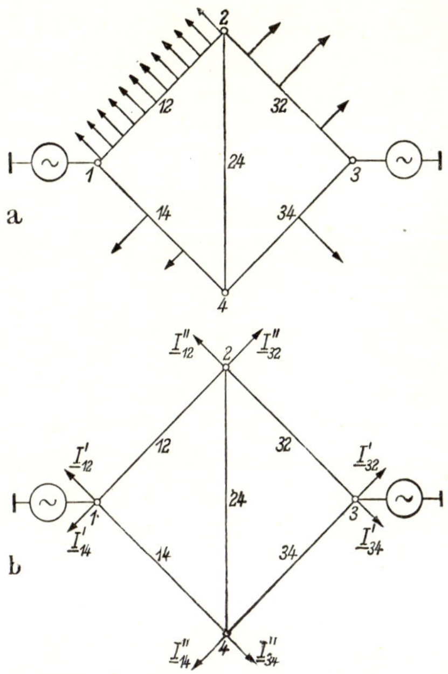

Bild 4.38a u. b Beispiel eines einfachen vermaschten Netzes mit verschiedenen als Ströme gegebenen Lasten, a) vor dem Verwerfen der Lastströme, b) nach Verwerfen der Lastströme auf die Leitungsenden.

Betrachtet sei ein vermaschtes Netz, das aus Leitungen besteht, für die keine Querglieder berücksichtigt zu werden brauchen. (Ist diese Vereinfachung nicht gegeben, können die Querglieder als kapazitive Lasten in den Knotenpunkten aufgefaßt und so behandelt werden.)

In Bild 4.38a ist ein einfaches vermaschtes Netz mit verschiedenen, als Ströme gegebenen Lasten und zwei Einspeisungen dargestellt. Durch Verlegen der Lasten auf die Enden der einzelnen Leitungen, d. h. in die Knoten, vereinfacht sich das Problem wesentlich: Es ergibt sich eine fiktive Anordnung von Lasten, die nur in den Knoten angreifen (Bild 4.38b). Die Speiseströme der Leitungen und die Spannungen an den Knoten bleiben hierbei, wie im vorigen Abschnitt gezeigt wurde, erhalten. Lasten, die beim Verwerfen auf Speisepunkte fallen (im betrachteten Beispiel die Knoten 1 und 3), werden direkt von den Einspeisungen übernommen (s. a. Bild 4.33, S. 131), so daß diese Lasten in der weiteren Rechnung zunächst nicht berücksichtigt zu werden brauchen.

Stellt man das Netz aus Bild 4.38b ausführlich zweipolig dar und verifiziert die Lasten durch Stromquellen, erhält man das Netzwerk in Bild 4.39.

Durch Zusammenziehen der impedanzlos miteinander verbundenen Punkte 1′, 2′, 3′ und 4′ zu einem Knoten, Weglassen der beim Verwerfen auf Speisepunkte gefallenen Ströme $\underline{I}'_{12}$ und $\underline{I}'_{14}$, bzw. $\underline{I}'_{32}$ und $\underline{I}'_{34}$ und

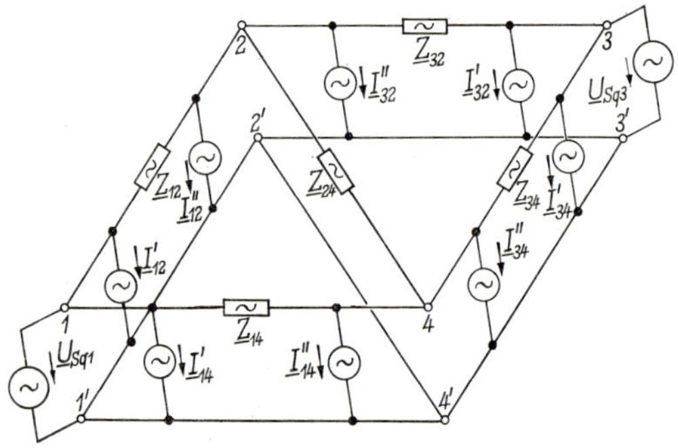

Bild 4.39 Ausführlich zweipolig dargestellte Schaltung des Netzes von Bild 4.38.

Zusammenfassen der verbleibenden Knotenbelastungen ($\underline{I}''_{12} + \underline{I}''_{32} = \underline{I}_{Sq2}$, bzw. $\underline{I}''_{14} + \underline{I}''_{34} = \underline{I}_{Sq4}$) ergibt sich das in Bild 4.40 dargestellte Netzwerk. Die Stromverteilung dieses Netzwerkes kann nun grundsätzlich mit Hilfe der in 2.7.1 bis 2.7.2 angegebenen Verfahren ermittelt werden. Die sich hierbei ergebenden Ströme sind unter Berücksichtigung der beim Verwerfen auf Speisepunkte gefallenen Ströme gleich den wirklichen an den Leitungsenden fließenden Strömen. Die gesuchte Stromverteilung des ursprünglichen Netzes läßt sich nun ohne Schwierigkeit aus diesen Leitungsspeiseströmen und den vorgegebenen Belastungsströmen der einzelnen Leitungen bestimmen, indem man auf jeden Lastabnahmepunkt des ursprünglichen Netzes (Bild 4.38a) die Knotenregel anwendet.

Es soll nun die Berechnung eines knotenpunktsbelasteten Netzes, wie es sich nach dem Verwerfen der Lasten auf die Enden der einzelnen Leitungen ergibt, anhand des Beispieles in Bild 4.40 besprochen werden.

Grundsätzlich können die Beiträge der Lasten und der Speisespannungen zur Stromverteilung nach dem Überlagerungssatz getrennt betrachtet werden. Hierbei findet man, daß bei gleichen Speisespannungen und bei Speisung nur an einer Stelle die Stromverteilung bei Vernachlässigung der Querglieder allein durch die Lasten bestimmt wird.

In vielen Fällen ist es möglich, durch Zusammenfassen paralleler Leitungen, Aufschneiden von Speisepunkten bzw. Zusammenfassen von Speisepunkten gleicher Spannung, Umwandeln von Impedanzdreiecken in Impedanzsterne und umgekehrt das Netz wesentlich zu vereinfachen. Dabei ist beim letzteren auf folgendes zu achten: Die Umwandlung eines Impedanzsternes in ein Dreieck vereinfacht das Netz durch Verminderung der Knotenzahl und gegebenenfalls durch Zusammenfassen paralleler Zweige nach der Umwandlung auch durch Verminderung der Zweigzahl. Eine Umwandlung eines Impedanzdreieckes in einen Stern erhöht die Knotenzahl. Eine Vereinfachung tritt jedoch dann ein, wenn nach der Umwandlung in Reihe geschaltete Zweige zusammengefaßt werden können und auf diese Weise die Zweigzahl vermindert wird (s. a. Bild 4.42).

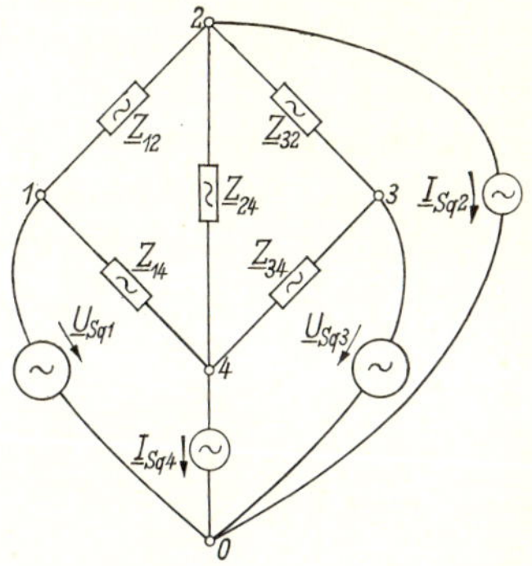

Bild 4.40 Zu Bild 4.39 gehörige vereinfachte Schaltung. (Die Lasten in den Speisepunkten sind weggelassen.)

Nimmt man bei dem betrachteten Beispiel zunächst an, daß die Speisespannungen $\underline{U}_{Sq1}$ und $\underline{U}_{Sq3}$ gleich sind, so haben die Punkte 1

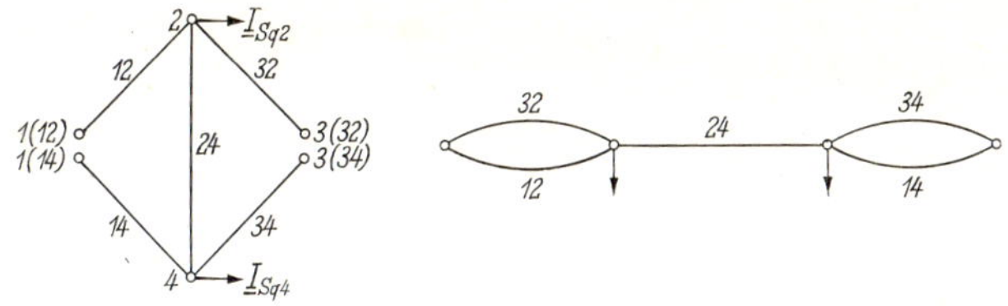

Bild 4.41 Zurückführung des von gleichen Speisespannungen gespeisten Beispielnetzes auf eine zweiseitig gespeiste Leitung durch Aufschneiden von Speisepunkten und Zusammenfassen effektiv paralleler Leitungen.

und 3 gleiches Potential, und die Leitungen 12 und 32, sowie 14 und 34 sind effektiv parallelgeschaltet. Schneidet man die Speisepunkte 1 und 3 auf und faßt die parallelen Leitungen zusammen, erhält man das in Bild 4.41 dargestellte Netz. Es ergibt sich der bereits bekannte Fall der zweiseitig mit gleicher Spannung gespeisten Leitung. Die Speiseströme dieser zweiseitig gespeisten Leitung sind die auf die Punkte A und E verworfenen Ströme $\underline{I}_{Sq2}$ und $\underline{I}_{Sq4}$. Sie sind jeweils auf die parallelen Leitungen 12 und 32, bzw. 14 und 34 aufzuteilen. Addiert man zu diesen Strömen die Ströme, die beim ersten Verwerfen der Lasten der entsprechenden Leitungen bereits auf Speisepunkte gefallen waren (Bild 4.38b), so erhält man die Speiseströme der gesuchten Stromverteilung. Mit diesen ist unter Berücksichtigung der vorgegebenen Belastungen die gesamte Stromverteilung bestimmt.

Sind die Speisespannungen $\underline{U}_{Sq1}$ und $\underline{U}_{Sq3}$ nicht gleich, so haben die Knoten 1 und 3 nicht gleiches Potential, und die Leitungen 12 und 32, bzw. 14 und 34 sind nicht parallelgeschaltet.

Durch eine Dreieck-Sternumwandlung und nochmaliges Verwerfen der Lastströme kann das Problem auch hier auf den Fall der zweiseitig gespeisten Leitung zurückgeführt werden (Bild 4.42), doch ist jetzt, da

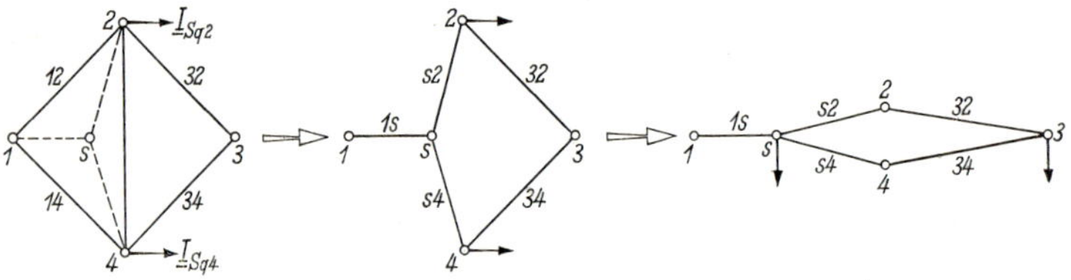

Bild 4.42 Zurückführung des von ungleichen Speisespannungen gespeisten Beispielnetzes auf eine zweiseitig gespeiste Leitung durch eine Dreieck-Sterntransformation und nochmaliges Verwerfen der Lastströme.

die Speisespannungen nicht gleich sind, der hierdurch verursachte Ausgleichstrom zu berücksichtigen.

Erhält man als Ergebnis der besprochenen Netzvereinfachungen nicht wie in dem behandelten Beispiel eine zweiseitig gespeiste Leitung, sondern ein Netzgebilde, bei dem mehr als zwei ungleiche Spannungen auf einen belasteten Knotenpunkt einspeisen, so führt die Anwendung des Überlagerungssatzes und des Satzes von der Ersatzspannungsquelle auf einfache Weise zum Ziel. Dies sei an einem Beispiel, bei dem drei Spannungen $\underline{U}_{Sq1}$, $\underline{U}_{Sq2}$ und $\underline{U}_{Sq3}$ auf einen Knoten mit der Last $\underline{I}_{Sq}$ einspeisen (Bild 4.43), gezeigt.

Die zugehörige ausführliche Schaltung ist in Bild 4.44a wiedergegeben.

Nach dem Überlagerungssatz kann die Stromverteilung aus zwei Anteilen zusammengesetzt werden, von denen einer nur von dem Belastungsstrom $\underline{I}_{Sq}$, der andere nur von den speisenden Spannungen $\underline{U}_{Sq1}$, $\underline{U}_{Sq2}$ und $\underline{U}_{Sq3}$ herrührt (Bild 4.44b und c). Mit der zunächst unbekannten Spannung $\underline{U}_0$ aus Bild 4.44c wird z. B. der in der Admittanz $\underline{Y}_1$ fließende Strom $\underline{I}_1$

$$\underline{I}_1 = \underline{I}_{Sq} \frac{\underline{Y}_1}{\underline{Y}_1 + \underline{Y}_2 + \underline{Y}_3} + (\underline{U}_{Sq1} - \underline{U}_0)\,\underline{Y}_1 . \tag{4.162}$$

$\underline{U}_0$ ergibt sich nach dem Satz von der Ersatzspannungsquelle [Gl. (2.104)] zu

$$\underline{U}_0 = \underline{Z}_i \underline{I}_K = \frac{1}{\underline{Y}_1 + \underline{Y}_2 + \underline{Y}_3} (\underline{U}_{Sq1}\underline{Y}_1 + \underline{U}_{Sq2}\underline{Y}_2 + \underline{U}_{Sq3}\underline{Y}_3). \tag{4.163}$$

Durch schrittweises Anwenden der besprochenen Netzvereinfachungen läßt sich die Stromverteilung in vermaschten Netzen, die eine nicht zu große Anzahl von Knoten besitzen, mit noch erträglichem Zeit- und Rechenaufwand ermitteln. Bei Netzen mit einer großen Anzahl von Knoten wird man allerdings zu Hilfsmitteln wie Netzmodellen und elektronischen Rechenmaschinen übergehen.

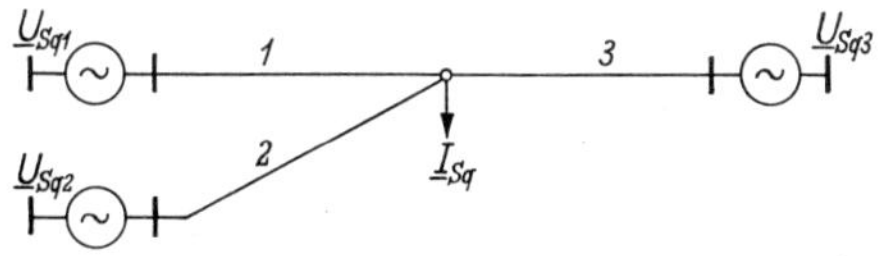

Bild 4.43 Über drei Leitungen mit verschiedenen Spannungen gespeister, belasteter Knoten.

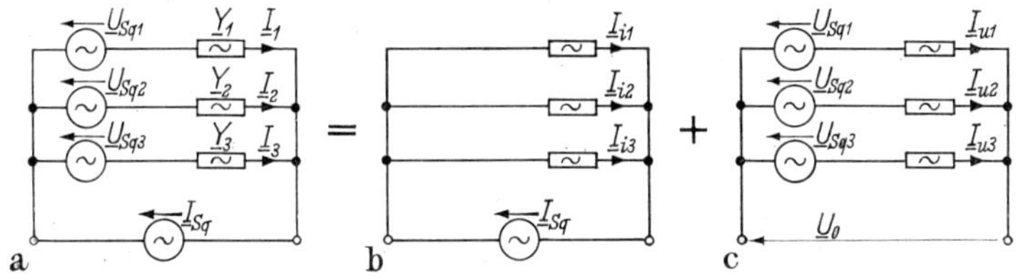

Bild 4.44a—c Ausführliche Schaltung des Netzes aus Bild 4.43. Die Stromverteilung in a setzt sich aus den Stromverteilungen der Schaltungen b und c additiv zusammen: $\underline{I}_1 = \underline{I}_{i1} + \underline{I}_{u1}$, $\underline{I}_2 = \underline{I}_{i2} + \underline{I}_{u2}$ und $\underline{I}_3 = \underline{I}_{i3} + \underline{I}_{u3}$.

Zur Berechnung von Energieübertragungsnetzen mittels elektronischer Rechenmaschinen ist das in Abschn. 2.7.2 behandelte Verfahren der Knotenanalyse gut geeignet. Da hierbei, was die Wahl des Bezugsknotens betrifft, zwei Besonderheiten zu beachten sind, soll die Anwendung der Knotenanalyse auf Energieübertragungsnetze anhand des Beispieles aus Bild 4.39 gezeigt werden.

Es liegt nahe, als Bezugsknoten den durch das Zusammenziehen der Punkte 1′, 2′, 3′ und 4′ entstandenen Knoten zu wählen (Bild 4.40). Die Knotenspannungen wären dann alle ungefähr gleich den Spannungen der einspeisenden Spannungsquellen. Da die Stromverteilung aus den Differenzen der Knotenspannungen ermittelt wird und diese Differenzen gegenüber den Speisespannungen klein sind, ist es jedoch im Hinblick auf die Genauigkeit der zu ermittelnden Spannungsdifferenzen und Ströme ungünstig, diesen Knoten als Bezugsknoten zu nehmen.

Auf eine weitere Tatsache ist dann zu achten, wenn das zu berechnende Netz von mehr als einer *starren* Spannung gespeist wird, wie es z. B. für das Netz aus Bild 4.38a zutrifft. In solchen Fällen ist es erforderlich, den Bezugsknoten auf eine Speisestelle mit starrer Spannung zu legen, anderenfalls liefert das Verfahren nicht genügend Gleichungen.

Es sei das Netz aus Bild 4.40 betrachtet, doch sollen die Speisespannungen im Gegensatz zu dort nicht starr sein, sondern zunächst eine von Null verschiedene innere Impedanz haben. Als Bezugsknoten sei der Knoten 1 gewählt und entsprechend Abschn. 2.7.2 mit 0 bezeichnet, während der vorige Knoten 0 die Nummer 1 bekommt (Bild 4.45). Hiermit ergibt sich nach Abschn. 2.7.2 folgendes Gleichungssystem für die Knotenspannungen:

$$\begin{aligned}
-(\underline{Y}_{10}+\underline{Y}_{13})\underline{U}_1 \qquad\qquad\qquad\qquad + \underline{Y}_{13}\underline{U}_3 \qquad\qquad\qquad &= \\
-(\underline{Y}_{20}+\underline{Y}_{23}+\underline{Y}_{24})\underline{U}_2 \qquad + \underline{Y}_{23}\underline{U}_3 \qquad + \underline{Y}_{24}\underline{U}_4 &= \\
+\underline{Y}_{31}\underline{U}_1 \quad + \underline{Y}_{32}\underline{U}_2 - (\underline{Y}_{31}+\underline{Y}_{32}+\underline{Y}_{34})\underline{U}_3 \quad + \underline{Y}_{34}\underline{U}_4 &= \\
+\underline{Y}_{42}\underline{U}_2 \qquad + \underline{Y}_{43}\underline{U}_3 - (\underline{Y}_{40}+\underline{Y}_{42}+\underline{Y}_{43})\underline{U}_4 &=
\end{aligned}$$

$$= \underline{U}_{Sq0}\underline{Y}_{10} + \underline{U}_{Sq3}\underline{Y}_{13} + \underline{I}_{Sq2} + \underline{I}_{Sq4} \tag{4.164a}$$

$$= -\underline{I}_{Sq2} \tag{4.164b}$$

$$= -\underline{U}_{Sq3}\underline{Y}_{31} \tag{4.164c}$$

$$= -\underline{I}_{Sq4} \tag{4.164d}$$

Die Berechnung der Stromverteilung ist hiermit im wesentlichen auf die Lösung eines Systems linearer Gleichungen zurückgeführt, dessen Lösung grundsätzlich unabhängig von der Zahl der Unbekannten möglich und nur eine Frage des Zeitaufwandes ist. Auf die verschiedenen Verfahren zur Lösung linearer Gleichungssysteme soll hier nicht eingegangen werden.

Sind die Speisespannungen starr, bedeutet dies, daß die Leitwerte $\underline{Y}_{10}$ und $\underline{Y}_{13}$ unendlich groß sind. In diesem Fall führt das Gleichungssystem (4.164) in der angegebenen Form nicht mehr zur Lösung, da die Gleichungen, in denen die unendlich großen Admittanzen vorkommen, keinen Sinn haben. Dividiert man jedoch diese Gleichungen durch die Admittanzen der Spannungsquellen und läßt die Admittanzen *danach* erst nach unendlich gehen, so ergibt sich für jede dieser Gleichungen [im Beispiel (4.164a, c)] eine Beziehung zwischen Knotenspannungen und den Spannungen der Spannungsquellen. Für das betrachtete Beispiel erhält man die Zusammenhänge

$$-2\underline{U}_1 + \underline{U}_3 = \underline{U}_{Sq0} + \underline{U}_{Sq3} \tag{4.165}$$

$$\underline{U}_1 - \underline{U}_3 = -\underline{U}_{Sq3}, \tag{4.166}$$

bzw. hieraus

$$\underline{U}_1 = -\underline{U}_{Sq0} \tag{4.167}$$

$$\underline{U}_3 = \underline{U}_{Sq3} - \underline{U}_{Sq0}, \tag{4.168}$$

die auch direkt aus Bild 4.46 abgelesen werden können. Setzt man diese Zusammenhänge in die Gln. (4.164 b und d) des Systems ein, erhält man

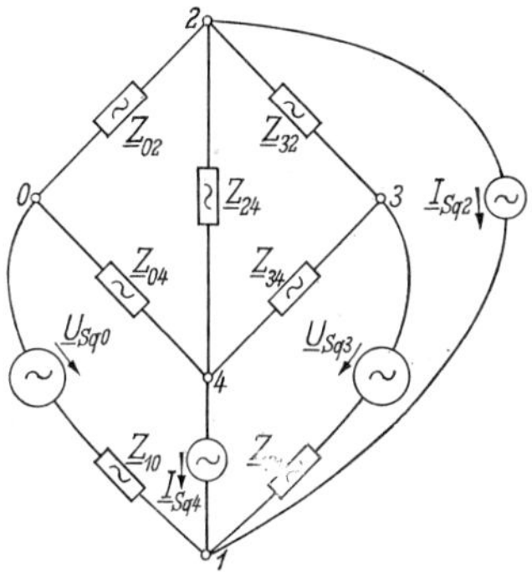

Bild 4.45 Beispielnetz zur Berechnung der Stromverteilung in Energieübertragungsnetzen mit Hilfe der Knotenanalyse. Die speisenden Spannungen sind als nicht starr angenommen.

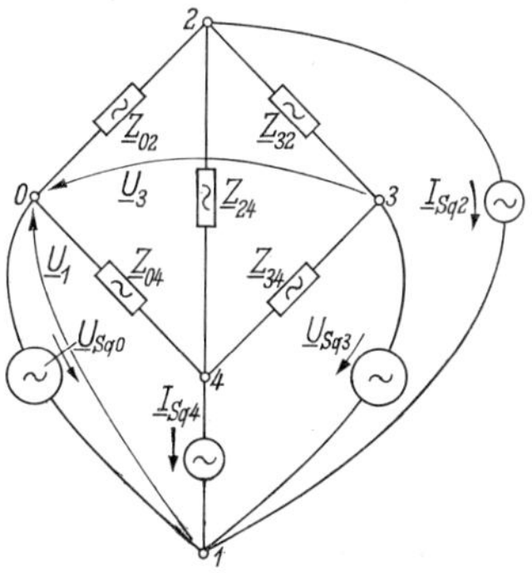

Bild 4.46 Beispielnetz zur Berechnung der Stromverteilung in Energieübertragungsnetzen mit Hilfe der Knotenanalyse bei starren Speisespannungen.

schließlich als zu lösendes Gleichungssystem für die noch verbliebenen unbekannten Knotenspannungen $\underline{U}_2$ und $\underline{U}_4$

$$-(\underline{Y}_{20} + \underline{Y}_{23} + \underline{Y}_{24})\,\underline{U}_2 \qquad + \underline{Y}_{24}\,\underline{U}_4 = -\underline{I}_{Sq2} + \underline{Y}_{23}\,(\underline{U}_{Sq0} - \underline{U}_{Sq3}) \tag{4.169 a}$$

$$+ \underline{Y}_{42}\,\underline{U}_2 - (\underline{Y}_{40} + \underline{Y}_{42} + \underline{Y}_{43})\,\underline{U}_4 = -\underline{I}_{Sq4} + \underline{Y}_{43}\,(\underline{U}_{Sq0} - \underline{U}_{Sq3}). \tag{4.169 b}$$

Ganz allgemein gilt, daß, wenn das zu berechnende Energieübertragungsnetz v Leitungsverzweigungen (Knoten) aufweist, das zugehörige Netzwerk der ausführlichen Schaltung $q = v + 1$ Knoten hat und demnach v unbekannte Knotenspannungen zu berechnen sind.

Speisen jedoch in das Netz s *starre* Spannungen ein, so können s Knotenspannungen direkt durch diese Speisespannungen ausgedrückt werden. Das ursprüngliche Gleichungssystem mit v Gleichungen läßt sich dann auf eines mit $v - s$ Gleichungen zurückführen.

4.13 Übungsaufgaben zu Kapitel 4

Aufgabe 1

Von der in Abschn. 6.5 (Aufgabe 2) behandelten Doppelleitung sei nur ein System in Betrieb. Es hat dann folgende Leitungskonstanten:

$$r_B = 0{,}034\ \Omega/\text{km}$$
$$x_B = 0{,}254\ \Omega/\text{km}$$
$$c_B = 14{,}1\ \text{nF/km}$$
$$g_B = 10^{-2}\ \mu\text{S/km}$$

Die Länge der Leitung betrage 500 km.

a) Gesucht sind der Wellenwiderstand, das Fortpflanzungsmaß und die natürliche Leistung der Leitung.

b) Die Spannung am Ende der Leitung wird auf 400 kV konstant gehalten. Man berechne die Spannung am Anfang, die Ströme an Anfang und Ende der Leitung sowie den Wirkungsgrad der Übertragung bei Abschluß der Leitung mit $\underline{Z}_E = 3/4\,\underline{Z}_W$.

Zu a): Nach Gl. (4.050) gilt für den Wellenwiderstand:

$$\underline{Z}_W = \sqrt{\frac{r_B + j\omega\,l_B}{g_B + j\omega c_B}}$$

$$r_B + j\omega l_B = (0{,}034 + j0{,}254)\ \Omega/\text{km} = 0{,}256\ \underline{/82{,}38^\circ}\ \Omega/\text{km}$$

$$g_B + j\omega c_B = 10^{-2}\ \mu\text{S/km} + j\,\frac{100\pi\ 14{,}1\ \text{As}}{\text{s}\ 10^9\ \text{V km}} = 4{,}430\ \underline{/89{,}87^\circ}\ \mu\text{S/km}$$

$$\underline{Z}_W = \sqrt{\frac{0{,}256\ \underline{/82{,}38^\circ}}{4{,}430\ \underline{/89{,}87^\circ}}}\ \text{k}\Omega = 240\ \underline{/-3{,}75^\circ}\ \Omega\,.$$

Das Fortpflanzungsmaß wird nach Gl. (4.046) berechnet:

$$\underline{g} = \underline{\gamma} s = \sqrt{(r_B + j\omega l_B)\,(g_B + j\omega\,c_B)}\ 500\ \text{km}$$

$$= \sqrt{0{,}256\ \underline{/82{,}38^\circ}\ \Omega/\text{km}\ 4{,}430\ \underline{/89{,}87^\circ}\ \mu\text{S/km}}\ 500\ \text{km} = 0{,}532\ \underline{/86{,}12^\circ}$$

$$\underline{g} = a + jb = 0{,}036 + j0{,}531;\quad 0{,}531 \mathrel{\hat{=}} 30{,}4^\circ\,.$$

Für die auf 400 kV bezogene natürliche Leistung erhält man nach Gl. (4.058):

$$\underline{S}_{\text{nat}} = \frac{U_N^2}{\underline{Z}_W^*} = \frac{(400\ \text{kV})^2}{240\ \underline{/+3{,}75^\circ}\ \Omega} = 667\ \underline{/-3{,}75^\circ}\ \text{MVA}$$

Zu b): Die Leitungsgleichungen (4.031), (4.032) lassen sich mit $\underline{Z}_E = 3/4\,\underline{Z}_W$ folgendermaßen schreiben:

$$\underline{U}_A = \underline{U}_E(\cosh \underline{g} + 4/3 \sinh \underline{g})$$
$$\underline{I}_A = \underline{I}_E\,(\cosh \underline{g} + 3/4 \sinh \underline{g}).$$

Die Hyperbelfunktionen mit komplexem Argument lassen sich nach folgenden Formeln ermitteln:

$$\cosh \underline{g} = \cosh(a + jb) = \cosh a \cos b + j \sinh a \sin b$$

$$\sinh \underline{g} = \sinh(a + jb) = \sinh a \cos b + j \cosh a \sin b$$

$$\left.\begin{aligned} \cosh a &= 1 + \frac{a^2}{2!} + \cdots \approx 1 \\ \sinh a &= a + \frac{a^3}{3!} + \cdots \approx a \end{aligned}\right\} \text{für } a \ll 1 .$$

Damit erhält man:

$$\cosh \underline{g} \approx \cos b + j a \sin b = \cos 30{,}4^\circ + j0{,}036 \sin 30{,}4^\circ = 0{,}863 + j\,0{,}0182$$

$$\sinh \underline{g} \approx a \cos b + j \sin b = 0{,}036 \cos 30{,}4^\circ + j \sin 30{,}4^\circ = 0{,}0311 + j\,0{,}506$$

Für die Spannung am Anfang der Leitung erhält man dann:

$$\sqrt{3}\,\underline{U}_A = 400\text{ kV}\,[0{,}863 + j0{,}0182 + 4/3(0{,}0311 + j0{,}506)]$$

$$\sqrt{3}\,\underline{U}_A = 456 \;\underline{/37{,}5^\circ}\text{ kV}$$

$$\underline{I}_E = \frac{\underline{U}_E}{\underline{Z}_E} = \frac{400\text{ kV}/\sqrt{3}}{3/4 \cdot 240 \;\underline{/-3{,}75^\circ}\;\Omega} = 1{,}283 \;\underline{/3{,}75^\circ}\text{ kA}.$$

Der Strom am Anfang der Leitung wird:

$$\underline{I}_A = 1{,}283 \;\underline{/3{,}75^\circ}\text{ kA}\,[0{,}863 + j0{,}0182 + 3/4(0{,}0311 + j0{,}506)]$$

$$\underline{I}_A = 1{,}245 \;\underline{/27{,}95^\circ}\text{ kA}.$$

Für den Wirkungsgrad der Übertragung ergibt sich:

$$\eta = \frac{P_E}{P_A} = \frac{Re(3\,\underline{U}_E\,\underline{I}_E^*)}{Re(3\,\underline{U}_A\,\underline{I}_A^*)} = \frac{Re(400\text{ kV } 1{,}283 \;\underline{/-3{,}75^\circ}\text{ kA})}{Re(456 \;\underline{/37{,}5^\circ}\text{ kV } 1{,}245 \;\underline{/-27{,}95^\circ}\text{ kA})}$$

$$\eta = 91{,}5\,\%.$$

Aufgabe 2

In Bild 4.47 ist ein Drehstrom-Motor dargestellt, der über einen Transformator und eine Leitung mit Energie versorgt wird.

1600 kVA	$s = 5$ km	$P_N = 1{,}25$ MW
$ü = 30/6$	$r_B = 0{,}304\ \Omega$/km	$U_N = 6$ kV
$V_k = 26{,}5$ kW	$x_B = 0{,}4\ \Omega$/km	$\cos\varphi = 0{,}84$
$u_k = 6\%$		$\eta = 0{,}955$

Bild 4.47 Anschluß eines Motors über eine 6-kV-Leitung und einen Transformator an ein starres Netz.

Wie groß ist die Spannung an der Sammelschiene 1, wenn der Motor mit Nennleistung bei Nennspannung betrieben wird?

Zuerst muß der Nennstrom des Motors bestimmt werden. Unter P_N versteht man die an der Welle abgegebene mechanische Leistung. Dann gilt:

$$I_N = \frac{P_N}{\sqrt{3}\, U_N \cos\varphi\eta} = \frac{1{,}25\ \text{MW}}{\sqrt{3}\ 6\ \text{kV}\ 0{,}84\ 0{,}955} = 150\ \text{A}$$

$$\cos\varphi = 0{,}84: \quad \varphi = 33°; \quad \sin\varphi = 0{,}544$$

$$I_w = I_N \cos\varphi = 150\ \text{A} \cdot 0{,}84 = 126\,\text{A}; \ I_b = I_N \sin\varphi = 150\ \text{A} \cdot 0{,}544 = 81{,}5\ \text{A}$$

Nun werden Wirk- und Blindwiderstände von Leitung und Transformator ausgerechnet.

$$R_B = r_B\, s = 0{,}304\ \Omega/\text{km}\ 5\ \text{km} = 1{,}52\ \Omega$$

$$X_B = x_B\, s = 0{,}4\ \Omega/\text{km}\ 5\ \text{km} = 2\ \Omega$$

Wie in Abschn. 5.2 noch gezeigt wird, läßt sich der belastete Transformator durch eine Längsimpedanz $\underline{Z}_k = R_k + j X_k$ darstellen, die man auf die Windungszahl der Ober- oder der Unterspannungsseite beziehen kann. In dieser Aufgabe wird $\underline{Z}_k$ zweckmäßig auf die Windungszahl der Unterspannungsseite bezogen. Mit den Gln. (5.008), (5.009) und (5.012) erhält man:

$$R_k = \frac{V_k U_{2N}^2}{S_N^2} = \frac{26{,}5\ \text{kW}\ (6\ \text{kV})^2}{(1600\ \text{kVA})^2} = 0{,}373\ \Omega$$

$$Z_k = \frac{u_k U_{2N}^2}{S_N} = \frac{6\%\ (6\ \text{kV})^2}{1600\ \text{kVA}} = 1{,}35\ \Omega$$

$$X_k = \sqrt{Z_k^2 - R_k^2} = \sqrt{1{,}35^2 - 0{,}373^2}\ \Omega = 1{,}3\ \Omega$$

$$R_B + R_k = R = (1{,}52 + 0{,}373)\ \Omega = 1{,}893\ \Omega$$

$$X_B + X_k = X = (2 + 1{,}3)\ \Omega = 3{,}3\ \Omega\,.$$

Mit den Gln. (4.106) und (4.107) erhält man für den Längs- und Querspannungsabfall:

$$U_l = R\, I_w + X\, I_b = 1{,}893\ \Omega\ 126\ \text{A} + 3{,}3\ \Omega\ 81{,}5\ \text{A} = 507{,}2\ \text{V}$$

$$U_q = X\, I_w - R\, I_b = 3{,}3\ \Omega\ 126\ \text{A} - 1{,}893\ \Omega\ 81{,}5\ \text{A} = 261{,}5\ \text{V}$$

Die Spannung an der Sammelschiene 1 wird damit

$$\underline{U}_{SS1} = \ddot{u}\,(U_{2N} + \sqrt{3}(U_l + j\,U_q)) = 30/6\ [6\ \text{kV} + \sqrt{3}\ (507{,}2 + j261{,}5)\ \text{V}],$$

$$\underline{U}_{SS1} = (34{,}4 + j2{,}27)\ \text{kV}\,.$$

Aufgabe 3

In Bild 4.48 werden die Verbraucher einer Ortschaft durch ein vermascht betriebenes Netz über drei Transformatoren mit elektrischer Energie versorgt. Auf den Leitungen 1 bis 7 wird eine stetige Lastabnahme von 2,63 kVA/100 m, $\cos\varphi = 0{,}8$ angenommen. Über die Stichleitung 8 ist ein Elektromotor angeschlossen.

Motordaten:

$P_N = 10$ kW $\eta = 0{,}87$ $\cos\varphi = 0{,}8$

Die Leitungsdaten r_B und x_B sind bei allen Leitungen gleich.

$s_1 = 1{,}0$ km $s_2 = 1{,}2$ km

$s_3 = 1{,}5$ km $s_4 = 1{,}2$ km

$s_5 = 1{,}0$ km $s_6 = 0{,}8$ km

$s_7 = 0{,}5$ km $s_8 = 0{,}2$ km

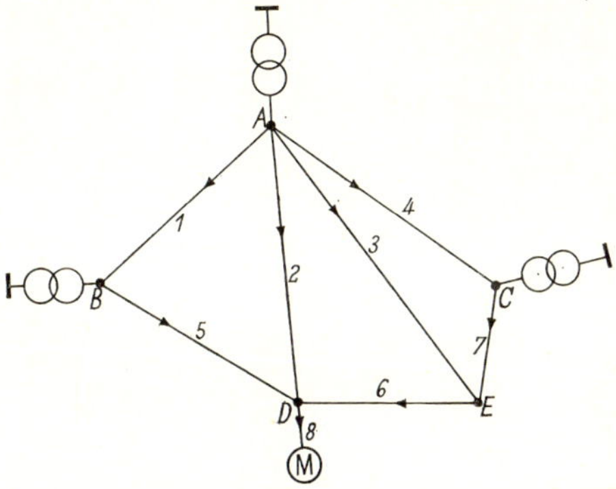

Bild 4.48 Vermaschtes Netz mit drei Einspeisungen und stetigen Lastabnahmen auf den Leitungen 1 bis 7.

Gesucht ist die Stromverteilung im Netz unter der Annahme, daß auf der Sekundärseite der Transformatoren eine konstante Spannung von 400/231 V vorliegt. Die Lastströme sind mit der Nennspannung der Verbraucher 380/220 V zu ermitteln.

Die auf den Leitungen stetig verteilten Lasten lassen sich, unabhängig von den im Netz auftretenden Spannungen, je zur Häfte auf Anfang und Ende der einzelnen Leitungen verwerfen. Man erhält:

$$I/2 = \frac{2{,}63\ \text{kVA} \cdot s}{2 \cdot 100\ \text{m}\ \sqrt{3}\ 380\ \text{V}}; \qquad \frac{I/2}{A} = 20\ \frac{s}{\text{km}}$$

$$I_1/2 = 20\ \text{A} \quad I_2/2 = 24\ \text{A} \quad I_3/2 = 30\ \text{A} \quad I_4/2 = 24\ \text{A}$$

$$I_5/2 = 20\ \text{A} \quad I_6/2 = 16\ \text{A} \quad I_7/2 = 10\ \text{A}$$

$$I_M = \frac{P_N}{\eta \cos\varphi \sqrt{3}\ U_N} = \frac{10\ \text{kW}}{0{,}87\ 0{,}8\ \sqrt{3}\ 380\text{V}} = 21{,}85\ \text{A}.$$

Die Ströme, die insgesamt in die Knoten D und E verlegt werden, betragen:

$$I_D = I_2/2 + I_5/2 + I_6/2 + I_M = 81{,}85\ \text{A}$$

$$I_E = I_3/2 + I_6/2 + I_7/2 = 56\ \text{A}.$$

Da die Spannung auf der Sekundärseite der Transformatoren starr sein soll, werden die von den Leitungen 1 und 4 herrührenden Lasten direkt von den Speisestellen übernommen und beeinflussen die übrige Stromverteilung nicht. Es bleibt dann noch die in Bild 4.49a dargestellte Anordnung zu berechnen.

Die gleichen Sekundärspannungen der Transformatoren gestatten, das Netz im Knoten A aufzutrennen, so daß Leitung 2 mit Leitung 5 und Leitung 3 mit Leitung 7 parallel geschaltet wird (Bild 4.49b). Die Parallelschaltungen werden dann durch jeweils eine Leitung mit entsprechender Länge ersetzt (Bild 4.49c). Es gilt:

$$s_{2//5} = \frac{s_2 s_5}{s_2 + s_5} = \frac{1{,}2 \cdot 1}{1{,}2 + 1}\ \text{km} = 0{,}545\ \text{km};$$

$$s_{3//7} = \frac{s_3 s_7}{s_3 + s_7} = \frac{1{,}5 \cdot 0{,}5}{1{,}5 + 0{,}5}\ \text{km} = 0{,}375\ \text{km}.$$

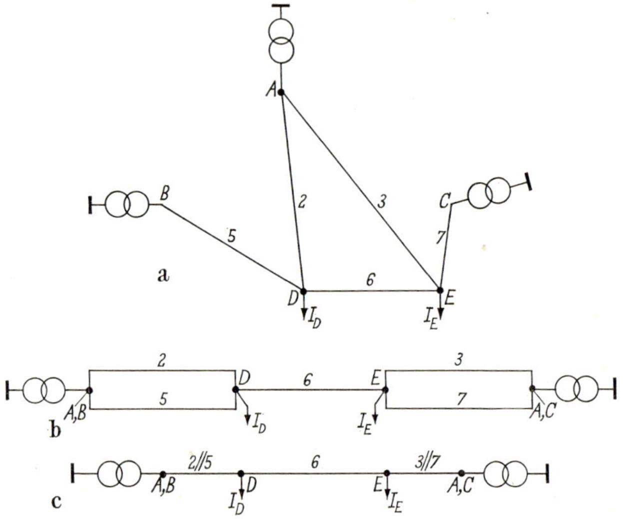

Bild 4.49a–c Zurückführung des belasteten Netzes auf eine zweiseitig gespeiste Leitung mit Einzellasten. Die in die Knoten A, B und C verlegten Lasten wurden nicht eingezeichnet.
a) Verlegen aller Lasten in die Knoten. Die Lasten der Leitungen 1 und 4 beeinflussen die übrige Stromverteilung nicht. b) Auftrennen des Netzes bei A; Parallelschalten von Leitungen. c) Ersetzen der parallel geschalteten Leitungen durch je eine Leitung entsprechender Länge.

Die Ströme I_D und I_E werden nun in die Knoten A, B und A, C verlegt. Da alle vorkommenden Ströme denselben $\cos\varphi$ haben, braucht man nicht Real- und Imaginärteil getrennt zu behandeln. Bezeichnet man den in den Knoten A, B verlegten Strom mit I', den im Knoten A, C angreifenden mit I'', so erhält man mit den Gln. (4.155) und (4.156):

$$I'' = \frac{1}{s_{2//5} + s_6 + s_{3//7}}\,[I_D\, s_{2//5} + I_E (s_{2//5} + s_6)]$$
$$= \frac{1}{0{,}545 + 0{,}8 + 0{,}375}\,[81{,}85\ \text{A}\ 0{,}545 + 56\ \text{A}(0{,}545 + 0{,}8)] = 69{,}7\ \text{A}$$

$$I' = I_D + I_E - I'' = (81{,}85 + 56 - 69{,}7\ \text{A}) = 68{,}15\ \text{A}.$$

Der Strom I' muß nun wieder auf die Leitungen 2 und 5, der Strom I'' auf die Leitungen 3 und 7 verteilt werden. Man erhält:

$$I_2' = I' \frac{s_5}{s_2 + s_5} = 68{,}15\ \text{A}\ \frac{1}{1{,}2 + 1} = 31\ \text{A};\ I_5' = I' - I_2' = 37{,}15\ \text{A}$$

$$I_3'' = I'' \frac{s_3}{s_3 + s_7} = 69{,}7\ \text{A}\ \frac{0{,}5}{1{,}5 + 0{,}5} = 17{,}44\ \text{A};\ I_7'' = I'' - I_3'' = 52{,}26\ \text{A}.$$

Damit läßt sich die Stromverteilung auf allen Leitungen angeben. Die in Bild 4.48 eingetragenen Pfeile sollen die Richtung angeben, in der der Strom positiv gezählt wird. Die Ströme am Anfang und Ende der Leitungen 1 und 4 sind betragsmäßig gleich den zur Hälfte auf Anfang und Ende verlegten Lasten. Bei den Leitungen 2, 5, 3 und 7 werden noch die Ströme I_2', I_5', I_3'' und I_7'' hinzugezählt. Auf allen Leitungen, ausgenommen die Leitung 8, nimmt der Strom vom Anfangswert zum Endwert linear ab. Die Ströme am Anfang und Ende der Leitung 6 erhält man, indem man für die Knoten D und E die Knotenregel anwendet. Zur Probe muß die Differenz dieser Ströme gleich der Summe der Lasten auf Leitung 6 sein. Die Ergebnisse sind in der folgenden Tabelle dargestellt.

Tabelle 4.2 *Zusammenfassung der Ergebnisse von Aufgabe 3*

	A	*B*	*C*	*D*	*E*	*M*
1	20 A	−20 A				
2	55 A			7 A		
3	47,44 A				−12,56 A	
4	24 A		−24 A			
5		57,15 A		17,15 A		
6				−2,3 A	29,7 A	
7			62,26 A		42,26 A	
8				21,85 A		21,85 A

5 Der Transformator

In den vorangegangenen Abschnitten wurde die Leitung als Übertragungselement der elektrischen Energieübertragung behandelt. Ein zweites wichtiges Übertragungselement ist der Transformator oder Umspanner, der es gestattet, auf einfache Weise die Spannungshöhe zu ändern.

Die Theorie des Transformators soll hier nicht gleich ausführlich wie die der Leitung behandelt werden, da sie zum Stoffgebiet der elektrischen Maschinen gehört. Im folgenden werden nur die für die Anlagentechnik wichtigen Tatsachen angeführt.

5.1 Bezeichnung und Schaltung der Transformatoren

Entsprechend der verschiedenen Arbeitsweise unterscheidet man folgende Arten von Transformatoren:

1. Leistungstransformatoren (LT). Die Wicklungen des Leistungstransformators sind galvanisch voneinander getrennt und parallel zu dem jeweils zugehörigen System geschaltet. Die Energieübertragung erfolgt auf induktivem Wege (Bild 5.01a).

2. Zusatztransformatoren (ZT). Die Wicklungen des Zusatztransformators sind ebenfalls galvanisch voneinander getrennt. Es ist jedoch eine von ihnen in Reihe, die andere parallel zu dem zugehörigen System geschaltet. Der Zusatztransformator dient dazu, einem Netz eine zusätzliche Spannung aufzudrücken. Die Energieübertragung erfolgt auf induktivem Wege (Bild 5.01 b).

3. Spartransformatoren (SpT). Die Wicklungen des Spartransformators sind galvanisch miteinander verbunden. Der Spartransformator besitzt wie der Zusatztransformator eine Reihen- und eine Parallelwicklung. Die Energieübertragung erfolgt teils induktiv, teils leitend (Bild 5.01 c).

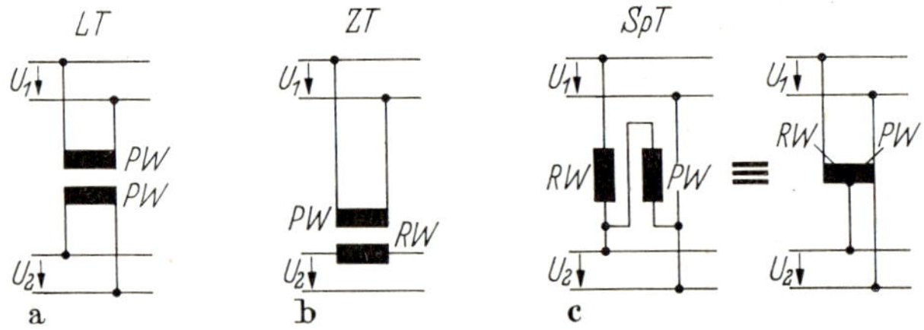

Bild 5.01 a – c Einphasige Schaltbilder der verschiedenen Transformatorarten.

Für die Kennzeichnung eines Transformators sind folgende Größen von besonderer Wichtigkeit:

Reihenspannung ist die genormte Spannung, für die die Isolation der einzelnen Wicklungen des Transformators bemessen ist. Sie wird bei Drehstromtransformatoren als Leiterspannung (verkettete Spannung) angegeben.

Nennprimärspannung ist die Spannung auf der Primärseite, für die der Transformator hinsichtlich seines Transformationsvermögens ausgelegt ist und auf die sich die Gewährleistungen beziehen. Sie wird bei Drehstromtransformatoren als Leiterspannung (verkettete Spannung) U_{1_N}, die zugehörige Sternspannung mit $U_{1_N}/\sqrt{3}$ angegeben. Bezogene Größen, wie z. B. die Kurzschlußspannung, sind auf den Stern-Spannungswert der Nennspannung zu beziehen.

Nennsekundärspannung ist die bei Leerlauf des Transformators auf der Sekundärseite auftretende Spannung, wenn die Primärseite mit Nennspannung und Nennfrequenz gespeist wird. Sie wird bei Drehstromtransformatoren als Leiterspannung U_{2_N}, die zugehörige Sternspannung mit $U_{2_N}/\sqrt{3}$ angegeben.

Nennströme sind die Klemmenströme des Transformators, auf die sich die Gewährleistungen (Kurzschlußspannung, Kupferverluste und Erwärmung) beziehen. Die Nennströme verhalten sich umgekehrt wie die Nennspannungen.

Nennbetrieb ist der Betrieb des Transformators bei primärer Nennspannung und sekundärem Nennstrom bei Nennfrequenz.

Nennleistung eines Transformators ist die aus Nennspannung und Nennstrom errechnete Scheinleistung.

Die angeführten Definitionen sind in ihrem Wortlaut im wesentlichen den VDE-Vorschriften 0532 „Bestimmungen für Transformatoren und Drosselspulen" entnommen.

Drehstromtransformatoren sind in den drei Phasen symmetrisch gebaut und können deshalb ähnlich wie die symmetrische Leitung bei symmetrischem Betrieb einphasig betrachtet werden. Die das Verhalten des Drehstromtransformators beschreibenden Gleichungen und seine Ersatzschaltung entsprechen im wesentlichen denen eines Einphasentransformators. Es ist jedoch eine Besonderheit zu beachten: Bei Einphasentransformatoren sind die Primär- und Sekundärspannung im Leerlauf praktisch in Phase oder Gegenphase. Bei Drehstromtransformatoren braucht dies jedoch nicht zuzutreffen, wenn Primär- und Sekundärwicklung nicht auf gleiche Weise geschaltet sind.

Die möglichen Schaltungen der Wicklungen sind die offene Schaltung, die Dreieck-Schaltung, die Stern-Schaltung und die Zickzack-Schaltung. Bei der letzteren ist die zu einem Schenkel gehörende Wicklung in zwei gleiche Teile geteilt, von denen je einer mit einem zum folgenden Schenkel gehörenden Teil entgegengesetzt in Reihe geschaltet ist (Bild 5.02).

Jede Schaltung wird nach dem folgenden Schema mit einem Kennbuchstaben bezeichnet.

Tabelle 5.1 *Kennbuchstaben von Transformatorwicklungsschaltungen*

Schaltungsbezeichnung	Offen	Dreieck	Stern	Zickzack
Schaltbild				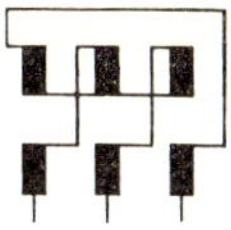
Kennbuchstabe Oberspannung	*III*	*D*	*Y*	*Z*
Kennbuchstabe Unterspannung	*iii*	*d*	*y*	*z*

Kombiniert man eine beliebige Schaltung auf der Primärseite mit einer beliebigen auf der Sekundärseite, ergeben sich Phasenverschiebungen der sekundären Leerlaufspannung gegen die Primärspannung, die ganze Vielfache von 30° sind. Es ist

$$\text{Arc}\,\underline{U}_1 = \text{Arc}\,\underline{U}_2 + k \cdot 30^\circ, \qquad k = 1, 2, 3, \ldots 11,$$

wobei $\underline{U}_1$ für die Primärspannung und $\underline{U}_2$ für die Sekundärspannung bei Leerlauf steht. k ist die Kennzahl der als Schaltgruppe bezeichneten Kombination von Primär- und Sekundärschaltung. k gibt an, um welches Vielfache von 30° die sekundäre Leerlaufspannung der Primärspannung nachläuft. Dabei ist vorausgesetzt, daß an den Primärklemmen ein rechtsdrehendes Spannungssystem (s. S. 68) liegt. Bei linksdrehenden Systemen wird die sekundäre Leerlaufspannung um den gleichen Winkel $k \cdot 30°$ in entgegengesetzter, also positiver Richtung gedreht.

Die Kennzeichnung einer Schaltgruppe erfolgt durch Angabe der zu den Schaltungen von Primär- und Sekundärwicklung gehörenden Kennbuchstaben nach Tab. 5.1 einschließlich der Kennzahl. Die gebräuchlichsten Schaltgruppen sind in Tab. 5.2 zusammengestellt.

Tabelle 5.2 *Gebräuchlichste Schaltgruppen*

Schaltgruppe	Verwendung	Sternpunkts-belastbarkeit
Yy 0	Kleine Verteilungstransformatoren	10% I_N
Yz 5	Kleine Verteilungstransformatoren	100% I_N
Dy 5	Große Verteilungstransformatoren	100% I_N
Yd 5	Kraft- u. Umspannwerke	—
Yy 0 mit Dreiecks-ausgleichswicklung	Kraft- u. Umspannwerke	100% I_N

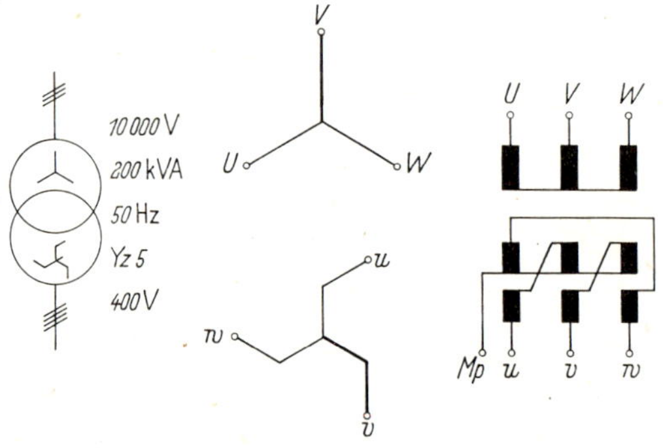

Bild 5.02 Schaltzeichen, Zeigerdiagramm und Schaltung eines Transformators der Schaltgruppe *Yz*5.

In Bild 5.02 ist als Beispiel das einpolige Schaltzeichen, die Schaltung der Wicklungen und das Zeigerdiagramm der Spannungen eines Leistungstransformators der Schaltgruppe *Yz* 5 angegeben. In Bild 5.03 sind die entsprechenden Angaben für einen Spartransformator gemacht.

5.2 Die Ersatzschaltung des Drehstromtransformators

Wie bereits erwähnt, kann jeder symmetrisch gebaute und betriebene Drehstromransformator einphasig betrachtet werden. Eine einphasige Ersatzschaltung gibt es jedoch nur für nicht phasendrehende Transformatoren. Für solche Transformatoren ergeben sich Gleichungen, die denen eines Einphasentransformators entsprechen.

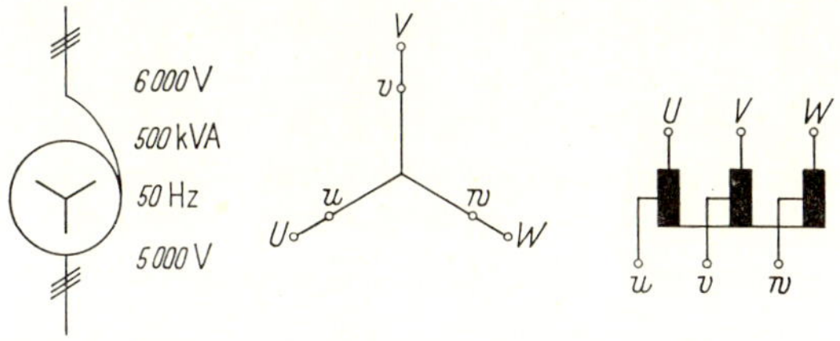

Bild 5.03 Schaltzeichen, Zeigerdiagramm und Schaltung eines Spartransformators.

Ein Einphasentransformator besteht aus zwei magnetisch gekoppelten Stromkreisen mit den Induktivitäten L_1 und L_2 und der Gegeninduktivität M (Bild 5.04). Die Gegeninduktivität ist definiert als Quotient aus dem magnetischen Fluß, den der Strom des einen Stromkreises durch den anderen schickt, und diesem Strom. Sie ist für beide Stromkreise gleich.

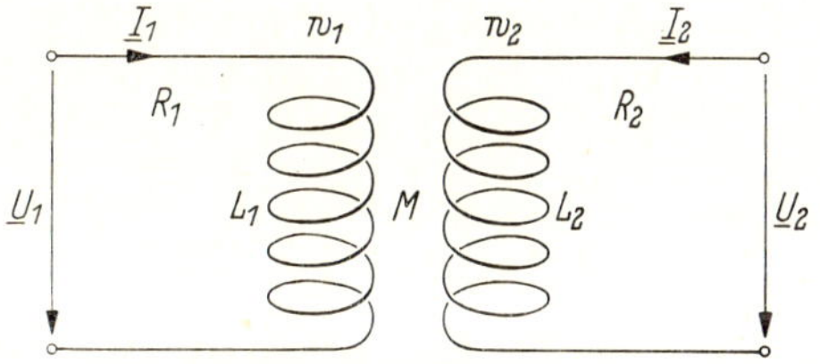

Bild 5.04 Zwei gekoppelte Stromkreise.

Wendet man auf die beiden Stromkreise das Induktionsgesetz an, erhält man die Gleichungen

$$\underline{U}_1 = R_1 \underline{I}_1 + j\omega (L_1 \underline{I}_1 + M \underline{I}_2), \tag{5.001}$$

$$\underline{U}_2 = R_2 \underline{I}_2 + j\omega (L_2 \underline{I}_2 + M \underline{I}_1). \tag{5.002}$$

Da die Spannungen eines Transformators sich im Leerlauf ungefähr wie die zugehörigen Windungszahlen verhalten, ist es zweckmäßig, die Gln. (5.001) und (5.002) auf gleiche Windungszahl umzurechnen. Im Prinzip ist es gleichgültig, ob die Sekundärseite auf die Primärseite oder umgekehrt umgerechnet wird. Obwohl es in vielen Fällen vorteilhaft ist, die Primärseite auf die Sekundärseite zu beziehen, soll hier dem allgemeinen Brauch folgend die Sekundärseite auf primär umgerechnet werden. Man erhält dadurch Gleichungen, die einen Transformator beschreiben, der die Eigenschaften des betrachteten besitzt, dessen sekundäre Windungszahl jedoch gleich der primären Windungszahl ist.

Man setzt

$$\underline{U}_2 = \underline{U}_2' \frac{1}{\ddot{u}} \qquad \text{mit} \qquad \ddot{u} = \frac{w_1}{w_2} \tag{5.003}$$

und zur Gewährleistung der Leistungsinvarianz

$$\underline{I}_2 = \underline{I}_2' \ddot{u} \tag{5.004}$$

und erhält mit den eingeführten Größen $\underline{U}_2'$ und $\underline{I}_2'$ aus den Gln. (5.001) und (5.002) nach Multiplikation von (5.002) mit $\ddot{u}$ und einer Umstellung

$$\underline{U}_1 = R_1 \underline{I}_1 + j\omega(L_1 - \ddot{u}M)\underline{I}_1 + j\omega\ddot{u}M(\underline{I}_1 + \underline{I}_2')$$
$$\underline{U}_2' = R_2\ddot{u}^2\underline{I}_2' + j\omega(\ddot{u}^2L_2 - \ddot{u}M)\underline{I}_2' + j\omega\ddot{u}M(\underline{I}_1 + \underline{I}_2').$$

Setzt man hierin $R_2\ddot{u}^2 = R_2'$, $\omega(\ddot{u}^2L_2 - \ddot{u}M) = X_{2\sigma}'$, $\omega(L_1 - \ddot{u}M) = X_{1\sigma}$ und $\omega\ddot{u}M = X_{1h}$, erhält man schließlich die bekannten Spannungsgleichungen des Transformators

$$\underline{U}_1 = (R_1 + jX_{1\sigma})\underline{I}_1 + jX_{1h}(\underline{I}_1 + \underline{I}_2'), \tag{5.005}$$

$$\underline{U}_2' = (R_2' + jX_{2\sigma}')\underline{I}_2' + jX_{1h}(\underline{I}_1 + \underline{I}_2'). \tag{5.006}$$

Diese Gleichungen gelten, wie man leicht nachprüfen kann, auch für die in Bild 5.05 wiedergegebene unsymmetrische T-Schaltung. Diese ist deshalb eine Ersatzschaltung des Einphasentransformators und eine einphasige Ersatzschaltung des nicht phasendrehenden Drehstromtransformators.

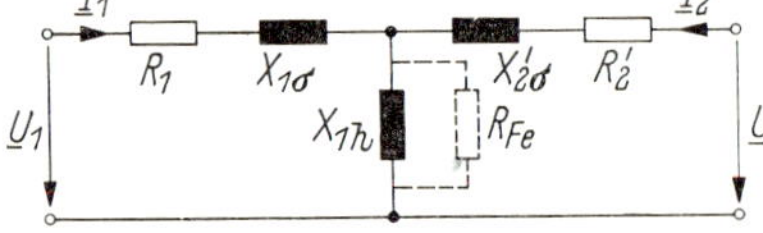

Bild 5.05 Einphasige Ersatzschaltung des Drehstromtransformators.

Zur Berücksichtigung der Eisenverluste, die angenähert proportional dem Quadrat der Spannung sind, kann parallel zu X_{1h} ein ohmscher Widerstand R_{Fe} gelegt werden. Für Drehstromtransformatoren gilt, wenn V_{Fe} die gesamten Eisenverluste sind:

$$R_{Fe} = 3\,\frac{(U_{1N}/\sqrt{3})^2}{V_{Fe}} = \frac{U_{1N}^2}{V_{Fe}}. \tag{5.007}$$

Die Gln. (5.005) und (5.006) und die Ersatzschaltung in Bild 5.05 sind Ergebnisse einer einphasigen Betrachtung. Die Spannungen $\underline{U}_1$, $\underline{U}_2$, $\underline{U}'_2$ sind daher Sternspannungen und die Ströme $\underline{I}_1$, $\underline{I}_2$, $\underline{I}'_2$ Leiterströme. Alle Reaktanzen und Widerstände der Gleichungen und der Ersatzschaltung beziehen sich auf im Stern geschaltete Wicklungen. Dasselbe gilt für die Windungszahlen. Sind die Wicklungen des Transformators nicht im Stern geschaltet, müssen sie auf eine äquivalente Sternschaltung umgerechnet werden.

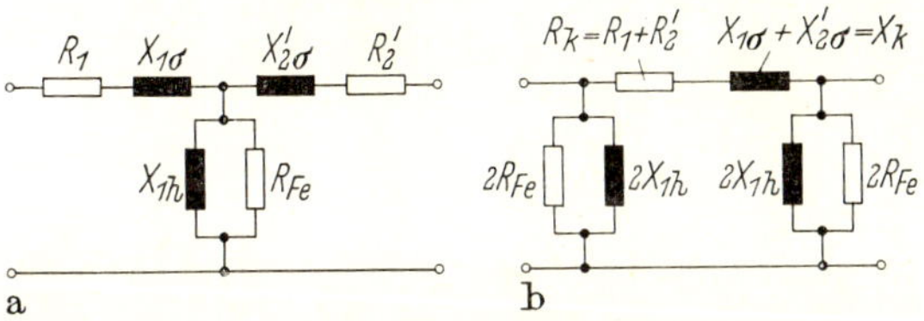

Bild 5.06a u. b *T*- und *Pi*-Ersatzschaltung des Transformators.

Bereits in Abschn. 4.05 wurde erwähnt, daß die T-(Stern-)Schaltung für die Netzberechnung ungünstig ist, da durch jede T-Schaltung ein neuer Knotenpunkt entsteht. Deshalb soll wie für die Leitung auch für den Transformator eine Pi-Schaltung als Ersatzschaltung gewählt werden.

Da die Impedanz im Querzweig der T-Ersatzschaltung des Transformators groß ist gegenüber den Längsimpedanzen und außerdem $R'_2 \approx R_1$ und $X'_{2\sigma} \approx X_{1\sigma}$ ist, kann mit genügender Genauigkeit die T-Schaltung von Bild 5.05 durch die symmetrische Pi-Schaltung in Bild 5.06 ersetzt werden, deren Impedanzen mit denen der T-Schaltung in einfachen Zusammenhängen stehen.

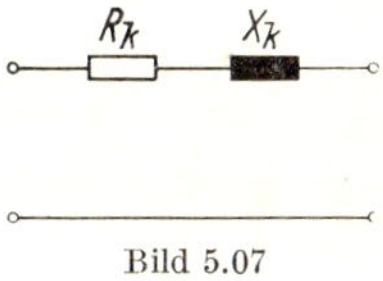

Bild 5.07
Vereinfachte Ersatzschaltung des Transformators.

Bei genügend großen Belastungsströmen können zur Berechnung des Spannungsabfalles und der Stromverteilung in einem Netz die Querzweige wie bei einer kurzen Leitung weggelassen werden. Man vernachlässigt damit den Leerlaufstrom. Aus der Ersatzschaltung in Bild 5.06b wird die in Bild 5.07 wiedergegebene.

Die Impedanz $\underline{Z}_k = R_k + jX_k = R_1 + R'_2 + j(X_{1\sigma} + X'_{2\sigma})$ wird als Kurzschlußimpedanz bezeichnet.

Wie schon erwähnt, gibt es für Drehstromtransformatoren phasendrehender Schaltgruppen keine einphasige Ersatzschaltung. In den allermeisten Fällen macht sich dieser Mangel nicht bemerkbar. Es genügt, die Primärseite „durch" die Sekundärklemmen zu betrachten. Alle Spannungen und Ströme der Primärseite erscheinen hierbei in ihrer Phasenlage um den Winkel $k \cdot 30°$, wenn k die Kennziffer der Schaltgruppe des betrachteten Transformators ist, gedreht.

Jeder Transformator kann einschließlich des vorgeschalteten Primärnetzes nach dem Satz von der Ersatzspannungsquelle durch eine treibende Spannung, die den Wert der sekundären Leerlaufspannung hat und deren innere Impedanz gleich der sekundären Eingangsimpedanz des Transformators ist, ersetzt werden. Die sekundäre Eingangsimpedanz setzt sich für X_{1h}, $R_{Fe} \gg |R_1 + jX_{1\sigma} + \underline{Z}_{\text{Netz}}|$ additiv aus der Kurzschlußimpedanz $\underline{Z}_k$ des Transformators und der resultierenden Impedanz $\underline{Z}_{\text{Netz}}$ des primären Netzes zusammen. Dabei erscheinen beide Impedanzen mit auf die Sekundärseite bezogenen Werten, d. h. sie sind mit dem Faktor $1/\ddot{u}^2$ multipliziert (Bild 5.08a). Die Ersatzspannungsquelle kann selbstverständlich auch auf primär umgerechnet werden. Man erhält dadurch die Schaltung in Bild 5.08b. Für einen Transformator an starrer Primärspannung wird $\underline{Z}_{\text{Netz}} = 0$ und

$$\underline{U}_{2_0} = \underline{U}_1 \frac{1}{\ddot{u}} \underline{/\mp k \cdot 30^\circ}, \tag{5.007a}$$

wobei das obere Vorzeichen für ein rechtsdrehendes, das untere für ein linksdrehendes Spannungssystem gilt.

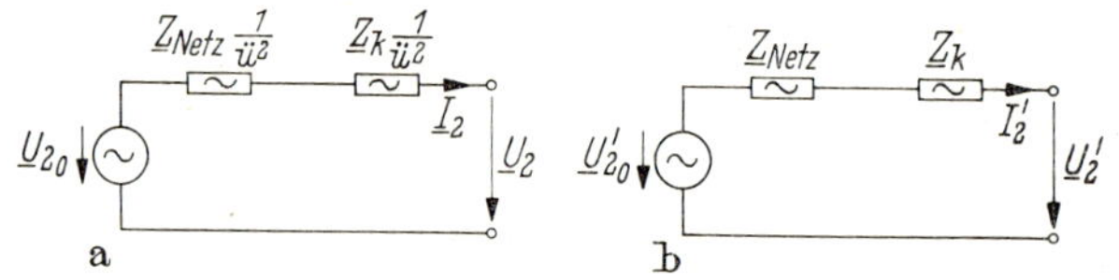

Bild 5.08a u. b Transformator als Ersatzspannungsquelle, a) auf sekundär bezogen; b) auf primär umgerechnet.

5.3 Kurzschluß- und Leerlaufversuch

Die Impedanzen der in Bild 5.06 wiedergegebenen Ersatzschaltung des Transformators können sowohl rechnerisch als auch experimentell ermittelt werden. Die Berechnung, die für den Entwurf eines Transformators wichtig ist, ist nicht einfach, da der konstruktive Aufbau eines Transformators eine entscheidende Rolle spielt. Hier soll nur die experimentelle Ermittlung besprochen werden.

Geht man, wie hier beabsichtigt, von der symmetrischen Pi-Ersatzschaltung in Bild 5.06 aus, sind nur zwei Impedanzen zu bestimmen, was durch zwei geeignete Messungen geschehen kann. Wollte man dagegen die etwa vorhandene Unsymmetrie von Primär- und Sekundärseite berücksichtigen, müßten drei Impedanzen bestimmt und dementsprechend drei geeignete Messungen durchgeführt werden.

Zur Bestimmung der Impedanzen sind die extremen Betriebsfälle Kurzschluß und Leerlauf am besten geeignet.

5.3.1 Der Kurzschlußversuch

Der Kurzschlußversuch ist nach VDE 0532 im allgemeinen bei kurzgeschlossener *Unter*spannungswicklung durchzuführen. Der Transformator wird hierbei auf der Oberspannungsseite mit einer solchen Spannung von Nennfrequenz gespeist, daß der Nennstrom fließt. Dies ist für das Erreichen der richtigen Betriebstemperatur wegen der von ihr abhängigen ohmschen Widerstände wichtig. Gemessen wird beim Kurzschlußversuch der einzustellende Strom I_{1N}, die vom Transformator

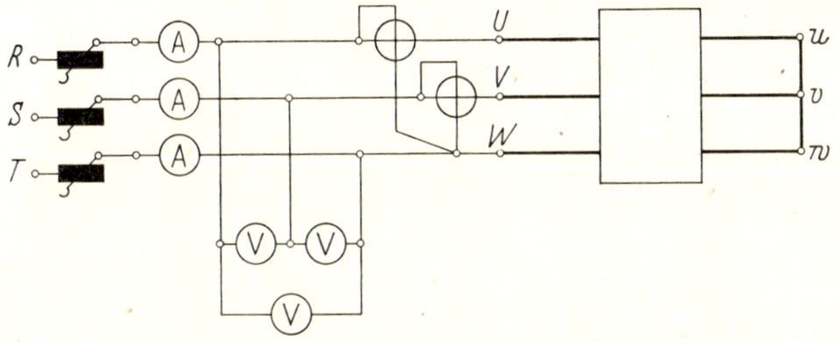

Bild 5.09 Kurzschlußversuch beim Drehstromtransformator.

aufgenommene Wirkleistung V_k, die gleich den Verlusten V_{CuN} im Wicklungskupfer bei Nennbetrieb ist, sowie die an den Klemmen liegende Spannung, die als Kurzschlußspannung U_k bezeichnet wird.

Betrachtet man die in Bild 5.06 wiedergegebene Pi-Ersatzschaltung für den Fall des sekundären Kurzschlusses ($U_2' = 0$), stellt man fest, daß ein Querzweig durch den Kurzschluß unwirksam wird (Bild 5.10a). Da X_{1h}, $R_{Fe} \gg Z_k$, kann auch der Einfluß des nicht kurzgeschlossenen Quergliedes vernachlässigt werden.

Aus den gemessenen Werten läßt sich nun leicht R_k, Z_k und X_k berechnen:

$$R_k = \frac{V_k}{3 I_{1N}^2} = \frac{V_k}{S_N^2}\, U_{1N}^2 \tag{5.008}$$

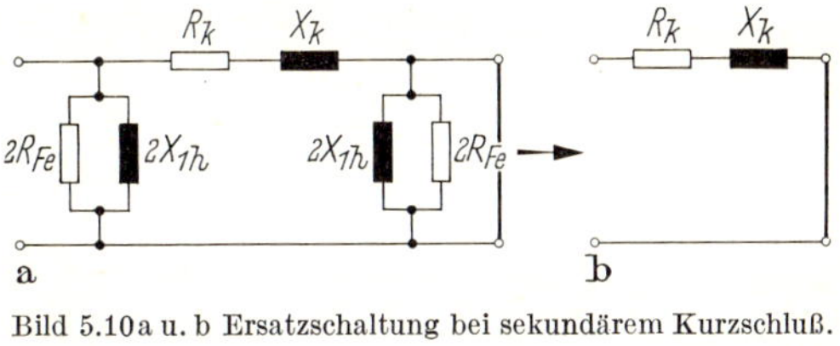

Bild 5.10a u. b Ersatzschaltung bei sekundärem Kurzschluß.

mit S_N als Nennleistung des Transformators,

$$Z_k = \frac{U_k/\sqrt{3}}{I_{1N}} \tag{5.009}$$

und

$$X_k = \sqrt{Z_k^2 - R_k^2}\,. \tag{5.010}$$

Die auf diese Weise bestimmte Kurzschlußimpedanz ist auf die Windungszahl der Oberspannungsseite bezogen, da die Messung auf der Oberspannungsseite erfolgte.

Es ist üblich, die Kurzschlußimpedanz eines Transformators nicht direkt, sondern über die sogenannte relative Kurzschlußspannung anzugeben. Sie ist definiert als

$$\underline{u}_k = u_R + j u_X = \frac{I_{1N} \underline{Z}_k}{U_{1_N}/\sqrt{3}} = \frac{I_{1N} R_k}{U_{1_N}/\sqrt{3}} + j \frac{I_{1N} X_k}{U_{1_N}/\sqrt{3}} = \frac{I_{2N} \underline{Z}_k/\ddot{u}^2}{U_{2_N}/\sqrt{3}}. \tag{5.011}$$

Dies hat den Vorteil, daß die Angabe unabhängig davon ist, auf welche Seite bezogen wird. Außerdem gestattet sie einen Vergleich von Transformatoren verschiedener Nennleistungen, wie später noch gezeigt wird.

Aus den gemessenen Werten erhält man für die relative Kurzschlußspannung und ihre Komponenten

$$u_k = \frac{U_k}{U_{1_N}}, \tag{5.012}$$

$$u_R = \frac{V_{k_N}}{S_N}, \tag{5.013}$$

$$u_X = \sqrt{u_k^2 - u_R^2}. \tag{5.014}$$

5.3.2 Der Leerlaufversuch

Der Leerlaufversuch wird in der Regel bei leerlaufender *Ober*spannungsseite durchgeführt. Unterspannungsseitig wird der Transformator mit Nennspannung und Nennfrequenz gespeist. Die Einhaltung dieser

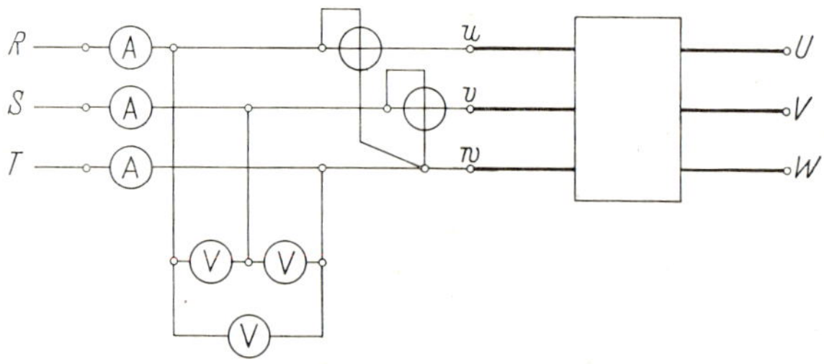

Bild 5.11 Leerlaufversuch beim Drehstromtransformator.

Nennwerte ist für die Leerlaufverluste und für R_{Fe} entscheidend. Gemessen wird die einzustellende Spannung U_{2_N}, der Strom I_2, der gleich dem Leerlaufstrom I_{2_0} ist, sowie die vom Transformator aufgenommene Wirkleistung, die praktisch gleich den Eisenverlusten V_{Fe} ist.

Da $Z_k \ll R_{Fe}$, X_{1h} ist, kann im Leerlauf der Spannungsabfall an $\underline{Z}_k$ vernachlässigt und die Pi-Schaltung von Bild 5.06, ähnlich wie bei der Leitung, durch Weglassen der Längsimpedanz $\underline{Z}_k$ vereinfacht werden (Bild 5.12).

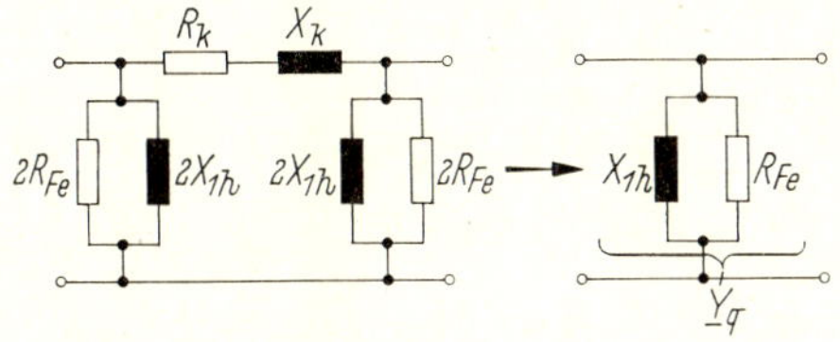

Bild 5.12 Ersatzschaltung des leerlaufenden Transformators.

Aus den gemessenen Größen findet man die auf die Oberspannungsseite bezogenen gesuchten Impedanzen bzw. deren Leitwerte:

$$R_{Fe} = \frac{1}{G_{Fe}} = 3\,\frac{(U_{2N}/\sqrt{3})^2}{V_{Fe}} \cdot \ddot{u}^2 = \frac{U_{2N}^2}{V_{Fe}} \cdot \ddot{u}^2 \tag{5.015}$$

$$Z_q = \frac{1}{Y_q} = \frac{U_{2N}/\sqrt{3}}{I_{2_0}} \cdot \ddot{u}^2 \tag{5.016}$$

$$X_{1h} = \frac{1}{B_{1h}} = \frac{1}{\sqrt{Y_q^2 - G_{Fe}^2}}. \tag{5.017}$$

Ähnlich der relativen Kurzschlußspannung läßt sich ein relativer Leerlaufstrom definieren

$$\underline{i}_0 = i_R + j\,i_X = \frac{\underline{Y}_q U_{1_N}/\sqrt{3}}{I_{1_N}} = \frac{\underline{Y}_q \ddot{u}^2 U_{2_N}/\sqrt{3}}{I_{2_N}}, \tag{5.018}$$

der unabhängig davon ist, auf welche Seite bezogen wird. Er ergibt sich aus den gemessenen Werten U_{2_N}, I_{2_0} und V_{Fe} zu

$$i_0 = \frac{I_{2_0}}{I_{2_N}} = \frac{I_{1_0}}{I_{1_N}}, \tag{5.019}$$

$$i_R = \frac{V_{Fe}}{S_N}, \tag{5.020}$$

$$i_X = \sqrt{i_0^2 - i_R^2}. \tag{5.021}$$

5.4 Der Spannungsabfall im Transformator

Zur Berechnung der Stromverteilung und des Spannungsabfalles in Netzen kann der Leerlaufstrom von Transformatoren gegenüber dem Belastungsstrom vernachlässigt und die vereinfachte Ersatzschaltung von Bild 5.07 verwendet werden.

Der Spannungsabfall ergibt sich, wenn $\underline{U}'_2 = U'_2 \angle 0$ als Bezugsgröße gewählt wird, auf gleiche Weise wie bei der Leitung zu

$$\Delta \underline{U} = U_l + j\,U_q = \underline{Z}_k \underline{I}_1 = R_k I_{1_w} + X_k I_{1_b} + j\,(X_k I_{1_w} - R_k I_{1_b})\,. \quad (5.022)$$

Führt man statt des Stromes $\underline{I}_1$ die vom Transformator sekundär abgegebene komplexe Scheinleistung $\underline{S}_2$ nach

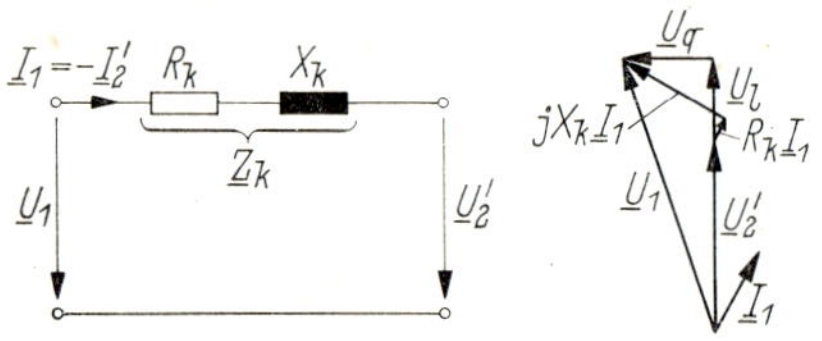

Bild 5.13 Ersatzschaltung und Zeigerdiagramm des Transformators zur Berechnung des Spannungsabfalles.

$$\underline{I}_1 = -\underline{I}'_2 = \frac{\underline{S}_2^*}{3\,U'_2} \quad (5.023)$$

ein, erhält man den relativen Spannungsabfall, entsprechend den Gln. (4.120) und (4.121) bei der Leitung, zu

$$\Delta \underline{u} = \frac{\Delta \underline{U}}{U'_2} = u_l + j\,u_q \quad (5.024)$$

mit

$$u_l = R_k \frac{P_2}{(\sqrt{3}\,U'_2)^2} + X_k \frac{Q_2}{(\sqrt{3}\,U'_2)^2}, \quad (5.025)$$

$$u_q = X_k \frac{P_2}{(\sqrt{3}\,U'_2)^2} - R_k \frac{Q_2}{(\sqrt{3}\,U'_2)^2}. \quad (5.026)$$

Ersetzt man R_k und X_k durch die zugehörigen Kurzschlußspannungen, wird

$$u_l = \left(u_R \frac{P_2}{S_N} + u_X \frac{Q_2}{S_N}\right)\left(\frac{U_{1_N}}{\sqrt{3}\,U'_2}\right)^2 \quad (5.027)$$

$$u_q = \left(u_X \frac{P_2}{S_N} - u_R \frac{Q_2}{S_N}\right)\left(\frac{U_{1_N}}{\sqrt{3}\,U'_2}\right)^2 \quad (5.028)$$

und, falls auf der Sekundärseite Nennspannung vorhanden, also $U'_2 = U_{1_N}/\sqrt{3}$ ist,

$$u_l = u_R \frac{P_2}{S_N} + u_X \frac{Q_2}{S_N}, \quad (5.029)$$

$$u_q = u_X \frac{P_2}{S_N} - u_R \frac{Q_2}{S_N}. \quad (5.030)$$

Die Primärspannung ergibt sich wie die Anfangsspannung der Leitung zu

$$U_1 = U_2' \sqrt{(1 + u_l)^2 + u_q^2} \tag{5.031}$$

und der Winkel zwischen Primär- und Sekundärspannung ohne Berücksichtigung der Schaltgruppe

$$\vartheta = \text{arc tan}\, \frac{u_q}{1 + u_l}. \tag{5.032}$$

Da $u_l, u_q \ll 1$, ist näherungsweise

$$U_1 \approx U_2' \left(1 + u_l + \frac{1}{2}\, u_q^2\right) \tag{5.033}$$

und

$$\vartheta \approx \text{arc tan}\, u_q. \tag{5.034}$$

In den meisten Fällen genügt für den Betrag der Primärspannung sogar die Näherung

$$U_1 \approx U_2'(1 + u_l), \tag{5.035}$$

da im allgemeinen $u_l \gg u_q^2$.

5.5 Parallelbetrieb von Transformatoren

Beim Parallelbetrieb von Transformatoren unterscheidet man einerseits den direkten oder Sammelschienen-Parallelbetrieb, bei dem sowohl Ober- als auch Unterspannungsseiten der Transformatoren jeweils unter sich impedanzlos verbunden sind, und andererseits den indirekten oder Netz-Parallelbetrieb, bei dem auf mindestens einer Seite nicht impedanzlose Netzteile (Leitungen) die Verbindungen herstellen.

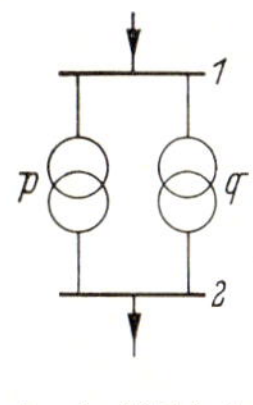

Bild 5.14a Prinzipschaltbild einer Sammelschienen-Parallelschaltung von 2 Transformatoren.

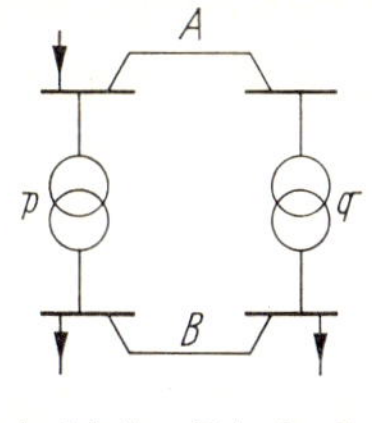

Bild 5.14b Beispiel eines Prinzipschaltbildes einer Netz-Parallelschaltung von 2 Transformatoren.

Im folgenden soll zunächst der wesentlich häufigere Sammelschienen-Parallelbetrieb besprochen werden.

In Bild 5.14a ist das Prinzipschaltbild der Sammelschienen-Parallelschaltung zweier Transformatoren p und q dargestellt. Ihre Nennleistungen seien S_{N_p} und S_{N_q}, ihre Übersetzungen $\ddot{u}_p$ und $\ddot{u}_q$, die Kennzahlen ihrer Schaltgruppen k_p und k_q und ihre auf sekundär bezogenen Kurzschlußimpedanzen $\underline{Z}_{k_p}$ und $\underline{Z}_{k_q}$, entsprechend den relativen Kurzschlußspannungen $\underline{u}_{k_p}$ und $\underline{u}_{k_q}$. Auf der Primärseite (Sammelschiene 1) wird eingespeist, auf der Sekundärseite (Sammelschiene 2) ist ein Verbraucher angeschlossen.

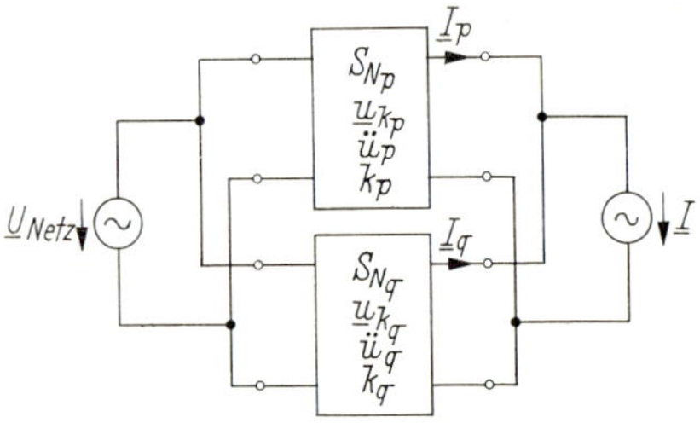

Bild 5.15 Einphasiges Schaltbild einer Sammelschienen-Parallelschaltung zweier Transformatoren.

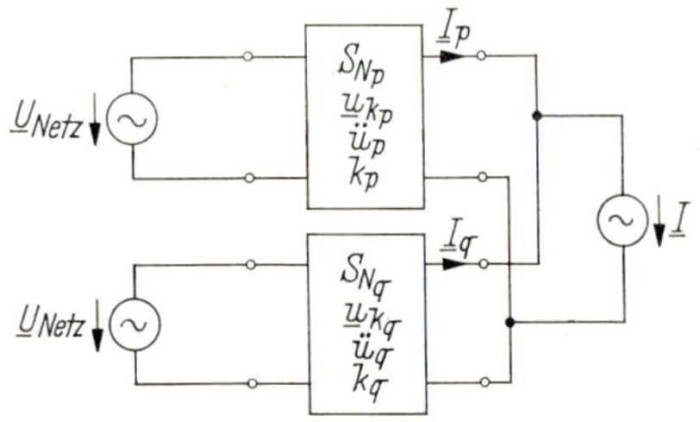

Bild 5.16 Einphasiges Schaltbild einer Sammelschienen-Parallelschaltung zweier Transformatoren mit aufgeteilter speisender Spannungsquelle.

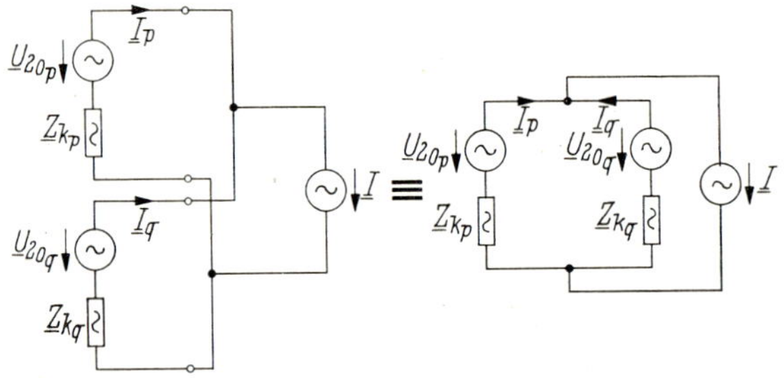

Bild 5.17 Sammelschienen-Parallelschaltung zweier durch Ersatzspannungsquellen dargestellter Transformatoren.

Stellt man die beiden Transformatoren einphasig als allgemeine Vierpole durch Rechtecke mit vier Klemmen dar, erhält man die in Bild 5.15 wiedergegebene Schaltung. Die Stromquelle $\underline{I}$ stellt die Belastung, die Spannungsquelle $\underline{U}_{\mathrm{Netz}}$ die zugehörige Spannung des speisenden Netzes dar.

Die Verteilung des Belastungsstromes auf die beiden Transformatoren wird nicht geändert, wenn die Spannungsquelle $\underline{U}_{\mathrm{Netz}}$ in zwei aufgeteilt wird, von denen je eine einen Transformator speist (Bild 5.16).

Nun kann jeder Transformator bezüglich seiner Sekundärklemmen nach dem Satz von der Ersatzspannungsquelle durch seine sekundäre Leerlaufspannung und (unter Vernachlässigung des Leerlaufstromes) durch seine auf sekundär bezogene Kurzschlußimpedanz ersetzt werden (Bild 5.17).

Die Ströme $\underline{I}_p$ und $\underline{I}_q$ der Transformatoren lassen sich nun leicht angeben. Es wird

$$\underline{I}_p = \underline{I}\,\frac{\underline{Z}_{k_q}}{\underline{Z}_{k_p} + \underline{Z}_{k_q}} + \frac{\underline{U}_{2_{0_p}} - \underline{U}_{2_{0_q}}}{\underline{Z}_{k_p} + \underline{Z}_{k_q}}, \tag{5.036}$$

$$\underline{I}_q = \underline{I}\,\frac{\underline{Z}_{k_p}}{\underline{Z}_{k_p} + \underline{Z}_{k_q}} - \frac{\underline{U}_{2_{0_p}} - \underline{U}_{2_{0_q}}}{\underline{Z}_{k_p} + \underline{Z}_{k_q}}. \tag{5.037}$$

Wie man sieht, setzen sich beide Ströme aus zwei Anteilen zusammen, von denen der erste proportional dem Belastungsstrom $\underline{I}$, der zweite jedoch belastungsunabhängig ist. Er hängt von der Differenz der Leerlaufspannungen ab und wird als Ausgleichsstrom $\underline{I}_a$ bezeichnet. Durch ihn erhöhen sich im allgemeinen die Kupferverluste; insbesondere werden sie bei Leerlauf ($\underline{I} = 0$) nicht zu Null. Aus diesem Grund darf bei der Parallelschaltung von Transformatoren kein Ausgleichsstrom fließen. Hieraus ergibt sich die Forderung, daß die sekundären Leerlaufspannungen der parallel zu schaltenden Transformatoren gleich sein müssen:

$$\underline{U}_{2_{0_p}} = \underline{U}_{2_{0_q}} \tag{5.038}$$

Dies ist nach Gl. (5.007a) der Fall, wenn

1. die Übersetzungen gleich sind

$$\ddot{u}_p = \ddot{u}_q \tag{5.039}$$

und

2. die Kennzahlen der Transformatoren gleich sind

$$k_p = k_q. \tag{5.040}$$

Eine weitere Bedingung ergibt sich aus der Betrachtung der ersten Anteile der Gln. (5.036) und (5.037). Sind die Forderungen 1 und 2 erfüllt, d. h. gilt Gl. (5.038), verhalten sich die Transformator-Ströme umgekehrt wie die zugehörigen Kurzschlußimpedanzen.

$$\frac{\underline{I}_p}{\underline{I}_q} = \frac{\underline{Z}_{k_q}}{\underline{Z}_{k_p}}. \tag{5.041}$$

Ersetzt man in Gl. (5.041) die Kurzschlußimpedanzen durch die zugehörigen relativen Kurzschlußspannungen nach Gl. (5.011), wobei darauf zu achten ist, daß hier $\underline{Z}_{k_p}$ und $\underline{Z}_{k_q}$ mit den sekundären Werten erscheinen, wird

$$\frac{\underline{I}_p}{\underline{I}_q} = \frac{\underline{u}_{k_q}}{\underline{u}_{k_p}} \cdot \frac{I_{N_p}}{I_{N_q}} = \frac{\underline{u}_{k_q}}{\underline{u}_{k_p}} \cdot \frac{S_{N_p}}{S_{N_q}}, \tag{5.042}$$

d. h. die Belastungsströme der Transformatoren verhalten sich wie deren Nennleistungen und umgekehrt wie deren relative Kurzschlußspannungen.

Da die Parallelschaltung dann maximal belastbar ist, wenn bei steigender Gesamtbelastung I beide Transformatoren gleichzeitig ihre Nennleistung erreichen, ergibt sich als dritte Forderung für die Parallelschaltung von Transformatoren

$$3. \qquad u_{k_p} = u_{k_q}. \tag{5.043}$$

Sie gilt nach VDE 0532 als hinreichend erfüllt, wenn die Kurzschlußspannungen nicht mehr als 10% voneinander abweichen. Der Gesamtstrom der Parallelschaltung ist gleich der Summe der beiden Transformator-Ströme

$$\underline{I} = \underline{I}_p + \underline{I}_q. \tag{5.044}$$

Er wird bei betragsmäßig gleichen $\underline{I}_p$ und $\underline{I}_q$ am größten, wenn

$$\text{Arc}\,\underline{I}_p = \text{Arc}\,\underline{I}_q. \tag{5.045}$$

Hieraus ergibt sich für $\underline{U}_{2_{0_p}} = \underline{U}_{2_{0_q}}$ aus den Gln. (5.036) und (5.037) als vierte Forderung

$$\text{Arc}\,\underline{Z}_{k_p} = \text{Arc}\,\underline{Z}_{k_q}$$

oder

$$4. \qquad \text{Arc}\,\underline{u}_{k_p} = \text{Arc}\,\underline{u}_{k_q}. \tag{5.046}$$

Die Forderungen 3 und 4 können zusammengefaßt werden zu

$$\underline{u}_{k_p} = \underline{u}_{k_q}. \tag{5.047}$$

Da der Winkel der Kurzschlußimpedanz bzw. der relativen Kurzschlußspannung bei gleicher Nennleistung von der Bauart und bei gleicher Bauart von der Nennleistung abhängt, sollen nach VDE 0532 nur Transformatoren gleicher Bauart bis zu einem Verhältnis der Nennleistungen von 3:1 parallel geschaltet werden[1]. Die Berechnung der Aufteilung des Stromes auf die parallel geschalteten Transformatoren bei dem in Bild 5.14b wiedergegebenen Netzparallelbetrieb erfolgt auf die

[1] Bei gleicher Bauart haben Transformatoren mit kleinerer Nennleistung bei betragsmäßig gleichem u_k eine größere ohmsche Komponente u_R und damit einen kleineren Winkel als Transformatoren größerer Leistung.

gleiche oben angeführte Weise. In komplizierteren Fällen ist die Berechnung wesentlich umständlicher.

Die Aufteilung des Stromes auf die beiden Transformatoren wird auch nicht geändert, wenn die Spannungsquelle, die das speisende Netz darstellt, in zwei aufgeteilt wird, von denen eine den Transformator p direkt und die andere den Transformator q über die Leitung A speist. Nach dieser Aufteilung lassen sich die Sekundärklemmen der Transformatoren wiederum durch Ersatzspannungsquellen ersetzen. Vernachlässigt man die Leerlaufströme der Transformatoren, ergeben sich als Spannungen der Ersatzspannungsquellen die gleichen wie oben ($\underline{U}_{2_{0p}}$ und $\underline{U}_{2_{0q}}$). Die innere Impedanz ist nur für die Ersatzspannungsquelle des direkt gespeisten Transformators p gleich dessen Kurzschlußimpedanz, während die der Ersatzspannungsquelle des Transformators q gleich der Summe aus dessen Kurzschlußimpedanz und der auf sekundär umgerechneten Impedanz der Leitung A ist.

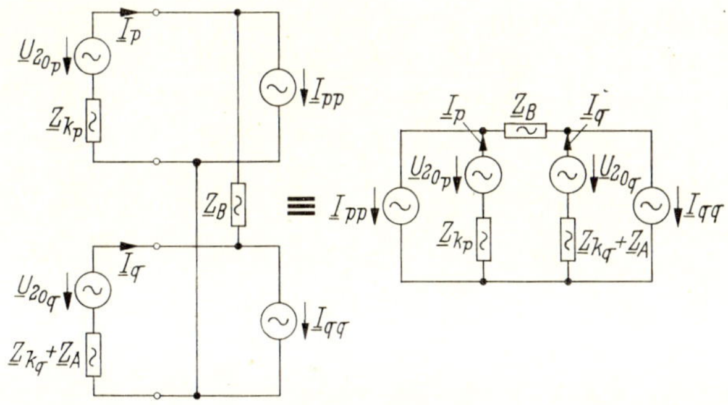

Bild 5.18 Schaltung zur Ermittlung der Transformatorströme bei Netzparallelbetrieb nach Bild 5.14b.

Bezeichnet man die auf sekundär umgerechnete Impedanz der Leitung A mit $\underline{Z}_A$, die Impedanz der Leitung B mit $\underline{Z}_B$ und die Stromquellen, die die Transformatoren belasten, mit $\underline{I}_{pp}$ und $\underline{I}_{qq}$, erhält man die in Bild 5.18 wiedergegebene Schaltung.

Die für den Sammelschienen-Parallelbetrieb abgeleiteten Forderungen 1—4 sind zunächst nur dafür gültig. Auf Grund ähnlicher Überlegungen erhält man jedoch für den Netz-Parallelbetrieb, daß 1 (gleiche Übersetzung) und 2 (gleiche Kennzahl) auch hierfür gelten; dabei ist je nach den Umständen eine größere Abweichung in den Übersetzungen zulässig. Anstelle der Forderungen 3 und 4 erhält man andere, die sich jedoch im allgemeinen nicht erfüllen lassen, so daß die günstigste Belastungsverteilung nicht erreicht werden kann.

5.6 Der wirtschaftliche Einsatz parallel geschalteter Transformatoren

Sind in einem Umspannwerk mehrere gleiche Transformatoren vorhanden, so wird man die Anzahl der zugeschalteten Transformatoren nach der vorhandenen Belastung derart richten, daß die gesamten Umspannverluste möglichst gering sind. Die Anzahl der in Abhängigkeit von der gesamten Belastung parallel zu schaltenden Transformatoren sowie die Lastströme, bei denen die Zu- bzw. Abschaltung eines Transformators erfolgen muß, ergeben sich aus den folgenden Überlegungen:

Die gesamten Umspannverluste V_U betragen bei n parallel geschalteten Transformatoren, wenn V_{Fe} die Eisenverluste und V_{Cu} die Kupferverluste eines Transformators sind,

$$V_U = n(V_{Fe} + V_{Cu}). \tag{5.048}$$

Wie aus den Abschn. 5.2 und 5.3 entnommen werden kann, sind die Eisenverluste eines Transformators unabhängig vom Transformatorstrom, die Kupferverluste proportional dem Quadrat des Transformatorstromes.

Sind n gleiche Transformatoren parallel geschaltet, entfällt bei einem gesamten Laststrom I der n-te Teil I/n auf einen Transformator. Somit wird

$$V_U = n\left(V_{Fe} + V_k\left(\frac{I/n}{I_N}\right)^2\right) = n\,V_{Fe} + \frac{1}{n}\,V_k(I/I_N)^2 \tag{5.049}$$

oder

$$\frac{V_U}{V_k} = n\,\frac{V_{Fe}}{V_k} + \frac{1}{n}\,(I/I_N)^2. \tag{5.050}$$

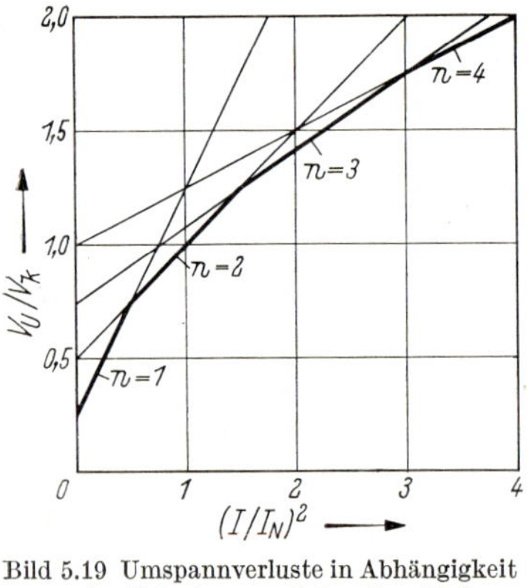

Bild 5.19 Umspannverluste in Abhängigkeit von der Belastung und der Anzahl der Transformatoren.

In Bild 5.19 ist Gl. (5.050) für verschiedene n aufgezeichnet. Das Verhältnis V_{Fe}/V_k wurde hierbei zu $^1/_4$ angenommen. Aus dem dargestellten Diagramm läßt sich die Anzahl der parallel zu schaltenden Transformatoren und die Größe des Belastungsstromes, bei dem ein Transformator zu- bzw. abgeschaltet werden muß, entnehmen.

Rechnerisch ergibt sich die Größe des Belastungsstromes, bei dem ein Transformator zu- bzw. abgeschaltet werden muß, aus der Überlegung, daß bei dem gesuchten Strom die Gesamtumspannverluste bei n und bei $n + 1$ zugeschalteten Transformatoren gleich sein müssen

$$V_U(n) = V_U(n + 1). \tag{5.051}$$

Mit Gl. (5.050) erhält man schließlich für das gesuchte Verhältnis I/I_N in Abhängigkeit von der Anzahl n

$$\frac{I}{I_N} = \sqrt{n(n + 1)\frac{V_{Fe}}{V_k}}. \tag{5.052}$$

5.7 Der Transformator im Netzverband

Die in den Bildern 5.06 und 5.07 dargestellten Ersatzschaltungen des Transformators liefern die Zusammenhänge zwischen Primärgrößen und auf primär umgerechneten Sekundärgrößen. Da die Umrechnung leistungsinvariant erfolgt, gibt die Schaltung den Transformator, was die Leistung (Wirk- und Blindleistung) betrifft, richtig wieder, während die Tatsache der Übersetzung von Spannungen, Strömen und Impedanzen nicht berücksichtigt wird. Wollte man die Zusammenhänge zwischen Primär-

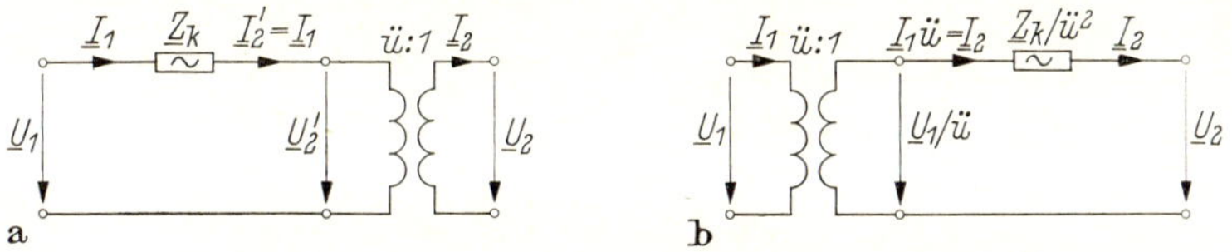

Bild 5.20a u. b Vereinfachte Ersatzschaltung des Transformators mit Berücksichtigung der Übersetzung durch einen idealen Transformator, a) auf primär bezogen, b) auf sekundär umgerechnet.

größen und Sekundärgrößen direkt haben und damit die Übersetzung des Transformators berücksichtigen — dies erscheint bei der Betrachtung des Transformators im Netzverband zunächst erforderlich —, so kann den Ersatzschaltungen von Bild 5.06 und 5.07 auf der umgerechneten Seite ein idealer Transformator mit der Übersetzung $ü$ nachgeschaltet werden[1].

Im Bild 5.20a ist dies für die vereinfachte Ersatzschaltung des Transformators aus Bild 5.07 wiedergegeben.

Eine entsprechende gleichwertige Schaltung kann für die auf sekundär bezogene Ersatzschaltung angegeben werden (Bild 5.20b).

[1] Ein idealer Transformator ist ein Transformator, der keine Verluste aufweist, dessen Wicklungen streuungslos gekoppelt sind und der keinen Magnetisierungsstrom benötigt. In jedem Betriebszustand ist $\underline{U}_1/\underline{U}_2 = ü$ und $\underline{I}_1/\underline{I}_2 = 1/ü$.

Im allgemeinen ist es jedoch nicht erforderlich, die Übersetzungseigenschaften eines Transformators auf diese Weise zu berücksichtigen. Man kann es vielmehr dadurch tun, daß man alle Spannungen, Ströme und Impedanzen des sekundären Netzes auf die Primärseite oder alle Spannungen, Ströme und Impedanzen des primären Netzes auf die Sekundärseite leistungsinvariant umrechnet. Hierbei sind bei der Umrechnung von sekundär auf primär Spannungen mit $ü$, Ströme mit $1/ü$ und Impedanzen mit $ü^2$ zu multiplizieren, während bei Umrechnung von primär auf sekundär jeweils die entsprechenden Kehrwerte zu wählen sind. Dies ist immer möglich, wenn entweder keine Transformatoren oder nur solche mit gleicher Übersetzung parallel geschaltet sind. Auch bei Hintereinanderschaltung mehrerer Transformatoren ist das Verfahren anwendbar. Hierbei ist eine mehrfache Umrechnung möglich.

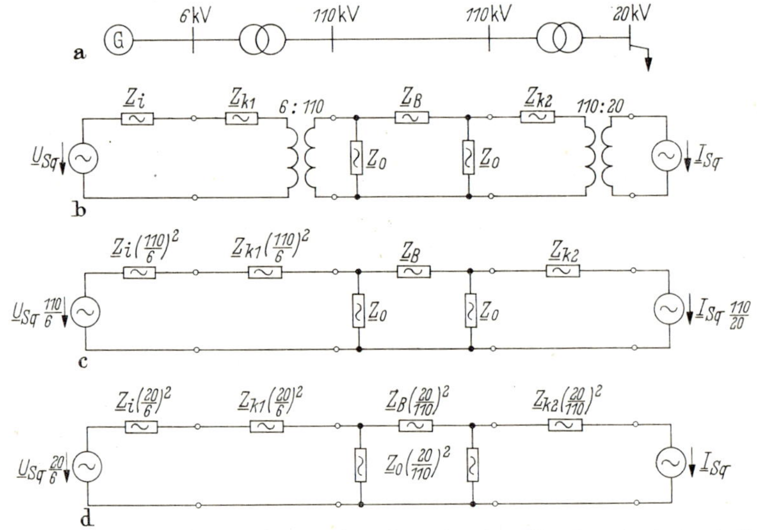

Bild 5.21 a – d Ersatzschaltungen einer aus einem Generator, einem Transformator 1, einer Leitung, einem Transformator 2 und einer Last bestehenden Energieübertragung.
a) Prinzipschaltbild; b) Ersatzschaltung mit Berücksichtigung der Übersetzungen durch ideale Transformatoren; c) Ersatzschaltung auf 110 kV umgerechnet; d) Ersatzschaltung auf 20 kV umgerechnet.

In Bild 5.21 a ist eine Energieübertragung dargestellt, bestehend aus einem Generator, einem Transformator 1, einer Leitung, einem Transformator 2 und einer Last. Darunter ist die zugehörige Ersatzschaltung einmal mit Berücksichtigung der Übersetzung durch ideale Transformatoren (Bild 5.21 b) und zweimal durch Umrechnung von Strömen, Spannungen und Impedanzen auf die 110-kV- bzw. die 20-kV-Seite (Bild 5.21 c bzw. 5.21 d) wiedergegeben.

Selbstverständlich wäre auch eine Umrechnung auf 6 kV und sogar auf andere nicht in der Schaltung vorkommende Spannungen möglich.

Die gesuchten Größen sind zum Schluß wieder auf die wirklichen Spannungsebenen umzurechnen.

Solange ein Netz keine parallel geschalteten Transformatoren ungleicher Übersetzung enthält, kann es durch die beschriebene Umrechnung auf ein nur aus Impedanzen bestehendes Netzwerk zurückgeführt werden, das mit den Verfahren zur Netzwerksberechnung in den Abschn. 2.7.1 bis 2.7.5 berechnet werden kann.

5.8 Übungsaufgabe zu Kapitel 5

Für eine Umspannstation stehen zwei Transformatoren Tr_p und Tr_q zur Verfügung.

Tr_p: 500 kVA $Dy5$ 10/0,4 kV $u_k = 4\%$ $V_k = 7{,}15$ kW $V_{Fe} = 1{,}15$ kW

Tr_q: 200 kVA $Yz5$ 10/0,4 kV $u_k = 4\%$ $V_k = 3{,}6$ kW $V_{Fe} = 0{,}55$ kW

a) Man berechne und skizziere den relativen Längsspannungsabfall der parallel geschalteten und mit 700 kVA belasteten Transformatoren in Abhängigkeit vom $\cos\varphi$ der Belastung.

b) Das Übersetzungsverhältnis des Transformators Tr_q wird durch einen Umsteller versehentlich auf 9,5/0,4 kV geändert. Wie groß sind die im Leerlauf auftretenden Verluste, wenn die wieder parallel geschalteten Transformatoren oberspannungsseitig an 10 kV gelegt werden, und bei welcher Belastung der Parallelschaltung läuft einer der beiden Transformatoren gerade leer?

Zu a): Zuerst werden die auf 0,4 kV bezogenen Kurzschlußimpedanzen der Transformatoren ausgerechnet.

$$R_k = \frac{V_k U_{2N}^2}{S_N^2}; \quad R_{k_p} = \frac{7{,}15\,\text{kW}\,(0{,}4\,\text{kV})^2}{(500\,\text{kVA})^2} = 4{,}57\,\text{m}\Omega; \quad R_{k_q} = 14{,}4\,\text{m}\Omega$$

$$Z_k = \frac{u_k U_{2N}^2}{S_N}; \quad Z_{k_p} = \frac{4\%\,(0{,}4\,\text{kV})^2}{500\,\text{kVA}} = 12{,}8\,\text{m}\Omega; \quad Z_{k_q} = 32\ \text{m}\Omega$$

$$X_k = \sqrt{Z_k^2 - R_k^2}; \quad X_{k_p} = \sqrt{12{,}8^2 - 4{,}57^2}\,\text{m}\Omega = 11{,}98\,\text{m}\Omega; \quad X_{k_q} = 28{,}55\,\text{m}\Omega.$$

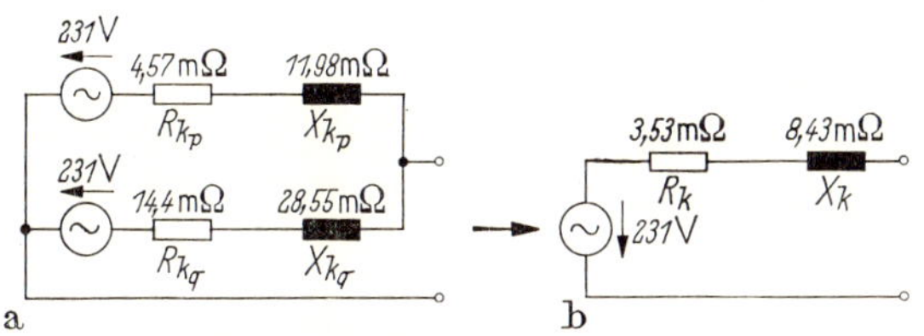

Bild 5.22a u. b Vereinfachte einphasige Ersatzschaltungen der parallel geschalteten Transformatoren an starrer Spannung.

Bild 5.22a zeigt die vereinfachte einphasige Ersatzschaltung der parallel arbeitenden Transformatoren. In Bild 5.22b sind die Kurzschlußimpedanzen $\underline{Z}_{k_p}$ und $\underline{Z}_{k_q}$ zu einer einzigen Impedanz $\underline{Z}_k$ zusammengefaßt worden.

Der relative Längsspannungsabfall wird dann

$$u_l = \frac{\sqrt{3}}{U_{2_N}} (R_k I \cos\varphi + X_k I \sin\varphi) = \frac{S}{U_{2_N}^2} (R_k \cos\varphi + X_k \sin\varphi)$$

$$u_l = \frac{700\ \mathrm{kVA}}{(0{,}4\ \mathrm{kV})^2} \left(3{,}53 \cos\varphi + 8{,}43 \sqrt{1 - \cos^2\varphi}\right) \mathrm{m}\Omega .$$

Bild 5.23 zeigt den Verlauf dieser Funktion. Der größte Spannungsabfall tritt bei einem $\cos\varphi$ von 0,387 auf. Am günstigsten liegen die Verhältnisse, wenn die Transformatoren reine Wirklast übertragen. Die Differenz zwischen U_{2_0} und U_2 ist dann am kleinsten.

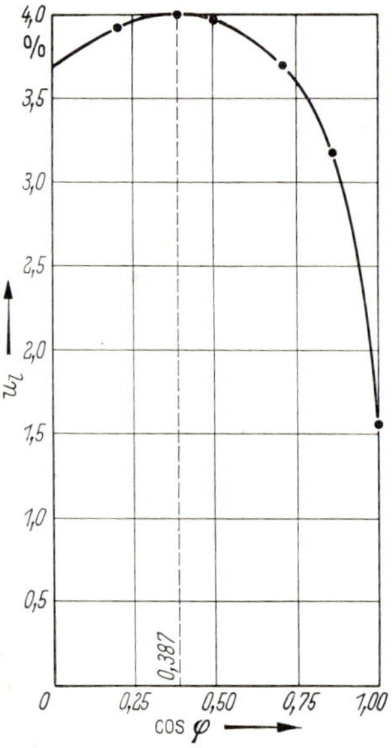

Bild 5.23 Der relative Längsspannungsabfall u_l in Abhängigkeit vom $\cos\varphi$ bei 700 kVA Belastung.

Zu b): Der Einfluß des neuen Windungsverhältnisses von Tr_q auf $\underline{Z}_{k_q}$ kann vernachlässigt werden.

Die Leerlaufspannungen auf der Sekundärseite der Transformatoren sind

$$\underline{U}_{2_{0_p}} = 231\ \mathrm{V}; \quad \underline{U}_{2_{0_q}} = \frac{0{,}4}{9{,}5} \frac{10\ \mathrm{kV}}{\sqrt{3}} = 243\ \mathrm{V}.$$

Die unterschiedlichen Spannungen rufen einen von der Belastung unabhängigen Ausgleichstrom $\underline{I}_a$ hervor (Bild 5.24).

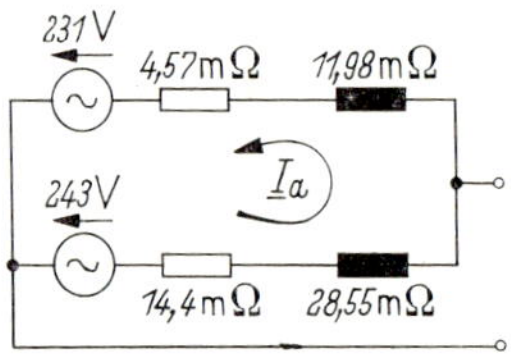

Bild 5.24 Durch Änderung des Windungsverhältnisses $\ddot{u}_q$ entsteht ein Ausgleichstrom $\underline{I}_a$.

$$\underline{I}_a = \frac{\underline{U}_{2_{0_q}} - \underline{U}_{2_{0_p}}}{\underline{Z}_{k_p} + \underline{Z}_{k_q}} = \frac{(243 - 231)\ \mathrm{V}}{[4{,}57 + 14{,}4 + j(11{,}98 + 28{,}55)]\ \mathrm{m}\Omega}$$

$$= \frac{12\ \mathrm{V}}{44{,}75\ \underline{/64{,}9^\circ}\ \mathrm{m}\Omega} = 268\ \underline{/-64{,}9^\circ}\ \mathrm{A}.$$

Die Leerlaufverluste werden:

$$V_0 = V_{Fe_p} + V_{Fe_q} + 3(R_{k_p} + R_{k_q}) I_a^2 =$$

$$= (1{,}15 + 0{,}55)\ \mathrm{kW} + 3(4{,}57 + 14{,}4)\ \mathrm{m}\Omega\ (268)\ \mathrm{A}^2 = 5{,}795\ \mathrm{kW}.$$

Die Transformatoren in Bild 5.24 werden nun mit einer Stromquelle $\underline{I}$ belastet. Mit dem Superpositionsprinzip findet man, daß Tr_p gerade leerläuft, wenn

$$\frac{\underline{Z}_{k_q}}{\underline{Z}_{k_p} + \underline{Z}_{k_q}} \underline{I} = \underline{I}_a$$

ist. Daraus erhält man

$$\underline{I} = \frac{\underline{Z}_{k_p} + \underline{Z}_{k_q}}{\underline{Z}_{k_q}} \underline{I}_a = \frac{44{,}75 \; \underline{/64{,}9^\circ}\; \text{m}\Omega}{(14{,}4 + j\,28{,}55)\; \text{m}\Omega}\; 268 \; \underline{/-64{,}9^\circ}\; \text{A} = 375 \; \underline{/-63{,}2^\circ}\; \text{A},$$

$$\underline{S} = \sqrt{3}\; 400\; \text{V}\; \underline{I}^* = \sqrt{3}\; 400\; \text{V}\; 375 \; \underline{/63{,}2^\circ}\; \text{A} = 260 \; \underline{/63{,}2^\circ}\; \text{kVA},$$

$$P = Re\, \underline{S} = 117{,}3\; \text{kW}, \quad Q = Im\, \underline{S} = 232\; \text{kVA}.$$

6 Die Leitungskonstanten

6.1 Der ohmsche Widerstand

In der Starkstromtechnik verwendet man als Leiter bei Kabeln und Freileitungen, abgesehen von kleinen Querschnitten (bis 16 mm²), meist Seile. Als Werkstoffe dienen für Kabel Kupfer und Aluminium, für Freileitungen Kupfer, Aluminium, Aldrey (eine Aluminiumlegierung mit 0,5 bis 0,6% Si und 0,4 bis 0,5% Mg) sowie verschiedene Bronzen.

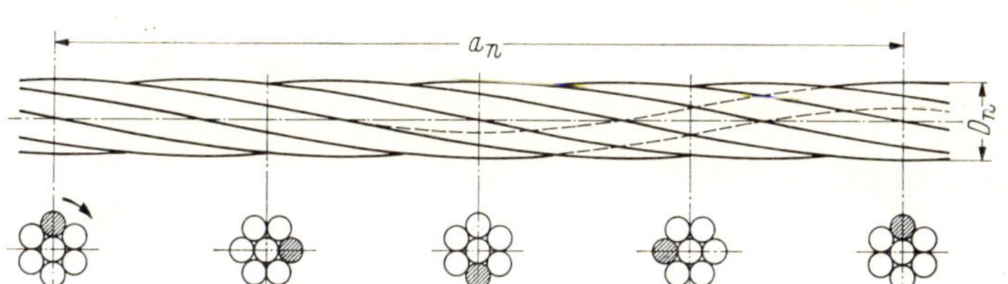

Bild 6.01 Zur Definition der Schlaglänge eines Leiterseiles. (Die gezeigten Schnitte ergeben sich bei der Betrachtung des Seilstückes von links.)

Ein Leiterseil besteht aus einem in der Seilachse verlaufenden, als Kern oder Seele bezeichneten Einzeldraht und einer oder mehreren darüberliegenden Lagen wendelförmiger Einzeldrähte. Alle Einzeldrähte haben gleichen Durchmesser. Die Schlagrichtung, d. h. die Drehrichtung in den einzelnen Lagen, wechselt lagenweise. Die äußerste Lage muß rechtsgängig sein. Als Schlaglänge a_n bezeichnet man das Stück, das bei einem vollständigen Umlauf der wendelförmigen Einzeldrähte in Richtung der Seilachse zurückgelegt wird (Bild 6.01). Sie beträgt das 10- bis 17-

fache des äußeren Durchmessers D_n der jeweiligen Lage. Bei Freileitungsseilen unterscheidet man zwischen Einwerkstoffseilen, die aus Drähten gleichen Materials bestehen, und sog. Verbundseilen, die aus Drähten verschiedenen Materials bestehen. Unter den Verbundseilen hat das Stahl-Aluminiumseil die weitaus größte Bedeutung erlangt. Es besteht

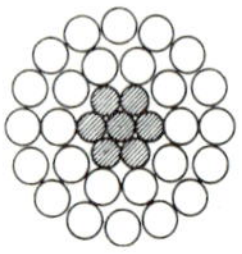

Bild 6.02 Schnitt durch ein Stahl-Aluminiumseil 240/40 (nicht natürliche Größe). Sollwert des Aluminiumquerschnitts 326 mm² aus 26 Drähten mit 3,4 mm Durchmesser. Stahlquerschnitt 40 mm² aus sieben Drähten mit 2,7 mm Durchmesser.

aus einem verzinkten Stahldraht, bei größeren Querschnitten aus einem Seil verzinkter Stahldrähte, und einem darüberliegenden Mantel aus einer oder mehreren Lagen Aluminiumdrähten, die im wesentlichen den Strom führen. Ein solches Stahl-Aluminiumseil wird durch die Angabe des Aluminiumquerschnittes und des Stahlquerschnittes gekennzeichnet (Bild 6.02).

Seilaufbau, Querschnittsabstufung und Querschnittsverhältnis der verschiedenen Werkstoffe bei Verbundseilen sind durch Normen festgelegt (DIN 48201 und DIN 48204) (Tab. 6.1, 6.2). Außer diesen ge-

Tabelle 6.1 *Querschnitte und Aufbau von Leiterseilen nach DIN 48201*

Querschnitt mm² Nennwert	Querschnitt mm² Sollwert	Drahtzahl	Drahtdurchmesser mm	Lagenzahl	Seildurchmesser mm
10	10	7	1,35	1	4,1
16	15,9	7	1,7	1	5,1
25	24,2	7	2,1	1	6,3
35	34,4	7	2,5	1	7,5
50	49,5	7	3	1	9
50	48,3	19	1,8	2	9
70	65,8	19	2,1	2	10,5
95	93,2	19	2,5	2	12,5
120	117	19	2,8	2	14
150	147	37	2,25	3	15,8
185	182	37	2,5	3	17,5
240	243	61	2,25	4	20,3
300	299	61	2,5	4	22,5

normten Seilen gibt es für bestimmte Zwecke eine Reihe von Sonderkonstruktionen: Verwindungsfreie Seile (Gröbl-Seile) sind so aufgebaut, daß die bei Zugbeanspruchung in den einzelnen Lagen auftretenden Drehmomente sich gegenseitig aufheben. Schwingungsfreie Seile sind Verbundseile, die zwischen Kern und Mantel ein Spiel von 1 bis 2 mm be-

Tabelle 6.2 *Querschnitte und Seilaufbau von Stahl-Aluminiumseilen nach DIN 48204*

Nennquerschnitt mm²	Sollquerschnitt mm²	Drahtzahl	Drahtdurchmesser mm	Lagenzahl	Seildurchmesser mm	Querschnittsverhältnis Al/St
16/2,5	15,3	6	1,8	1	5,4	6
25/4	23,8	6	2,25	1	6,8	6
35/6	34,3	6	2,7	1	8,1	6
50/8	48,3	6	3,2	1	9,6	6
70/12	66,2	26	1,8	2	11,6	5,7
95/15	90,0	26	2,1	2	13,4	6
120/21	122,6	26	2,45	2	15,7	5,8
150/25	148,9	26	2,7	2	17,3	5,8
185/32	183,8	26	3,0	2	19,2	5,8
210/36	209,1	26	3,2	2	20,5	5,8
240/40	236,0	26	3,4	2	21,7	5,9
300/50	294,9	26	3,8	2	24,2	6
125/29	124,6	30	2,3	2	16,1	4,3
170/40	171,8	30	2,7	2	18,9	4,3
210/50	212,1	30	3,0	2	21,0	4,3
310/100	305,0	78	2,23	3	26,6	3
340/110	341,2	78	2,36	3	28,1	3

Anmerkung. Die zweite, dritte und vierte Spalte beziehen sich auf den Aluminiummantel.

sitzen. Gerät ein solches Seil in Schwingungen, so ergibt sich durch die Relativbewegung zwischen Kern und Mantel und der damit verbundenen mechanischen Reibung eine wirksame Dämpfung. Ein weiteres Spezialseil ist das Hohlseil. Es besteht aus flachen Kupferprofilen, die so verseilt sind, daß ein Leiter mit kreisringförmigem Querschnitt entsteht. Die Flachprofile werden durch besondere Maßnahmen in ihrer gegenseitigen Lage gehalten. Man versieht sie z. B. mit Nut und Feder und preßt diese beim Verseilen ineinander.

Hohlseile haben heute ihre Bedeutung verloren, da sie billiger und besser durch Bündelleiter ersetzt werden.

Zur Überbrückung großer Spannweiten verwendet man mitunter Seile, die ganz oder teilweise aus kupferplattierten Drähten bestehen. Kupferplattierte Drähte habe einen Stahlkern, um den innig mit dem Stahl verbunden ein Kupfermantel liegt. Sie besitzen gute mechanische und elektrische Eigenschaften und sind außerdem sehr korrosionsbeständig.

Der Widerstand eines Drahtes mit konstantem Querschnitt F ist, wenn l seine Länge und $\varkappa$ die elektrische Leitfähigkeit des Drahtwerkstoffes ist,

$$R = \frac{l}{\varkappa F}. \qquad (2.038)$$

In Leiterseilen verlaufen die Stromfäden wegen der Übergangswiderstände zwischen den Drähten nicht parallel zur Seilachse, sondern längs der Einzeldrähte. Für den ohmschen Widerstand eines Seiles sind daher die Längen der Einzeldrähte entscheidend, die nicht gleich der Seillänge und u. U. von Lage zu Lage verschieden sind. Um dennoch zur Berechnung des ohmschen Widerstandes von Seilen eine (2.038) entsprechende Gleichung benutzen zu können, rechnet man mit einer effektiven Leitfähigkeit $\varkappa_{\text{eff.}}$, der Seillänge und dem Seilquerschnitt als Summe der Querschnitte der Einzeldrähte. Die effektive Leitfähigkeit ist gegenüber der wirklichen, je nach Seilart, mehr oder weniger vermindert.

Bezeichnet man die erste Lage über der Seele mit 1, die zweite mit 2 usw., so ist in der n-ten Lage das Verhältnis Drahtlänge l_n zu Seillänge s bei einem Schlaglängenverhältnis $a_n/D_n = \lambda_n$ und dem Drahtdurchmesser d

$$\frac{l_n}{s} = \sqrt{1 + \left(\pi \frac{D_n - d}{a_n}\right)^2} = \sqrt{1 + \left(\frac{\pi}{\lambda_n}\left(1 - \frac{d}{D_n}\right)\right)^2}$$

oder mit $\lambda_n' = \dfrac{a_n}{D_n - d} = \lambda_n \dfrac{2n + 1}{2n}$

$$\frac{l_n}{s} = \sqrt{1 + \left(\frac{\pi}{\lambda_n'}\right)^2}.$$

Nimmt man nun der Einfachheit halber an, daß alle Lagen eines Seiles das gleiche Verhältnis $\lambda_n' = \lambda'$ haben, und berücksichtigt die unterschiedliche Länge der Seele nicht, erhält man als effektive Leitfähigkeit des Seiles

$$\varkappa_{\text{eff.}} \approx \varkappa \frac{1}{\sqrt{1 + (\pi/\lambda')^2}}. \tag{6.001}$$

Setzt man $\lambda' = 15$, was den in Tab. 6.3 angegebenen Schlaglängenverhältnissen der einzelnen Lagen entspricht,

Tabelle 6.3 *Das Schlaglängenverhältnis λ der einzelnen Lagen bei konstantem $\lambda' = 15$*

n	λ'	λ
1	15	10
2	15	12
3	15	12,9
4	15	13,3
5	15	13,6

so wird $\varkappa_{\text{eff.}}/\varkappa \approx \dfrac{1}{1{,}022} \approx 0{,}98$. Somit ergeben sich folgende bei 20 °C geltende effektive Leitfähigkeiten:

Tabelle 6.4 *Effektive Leitfähigkeit verschiedener Leitermetalle bei 20 °C in Sm/mm² und ϑ_0 in °C*

	$\varkappa$	$\varkappa_{\text{eff.}}$	ϑ_0
Kupfer weich geglüht	57	56	−235
Kupfer gezogen	56	55	−235
Aluminium weich geglüht	36	35	−245
Aluminium gezogen	34,8	34	−245
Aldrey	30	29	−258

Im Betrieb haben die Leiter im allgemeinen eine höhere Temperatur als 20 °C, im Mittel etwa 50 °C. Die Leitfähigkeiten bei erhöhten Temperaturen können nach der Formel

$$\varkappa(\vartheta) = \varkappa(\vartheta_1)\,\frac{\vartheta_1 - \vartheta_0}{\vartheta - \vartheta_0} \tag{6.002}$$

errechnet werden. $\varkappa(\vartheta)$ ist die gesuchte Leitfähigkeit bei der Temperatur ϑ, $\varkappa(\vartheta_1)$ ist die bekannte Leitfähigkeit bei der Temperatur ϑ_1 (z. B. 20 °C), und ϑ_0 ist eine Materialkonstante. Sie ist in Tab. 6.4 für Kupfer, Aluminium und Aldrey angegeben.

Bei 50 °C erniedrigen sich die in Tab. 6.4 angegebenen Leitfähigkeiten um rund 10%.

Zur überschlägigen Berechnung des ohmschen Widerstandes können folgende Faustformeln benützt werden:

Für Kupfer

$$r_{B\text{Cu}} = \frac{20}{F/\text{mm}^2}\ \Omega/\text{km}.$$

Für Aluminium

$$r_{B\text{Al}} = \frac{32}{F/\text{mm}^2}\ \Omega/\text{km}. \tag{6.003}$$

Für Aldrey

$$r_{B\text{Ald}} = \frac{39}{F/\text{mm}^2}\ \Omega/\text{km}.$$

F ist der aus den Tab. 6.1, 6.2 zu entnehmende Sollquerschnitt. Der wirkliche Querschnitt kann jedoch infolge der zulässigen Drahttoleranzen etwas davon abweichen. Bei Stahl-Aluminiumseilen wird nur der Aluminiumquerschnitt eingesetzt.

6.2 Die Ableitung g_B

Der Leitwert g_B berücksichtigt die bei Freileitungen auftretenden Koronaverluste und zu einem sehr geringen, meist vernachlässigbaren Teil die durch Leckströme über die Isolatoren entstehenden Ableitverluste. Beide Verlustarten und damit auch g_B sind stark von der Witterung abhängig. Bild 6.03 zeigt einige von der 400-kV-Forschungsgemeinschaft gemessene Durchschnittswerte für verschiedene Leitungen und Wetterlagen.

Als Beispiel für die Spannungsabhängigkeit der Verluste sind in Bild 6.04 die Leerlaufverluste einer mit Vierer-Bündel ausgerüsteten 380-kV-Leitung, wie sie von der 400-kV-Forschungsgemeinschaft an

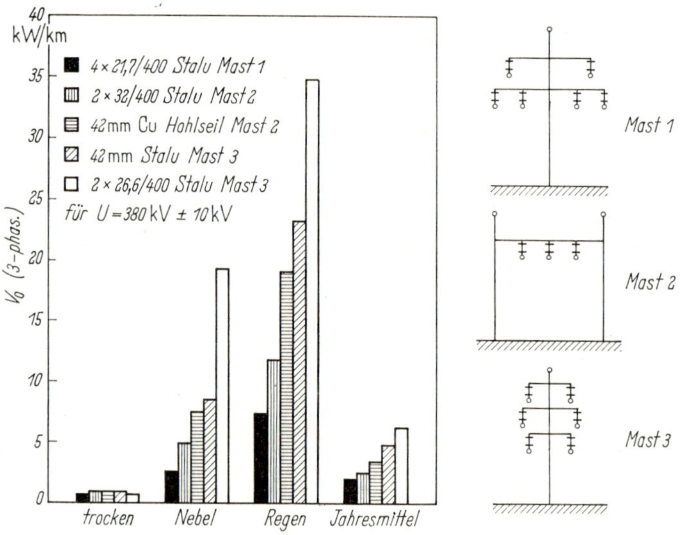

Bild 6.03 Koronaverluste verschiedener 380-kV-Leitungen nach Messungen der 400-kV-Forschungsgemeinschaft.

Tagen mit unterschiedlichem Wetter gemessen wurden, angegeben. Um die Nichtlinearität des Leitwertes g_B herauszustellen, wurde die V_0-Achse proportional $\sqrt{V_0}$ geteilt. Wäre g_B unabhängig von U, ergäben sich in dieser Darstellung Geraden.

Die angegebenen Kurven sind nur als Beispiele aufzufassen. Bei Änderung anderer Einflußgrößen, wie Verschmutzung und Oberflächenbeschaffenheit der Leiter, können sich auch bei sonst gleichen Bedingungen erheblich abweichende Werte ergeben. Man erkennt jedoch, daß g_B unbedingt bei Nennspannung bestimmt werden muß und die Berücksichtigung verschiedener Witterungsverhältnisse erforderlich ist.

Für die 380-kV-Leitung, für die in Bild 6.04 die Spannungsabhängigkeit der Leerlaufverluste angegeben ist, hat die 400-kV-Forschungsgemeinschaft einen Jahresdurchschnittswert von ca. 1,5 kW/km bei 380 ± 10 kV ermittelt. Dies entspricht einem g_B von ca. 10^{-8} S/km. Da der Leitwert der Betriebskapazität meist um Größenordnungen größer ist, kann g_B bei der Berechnung des Spannungsabfalles und bei der Berechnung von Stromverteilungen in Netzen meist sogar auch bei Leerlauf gegen den Leitwert der Betriebskapazität vernachlässigt werden. Eine Vernachlässigung ist jedoch nicht zulässig bei der Ermittlung von Wirkungsgraden oder bei wirtschaftlichen Betrachtungen.

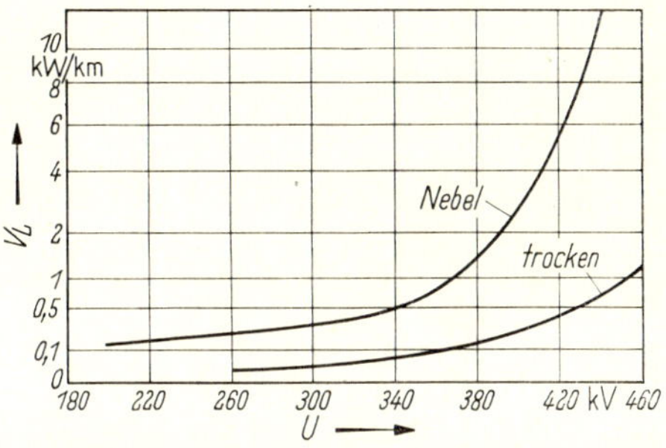

Bild 6.04 Leerlaufverluste (Korona- und Ableitverluste) einer mit Vierer-Bündeln aus Stalu 240/40 mit Teilleiterabstand 400 mm ausgerüsteten 380-kV-Leitung nach Messungen der 400-kV-Forschungsgemeinschaft.

Bei Kabeln treten an die Stelle der Koronaverluste die Dielektrikumsverluste. Der sich aus ihnen ergebende Leitwert g_B ist entsprechend dem Verlustwinkel der Isolation nur wenige Promille des zugehörigen kapazitiven Leitwertes ωc_B des Kabels. Er kann deshalb selbst bei Leerlauf gegenüber diesem vernachlässigt werden.

6.3 Induktivitäten von Leitungen

Zur Berechnung der Betriebsinduktivität der Drehstromleitung und der in den Ersatzschaltungen anderer Mehrleitersysteme auftretenden Induktivitäten und Gegeninduktivitäten ist die Kenntnis des magnetischen Feldes solcher Anordnungen Voraussetzung. In diesem Abschnitt soll deshalb das magnetische Feld von Mehrleiteranordnungen und die damit in Zusammenhang stehende gegenseitige induktive Beeinflussung der Ströme in den verschiedenen Leitern allgemein abgehandelt werden. Außerdem sollen für verschiedene Mehrleiteranordnungen Ersatzschaltungen aus konzentrierten Schaltelementen angegeben werden, die im Hinblick auf den Einfluß des magnetischen Feldes auf den Zusammenhang zwischen den Spannungen und den Strömen der jeweiligen Mehrleiteranordnung äquivalent sind.

Um das Problem zu vereinfachen, seien folgende Voraussetzungen gemacht: Die Leiter seien gerade gestreckt, parallel und von rotationssymmetrischem Querschnitt. Die Länge der Leiter sei groß im Verhältnis zu den Leiterabständen und diese ihrerseits groß gegenüber den Leiterdurchmessern. Ferner sei die Stromdichte gleichmäßig über die Leiterquerschnitte verteilt und die magnetische Permeabilität μ gleich der des leeren Raumes. Aus diesen Voraussetzungen folgt unter anderem, daß das magnetische Feld, solange nur Raumpunkte betrachtet werden, die genügend weit von Anfang und Ende der Leitungen entfernt sind, nicht von der Längskoordinate der Leitungen abhängt und somit ein ebenes Feld ist. Es genügt daher, das magnetische Feld in einer Querschnittsebene senkrecht zur Leitungsrichtung zu betrachten.

Induktivitäten und Ersatzschaltungen werden jeweils für ein Leitungsstück der Länge s berechnet, das ebenfalls weit genug von Anfang und Ende der Leitung entfernt ist. Für Leitungen, deren Länge viel größer als die Querabmessungen ist, kann s für die ganze Leitungslänge gesetzt werden, ohne daß ein merklicher Fehler gemacht wird.

6.3.01 Das magnetische Feld eines stromdurchflossenen, langen, kreiszylindrischen Leiters

In Bild 6.05 ist ein langer kreiszylindrischer Leiter mit dem Durchmesser 2ϱ im Schnitt senkrecht zur Leiterachse dargestellt. Die Leiterachse falle mit der z-Achse eines Koordinatensystems zusammen, und der Leiter werde in positiver z-Richtung vom Strom $\underline{I}$ durchflossen.

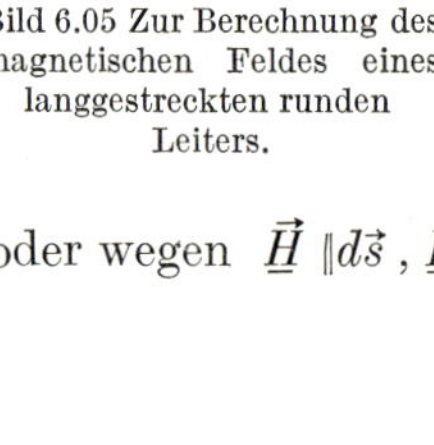

Bild 6.05 Zur Berechnung des magnetischen Feldes eines langgestreckten runden Leiters.

Aus Symmetriegründen muß das magnetische Feld rotationssymmetrisch zur Leiterachse sein. Als Richtung kommt nur die zum Radiusvektor $\vec{r}$ senkrechte in Frage, so daß der eingezeichnete Kreis K eine Feldlinie darstellt. Die Stärke des magnetischen Feldes und der Richtungssinn ergeben sich aus dem Durchflutungsgesetz:

$$\int_K \underline{\vec{H}}\, d\vec{s} = \int \underline{\vec{S}}\, d\vec{F} \qquad (2.024\,\text{a})$$

oder wegen $\underline{\vec{H}} \parallel d\vec{s}$, $\underline{H} = \underline{H}(r)$ und $\underline{\vec{S}} \parallel d\vec{F}$

$$\underline{H} = \frac{1}{2\pi r} \int \underline{S}\, dF. \qquad (6.004)$$

Liegt der Kreis K außerhalb des Leiters $(r > \varrho)$, findet man wegen $\int \underline{S}\, dF = \underline{I}$ für den Effektivwert der Feldstärke

$$H(r) = \frac{I}{2\pi} \frac{1}{r}, \qquad r > \varrho. \qquad (6.005)$$

Das Feld im Innern wird unter der gemachten Voraussetzung konstanter Stromdichte mit $\int \underline{S}\, dF = \underline{I}\, r^2/\varrho^2$

$$H(r) = \frac{I}{2\pi\varrho^2}\, r, \quad r < \varrho.$$[1]

(6.006)

Das gesuchte magnetische Feld hat also tatsächlich den in Bild 6.05 angenommenen, dem Strom im Leiter rechtsschraubig zugeordneten Richtungssinn. Es ist außerhalb des Leiters umgekehrt proportional dem Abstand von der Leiterachse, im Innern bei gleichmäßig verteilter Stromdichte proportional diesem Abstand. In Bild 6.06 ist der Verlauf der auf den Wert am Umfang des Leiters bezogenen Feldstärke in Abhängigkeit von r/ϱ aufgetragen.

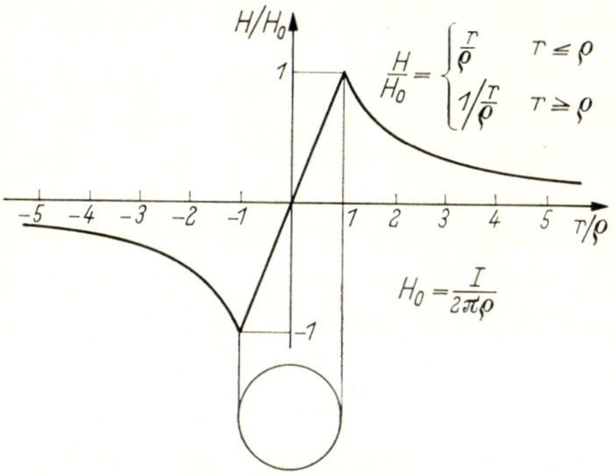

Bild 6.06 Die magnetische Feldstärke eines langgestreckten runden Leiters in Abhängigkeit von r/ϱ.

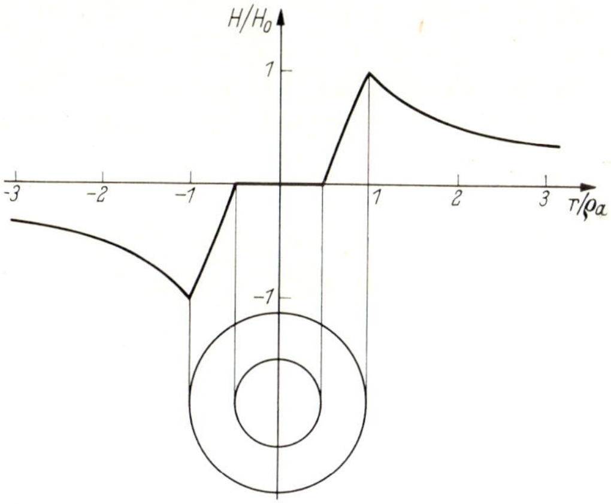

Bild 6.07 Die magnetische Feldstärke eines langgestreckten runden Hohlleiters in Abhängigkeit von r/ϱ_a.

Als weiteres Beispiel für magnetische Felder langer rotationssymmetrischer Leiter sei das eines rohrförmigen Hohlleiters mit dem äu-

[1] Im Elektromaschinenbau ist es üblich, die magnetischen Größen $\underline{H}$ und $\underline{B}$ nicht als Effektivwertzeiger, sondern als Zeiger, deren Beträge gleich den Amplituden der zugehörigen Schwingungen sind, darzustellen. Dadurch erhält man dort in Beziehungen, die magnetische und elektrische Größen miteinander verknüpfen, zusätzlich den Faktor $\sqrt{2}$.

ßeren Durchmesser $2\varrho_a$ und dem inneren Durchmesser $2\varrho_i$ angegeben (Bild 6.07). Man findet mit Hilfe des Durchflutungsgesetzes

$$\frac{H}{H_0} = \begin{cases} 0 & |r| \leq \varrho_i \\ \dfrac{1}{1-\left(\dfrac{\varrho_i}{\varrho_a}\right)^2} \dfrac{\left(\dfrac{r}{\varrho_a}\right)^2 - \left(\dfrac{\varrho_i}{\varrho_a}\right)^2}{r/\varrho_a} & \varrho_i \leq |r| \leq \varrho_a \\ \dfrac{1}{r/\varrho_a} & \varrho_a \leq |r| \end{cases}$$

$$H_0 = \frac{I}{2\pi\,\varrho_a}.$$

6.3.02 Das magnetische Feld einer Leiterschleife, ihre Induktivität und der mit ihr verkettete Fluß

Betrachtet sei eine aus zwei Leitern p und q bestehende Leiterschleife. Die beiden Leiter haben die Durchmesser $2\varrho_p$ und $2\varrho_q$ und den gegenseitigen Abstand D_{pq} voneinander. Voraussetzungsgemäß soll $D_{pq} \gg \varrho_p, \varrho_q$ sein.

Die durch die Ströme $\underline{I}_p$ und $\underline{I}_q$ erzeugten magnetischen Felder $\underline{H}_p$ und $\underline{H}_q$ überlagern sich wegen der Linearität des Durchflutungsgesetzes ungestört (Bild 6.08).

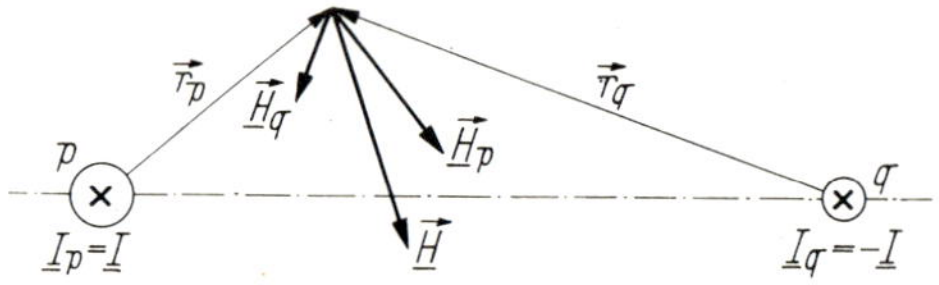

Bild 6.08 Überlagerung des magnetischen Feldes zweier langgestreckter paralleler Leiter p und q.

Die Addition der beiden Feldstärken ist auf der Verbindungslinie der Leiterachsen leicht durchzuführen, da hier die beiden Feldstärken gleich oder entgegengesetzt gerichtet sind. Man findet den in Bild 6.09 wiedergegebenen Verlauf der resultierenden Feldstärke.

Unter der gemachten Voraussetzung $D_{pq} \gg \varrho_p, \varrho_q$ kann die vom Strom des Leiters q herrührende Feldstärke innerhalb des Leiters p gegenüber der vom Strom $\underline{I}_p$ erzeugten und umgekehrt die vom Strom des Leiters p herrührende Feldstärke innerhalb des Leiters q gegenüber der vom Strom $\underline{I}_q$ erzeugten vernachlässigt werden. Der mit der Leiterschleife $p-q$ verkettete Fluß und die Induktivität der Schleife lassen sich dann leicht berechnen.

In Bild 6.10 ist ein Stück der Schleife $p-q$, für das Induktivität und verketteter Fluß bestimmt werden sollen, perspektivisch dargestellt. Es wird durch die Punkte p, q und p', q' begrenzt, zwischen denen die

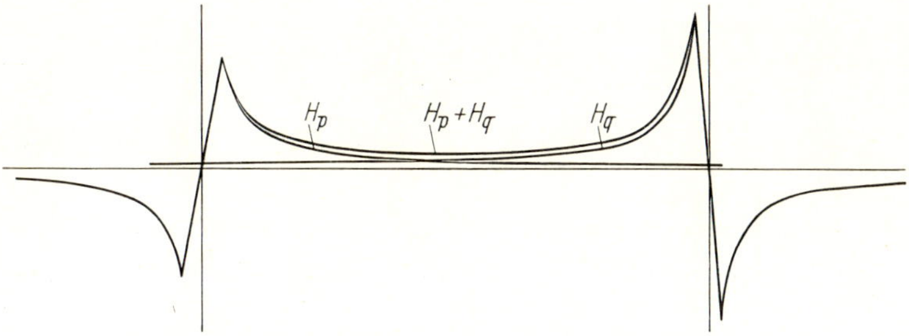

Bild 6.09 Die magnetische Feldstärke einer Leiterschleife auf der Verbindungslinie der Leiterachsen.

Spannungen $\underline{U}_{pq}$ bzw. $\underline{U}'_{pq}$ liegen sollen. Die Induktivität eines Stromkreises ist definiert als Quotient aus dem magnetischen Fluß, der von dem Strom des betrachteten Stromkreises herrührt und die von diesem Stromkreis aufgespannte Fläche durchsetzt, und dem erzeugenden Strom.

$$L = \underline{\Phi}/\underline{I}\,, \tag{6.007}$$

wobei

$$\underline{\Phi} = \int \underline{B}(\underline{I})\,dF\,. \tag{6.008}$$

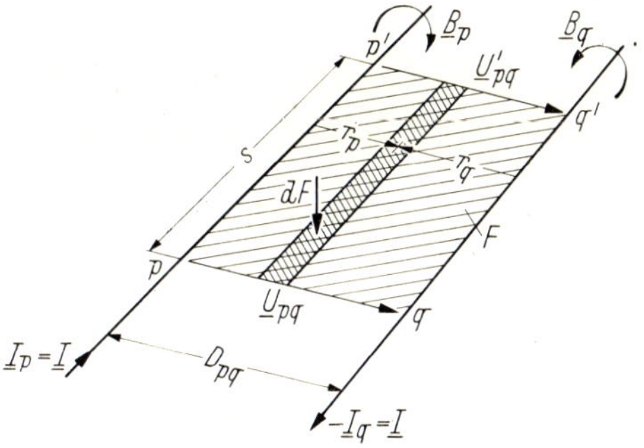

Bild 6.10 Zur Berechnung des mit einer Leiterschleife verketteten Flusses.

Da das betrachtete Leitungsstück kein geschlossener Stromkreis ist, läßt sich die obige Definition der Induktivität nicht direkt verwenden. Als Induktivität des betrachteten Leitungsstückes sei der Quotient aus dem vom Strom $\underline{I}$ herrührenden, die von den Leiterstücken $p-p'$ und $q-q'$ aufgespannte Fläche (in Bild 6.10 schraffiert) durchsetzenden magnetischen Fluß und dem erzeugenden Strom $\underline{I}$ definiert.

Eine Gl. (6.007) gleichwertige andere Definitionsgleichung für die allgemeine Induktivität eines Stromkreises ist die folgende:

$$L = \frac{2\,W_m}{I^2}, \tag{6.009}$$

worin W_m der zeitliche Mittelwert der magnetischen Energie ist

$$W_m = \frac{1}{2}\,\mu_0 \int\limits_V H^2\,dV. \tag{6.010}$$

H ist hierbei der Effektivwert der vom Strom des betrachteten Stromkreises erzeugten Feldstärke. Das Volumintegral ist über den ganzen felderfüllten Raum zu erstrecken. Für das untersuchte Leitungsstück wird jedoch nur der Raum zwischen zwei senkrecht zu den Leiterachsen stehenden Ebenen am Anfang und Ende des betrachteten Leitungsstückes berücksichtigt. Bei der Berechnung der Schleifeninduktivität ist es zweckmäßig, diese in zwei Anteile zu zerlegen, in eine sog. äußere Induktivität L_{pq_a}, die das magnetische Feld außerhalb der Leiter, und in eine sog. innere Induktivität L_{pq_i}, die das Feld im Innern der Leiter berücksichtigt. Die äußere Induktivität wird nach (6.007) über den magnetischen Fluß, die innere nach (6.009) über die magnetische Energie berechnet.

Der der äußeren Induktivität entsprechende Fluß $\underline{\Phi}_{pq_a}$ setzt sich aus zwei von den Strömen der beiden Leiter herrührenden Anteilen zusammen

$$\underline{\Phi}_{pq_a} = \int\limits_{\vec{F}} \underline{\vec{B}}\,d\vec{F} = \int\limits_{\vec{F}} (\underline{\vec{B}}_p + \underline{\vec{B}}_q)\,d\vec{F} = \mu_0 \int\limits_{\vec{F}} \underline{\vec{H}}_p\,d\vec{F} + \mu_0 \int\limits_{\vec{F}} \underline{\vec{H}}_q\,d\vec{F}$$

$$= \frac{\mu_0\,s}{2\pi}\,\underline{I} \int\limits_{\varrho_p}^{D_{pq}-\varrho_q} dr_p/r_p + \frac{\mu_0\,s}{2\pi}\,\underline{I} \int\limits_{\varrho_q}^{D_{pq}-\varrho_p} dr_q/r_q. \tag{6.011}$$

Wegen $D_{pq} \gg \varrho_p, \varrho_q$ wird schließlich

$$\underline{\Phi}_{pq_a} = \underline{I}\,\frac{\mu_0\,s}{2\pi}\ln\frac{D_{pq}^2}{\varrho_p\,\varrho_q} = L_{pq_a}\,\underline{I}. \tag{6.012}$$

Wie schon erwähnt, ist wegen $D_{pq} \gg \varrho_p, \varrho_q$ im Bereich des Leiters p $H_p \gg H_q$ und im Bereich des Leiters q $H_q \gg H_p$, so daß für die Berechnung der inneren Induktivität der Leiter nur jeweils das eigene Feld berücksichtigt zu werden braucht. Nach Gl. (6.006) ist dieses Feld

$$H(r) = \frac{I}{2\pi\varrho^2}\,r. \tag{6.006}$$

Setzt man diesen Ausdruck in Gl. (6.010) ein, erhält man für die magnetische Energie innerhalb eines Leiters

$$W_{m_i} = \frac{1}{2}\,\mu_0\, s\, \frac{I^2}{4\pi^2 \varrho^4} \int_0^{\varrho} r^2 2\pi r\, dr = \frac{1}{2}\,\frac{\mu_0\, s}{2\pi}\,\frac{1}{4}\, I^2 \tag{6.013}$$

und für die innere Induktivität

$$L_i = \frac{\mu_0\, s}{2\pi}\,\frac{1}{4}. \tag{6.014}$$

Sie ist nicht vom Leiterradius abhängig. Die innere Induktivität des betrachteten Leitungsstückes ist demnach

$$L_{pq_i} = \frac{\mu_0\, s}{2\pi}\,\frac{1}{2} \tag{6.014a}$$

und seine gesamte Induktivität

$$L_{pq} = \frac{\mu_0\, s}{2\pi}\left(\ln \frac{D_{pq}^2}{\varrho_p\, \varrho_q} + \frac{1}{2}\right) = \frac{\mu_0\, s}{\pi}\left(\ln \frac{D_{pq}}{\sqrt{\varrho_p\, \varrho_q}} + \frac{1}{4}\right) = L_S, \tag{6.015}$$

wobei der Index S für Schleife steht.

Der mit dem betrachteten Leitungsstück verkettete Fluß ist nun gleich dem Produkt aus der so ermittelten Induktivität und dem Strom $\underline{I}$

$$\underline{\Phi}_{pq} = L_{pq}\,\underline{I}\,. \tag{6.016}$$

Die für die Schleifeninduktivität errechnete Beziehung (6.015) scheint, da sie unter der Voraussetzung $D_{pq} \gg \varrho_p, \varrho_q$ abgeleitet wurde, auch nur unter dieser Voraussetzung zu gelten. Dies ist jedoch nicht der Fall. Gl. (6.015) ist für beliebige Durchmesser und Abstände exakt richtig, wenn nur die Stromdichte über die Leiterquerschnitte gleichmäßig verteilt ist.

Wenn verketteter Fluß bzw. Induktivität der Schleife bekannt sind, ist es nicht mehr schwer, mit Hilfe des Induktionsgesetzes den Zusammenhang zwischen den an der Schleife liegenden Spannungen $\underline{U}_{pq}$ und $\underline{U}'_{pq}$ und dem in der Schleife fließenden Strom $\underline{I}$ anzugeben. Haben die Leiter die ohmschen Widerstände R_p und R_q, ergibt sich mit Gl. (2.025) auf dem Umlauf $q-p-p'-q'-q$ (Bild 6.10)

$$-\,\underline{U}_{pq} + R_p \underline{I} + \underline{U}'_{pq} + R_q \underline{I} = -\,j w\, \underline{\Phi}_{pq} = -\,j\,\omega\, L_{pq}\, \underline{I} \tag{6.017}$$

oder mit $\Delta \underline{U}_{pq} = \underline{U}_{pq} - \underline{U}'_{pq}$, dem Spannungsabfall der Spannung $\underline{U}_{pq}$,

$$\Delta \underline{U}_{pq} = \underline{I}\,(R_p + R_q + j\,\omega L_{pq})\,. \tag{6.018}$$

In Bild 6.11 ist das zugehörige Zeigerdiagramm angegeben.

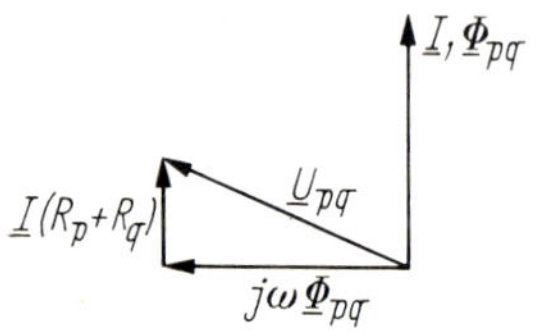

Bild 6.11
Zeigerdiagramm zu Bild 6.10.

Wie leicht nachgeprüft werden kann, gilt für die in Bild 6.12 wiedergegebene Schaltung aus konzentrierten Schaltelementen derselbe Zusammenhang zwischen den Spannungen und dem Strom (6.017) wie für das betrachtete Schleifenstück. Sie ist deshalb eine Ersatzschaltung für das betrachtete Schleifenstück.

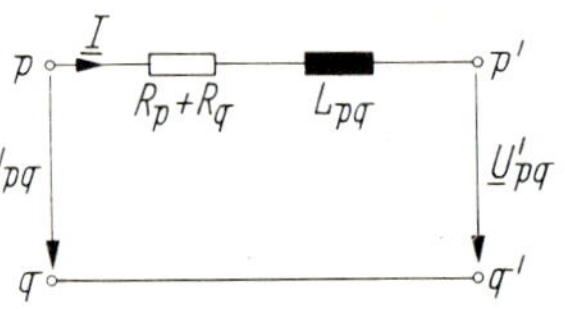

Bild 6.12 Ersatzschaltung einer Leiterschleife.

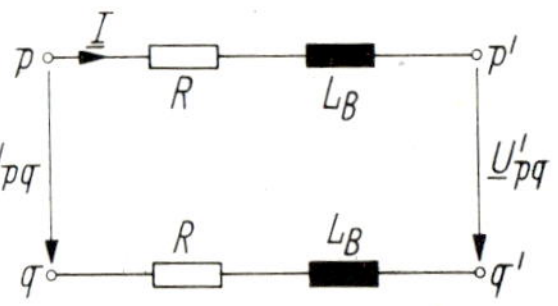

Bild 6.13 Ersatzschaltung einer symmetrischen Leiterschleife.

Für den Fall, daß die Leiter p und q gleich sind ($R_p = R_q, \varrho_p = \varrho_q$), ist eine symmetrische Aufteilung von ohmschem Widerstand und Induktivität sinnvoll. Es ist $R_p = R_q = R$ und

$$L_B = \frac{1}{2}\,L_S = \frac{\mu_0\,s}{2\,\pi}\left(\ln\frac{D}{\varrho} + \frac{1}{4}\right) \tag{6.019}$$

mit $D = D_{pq}$ und L_B als Betriebsinduktivität, deren Bedeutung später klar wird.

6.3.03 Der Einfluß weiterer stromführender Leiter auf eine Leiterschleife

In der Nähe der im vorigen Abschnitt behandelten Leiterschleife seien weitere stromführende Leiter angeordnet, die ebenfalls die zu Beginn des Abschn. 6.3 gemachten Voraussetzungen erfüllen sollen. Welchen Einfluß haben die Ströme dieser Leiter auf den mit der Schleife verketteten Fluß? Da sich die von den Strömen der verschiedenen Leiter herrührenden magnetischen Felder ungestört überlagern, tun dies selbstverständlich auch die Flüsse. Zu dem im vorigen Abschnitt berechneten Fluß $L_{pq}\underline{I}$ kommen von den anderen stromführenden Leitern noch Anteile hinzu, die sich wegen der ungestörten Überlagerung einzeln berechnen lassen.

In Bild 6.14 ist die Leiterschleife p–q mit einem weiteren Leiter k dargestellt. Der Leiter k führt als einziger Strom. Das von ihm erzeugte magnetische Feld ist, wie in Abschn. 6.3.01 gezeigt wurde, dem erzeugenden Strom rechtsschraubig zugeordnet.

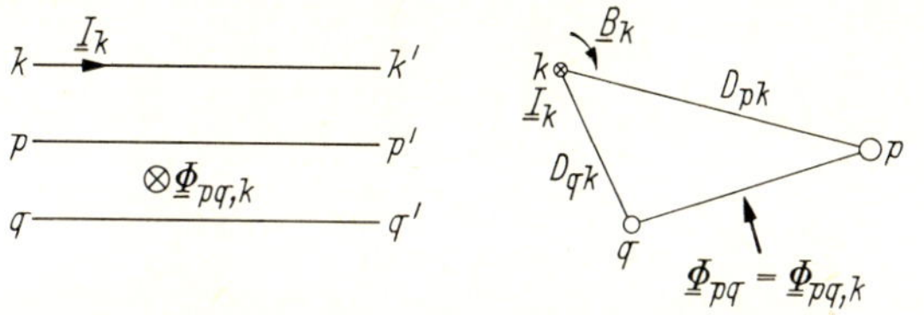

Bild 6.14 Zur Berechnung der Beeinflussung einer Leiterschleife $p-q$ durch einen stromdurchflossenen dritten Leiter k.

Somit findet man für den vom Strom $\underline{I}_k$ erzeugten, die von den Leitern p–p' und q–q' aufgespannte Fläche in der angegebenen Richtung durchsetzenden Fluß $\underline{\Phi}_{pq,k}$:

$$\underline{\Phi}_{pq,k} = \frac{\mu_0 s}{2\pi} \underline{I}_k \int\limits_{D_{pk}}^{D_{qk}} d r_k / r_k = \frac{\mu_0 s}{2\pi} \underline{I}_k \ln \frac{D_{qk}}{D_{pk}}. \qquad (6.020)$$

Auch diese Gleichung gilt wie (6.015), obwohl sie unter der einschränkenden Voraussetzung, daß die Durchmesser der Leiter klein gegen die Leiterabstände sein sollen, abgeleitet worden ist, für beliebige Durchmesser und gegenseitige Abstände der Leiter, wenn nur die Stromdichte gleichmäßig über dem Leiterquerschnitt verteilt ist.

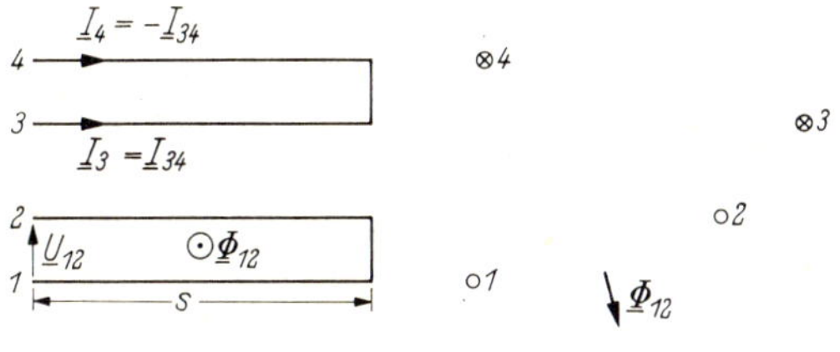

Bild 6.15 Zur Berechnung der Gegeninduktivität zweier Leiterschleifen 1 – 2 und 3 – 4.

Als Anwendung der Gl. (6.020) sei die Beeinflussung einer Leiterschleife durch eine zweite untersucht. In Bild 6.15 sind vier Leiter dargestellt, von denen die Leiter 1 und 2 und die Leiter 3 und 4 jeweils zu einer Schleife zusammengefaßt sind. Die Länge s der Schleifen sei groß gegen die Leiterabstände, so daß Randeffekte am Anfang und Ende der Schleifen vernachlässigt werden können. In der Schleife 3—4 fließe der Strom $\underline{I}_{34}$, während die Schleife 1—2 stromlos sei.

Der mit der Schleife 1—2 verkettete Fluß ergibt sich, indem man in Gl. (6.020) $p = 1$, $q = 2$ und k einmal gleich 3 und einmal gleich 4 setzt, zu

$$\underline{\Phi}_{12} = \underline{\Phi}_{12,3} + \underline{\Phi}_{12,4} = \frac{\mu_0 s}{2\pi}\left(\underline{I}_3 \ln \frac{D_{23}}{D_{13}} + \underline{I}_4 \ln \frac{D_{24}}{D_{14}}\right) \tag{6.021}$$

oder wegen $\underline{I}_3 = \underline{I}_{34}$ und $\underline{I}_4 = -\underline{I}_{34}$

$$\underline{\Phi}_{12} = \frac{\mu_0 s}{2\pi}\left(\ln \frac{D_{23} D_{14}}{D_{13} D_{24}}\right) \cdot \underline{I}_{34} = M \underline{I}_{34}, \tag{6.022}$$

wobei M die Gegeninduktivität der beiden Stromkreise 1—2 und 3—4 ist. Sie ist entscheidend für die gegenseitige Beeinflussung der beiden Schleifen. Die in der stromlosen Schleife induzierte Spannung $\underline{U}_{12}$ erhält man mit Hilfe des Induktionsgesetzes:

$$-\underline{U}_{12} = -j\omega\, \underline{\Phi}_{12}$$

oder (6.023)

$$\underline{U}_{12} = j\omega\, \underline{\Phi}_{12} = j\omega\, M \underline{I}_{34}.$$

Nun sei die Schleife 1—2 auch am Anfang kurzgeschlossen und nach dem in ihr induzierten Strom gefragt. Setzt man den zunächst unbekannten Strom $\underline{I}_{12}$ von 1 durch die Schleife nach 2 fließend an, erhält man für den mit der Schleife 1—2 verketteten gesamten Fluß

$$\underline{\Phi}_{12} = L_{12} \underline{I}_{12} + M \underline{I}_{34}, \tag{6.024}$$

worin L_{12} die Schleifeninduktivität der Schleife 1—2 ist. Mit dem Induktionsgesetz findet man nun bei bekanntem ohmschen Widerstand R_{12} der Schleife 1—2

$$R_{12} \underline{I}_{12} = -j\omega\, \underline{\Phi}_{12} = -j\omega (L_{12} \underline{I}_{12} + M \underline{I}_{34})$$

und

$$\underline{I}_{12} = \frac{-j\omega M}{R_{12} + j\omega L_{12}} \underline{I}_{34} \tag{6.025}$$

oder mit (6.023)

$$\underline{I}_{12} = \frac{-\underline{U}_{12}}{R_{12} + j\omega L_{12}}. \tag{6.026}$$

6.3.04 Induktivitäten von Mehrleitersystemen

Bei Mehrleitersystemen sind i. allg. die Ströme der Leiter alle voneinander verschieden, so daß eine Zusammenfassung von je zwei Leitern zu Schleifen nicht ohne weiteres möglich ist. Für einzelne Leiter sind jedoch die bisher benützten Induktivitäten und Gegeninduktivitäten nicht brauchbar. Die Frage ist, wodurch hier die Wirkung des magnetischen Wechselfeldes auf den Zusammenhang zwischen Spannungen und Strömen wiedergegeben werden kann.

Zur Untersuchung dieser Frage sei ein Mehrleitersystem mit n Leitern betrachtet, in denen die Ströme $\underline{I}_1$ bis $\underline{I}_n$ fließen sollen.

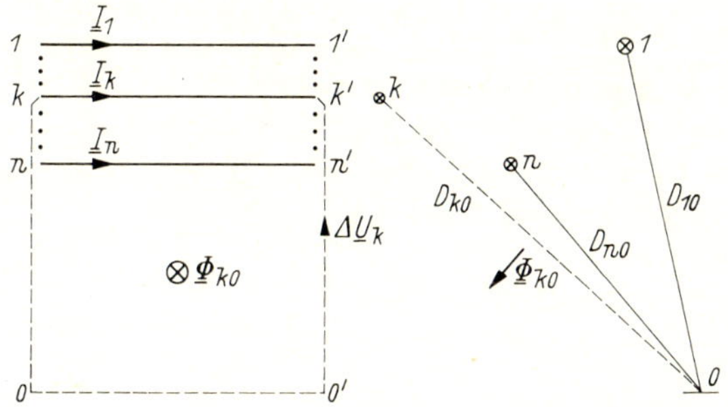

Bild 6.16 Zur Berechnung der induktiven Beeinflussung in Mehrleitersystemen. $D_{k0} \approx \text{const} = A, \quad k = 1, 2, 3 \ldots n$

In Bild 6.16 sind der Übersichtlichkeit halber nur 3 dieser Leiter dargestellt: der Leiter 1, der Leiter n und ein allgemeiner Leiter k. Ferner ist in Bild 6.16 gestrichelt ein an den allgemeinen Leiter k anschließender Integrationsweg k–0–0′–k' eingezeichnet, längs dem die Spannung $\Delta\,\underline{U}_k$ abfallen soll. Das Stück 0–0′ dieses Integrationsweges sei so gelegt, daß es von allen Leitern den gleichen Abstand A hat und dadurch keiner der $k = 1, 2 \ldots n$ Leiter bevorzugt wird. Bei mehr als drei Leitern ist dies im allgemeinen nur dadurch zu erreichen, daß das Wegstück 0–0′ so weit von den Leitern entfernt gedacht wird, daß die Abstände von den einzelnen Leitern praktisch einander gleich sind. (In Bild 6.16 ist diese Bedingung aus Platzgründen nur in grober Näherung erfüllt.) Für $\Delta\,\underline{U}_k$ findet man nun mit dem Induktionsgesetz

$$-\Delta\,\underline{U}_k + R_k \underline{I}_k = -j\omega\,\underline{\Phi}_{k0}, \tag{6.027}$$

wobei R_k der ohmsche Widerstand, $\underline{I}_k$ der Strom des Leiters k und $\underline{\Phi}_{k0}$ der magnetische Fluß ist, der die von dem Integrationsweg und dem Leiter k aufgespannte Fläche durchsetzt und zwar so, daß er dem Strom $\underline{I}_k$ rechtsschraubig zugeordnet ist.

$$\underline{\Phi}_{k0} = \frac{\mu_0 s}{2\pi}\left[\underline{I}_1 \ln \frac{A}{D_{k1}} + \underline{I}_2 \ln \frac{A}{D_{k2}} + \cdots + \right.$$
$$\left. + \underline{I}_k\left(\ln \frac{A}{\varrho_k} + \frac{1}{4}\right) + \cdots + \underline{I}_n \ln \frac{A}{D_{kn}}\right]. \tag{6.028}$$

Da die Summe der Ströme

$$\sum_{i=1}^{i=n} \underline{I}_i = 0 \tag{6.029}$$

ist, folgt, daß die Größe von A keinen Einfluß auf den Fluß $\underline{\Phi}_{k0}$ hat und deshalb in dem Ausdruck für $\underline{\Phi}_{k0}$ beliebig gewählt werden kann. Dies gilt auch, wenn A gegen ∞ strebt.

Führt man nun die im folgenden als Flußkoeffizienten bezeichneten Abkürzungen

$$a_{kk} = \frac{\mu_0 s}{2\pi}\left(\ln \frac{A}{\varrho_k} + \frac{1}{4}\right) = \frac{\mu_0 s}{2\pi} \ln \frac{A}{D_{kk}}$$

mit

$$D_{kk} = \varrho_k e^{-1/4} \tag{6.030}$$

und

$$a_{ki} = \frac{\mu_0 s}{2\pi} \ln \frac{A}{D_{ki}} = a_{ik}$$

ein, erhält man den dem allgemeinen Leiter k zugeordneten Fluß $\underline{\Phi}_{k0}$ in übersichtlicher Form

$$\underline{\Phi}_{k0} = \sum_{i=1}^{i=n} \underline{I}_i a_{ki}. \tag{6.031}$$

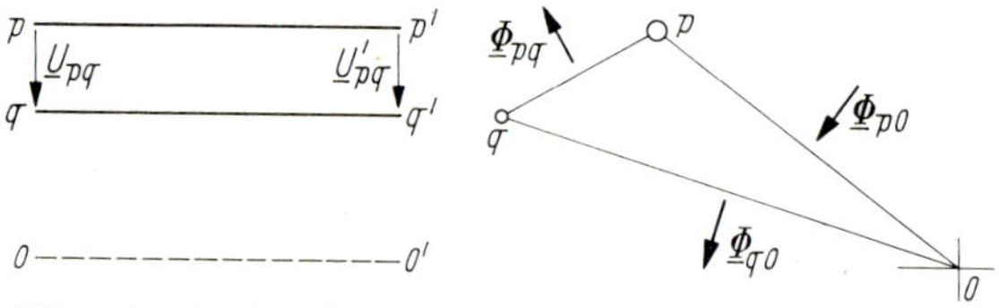

Bild 6.17 Ermittlung des eine Schleife $p-q$ durchsetzenden Flusses aus den Flüssen $\underline{\Phi}_{p0}$ und $\underline{\Phi}_{q0}$.

Der mit einer beliebigen Schleife aus zwei Leitern p und q eines Mehrleitersystems verkettete Fluß $\underline{\Phi}_{pq}$ kann nun auf einfache Weise durch die Flüsse $\underline{\Phi}_{p0}$ und $\underline{\Phi}_{q0}$ ausgedrückt werden. In Bild 6.17 sind zwei Leiter p und q des betrachteten Mehrleitersystems einschließlich des Stückes 0–0′ des Integrationsweges wiedergegeben.

Da das Flächenintegral der magnetischen Induktion über eine geschlossene Hülle Null ist [Gl. (2.027)], folgt

$$\underline{\Phi}_{pq} = \underline{\Phi}_{p0} - \underline{\Phi}_{q0} \tag{6.032}$$

oder mit (6.031)

$$\underline{\Phi}_{pq} = \sum_{i=1}^{i=n} (a_{pi} - a_{qi})\, \underline{I}_i. \tag{6.033}$$

Nach dieser Gleichung läßt sich der Fluß durch eine Schleife aus zwei beliebigen Leitern eines Mehrleitersystems systematisch anschreiben, ohne daß auf die gegenseitige Lage der Leiter zueinander geachtet zu werden braucht. Wichtig ist nur, daß die Ströme $\underline{I}_i$ alle vom Anfang der Leitung zum Ende hin fließend angenommen sind und der Fluß $\underline{\Phi}_{pq}$ dem Strom im Leiter p rechtsschraubig zugeordnet ist.

Die Berechnung des Zusammenhanges zwischen den Spannungen der Leiter gegeneinander und den in ihnen fließenden Strömen erfolgt durch Anwendung des Induktionsgesetzes auf eine Kombination unabhängiger Maschen (Schleifen). Nach Abschn. 2.7.1 sind dies bei einem n-Leitersystem n–1 Maschen, was der Zahl der unabhängigen Ströme entspricht. Für die oben betrachtete allgemeine Masche (Schleife) p–q findet man mit $\underline{U}_{pq}$ als Spannung zwischen den Leitern am Anfang, $\underline{U}'_{pq}$ als Spannung am Ende der Schleife und R_p und R_q als ohmsche Widerstände der Leiter p und q

$$-\underline{U}_{pq} + R_p \underline{I}_p + \underline{U}'_{pq} - R_q \underline{I}_q = -j\omega\, \underline{\Phi}_{pq} \tag{6.034}$$

oder mit $\Delta\, \underline{U}_{pq} = \underline{U}_{pq} - \underline{U}'_{pq}$, dem Spannungsabfall der Spannung $\underline{U}_{pq}$, und Gl. (6.033)

$$\Delta\, \underline{U}_{pq} = R_p \underline{I}_p - R_q \underline{I}_q + j\omega \sum_{i=1}^{i=n} (a_{pi} - a_{qi})\, \underline{I}_i. \tag{6.035}$$

Dieser Spannungsabfall der Spannung $\underline{U}_{pq}$ ist aber auch, wie man leicht sieht, gleich der Differenz der Spannungen $\Delta\, \underline{U}_p$ und $\Delta\, \underline{U}_q$

$$\Delta\, \underline{U}_{pq} = \Delta\, \underline{U}_p - \Delta\, \underline{U}_q. \tag{6.036}$$

Da $\Delta\, \underline{U}_p$ dem Leiter p und $\Delta\, \underline{U}_q$ dem Leiter q zugeordnet ist und ihre Differenz den Spannungsabfall $\Delta\, \underline{U}_{pq}$ ergibt, kann man $\Delta\, \underline{U}_p$ als Spannungsabfall des Leiters p und $\Delta\, \underline{U}_q$ als Spannungsabfall des Leiters q oder allgemein $\Delta\, \underline{U}_k$ als Spannungsabfall des Leiters k bezeichnen. Dieser Spannungsabfall $\Delta\, \underline{U}_k$ hat mit der wirklichen Spannung längs dem Leiter k nichts zu tun, diese ist selbstverständlich auf Grund des ohmschen Gesetzes $R_k \underline{I}_k$. Der Einfluß, den das magnetische Wechselfeld auf diesen so definierten Spannungsabfall eines Leiters ausübt, wird durch den Fluß $\underline{\Phi}_{k0}$ wiedergegeben. Er kann deshalb zur Beurteilung der induktiven Beeinflussung eines Leiters durch das gesamte Mehrleitersystem benützt werden.

Wenn das Verhältnis der Ströme des Mehrphasensystems bekannt ist (z. B. beim symmetrisch belasteten Drehstromsystem), kann man noch einen Schritt weitergehen und sagen, daß der Spannungsabfall $\Delta \underline{U}_k$ des allgemeinen Leiters an einer dem Leiter zugehörigen Impedanz $R_k + j\omega \underline{L}_k$ durch den Strom $\underline{I}_k$ verursacht wird. $\underline{L}_k$ wäre dann die dem Leiter k zugeordnete Induktivität. Aus Gl. (6.027) und (6.031) ergibt sich unter Berücksichtigung von

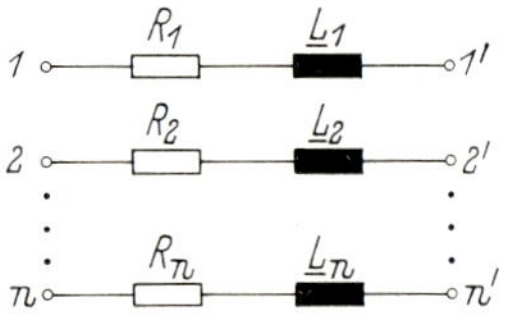

Bild 6.18 Ersatzschaltung eines Mehrleitersystems nach den Gln. (6.037) und (6.038).

$$\Delta \underline{U}_k = \underline{I}_k (R_k + j\omega \underline{L}_k) \tag{6.037}$$

$$\underline{L}_k = \frac{\underline{\Phi}_{k0}}{\underline{I}_k} = \sum_{i=1}^{i=n} \frac{\underline{I}_i}{\underline{I}_k} a_{ki}. \tag{6.038}$$

$\underline{L}_k$ ist selbstverständlich keine Induktivität im Sinne der Gln. (6.007) und (6.009). Ihre Bedeutung geht aus der Definition des Flusses $\underline{\Phi}_{k0}$ hervor. Wie man sieht, ist sie von den Stromverhältnissen abhängig und komplex. Sie zu benützen ist nur dann sinnvoll, wenn die Stromverhältnisse von vornherein bekannt sind. Ist dies der Fall, so können die $\underline{L}_k$ für die n Leiter des Mehrleitersystems berechnet und eine Ersatzschaltung für das System angegeben werden, die keine echten Gegeninduktivitäten enthält, was selbstverständlich von Vorteil ist (Bild 6.18). Hiervon wird später bei der Berechnung der Induktivität von Bündelleitern Gebrauch gemacht.

6.3.05 Induktivitäten und Ersatzschaltung des Dreileitersystems

Für die aus drei Leitern bestehende Drehstromleitung könnten entsprechend Gl. (6.038) Induktivitäten für den Fall symmetrischer Ströme bestimmt und eine zugehörige Ersatzschaltung angegeben werden, die allerdings den Nachteil hätte, nur für ein symmetrisches Stromsystem zu gelten.

Bei drei Leitern ist es jedoch, wie gezeigt werden soll, möglich, auf anderem Wege eine allgemeingültige Ersatzschaltung herzuleiten, die dennoch nur Induktivitäten und keine Gegeninduktivitäten enthält. Bei Systemen mit mehr als drei Leitern gibt es, wenn nicht besondere Symmetrien vorliegen, keine allgemeingültigen Ersatzschaltungen ohne Gegeninduktivitäten.

Es sei ein Dreileitersystem mit beliebig angeordneten Leitern gegeben, in denen die Ströme $\underline{I}_1$, $\underline{I}_2$ und $\underline{I}_3$ fließen sollen (Bild 6.19).

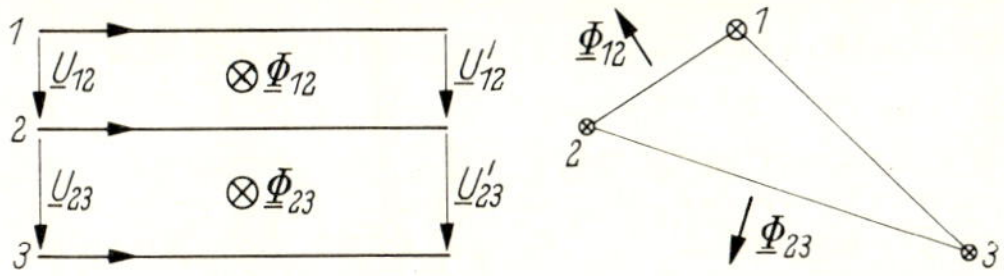

Bidl 6.19 Dreileitersystem mit beliebig angeordneten Leitern.

Nach Gl. (6.036) ergeben sich für die Spannungsabfälle der Spannungen $\underline{U}_{12}$ und $\underline{U}_{23}$

$$\begin{aligned}\Delta \underline{U}_{12} &= R_1\underline{I}_1 - R_2\underline{I}_2 + \\ &\quad + j\omega[(a_{11} - a_{21})\,\underline{I}_1 + (a_{12} - a_{22})\,\underline{I}_2 + (a_{13} - a_{23})\,\underline{I}_3] \\ \Delta \underline{U}_{23} &= R_2\underline{I}_2 - R_3\underline{I}_3 + \\ &\quad + j\omega[(a_{21} - a_{31})\,\underline{I}_1 + (a_{22} - a_{32})\,\underline{I}_2 + (a_{23} - a_{33})\,\underline{I}_3].\end{aligned} \tag{6.039}$$

Eliminiert man in den beiden Gleichungen jeweils den Strom, der in dem nicht zur betrachteten Schleife gehörenden Leiter fließt, mit der Beziehung

$$\underline{I}_1 + \underline{I}_2 + \underline{I}_3 = 0, \tag{6.029}$$

erhält man unter Berücksichtigung von $a_{21} = a_{12}$, $a_{32} = a_{23}$ und $a_{13} = a_{31}$

$$\begin{aligned}\Delta \underline{U}_{12} &= R_1\underline{I}_1 - R_2\underline{I}_2 + j\omega\,[(a_{11} - a_{12} - a_{31} + a_{23})\,\underline{I}_1 + \\ &\qquad - (a_{22} - a_{23} - a_{12} + a_{31})\,\underline{I}_2] \\ \Delta \underline{U}_{23} &= R_2\underline{I}_2 - R_3\underline{I}_3 + j\omega\,[(a_{22} - a_{23} - a_{12} + a_{31})\,\underline{I}_2 + \\ &\qquad - (a_{33} - a_{31} - a_{23} + a_{12})\,\underline{I}_3].\end{aligned} \tag{6.040}$$

Setzt man nun

$$\begin{aligned}a_{11} - a_{12} - a_{31} + a_{23} &= L_1 \\ a_{22} - a_{23} - a_{12} + a_{31} &= L_2 \\ a_{33} - a_{31} - a_{23} + a_{12} &= L_3,\end{aligned} \tag{6.041}$$

so vereinfachen sich die Gln. (6.040) zu

$$\begin{aligned}\Delta \underline{U}_{12} &= R_1\underline{I}_1 - R_2\underline{I}_2 + j\omega(L_1\underline{I}_1 - L_2\underline{I}_2) \\ \Delta \underline{U}_{23} &= R_2\underline{I}_2 - R_3\underline{I}_3 + j\omega(L_2\underline{I}_2 - L_3\underline{I}_3).\end{aligned} \tag{6.042}$$

Diese Gleichungen entsprechen, wie man leicht nachprüfen kann, der in Bild 6.20 wiedergegebenen Ersatzschaltung aus konzentrierten Schaltelementen.

Die Werte der Flußkoeffizienten nach (6.030) in die Gln. (6.041) eingesetzt, ergibt

$$\begin{aligned} L_1 &= \frac{\mu_0 s}{2\pi} \ln \frac{D_{12} D_{31}}{D_{11} D_{23}} = \frac{\mu_0 s}{2\pi} \left(\ln \frac{D_{12} D_{31}}{\varrho_1 D_{23}} + \frac{1}{4} \right), \\ L_2 &= \frac{\mu_0 s}{2\pi} \ln \frac{D_{23} D_{12}}{D_{22} D_{31}} = \frac{\mu_0 s}{2\pi} \left(\ln \frac{D_{23} D_{12}}{\varrho_2 D_{31}} + \frac{1}{4} \right), \\ L_3 &= \frac{\mu_0 s}{2\pi} \ln \frac{D_{31} D_{23}}{D_{33} D_{12}} = \frac{\mu_0 s}{2\pi} \left(\ln \frac{D_{31} D_{23}}{\varrho_3 D_{12}} + \frac{1}{4} \right). \end{aligned} \tag{6.043}$$

Die den einzelnen Leitern in der Ersatzschaltung zugeordneten Induktivitäten L_1, L_2 und L_3 geben den Einfluß des magnetischen Wechselfeldes auf den Zusammenhang zwischen Spannungen und Strömen des Dreileitersystems vollständig wieder. Wie man sieht, geht eine aus der anderen durch zyklisches Vertauschen der Indizes hervor. Sie sind für jeden Betrieb der Leitung richtig. Ist z. B. der Leiter 3 stromlos und werden 1 und 2 als Schleife betrieben, so liefert die Addition von L_1 und L_2 die unter 6.3.02 berechnete Schleifeninduktivität.

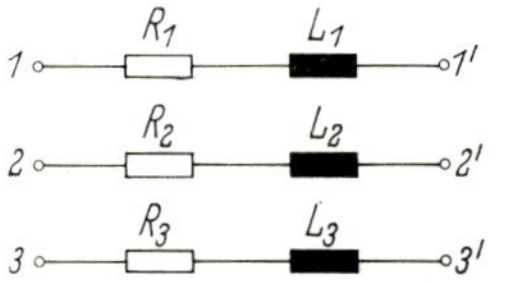

Bild 6.20 Ersatzschaltung des allgemeinen Dreileitersystems.

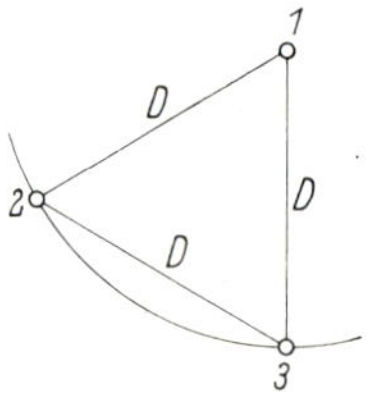

Bild 6.21 Symmetrische Anordnung der Leiter beim Dreileitersystem.

Sind die drei Leiter der Drehstromleitung im gleichseitigen Dreieck angeordnet und ihre Durchmesser alle gleich, so sind alle drei Leiter einander gleichwertig, und ihre Induktivitäten müssen ebenfalls gleich sein. Setzt man $D_{12} = D_{23} = D_{31} = D$ und $\varrho_1 = \varrho_2 = \varrho_3 = \varrho$, so wird aus (6.043) die als Betriebsinduktivität bezeichnete Induktivität der symmetrischen Drehstromleitung

$$L_B = L_1 = L_2 = L_3 = \frac{\mu_0 s}{2\pi} \left(\ln \frac{D}{\varrho} + \frac{1}{4} \right) \tag{6.044}$$

oder auf die Länge bezogen

$$l_B = \frac{L_B}{s} = \frac{\mu_0}{2\pi} \left(\ln \frac{D}{\varrho} + \frac{1}{4} \right). \tag{6.045}$$

Die Betriebsinduktivität der (symmetrisch gebauten) Drehstromleitung ist, wie man durch Vergleich mit (6.019) aus Abschn. 6.3.02 sieht, gleich der halben Induktivität der aus zwei Leitern der Drehstromleitung gebildeten Schleife. Diese Tatsache läßt sich auch leicht aus Bild 6.21 ablesen. Wegen der Anordnung der Leiter im gleichseitigen Dreieck beeinflußt der jeweils dritte Leiter die aus den beiden anderen gebildete Schleife nicht [s. a. Gl. (6.020)].

6.3.06 Die Ersatzschaltung des Vierleitersystems

Im Vierleitersystem nimmt der vierte Leiter, ob als Mp-Leiter, Erdseil oder gar als Erde, die, wie noch gezeigt wird, formal als Leiter mit besonderen Flußkoeffizienten aufgefaßt werden kann, gegenüber den anderen Leitern eine Sonderstellung ein. Eine Sonderstellung ist deshalb auch in der Ersatzschaltung gerechtfertigt.

Gibt man dem vierten Leiter unabhängig davon, was er darstellen soll, den Index E, erhält man für die Spannungsabfälle der Spannungen der Leiter 1 bis 3 gegen den Leiter E nach Gl. (6.036)

$$\begin{aligned} \Delta \underline{U}_{iE} = R_i \underline{I}_i - R_E \underline{I}_E + j\omega\,[(a_{i1} - a_{E1})\,\underline{I}_1 + (a_{i2} - a_{E2})\,\underline{I}_2 + \\ + (a_{i3} - a_{E3})\,\underline{I}_3 + (a_{iE} - a_{EE})\,\underline{I}_E], \\ i = 1, 2, 3. \end{aligned} \tag{6.046}$$

Ersetzt man nun den Strom des vierten Leiters $\underline{I}_E$ in der eckigen Klammer von (6.046) durch

$$\underline{I}_E = -(\underline{I}_1 + \underline{I}_2 + \underline{I}_3), \tag{6.029}$$

so wird

$$\begin{aligned} \Delta \underline{U}_{iE} = R_i \underline{I}_i - R_E \underline{I}_E + j\omega\,[(a_{i1} - a_{E1} - a_{iE} + a_{EE})\,\underline{I}_1 + \\ + (a_{i2} - a_{E2} - a_{iE} + a_{EE})\,\underline{I}_2 \\ + (a_{i3} - a_{E3} - a_{iE} + a_{EE})\,\underline{I}_3]. \end{aligned} \tag{6.047}$$

Mit den Abkürzungen

$$\begin{aligned} L_i &= a_{ii} - 2a_{Ei} + a_{EE} \qquad i, k = 1, 2, 3 \\ M_{ik} &= a_{ik} - a_{Ei} - a_{Ek} + a_{EE} = M_{ki} \end{aligned} \tag{6.048}$$

wird schließlich

$$\begin{aligned} \Delta \underline{U}_{1E} &= R_1 \underline{I}_1 - R_E \underline{I}_E + j\omega\,[L_1 \underline{I}_1 + M_{12} \underline{I}_2 + M_{13} \underline{I}_3] \\ \Delta \underline{U}_{2E} &= R_2 \underline{I}_2 - R_E \underline{I}_E + j\omega\,[L_2 \underline{I}_2 + M_{23} \underline{I}_3 + M_{21} \underline{I}_1] \\ \Delta \underline{U}_{3E} &= R_3 \underline{I}_3 - R_E \underline{I}_E + j\omega\,[L_3 \underline{I}_3 + M_{31} \underline{I}_1 + M_{32} \underline{I}_2]. \end{aligned} \qquad (6.049)$$

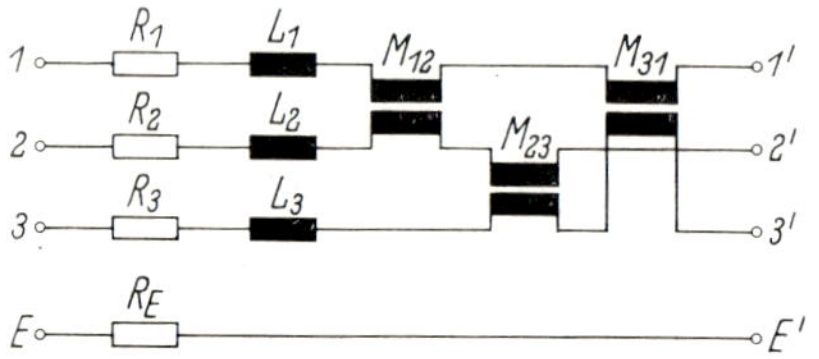

Bild 6.22 Ersatzschaltung des Vierleitersystems.

Diese Gleichungen entsprechen der in Bild 6.22 dargestellten Ersatzschaltung.

Die Werte der Induktivitäten und Gegeninduktivitäten ergeben sich durch Einsetzen der Flußkoeffizienten nach (6.030) zu

$$L_i = \frac{\mu_0 s}{2\pi} \ln \frac{D_{Ei}^2}{D_{ii} D_{EE}} = \frac{\mu_0 s}{2\pi} \left(\ln \frac{D_{Ei}^2}{\varrho_i\, \varrho_E} + \frac{1}{2} \right), \qquad (6.050)$$

$$M_{ik} = \frac{\mu_0 s}{2\pi} \ln \frac{D_{Ei} D_{Ek}}{D_{ik} D_{EE}} = \frac{\mu_0 s}{2\pi} \left(\ln \frac{D_{Ei} D_{Ek}}{D_{ik}\, \varrho_E} + \frac{1}{4} \right). \qquad (6.051)$$

Man vergleiche dieses Ergebnis mit den Gln. (6.015) aus Abschn. 6.3.02 und (6.022) aus Abschn. 6.3.03.

6.3.07 Induktivitäten und Ersatzschaltungen von Doppelleitungen

Unter einer Doppelleitung versteht man zwei zueinander symmetrisch liegende, auf den gleichen Masten angeordnete Leitungen, die an Anfang und Ende parallel geschaltet sind. Aus der Parallelschaltung und der symmetrischen Anordnung folgt, daß einander entsprechende Leiter der beiden Leitungen gleiches Potential haben und im allgemeinen den gleichen Strom führen (Bild 6.23).

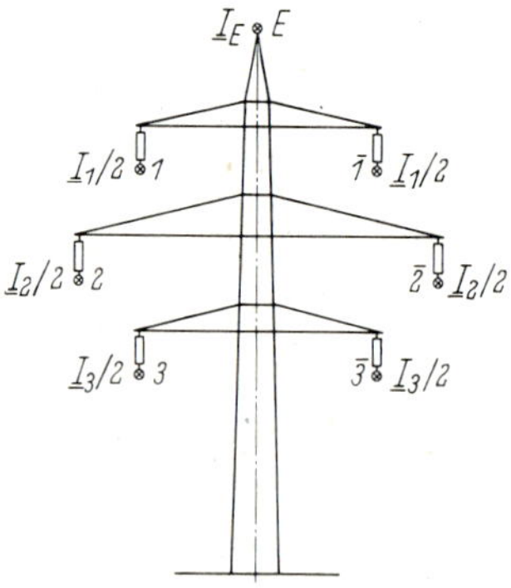

Bild 6.23 Doppelleitung mit gleichmäßig auf beide Systeme aufgeteilten Strömen.

Die Induktivitäten und die Ersatzschaltungen solcher Doppelleitungen findet man auf gleiche Weise, wie in den Abschn. 6.3.05 und 6.3.06 die der Einfachleitungen ermittelt wurden.

Bezeichnet man den ohmschen Widerstand eines Leiters i mit $2R_i$, so ergibt sich für die in Bild 6.23 dargestellte Doppelleitung bei stromlosem Erdseil nach

Gl. (6.036) der Spannungsabfall der Spannung $\underline{U}_{12}$ zu

$$\begin{aligned}\Delta \underline{U}_{12} = \Delta \underline{U}_{\bar{1}\bar{2}} &= 2R_1\underline{I}_1/2 - 2R_2\underline{I}_2/2 \\ &+ j\omega\,[(a_{11} - a_{21} + a_{1\bar{1}} - a_{2\bar{1}})\,\underline{I}_1/2 \\ &+ (a_{12} - a_{22} + a_{1\bar{2}} - a_{2\bar{2}})\,\underline{I}_2/2 \\ &+ (a_{13} - a_{23} + a_{1\bar{3}} - a_{2\bar{3}})\,\underline{I}_3/2]\,.\end{aligned} \tag{6.052}$$

Ersetzt man $\underline{I}_3$ durch $\underline{I}_3 = -\underline{I}_1 - \underline{I}_2$, findet man die Induktivitäten L_1 und L_2 der Doppelleitung. L_3 ergibt sich wie bei der Einfachleitung aus L_2 durch zyklisches Vertauschen der Indizes. Es ist

$$\begin{aligned}2L_1 &= \frac{\mu_0 s}{2\pi}\ln\frac{D_{12}D_{31}D_{1\bar{2}}D_{3\bar{1}}}{D_{11}D_{23}D_{1\bar{1}}D_{2\bar{3}}} = \frac{\mu_0 s}{2\pi}\left(\ln\frac{D_{12}D_{31}D_{1\bar{2}}D_{3\bar{1}}}{\varrho_1 D_{23}D_{1\bar{1}}D_{2\bar{3}}} + \frac{1}{4}\right)\\ 2L_2 &= \frac{\mu_0 s}{2\pi}\ln\frac{D_{23}D_{12}D_{2\bar{3}}D_{1\bar{2}}}{D_{22}D_{31}D_{2\bar{2}}D_{3\bar{1}}} = \frac{\mu_0 s}{2\pi}\left(\ln\frac{D_{23}D_{12}D_{2\bar{3}}D_{1\bar{2}}}{\varrho_2 D_{31}D_{2\bar{2}}D_{3\bar{1}}} + \frac{1}{4}\right)\\ 2L_3 &= \frac{\mu_0 s}{2\pi}\ln\frac{D_{31}D_{23}D_{3\bar{1}}D_{2\bar{3}}}{D_{33}D_{12}D_{3\bar{3}}D_{1\bar{2}}} = \frac{\mu_0 s}{2\pi}\left(\ln\frac{D_{31}D_{23}D_{3\bar{1}}D_{2\bar{3}}}{\varrho_3 D_{12}D_{3\bar{3}}D_{1\bar{2}}} + \frac{1}{4}\right).\end{aligned} \tag{6.053}$$

Es läßt sich also für die Doppelleitung bei stromlosem Erdseil im Rahmen der gemachten Voraussetzung gleicher Ströme in entsprechenden Leitern eine allgemeingültige Ersatzschaltung angeben, die nur aus ohmschen Widerständen und den oben angegebenen Induktivitäten besteht.

Führt das Erdseil Strom, so kann auf gleiche Weise wie in Abschn. 6.3.06 eine Bild 6.22 entsprechende Ersatzschaltung für die Doppelleitung mit folgenden Werten für die Induktivitäten und Gegeninduktivitäten hergeleitet werden:

$$2L_i = \frac{\mu_0 s}{2\pi}\ln\frac{D_{Ei}^4}{D_{ii}D_{i\bar{i}}D_{EE}^2} = \frac{\mu_0 s}{2\pi}\left(\ln\frac{D_{Ei}^4}{\varrho_i D_{i\bar{i}}\,\varrho_E^2} + \frac{3}{4}\right) \tag{6.054}$$

$$i = 1, 2, 3$$

$$2M_{ik} = \frac{\mu_0 s}{2\pi}\ln\frac{D_{Ei}^2\,D_{Ek}^2}{D_{ik}D_{i\bar{k}}\,D_{EE}^2} = \frac{\mu_0 s}{2\pi}\left(\ln\frac{D_{Ei}^2\,D_{Ek}^2}{D_{ik}D_{i\bar{k}}\,\varrho_E^2} + \frac{1}{2}\right). \tag{6.055}$$

$$i, k = 1, 2, 3$$

Vergleicht man die für die Doppelleitungen erhaltenen Ergebnisse mit den entsprechenden der Einfachleitungen (6.043) bzw. (6.050) und (6.051), so stellt man fest, daß sich die Induktivitäten und Gegeninduktivitäten der Doppelleitungen aus denen der Einfachleitungen ergeben, wenn jeweils D_{ii} durch $\sqrt{D_{ii}D_{i\bar{i}}}$ und D_{ik} durch $\sqrt{D_{ik}D_{i\bar{k}}}$ ersetzt wird.

6.3.08 Induktivitäten und Ersatzschaltungen verdrillter Leitungen

Sind die Leiter einer Drehstromleitung nicht im gleichseitigen Dreieck angeordnet, ergeben sich, wie aus den abgeleiteten Beziehungen zu entnehmen ist, in den Ersatzschaltungen für die einzelnen Leiter ungleiche Induktivitäten bzw. ungleiche Gegeninduktivitäten. Dies wirkt sich auf die Symmetrie von Spannungen und Strömen ungünstig aus, was aus betrieblichen Gründen unerwünscht ist. Außerdem sind Unsymmetrien in der Leiteranordnung ungünstig im Hinblick auf die Beeinflussung von Fernmeldeanlagen durch Drehstromleitungen. Aus diesen Gründen sind nach VDE 0228 Leitungen, die länger als 30 km sind, zu verdrillen. Hierunter versteht man die Symmetrierung von Leitungen

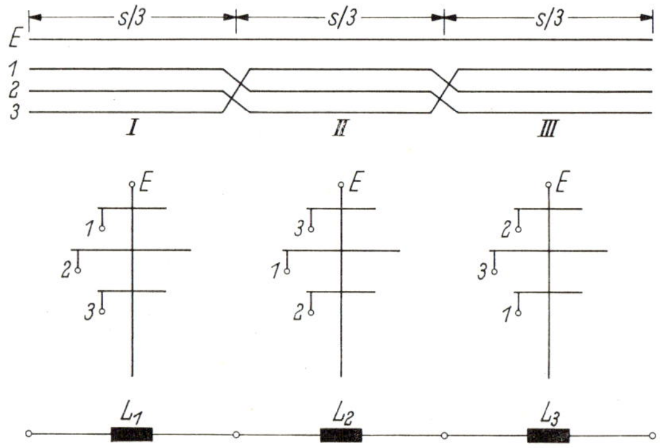

Bild 6.24 Verdrillte Drehstromleitung.

mit unsymmetrisch angeordneten Leitern dadurch, daß die drei Hauptleiter abschnittsweise in zyklischem Wechsel die drei Plätze im Mastbild einnehmen und so alle über die gleiche Länge an der gleichen Stelle des Mastbildes geführt werden (Bilder 6.24 und 6.25).

Dabei soll die Länge eines vollständigen Verdrillungsumlaufes bei Anordnung der Leiter im Dreieck 80 km, bei anderer Anordnung 40 km nicht überschreiten. Eine Dreiecksanordnung im Sinne von VDE 0228 liegt dann vor, wenn die Höhe des Leiterdreiecks über der längsten Seite größer als halb so groß wie diese Seite ist.

Die Induktivitäten der drei betriebsmäßig stromführenden Leiter von verdrillten Leitungen sind alle gleich. Außerdem lassen sich Gegeninduktivitäten in den Ersatzschaltungen vermeiden. Man kann deshalb von der Betriebsinduktivität verdrillter Drehstromleitungen sprechen.

Ohne Berücksichtigung des Erdseiles ergibt sich durch die Addition der Induktivitäten der einzelnen Verdrillungsabschnitte:

$$L_B = \frac{1}{3}\,(L_1 + L_2 + L_3) \tag{6.056}$$

Setzt man für die Einfachleitung für L_1, L_2 und L_3 die Werte aus (6.043) ein, wird

$$L_B = \frac{\mu_0 s}{2\pi}\left(\ln\frac{\sqrt[3]{D_{12}D_{23}D_{31}}}{\sqrt[3]{\varrho_2\varrho_2\varrho_3}} + \frac{1}{4}\right) \tag{6.057}$$

oder mit den Abkürzungen aus Bild 6.28 und $\sqrt[3]{\varrho_1\varrho_2\varrho_3} = \varrho$

$$L_B = \frac{\mu_0 s}{2\pi}\left(\ln\frac{D}{\varrho} + \frac{1}{4}\right). \tag{6.058}$$

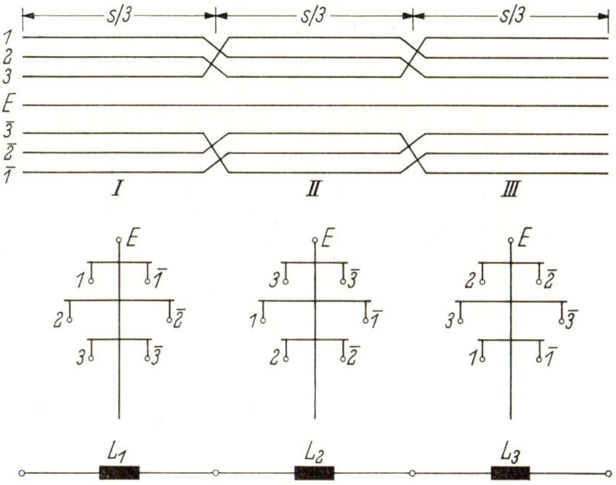

Bild 6.25 Verdrillte Drehstromdoppelleitung.

Für die Doppelleitung ergibt sich durch Einsetzen von (6.053) in (6.056)

$$2L_B = \frac{\mu_0 s}{2\pi}\left(\ln\frac{\sqrt[3]{D_{12}D_{23}D_{31}}\;\sqrt[3]{D_{1\bar{2}}D_{2\bar{3}}D_{3\bar{1}}}}{\sqrt[3]{\varrho_1\varrho_2\varrho_3}\;\sqrt[3]{D_{1\bar{1}}D_{2\bar{2}}D_{3\bar{3}}}} + \frac{1}{4}\right) \tag{6.059}$$

oder mit den Abkürzungen aus Bild 6.28

$$2L_B = \frac{\mu_0 s}{2\pi}\left(\ln\frac{D\,D'}{\varrho\,D''} + \frac{1}{4}\right). \tag{6.060}$$

Bild 6.28 ist die Bedeutung der eingeführten Abkürzungen zu entnehmen. Man sieht leicht, daß $D' > D''$ und die Betriebsinduktivität der verdrillten Doppelleitung daher größer als die halbe Betriebsinduktivität der entsprechenden Einfachleitung ist.

Auch unter Berücksichtigung des Erdseiles lassen sich für verdrillte Leitungen Ersatzschaltungen ohne Gegeninduktivitäten herleiten: Denkt man sich die Ersatzschaltungen der drei Verdrillungsabschnitte (Bild 6.22) hintereinandergeschaltet, erhält man eine Schaltung, die zunächst außer ohmschen Widerständen und Induktivitäten auch Gegeninduktivitäten, und zwar gleiche in den betriebsmäßig stromführenden Leitern enthält. Ersetzt man nun in den dieser Schaltung zugehörigen Gleichungen für die Spannungsabfälle der Spannungen $\underline{U}_{iE}$ $(i = 1, 2, 3)$ mit Hilfe der Beziehung (6.029) die Summe der Ströme der zwei nicht an der Schleife i–E beteiligten Leiter durch $-(\underline{I}_i + \underline{I}_E)$, findet man die in Bild 6.26 wiedergegebene Ersatzschaltung, bei der den betriebsmäßig stromführenden Leitern die Betriebsinduktivität der verdrillten Drehstromleitung nach (6.057) bzw. (6.059) und dem Erdseil die Induktivität

$$L_E = \frac{1}{3}\,(M_{12} + M_{23} + M_{31}) \tag{6.061}$$

zugeordnet sind. Für die Einfachleitung ergibt sich mit (6.051) und den Abkürzungen aus Bild 6.28

$$L_E = \frac{\mu_0\, s}{2\,\pi} \ln \frac{D_E^2}{D\, D_{EE}} = \frac{\mu_0\, s}{2\,\pi} \left(\ln \frac{D_E^2}{D_{\varrho E}} + \frac{1}{4}\right), \tag{6.062}$$

während sich für die Doppelleitung mit (6.055) und den Abkürzungen aus Bild 6.28

$$2\,L_E = \frac{\mu_0\, s}{2\,\pi} \ln \frac{D_E^4}{D\, D' D_{EE}^2} = \frac{\mu_0\, s}{2\,\pi} \left(\ln \frac{D_E^4}{D\, D' \varrho_E^2} + \frac{1}{2}\right) \tag{6.063}$$

ergibt.

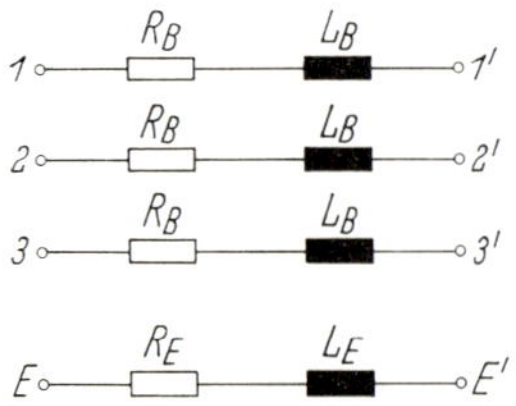

Bild 6.26 Ersatzschaltung der verdrillten Drehstromleitung mit Berücksichtigung eines Erdseiles bzw. der Erde

Wie schon in Abschn. 6.3.06 erwähnt, kann der mit E bezeichnete Leiter formal auch für die Erde, wenn sie an der Stromführung beteiligt ist, stehen. Die für sie gültigen Flußkoeffizienten sollen in einem späteren Abschnitt (6.3.10) angegeben werden.

Da fast alle Hochspannungsleitungen mit Erdseilen ausgerüstet sind und da, falls Strom im Erdseil fließt, auch Strom in der Erde fließen muß, insgesamt also 5 stromführende Leiter vorhanden sind, soll noch die Ersatzschaltung eines 5-Leitersystems angegeben werden. Es sei dem oben behandelten System ein fünfter Leiter $\overline{E}$ hinzugefügt, der infolge der Verdrillung der betriebsmäßig stromführenden Leiter wie Leiter E symmetrisch zu diesen liegt.

Stellt man nun die Gleichungen für die Spannungsabfälle der Spannungen $\underline{U}_{1\bar{E}}$, $\underline{U}_{2\bar{E}}$, $\underline{U}_{3\bar{E}}$ und $\underline{U}_{E\bar{E}}$ auf und ersetzt in den Gleichungen für

$$\Delta \underline{U}_{1\bar{E}} \qquad (\underline{I}_2 + \underline{I}_3) \quad \text{durch} \quad -(\underline{I}_1 + \underline{I}_E + \underline{I}_{\bar{E}})$$

$$\Delta \underline{U}_{2\bar{E}} \qquad (\underline{I}_3 + \underline{I}_1) \quad \text{durch} \quad -(\underline{I}_2 + \underline{I}_E + \underline{I}_{\bar{E}})$$

$$\Delta \underline{U}_{3\bar{E}} \qquad (\underline{I}_1 + \underline{I}_2) \quad \text{durch} \quad -(\underline{I}_3 + \underline{I}_E + \underline{I}_{\bar{E}})$$

und für

$$\Delta \underline{U}_{E\bar{E}} \qquad (\underline{I}_1 + \underline{I}_2 + \underline{I}_3) \quad \text{durch} \quad -(\underline{I}_E + \underline{I}_{\bar{E}}),$$

so findet man folgende Ersatzschaltung (Bild 6.27):

Für L_B gilt Gl. (6.057) bzw. (6.059). L_E hat den Wert von Gl. (6.062) bzw. (6.063). Um $L_{\bar{E}}$ zu bekommen, ist in diesen Gleichungen E durch $\bar{E}$ zu ersetzen. Die Gegeninduktivität zwischen den Leitern E und $\bar{E}$ ist für die Einfachleitung

$$M = \frac{\mu_0 s}{2\pi} \ln \frac{D_E D_{\bar{E}}}{D_{E\bar{E}} D} \tag{6.064}$$

und für die Doppelleitung

$$2M = \frac{\mu_0 s}{2\pi} \ln \frac{D_E^2 D_{\bar{E}}^2}{D_{E\bar{E}}^2 DD'}, \tag{6.065}$$

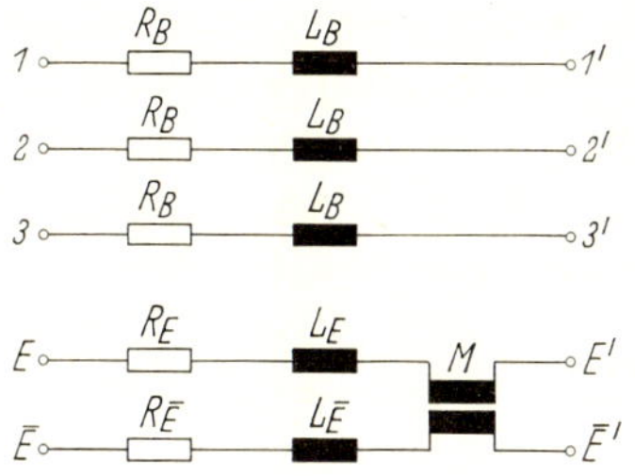

Bild 6.27 Ersatzschaltung der verdrillten Drehstromleitung mit Berücksichtigung eines Erdseiles und der Erde.

worin $D_{\bar{E}}$, entsprechend D_E, den Wert $\sqrt[3]{D_{1\bar{E}} D_{2\bar{E}} D_{3\bar{E}}}$ hat.

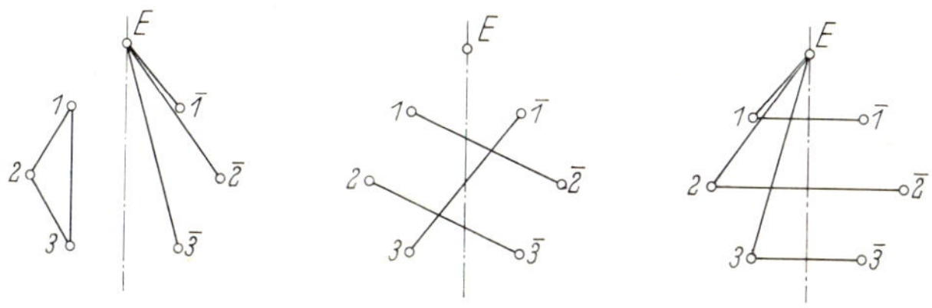

$$D = \sqrt[3]{D_{12} D_{23} D_{31}} \qquad D' = \sqrt[3]{D_{1\bar{2}} D_{2\bar{3}} D_{3\bar{1}}} \qquad D'' = \sqrt[3]{D_{1\bar{1}} D_{2\bar{2}} D_{3\bar{3}}}$$

$$D_E = \sqrt[3]{D_{\bar{1}E} D_{\bar{2}E} D_{\bar{3}E}} \qquad D_E = \sqrt[3]{D_{1E} D_{2E} D_{3E}}$$

Bild 6.28 Mittlere Abstände der Leiter von verdrillten Leitungen. Die Bezifferung bezieht sich jeweils auf den ersten Verdrillungsabschnitt (Verdrillungsabschnitt I in den Bildern 6.24 und 6.25).

6.3.09 Die Berücksichtigung der Magnetisierbarkeit von Stahlseilen

Zu Beginn des Abschn. 6.3 war die Voraussetzung gemacht worden, daß die Leiter aus unmagnetischem Material bestehen mögen, d. h., daß ihre relative Permeabilität $\mu_r = \frac{\mu}{\mu_0} = 1$ sein sollte. Für die z. T. als Erdseile verwendeten Stahlseile trifft dies jedoch nicht zu.

Auf Grund der Magnetisierbarkeit von Stahl ergibt sich für die innere Induktivität von Stahlseilen ein um den Faktor μ_r erhöhter Wert. Der Flußkoeffizient a_{kk} für Stahlseile wird somit

$$a_{kk} = \frac{\mu_0 s}{2\pi}\left(\ln\frac{A}{\varrho_k} + \mu_r \frac{1}{4}\right) = \frac{\mu_0 s}{2\pi} \ln\frac{A}{D_{kk}} \tag{6.066}$$

mit

$$D_{kk} = \varrho_k e^{-\mu_r \frac{1}{4}}. \tag{6.067}$$

Wegen der in Stahlleitern auftretenden hohen Induktion macht sich die Stromverdrängung schon bei relativ kleinen Durchmessern bemerkbar. Der wirksame ohmsche Widerstand wird gegenüber dem Gleichstromwiderstand merklich erhöht. Dazu kommt, daß die relative Permeabilität μ_r bei ferromagnetischen Stoffen von der Feldstärke H und damit vom Strom I abhängig ist und sich hieraus über die Stromverdrängung eine zusätzliche Abhängigkeit des wirksamen ohmschen Widerstandes vom Strom ergibt.

Als Anhaltswerte können bei einer Strombelastung von etwa $1\,\frac{\mathrm{A}}{\mathrm{mm}^2}$ für die Leitfähigkeit $5\,\frac{\mathrm{Sm}}{\mathrm{mm}^2}$ und für die relative Permeabilität 85 gesetzt werden.

Bei Stahlaluminium- und kupferplattierten Stahlseilen hat die Magnetisierbarkeit von Stahl nur wenig Einfluß auf den ohmschen Widerstand und die innere Induktivität, da der Stahlkern nur einen geringen Teil des Stromes führt und das magnetische Feld in seinem Bereich deshalb schwach ist.

6.3.10 Die Erde als stromführender Leiter

Bei den bisherigen Betrachtungen über das magnetische Feld von Mehrleitersystemen und dessen Auswirkung auf die Spannungsabfälle war der Einfluß der Erde nicht berücksichtigt worden. Dies ist bei einer Frequenz von 50 Hz durchaus zulässig, solange die Erde selbst keinen Strom führt. Ist sie jedoch an der Stromführung beteiligt, so wirkt der

Erdstrom wie die Ströme der Leiter durch sein zeitlich sich änderndes Magnetfeld auf die Spannungen zwischen den Leitern und zwischen den Leitern und Erde ein. Die Berechnung des Einflusses des Erdstromes ist jedoch wesentlich schwieriger als die der Leiterströme: Da die Erde einen Leiter mit praktisch unendlich großem Querschnitt darstellt, muß auch bei der relativ niedrigen Frequenz von 50 Hz die durch die Induktionswirkung des sich zeitlich ändernden Magnetfeldes der Leiterströme und des Erdstromes selbst verursachte Stromverdrängung in der Erde berücksichtigt werden. Die Folge dieser Stromverdrängung ist, daß sich der Erdstrom in einem relativ kleinen Bereich unterhalb der Leitung

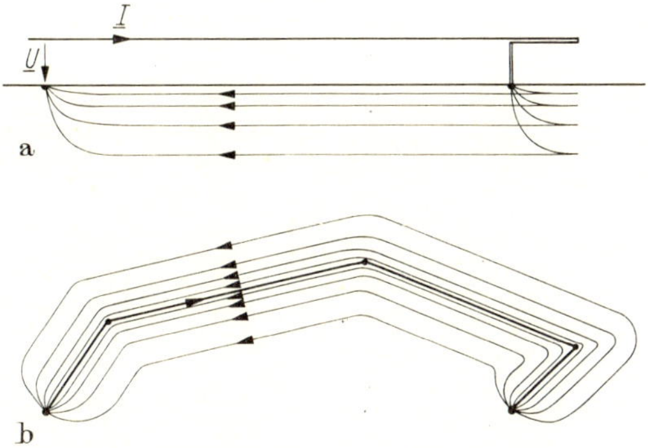

Bild 6.29 a u. b Strömungsfeld in der Erde bei Wechselstrom,
a) Seitenansicht, b) Ansicht von oben.

zusammendrängt (Bild 6.29). Ferner stellt man fest, daß der Erdstrom, ganz gleich, wie die Leitung verläuft, immer dem Leitungszuge folgt. Bei Gleichstrom ist dies nicht der Fall. Hierbei ist die Ausbildung des Strömungsfeldes in der Erde von der Leitungsführung völlig unabhängig (Bild 6.30).

Während sich bei Gleichstrom der wirksame ohmsche Widerstand der Strombahn in der Erde als Folge der großen Ausdehnung des Strömungsfeldes praktisch ausschließlich aus den Ausbreitungswiderständen der Erder zusammensetzt und deshalb bei langen Leitungen unabhängig von der Leitungslänge ist, ergibt sich bei Wechselstrom ein nicht zu vernachlässigender der Leitungslänge proportionaler Anteil.

Die Berechnung der Stromverteilung in der Erde ist nicht einfach, selbst wenn die Erde als homogen, d. h. mit räumlich konstanter Leitfähigkeit angenommen und das Problem als eben angesehen wird. Die erforderliche umfangreiche Berechnung würde hier zu weit führen. Es sei deshalb auf Arbeiten von Pollaczek [*23*], Buchholz [*8*] und Rüdenberg [*28*] verwiesen, in denen die Stromverteilung in der Erde für eine Schleife Leiter–Erde (Bild 6.31) berechnet wurde.

Die Stromverteilung in der Erde bei Mehrleitersystemen läßt sich durch einfache Überlagerung dadurch gewinnen, daß man annimmt, daß der Strom jeden Leiters als Teilerdstrom unterhalb des zugehörigen Leiters fließt. Ist die Summe der Leiterströme Null, so ergibt sich kein resul-

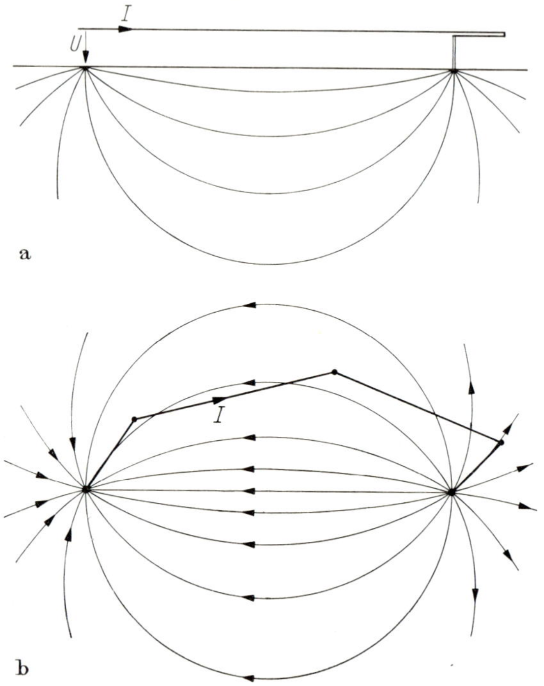

Bild 6.30 a u. b Strömungsfeld in der Erde bei Gleichstrom,
a) Seitenansicht, b) Ansicht von oben.

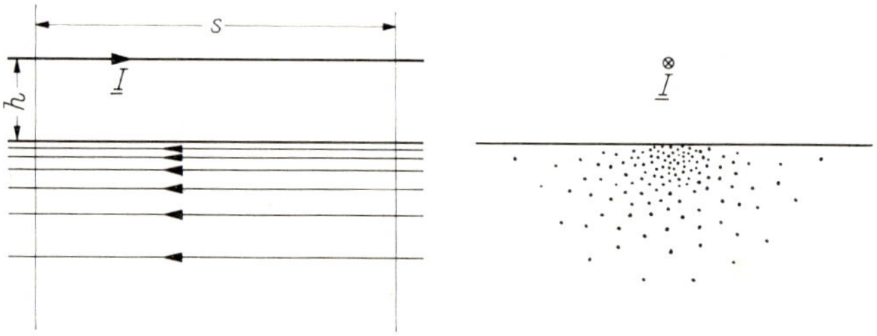

Bild 6.31 Stromverteilung in der Erde bei Wechselstrom für eine Schleife Leiter–Erde.

tierender Erdstrom. Es bleiben jedoch auf Grund der unterschiedlichen Lagen der einzelnen Leiter über der Erde Wirbelströme übrig, die jedoch bei der nachfolgend benützten Näherung für die Stromdichteverteilung vernachlässigt werden. Der Einfluß der Erde wird, wie schon erwähnt, nur berücksichtigt, wenn sie einen resultierenden Erdstrom führt.

Nach den Ergebnissen der erwähnten Arbeiten erhält man in erster Näherung für den der Leitungslänge proportionalen Anteil des wirksamen ohmschen Widerstandes der Strombahn in der Erde

$$R_E = \frac{\mu_0 s \omega}{8} \tag{6.068}$$

und für die Flußkoeffizienten

$$a_{kE} = a_{Ek} = a_{EE} = \frac{\mu_0 s}{2\pi} \ln \frac{A}{\delta}, \tag{6.069}$$

worin A dieselbe Bedeutung hat wie in Abschn. 6.3.04 und

$$\delta = \frac{2 \cdot e^{1/2 - c}}{\sqrt{\mu_0 \omega \varkappa}} = \frac{1{,}85}{\sqrt{\mu_0 \omega \varkappa}} \tag{6.070}$$

ist mit der Eulerschen Konstante $c = 0{,}577$.

Das Auffallende ist, daß der ohmsche Widerstand nicht von der Leitfähigkeit $\varkappa$ des Erdbodens abhängt und die Flußkoeffizienten alle gleich und unabhängig von der Lage des Leiters k über dem Erdboden sind. Die den Werten zugrunde liegende 1. Näherung ist bei einer Frequenz von 50 Hz, den vorkommenden Leitfähigkeiten des Erdbodens (maximal etwa 200 S/km) und den üblichen Leiterabständen und -höhen durchaus genau genug, insbesondere auch deshalb, da die vorausgesetzte Homogenität der Erde in keinem Fall gegeben ist und bereits hierdurch Fehler entstehen können, die größer als die durch die Näherung gemachten sind.

Für eine Frequenz von 50 Hz und eine mittlere Bodenleitfähigkeit von 20 S/km ergibt sich

$$\frac{1}{s} R_E = r_E = 0{,}0494\ \Omega/\text{km},$$

$$\delta = 660\ \text{m}.$$

Die stromführende Erde kann, wie schon in Abschn. 6.3.06 erwähnt, formal als Leiter aufgefaßt werden. Der ohmsche Widerstand dieses Leiters ist durch Gl. (6.068), seine Flußkoeffizienten sind durch Gl. (6.069) gegeben. In den Gleichungen der vorigen Abschnitte für die Induktivitäten und Gegeninduktivitäten brauchen, falls ein beliebiger Leiter k die Erde repräsentieren soll, nur die entsprechenden Werte D_{ik} und D_{kk} jeweils durch δ ersetzt zu werden.

Für die Ersatzschaltung der verdrillten Einfach- und Doppelleitung mit Erdseil und Erde (Bild 6.27) erhält man z. B. aus den Gln. (6.062) und (6.064), bzw. (6.063) und (6.065), wenn der Leiter $\bar{E}$ das Erdseil und der Leiter E die Erde repräsentieren sollen,

$$L_E = \frac{\mu_0 s}{2\pi} \ln \frac{\delta}{D}, \tag{6.071}$$

$$M = \frac{\mu_0 s}{2\pi} \ln \frac{D_{\bar{E}}}{D}, \tag{6 072}$$

bzw.

$$2 L_E = \frac{\mu_0 s}{2\pi} \ln \frac{\delta^2}{DD'}, \tag{6.073}$$

$$2 M = \frac{\mu_0 s}{2\pi} \ln \frac{D_{\bar{E}}^2}{DD'}. \tag{6.074}$$

6.3.11 Induktivitäten und Flußkoeffizienten von Bündelleitern

Um die bei hohen und höchsten Spannungen auftretenden Koronaverluste gering zu halten, ist es erforderlich, Leiterseile mit großen Durchmessern zu verwenden. Dies führte zur Konstruktion von Hohlseilen (s. Abschn. 6.1) und schließlich zur Verwendung von Bündelleitern. Bündelleiter sind Leiter, die aus mehreren parallelgeschalteten Einzelleitern bestehen. Bei den üblicherweise verwendeten Bündelleitern haben die Teilleiter alle gleichen Querschnitt und sind in den Ecken gleichseitiger Vielecke angeordnet (Bild 6.33).

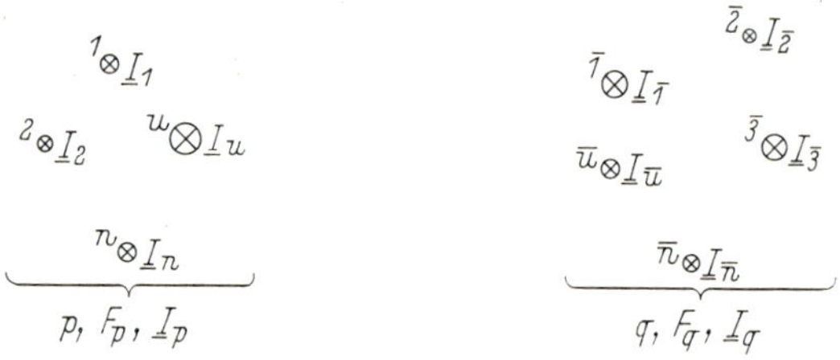

Bild 6.32 Schleife aus zwei beliebig aufgebauten Bündelleitern mit kreisförmigen Teilleiterquerschnitten.

Die Berechnung der Flußkoeffizienten und der Induktivitäten von Bündelleitern soll nicht an einem symmetrischen Bündel durchgeführt werden, da beabsichtigt ist, die sich für ein allgemeines Bündel ergebenden Beziehungen zur Verallgemeinerung der bisher benutzten, nur für runde Leiter geltenden Flußkoeffizienten zu verwenden.

Gegeben sei eine Leiterschleife aus zwei Bündelleitern p und q, die aus beliebig angeordneten Teilleitern mit kreisförmigen Querschnitten bestehen sollen (Bild 6.32).

Zur Kennzeichnung der Teilleiter des Bündels p sollen die Indizes u und v, für die des Bündels q $\bar{u}$ und $\bar{v}$ verwendet werden. Die Anzahl der Teilleiter von p sei n, die von q $\bar{n}$. Es werde vorausgesetzt, daß die Stromdichte in den Teilleitern der beiden Bündel jeweils konstant ist. Mit anderen Worten: Wenn F_u bzw. $F_{\bar{u}}$ die Querschnitte und $\underline{I}_u$ bzw. $\underline{I}_{\bar{u}}$ die Ströme der einzelnen Teilleiter sind, soll

$$\frac{\underline{I}_u}{F_u} = \underline{S}_p = \text{const}, \qquad \frac{\underline{I}_{\bar{u}}}{F_{\bar{u}}} = \underline{S}_q = \text{const} \tag{6.075}$$

sein.

Diese vorausgesetzte Stromverteilung stellt sich nur dann ein, wenn sie aus Symmetriegründen erforderlich ist (Schleife aus senkrecht hängenden symmetrischen Zweierbündeln), wenn bei konstantem $\varkappa$ der wirksame induktive Widerstand der einzelnen Teilleiter viel kleiner als deren ohmscher Widerstand ist ($\omega L_u \ll R_u$) oder wenn bei beliebigen symmetrischen Bündelleitern die Abstände der Bündel groß im Verhältnis zu ihren Abmessungen sind.

Für die betrachtete Leiterschleife sei für alle Teilleiter

$$R_u \gg \omega L_u \quad \text{bzw} \quad R_{\bar{u}} \gg \omega L_{\bar{u}}. \tag{6.076}$$

Da die resultierenden Flußkoeffizienten und Induktivitäten nicht von der Größe des ohmschen Widerstandes abhängen können, gilt das später gefundene Ergebnis unabhängig von der Bedingung (6.076), wenn nur die vorausgesetzte gleichmäßige Stromdichteverteilung gegeben ist.

Betrachtet sei zunächst ein beliebiger Teilleiter u des Bündels p. Man erhält für ihn unter Berücksichtigung der bekannten Stromverteilung (6.075) nach Gl. (6.038) aus Abschn. 6.3.04

$$\underline{\Phi}_{u0} = \underline{I}_u \frac{F_p}{F_u} \left[\sum_{v=1}^{v=n} \frac{F_v}{F_p} a_{uv} - \sum_{\bar{v}=\bar{1}}^{\bar{v}=\bar{n}} \frac{F_{\bar{v}}}{F_q} a_{u\bar{v}} \right] = \underline{I}_u \underline{L}_u = \underline{I}_u L_u, \tag{6.077}$$

wobei $F_p = \sum_{v-1}^{v=n} F_v$ und $F_q = \sum_{\bar{v}=\bar{1}}^{\bar{v}=\bar{n}} F_{\bar{v}}$ die Gesamtquerschnitte der Bündel sind. Die Ersatzschaltungsimpedanz des Teilleiters u ist somit

$$\underline{Z}_u = R_u + j\omega L_u \tag{6.078}$$

und die Gesamtimpedanz $\underline{Z}_p$ des Bündels p ergibt sich aus der Parallelschaltung der n Teilleiterimpedanzen $\underline{Z}_u$

$$\frac{1}{\underline{Z}_p} = \sum_{u=1}^{u=n} \frac{1}{\underline{Z}_u} = \sum_{u=1}^{u=n} \frac{1}{R_u + j\omega L_u} = \sum_{u=1}^{u=n} \frac{R_u - j\omega L_u}{Z_u^2}. \tag{6.079}$$

Wegen (6.076) kann $Z_u \approx R_u$ gesetzt werden, so daß

$$\frac{1}{\underline{Z}_p} \approx \sum_{u=1}^{u=n} \frac{1}{R_u}\left(1 - j\,\frac{\omega L_u}{R_u}\right) \tag{6.080}$$

ist. Mit $R_u = \frac{s}{\varkappa F_u}$ und Gl. (6.076) wird schließlich

$$\underline{Z}_p \approx \frac{1}{\sum\limits_{u=1}^{u=n} \frac{1}{R_u}} + j\omega\,\frac{1}{F_p^2}\sum_{u=1}^{u=n} L_u F_u^2 = R_p + j\omega L_p. \tag{6.081}$$

Setzt man in Gl. (6.081) für L_u die sich aus Gl. (6.077) ergebenden Werte ein, wird

$$L_p = \frac{1}{F_p^2}\sum_{u=1}^{u=n}\sum_{v=1}^{v=n} F_u F_v a_{uv} - \frac{1}{F_p F_q}\sum_{u=1}^{u=n}\sum_{\bar v=\bar 1}^{\bar v=\bar n} F_u F_{\bar v} a_{u\bar v} \tag{6.082}$$

oder mit eingesetzten Flußkoeffizienten

$$L_p = \frac{\mu_0 s}{2\pi}\left[\frac{1}{F_p^2}\sum_{u=1}^{u=n}\sum_{v=1}^{v=n} F_u F_v \ln\frac{A}{D_{uv}} - \frac{1}{F_p F_q}\sum_{u=1}^{u=n}\sum_{\bar v=\bar 1}^{\bar v=\bar n} F_u F_{\bar v} \ln\frac{A}{D_{u\bar v}}\right]$$

$$= \frac{\mu_0 s}{2\pi}\left(\ln\frac{A}{g_{pp}} - \ln\frac{A}{g_{pq}}\right) = \frac{\mu_0 s}{2\pi}\ln\frac{g_{pq}}{g_{pp}}, \tag{6.083}$$

worin

$$\ln\frac{g_{pp}}{A} = \frac{1}{F_p^2}\sum_{u=1}^{u=n}\sum_{v=1}^{v=n} F_u F_v \ln\frac{D_{uv}}{A}, \tag{6.084}$$

$$\ln\frac{g_{pq}}{A} = \frac{1}{F_p F_q}\sum_{u=1}^{u=n}\sum_{\bar v=\bar 1}^{\bar v=\bar n} F_u F_{\bar v} \ln\frac{D_{u\bar v}}{A}. \tag{6.085}$$

Wie noch gezeigt wird, ist g_{pp} der mittlere geometrische Abstand der aus den Querschnittsflächen der n Teilleiter bestehenden Gesamtquerschnittsfläche des Bündels p von sich selbst und g_{pq} der mittlere geometrische Abstand der Gesamtquerschnittsfläche des Bündels p vom Gesamtquerschnitt des Bündels q. Für den Leiter q findet man entsprechend

$$L_q = \frac{\mu_0 s}{2\pi}\left(\ln\frac{A}{g_{qq}} - \ln\frac{A}{g_{qp}}\right) = \frac{\mu_0 s}{2\pi}\ln\frac{g_{qp}}{g_{qq}} \tag{6.086}$$

mit

$$\ln\frac{g_{qq}}{A} = \frac{1}{F_q^2}\sum_{\bar u=\bar 1}^{\bar u=\bar n}\sum_{\bar v=\bar 1}^{\bar v=\bar n} F_{\bar u} F_{\bar v} \ln\frac{D_{\bar u\bar v}}{A}, \tag{6.087}$$

$$\ln\frac{g_{qp}}{A} = \frac{1}{F_q F_p}\sum_{\bar u=\bar 1}^{\bar u=\bar n}\sum_{v=1}^{v=n} F_{\bar u} F_{\bar v} \ln\frac{D_{\bar u v}}{A}. \tag{6.088}$$

g_{qq} ist entsprechend g_{pp} der mittlere geometrische Abstand der Gesamtquerschnittsfläche des Bündels q von sich selbst, und g_{qp} ist der mittlere geometrische Abstand der Gesamtquerschnittsfläche des Bündels q von der des Bündels p. Es gilt

$$g_{pq} = g_{qp}. \tag{6.089}$$

Als Induktivität der betrachteten Schleife p–q ergibt sich somit

$$L_{pq} = \frac{\mu_0 s}{2\pi} \ln \frac{g_{pq}^2}{g_{pp}\, g_{qq}}. \tag{6.090}$$

Haben die Teilleiter der beiden Bündel jeweils für sich gleiche Durchmesser $2\varrho_p$ bzw. $2\varrho_q$, vereinfachen sich die Gln. (6.084), (6.085) und (6.087) zu

$$\begin{aligned}
\ln \frac{g_{pp}}{A} &= \frac{1}{n^2} \sum_{u=1}^{u=n} \sum_{v=n}^{v=n} \ln \frac{D_{uv}}{A}, \\
\ln \frac{g_{pq}}{A} &= \frac{1}{n\bar{n}} \sum_{u=1}^{u=n} \sum_{\bar{v}-\bar{1}}^{\bar{v}=\bar{n}} \ln \frac{D_{\bar{u}\bar{v}}}{A}, \qquad (6.091)\\
\ln \frac{g_{qq}}{A} &= \frac{1}{\bar{n}^2} \sum_{\bar{u}=\bar{1}}^{\bar{u}=\bar{n}} \sum_{\bar{v}=\bar{1}}^{\bar{v}=\bar{n}} \ln \frac{D_{\bar{u}\bar{v}}}{A}
\end{aligned}$$

oder entlogarithmiert

$$\begin{aligned}
g_{pp} &= \sqrt[n^2]{\prod_{u=1}^{u=n} \prod_{v=1}^{v=n} D_{uv}}, \\
g_{pq} &= \sqrt[n\bar{n}]{\prod_{u=1}^{u=n} \prod_{\bar{v}=\bar{1}}^{\bar{v}=\bar{n}} D_{u\bar{v}}}, \qquad (6.091\,\text{a})\\
g_{qq} &= \sqrt[\bar{n}^2]{\prod_{\bar{u}=\bar{1}}^{\bar{u}=\bar{n}} \prod_{\bar{v}=\bar{1}}^{\bar{v}=\bar{n}} D_{\bar{u}\bar{v}}}.
\end{aligned}$$

Setzt man nun in den Gleichungen für die mittleren geometrischen Abstände der Bündel von sich selbst $D_{uu} = \varrho_p e^{-1/4}$ bzw. $D_{\bar{u}\bar{u}} = \varrho_q e^{-1/4}$, so wird aus diesen Gleichungen

$$g_{pp} = \sqrt[n^2]{\prod_{u=1}^{u=n} \prod_{\substack{v=1\\ v\neq u}}^{v=n} D_{uv}\, \varrho_p^n\, e^{-1/4n}} = \varrho_{0p}\, e^{-1/4n}, \tag{6.092}$$

$$g_{qq} = \sqrt[\bar{n}^2]{\prod_{\bar{u}=\bar{1}}^{\bar{u}=\bar{n}} \prod_{\substack{\bar{v}=\bar{1}\\ \bar{v}\neq u}}^{\bar{v}=\bar{n}} D_{\bar{u}\bar{v}}\, \varrho_q^{\bar{n}}\, e^{-1/4\bar{n}}} = \varrho_{0q}\, e^{-1/4\bar{n}}. \tag{6.093}$$

ϱ_{0p} und ϱ_{0q} oder allgemein ϱ_0 werden als Ersatzradius eines Bündels bezeichnet. Setzt man nun noch D für den mittleren geometrischen Abstand g_{pq} der Bündel voneinander, so erhält man für die Induktivität einer aus zwei gleichen Bündelleitern mit gleichen Teilleiterdurchmessern bestehenden Schleife

$$L_S = \frac{\mu_0 s}{\pi}\left(\ln\frac{D}{\varrho_0} + \frac{1}{4n}\right) = 2 L_B. \tag{6.094}$$

Sie ist gleich der doppelten Betriebsinduktivität einer Drehstromleitung aus solchen Bündeln.

Die üblicherweise verwendeten Bündelleiter haben, wie schon erwähnt, gleiche Teilleiterdurchmesser, außerdem sind die Teilleiter in den Ecken regelmäßiger Vielecke angeordnet. Die Teilleiter eines solchen Bündels sind alle gleichwertig, so daß das Produkt $\prod\limits_{v=1}^{v=n} D_{uv}$ unabhängig von u ist. Für solche symmetrischen Bündel ist deshalb der Ersatzradius

$$\varrho_0 = \sqrt[n]{\prod_{\substack{v=1\\ v\neq u}}^{v=n} D_{uv}\,\varrho}\,, \tag{6.095}$$

worin ϱ der Radius der Teilleiter ist und u beliebig gewählt werden kann. Nach Gl. (6.095) findet man für die symmetrischen Zweier-, Dreier- und Vierer-Bündel die in Bild 6.33 angegebenen Ersatzradien. Dabei ist ϱ jeweils der Teilleiterradius und R der Radius des Umkreises des zum jeweiligen Bündel gehörigen Vieleckes.

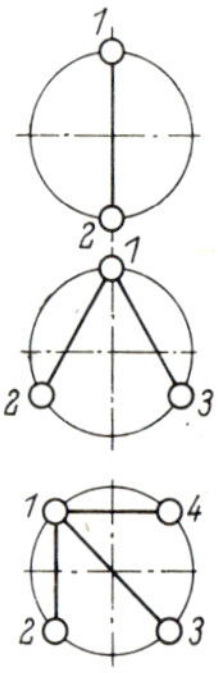

$$\varrho_0 = \sqrt[2]{D_{12}\,\varrho} = \sqrt[2]{2\varrho R^{(2-1)}}$$

$$\varrho_0 = \sqrt[3]{D_{12}\,D_{13}\,\varrho} = \sqrt[3]{3\varrho R^{(3-1)}}$$

$$\varrho_0 = \sqrt[4]{D_{12}\,D_{13} D_{14}\,\varrho} = \sqrt[4]{4\varrho R^{(4-1)}}$$

Bild 6.33 Symmetrische Bündelleiter.

Für den Ersatzradius eines symmetrischen Bündels aus n Teilleitern folgt aus den in Bild 6.33 angegebenen Ersatzradien der symmetrischen Zweier-, Dreier- und Vierer-Bündel

$$\varrho_0 = \sqrt[n]{n\varrho R^{(n-1)}}\,. \tag{6.096}$$

Zur Bestimmung der Flußkoeffizienten von Bündelleitern seien die beiden Bündel p und q jeweils für sich als ein Leiter betrachtet. Die diesen Leitern zugeordneten Induktivitäten ergeben sich formal nach Gl. (6.038) zu

$$\begin{aligned} L_p &= a_{pp} - a_{pq}, \\ L_q &= a_{qq} - a_{qp}, \end{aligned} \tag{6.097}$$

wobei a_{pp}, a_{pq}, a_{qp} und a_{qq} als resultierende Flußkoeffizienten der Bündel p und q aufgefaßt werden können. Durch Vergleich von (6.097) mit (6.083) und (6.086) findet man

$$\begin{aligned} a_{pp} &= \frac{\mu_0 s}{2\pi} \ln \frac{A}{g_{pp}}, \\ a_{pq} = a_{qp} &= \frac{\mu_0 s}{2\pi} \ln \frac{A}{g_{pq}}, \\ a_{qq} &= \frac{\mu_0 s}{2\pi} \ln \frac{A}{g_{qq}}. \end{aligned} \tag{6.098}$$

Bündelleiter können hiernach wie einzelne Leiter behandelt werden, wenn für sie in die zunächst nur für Einzelleiter gefundenen Beziehungen die resultierenden Flußkoeffizienten nach (6.098) eingesetzt werden. Dies ist gleichbedeutend mit dem Ersetzen der Leiterabstände durch die mittleren geometrischen Abstände der Bündel und der Leiterradien durch die Ersatzradien der Bündel. Allerdings ist hierbei noch darauf zu achten, daß sich bei Bündelleitern der Anteil der inneren Induktivität verringert (bei gleichen Teilleiterdurchmessern auf ein n-tel). Beispielsweise kann so Gl. (6.094) aus (6.019) gewonnen werden.

6.3.12 Die Verallgemeinerung der Flußkoeffizienten auf Leiter beliebigen Querschnitts

In den vorigen Abschnitten wurden nur Leiter mit kreisförmigem Querschnitt betrachtet. In diesem Abschnitt sollen nun mit Hilfe der für die resultierenden Flußkoeffizienten von Bündelleitern gewonnenen Ergebnisse die Flußkoeffizienten von Leitern beliebigen Querschnitts — wieder unter der Voraussetzung gleichmäßiger Stromdichteverteilung — ermittelt werden.

Betrachtet sei die in Bild 6.34 im Schnitt dargestellte Schleife aus zwei Leitern beliebigen Querschnitts. Stellt man sich die beiden Leiter in unendlich viele Teilleiter mit den Querschnitten dF_u bzw. $dF_ü$ aufgelöst vor, so können die für Bündelleiter erhaltenen Ergebnisse übernommen werden, wenn in den Gln. (6.084), (6.085) und (6.087) die Summen durch Integrale ersetzt werden. Es wird

$$\ln\frac{g_{pp}}{A} = \frac{1}{F_p^2}\int\limits_{F_p}\int\limits_{F_p}\ln\frac{D_{uv}}{A}\,dF_v\,dF_u,$$

$$\ln\frac{g_{pq}}{A} = \frac{1}{F_p F_q}\int\limits_{F_p}\int\limits_{F_q}\ln\frac{D_{u\bar{v}}}{A}\,dF_{\bar{v}}\,dF_u, \tag{6.101}$$

$$\ln\frac{g_{qq}}{A} = \frac{1}{F_q^2}\int\limits_{F_q}\int\limits_{F_q}\ln\frac{D_{\bar{u}\bar{v}}}{A}\,dF_{\bar{v}}\,dF_{\bar{u}}.$$

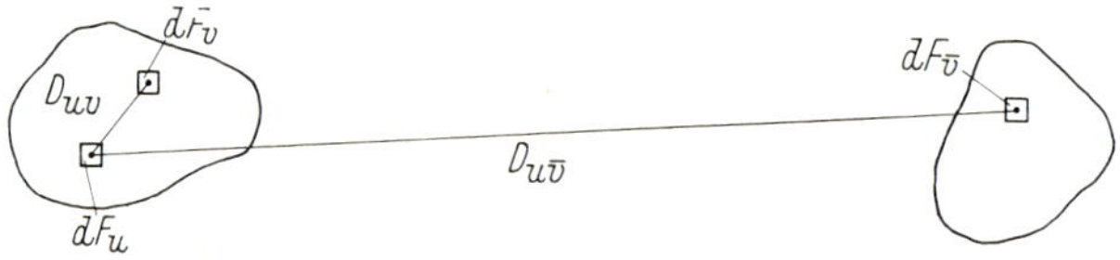

Bild 6.34 Schleife aus zwei Leitern beliebigen Querschnitts.

Bei der Berechnung der Induktivitäten und Flußkoeffizienten von Bündelleitern waren zwar Teilleiter mit kreisförmigen Querschnitten vorausgesetzt worden, es läßt sich jedoch zeigen, daß bei unendlich feiner Unterteilung die Form der Querschnittsflächen der Teilleiter keine Rolle spielt.

Die durch die Gl. (6.101) festgelegten Größen g_{pp}, g_{qq} und g_{pq} sind nichts anderes als die mittleren geometrischen Abstände der Querschnittsflächen des Leiters p von sich selbst (g_{pp}), des Leiters q von sich selbst (g_{qq}) und der Querschnittsfläche des Leiters p von der des Leiters q (g_{pq}). Die in den Flußkoeffizienten stehenden Abstände sind also mittlere geometrische Abstände! Eine Bestätigung hierfür liefert die Berechnung dieser Abstände für Leiter mit kreisförmigen Querschnitten. Man findet für den mittleren geometrischen Abstand einer Kreisfläche mit dem Radius ϱ_p von sich selbst

$$g_{pp} = \varrho_p e^{-1/4} \tag{6.102}$$

und für den gegenseitigen mittleren geometrischen Abstand zweier Kreisflächen p und q mit dem Mittelpunktsabstand D_{pq}

$$g_{pq} = g_{qp} = D_{pq}. \tag{6.103}$$

Der mittlere geometrische Abstand zweier Kreisflächen ist gleich deren Mittelpunktsabstand. Dies gilt in gleicher Weise für Kreisringflächen (Hohlleiter).

Die Gln. (6.030) für die Flußkoeffizienten können nun durch Einführen der mittleren geometrischen Abstände auf Leiter mit beliebigen Querschnitten verallgemeinert werden. Es wird

$$a_{kk} = \frac{\mu_0 s}{2\pi} \ln \frac{A}{g_{kk}},$$
$$a_{ki} = \frac{\mu_0 s}{2\pi} \ln \frac{A}{g_{ki}} = a_{ik}. \qquad (6.104)$$

g_{kk} und g_{ki} ergeben sich aus (6.101), wenn für $p \to k$ und für $q \to i$ gesetzt wird.

Alle in den Abschn. 6.3.02 bis 6.3.08 für Leiter mit Kreisquerschnitten hergeleiteten Beziehungen für Induktivitäten und Gegeninduktivitäten können auf Leiter mit beliebigen Querschnitten verallgemeinert werden, wenn für $D_{kk} \to g_{kk}$ und für $D_{ki} \to g_{ki}$ gesetzt wird. Die so gewonnenen Beziehungen gelten, wenn, wie mehrfach erwähnt, die Stromdichte über den Leiterquerschnitten gleichmäßig verteilt ist, auch dann, wenn die zu Beginn des Abschn. 6.3 gemachte Voraussetzung, daß die Leiterabmessungen klein gegen die Leiterabstände sein sollen, nicht erfüllt ist.

Bei großen Leiterquerschnitten stellen die Beziehungen, wenn es sich um Wechselstrom handelt, nur eine Näherung dar, da hier schon bei 50 Hz eine merkliche Stromverdrängung auftritt.

Die Leiter von Freileitungen und Kabeln sind meist Seile, die aus gleichen Einzeldrähten bestehen. Die mittleren geometrischen Abstände solcher Seile lassen sich deshalb mit den Gln. (6.091) bzw. (6.091a) ermitteln. Für die gegenseitigen mittleren geometrischen Abstände können die Abstände der Seilachsen genommen werden.

Bei der Berechnung der Induktivitäten von Freileitungen genügt es meist, die Seilquerschnitte als Vollquerschnitte mit dem Durchmesser der Seile anzunähern. Dies führt selbst bei Stahl-Aluminiumseilen, sofern sie mehr als eine Lage Aluminiumdrähte besitzen, nur zu Fehlern in der Größenordnung 1%, obwohl der wirksame Querschnitt eines Stahl-Aluminiumseiles auch nicht angenähert einem Vollquerschnitt gleicht.

6.3.13 Die näherungsweise Berechnung der Induktivitäten von Sammelschienen

Die Berechnung von Induktivitäten und Gegeninduktivitäten und überhaupt die Berechnung von induktiven Beeinflussungen in Mehrleitersystemen ist durch die vorangegangenen Überlegungen zum großen

Teil auf die Berechnung mittlerer geometrischer Abstände zurückgeführt worden. Allerdings macht diese Berechnung bei nicht rotationssymmetrischen Querschnitten erhebliche Mühe. Es sei deshalb hier ein Verfahren zur näherungsweisen Berechnung mittlerer geometrischer Abstände von Rechteckflächen angegeben.

Man teilt die Flächen, deren mittlere geometrische Abstände bestimmt werden sollen, in eine Anzahl gleicher (am besten quadratischer) Teilflächen auf (s. Bild 6.35). Für die gesuchten mittleren geometrischen Abstände erhält man dann (noch ohne Näherung), indem man in (6.091 a) D_{uv} und $D_{u\bar{v}}$ durch die entsprechenden mittleren geometrischen Abstände der Teilflächen g_{uv} und $g_{u\bar{v}}$ ersetzt,

$$
\begin{aligned}
g_{pp} &= \sqrt[n^2]{\prod_{u=1}^{u=n} \prod_{v=1}^{v=n} g_{uv}}\,, \\
g_{pq} &= \sqrt[n\bar{n}]{\prod_{u=1}^{u=n} \prod_{\bar{v}=\bar{1}}^{\bar{v}=\bar{n}} g_{u\bar{v}}}\,, \\
g_{qq} &= \sqrt[\bar{n}^2]{\prod_{\bar{u}=\bar{1}}^{\bar{u}=\bar{n}} \prod_{\bar{v}=\bar{1}}^{\bar{v}=\bar{n}} g_{\bar{u}\bar{v}}}\,.
\end{aligned}
\tag{6.105}
$$

Nun ist der gegenseitige mittlere geometrische Abstand zweier Flächen, die in Länge und Breite ungefähr die gleiche Ausdehnung haben, schon bei geringen Abständen annähernd gleich dem Abstand der Flächenschwerpunkte, so daß bei einer Unterteilung in Quadrate die gegenseitigen mittleren geometrischen Abstände der Teilflächen näherungsweise gleich den Abständen ihrer Flächenschwerpunkte gesetzt werden können. Somit wird aus (6.105), wenn D_{uv} und $D_{u\bar{v}}$ die gegenseitigen Schwerpunktsabstände sind,

$$
\begin{aligned}
g_{pp} &\approx \sqrt[n^2]{\prod_{\substack{u=1}}^{u=n} \prod_{\substack{v=1\\ v\neq u}}^{v=n} D_{uv}\, g_{uu}}\,, \\
g_{pq} &\approx \sqrt[n\bar{n}]{\prod_{u=1}^{u=n} \prod_{\bar{v}=\bar{1}}^{\bar{v}=\bar{n}} D_{u\bar{v}}}\,, \\
g_{qq} &\approx \sqrt[\bar{n}^2]{\prod_{\bar{u}=\bar{1}}^{\bar{u}=\bar{n}} \prod_{\substack{\bar{v}=\bar{1}\\ \bar{v}\neq\bar{u}}}^{\bar{v}=\bar{n}} D_{\bar{u}\bar{v}}\, g_{\bar{u}\bar{u}}}\,.
\end{aligned}
\tag{6.106}
$$

Je nach Feinheit der Unterteilung der Flächen ist die angegebene Näherung mehr oder weniger genau. Um sie anwenden zu können, muß der mittlere geometrische Abstand der gewählten Teilfläche von sich selbst, insbesondere bei grober Unterteilung, genügend genau bekannt sein. Der mittlere geometrische Abstand eines Quadrates mit der Seitenlänge a ist $0{,}447\,a$.

Als Beispiel seien die mittleren geometrischen Abstände und die Induktivitäten der in Bild 6.36 dargestellten Drehstromsammelschiene aus Leitern mit Rechteckquerschnitt näherungsweise berechnet. Dazu werden die Querschnitte der Schienen in je vier quadratische Teilflächen aufgeteilt.

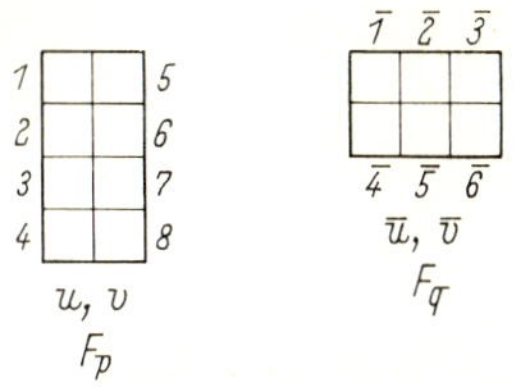

Bild 6.35 Zur näherungsweisen Berechnung der Induktivitäten von Sammelschienen rechteckigen Querschnitts.

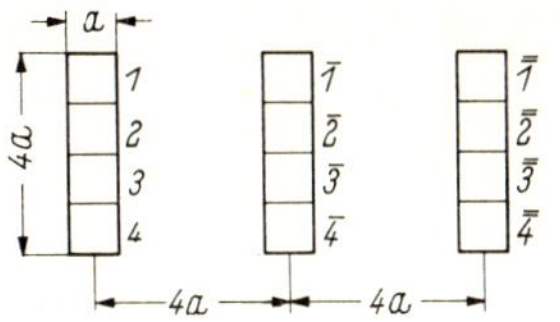

Bild 6.36 Beispiel zur näherungsweisen Berechnung der Induktivitäten einer Drehstromsammelschiene.

Mit den Gln. (6.106) wird unter Ausnützung vorhandener Symmetrien

$$g_{RR} = g_{SS} = g_{TT} = \sqrt[8]{\begin{matrix} g_{11} D_{12} D_{13} D_{14} \cdot \\ D_{21} g_{11} D_{23} D_{24} \end{matrix}} = \sqrt[8]{\begin{matrix} 0{,}447 \cdot 1 \cdot 2 \cdot 3 \cdot \\ 1 \cdot 0{,}447 \cdot 1 \cdot 2 \end{matrix}}\; a$$

$$= 1{,}115\, a\,,$$

$$g_{RS} = g_{ST} = \sqrt[16]{\begin{matrix} D_{1\bar{1}}^2 D_{1\bar{2}}^2 D_{1\bar{3}}^2 D_{1\bar{4}}^2 \cdot \\ D_{2\bar{1}}^2 D_{2\bar{2}}^2 D_{2\bar{3}}^2 D_{2\bar{4}}^2 \end{matrix}} = \sqrt[16]{\begin{matrix} 16 \cdot 17 \cdot 20 \cdot 25 \cdot \\ 17 \cdot 16 \cdot 17 \cdot 20 \end{matrix}}\; a$$

$$= 4{,}278\, a$$

$$g_{RT} = \sqrt[16]{\begin{matrix} D_{1\bar{\bar{1}}}^2 D_{1\bar{\bar{2}}}^2 D_{1\bar{\bar{3}}}^2 D_{1\bar{\bar{4}}}^2 \cdot \\ D_{2\bar{\bar{1}}}^2 D_{2\bar{\bar{2}}}^2 D_{2\bar{\bar{3}}}^2 D_{2\bar{\bar{4}}}^2 \end{matrix}} = \sqrt[16]{\begin{matrix} 64 \cdot 65 \cdot 68 \cdot 73 \cdot \\ 65 \cdot 64 \cdot 65 \cdot 68 \end{matrix}}\; a$$

$$= 8{,}151\,\mathrm{a}.$$

Setzt man in den Gln. (6.043) für die Indizes 1, 2 und 3 R, S, T, so erhält man die gesuchten Induktivitäten zu

$$L_R = L_T = \frac{\mu_0 s}{2\pi} \ln \frac{g_{RS}\, g_{TR}}{g_{RR}\, g_{ST}} = \frac{\mu_0 s}{2\pi} \ln \frac{8{,}151}{1{,}115} = 0{,}397 \cdot s \quad \mu\mathrm{H/m},$$

$$L_S = \frac{\mu_0 s}{2\pi} \ln \frac{g_{ST}\, g_{RS}}{g_{SS}\, g_{TR}} = \frac{\mu_0 s}{2\pi} \ln \frac{4{,}278^2}{1{,}115 \cdot 8{,}151} = 0{,}140 \cdot s \quad \mu\mathrm{H/m}.$$

Die genaue Berechnung der mittleren geometrischen Abstände zeigt, daß die mit der obigen Näherung gewonnenen Werte für $g_{RS} = g_{ST}$ und g_{RT} bereits auf drei Stellen nach dem Komma mit den genauen Werten übereinstimmen, während der exakte Wert für $g_{RR} = g_{SS} = g_{TT}$ auf drei Stellen hinter dem Komma 1,118a lautet. Der Einfluß dieser Abweichung auf die Induktivitäten ist jedoch äußerst gering.

6.4 Kapazitäten von Leitungen

Zur Berechnung der Kapazitäten von Leitungen sind Kenntnisse über das elektrische Feld langer zylindrischer Leiter erforderlich. Um das Problem zu vereinfachen, seien die Leiter, wie bei der Berechnung der Induktivitäten, gerade gestreckt und parallel angenommen. Außerdem seien die Abstände zwischen den einzelnen Leitern klein gegen die Leitungslänge, so daß das elektrische Feld, abgesehen von kleinen Bereichen am Anfang und Ende der Leitung, eben ist. Es genügt hier, Leiter mit rotationssymmetrischen Querschnitten zu betrachten. Ferner können in den meisten Fällen (bei Freileitungen) die Durchmesser der Leiter gegenüber ihren Abständen voneinander vernachlässigt werden.

Die Kapazitäten sollen für ein Leitungsstück der Länge s berechnet werden. Unter der gemachten Voraussetzung, daß die Querabmessungen der Leitungen viel kleiner als die Leitungslängen sein sollen, kann s auch für die gesamte Leitungslänge gesetzt werden, ohne daß durch die Randeffekte am Anfang und Ende ein merklicher Fehler gemacht wird.

In diesem Abschnitt wird es meist nicht erforderlich sein, bei den auftretenden elektrischen Größen (Ladungen, Potentiale und Spannungen) zwischen Augenblickswerten bei beliebiger zeitlicher Veränderlichkeit und Zeigern bei sinusförmiger Zeitabhängigkeit zu unterscheiden, da für beides dieselben Gleichungen gelten. Als Formelzeichen sind große Buchstaben ohne jeglichen Zusatz gewählt worden.

6.4.01 Das elektrische Feld eines langgestreckten Leiters mit kreisförmigem Querschnitt

In Bild 6.37 ist ein langer kreiszylindrischer Leiter mit der Länge s und dem Durchmesser 2ϱ im Schnitt senkrecht zur Leiterachse dargestellt. Die Leiterachse falle mit der z-Achse eines Koordinatensystems zusammen. Bringt man auf den Leiter die Ladung $+Q$, so verteilt sich diese, falls der Leiter sich in einem homogenen Raum befindet — dies sei hier vorausgesetzt — gleichmäßig auf die Leiteroberfläche, wenn man von den Rändern absieht. Es bildet sich ein radial-symmetrisches elektrisches Verschiebungsfeld aus, dessen Stärke bis auf die Randzonen an den Enden des Leiters, solange $r \ll s$, nur vom Radius abhängt und dessen Richtung außerhalb der Randzonen radial ist.

$$\vec{D} = D(r)\,\frac{\vec{r}}{r}. \qquad (6.110)$$

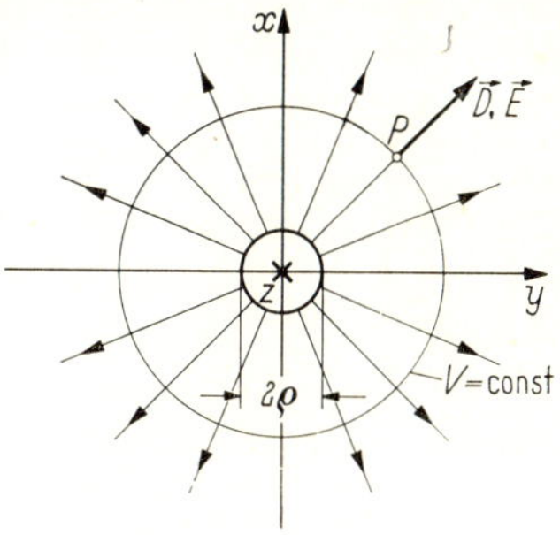

Bild 6.37 Elektrisches Feld eines geladenen, langen kreiszylindrischen Leiters.

Richtungssinn und Stärke des Feldes sind durch Gl. (2.026) festgelegt. Unter Vernachlässigung der Ränder ist

$$\int \vec{D}\,d\vec{F} = D\,2\pi\,r s = Q \qquad (6.111)$$

oder

$$D = \frac{Q}{2\pi s}\,\frac{1}{r}. \qquad (6.112)$$

Die elektrische Feldstärke wird hieraus mit (2.029)

$$\vec{E} = \frac{Q}{2\pi\varepsilon s}\,\frac{1}{r}\,\frac{\vec{r}}{r} \qquad (6.113)$$

oder unter Einführung der maximalen Feldstärke an der Leiteroberfläche

$$E_{\max} = E(\varrho) = \frac{Q}{2\pi\varepsilon s}\,\frac{1}{\varrho}, \qquad (6.114)$$

$$\vec{E} = E_{\max}\,\frac{\varrho}{r}\,\frac{\vec{r}}{r}. \qquad (6.115)$$

Dem elektrischen Feld ist ein Potential zugeordnet, das ebenfalls außerhalb der Randzonen für $r \ll s$ nur vom Radius abhängt:

$$V = V(r). \qquad (6.116)$$

Wählt man im Abstand r_A von der Leiterachse einen Bezugspunkt A, dessen Potential $V(A) = V(r_A) = 0$ ist, so wird das Potential eines Punktes P im Abstand r von der Leiterachse

$$V(P) = V(r) = -\int_A^P \vec{E}\,d\vec{s}$$

$$= -\frac{Q}{2\pi\varepsilon s}\int_{r_A}^{r}\frac{dr}{r} = \frac{Q}{2\pi\varepsilon s}\ln\frac{r_A}{r} = E_{\max}\,\varrho\,\ln\frac{r_A}{r}. \qquad (6.117)$$

In Bild 6.38 ist der Verlauf des Betrages der elektrischen Feldstärke und des Potentiales in Abhängigkeit von r/ϱ angegeben. Für r_A ist hierbei 10ϱ gewählt.

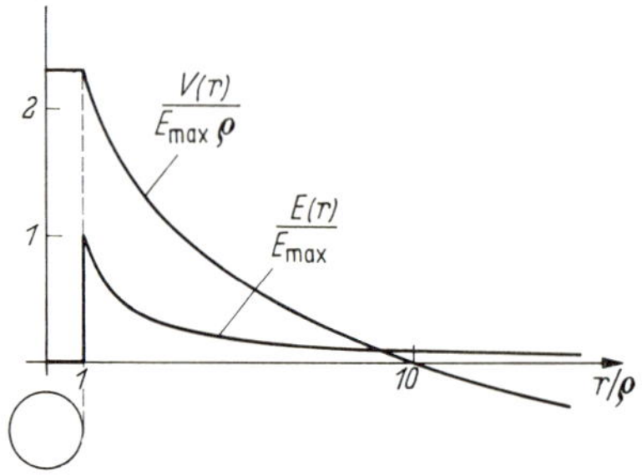

Bild 6.38 Verlauf der elektrischen Feldstärke und des Potentials in Abhängigkeit von r/ϱ. Das Potential an der Stelle $r/\varrho = 10$ ist Null gesetzt.

Wie aus Gl. (6.117) hervorgeht, sind die Äquipotentialflächen des betrachteten Feldes, abgesehen von den Rändern, für $r \ll s$ Kreiszylinderflächen.

Läßt man den Radius des betrachteten Leiters gegen Null gehen, ergibt sich das Feld einer sog. Linienladung, das ist eine Ladung, die man sich auf einer Linie gleichmäßig verteilt denkt.

6.4.02 Die Kapazität eines Koaxialkabels

Betrachtet man anstelle eines Leiters mit vollem Kreisquerschnitt einen Hohlleiter mit Kreisringquerschnitt, so stellt man fest, daß sich bei gleichem Außendurchmesser und gleicher Ladung das gleiche elektrische Feld ausbildet. Im Innern des Hohlleiters ist keine Feldstärke vorhanden. Dies ergibt sich aus Gl. (2.026) und der Symmetrie der Anordnung. Bei dem in Bild 6.39 dargestellten Koaxialkabel befinde sich auf dem Innenleiter (1) die Ladung $+Q$, auf dem Außenleiter (2) die Ladung $-Q$. Aus dem oben Gesagten folgt, daß ein elektrisches Feld nur zwischen den beiden Leitern im Innern besteht, während sich außerhalb die von den Ladungen der beiden Leiter erzeugten Felder aufheben. Das Feld im Innern rührt nur von der Ladung des Innenleiters her und wird durch den Außenleiter nicht beeinflußt. Es gelten für $\varrho \leq r \leq R$ die Gln. (6.113) und (6.117).

Das Potential des Innenleiters wird nach (6.117)

$$V_1 = V(\varrho) = \frac{Q}{2\pi\varepsilon s} \ln \frac{r_A}{\varrho} \tag{6.118}$$

und das des Außenleiters

$$V_2 = V(R) = \frac{Q}{2\pi\varepsilon s} \ln \frac{r_A}{R}. \tag{6.119}$$

Die Spannung U_{12} zwischen Außen- und Innenleiter ist somit

$$U_{12} = V_1 - V_2 = \frac{Q}{2\pi\varepsilon s} \ln \frac{R}{\varrho}. \tag{6.120}$$

Hieraus ergibt sich die Kapazität C als Quotient aus Ladung und Spannung

$$C = \frac{Q}{U_{12}} = \frac{2\pi\varepsilon s}{\ln \frac{R}{\varrho}}. \qquad (6.121)$$

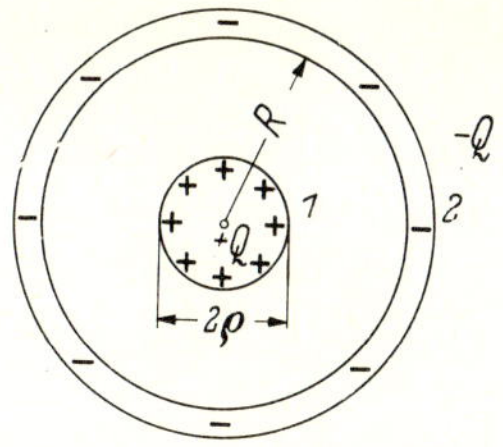

Bild 6.39 Zur Berechnung der Kapazität eines Koaxialkabels.

Die maximale Feldstärke wird nach (6.114) mit (6.121)

$$E_{\max} = \frac{C U_{12}}{2\pi\varepsilon s \varrho} = \frac{U_{12}}{\varrho \ln R/\varrho}. \qquad (6.122)$$

6.4.03 Die Kapazität einer Leiterschleife

In Bild 6.40 sind zwei Leiter 1 und 2 dargestellt, deren Durchmesser klein gegenüber ihrem gegenseitigen Abstand a seien. a sei wiederum klein gegen die Länge s der Leiter.

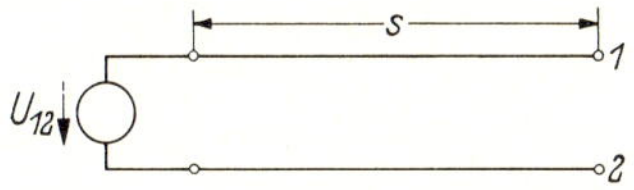

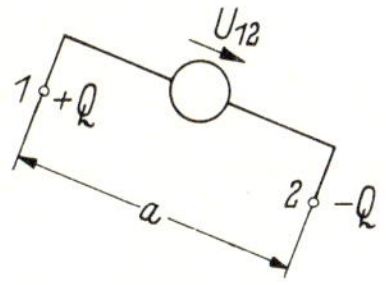

Bild 6.40 An Spannung liegende Schleife aus zwei Leitern.

Die angelegte Spannung U_{12} bewirkt eine Ladungsverschiebung auf den Leitern derart, daß Leiter 1 mit der Ladung $+Q$, Leiter 2 mit der Ladung $-Q$ geladen wird. Die sich durch die beiden Ladungen ausbildenden elektrischen Felder entsprechen wegen der gemachten Voraussetzungen den Feldern von Linienladungen und überlagern sich ungestört.

Das Potential in einem beliebigen Punkt P, der von den beiden Leitern die Abstände r_{P1} und r_{P2} hat, setzt sich aus zwei Anteilen zusammen, die von den beiden Ladungen herrühren und die durch Gl. (6.117) gegeben sind. Wählt man als Bezugspunkt A mit dem Potential Null einen Punkt, der von den Achsen beider Leiter gleichen Abstand r_A hat, so ergibt sich das Potential des Punktes P zu

$$V(P) = \frac{+Q}{2\pi\varepsilon s} \ln \frac{r_A}{r_{P1}} + \frac{-Q}{2\pi\varepsilon s} \ln \frac{r_A}{r_{P2}} = \frac{Q}{2\pi\varepsilon s} \ln \frac{r_{P2}}{r_{P1}}. \qquad (6.123)$$

Als Bedingung für die Äquipotentialflächen ergibt sich hieraus unmittelbar

$$\frac{r_{P2}}{r_{P1}} = \text{const}. \qquad (6.124)$$

Nach dem Satz des Apollonius ist der geometrische Ort für Punkte, deren Abstände von zwei festen Punkten ein konstantes Verhältnis bilden, ein Kreis. Die Äquipotentialflächen sind also Kreiszylinderflächen. In Bild 6.41 sind die Spuren K und K' zweier solcher Äquipotentialflächen wiedergegeben. Ihre Durchmesser seien beide gleich 2ϱ, ihr Mittelpunktsabstand D.

Da der Kreis K die Spur einer Äquipotentialfläche ist, muß das Potential des Punktes F an der Innenseite gleich dem des Punktes G an der Außenseite sein

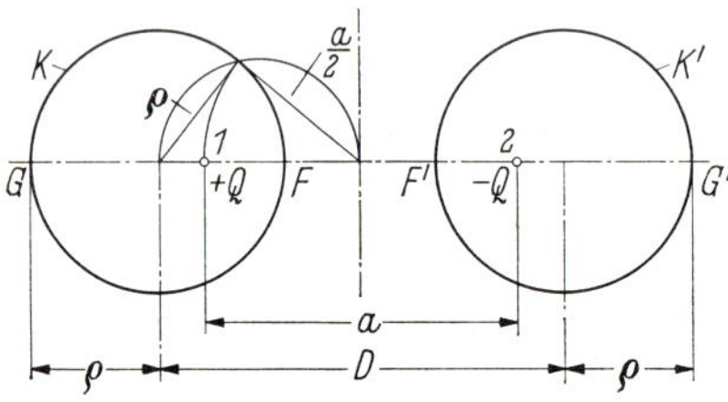

Bild 6.41 Zur Berechnung der Kapazität einer Leiterschleife mit endlichen Leiterdurchmessern.

$$V(F) = V(G). \tag{6.125}$$

Nach Gl. (6.123) folgt hieraus

$$\frac{r_{F2}}{r_{F1}} = \frac{r_{G2}}{r_{G1}} \tag{6.126}$$

oder in a, D und ϱ ausgedrückt

$$\frac{a/2 + (D/2 - \varrho)}{a/2 - (D/2 - \varrho)} = \frac{a/2 + (D/2 + \varrho)}{-a/2 + (D/2 + \varrho)}, \tag{6.127}$$

woraus sich

$$\frac{a}{2} = \sqrt{(D/2)^2 - \varrho^2} \tag{6.128}$$

ergibt.

Bildet man die betrachteten Potentialflächen durch metallische Hohlzylinder nach, so ändert sich hierdurch das elektrische Feld nicht. Dies bedeutet, daß das elektrische Feld zweier geladener Kreiszylinder mit dem Radius ϱ und dem gegenseitigen Abstand D mit dem Feld zweier Linienladungen im Abstand a außerhalb der Leiter übereinstimmt. a läßt sich bei gegebenem D und ϱ nach Gl.(6.128) durch die in Bild 6.41 angegebene Konstruktion ermitteln.

Zur Berechnung der Kapazität der beiden Zylinder müssen deren Potentiale bestimmt werden. Es ist nach (6.123)

$$V(F) = \frac{Q}{2\pi\varepsilon s} \ln \frac{r_{F2}}{r_{F1}} \tag{6.129}$$

und aus Symmetriegründen

$$V(F') = -V(F), \tag{6.130}$$

so daß sich für die Spannung zwischen den beiden Zylindern

$$U_{KK'} = V(F) - V(F') = 2V(F) = 2\frac{Q}{2\pi\varepsilon s} \ln \frac{r_{F2}}{r_{F1}} \tag{6.131}$$

ergibt. Setzt man nun für das Verhältnis r_{F2}/r_{F1} die linke Seite der Gl. (6.127) ein und berücksichtigt (6.128), so wird nach einer Umformung

$$\frac{r_{F2}}{r_{F1}} = \frac{D}{2\varrho}\left(1 + \sqrt{1 - (2\varrho/D)^2}\right). \qquad (6.132)$$

Bei Freileitungen ist der Leiterdurchmesser 2ϱ meist viel kleiner als der Abstand der Leiter, so daß hierfür näherungsweise

$$\frac{r_{F2}}{r_{F1}} \approx \frac{D}{\varrho}\left(1 - (\varrho/D)^2\right) \approx \frac{D}{\varrho} \qquad (6.133)$$

gesetzt werden kann. Die Kapazität zweier langer kreiszylindrischer Leiter mit dem Radius ϱ und dem Abstand D ist also unter der Bedingung $2\varrho \ll D$

$$C_S = \frac{\pi \varepsilon s}{\ln \frac{D}{\varrho}}. \qquad (6.134)$$

Aus Gl. (6.128) erkennt man, daß für $2\varrho \ll D \to a \approx D$ wird. Der Sitz der angenommenen Linienladungen fällt hierfür praktisch mit den Leiterachsen zusammen. Im weiteren werden nur Fälle betrachtet, bei denen diese Annahme für alle Leiter zutrifft.

6.4.04 Der Einfluß der Erde auf das elektrische Feld

Das elektrostatische Feld kann an Grenzflächen Isolator-Leiter wegen der Beweglichkeit der Ladungen in Leitern keine Tangentialkomponente haben. Die Feldlinien des elektrostatischen Feldes stehen deshalb immer senkrecht zu Leiteroberflächen.

Da die Erde ein elektrischer Leiter ist, gilt dies auch für sie. Die Bedingung $E_{\text{tangential}} = 0$ kann an ebenen Leiteroberflächen durch das sogenannte Spiegelungsprinzip erfüllt werden. Es besagt, daß das Senkrechtstehen der Feldlinien an einer ebenen Grenzfläche Isolator-Leiter ganz allgemein dadurch berücksichtigt werden kann, daß der *ganze* Raum als isolierend betrachtet wird und spiegelsymmetrisch zur Grenzfläche die negative der vorhandenen Ladungsverteilung angenommen wird. Dies sei am Beispiel einer Linienladung über Erde erläutert:

In Bild 6.42a ist das Feld zweier entgegengesetzt gleicher Linienladungen gezeigt. Schiebt man in die Symmetrieebene S dieses Feldes eine leitende Doppelplatte ein (Bild 6.42b), so wird das Feld hierdurch nicht verändert, da die Symmetrieebene eine Äquipotentialfläche ist. Auf der Doppelplatte werden jedoch die in Bild 6.42b eingezeichneten

Ladungen influenziert und hierdurch die Felder der beiden Ladungen gegeneinander abgeschirmt. In Bild 6.42c sind die Ladung $-Q$ und die untere Platte entfernt worden. Das Feld oberhalb hat sich dabei wegen der Abschirmung nicht geändert. In Bild 6.42d ist schließlich der ganze untere Halbraum von einem elektrischen Leiter erfüllt. Auch dies beeinflußt das Feld oberhalb der Grenzfläche nicht. Bild 6.42d entspricht dem Feld einer Linienladung über Erde. Dies ist jedoch im oberen Halbraum identisch mit dem Feld zweier entgegengesetzt gleicher Linienladungen, die spiegelbildlich zur Erdoberfläche liegen.

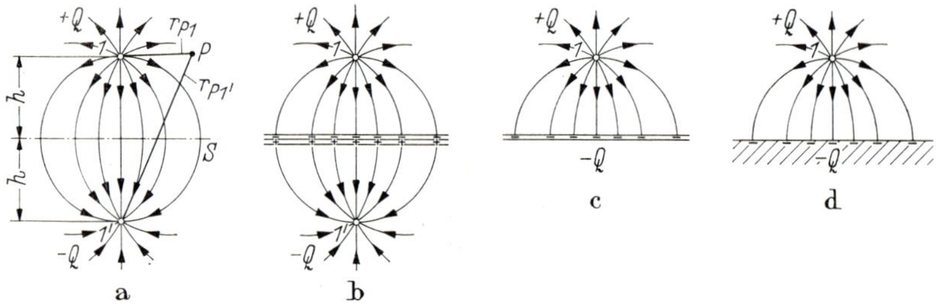

Bild 6.42a–d Anwendung des Spiegelungsprinzips auf das Feld einer Linienladung über Erde.

Das Potential eines Punktes P im Feld von Bild 6.42a–d ergibt sich einfach aus der Überlagerung der von den Ladungen $+Q$ und $-Q$ herrührenden Potentiale. Legt man den Bezugspunkt A mit dem Potential $V(A) = 0$ auf die Erdoberfläche (Symmetrieebene)

$$V(A) = V_E = 0, \tag{6.135}$$

so wird

$$V(P) = \frac{Q}{2\pi\varepsilon s} \ln \frac{r_{P1'}}{r_{P1}} \tag{6.136}$$

und das Potential des Leiters über Erde

$$V_1 = \frac{Q}{2\pi\varepsilon s} \ln \frac{2h}{\varrho}, \tag{6.137}$$

wobei ϱ der Radius und h die Höhe des betrachteten Leiters über dem Erdboden ist. Die Kapazität des Leiters gegen Erde ergibt sich hieraus zu

$$C_E = \frac{Q}{V_1 - V_E} = \frac{Q}{V_1} = \frac{2\pi\varepsilon s}{\ln \dfrac{2h}{\varrho}}. \tag{6.138}$$

Sie entspricht, wie zu erwarten war, dem doppelten Wert, den die Kapazität zwischen den Leitern 1 und 1' hätte.

In Gl. (6.138) steht die Höhe des Leiters 1 über dem Erdboden. Es war vorausgesetzt worden, daß die betrachteten Leiter gerade gestreckt seien. Diese Voraussetzung stimmt bei Freileitungen mit der Wirklichkeit nicht überein. Die Leiter haben wegen des Durchhanges eine von Ort zu Ort verschiedene Höhe über dem Erdboden. Um dies näherungsweise zu berücksichtigen, rechnet man mit einer mittleren Höhe h, die aus der Höhe h_M der Leiter am Mast und dem Durchhang f mit folgender Beziehung errechnet wird:

$$h = h_M - 0{,}7f. \tag{6.139}$$

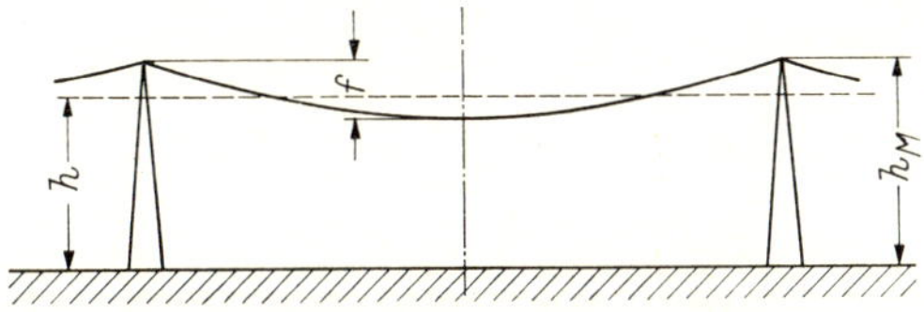

Bild 6.43 Mittlere Höhe h einer Freileitung.

Das elektrische Feld von Mehrleiteranordnungen über Erde kann auf entsprechende Weise durch Spiegelung der Ladungen ermittelt werden. Es sei ein System von n Leitern 1, 2, 3, ... n mit den Ladungen Q_1, Q_2, $Q_3 \ldots Q_n$ gegeben. Unter der Voraussetzung, daß die Durchmesser aller Leiter klein gegen die Leiterabstände sind, überlagern sich die Felder der Ladungen ungestört. In Bild 6.44 sind von den n Leitern des Systems die Leiter 1, 2, ein allgemeiner Leiter k und der Leiter n einschließlich ihrer Spiegelbilder mit den zugehörigen Ladungen $-Q_1$, $-Q_2$, $-Q_k$ und $-Q_n$ wiedergegeben.

Die von den einzelnen Ladungspaaren herrührenden Potentiale sind durch die Gl. (6.136) gegeben. Durch einfache Addition erhält man für das gesamte Potential in einem beliebigen Punkt P

$$V(P) = \sum_{k=1}^{k=n} \frac{Q_k}{2\pi\varepsilon s} \ln \frac{r_{Pk'}}{r_{Pk}}. \tag{6.140}$$

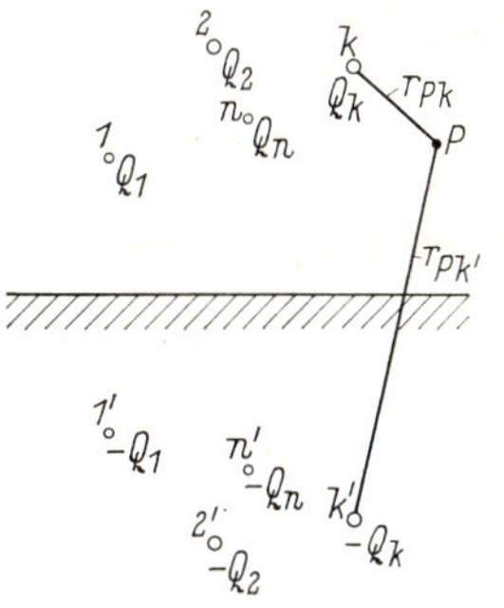

Bild 6.44 Bestimmung des Potentials einer Mehrleiteranordnung.

Im besonderen interessieren die Potentiale der Leiter selbst. Man erhält sie aus (6.140), wenn P auf die Oberflächen der einzelnen Leiter gelegt wird. Für einen allgemeinen Leiter i gilt

$$V_i = \sum_{k=1}^{k=n} \frac{Q_k}{2\pi\varepsilon s} \ln \frac{r_{ik'}}{r_{ik}}. \tag{6.141}$$

Wegen der gemachten Voraussetzung, daß die Leiterdurchmesser klein gegen die Leiterabstände sein sollen, kann für r_{ik} der Abstand D_{ik} der Leiter i und k, für $r_{ik'}$ der Abstand D'_{ik} des Leiters i vom Spiegelbild des Leiters k, für $r_{ii} \to \varrho_i$ und für $r_{ii'}$ der Abstand $D'_{ii} = 2h_i$ des Leiters i von seinem Spiegelbild gesetzt werden. Hiermit wird

$$V_i = \frac{1}{2\pi\varepsilon s}\left[Q_1 \ln \frac{D'_{i1}}{D_{i1}} + Q_2 \ln \frac{D'_{i2}}{D_{i2}} + \cdots + \right.$$

$$\left. + Q_i \ln \frac{2h_i}{\varrho_i} + \cdots + Q_n \ln \frac{D'_{in}}{D_{in}}\right]. \quad (6.142)$$

Setzt man zur Abkürzung

$$\begin{aligned} \frac{1}{2\pi\varepsilon s} \ln \frac{D'_{ik}}{D_{ik}} &= a_{ik} = a_{ki} \quad k \neq i, \\ \frac{1}{2\pi\varepsilon s} \ln \frac{2h_i}{\varrho_i} &= a_{ii}, \end{aligned} \quad (6.143)$$

so wird schließlich

$$V_i = \sum_{k=1}^{k=n} a_{ik} Q_k. \quad (6.144)$$

Gl. (6.144) stellt, ausführlich für $i, k = 1$ bis $i, k = n$ geschrieben, ein Gleichungssystem mit n Gleichungen dar, das den Zusammenhang zwischen Ladungen und Potentialen der Leiter wiedergibt. Die durch die Gln. (6.143) definierten Größen a_{ik} und a_{ii} werden als Potentialkoeffizienten bezeichnet.

6.4.05 Teilkapazitäten von *n* Leitern über Erde

Im vorigen Abschnitt ist der Zusammenhang zwischen den Ladungen und den Potentialen eines Mehrleitersystems ermittelt worden und zwar in einer nach den Potentialen aufgelösten Form. Gl. (6.144) ausführlich geschrieben lautet

$$\begin{aligned} V_1 &= a_{11}Q_1 + a_{12}Q_2 + \cdots + a_{1n}Q_n \\ V_2 &= a_{21}Q_1 + a_{22}Q_2 + \cdots + a_{2n}Q_n \\ &\vdots \\ V_n &= a_{n1}Q_1 + a_{n2}Q_2 + \cdots + a_{nn}Q_n. \end{aligned} \quad (6.145)$$

Löst man (6.145) nach den Ladungen auf, so ergibt sich wiederum ein lineares Gleichungssystem. Bezeichnet man die sich hierbei ergebenden, bei den Potentialen stehenden Koeffizienten mit b_{ik}, so gilt

$$\begin{aligned} Q_1 &= b_{11} V_1 + b_{12} V_2 + \cdots + b_{1n} V_n \\ Q_2 &= b_{21} V_1 + b_{22} V_2 + \cdots + b_{2n} V_n \\ &\vdots \\ Q_n &= b_{n1} V_1 + b_{n2} V_2 + \cdots + b_{nn} V_n . \end{aligned} \tag{6.146}$$

In die einzelnen Gleichungen des Systems werden nun an Stelle der Potentiale Spannungen, also Potentialdifferenzen, nach folgenden für die i-te Zeile geltenden Beziehungen eingeführt:

$$\begin{aligned} V_1 &= V_i - U_{i1} = U_{iE} - U_{i1} \\ V_2 &= V_i - U_{i2} = U_{iE} - U_{i2} \\ &\vdots \\ V_i &= V_i \qquad\quad = U_{iE} \\ &\vdots \\ V_n &= V_i - U_{in} = U_{iE} - U_{in} . \end{aligned} \tag{6.147}$$

Hierbei ergibt sich für die i-te Gleichung

$$\begin{aligned} Q_i = K_{i1} U_{i1} + K_{i2} U_{i2} + \cdots + K_{ii} U_{iE} + \\ + K_{ii+1} U_{ii+1} + \cdots + K_{in} U_{in} , \end{aligned} \tag{6.148}$$

wobei

$$\begin{aligned} K_{ik} &= -b_{ik} \qquad i \neq k , \\ K_{ii} &= \sum_{k=1}^{k=n} b_{ik} = K_{iE} \end{aligned} \tag{6.149}$$

ist. Da $a_{ik} = a_{ki}$, gilt auch $b_{ik} = b_{ki}$ und $K_{ik} = K_{ki}$.

Bei der Ableitung der Gl. (6.144) sind die Ladungen der einzelnen Leiter als Ursache für die Potentiale angesehen worden. Gl. (6.148) läßt sich jedoch so interpretieren, daß die Ladungen der Leiter eine Folge der Spannungen sind, die man sich hierfür am besten durch Spannungsquellen erzwungen denkt. Die Ausdrücke $K_{ik} U_{ik}$ bzw. $K_{ii} U_{iE}$ stellen dann Teilladungen Q_{ik} und Q_{iE} dar, die sich bei der Anwendung des Überlagerungssatzes auf dieses Problem ergeben.

In Bild 6.45 ist für ein Dreileitersystem gezeigt, wie die Teilladung $Q_{12} = K_{12} U_{12}$ durch die Spannung U_{12} als einzig wirksame Spannung verursacht wird. Die Spannungen U_{13} und U_{1E} sind durch leitende Verbindungen zu Null gemacht.

Die Faktoren K_{ik} und K_{iE}, die die Dimension von Kapazitäten haben, werden als Teilkapazitäten bezeichnet, da sie die Proportionalitätsfaktoren zwischen den Teilladungen und den zugehörigen Spannungen sind. Denkt man sich die Teilkapazitäten als Kondensatoren zwischen die Leiter geschaltet, so erhält man eine Ersatzschaltung der Leiteranordnung im Hinblick auf den Zusammenhang zwischen Spannungen und Ladungen der Leiter (Bild 6.46).

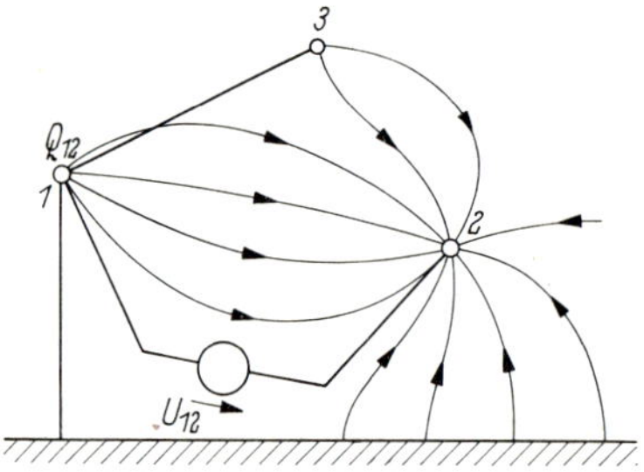

Bild 6.45 Die durch die Spannung U_{12} auf dem Leiter 1 verursachte Teilladung $Q_{12} = K_{12} U_{12}$ mit zugehörigem Feldbild bei einem Dreileitersystem. Die Spannungen U_{13} und U_{1E} sind durch leitende Verbindungen zu Null gemacht.

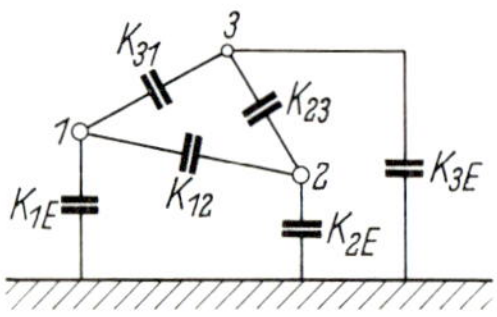

Bild 6.46 Teilkapazitäten bei drei Leitern über Erde.

Bei bekannten Teilkapazitäten könnte nun der Zusammenhang zwischen Spannungen und Ladungen mit den für die Netzwerksberechnung verwendeten Methoden ermittelt werden. Die Anzahl der Teilkapazitäten nimmt rasch mit der Zahl der Leiter zu. Bei n Leitern über Erde ergeben sich, wie man leicht nachprüfen kann, $\frac{n}{2}(n+1)$ Teilkapazitäten. Außerdem ist sehr wesentlich, daß die Hinzunahme jedes weiteren Leiters im allgemeinen alle Teilkapazitäten verändert. Die Ermittlung der Teilkapazitäten ist bereits bei drei beliebig angeordneten Leitern über Erde umständlich, da hierfür das Gleichungssystem (6.145) nach den Ladungen aufgelöst werden muß. Meist interessieren nicht alle Teilkapazitäten, sondern nur die Erdteilkapazitäten und die resultierende Kapazität zwischen je zwei Leitern (Schleifenkapazität).

6.4.06 Die Berechnung der Schleifenkapazität und der Erdkapazität einer Leiterschleife

Die Schleifenkapazität ist die wirksame Kapazität zwischen zwei Leitern. Ihre Berechnung kann über die Teilkapazitäten erfolgen. Hierbei ergeben sich gleichzeitig die meist ebenfalls interessierenden Erdkapazitäten. Aus Bild 6.47 liest man für die Schleifenkapazität C_S

$$C_S = K_{12} + \frac{K_{1E} K_{2E}}{K_{1E} + K_{2E}} \tag{6.150}$$

ab.

Die Berechnung der drei Teilkapazitäten wird, wie im vorigen Abschnitt beschrieben, durchgeführt: Man stellt zunächst das System der Potentialgleichungen (6.145) auf

$$\begin{aligned} V_1 &= a_{11} Q_1 + a_{12} Q_2 \\ V_2 &= a_{21} Q_1 + a_{22} Q_2 \end{aligned} \tag{6.151}$$

und löst es nach den Ladungen auf

$$\begin{aligned} Q_1 &= \frac{a_{22}}{D} V_1 - \frac{a_{12}}{D} V_2 \\ Q_2 &= -\frac{a_{21}}{D} V_1 + \frac{a_{11}}{D} V_2 \\ D &= a_{11} a_{22} - a_{12} a_{21} = a_{11} a_{22} - a_{12}{}^2 . \end{aligned} \tag{6.152}$$

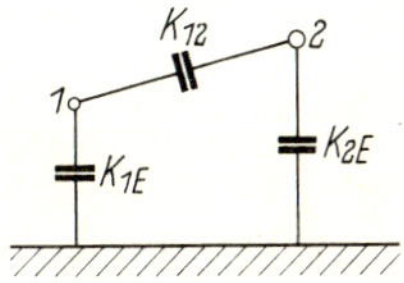

Bild 6.47 Zur Berechnung der Schleifenkapazität über die Teilkapazitäten.

Nach den Gln. (6.149) ist nun unter Berücksichtigung von $a_{12} = a_{21}$

$$\begin{aligned} K_{1E} &= \frac{a_{22} - a_{12}}{D}, \\ K_{2E} &= \frac{a_{11} - a_{12}}{D}, \\ K_{12} &= \frac{a_{12}}{D} . \end{aligned} \tag{6.153}$$

Diese Werte in Gl. (6.150) eingesetzt, ergibt nach einer Umformung

$$C_S = \frac{1}{a_{11} + a_{22} - 2 a_{12}} . \tag{6.154}$$

Für eine symmetrische Anordnung der Leiter, d. h. gleiche Leiterdurchmesser und gleiche Höhe über dem Erdboden, wird wegen $a_{11} = a_{22}$

$$K_{1E} = K_{2E} = K_E = \frac{1}{a_{11} + a_{12}}, \tag{6.155}$$

$$C_S = K_{12} + \frac{K_E}{2} = \frac{1/2}{a_{11} - a_{12}} . \tag{6.156}$$

Ähnlich wie bei der symmetrischen Schleife jedem Leiter die halbe Schleifeninduktivität zugeordnet wurde, kann hier den beiden Leitern die gleiche Betriebskapazität zugeordnet werden (Bild 6.48). Allerdings gilt hier wegen der Hintereinanderschaltung der Kapazitäten, daß der Betriebswert *doppelt* so groß wie der Schleifenwert ist

$$C_B = 2 C_S. \tag{6.157}$$

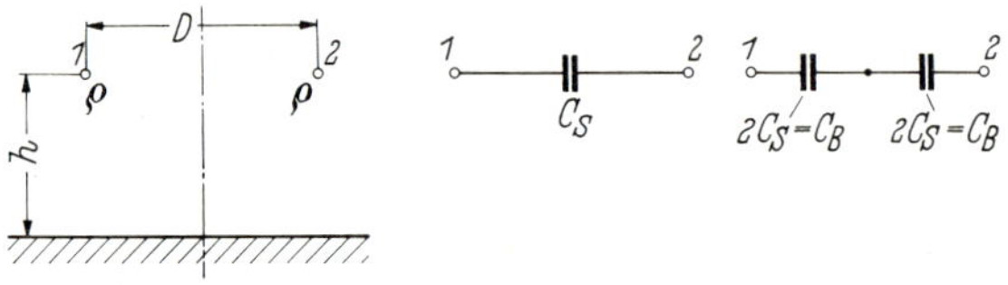

Bild 6.48 Aufteilung der Schleifenkapazität einer symmetrischen Leiterschleife.

Setzt man in Gl. (6.156) die Potentialkoeffizienten nach (6.143) ein, wird schließlich für die symmetrische Schleife mit 2ϱ als Durchmesser, h als Höhe über dem Erdboden und D als Leiterabstand

$$C_B = 2 C_S = \frac{2\pi\varepsilon s}{\ln \dfrac{D}{\varrho \sqrt{1 + \left(\dfrac{D}{2h}\right)^2}}} \tag{6.158}$$

und

$$K_E = \frac{2\pi\varepsilon s}{\ln \dfrac{(2h)^2 \sqrt{1 + \left(\dfrac{D}{2h}\right)^2}}{\varrho D}} \tag{6.159}$$

oder, falls $\left(\dfrac{D}{2h}\right)^2 \ll 1$ ist, was bei Freileitungen im allgemeinen zutrifft,

$$C_B = 2 C_S = \frac{2\pi\varepsilon s}{\ln D/\varrho}, \tag{6.160}$$

$$K_E = \frac{2\pi\varepsilon s}{\ln \dfrac{(2h)^2}{\varrho D}}. \tag{6.161}$$

In dem Ausdruck für C_B bzw. C_S (6.160) kommt die Höhe der Leiter über dem Erdboden nicht mehr vor. Ein Vergleich mit Gl. (6.134) zeigt ferner, daß unter diesen Umständen $\left(\left(\dfrac{D}{2h}\right)^2 \ll 1\right)$ die Schleifenkapazität durch die Erde nicht mehr beeinflußt wird.

Die Schleifenkapazität kann auch auf anderem, einfacherem Wege berechnet werden. Man legt an die Leiter 1—2 eine Spannungsquelle mit der Spannung U_{12} (Bild 6.49). Sie verursacht eine Ladungsverschiebung derart, daß der Leiter 1 mit der Ladung $+Q$, der Leiter 2 mit der Ladung $-Q$ geladen wird. Die Schleifenkapazität ist dann nichts anderes als der Quotient aus der Ladung Q und der angelegten Spannung.

$$C_S = \frac{Q}{U_{12}}. \tag{6.162}$$

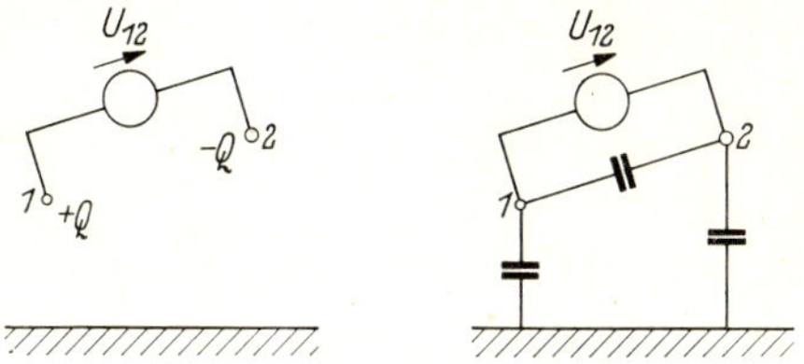

Bild 6.49 Direkte Bestimmung der Schleifenkapazität.

Nach (6.145) wird unter Berücksichtigung von $Q_1 = -Q_2 = Q$

$$V_1 = (a_{11} - a_{12})\,Q$$
$$V_2 = (a_{21} - a_{22})\,Q \tag{6.163}$$

und wegen $V_1 - V_2 = U_{12}$

$$C_S = \frac{1}{a_{11} + a_{22} - 2a_{12}}. \tag{6.154}$$

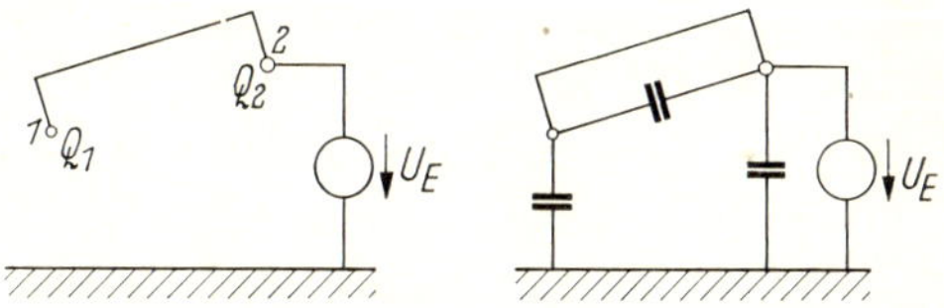

Bild 6.50 Bestimmung der Erdkapazitäten einer Leiterschleife.

Die Berechnung der Erdteilkapazitäten läßt sich ebenfalls etwas vereinfachen, jedoch kommt man hierbei um die Auflösung des Potentialgleichungssystems nach den Ladungen nicht herum. Man bringt durch eine leitende Verbindung beide Leiter auf gleiches Potential und legt eine Spannung U_E gegen Erde an (Bild 6.50). Hierbei werden die Leiter mit den Ladungen Q_1 und Q_2 geladen. Die Erdkapazitäten sind nun die Quotienten aus diesen Ladungen und der angelegten Spannung.

$$K_{1E} = \frac{Q_1}{U_E}, \qquad K_{2E} = \frac{Q_2}{U_E}. \tag{6.164}$$

Nach (6.145) ist

$$V_1 = U_E = a_{11}Q_1 + a_{12}Q_2$$
$$V_2 = U_E = a_{21}Q_1 + a_{22}Q_2. \tag{6.165}$$

Die Auflösung dieses Gleichungssystems nach den Ladungen ergibt mit (6.164) die Erdkapazitäten nach (6.153).

Eine wirkliche Vereinfachung tritt dann auf, wenn beide Leiter gleichwertig sind, was bei der symmetrischen Schleife (gleiche Durchmesser und gleiche Höhen über dem Erdboden) zutrifft. Hierfür gilt $a_{11} = a_{22}$, ferner laden sich beim Anlegen der Spannung U_E die Leiter wegen ihrer Gleichwertigkeit mit gleichen Ladungen auf, so daß $Q_1 = Q_2 = Q$ ist. Aus (6.165) wird

$$V_1 = V_2 = U_E = (a_{11} + a_{12})\, Q \tag{6.166}$$

und hieraus schließlich

$$K_{1E} = K_{2E} = K_E = \frac{1}{a_{11} + a_{12}}. \tag{6.155}$$

Die Schleifenkapazität einer Leiterscheife wird durch die Anwesenheit weiterer ungeerdeter Leiter, die untereinander keine leitende Verbindung besitzen, unter der gemachten Voraussetzung, daß die Leiterdurchmesser klein gegen die Leiterabstände sein sollen, nicht beeinflußt, da diese in ungeladenem Zustand das elektrische Feld nur in ihrer allernächsten Umgebung verändern (Bild 6.61).

Andere Verhältnisse liegen vor, wenn auf den zusätzlichen Leitern durch die Ladungen der Leiter der Schleife Ladungen influenziert werden können. Dies ist der Fall, wenn Leiter geerdet sind oder untereinander eine leitende Verbindung besitzen.

Es sei eine Schleife aus zwei Leitern 1 und 2 mit einem (geerdeten) Erdseil $\bar{E}$ betrachtet (Bild 6.51).

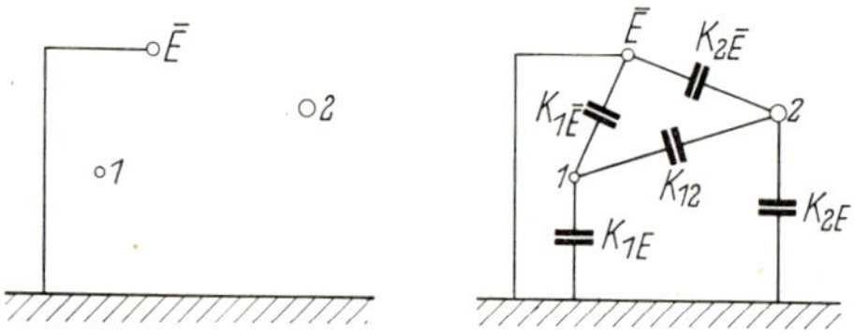

Bild 6.51 Leiterschleife mit (geerdetem) Erdseil.

Beim Anlegen der Spannung U_{12} laden sich die Leiter 1 und 2 mit den Ladungen $+Q$ und $-Q$ auf. Gleichzeitig wird auf dem Erdseil eine über die Erdverbindung zufließende Ladung $Q_{\bar{E}}$ influenziert. Nach Gl. (6.145) gilt

$$\begin{aligned} V_1 &= a_{11}Q_1 + a_{12}Q_2 + a_{1\bar{E}}Q_{\bar{E}} \\ V_2 &= a_{21}Q_1 + a_{22}Q_2 + a_{2\bar{E}}Q_{\bar{E}} \\ V_{\bar{E}} &= a_{\bar{E}1}Q_1 + a_{\bar{E}2}Q_2 + a_{\bar{E}\bar{E}}Q_{\bar{E}} = 0. \end{aligned} \tag{6.167}$$

Das Potential des Erdseiles ist wegen der leitenden Verbindung zur Erde Null. Drückt man mit Hilfe der dritten Gleichung von (6.167)

$Q_{\bar{E}}$ durch Q_1 und Q_2 aus, so wird

$$\begin{aligned} V_1 &= \left(a_{11} - \frac{a_{1\bar{E}}a_{\bar{E}1}}{a_{\bar{E}\bar{E}}}\right) Q_1 + \left(a_{12} - \frac{a_{1\bar{E}}a_{\bar{E}2}}{a_{\bar{E}\bar{E}}}\right) Q_2 \\ V_2 &= \left(a_{21} - \frac{a_{2\bar{E}}a_{\bar{E}1}}{a_{\bar{E}\bar{E}}}\right) Q_1 + \left(a_{22} - \frac{a_{2\bar{E}}a_{\bar{E}2}}{a_{\bar{E}\bar{E}}}\right) Q_2 \end{aligned} \tag{6.168}$$

oder mit den Abkürzungen

$$A_{ik} = a_{ik} - \frac{a_{i\bar{E}}\,a_{\bar{E}k}}{a_{\bar{E}\bar{E}}} \tag{6.169}$$

$$\begin{aligned} V_1 &= A_{11}Q_1 + A_{12}Q_2 \\ V_2 &= A_{21}Q_1 + A_{22}\,Q_2 . \end{aligned} \tag{6.170}$$

Diese Gleichungen entsprechen dem Potentialgleichungssystem der einfachen Schleife ohne Erdseil. Es können deshalb die dort gewonnenen Ergebnisse übernommen werden, wenn jeweils an Stelle der Koeffizienten a_{ik} die Koeffizienten A_{ik} nach (6.169) eingesetzt werden. Es ergibt sich

$$C_S = \frac{1}{A_{11} + A_{22} - 2A_{12}} = \frac{1}{a_{11} + a_{22} - 2a_{12} - \dfrac{(a_{1\bar{E}} - a_{2\bar{E}})^2}{a_{\bar{E}\bar{E}}}} . \tag{6.171}$$

Die Schleifenkapazität wird durch ein Erdseil vergrößert, falls nicht dessen Abstände von den Leitern 1 und 2 gleich sind. In diesem Fall bleibt die Schleifenkapazität durch das Erdseil unbeeinflußt.

Die wirksame Erdkapazität der Leiter 1 und 2 ergibt sich entsprechend (6.153) zu

$$C_{1E} = \frac{A_{22} - A_{12}}{A_{11}A_{22} - A_{12}^2}, \qquad C_{2E} = \frac{A_{11} - A_{12}}{A_{11}A_{22} - A_{12}^2} . \tag{6.172}$$

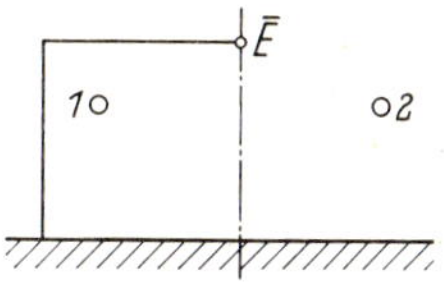

Bild 6.52 Symmetrische Leiterschleife mit Erdseil.

Die Kapazitäten C_{1E} und C_{2E} sind keine Teilkapazitäten. Sie setzen sich vielmehr aus der Parallelschaltung der Teilkapazitäten K_{1E} und $K_{1\bar{E}}$ bzw. K_{2E} und $K_{2\bar{E}}$ zusammen (Bild 6.51). Für eine symmetrische Anordnung (Bild 6.52) wird wegen $a_{11} = a_{22}$ und $a_{1\bar{E}} = a_{2\bar{E}}$

$$C_{1E} = C_{2E} = C_E = \frac{1}{A_{11} + A_{12}} = \frac{1}{a_{11} + a_{12} - 2\,\dfrac{a_{1\bar{E}}^2}{a_{\bar{E}\bar{E}}}} . \tag{6.173}$$

6.4.07 Betriebs- und Erdkapazität der symmetrisch gebauten Drehstromleitung ohne Erdseil

Die aus drei Leitern bestehende Drehstromleitung besitzt sechs Teilkapazitäten (Bild 6.53). Sie lassen sich aus den Potentialgleichungen nach dem in Abschn. 6.4.05 beschriebenen Verfahren bestimmen. Bei unsymmetrischen Leitungen, d. h. bei Leitungen, deren drei Leiter einander nicht gleichwertig sind, ergeben sich unhandliche Ausdrücke. Da Hochspannungsleitungen, bei denen die Kapazitäten besonders interessieren, meist symmetrisch gebaut oder durch Verdrillen symmetriert sind, genügt es, solche Leitungen zu betrachten. In diesem Abschnitt sei die symmetrische Leitung untersucht. Eine Drehstromleitung ist im Hinblick auf die Kapazitäten dann symmetrisch, wenn die Teilkapazitäten zwischen den Leitern und die Erdkapazitäten je untereinander gleich sind.

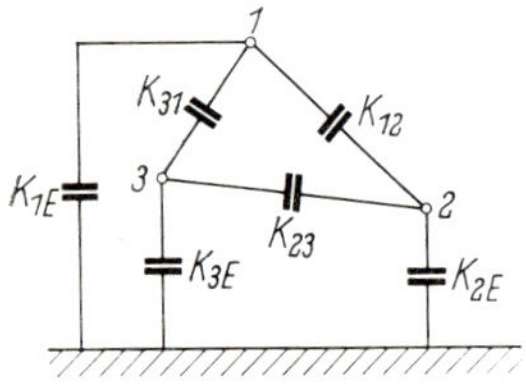

Bild 6.53 Teilkapazitäten der Drehstromleitung.

$$K_{12} = K_{23} = K_{31} = K_L, \qquad K_{1E} = K_{2E} = K_{3E} = K_E. \tag{6.174}$$

Dies hat zur Voraussetzung, daß die Potentialkoeffizienten

$$a_{11} = a_{22} = a_{33} = a_s, \qquad a_{12} = a_{23} = a_{31} = a_g \tag{6.175}$$

je untereinander gleich sind. Um diese Bedingung zu erfüllen, müssen die Leiter im gleichseitigen Dreieck und hoch über dem Erdboden angeordnet sein. Hoch über dem Erdboden bedeutet, daß $h_1 \approx h_2 \approx h_3 \approx \sqrt[3]{h_1 h_2 h_3} = h$ und der Leiterabstand D klein gegen die doppelte mittlere Höhe ist $(D \ll 2h)$. Exakte Symmetrie liegt selbstverständlich nur vor, wenn eine Leitung unendlich hoch über dem Erdboden verläuft.

Für den Betrieb einer Drehstromleitung ist die Kapazität entscheidend, die den Zusammenhang zwischen den angelegten Spannungen eines Drehstromsystems und den hierbei sich ergebenden Ladungen der Leiter wiedergibt. Man findet sie aus den Teilkapazitäten, indem man das Dreieck der Leiterkapazität K_L (Bild 6.54) in eine gleichwertige Sternschaltung (Abschn. 2.7.5) umwandelt und den Sternpunkt dieses Sternes mit dem der Erdkapazitäten verbindet. Die Verbindung ist zulässig, da die Kapazitäten beider Sterne je untereinander gleich sind. Man findet so (Bild 6.54) für die sogenannte Betriebskapazität der Drehstromleitung

$$C_B = 3K_L + K_E. \tag{6.176}$$

Wie sich aus Bild 6.54d ablesen läßt, ist sie gleich der doppelten Schleifenkapazität einer Schleife aus zwei Leitern der betrachteten Drehstromleitung. Sie ist identisch mit der in Abschn. 6.4.06 eingeführten Betriebskapazität. Unter Berücksichtigung von (6.175) ist nach (6.156) und (6.157) die Betriebskapazität der symmetrischen Drehstromleitung

$$C_B = \frac{1}{a_s - a_g} = \frac{2\pi\varepsilon s}{\ln D/\varrho}. \qquad (6.177)$$

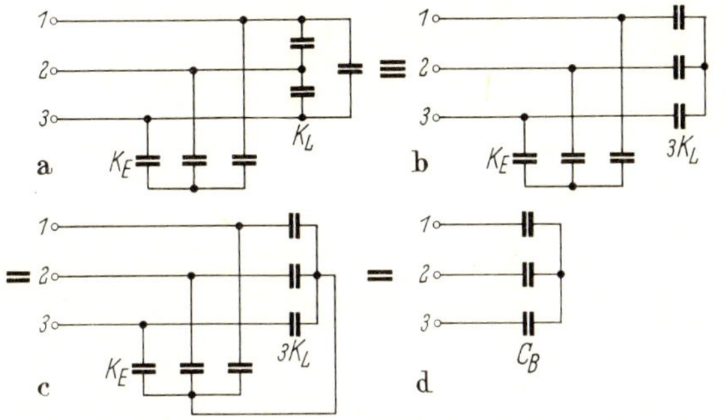

Bild 6.54a–d Zur Ermittlung der Betriebskapazität der Drehstromleitung.

Die Erdkapazität, deren Kenntnis zur Untersuchung von Erdschlußproblemen erforderlich ist, läßt sich unter der vorausgesetzten Symmetrie ebenfalls einfach bestimmen: Bringt man alle drei Leiter auf gleiches Potential U_E, so laden sie sich hierbei wegen der Symmetrie der Leitung mit gleichen Ladungen Q auf. Die Erdkapazität ist dann der Quotient aus Q und U_E

$$K_E = \frac{Q}{U_E}. \qquad (6.178)$$

Es wird mit $V_1 = V_2 = V_3 = U_E$ und $Q_1 = Q_2 = Q_3 = Q$ unter Berücksichtigung von (6.175) aus dem zugehörigen Potentialgleichungssystem

$$K_E = \frac{Q}{U_E} = \frac{1}{a_s + 2a_g} = \frac{2\pi\varepsilon s}{3\ln\frac{2h}{\sqrt[3]{\varrho D^2}}}. \qquad (6.179)$$

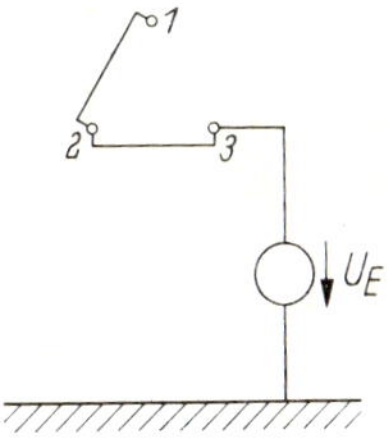

Bild 6.55 Bestimmung der Erdkapazitäten der Drehstromleitung.

6.4.08 Betriebs- und Erdkapazität der symmetrischen Drehstromleitung mit Erdseil

Eine Betriebskapazität einer Drehstromleitung gibt es nur, wenn die drei betriebsmäßig stromführenden Leiter untereinander gleichwertig sind. Diese Symmetrie ist bei verdrillten Leitungen immer gegeben, während, wie bereits im vorigen Abschnitt gesagt, bei unverdrillten Leitungen bestimmte Bedingungen für das Mastbild erfüllt sein müssen. Dies gilt auch für unverdrillte Leitungen mit Erdseil. Um Symmetrie zu gewährleisten, müßte außer den Gln. (6.175) die Gleichung

$$a_{1\bar{E}} = a_{2\bar{E}} = a_{3\bar{E}} = a_{\bar{E}} \tag{6.180}$$

erfüllt sein, wenn der Index $\bar{E}$ wiederum das Erdseil bezeichnet. Dies bedeutet jedoch, daß das Erdseil von den betriebsmäßig stromführendeu Leitern 1, 2 und 3 gleichen Abstand haben und hoch über dem Erdboden verlaufen müßte. Das erste ist, da das Erdseil aus Gründen der Abschirmung über den Leitern geführt wird, im allgemeinen nur in grober Näherung gegeben. Man setzt daher

$$\begin{aligned} a_{\bar{E}} &= \frac{1}{3}\,(a_{1\bar{E}} + a_{2\bar{E}} + a_{3\bar{E}}) \\ &= \frac{1}{2\,\pi\varepsilon s} \ln \frac{\sqrt[3]{D'_{1\bar{E}}\,D'_{2\bar{E}}\,D'_{3\bar{E}}}}{\sqrt[3]{D_{1\bar{E}}\,D_{2\bar{E}}\,D_{3\bar{E}}}} = \frac{1}{2\,\pi\varepsilon s} \ln \frac{D'_{\bar{E}}}{D_{\bar{E}}}. \end{aligned} \tag{6.181}$$

Im vorigen Abschnitt wurde gezeigt, daß die Betriebskapazität einer Drehstromleitung gleich der doppelten Schleifenkapazität einer Schleife aus zwei Leitern der Drehstromleitung ist. Dies gilt selbstverständlich auch, wenn ein Erdseil vorhanden ist. Da das Erdseil wegen der vorausgesetzten Symmetrie von den drei betriebsmäßig stromführenden Leitern gleichen Abstand hat, wird die Schleifenkapazität zweier beliebiger Leiter der Drehstromleitung und damit die Betriebskapazität durch das Erdseil nicht beeinflußt. Dies ist aus Gl. (6.171) zu ersehen. Für die Betriebskapazität der symmetrischen Drehstromleitung mit Erdseil gilt also Gl. (6.177).

Anders liegen die Verhältnisse bei der Erdkapazität. Sie wird sehr wohl durch das Erdseil beeinflußt. Zu ihrer Berechnung werden wie im vorigen Abschnitt die betriebsmäßig stromführenden Leiter 1, 2 und 3 auf gleiches Potential U_E gebracht (Bild 6.56). Dabei laden sie sich wegen der Symmetrie mit gleichen Ladungen Q auf, ferner wird hierdurch auf dem Erdseil eine Ladung $Q_{\bar{E}}$ influenziert.

Mit $V_1 = V_2 = V_3 = U_E$ und $Q_1 = Q_2 = Q_3 = Q$ wird unter Berücksichtigung von (6.175) und (6.180)

$$\begin{aligned} V_1 = V_2 = V_3 = U_E &= (a_s + 2a_g)\,Q + a_{\bar{E}}Q_{\bar{E}}, \\ V_{\bar{E}} = 0 \quad &= 3a_{\bar{E}}Q + a_{\bar{E}\bar{E}}Q_{\bar{E}} \end{aligned} \tag{6.182}$$

oder, wenn $Q_{\bar{E}}$ in der oberen Gleichung durch $Q_{\bar{E}} = -\frac{3a_{\bar{E}}}{a_{\bar{E}\bar{E}}} Q$ ersetzt wird,

$$U_E = \left(a_s + 2a_g - 3\,\frac{a_{\bar{E}}^2}{a_{\bar{E}\bar{E}}}\right) Q. \qquad (6.183)$$

Die resultierende Erdkapazität ist nun nichts anderes als

$$C_E = \frac{Q}{U_E} = \frac{1}{a_s + 2a_g - 3\,\frac{a_{\bar{E}}^2}{a_{\bar{E}\bar{E}}}}. \qquad (6.184)$$

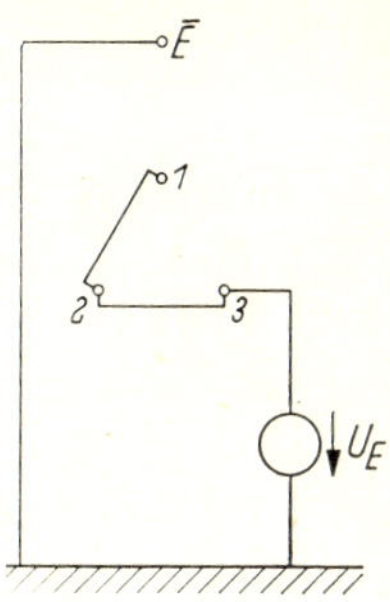

Bild 6.56 Bestimmung der Erdkapazitäten der Drehstromleitung mit Erdseil.

C_E ist keine Teilkapazität, sondern die Parallelschaltung der Teilkapazitäten K_E der Leiter gegen Erde und $K_{\bar{E}}$ gegen das Erdseil. Mit $h_{\bar{E}}$ als mittlerer Höhe des Erdseiles und $\varrho_{\bar{E}}$ als Radius des Erdseiles wird hieraus unter Berücksichtigung von (6.181)

$$C_E = \frac{2\pi\varepsilon s}{3\left[\ln\frac{2h}{\sqrt[3]{\varrho D^2}} - \frac{\ln^2 D'_{\bar{E}}/D_{\bar{E}}}{\ln 2h_{\bar{E}}/\varrho_{\bar{E}}}\right]}. \qquad (6.185)$$

6.4.09 Betriebs- und Erdkapazität verdrillter Leitungen

Bei verdrillten Leitungen sind die drei betriebsmäßig stromführenden Leiter, unabhängig von ihrer Anordnung im Mastbild, alle gleichwertig. Die Leitungen sind insgesamt betrachtet symmetrisch. Dennoch ist die exakte Berechnung der Betriebskapazität und insbesondere der Erdkapazität wesentlich schwieriger als bei Leitungen mit symmetrischem Mastbild, wie sie in den Abschn. 6.4.07 und 6.4.08 behandelt wurden. Dies rührt daher, daß z. B. bei Speisung einer solchen Leitung mit Spannungen eines symmetrischen Drehstromsystems zwar die Potentiale und Gesamtladungen der Leiter symmetrisch sind, nicht jedoch die Ladungen auf den einzelnen Verdrillungsabschnitten. Entsprechendes gilt, wenn zur Bestimmung der Erdkapazität die Leiter auf gleiches Potential gebracht werden: Die Gesamtladungen der Leiter sind zwar gleich, nicht jedoch die Ladungen der Leiter auf den einzelnen Verdrillungsabschnitten.

Die exakte Berechnung der Betriebskapazität ist auf folgendem Wege möglich: Da eine verdrillte Leitung in jedem Fall insgesamt symmetrisch ist, gilt für die gesamte, aus mindestens *einem* vollständigen Verdrillungszyklus bestehende Leitung

$$C_B = 2\,C_S. \tag{6.157}$$

Außerdem ist die gesamte Schleifenkapazität gleich der Summe der Schleifenkapazitäten der Verdrillungsabschnitte. Für die Leitung von Bild 6.24 ist

$$C_S = C_{S_I} + C_{S_{II}} + C_{S_{III}}. \tag{6.186}$$

Sind C_{12}, C_{23} und C_{31} die Schleifenkapazitäten der unverdrillten Leitung mit gleichem Mastbild, so gilt auch

$$C_S = \frac{1}{3}\,(C_{12} + C_{23} + C_{31}). \tag{6.187}$$

Die Schleifenkapazität wurde jedoch bereits in Abschn. 6.4.06 berechnet. Für eine Leitung ohne Erdseil ist nach (6.154)

$$C_{ik} = \frac{1}{a_{ii} + a_{kk} - 2\,a_{ik}}. \tag{6.188}$$

Setzt man nun

$$a_{ii} + a_{kk} - 2\,a_{ik} = 2\,(a_s - a_g) + [a_{ii} + a_{kk} - 2\,a_s - 2\,a_{ik} + 2\,a_g] \tag{6.189}$$

mit

$$\left.\begin{aligned} a_s &= \frac{1}{3}\,(a_{11} + a_{22} + a_{33}) \\ a_g &= \frac{1}{3}\,(a_{12} + a_{23} + a_{31}) \end{aligned}\right\} \tag{6.190}$$

und berücksichtigt, daß der Ausdruck in der eckigen Klammer von Gl. (6.189), wie man leicht nachprüfen kann, für normale Leitungen klein gegen $2\,(a_s - a_g)$ ist, so ergibt sich mit der Näherung $\frac{1}{1+x} \approx 1 - x$ für $x \ll 1$ die Betriebskapazität der verdrillten Drehstromleitung aus (6.157), (6.187) und (6.188) näherungsweise zu

$$C_B \approx \frac{1}{a_s - a_g} \tag{6.191}$$

oder mit eingesetzten Koeffizienten und den Abkürzungen

$$\begin{aligned} D &= \sqrt[3]{D_{12} D_{23} D_{31}}, \\ 2h &= \sqrt[3]{2h_1\, 2h_2\, 2h_3}, \\ 2h' &= \sqrt[3]{D'_{12} D'_{23} D'_{31}} \end{aligned} \tag{6.192}$$

$$C_B \approx \frac{2\pi\varepsilon s}{\ln \frac{D}{\varrho} \frac{2h}{2h'}}. \tag{6.193}$$

Meist kann noch $2h' \approx 2h$ gesetzt werden, so daß schließlich

$$C_B \approx \frac{2\pi\varepsilon s}{\ln D/\varrho} \tag{6.194}$$

wird. Dies entspricht unter Berücksichtigung der Bedeutung von D Gl. (6.177). Die durch die Näherung gemachten Fehler sind im allgemeinen gering.

Die exakte Berechnung der Erdkapazität ist wesentlich umständlicher. Man ist gezwungen, die Erdteilkapazitäten der unverdrillten Leitung mit gleichem Mastbild zu berechnen. Die Erdkapazität der verdrillten Leitung ist dann das arithmetische Mittel hieraus:

$$K_E = \frac{1}{3}\left(K_{1E} + K_{2E} + K_{3E}\right). \tag{6.195}$$

Zur Berechnung der Erdteilkapazitäten K_{1E}, K_{2E} und K_{3E} bringt man die Leiter 1, 2 und 3 der unverdrillt angenommenen Leitung auf gleiches Potential U_E, ermittelt die Ladungen Q_1, Q_2 und Q_3 der drei Leiter, die hier wegen des unsymmetrischen Mastbildes nicht gleich sind, und bildet die Quotienten

$$\frac{Q_1}{U_E} = K_{1E}, \qquad \frac{Q_2}{U_E} = K_{2E}, \qquad \frac{Q_3}{U_E} = K_{3E}. \tag{6.196}$$

Der Ausdruck, den man auf diese Weise für die Erdkapazität der verdrillten Drehstromleitung findet, ist sehr unübersichtlich und läßt sich praktisch nur zahlenmäßig auswerten. Er sei deshalb hier nicht angegeben. Durch Einführen der mittleren Potentialkoeffizienten nach (6.190) kann dieser Ausdruck jedoch unter gewissen Vernachlässigungen, ähnlich wie sie bei der Berechnung der Betriebskapazität gemacht wurden, auf die einfache Form der für die Leitung mit symmetrischem

Mastbild geltenden Gl. (6.179) zurückgeführt werden:

$$K_E \approx \frac{1}{a_s + 2a_g}. \tag{6.197}$$

Allerdings sind a_s und a_g hier die nach (6.190) definierten mittleren Potentialkoeffizienten.

a_s und a_g eingesetzt, ergibt mit (6.192)

$$K_E \approx \frac{2\pi\varepsilon s}{\ln \frac{2h\,(2h')^2}{\varrho\, D^2}} \tag{6.198}$$

oder mit $2h' \approx 2h$

$$K_E \approx \frac{2\pi\varepsilon s}{3\,\ln \frac{2h}{\sqrt[3]{\varrho D^2}}}. \tag{6.199}$$

Aus den Gln. (6.191) und (6.197) kann man ersehen, daß die Betriebs- und Erdkapazität der verdrillten Drehstromleitung mit unsymmetrischem Mastbild sich näherungsweise aus den für die Leitung mit symmetrischem Mastbild geltenden Formeln bestimmen lassen, wenn für die Potentialkoeffizienten a_s und a_g die Mittelwerte der entsprechenden Potentialkoeffizienten nach (6.190) eingesetzt werden, was bei den Abständen den geometrischen Mittelwerten entspricht.

Nach diesem Prinzip können auch Betriebs- und Erdkapazität der verdrillten Drehstromleitung mit Erdseil näherungsweise berechnet werden. Bereits in Abschn. 6.4.06 wurde die Schleifenkapazität einer Schleife mit Erdseil berechnet [Gl. (6.171)]. Setzt man in dieser Gleichung an Stelle von a_{11} und $a_{22} \rightarrow a_s$, an Stelle von $a_{12} \rightarrow a_g$ nach (6.190) und an Stelle von $a_{1\overline{E}}$ und $a_{2\overline{E}}$

$$a_{\overline{E}} = \frac{1}{3}\,(a_{1\overline{E}} + a_{2\overline{E}} + a_{3\overline{E}}), \tag{6.200}$$

so wird die Schleifenkapazität einer Schleife aus zwei Leitern der verdrillten Drehstromleitung mit Erdseil näherungsweise

$$C_S \approx \frac{1/2}{a_s - a_g}. \tag{6.201}$$

Die Betriebskapazität ist wegen (6.157) doppelt so groß. Es ergibt sich der gleiche Wert wie ohne Erdseil (6.191). Die Betriebskapazität wird also durch das Erdseil (in dieser Näherung) nicht beeinflußt.

Für die Erdkapazität kann die für die symmetrische Leitung geltende Gl. (6.184) übernommen werden. Es ergibt sich für C_F durch Einsetzen der mittleren Potentialkoeffizienten nach (6.190) und (6.200)

$$C_E \approx \frac{1}{a_s + 2a_g - 3\,\dfrac{a_{E\bar{E}}^2}{a_{\bar{E}\bar{E}}}} = \frac{2\pi\varepsilon s}{3\left[\ln \dfrac{\sqrt[3]{2h\,(2h')^2}}{\sqrt[3]{\varrho\, D^2}} - \dfrac{\ln^2 D'_{\bar{E}}/D_{\bar{E}}}{\ln 2h_{\bar{E}}/\varrho_{\bar{E}}}\right]} \tag{6.202}$$

oder mit $2h' \approx 2h$

$$C_E \approx \frac{2\pi\varepsilon s}{3\left[\ln \dfrac{2h}{\sqrt[3]{\varrho\, D^2}} - \dfrac{\ln^2 D'_{\bar{E}}/D_{\bar{E}}}{\ln 2h_{\bar{E}}/\varrho_{\bar{E}}}\right]}. \tag{6.203}$$

h, h' und D haben die Bedeutung von (6.192), während

$$D_{\bar{E}} = \sqrt[3]{D_{1\bar{E}} D_{2\bar{E}} D_{3\bar{E}}},$$
$$D'_{\bar{E}} = \sqrt[3]{D'_{1\bar{E}} D'_{2\bar{E}} D'_{3\bar{E}}} \tag{6.204}$$

ist (s. Bild 6.57).

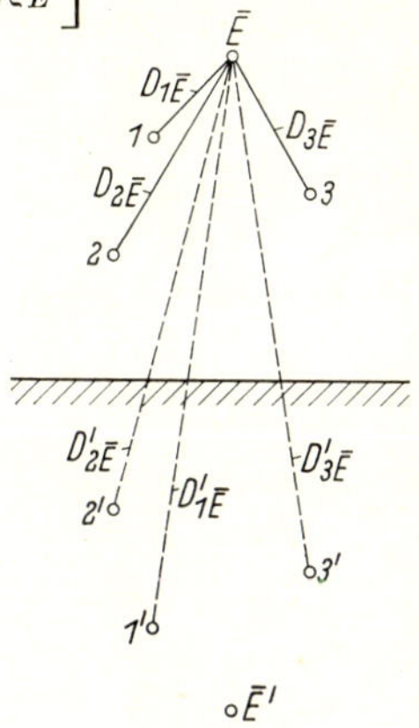

Bild 6.57
Zur Definition der Abstände
$D_{\bar{E}} = \sqrt[3]{D_{1\bar{E}} D_{2\bar{E}} D_{3\bar{E}}}$,
$D'_{\bar{E}} = \sqrt[3]{D'_{1\bar{E}} D'_{2\bar{E}} D'_{3\bar{E}}}$.

6.4.10 Kapazitäten von Doppelleitungen

Doppelleitungen sind baulich symmetrisch zum Mast und werden auch so betrieben. Hieraus folgt, daß die Ladungen von einander entsprechenden Leitern gleich sind (Bild 6.58).

Das Potentialgleichungssystem der abgebildeten Doppelleitung lautet nach (6.145) unter Berücksichtigung der Parallelschaltung einander entsprechender Leiter

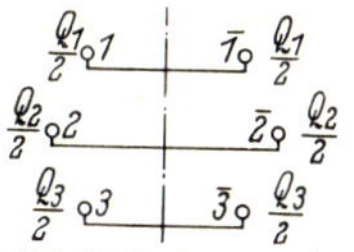

Bild 6.58 Ladungen einer zum Mast symmetrischen Doppelleitung.

$$V_1 = V_{\bar{1}} = (a_{11} + a_{1\bar{1}})\frac{Q_1}{2} + (a_{12} + a_{1\bar{2}})\frac{Q_2}{2} + (a_{13} + a_{1\bar{3}})\frac{Q_3}{2}$$

$$V_2 = V_{\bar{2}} = (a_{21} + a_{2\bar{1}})\frac{Q_1}{2} + (a_{22} + a_{2\bar{2}})\frac{Q_2}{2} + (a_{23} + a_{2\bar{3}})\frac{Q_3}{2} \tag{6.205}$$

$$V_3 = V_{\bar{3}} = (a_{31} + a_{3\bar{1}})\frac{Q_1}{2} + (a_{32} + a_{3\bar{2}})\frac{Q_2}{2} + (a_{33} + a_{3\bar{3}})\frac{Q_3}{2}.$$

Setzt man zur Abkürzung

$$\frac{1}{2}(a_{ik} + a_{i\bar{k}}) = A_{ik}, \tag{6.206}$$

so nimmt (6.205) die Form des Potentialgleichungssystems der Einfachleitung an. Die Kapazitäten von Doppelleitungen können daher aus den Formeln für Einfachleitungen abgeleitet werden, wenn an Stelle der einfachen Potentialkoeffizienten a_{ik} die zusammengesetzten Potentialkoeffizienten A_{ik} nach (6.206) eingesetzt werden.

Allerdings ist zu beachten, daß die Leiter von unverdrillten Doppelleitungen wegen der Teilkapazitäten der beiden Systeme gegeneinander auch dann nicht gleichwertig sind, wenn die Leiter im gleichseitigen Dreieck und hoch über dem Erdboden angeordnet sind. Es sollen deshalb nur durch Verdrillen symmetrierte Leitungen betrachtet werden (Bild 6.25).

Im vorigen Abschnitt war für die Betriebskapazität der verdrillten Einfachleitung Gl. (6.191) gefunden worden. Verfährt man nun wie oben beschrieben und ersetzt in Gl. (6.191) a_s durch $A_s = \frac{1}{2}(a_s + \bar{a}_s)$ und a_g durch $A_g = \frac{1}{2}(a_g + \bar{a}_g)$, wobei

$$\bar{a}_s = \frac{1}{3}(a_{1\bar{1}} + a_{2\bar{2}} + a_{3\bar{3}}),$$
$$\bar{a}_g = \frac{1}{3}(a_{1\bar{2}} + a_{2\bar{3}} + a_{3\bar{1}}) \tag{6.207}$$

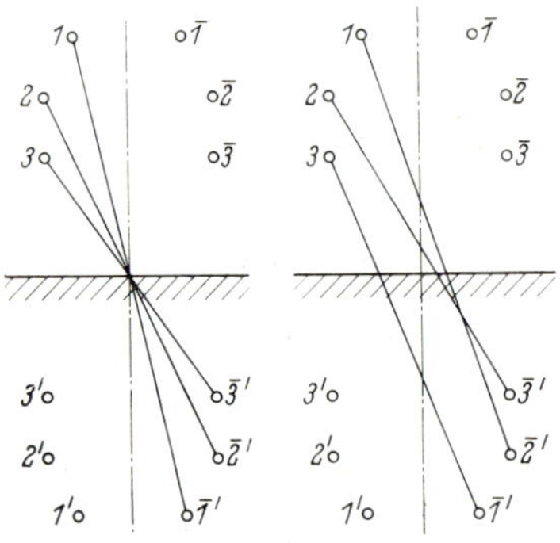

Bild 6.59 Zur Definition der Abstände

$(D')' = \sqrt[3]{D'_{1\bar{2}} D'_{2\bar{3}} D'_{3\bar{1}}}$,

$(D'')' = \sqrt[3]{D'_{1\bar{1}} D'_{2\bar{2}} D'_{3\bar{3}}}$.

ist, so wird die Betriebskapazität der Doppelleitung für beide Systeme zusammen näherungsweise

$$C_B \approx \frac{1}{A_s - A_g} = 2\,\frac{2\pi\varepsilon s}{\ln\dfrac{D\,2h}{\varrho\,2h'} + \ln\dfrac{D'(D'')'}{D''(D')'}}. \tag{6.208}$$

D' und D'' sind hierbei die bereits bei der Induktivitätsberechnung benützten mittleren Abstände der Leiter der beiden Systeme (Bild 6.28), während $(D')'$ und $(D'')'$ die entsprechenden Abstände zu den Spiegelbildern der Leiter sind (Bild 6.59).

$(D')'$ und $(D'')'$ sind meist wie h und h' annähernd gleich, so daß

$$C_B \approx 2\,\frac{2\pi\varepsilon s}{\ln\dfrac{D\,D'}{\varrho\,D''}}. \tag{6.209}$$

Da $D' > D''$, ist die Betriebskapazität der Doppelleitung nicht ganz doppelt so groß wie die der entsprechenden Einfachleitung.

Für die Erdkapazität ergibt sich entsprechend für die parallel geschalteten Systeme zusammen

$$C_E \approx \frac{1}{A_s + 2A_g} = 2\frac{2\pi\varepsilon s}{\ln\dfrac{2h(2h')^2}{\varrho D^2} + \ln\dfrac{(D'')'\,(D')'^2}{D''\,D'^2}} \tag{6.210}$$

oder mit $(D')' \approx (D'')'$ und $h \approx h'$

$$C_E \approx 2\frac{2\pi\varepsilon s}{3\left[\ln\dfrac{(2h)}{\sqrt[3]{\varrho D^2}} + \ln\dfrac{(D')'}{\sqrt[3]{D''D'^2}}\right]}. \tag{6.211}$$

Auch die Erdkapazität der Doppelleitung erreicht nicht ganz den doppelten Wert der entsprechenden Einfachleitung.

Für Doppelleitungen mit zwei symmetrisch liegenden Erdseilen kann die Erdkapazität auf gleiche Weise bestimmt werden. (Die Betriebskapazität wird durch die Erdseile nicht beeinflußt.) Bezeichnet der Index $\bar{\bar{E}}$ das Erdseil des zweiten Systems, so wird

$$C_E \approx \frac{1}{A_s + 2A_g - \dfrac{3}{2}\dfrac{(a_{\bar{E}} + a_{\bar{\bar{E}}})^2}{a_{\bar{E}\bar{E}} + a_{\bar{E}\bar{\bar{E}}}}}, \tag{6.212}$$

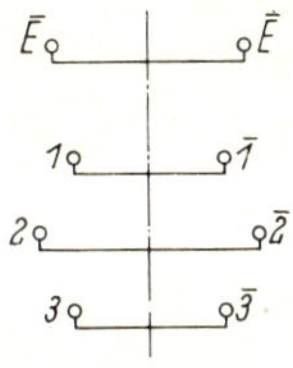

Bild 6.60 Doppelleitung mit zwei Erdseilen.

wobei $a_{\bar{\bar{E}}}$, entsprechend $a_{\bar{E}}$,

$$a_{\bar{\bar{E}}} = \frac{1}{3}(a_{1\bar{\bar{E}}} + a_{2\bar{\bar{E}}} + a_{3\bar{\bar{E}}}) \tag{6.213}$$

und $a_{\bar{E}\bar{\bar{E}}}$ der wechselseitige Potentialkoeffizient der beiden Erdseile ist.

Falls nur ein Erdseil $\bar{E}$ in der Symmetrieachse des Mastbildes vorhanden ist, ist in (6.212) $a_{\bar{\bar{E}}} = a_{\bar{E}}$ und $a_{\bar{E}\bar{\bar{E}}} = a_{\bar{E}\bar{E}}$ zu setzen.

6.4.11 Kapazitäten von Leitungen aus Bündelleitern

Die Kapazitäten von Leitungen, deren Leiter Bündelleiter sind, lassen sich grundsätzlich mit dem Gleichungssystem (6.145) unter Berücksichtigung, daß alle Teilleiter eines Bündels gleiches Potential haben, berechnen, sofern die gemachte Voraussetzung über Abstände und Durchmesser der Leiter auch für die einzelnen Bündel gegeben ist. Allerdings ist die exakte Behandlung wegen der großen Leiterzahlen umständlich. Technische Bündelleiter sind, wie bereits in Abschn. 6.3.11 gesagt, symmetrisch aufgebaut. Außerdem sind die Abstände der Bündelleiter voneinander und von der Erde groß gegenüber den Teilleiterabständen. Dies bedeutet, daß alle Teilleiter eines Bündels gleichwertig sind. Ist ein solcher Bündelleiter insgesamt mit der Ladung Q geladen, so verteilt sich diese Ladung aufgrund der Gleichwertigkeit der Teilleiter gleichmäßig auf diese. Ist die gesamte Ladung Null, so sind auch die Ladungen der einzelnen Teilleiter Null.

Mit dieser Vereinfachung können nun auf folgende Weise effektive Potentialkoeffizienten für Bündelleiter hergeleitet werden, die dann zur Berechnung der Betriebs- und Erdkapazität von Leitungen mit Bündelleitern in die in den vorigen Abschnitten ermittelten Gleichungen eingesetzt werden können: Für einen einzigen Leiter p über Erde ist der Zusammenhang zwischen Potential und Ladung des Leiters nach (6.145)

$$V_p = a_{pp} Q_p, \tag{6.214}$$

während das Potential eines Bündels p aus n gleichwertigen Teilleitern, das auch gleich dem Potential eines beliebigen Teilleiters i dieses Bündels ist,

$$V_p = V_i = \frac{Q_p}{n} \sum_{k=1}^{k=n} a_{ik} \tag{6.215}$$

ist. Als effektiver Potentialkoeffizient ergibt sich hieraus durch Vergleich mit (6.214)

$$a_{pp} = \frac{1}{n} \sum_{k=1}^{k=n} a_{ik}. \tag{6.216}$$

Nun ist die mittlere Höhe h_p von Bündelleitern im allgemeinen groß gegen die Teilleiterabstände, so daß

$$2 h_{ii} \approx D'_{ik} \approx 2 h_p \tag{6.217}$$

ist. Hiermit wird aus (6.216)

$$a_{pp} = \frac{1}{2 \pi \varepsilon} \ln \frac{2 h_p}{\sqrt[n]{\varrho \prod\limits_{\substack{k=1 \\ k \neq i}}^{k=n} D_{ik}}}, \tag{6.218}$$

wobei ϱ der Teilleiterradius ist. Mit dem in (6.095) definierten Ersatzradius eines Bündelleiters ϱ_0 wird schließlich

$$a_{pp} = \frac{1}{2 \pi \varepsilon} \ln \frac{2 h_p}{\varrho_0}. \tag{6.219}$$

Zur Berechnung des gegenseitigen effektiven Potentialkoeffizienten seien zunächst zwei einzelne Leiter betrachtet, der mit der Ladung Q_p geladene Leiter p und ein ungeladener Leiter q. Der ungeladene Leiter q nimmt, wie in Abschn. 6.4.12 ausführlich gezeigt wird, das Potential

$$V_q = a_{qp} Q_p \tag{6.220}$$

an. Sind nun die Leiter p und q Bündelleiter, die im Vergleich zu den Teilleiterabständen weit auseinanderliegen, so kann auch hierfür Gl. (6.220) genommen werden, wenn in a_{qp} die mittleren geometrischen Abstände der Bündel, die meist mit genügender Genauigkeit gleich den Mittenabständen sind, eingesetzt werden. Unter dieser Voraussetzung wird der effektive gegenseitige Potentialkoeffizient zweier Bündelleiter

$$a_{qp} = \frac{1}{2\pi\varepsilon s} \ln \frac{D'_{pq}}{D_{pq}}, \tag{6.221}$$

wenn D_{pq} der Mittenabstand des Bündels q vom Bündel p und D'_{pq} der vom Spiegelbild des Leiters p ist.

Die Gleichungen für die Kapazitäten von Leitungen, deren Leiter Bündelleiter sind, enthalten demnach, unter der Voraussetzung großer Leiterabstände, an Stelle der Leiterradien die Ersatzradien der Bündel.

6.4.12 Die kapazitive Beeinflussung von Leitungen

Befindet sich in der Nähe einer unter Spannung stehenden Leitung ein von Erde isolierter, ungeladener Leiter, so nimmt er, unter der

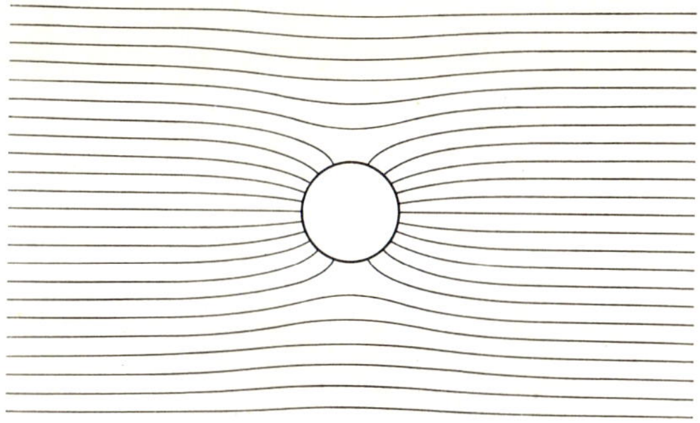

Bild 6.61 Feldlinienbild eines ungeladenen leitenden Zylinders in einem ursprünglich homogenen elektrischen Feld.

Voraussetzung, daß sein Durchmesser klein gegen seinen Abstand von den anderen Leitern ist, das Potential des Feldes an dieser Stelle an, ohne das Feld außerhalb seiner nächsten Umgebung zu verändern (Bild 6.61).

Bild 6.61 zeigt das Feldlinienbild eines ungeladenen kreiszylindrischen Leiters in einem senkrecht zu seiner Achse verlaufenden, ursprünglich homogenen elektrischen Feld. Man sieht, daß die Störung schon in einer Entfernung von wenigen Leiterdurchmessern unmerklich ist.

Die Berechnung der Spannung des betrachteten Leiters gegen Erde läuft deshalb auf die Berechnung des von den beeinflussenden Leitern erzeugten Potentiales an der Stelle des betrachteten Leiters hinaus. Der Ausdruck für das von einer Mehrleiteranordnung erzeugte Potential ist bereits in Abschnitt 6.4.04 bestimmt worden. Er lautet, wenn der Punkt P in (6.140) an die Stelle des betrachteten Leiters x gelegt wird und n die Anzahl der beeinflussenden Leiter ist,

$$V_x = \sum_{k=1}^{k=n} a_{xk} Q_k . \tag{6.222}$$

Die Ladungen der beeinflussenden Leiter sind in den allermeisten Fällen nicht direkt bekannt, so daß das Problem zunächst darin besteht, die Ladungen der beeinflussenden Leiter aus vorgegebenen Spannungen und (oder) Potentialen zu berechnen. Hierzu stehen bei n beeinflussenden Leitern n Potentialgleichungen (6.145) zur Verfügung. Diese genügen bei vorgegebenen Potentialen zur Berechnung der Ladungen. Sind jedoch

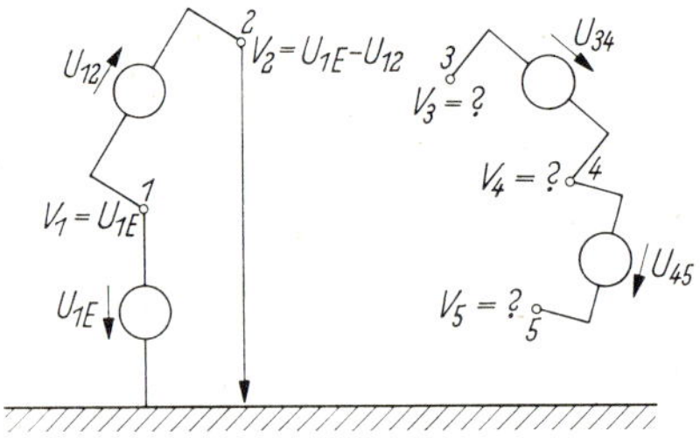

Bild 6.62 Mehrleiteranordnung, bestehend aus einer Leitergruppe mit vorgegebenen Potentialen (Leiter 1 und 2) u. einer Leitergruppe mit vorgegebenen Spannungen (Leiter 3, 4 u. 5). Es ist $Q_3 + Q_4 + Q_5 = 0$, $Q_1 + Q_2 \neq 0$.

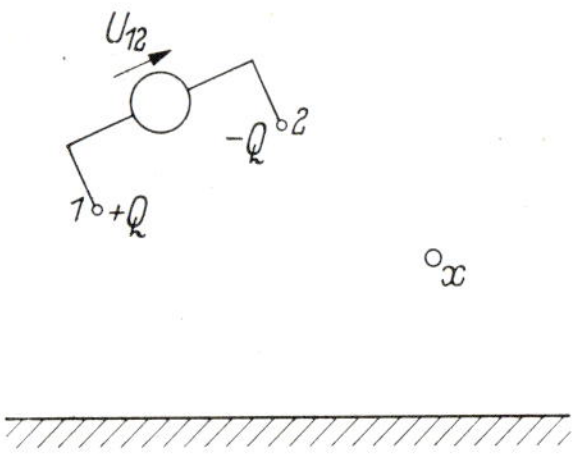

Bild 6.63 Zur Berechnung der Spannung gegen Erde eines parallel zu einer unter Spannung stehenden Leiterschleife verlaufenden Leiters x.

bei einigen oder allen Leitern nur die Spannungen zwischen ihnen, also Potentialdifferenzen, gegeben, so muß berücksichtigt werden, daß die Summen der Ladungen solcher Leitergruppen, deren Potentiale nicht vorgegeben sind, jeweils Null sein müssen. Dies ist leicht einzusehen, wenn man sich die vorgegebenen Spannungen und Potentiale durch Spannungsquellen verifiziert denkt (Bild 6.62) und beachtet, daß die Leiter vor Anlegen der Spannungsquellen ungeladen waren.

Als Beispiel sei zunächst die Spannung berechnet, die ein Leiter gegen Erde annimmt, der parallel zu einer unter Spannung stehenden Leiterschleife verläuft (Bild 6.63).

Da die Potentiale V_1 und V_2 nicht vorgegeben sind, gilt

$$Q_1 + Q_2 = 0 \tag{6.223}$$

oder

$$Q_1 = Q, \quad Q_2 = -Q. \tag{6.224}$$

Nach (6.145) wird nun

$$\begin{aligned} V_1 &= (a_{11} - a_{12})Q, \\ V_2 &= (a_{12} - a_{22})Q \end{aligned} \tag{6.225}$$

und hieraus

$$Q = \frac{V_1 - V_2}{a_{11} + a_{22} - 2a_{12}} = C_S U_{12}. \tag{6.226}$$

Dieses Ergebnis hätte selbstverständlich auch sofort nach Gl. (6.162) angegeben werden können. Die Spannung des betrachteten Leiters x gegen Erde ist nun nach (6.222)

$$U_{xE} = V_x = C_S U_{12}(a_{x1} - a_{x2}). \tag{6.227}$$

Hat der Leiter 1 Erdschluß und bleibt die Spannung U_{12} erhalten, so sind die Potentiale beider Leiter direkt vorgegeben (Bild 6.64), und es ist im allgemeinen $Q_1 + Q_2 \neq 0$.

Es gilt jetzt

$$\begin{aligned} V_1 &= 0 &&= a_{11}Q_1 + a_{12}Q_2, \\ V_2 &= -U_{12} &&= a_{21}Q_1 + a_{22}Q_2. \end{aligned} \tag{6.228}$$

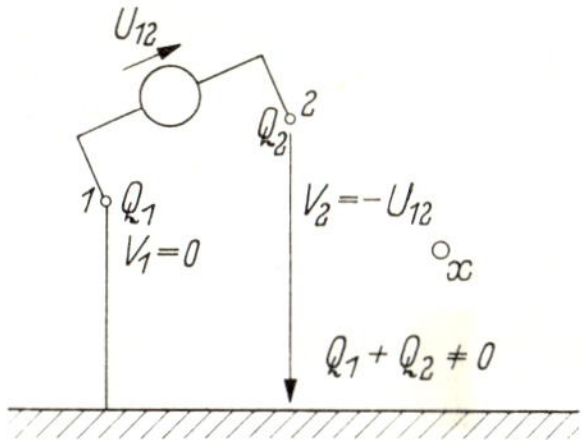

Bild 6.64 Wie Bild 6.63, jedoch bei Erdschluß des Leiters 1.

Hieraus erhält man

$$Q_1 = \frac{a_{12}}{a_{11}a_{22} - a_{12}^2} U_{12}, \qquad Q_2 = \frac{-a_{11}}{a_{11}a_{22} - a_{12}^2} U_{12} \tag{6.229}$$

und schließlich die gesuchte Spannung des Leiters x gegen Erde

$$U_{xE} = V_x = \frac{a_{12}\,a_{x1} - a_{11}a_{x2}}{a_{11}\,a_{22} - a_{12}^2} U_{12}. \tag{6.230}$$

Setzt man in (6.227) und (6.230) Zahlenwerte ein, so stellt man fest, daß die Spannung des Leiters x bei Erdschluß des Leiters 1 im allgemeinen erheblich größer ist als bei von Erde isoliertem Leiter 1. Dies rührt daher, daß das von den Ladungen der Leiter 1 und 2 erzeugte Potential wesentlich weniger schnell nach außen abfällt, wenn die Summe der Ladungen der beiden Leiter, wie das bei Erdschluß der Fall ist, nicht Null ist.

Als weiteres Beispiel sei die Spannung berechnet, die ein Leiter annimmt, wenn er parallel zu einer symmetrischen Drehstromleitung verläuft (Bild 6.65).

Zunächst werde die Spannung des Leiters x bei Normalbetrieb der Drehstromleitung (ohne Erdberührung eines Leiters) ermittelt. Da die Leitung symmetrisch ist, gilt (6.175). Ferner ist, da kein Potential vorgegeben ist,

$$Q_{1_N} + Q_{2_N} + Q_{3_N} = 0. \tag{6.231}$$

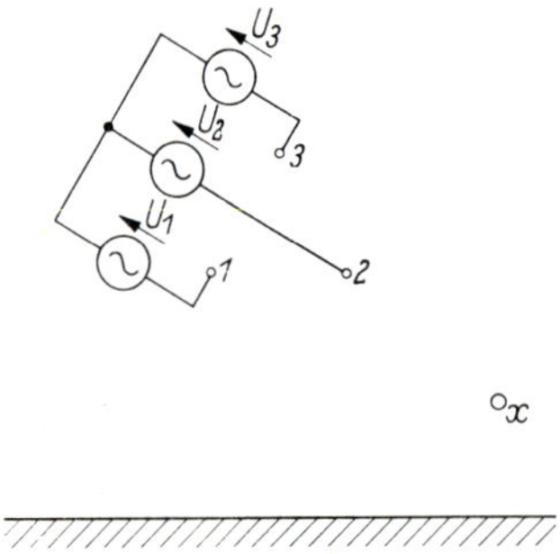

Bild 6.65 Zur Berechnung der Spannung gegen Erde eines parallel zu einer symmetrischen Drehstromleitung verlaufenden Leiters. Es gilt: $Q_{1_N} + Q_{2_N} + Q_{3_N} = 0$.

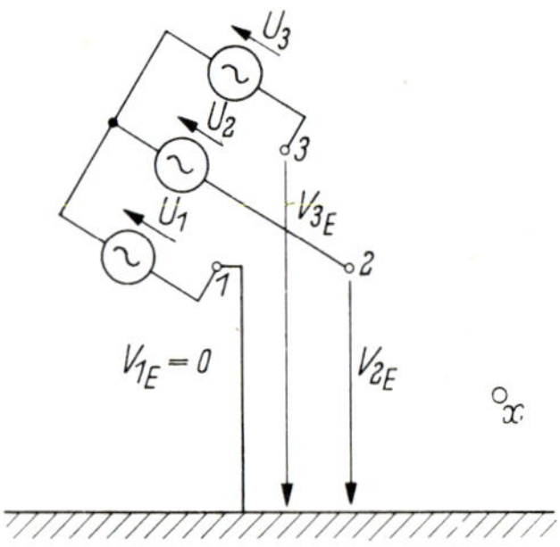

Bild 6.66 Wie Bild 6.65, jedoch bei Erdschluß des Leiters 1. Es gilt: $Q_{1_E} + Q_{2_E} + Q_{3_E} \neq 0$.

Der Index N deutet auf den Normalbetrieb der Drehstromleitung hin. Mit (6.231) wird aus dem zugehörigen Potentialgleichungssystem

$$\begin{aligned} V_{1_N} &= (a_s - a_g) Q_{1_N}, \\ V_{2_N} &= (a_s - a_g) Q_{2_N}, \\ V_{3_N} &= (a_s - a_g) Q_{3_N}. \end{aligned} \tag{6.232}$$

Da die Spannungen U_1, U_2 und U_3 die Spannungen eines symmetrischen Drehstromsystems sind, folgt aus der Symmetrie der Leitung

$$V_{1_N} = U_1, \quad V_{2_N} = U_2, \quad V_{3_N} = U_3. \tag{6.233}$$

Somit ist

$$Q_{1_N} = C_B U_1, \quad Q_{2_N} = C_B U_2, \quad Q_{3_N} = C_B U_3. \tag{6.234}$$

Dieses Ergebnis hätte wiederum sofort angegeben werden können, da die Betriebskapazität als Quotient aus Ladung und Sternspannung bei symmetrischem Betrieb definiert ist.

Die gesuchte Spannung des Leiters x gegen Erde ist nun mit (6.234) und (6.223)

$$U_{xE_N} = V_{x_N} = C_B(a_{x1} U_1 + a_{x2} U_2 + a_{x3} U_3) \tag{6.236}$$

oder als Zeiger geschrieben

$$\underline{U}_{xE_N} = \underline{V}_{x_N} = C_B(a_{x1} \underline{U}_1 + a_{x2} \underline{U}_2 + a_{x3} \underline{U}_3). \tag{6.236a}$$

Bei Erdschluß des Leiters 1 (Index E) sind die Potentiale der Leiter durch die Schaltung vorgegeben. Das Potential des Leiters 1 ist Null. Die Potentiale der Leiter 2 und 3 ergeben sich aus Bild 6.66 — isolierter Sternpunkt vorausgesetzt — zu

$$\begin{aligned} V_{2_E} &= U_2 - U_1, \\ V_{3_E} &= U_3 - U_1. \end{aligned} \tag{6.237}$$

Entsprechend kann V_{1_E} angeschrieben werden:

$$V_{1_E} = U_1 - U_1 = 0. \tag{6.238}$$

Als Gleichungssystem zur Berechnung der Ladungen ergibt sich hiermit nach (6.145)

$$\begin{aligned} U_1 - U_1 &= a_s Q_{1_E} + a_g Q_{2_E} + a_g Q_{3_E} \\ U_2 - U_1 &= a_g Q_{1_E} + a_s Q_{2_E} + a_g Q_{3_E} \\ U_3 - U_1 &= a_g Q_{1_E} + a_g Q_{2_E} + a_s Q_{3_E}. \end{aligned} \tag{6.239}$$

Die Auflösung dieses Gleichungssystems bereitet keine Schwierigkeiten. Man kann sie sich jedoch ganz ersparen, da, wie aus der linken Seite des Gleichungssystems zu ersehen ist, sich die Ladungen bei Erdschluß des Leiters 1 aus den Ladungen bei Normalbetrieb und aus Ladungen zusammensetzen, die durch ein System gleicher Potentiale $-U_1$ auf den drei Leitern erzeugt werden. Diese Ladungen sind wegen der Symmetrie der Leitung alle gleich. Man erhält sie durch Addition der drei Gln. (6.239). Es wird, wenn die gesuchte Ladung mit Q_0 bezeichnet wird,

$$-3\,U_1 = 3(a_s + 2a_g)Q_0, \qquad Q_0 = -\frac{U_1}{a_s + 2a_g} = -U_1 K_E. \tag{6.240}$$

Die gesuchte Spannung U_{xE_E} des Leiters x gegen Erde bei Erdschluß setzt sich demnach aus der Spannung U_{xE_N}, die er bei Normalbetrieb der Leitung gegen Erde besitzt, und einer Spannung U_{xE_0} zusammen, die durch die Ladungen Q_0 hervorgerufen wird. Es ist

$$U_{xE_E} = U_{xE_N} + U_{xE_0} \tag{6.241}$$

oder als Zeiger

$$\underline{U}_{xE_E} = \underline{U}_{xE_N} + \underline{U}_{xE_0}. \tag{6.241a}$$

U_{xE_N} ist durch Gl. (6.236) gegeben, U_{xE_0} ist bei Erdschluß des Leiters 1 der Drehstromleitung nach (6.222) und (6.240)

$$U_{xE_0} = -U_1 K_E (a_{x1} + a_{x2} + a_{x3}), \tag{6.242}$$

oder wiederum als Zeiger geschrieben,

$$\underline{U}_{xE_0} = -\underline{U}_1 K_E (a_{x1} + a_{x2} + a_{x3}). \tag{6.242a}$$

Berücksichtigt man nun, daß die Spannungen $\underline{U}_1$, $\underline{U}_2$ und $\underline{U}_3$ die Spannungen eines symmetrischen Drehstromsystems sind,

$$\begin{aligned} \underline{U}_1 &= \underline{U}_1, \\ \underline{U}_2 &= \underline{U}_1 \angle{-120°}, \\ \underline{U}_3 &= \underline{U}_1 \angle{+120°}, \end{aligned} \tag{6.243}$$

und rechnet für verschiedene Lagen des Leiters x die Spannungen $\underline{U}_{xE_N}$ und $\underline{U}_{xE_E}$ aus, stellt man fest, daß auch hier die Spannung bei Erdschluß im allgemeinen wesentlich größer ist als die bei Normalbetrieb. Dies beruht auf der Tatsache, daß im Normalbetrieb die Summe der drei Ladungen der Leiter der Drehstromleitung Null ist und somit das Potential nach außen wesentlich schneller abfällt als im Fall des Erdschlusses, bei dem die Summe der Ladungen $3Q_0$ ist.

6.4.13 Die Berechnung der Randfeldstärke

Zum Abschluß des Abschnittes über das elektrische Feld und die Kapazitäten von Leitungen sei noch auf die für das Einsetzen der Koronaentladungen bei Hochspannungsfreileitungen wichtige Randfeldstärke eingegangen. Unter der Randfeldstärke versteht man die maximale, an der Oberfläche eines Leiters ohne Koronaentladung auftretende elektrische Feldstärke.

Um Koronaentladungen zu vermeiden, darf diese Randfeldstärke die sogenannte Koronaeinsatzfeldstärke nicht überschreiten. Die

Koronaeinsatzfeldstärke ist vom Luftdruck, der Lufttemperatur und der Luftfeuchtigkeit, sowie von der geometrischen Anordnung abhängig. Bei den Abständen und Leiterdurchmessern von Hochspannungsfreileitungen haben von den geometrischen Veränderlichen nur der Leiterradius und die Oberflächenbeschaffenheit Einfluß auf die Koronaeinsatzfeldstärke. Unter Normalverhältnissen (Luftdruck und Temperatur) gilt nach [*29*, S. 177] für glatte, parallele Kreiszylinder bei Wechselspannung für die Amplitude der Koronaeinsatzfeldstärke

$$\sqrt{2}\, E_k \approx 30 \left(1 + \frac{0{,}3}{\sqrt{\varrho/\mathrm{cm}}}\right) \frac{\mathrm{kV}}{\mathrm{cm}}. \qquad (6.244)$$

Für Leiterseile liefert (6.244) nur grobe Anhaltswerte, da deren Oberflächen nicht glatt sind. Außerdem muß im Betrieb mit Verschmutzung, anhängenden Wassertröpfchen, Rauhreif und kleineren Oberflächenbeschädigungen gerechnet werden.

Bei der folgenden Berechnung der Randfeldstärke werden ebenfalls glatte, zylindrische Leiter vorausgesetzt, so daß auch die für die Randfeldstärke erhaltenen Ergebnisse nur als Anhaltswerte dienen können.

Sind die Abstände der Leiter einer Leitung sehr viel größer als ihre Durchmesser, was bei Hochspannungsfreileitungen immer zutrifft, so kann bei der Berechnung des elektrischen Feldes in der nächsten Umgebung eines Leiters das Feld der Ladungen der anderen Leiter gegenüber dem der Ladung des betrachteten Leiters vernachlässigt werden. In der nächsten Umgebung der Leiter ist das elektrische Feld daher angenähert zylindersymmetrisch.

Nach Gl. (6.114) wird die maximale Feldstärke an der Oberfläche eines zylindrischen Leiters

$$E_{\max} = E(\varrho) = \frac{Q}{2\pi\varepsilon s}\,\frac{1}{\varrho}. \qquad (6.114)$$

Für eine Drehstromleitung ist

$$Q = C_B \frac{U_N}{\sqrt{3}}, \qquad (6.245)$$

so daß mit (6.177)

$$E_{\max} = \frac{U_N/\sqrt{3}}{\varrho \ln \dfrac{D}{\varrho}} \qquad (6.246)$$

wird.

Bei der Berechnung der Randfeldstärke von Bündelleitern werden die von den Ladungen der einzelnen Teilleiter herrührenden Felder überlagert. Die maximale Feldstärke ergibt sich an der Oberfläche der Teilleiter auf der der Bündelachse abgekehrten Seite.

Die Ladung eines Teilleiters eines symmetrischen Bündels ist, wenn Q die gesamte Ladung des Bündels ist,

$$Q_t = \frac{Q}{n}. \tag{6.247}$$

In Bild 6.67 ist ein symmetrisches Bündel dargestellt, dessen Teilleiter die Ladungen Q_t tragen. Der Teilleiter 1 ist nur gestrichelt eingezeichnet, da an der Stelle des Teilleiters 1 zunächst nur das von den Ladungen der Teilleiter 2 bis 6 verursachte Feld berechnet werden soll.

Die Ladung des Teilleiters 2 erzeugt an der Stelle des Leiters 1 die Feldstärke $\vec{E}_2$, deren Betrag

$$E_2 = \frac{Q_t}{2\pi\varepsilon s}\,\frac{1}{D_{12}} \tag{6.248}$$

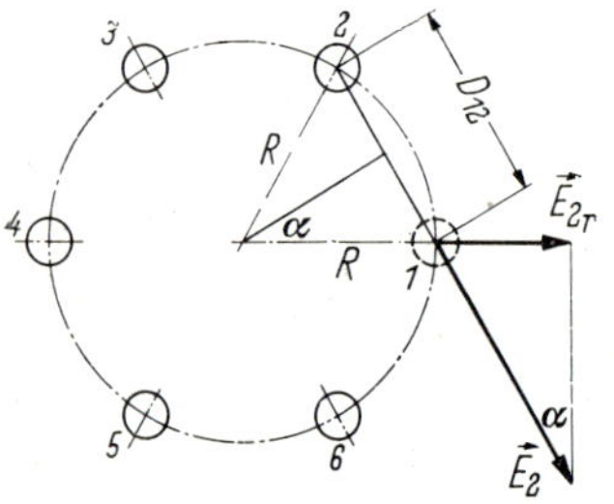

Bild 6.67 Zur Berechnung der Randfeldstärke von Bündelleitern.

ist. Der Abstand D_{12} des Teilleiters 1 vom Teilleiter 2 ist

$$D_{12} = 2R\sin\alpha. \tag{6.249}$$

Die Radialkomponente von E_2 ist

$$E_{2r} = E_2\sin\alpha = \frac{Q_t}{2\pi\varepsilon s}\,\frac{1}{2R} = E_r. \tag{6.250}$$

Es ist leicht zu sehen, daß die von den Ladungen der anderen Teilleiter 3 bis 6 an der Stelle des Teilleiters 1 verursachten Radialkomponenten der elektrischen Feldstärke alle gleich groß sind und daß sich die Tangentialkomponenten gegenseitig aufheben. Die gesamte von den Teilleitern 2 bis 6 herrührende Feldstärke an der Stelle des Teilleiters 1 ist daher

$$E_{a6} = 5E_r, \tag{6.251}$$

oder allgemein bei einem symmetrischen Bündel aus n Teilleitern die von den Teilleitern 2 bis n an der Stelle des Teilleiters 1 erzeugte Feldstärke

$$E_a = (n-1)\,E_r = \frac{Q/n}{2\pi\varepsilon s}\,(n-1)\,\frac{1}{2R}. \tag{6.252}$$

Der Index a weist darauf hin, daß diese Feldstärke von den Ladungen der *anderen* Teilleiter — also nicht von der des Teilleiters 1 — verursacht wird.

Da die Teilleiterabstände des Bündels gegenüber dem Teilleiterdurchmesser verhältnismäßig groß sind, kann das eben berechnete Feld im Bereich des Leiters 1 näherungsweise als homogen angesehen werden. Bringt man nun in dieses Feld den zunächst ungeladenen Teilleiter 1, so wird auf diesem eine Ladungsverteilung influenziert, die eine Verzerrung des ursprünglichen Feldes zur Folge hat. Es ergibt sich eine am Umfang des Teilleiters 1 sinusförmig verteilte Feldstärke radialer Richtung, deren am inneren und äußeren Rand auftretender Höchstwert $2E_a$ ist (s. a. Bild 6.61). Nun sitzt auf dem Teilleiter 1 selbstverständlich ebenfalls eine Ladung $Q_t = Q/n$. Sie erzeugt ein radialsymmetrisches elektrisches Feld nach (6.113), das an der Leiteroberfläche die Stärke

$$E_s = \frac{Q/n}{2\pi\varepsilon s\varrho} \tag{6.253}$$

hat. Der Index s soll darauf hinweisen, daß diese Feldstärke von der Ladung des Leiters 1 *selbst* herrührt. Sie addiert sich am äußeren Rand zu der vorher ermittelten Feldstärke $2E_a$, so daß schließlich die maximale Feldstärke, die auf der der Bündelachse abgewandten Seite auftritt,

$$E_{\max} = 2E_a + E_s = \frac{Q/n}{2\pi\varepsilon s}\left(\frac{1}{\varrho} + \frac{n-1}{R}\right) \tag{6.254}$$

ist. Mit (6.245) und (6.177) wird mit dem Ersatzradius ϱ_0 des Bündels

$$E_{\max} = \frac{U_N/\sqrt{3}}{\ln\dfrac{D}{\varrho_0}}\,\frac{1}{n}\left(\frac{1}{\varrho} + \frac{n-1}{R}\right). \tag{6.255}$$

Auch bei der Verwertung dieses Ergebnisses muß wie bei Gl. (6.246) beachtet werden, daß hierbei als Leiter glatte Kreiszylinder angenommen wurden, was den wirklichen Verhältnissen nur in grober Näherung entspricht.

6.5 Übungsaufgaben zu Kapitel 6

Aufgabe 1

Induktive Beeinflussung von Leitungen. Eine 60-kV-Doppelleitung mit den Systemen I und II verbindet zwei Stationen A und B. Auf dem System II tritt an der Stelle F ein Fehler auf. Das fehlerbehaftete System II wird in beiden Stationen abgeschaltet. In Station A und an der Fehlerstelle werden die Leiter des Systems II kurzgeschlossen und geerdet, in Station B jedoch nicht. Wie groß sind die Spannungen der drei Leiter des abgeschalteten Systems in Station B gegen Erde und untereinander, wenn a) System I mit 200 A symmetrisch belastet ist, b) im Leiter 3 des sonst unbelasteten Systems I ein Erdkurzschlußstrom von 200 A von A nach B fließt und angenommen wird, daß der Erdkurzschlußstrom ausschließlich über die Erde zurückfließt und der ohmsche Widerstand der Erde vernachlässigbar ist?

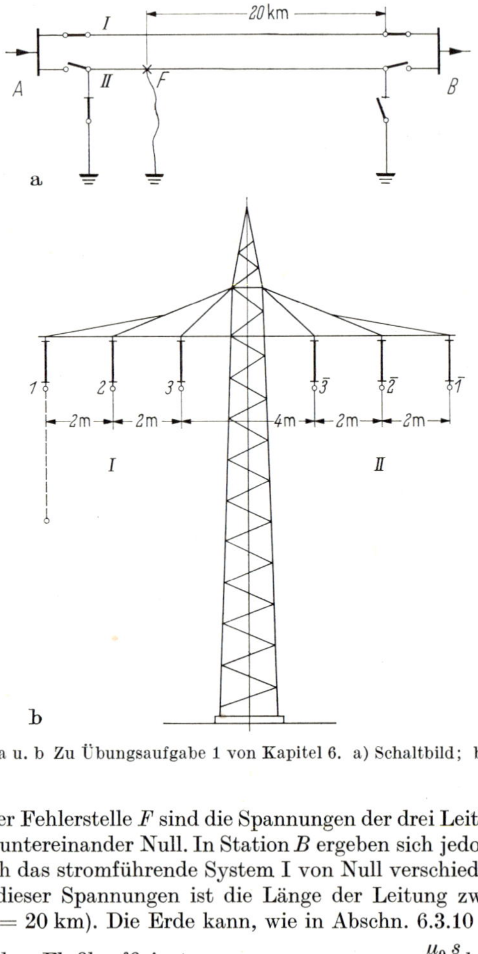

Bild 6.68a u. b Zu Übungsaufgabe 1 von Kapitel 6. a) Schaltbild; b) Mastbild.

Zu 1a: An der Fehlerstelle F sind die Spannungen der drei Leiter des Systems II gegen Erde und untereinander Null. In Station B ergeben sich jedoch wegen der Beeinflussung durch das stromführende System I von Null verschiedene Spannungen. Für die Größe dieser Spannungen ist die Länge der Leitung zwischen F und B entscheidend ($s = 20$ km). Die Erde kann, wie in Abschn. 6.3.10 erläutert, formal als Leiter mit den Flußkoeffizienten $a_{EE} = a_{Ek} = a_{kE} = \frac{\mu_0 s}{2\pi} \ln \frac{A}{\delta} = a_E \neq f(k)$ betrachtet werden. Zunächst sei die Spannung $\underline{U}_{\bar{1}E}$ des Leiters $\bar{1}$ gegen Erde berechnet:

Das Induktionsgesetz, auf einen Umlauf über den Spannungspfeil $\underline{U}_{\bar{1}E}$ bei B, die Erde E, die Erdleitung bei F und über den Leiter $\bar{1}$ zurück nach B angewandt, ergibt, da weder Leiter $\bar{1}$ noch die Erde Strom führen,

$$\underline{U}_{\bar{1}E} = -j\omega\, \underline{\Phi}_{\bar{1}E}.$$

$\underline{\Phi}_{\bar{1}E}$ findet man nach Gl. (6.033):

$$\underline{\Phi}_{\bar{1}E} = \sum_{i=1}^{i=3} \underline{I}_i (a_{\bar{1}i} - a_{Ei}).$$

Nun ist aber $a_{E1} = a_{E2} = a_{E3} = \frac{\mu_0 s}{2\pi} \ln \frac{A}{\delta} = a_E$ und $\underline{I}_1 + \underline{I}_2 + \underline{I}_3 = 0$, so daß

$$\begin{aligned} \underline{\Phi}_{\bar{1}E} &= \underline{I}_1 a_{\bar{1}1} + \underline{I}_2 a_{\bar{1}2} + \underline{I}_3 a_{\bar{1}3} \\ &= \underline{I}_1 (a_{\bar{1}1} - a_{\bar{1}3}) + \underline{I}_2 (a_{\bar{1}2} - a_{\bar{1}3}) \\ &= \frac{\mu_0 s}{2\pi} \left(\underline{I}_1 \ln \frac{D_{\bar{1}3}}{D_{\bar{1}1}} + \underline{I}_2 \ln \frac{D_{\bar{1}3}}{D_{\bar{1}2}} \right). \end{aligned}$$

Mit $s = 20$ km, $\mu_0 = 0{,}4\pi \cdot 10^{-3}$ Vs/(A km) und $\underline{I}_1 = 200 \angle 0°$ A, $\underline{I}_2 = 200 \angle -120°$ A, $\underline{I}_3 = 200 \angle +120°$ A und $\omega = 100\pi \frac{1}{\text{s}}$ wird schließlich

$$\underline{U}_{\bar{1}E} = -j \frac{100\pi \cdot 0{,}4\pi \cdot 10^{-3}\,\text{Vs} \cdot 20\,\text{km} \cdot 200\,\text{A}}{2\pi \cdot \text{s} \cdot \text{A km}} \left(\ln \frac{8}{12} + \left(-\frac{1}{2} - j\frac{\sqrt{3}}{2} \right) \ln \frac{8}{10} \right)$$

$$= (48{,}5 + j\,73{,}8)\,\text{V} = 88{,}4 \angle 56{,}7°\,\text{V}.$$

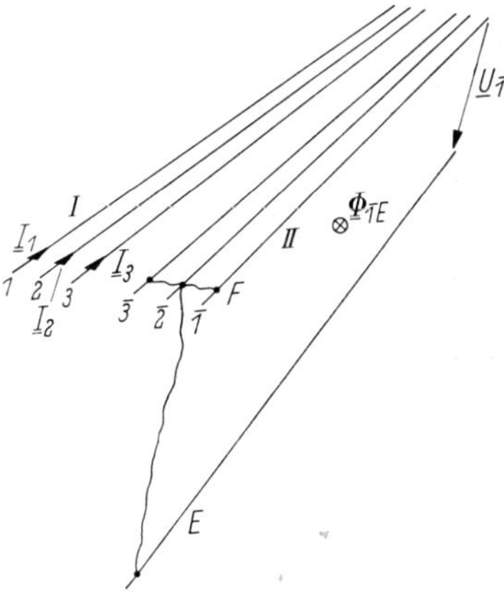

Bild 6.69 Zu Übungsaufgabe 1a von Kapitel 6.

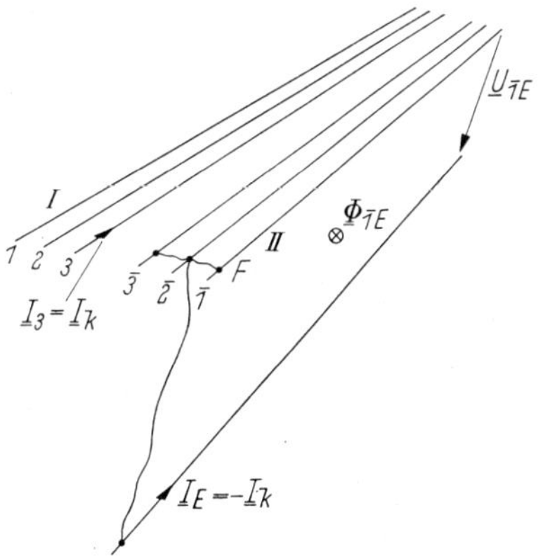

Bild 6.70 Zu Übungsaufgabe 1b von Kapitel 6.

Ganz entsprechend findet man

$$\underline{U}_{\bar{2}E} = (62{,}6 + j92{,}2)\,\text{V} = 111{,}5 \angle 55{,}8°\,\text{V},$$

$$\underline{U}_{\bar{3}E} = (88{,}2 + j123{,}2)\,\text{V} = 151{,}5 \angle 54{,}4°\,\text{V}.$$

Die Spannungen zwischen den Leitern ergeben sich zu

$$\underline{U}_{\bar{1}\bar{2}} = \underline{U}_{\bar{1}E} - \underline{U}_{\bar{2}E} = (-14{,}1 - j18{,}4)\,\text{V} = -23{,}2 \angle 52{,}5°\,\text{V},$$

$$\underline{U}_{\bar{2}\bar{3}} = \underline{U}_{\bar{2}E} - \underline{U}_{\bar{3}E} = (-25{,}6 - j31{,}0)\,\text{V} = -40{,}2 \angle 50{,}5°\,\text{V},$$

$$\underline{U}_{\bar{3}\bar{1}} = \underline{U}_{\bar{3}E} - \underline{U}_{\bar{1}E} = (+39{,}7 + j49{,}4)\,\text{V} = +63{,}4 \angle 51{,}2°\,\text{V}.$$

Zu 1b: Für die Spannung $\underline{U}_{\bar{1}E}$ gilt, da der Leiter $\bar{1}$ stromlos ist und der ohmsche Widerstand der Erde vernachlässigt werden soll, wiederum

$$\underline{U}_{\bar{1}E} = -j\omega\,\underline{\Phi}_{\bar{1}E}.$$

$\underline{\Phi}_{\bar{1}E}$ wird nach Gl. (6.033)

$$\underline{\Phi}_{\bar{1}E} = \underline{I}_3(a_{\bar{1}3} - a_{E3}) + \underline{I}_E(a_{\bar{1}E} - a_{EE})$$

oder wegen $\underline{I}_3 = \underline{I}_k$, $\underline{I}_E = -\underline{I}_k$ und $a_{E3} = a_{\bar{1}E} = a_{EE} = a_E$

$$\underline{\Phi}_{\bar{1}E} = \underline{I}_k(a_{\bar{1}3} - a_E) = \underline{I}_k \frac{\mu_0 s}{2\pi} \ln \frac{\delta}{D_{\bar{1}3}}.$$

Für $\delta = 1000$ m wird hiermit

$$U_{1E} = \frac{100\,\pi \cdot 0{,}4\pi \cdot 10^{-3}\,\text{Vs} \cdot 20\,\text{km} \cdot 200\,\text{A}}{2\pi \cdot \text{s} \cdot \text{A} \cdot \text{km}} \ln \frac{1000}{8} = 1213\ \text{V}.$$

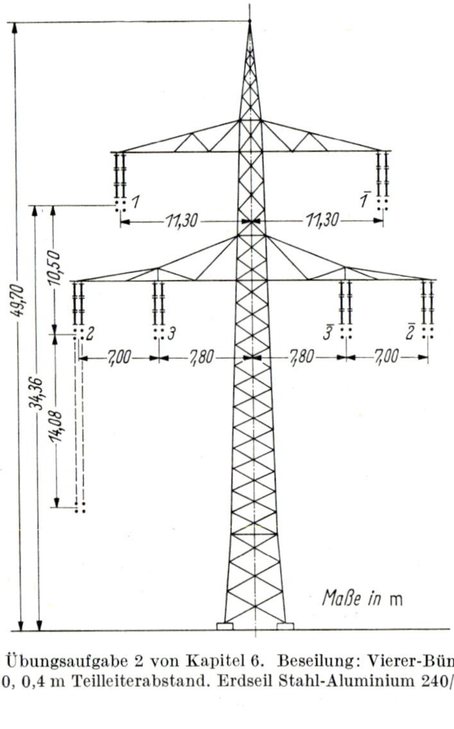

Bild 6.71 Mastbild zu Übungsaufgabe 2 von Kapitel 6. Beseilung: Vierer-Bündel Stahl-Aluminium 240/40, 0,4 m Teilleiterabstand. Erdseil Stahl-Aluminium 240/40.

Aufgabe 2

Berechnung der Leitungskonstanten. Es sind die Leitungskonstanten einschließlich des ohmschen Widerstandes und der Induktivität der Erde und des Erdseiles und die Erdkapazität einer verdrillten 380-kV-Drehstromleitung mit dem in Bild 6.71 angegebenen Mastbild zu berechnen.

Ohmscher Widerstand. Nach Tab. 6.2 findet man für den Sollquerschnitt des Aluminiummantels eines Stahl-Aluminiumseiles 240/40 → 236 mm². Hiermit ergibt sich nach Gl. (6.003) für den ohmschen Widerstand r_B (beide Systeme der Doppelleitung parallel)

$$r_B = \frac{32}{2 \cdot 4 \cdot 236}\,\Omega/\text{km} = 0{,}0170\,\Omega/\text{km}.$$

Der ohmsche Widerstand des Erdseiles wird entsprechend

$$r_{\overline{E}} = \frac{32}{236}\,\Omega/\text{km} = 0{,}136\,\Omega/\text{km}.$$

Der ohmsche Widerstand der Erde ist nach Gl. (6.068)

$$r_E = \frac{1}{s} R_E = \frac{1}{8} \cdot \frac{0{,}4\,\pi \cdot 10^{-3} \cdot \text{Vs} \cdot 100\,\pi}{\text{A} \cdot \text{km} \cdot \text{s}} = 0{,}0494\,\Omega/\text{km}.$$

Korona- und Ableitungsverluste. Für die Korona- und Ableitungsverluste kann nach Abschn. 6.2 für beide Systeme zusammen 2 · 1,5 kW/km, entsprechend einem Leitwert bei Nennspannung von

$$g_B = 2 \cdot 10^{-2}\,\mu\text{S/km}$$

gesetzt werden.

Induktivitäten. Für die Berechnung der Betriebsinduktivität nach Gl. (6.060) sind folgende mittlere Abstände erforderlich:

$$D = \sqrt[3]{D_{12} D_{23} D_{31}} = \sqrt[3]{11{,}1 \cdot 7 \cdot 11{,}1}\ \text{m} = 9{,}5\ \text{m},$$

$$D' = \sqrt[3]{D_{1\overline{2}} D_{2\overline{3}} D_{3\overline{1}}} = \sqrt[3]{28{,}2 \cdot 22{,}6 \cdot 21{,}8}\ \text{m} = 24{,}0\ \text{m},$$

$$D'' = \sqrt[3]{D_{1\overline{1}} D_{2\overline{2}} D_{3\overline{3}}} = \sqrt[3]{22{,}6 \cdot 29{,}6 \cdot 15{,}6}\ \text{m} = 21{,}9\ \text{m}.$$

Der Ersatzradius des Bündels ist nach Gl. (6.095)

$$\varrho_0 = \sqrt[4]{\frac{2{,}17}{2}\, 40^3 \sqrt{2}}\ \text{cm} = 0{,}177\ \text{m}.$$

Nun wird nach Gl. (6.060) unter Berücksichtigung, daß die Leiter aus Vierer-Bündeln bestehen,

$$l_B = \frac{1}{s} L_B = \frac{1}{2} \cdot \frac{0{,}4\,\pi \cdot 10^{-3} \cdot \text{Vs}}{2\,\pi \cdot \text{A} \cdot \text{km}} \left(\ln \frac{9{,}5 \cdot 24{,}0}{0{,}177 \cdot 21{,}9} + \frac{1}{16}\right) = 0{,}413\,\frac{\text{mH}}{\text{km}}$$

oder

$$x_B = \omega l_B = 100\,\pi\,\frac{1}{\text{s}} \cdot 0{,}413\,\frac{\text{mH}}{\text{km}} = 0{,}130\,\Omega/\text{km}.$$

Die Induktivität des Erdseiles wird nach Gl. (6.063), wenn für $E \rightarrow \overline{E}$ gesetzt wird,

$$l_{\overline{E}} = \frac{1}{s} L_{\overline{E}} = \frac{1}{2}\,\frac{\mu_0}{2\,\pi} \left(\ln \frac{D_{\overline{E}}^4}{D\,D'\,\varrho_{\overline{E}}^2} + \frac{1}{2}\right).$$

Dabei ist

$$D_{\bar{E}} = \sqrt[3]{D_{1\bar{E}} D_{2\bar{E}} D_{3\bar{E}}} = \sqrt[3]{19{,}0 \cdot 29{,}8 \cdot 27{,}0}\ \mathrm{m} = 24{,}8\ \mathrm{m}$$

und

$$\varrho_{\bar{E}} = \frac{21{,}7}{2}\ \mathrm{mm} = 10{,}85 \cdot 10^{-3}\ \mathrm{m}.$$

Hiermit wird

$$l_{\bar{E}} = \frac{1}{2}\,\frac{0{,}4\pi \cdot 10^{-3}\ \mathrm{Vs}}{2\pi \cdot \mathrm{A} \cdot \mathrm{km}} \left(\ln \frac{24{,}8^4 \cdot 10^6}{9{,}5 \cdot 24{,}0 \cdot 10{,}85^2} + \frac{1}{2}\right) = 1{,}70\ \frac{\mathrm{mH}}{\mathrm{km}}$$

oder

$$x_{\bar{E}} = \omega l_{\bar{E}} = 100\pi\ \frac{1}{\mathrm{s}} \cdot 1{,}70\ \frac{\mathrm{mH}}{\mathrm{km}} = 0{,}534\ \Omega/\mathrm{km}.$$

Die Induktivität der Erde ergibt sich nach Gl. (6.073) mit $\delta = 1000$ m

$$l_E = \frac{1}{s} L_E = \frac{1}{2}\,\frac{0{,}4\,\pi \cdot 10^{-3}\ \mathrm{Vs}}{2\,\pi \cdot \mathrm{A} \cdot \mathrm{km}} \ln \frac{10^6}{9{,}5\ 24{,}0} = 0{,}839\ \frac{\mathrm{mH}}{\mathrm{km}}.$$

Die zugehörige Reaktanz ist

$$x_E = \omega l_E = 100\,\pi\ \frac{1}{\mathrm{s}} \cdot 0{,}839\ \frac{\mathrm{mH}}{\mathrm{km}} = 0{,}264\ \Omega/\mathrm{km}.$$

Die Gegeninduktivität zwischen Erde und Erdseil ergibt sich nach Gl. (6.074)

$$m = \frac{1}{s} M = \frac{1}{2}\,\frac{0{,}4\,\pi \cdot 10^{-3}\ \mathrm{Vs}}{2\,\pi \cdot \mathrm{A} \cdot \mathrm{km}} \ln \frac{24{,}8^2}{9{,}5 \cdot 24{,}0} = 0{,}099\ \frac{\mathrm{mH}}{\mathrm{km}}.$$

Die zugehörige Gegenreaktanz ist

$$m = 100\,\pi\ \frac{1}{\mathrm{s}} \cdot 0{,}099\ \frac{\mathrm{mH}}{\mathrm{km}} = 0{,}0312\ \Omega/\mathrm{km}.$$

Kapazitäten. Zur Berechnung der Betriebskapazität nach Gl. (6.208) sind außer den schon berechneten mittleren Abständen noch folgende weitere mittlere Abstände erforderlich:

$$2h = 2 \cdot \sqrt[3]{h_1 h_2 h_3} = 2 \cdot \sqrt[3]{24{,}5 \cdot 14{,}0 \cdot 14{,}0}\ \mathrm{m} = 33{,}7\ \mathrm{m},$$

[h_1, h_2 und h_3 ergeben sich hierbei nach Gl. (6.139)],

$$2h' = \sqrt[3]{D'_{12} D'_{23} D'_{31}} = \sqrt[3]{38{,}6 \cdot 28{,}8 \cdot 38{,}6}\ \mathrm{m} = 35{,}0\ \mathrm{m},$$

$$(D')' = \sqrt[3]{D'_{1\bar{2}} D'_{2\bar{3}} D'_{3\bar{1}}} = \sqrt[3]{46{,}5 \cdot 36{,}0 \cdot 43{,}0}\ \mathrm{m} = 41{,}6\ \mathrm{m},$$

$$(D'')' = \sqrt[3]{D'_{1\bar{1}} D'_{2\bar{2}} D'_{3\bar{3}}} = \sqrt[3]{54{,}0 \cdot 40{,}7 \cdot 32{,}0}\ \mathrm{m} = 41{,}3\ \mathrm{m}.$$

Nun wird nach Gl. (6.208) mit $\varepsilon = \varepsilon_0 = \dfrac{1}{36\,\pi} \cdot 10^{-6}\,\dfrac{\text{As}}{\text{V km}}$

$$c_B = \frac{1}{s}\,C_B = 2 \cdot \frac{2\,\pi \cdot \dfrac{1}{36\,\pi} \cdot 10^{-6}\,\dfrac{\text{As}}{\text{V km}}}{\ln \dfrac{9{,}5 \cdot 33{,}7}{0{,}177 \cdot 35{,}0} + \ln \dfrac{24{,}0 \cdot 41{,}3}{21{,}9 \cdot 41{,}6}} = 27{,}6\,\frac{\text{nF}}{\text{km}}$$

und der zugehörige kapazitive Leitwert

$$\omega c_B = 100\,\pi\,\frac{1}{\text{s}}\,27{,}6\,\frac{\text{nF}}{\text{km}} = 8{,}68\,\frac{\mu\text{S}}{\text{km}}.$$

Nach Gl. (6.212) ist die Erdkapazität unter der Berücksichtigung, daß nur ein Erdseil vorhanden ist,

$$C_E = \frac{1}{A_s + 2\,A_g - 3\,\dfrac{a_{\bar{E}}^2}{a_{\bar{E}\bar{E}}}} = 2\,\frac{2\pi\varepsilon s}{\ln \dfrac{2h\,(2h')^2}{\varrho_0 D^2} + \ln \dfrac{(D'')'\,(D')'}{D''\,D'^2} - 6\,\dfrac{(\ln D_{\bar{E}}'/D_{\bar{E}})^2}{\ln 2h_{\bar{E}}/\varrho_{\bar{E}}}}.$$

Hierin ist $D_{\bar{E}}' = \sqrt[3]{D_{\bar{E}1}'\,D_{\bar{E}2}'\,D_{\bar{E}3}'} = \sqrt[3]{65{,}3 \cdot 55{,}8 \cdot 54{,}3}\ \text{m} = 58{,}3\ \text{m}$ und $2h_{\bar{E}} = 79{,}7$ m. Hiermit wird

$$c_E = \frac{1}{s}\,C_E = \frac{2\,\pi \cdot \dfrac{1}{36\,\pi} \cdot 10^{-6}\ \text{As/V km}}{\ln \dfrac{33{,}8 \cdot 35{,}0^2}{0{,}177 \cdot 9{,}5^2} + \ln \dfrac{41{,}2 \cdot 41{,}6^2}{21{,}9 \cdot 24{,}0^2} - 6\,\dfrac{(\ln\ 58{,}3/24{,}9)^2}{\ln 79{,}7/0{,}01085}} = 12{,}2\,\frac{\text{nF}}{\text{km}}.$$

Der zugehörige kapazitive Leitwert ist

$$\omega c_E = 100\pi\,\frac{1}{\text{s}}\,12{,}2\,\frac{\text{nF}}{\text{km}} = 3{,}83\,\frac{\mu\text{S}}{\text{km}}.$$

Aufgabe 3

Potentiale von Leitungen. Gegeben ist eine unverdrillte 110-kV-Bahnstrom-Doppelleitung mit dem in Bild 6.72 angegebenen Mastbild. a) Wie groß sind die Spannungen der einzelnen Leiter gegen Erde? b) System II ist abgeschaltet und kurzgeschlossen. Welche Spannungen haben die kurzgeschlossenen Leiter gegen Erde, wenn der Leiter 1 des Systems I Erdberührung hat und das zugehörige 110-kV-Netz isoliert (von Erde) betrieben wird?

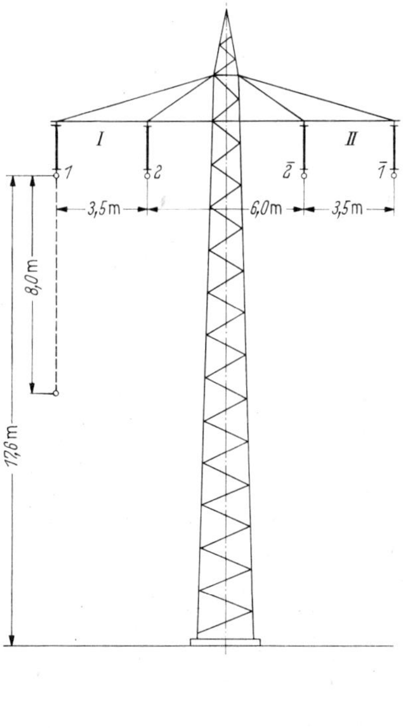

Bild 6.72 Mastbild zu Übungsaufgabe 3 von Kapitel 6. Beseilung: Stahl-Aluminium 240/40.

Zu 3a: Wegen der Symmetrie des Mastbildes gibt es nur fünf verschiedene Potentialkoeffizienten:

$$a_{11} = a_{22} = a_{\bar{2}\bar{2}} = a_{\bar{1}\bar{1}} = \frac{1}{2\pi\varepsilon s} \ln \frac{24}{0{,}01085} = \frac{1}{2\pi\varepsilon s}\, 7{,}702,$$

$$a_{12} = a_{\bar{1}\bar{2}} = \frac{1}{2\pi\varepsilon s} \ln \frac{\sqrt{3{,}5^2 + 24^2}}{3{,}5} = \frac{1}{2\pi\varepsilon s}\, 1{,}936,$$

$$a_{1\bar{2}} = a_{\bar{1}2} = \frac{1}{2\pi\varepsilon s} \ln \frac{\sqrt{9{,}5^2 + 24^2}}{9{,}5} = \frac{1}{2\pi\varepsilon s}\, 1{,}000,$$

$$a_{1\bar{1}} = \frac{1}{2\pi\varepsilon s} \ln \frac{\sqrt{13^2 + 24^2}}{13} = \frac{1}{2\pi\varepsilon s}\, 0{,}742,$$

$$a_{2\bar{2}} = \frac{1}{2\pi\varepsilon s} \ln \frac{\sqrt{6^2 + 24^2}}{6} = \frac{1}{2\pi\varepsilon s}\, 1{,}417\,.$$

Wegen der Symmetrie ist auch $Q_{\bar{1}} = Q_1$ und $Q_{\bar{2}} = Q_2$. Da kein Potential vorgegeben ist, muß die Summe der Ladungen Null sein. Es gilt daher $Q_{\bar{1}} = Q_1 = Q$ und $Q_{\bar{2}} = Q_2 = -Q$. Ferner ist $V_{\bar{1}} = V_1$ und $V_{\bar{2}} = V_2$. Unbekannt sind die Ladung Q und die gesuchten Potentiale V_1 und V_2. Nach Gl. (6.145) erhält man zwei unabhängige Potentialgleichungen

$$V_1 = (a_{11} - a_{12} - a_{1\bar{2}} + a_{1\bar{1}})\, Q,$$

$$V_2 = (a_{21} - a_{22} - a_{2\bar{2}} + a_{2\bar{1}})\, Q.$$

Die zur Auflösung erforderliche dritte Gleichung lautet

$$V_1 - V_2 = U = 110\,\text{kV}.$$

Beachtet man, daß $a_{22} = a_{11}$, $a_{21} = a_{12}$ und $a_{2\bar{1}} = a_{1\bar{2}}$ ist, wird

$$V_1 = \frac{a_{11} - a_{12} - a_{1\bar{2}} + a_{1\bar{1}}}{2(a_{11} - a_{12} - a_{1\bar{2}}) + a_{1\bar{1}} + a_{2\bar{2}}}\, U,$$

$$V_2 = -\frac{a_{11} - a_{12} - a_{1\bar{2}} + a_{2\bar{2}}}{2(a_{11} - a_{12} - a_{1\bar{2}}) + a_{1\bar{1}} + a_{2\bar{2}}}\, U.$$

Die Potentialkoeffizienten eingesetzt, ergibt

$$V_1 = 0{,}471\, U = 51{,}8\,\text{kV},$$

$$V_2 = -0{,}529\, U = -58{,}2\,\text{kV}.$$

Zu 3b: In Bild 6.73 ist der zu untersuchende Fall dargestellt. Die Leiter $\bar{1}$ und $\bar{2}$ sind kurzgeschlossen, ihr gemeinsames Potential ist mit V_x bezeichnet, der Leiter 1 hat Erdberührung.

Nun gilt $V_1 = 0$, $V_2 = -U$ und, da das Potential des kurzgeschlossenen Systems II nicht vorgegeben ist, $Q_{\bar{2}} = -Q_{\bar{1}}$. Nach (6.145) wird jetzt

$$V_1 = 0 \quad = a_{11}Q_1 + a_{12}Q_2 - (a_{1\bar{2}} - a_{1\bar{1}})\,Q_{\bar{1}},$$

$$V_2 = -U = a_{21}Q_1 + a_{22}Q_2 - (a_{2\bar{2}} - a_{2\bar{1}})\,Q_{\bar{1}},$$

$$V_{\bar{2}} = V_x \quad = a_{\bar{2}1}Q_1 + a_{\bar{2}2}Q_2 - (a_{\bar{2}\bar{2}} - a_{\bar{2}\bar{1}})\,Q_{\bar{1}},$$

$$V_{\bar{1}} = V_x \quad = a_{\bar{1}1}Q_1 + a_{\bar{1}2}Q_2 - (a_{\bar{1}\bar{2}} - a_{\bar{1}\bar{1}})\,Q_{\bar{1}}.$$

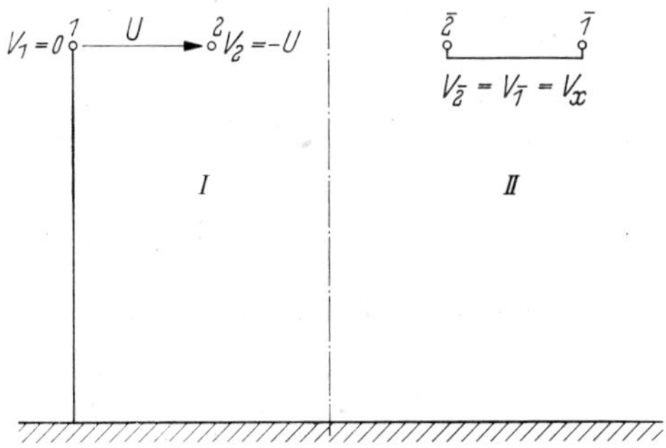

Bild 6.73 Zu Übungsaufgabe 3b von Kapitel 6. Leiter 1 hat Erdberührung, Leiter $\bar{1}$ und $\bar{2}$ sind kurzgeschlossen.

Die Potentialkoeffizienten eingesetzt und etwas umgestellt, ergibt

$$0 = 7{,}702\,Q_1 + 1{,}936\,Q_2 - 0{,}258\,Q_{\bar{1}},$$

$$-2\pi\varepsilon s \cdot U = 1{,}936\,Q_1 + 7{,}702\,Q_2 - 0{,}417\,Q_{\bar{1}},$$

$$0 = 1{,}000\,Q_1 + 1{,}417\,Q_2 - 5{,}766\,Q_{\bar{1}} - V_x \cdot 2\pi\varepsilon s,$$

$$0 = 0{,}742\,Q_1 + 1{,}000\,Q_2 + 5{,}766\,Q_{\bar{1}} - V_x \cdot 2\pi\varepsilon s.$$

Die Auflösung dieses Gleichungssystems, etwa mit Determinanten, ergibt die gesuchte Spannung gegen Erde

$$V_x = -0{,}138\,U = -15{,}2\,\text{kV}.$$

Um nicht mehr als vier Unbekannte zu bekommen, wurde die obige Leitung ohne Erdseil angenommen. Diese Annahme entspricht im allgemeinen nicht der Wirklichkeit.

7 Der Erdschluß im isoliert betriebenen und im gelöschten Netz

Der in Leitungsnetzen am häufigsten vorkommende Fehler ist der Erdschluß. Er besteht aus einer Überbrückung bzw. einer starken Herabminderung der Isolation zwischen einem Leiter und Erde und dem Zusammenbruch der Leitererdspannung des fehlerbehafteten Leiters an der Fehlerstelle. Die Ursachen für Erdschlüsse sind Überspannungen, insbesondere Gewitterüberspannungen, Verschmutzung von Isolatoren, Rauhreif, Fremdkörper, Isolationsbeschädigungen usw.

Die Auswirkungen eines Erdschlusses auf den Netzbetrieb hängen sehr wesentlich von der Sternpunktbehandlung, der sog. Betriebsweise eines Netzes ab.

7.1 Die Betriebsweisen von Netzen

Unter der Betriebsweise eines Netzes versteht man die Art, wie der Netzsternpunkt mit Erde verbunden ist. Grundsätzlich unterscheidet man zwischen Netzen mit (von Erde) isoliertem, sog. freiem Sternpunkt und Netzen mit geerdetem Sternpunkt. Bei letzteren kann die Erdung unmittelbar oder mittelbar über ohmsche und induktive Widerstände erfolgen. Einen Sonderfall der mittelbaren Erdung stellt die Erdung des Sternpunktes über eine auf die Erdkapazität des Netzes abgestimmte Drosselspule dar (s. Abschn. 7.3). Die Art der Sternpunkterdung hat auf den Normalbetrieb keinerlei Einfluß.

Bei einem Erdschluß tritt im allgemeinen eine Erhöhung der Spannung der fehlerfreien Leiter gegen Erde auf. Ein Maß für diese Spannungserhöhung ist die sog. Erdungsziffer. Sie gibt das Verhältnis der höchsten bei einem Erdschluß auftretenden Spannung der fehlerfreien Leiter gegen Erde zu der Leiterspannung im ungestörten Betrieb an der betreffenden Stelle des Netzes an. Durch die Ausführung der Sternpunkterdung kann die Erdungsziffer beeinflußt werden. Nach VDE 0111 wird nun nach der Wirksamkeit einer Erdung in dieser Hinsicht unterschieden zwischen *starr* geerdeten Netzen, bei denen die Erdungsziffer den Wert 0,8 an keiner Stelle des Netzes überschreitet, und *nicht starr* geerdeten Netzen, bei denen die Erdungsziffer den Wert 0,8 an wenigstens einer Stelle überschreitet. Zu den letzteren gehören im allgemeinen Netze, deren Sternpunkte über abgestimmte Drosselspulen geerdet sind (gelöschte Netze), und alle Netze mit isoliertem Sternpunkt.

Sehr wichtig ist im Zusammenhang mit der Sternpunkterdung und dem Erdschluß der Begriff des Netzbezirkes. Hierunter versteht man

Netzteile, deren Leitungen alle miteinander galvanisch verbunden sind. Verbindungen über Erdungen zählen hierbei nicht. In Bild 7.01 ist ein Netz mit Netzbezirken verschiedener Spannungen wiedergegeben: Ein Teil eines 110-kV-Netzbezirkes, ein 20-kV-Netzbezirk und zwei 380-V-Netzbezirke.

Die einzelnen Netzbezirke sind durch die Transformatoren, abgesehen von eventuell vorhandenen Verbindungen über Erde, galvanisch voneinander getrennt. Die Sternpunktbehandlung kann deshalb in den einzelnen Netzbezirken unterschiedlich sein. Außerdem wird durch die galvanische Trennung die Übertragung der bei einem Erdschluß auftretenden Potentialverlagerung von einem Netzbezirk zum anderen verhindert. Letzteres trifft allerdings nur zu, wenn Erdungen verschiedener Netzbezirke nicht am gleichen Transformator vorgenommen werden.

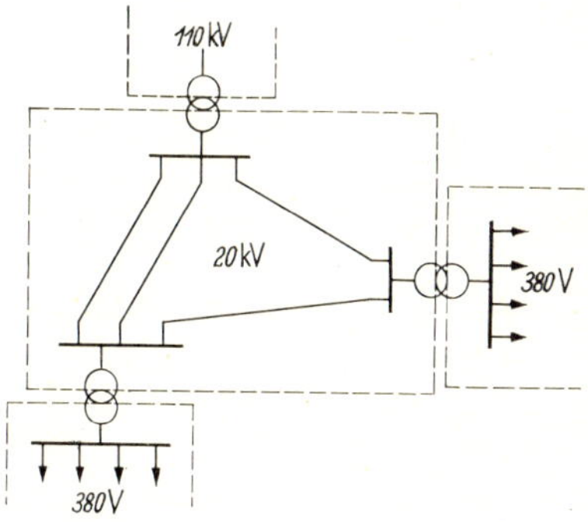

Bild 7.01 Zur Definition eines Netzbezirkes.

In Bild 7.02 sind die verschiedenen Betriebsweisen (Sternpunkterdungen) gezeigt. Als Netzbezirk ist der Einfachheit wegen nur jeweils eine Leitung angenommen.

In Bild 7.02a ist der als Beispiel gewählte Netzbezirk mit isoliertem (freiem) Sternpunkt ausgeführt. Die Sternpunkte der Transformatoren sind von Erde isoliert oder höchstens durch eine hochohmige Meßeinrichtung mit Erde verbunden. Die Potentiale der Leiter werden allein durch die Teilkapazitäten der Leitungen bestimmt. Bei exakter Symmetrie haben die Sternpunkte der Transformatoren, falls keine gleichphasigen Oberschwingungen in den Spannungen enthalten sind, keine Spannung gegen Erde. Infolge der meist vorhandenen geringen Unsymmetrien und der in den Spannungen enthaltenen dritten Harmonischen tritt jedoch zwischen den Sternpunkten und Erde eine, allerdings im Vergleich zur betriebsfrequenten Sternspannung kleine, Spannung auf, die jedoch durchaus für den Menschen gefährlich sein kann. Der isolierte Betrieb ist relativ selten, da er sich im Erdschlußfalle, abgesehen von Netzbezirken kleinster Ausdehnung, unangenehm bemerkbar macht (s. Abschn. 7.2). Man findet ihn bei Hochspannungsfreileitungsnetzen sehr geringer Ausdehnung und Spannungen von 10 kV bis 20 kV, sowie bei kleinen Kabelnetzen, wie etwa einem 500-V-Niederspannungs-Industrienetz.

In Bild 7.02b ist ein Netzbezirk dargestellt, dessen Sternpunkt über eine abgestimmte Erdschlußspule mittelbar geerdet ist. Ein oder mehrere

Transformatoren des Netzbezirkes sind über Drosselspulen mit Erde verbunden, die in ihrer Induktivität so abgestimmt sind, daß sie die Erdkapazitäten des Netzbezirkes kompensieren (s. Abschn. 7.3). Bei Unsymmetrien in den Spannungen und Erdkapazitäten können hier bei genauer Abstimmung infolge von Resonanz erhebliche betriebsfrequente Spannungen an den Sternpunkten auftreten. Die Erdung über abgestimmte Drosselspulen findet vorwiegend in Hochspannungsfreileitungsnetzen größerer Ausdehnung mit Spannungen von 10 kV bis 150 kV Anwendung. Bei Kabelnetzen ist diese Betriebsweise umstritten.

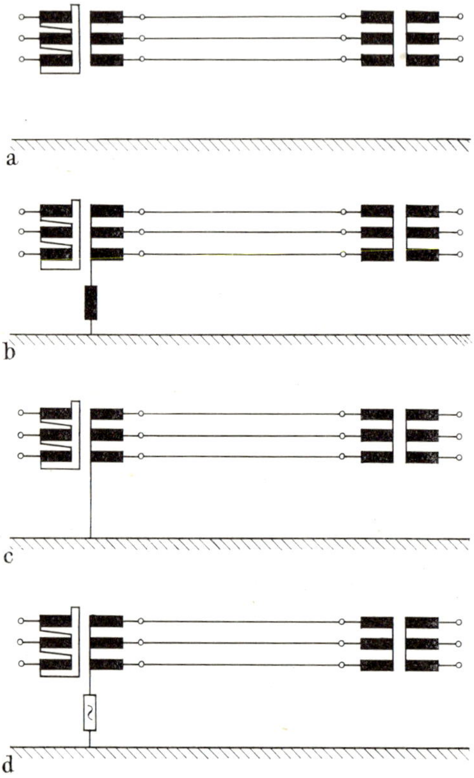

Bild 7.02a – d Betriebsweisen von Netzbezirken.
a) Isolierter (freier) Sternpunkt; b) Über Erdschlußspule geerdeter Sternpunkt; c) Unmittelbar geerdeter Sternpunkt; d) Niederohmig mittelbar geerdeter Sternpunkt.

In Bild 7.02c ist ein Netzbezirk mit unmittelbarer Erdung gezeigt. Hierbei werden ein oder mehrere Transformatorsternpunkte direkt mit Erde verbunden. Die unmittelbare Erdung garantiert nicht gleichzeitig eine starre Erdung im Sinne von VDE 0111. Hierzu muß das Netz noch gewisse Bedingungen erfüllen. Insbesondere müssen die Transformatoren, an denen die Erdungen vorgenommen werden, im Sternpunkt voll belastbar sein. Netze mit Spannungen über 150 kV werden im allgemeinen unmittelbar geerdet. Ebenso ausgedehnte Niederspannungsnetze. In den USA wird diese Betriebsweise für alle Hochspannungsnetze bevorzugt.

In Bild 7.02d ist schließlich noch die mittelbare Erdung über eine (niederohmige) Impedanz angegeben. Die zwischen die Transformatorsternpunkte und Erde geschalteten Impedanzen sind meist entweder induktiv oder ohmsch. Sie begrenzen den bei Erdschluß auftretenden Erdkurzschlußstrom. Die niederohmige Sternpunkterdung findet in Netzen Anwendung, für die die unmittelbare Erdung vorteilhaft erscheint, bei denen sie jedoch zu unerwünscht hohen Erdkurzschlußströmen führen würde.

Bei Netzen mit freiem Sternpunkt und in Netzen mit über Erdschlußspulen geerdetem Sternpunkt sind die bei einem Erdschluß zusätzlich auftretenden Ströme bei nicht zu großer Ausdehnung der Netze im Vergleich zu den Strömen bei normaler Belastung klein. Dies bedeutet, daß die von den Erdschlußströmen verursachten zusätzlichen Spannungsabfälle gering sind und in erster Näherung vernachlässigt werden können. Bei der Behandlung des Erdschlusses in isolierten und gelöschten Netzen geringer Ausdehnung können daher die ohmschen und induktiven Widerstände der Leitungen und Transformatoren vernachlässigt werden. Die Behandlung des Erdschlusses ist aufgrund dieser Vereinfachung, obwohl es sich um einen unsymmetrischen Fehler handelt, einfach, so daß man das Problem nicht unbedingt mit dem später in Kap. 9 besprochenen Verfahren der symmetrischen Komponenten zu untersuchen braucht. Bei starrer Erdung und niederohmig nicht starrer Erdung fließen dagegen wesentlich größere Ströme. Man spricht deshalb hier vom Erd*kurz*schluß. Die Vernachlässigung der Längsimpedanzen von Leitungen und Transformatoren ist hier nicht zulässig, und es ist zweckmäßig, zur Behandlung des Erdschlusses in solchen Netzen auf das Verfahren der symmetrischen Komponenten zurückzugreifen. Ähnliches gilt für isoliert betriebene und gelöschte Netze großer Ausdehnung.

7.2 Der Erdschluß im isoliert betriebenen Drehstromnetz geringer Ausdehnung

Es sei ein, was Leitungsführung und Vermaschung betrifft, beliebiger Netzbezirk betrachtet, in dem an einer beliebigen Stelle F (Fehlerstelle) ein Erdschluß des Leiters 1 auftreten soll. In Bild 7.03a ist dieser Netz-

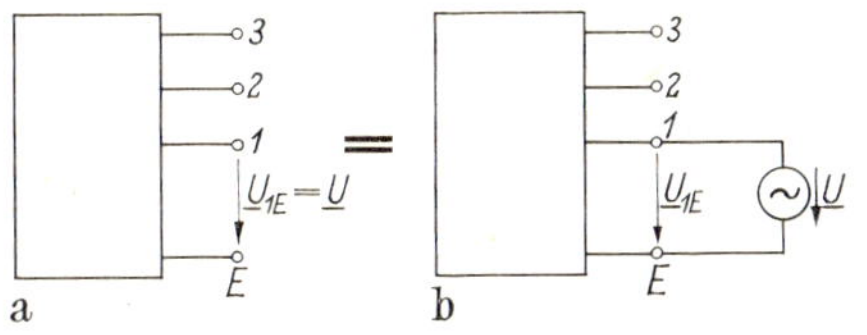

Bild 7.03a u. b Anlegen einer Spannungsquelle an die spätere Fehlerstelle zur Bestimmung der Ströme und Spannungen bei Erdschluß mit Hilfe des Überlagerungssatzes.

bezirk als Kasten dargestellt. Die Klemmen 1, 2, 3 und E sind die herausgezogene Fehlerstelle. Mit Hilfe des Überlagerungssatzes ist es möglich, die Ströme und Spannungen bei Erdschluß (zusätzlicher Index E) als Überlagerung der Ströme und Spannungen bei fehlerfreiem Betrieb (ohne zusätzlichen Index) und noch zu bestimmenden Zusatzströmen und -spannungen (zusätzlicher Index Z) zu ermitteln:

Bei fehlerfreiem Betrieb sei an den Klemmen 1–E, zwischen denen der Erdschluß auftreten soll, die Spannung $\underline{U}_{1E} = \underline{U}$ vorhanden. Durch Parallelschalten einer Spannungsquelle mit der Spannung $\underline{U}$ ändert sich an den Strömen und Spannungen in dem betrachteten Netz nichts (Bild 7.03). Wendet man nun auf die Schaltung von Bild 7.03b den Überlagerungssatz bezüglich der an den Klemmen 1–E liegenden Spannungsquelle und der im Netz vorhandenen Quellen an, so erhält man die Ströme und Spannungen bei Erdschluß aus der Überlagerung der Ströme und Spannungen bei fehlerfreiem Betrieb und der Ströme und Spannungen, die von der in umgekehrter Richtung ($\underline{U}_{1E_Z} = -\underline{U}$) an den Klemmen 1–$E$ wirkenden Spannungsquelle hervorgerufen werden (Bild 7.04). Siehe hierzu auch Bild 2.26 aus Abschn. 2.7.4.

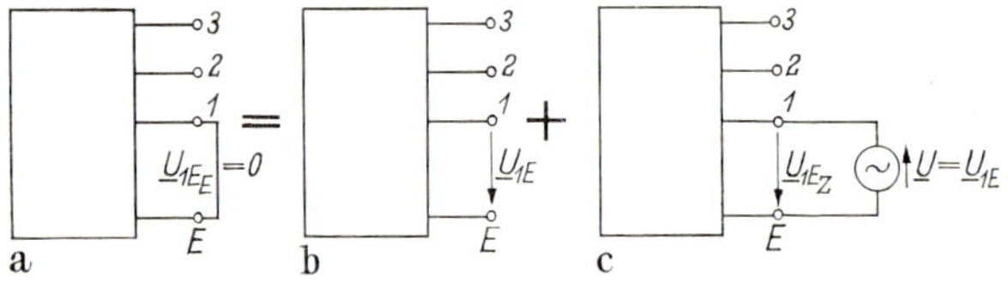

Bild 7.04a–c Bestimmung der Ströme und Spannungen bei Erdschluß mit Hilfe des Überlagerungssatzes.
a) Fehlerbehaftetes Netz; b) fehlerfreies Netz; c) passiv gemachtes Netz mit Spannungsquelle nach Bild 7.03.

Die bei Erdschluß auftretenden Änderungen gegenüber dem fehlerfreien Betrieb ergeben sich aus der Schaltung in Bild 7.04c. Nimmt man die Belastungen im Netz als Stromquellen an, wie es hier schon mehrfach geschehen ist, so fallen in der Schaltung von Bild 7.04c die Belastungen heraus, da ja innerhalb des betrachteten Netzes *alle* Quellen, also Spannungs- *und* Stromquellen unwirksam zu machen sind. Um die zusätzlich bei Erdschluß auftretenden Ströme und Spannungen zu bekommen, genügt es demnach, sich das unbelastete passive Netz an der Fehlerstelle mit der Spannung $\underline{U}_{1E_Z} = -\underline{U}$ gespeist zu denken.

Wie bereits im vorigen Abschnitt erwähnt worden ist, sind die bei einem Erdschluß in einem isoliert oder gelöscht betriebenen Netz kleiner Ausdehnung zusätzlich auftretenden Ströme klein gegenüber den Strömen, für die das Netz ausgelegt ist, so daß die von ihnen hervorgerufenen Spannungsabfälle vernachlässigt werden können. Dies gilt auch für den durch den Stromfluß in der Erde hervorgerufenen Spannungsabfall. Hieraus folgt, daß die durch den Erdschluß auftretenden Zusatzspannungen der Leiter gegen Erde und untereinander im ganzen Netzbezirk gleich sind. Ohmsche und induktive Widerstände der Leitungen, der Erde und der Transformatoren können deshalb bei der Berechnung der

Zusatzströme unberücksichtigt bleiben. Dies bedeutet, daß die längs der Leitungen verteilten Teilkapazitäten K_L zwischen den Leitern und die Erdkapazitäten C_E des ganzen Netzbezirkes zusammengefaßt werden können. Für einen einseitig gespeisten Netzbezirk ergibt sich zur Ermittlung der Zusatzströme und -spannungen an der Speisestelle und der Fehlerstelle die in Bild 7.05 wiedergegebene Schaltung.

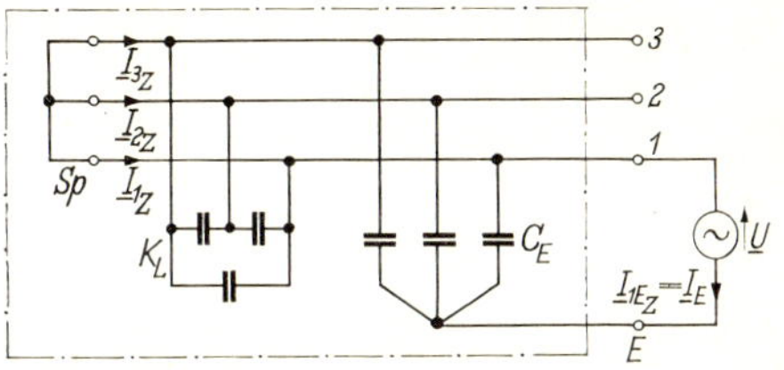

Bild 7.05 Schaltung zur Ermittlung der Zusatzströme an der Speisestelle (*Sp*) und der Erdschlußstelle eines einseitig gespeisten Netzbezirkes unter Vernachlässigung der ohmschen und induktiven Widerstände der Leitungen, Transformatoren und des speisenden Netzes. Die Spannungsquellen an der Speisestelle sind unwirksam.

Wie man leicht sieht, sind die Teilkapazitäten K_L zwischen den Leitern durch die passiv gemachten Spannungsquellen an der Speisestelle kurzgeschlossen, haben damit auf die Zusatzströme keinen Einfluß und können deshalb weggelassen werden (Bild 7.06).

Die Ströme $\underline{I}_{1_Z}$, $\underline{I}_{2_Z}$ und $\underline{I}_{3_Z}$, die die Speisestelle belasten, sowie der über die Fehlerstelle fließende Strom, der Erdschlußstrom $\underline{I}_{1E_Z} = \underline{I}_E$, ergeben sich aus Bild 7.06 zu

$$\begin{aligned} \underline{I}_{1_Z} &= 2 j \omega C_E \underline{U}, \\ \underline{I}_{2_Z} &= \underline{I}_{3_Z} = -j \omega C_E \underline{U}, \\ \underline{I}_{1E_Z} &= 3 j \omega C_E \underline{U} = \underline{I}_E . \end{aligned} \qquad (7.001)$$

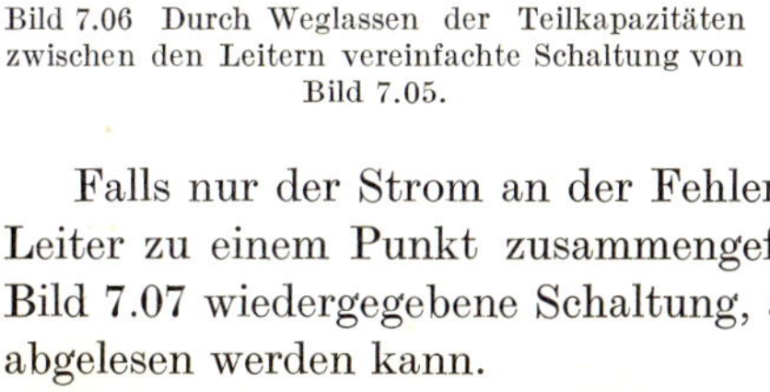

Bild 7.06 Durch Weglassen der Teilkapazitäten zwischen den Leitern vereinfachte Schaltung von Bild 7.05.

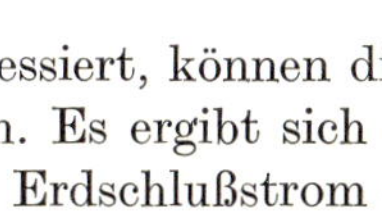

Bild 7.07 Aus Bild 7.06 sich ergebende Schaltung zur Bestimmung des Erdschlußstromes.

Falls nur der Strom an der Fehlerstelle interessiert, können die drei Leiter zu einem Punkt zusammengefaßt werden. Es ergibt sich die in Bild 7.07 wiedergegebene Schaltung, aus der der Erdschlußstrom direkt abgelesen werden kann.

Bei der Ermittlung der Zusatzströme im Netz selbst muß selbstverständlich die Leitungsführung, die Lage der Fehlerstelle und die stetige Verteilung der Erdkapazitäten längs der Leitungen berücksichtigt werden. Angenommen, der betrachtete Netzbezirk bestehe nur aus einer einseitig gespeisten Leitung und der Erdschluß trete so im Zuge der Leitung auf, daß diese durch die Fehlerstelle im Verhältnis 2:1 geteilt wird, ergibt sich, wenn die Erdkapazitäten vor und hinter der Fehlerstelle zunächst noch zusammengefaßt werden, die in Bild 7.08 wiedergegebene Stromverteilung. Der Betrag des Erdschlußstromes, also des Stromes, der über die Fehlerstelle zur Erde fließt, ist gleich 1 gesetzt.

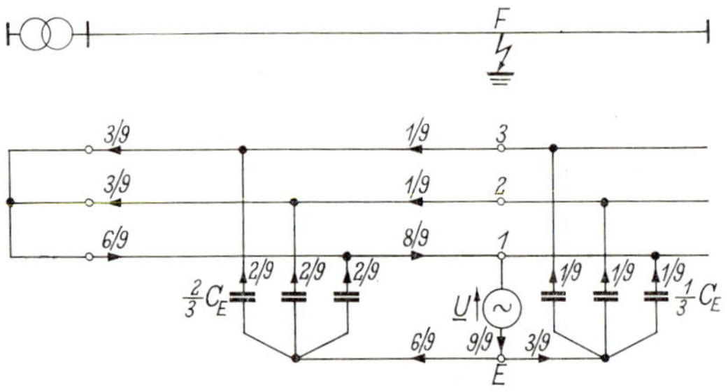

Bild 7.08 Schaltung zur Bestimmung der Zusatzströme bei Erdschluß auf einer einseitig gespeisten Leitung. Die Fehlerstelle teile die Leitung im Verhältnis 2:1.

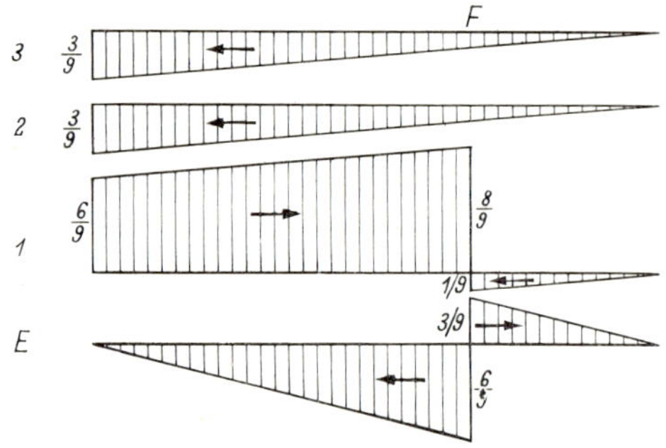

Bild 7.09 Zusatzströme in den Leitern und in der Erde des Beispiels aus Bild 7.08 unter Berücksichtigung der stetigen Verteilung der Erdkapazität.

Die Leiter 1, 2 und 3 haben im ganzen Netzbezirk die Spannung $-\underline{U}$ gegen Erde. Aufgrund dieser Spannung muß über die Erdkapazitäten der drei Leiter pro Länge jeweils der Strom $j\omega c_E \underline{U}$ von der Erde zu den Leitern fließen, wenn c_E die auf die Länge bezogene Erdkapazität eines Leiters ist. Auf den Leitern fließen die Ströme zur Erdschlußstelle und über diese zurück zur Erde.

Berücksichtigt man in dem Beispiel von Bild 7.08 die stetige Verteilung der Erdkapazität, ergibt sich auf den drei Leitern und in der Erde die in Bild 7.09 angegebene Stromverteilung.

Die Zusatzspannungen der drei Leiter sind, wie schon erwähnt, für alle drei Leiter im ganzen Netzbezirk gleich $-\underline{U}$. Es ist bei Erdschluß des Leiters 1

$$\underline{U}_{1E_Z} = \underline{U}_{2E_Z} = \underline{U}_{3E_Z} = -\underline{U} = -\underline{U}_{1E}. \qquad (7.002)$$

Um die gesamten bei Erdschluß auftretenden Ströme und Spannungen zu bekommen, müssen zu den bereits ermittelten Zusatzwerten der Gln. (7.001) und (7.002) die entsprechenden Ströme und Spannungen des fehlerfreien Betriebes addiert werden. Diese hängen von der jeweiligen Belastung des Netzes ab. Um keine spezielle Belastung voraussetzen zu müssen und um die Berechnung zu vereinfachen, soll hier der Fall betrachtet werden, bei dem der Erdschluß im unbelasteten Netz auftritt. Die Stromverteilung des fehlerfreien Betriebs entspricht dann der Ladestromverteilung, d. h. der Stromverteilung, die sich aufgrund der Betriebskapazität des Netzes einstellt. Bei geringer Ausdehnung des Netzes

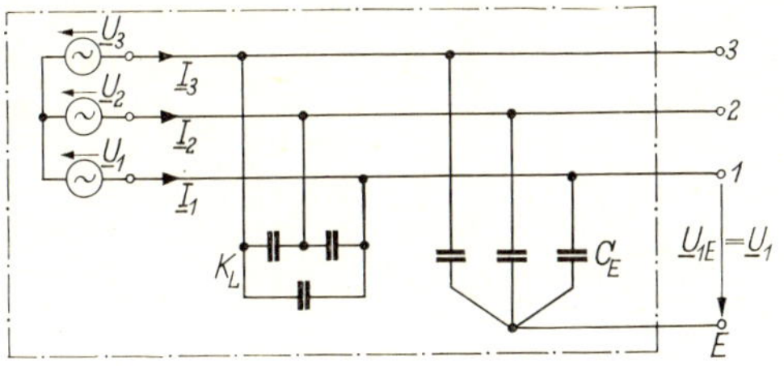

Bild 7.10 Schaltung zur Bestimmung der Leerlaufströme (Ladeströme) eines einseitig gespeisten Netzbezirkes unter Vernachlässigung der Längsimpedanzen.

sind auch die Ladeströme klein gegen die bei Belastung auftretenden, für die das Netz ausgelegt ist. Das bedeutet, daß die Ladeströme nur einen vernachlässigbaren Spannungsabfall verursachen. Die Spannungen zwischen den Leitern und gegen Erde können auch hier im ganzen Netzbezirk näherungsweise als konstant angesehen werden. Ohmsche und induktive Widerstände von Leitungen und Transfomatoren können daher unberücksichtigt bleiben, so daß auch hier die Zusammenfassung der stetig verteilten Kapazitäten gestattet ist (Bild 7.10).

Die an der Speisestelle fließenden Ströme sind, wenn $\underline{U}_1$, $\underline{U}_2$ und $\underline{U}_3$ die Spannungen eines symmetrischen Drehstromsystems sind,

$$\begin{aligned}
\underline{I}_1 &= j\omega(3K_L + C_E)\,\underline{U}_1 = j\omega C_B\,\underline{U}_1,\\
\underline{I}_2 &= j\omega(3K_L + C_E)\,\underline{U}_2 = j\omega C_B\,\underline{U}_2, \qquad (7.003)\\
\underline{I}_3 &= j\omega(3K_L + C_E)\,\underline{U}_3 = j\omega C_B\,\underline{U}_3,
\end{aligned}$$

während über die Erdschlußstelle im fehlerfreien Fall selbstverständlich kein Strom fließt. Auf einer einseitig gespeisten Leitung nimmt der Betrag des Stromes bei Berücksichtigung der stetigen Verteilung der Kapazitäten von der Speisestelle zum Leitungsende hin linear ab. Die Spannungen der Leiter sind aus Symmetriegründen

$$\underline{U}_{1E} = \underline{U}_1, \; \underline{U}_{2E} = \underline{U}_2, \; \underline{U}_{3E} = \underline{U}_3. \tag{7.004}$$

Die bei Erdschluß eines Leiters im unbelasteten Netzbezirk auftretenden Gesamtspannungen und -ströme ergeben sich durch die Addition der Spannungen und Ströme des fehlerfreien leerlaufenden Netzes und der zugehörigen Zusatzspannungen und -ströme unter Berücksichtigung der Phasenlage und der Tatsache, daß die Spannung an der Fehlerstelle vor Eintritt des Fehlers bei unbelastetem Netzbezirk gleich der entsprechenden Sternspannung der Speisestelle ist. Für Erdschluß des Leiters 1 gilt

$$\underline{U} = \underline{U}_{1E} = \underline{U}_1. \tag{7.005}$$

Hiermit ergeben sich die Ströme an der Speisestelle aus (7.001), (7.003) und (7.005)

$$\begin{aligned} \underline{I}_{1_E} &= \underline{I}_{1_Z} + \underline{I}_1 = j\omega (C_B + 2C_E)\, \underline{U}_1, \\ \underline{I}_{2_E} &= \underline{I}_{2_Z} + \underline{I}_2 = j\omega (C_B \underline{U}_2 - C_E \underline{U}_1), \\ \underline{I}_{3_E} &= \underline{I}_{3_Z} + \underline{I}_3 = j\omega (C_B \underline{U}_3 - C_E \underline{U}_1). \end{aligned} \tag{7.006}$$

Der Erdschlußstrom, d. h. der über die Fehlerstelle fließende Strom, und die Stromverteilung in der Erde werden ausschließlich durch die Zusatzströme bestimmt. Die Spannungen der Leiter gegen Erde setzen sich bei Erdschluß aus den Spannungen des fehlerfreien Betriebs [Gl. (7.004)] und den Zusatzspannungen [Gl. (7.002)] zusammen. Es ist mit (7.005)

$$\begin{aligned} \underline{U}_{1E_E} &= \underline{U}_{1E_Z} + \underline{U}_{1E} = -\underline{U}_1 + \underline{U}_1 = 0, \\ \underline{U}_{2E_E} &= \underline{U}_{2E_Z} + \underline{U}_{2E} = -\underline{U}_1 + \underline{U}_2 = -\underline{U}_{12}, \\ \underline{U}_{3E_E} &= \underline{U}_{3E_Z} + \underline{U}_{3E} = -\underline{U}_1 + \underline{U}_3 = \underline{U}_{31}. \end{aligned} \tag{7.007}$$

Die Zusammenhänge (7.006) und (7.007) sind in Bild 7.11 in Zeigerdiagrammen dargestellt.

Die Berechnung der Ströme und Spannungen bei Erdschluß kann selbstverständlich auch ohne Überlagerungssatz über die Kirchhoffschen Gleichungen erfolgen. Allerdings können hierbei die sich durch den Erdschluß ergebenden Veränderungen der Ströme und Spannungen nicht auf so einfache Weise direkt ermittelt werden.

Die Veränderung der Potentiale, d. h. der Spannungen gegen Erde der drei Leiter, kann zur Anzeige des Erdschlusses benützt werden. In Bild 7.12 ist eine der möglichen Schaltungen zur Erdschlußanzeige wiedergegeben.

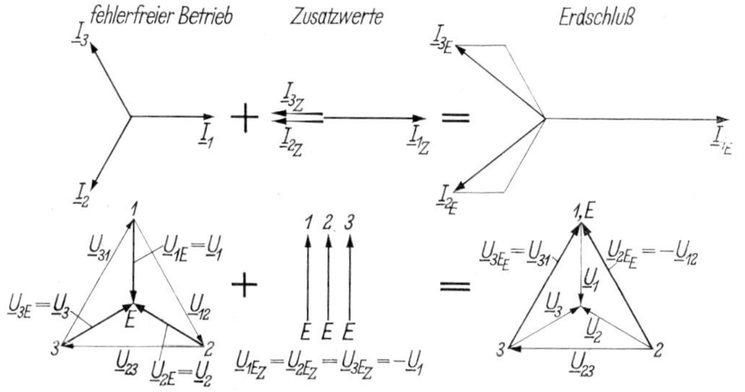

Bild 7.11 Addition der Ströme an der Speisestelle und der Leiter-Erdspannungen des fehlerfreien Betriebs mit den zugehörigen Zusatzwerten nach (7.006) und (7.007). Die Zeigerdiagramme der Ströme sind für ein Verhältnis $C_B/C_E = 5/3$ gezeichnet.

Die drei Voltmeter messen die Leiter-Erdspannungen, während an dem Erdschlußanzeigerelais ER die Summe dieser Spannungen liegt. Im ungestörten Betrieb sind die Leiterspannungen gleich den Sternspannungen des Drehstromsystems [Gl. (7.004)], und ihre Summe ist Null, so daß die Voltmeter die Sternspannungen anzeigen und am Erdschlußanzeigerelais keine Spannung liegt. Bei Erdschluß wird dagegen die Leiter-Erdspannung des fehlerbehafteten Leiters Null, und die fehlerfreien Leiter nehmen die $\sqrt{3}$ fache Spannung gegen Erde an. Die Summe der Leiter-Erdspannungen ist nicht Null, sondern gleich dem dreifachen Wert der Sternspannung des fehlerbehafteten Leiters [Gl. (7.007)]. Das Erdschlußanzeigerelais spricht an und meldet den Erdschluß auf geeignete Weise. Auskunft darüber, welcher Leiter Erdschluß hat, geben die Stellungen der Voltmeter. Für die Schaltung müssen wegen der bei Erdschluß auftretenden gleichphasigen Spannungen und der dazugehörigen magnetischen Flüsse entweder drei einphasige Spannungswandler oder ein dreiphasiger Spannungswandler mit Fünfschenkelkern verwendet werden.

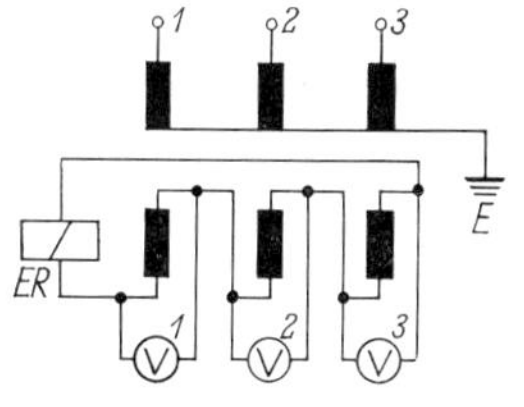

Bild 7.12 Schaltung zur Erdschlußanzeige. ER = *E*rdschlußanzeige-*R*elais.

Der Erdschlußstrom ist, obwohl er in Netzen geringer Ausdehnung relativ klein ist, durchaus in der Lage, Zerstörungen an der Fehlerstelle anzurichten. Dann nämlich, wenn die Fehlerstelle nicht widerstandslos überbrückt ist. Dies trifft z. B. zu, wenn, wie es häufig der Fall ist, der Übergang des Erdschlußstromes zur Erde in einem Lichtbogen erfolgt. An den Lichtbogenfußpunkten können erhebliche Zerstörungen entstehen. Ein wirklich satter Erdschluß mit nicht nennenswertem Übergangswiderstand ist dagegen in dieser Hinsicht ungefährlich.

Sehr ungünstig wirkt sich die Spannungserhöhung der gesunden Leiter aus, die unter den gemachten vereinfachenden Annahmen das $\sqrt{3}$fache der ursprünglichen Spannung gegen Erde beträgt. Sie ist häufig der Anlaß für weitere Erdschlüsse. Bei ausgedehnten Netzen können sich bei Berücksichtigung der induktiven und ohmschen Widerstände der Leitungen und Transformatoren noch wesentlich größere Spannungserhöhungen ergeben.

Der isolierte Betrieb eines Netzes ist, was Erdschlußstrom *und* Spannungserhöhung betrifft, ungünstig. Aus diesem Grunde werden im allgemeinen nur Netze mit äußerst geringer Ausdehnung und niedrigen Spannungen isoliert betrieben, bei denen der Erdschlußstrom so klein bleibt, daß Lichtbögen von selbst erlöschen, und bei denen die Spannungserhöhung, absolut betrachtet, gering ist.

7.3 Der Erdschluß im gelöscht betriebenen Netz geringer Ausdehnung

Der bei Erdschluß an der Fehlerstelle auftretende Strom läßt sich durch den Anschluß einer auf die Erdkapazitäten abgestimmten Drosselspule (Erdschlußspule, Löschspule oder auch nach ihrem Erfinder Petersen-Spule genannt) zwischen Erde und Netzsternpunkt ganz oder wenigstens teilweise unterdrücken. Die Berechnung der Stromverteilung bei Erdschluß in einem mit solchen Erdschlußspulen ausgerüsteten Netz kann auf gleiche Weise durch Überlagerung wie im vorigen Abschnitt erfolgen. Dabei sind auch hier die auftretenden Zusatzströme klein, so daß die Längsimpedanzen der Leitungen und Transformatoren bei der Berechnung der Zusatzströme vernachlässigt werden können. Zur Ermittlung der Zusatzströme und -spannungen ergeben sich die in den Bildern 7.13 bzw. 7.14 wiedergegebenen Schaltungen, die bis auf die eingefügte Erdschlußspule den Schaltungen der Bilder 7.06 und 7.07 entsprechen. Die drei Leiter haben wie dort überall die Spannung $-\underline{U}$ gegen Erde. Diese Spannung liegt deshalb auch an der Erdschlußspule, die, wie leicht aus Bild 7.14 abzulesen ist, von einem Strom

$$\underline{I}_D = \frac{\underline{U}}{jX_D}, \tag{7.008}$$

der sich über die Fehlerstelle schließt, durchflossen wird. Dieser Strom ist wegen der Vernachlässigung der Längsimpedanzen nur von X_D, der Reaktanz der Erdschlußspule, und von $\underline{U}$ abhängig und kann deshalb der Stromverteilung des isolierten Netzes einfach überlagert werden.

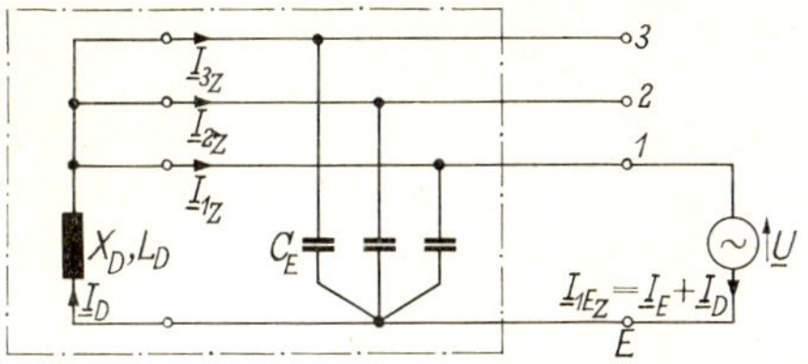

Bild 7.13 Schaltung zur Ermittlung der Zusatzströme an der Speisestelle und der Erdschlußstelle bei Erdschlußlöschung entsprechend Bild 7.06.

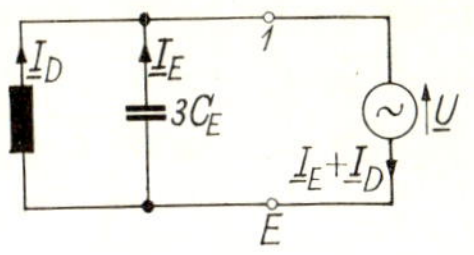

Bild 7.14 Zusammengefaßte Schaltung aus Bild 7.13.

Wird nun die Induktivität der Erdschlußspule so abgestimmt, daß

$$X_D = \omega L_D = \frac{1}{3\omega C_E} \tag{7.009}$$

ist, ergibt sich zwischen den Klemmen 1–E eine unendlich große resultierende Impedanz, d. h. es fließt über die Erdschlußstelle kein Strom. Die unerwünschte zerstörende Wirkung des Erdschlußstromes tritt nicht

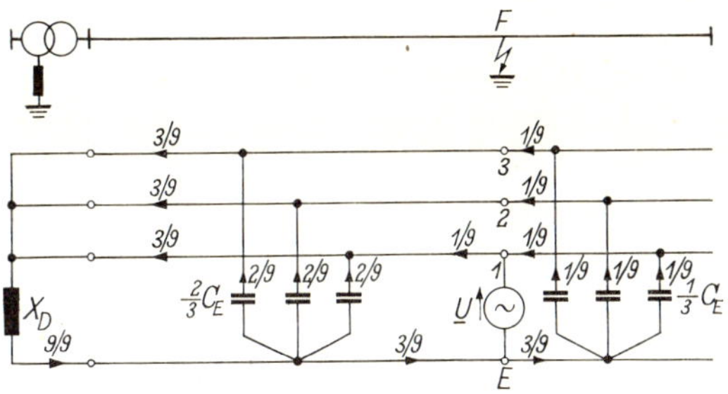

Bild 7.15 Zusatzströme bei Erdschluß auf einer einseitig gespeisten Leitung mit Erdschlußlöschung. Die Fehlerstelle teile die Leitung im Verhältnis 2:1.

auf. Die Erhöhung der Spannungen der fehlerfreien Leiter bleibt jedoch nach wie vor erhalten.

Für das in den Bildern 7.08 und 7.09 behandelte Beispiel des Erdschlusses im isoliert betriebenen Netz ist in den Bildern 7.15 und 7.16 die Zusatzstromverteilung bei Erdschluß mit abgestimmter Erdschlußspule angegeben. Sie ergibt sich aus der Überlagerung der Stromverteilung bei isoliertem Betrieb und des Stromes, der über die Erdschlußspule fließt. Es zeigt sich, daß die Speisestelle in allen drei Leitern mit gleichen Strömen $\underline{U}\,\omega\,C_E$ belastet wird, während über die Erdschlußstelle kein Strom fließt.

Die Blindleistung der Erdschlußspule ist bei Abstimmung

$$Q_D = U^2\,3\,\omega\,C_E = \frac{U^2}{X_D}. \tag{7.010}$$

Geht man vom unbelasteten Netz aus und wird mit der Nennspannung U_N gespeist, so wird aus (7.010)

$$Q_D = \left(U_N/\sqrt{3}\right)^2 3\,\omega\,C_E = U_N^2\,\omega\,C_E\,. \tag{7.011}$$

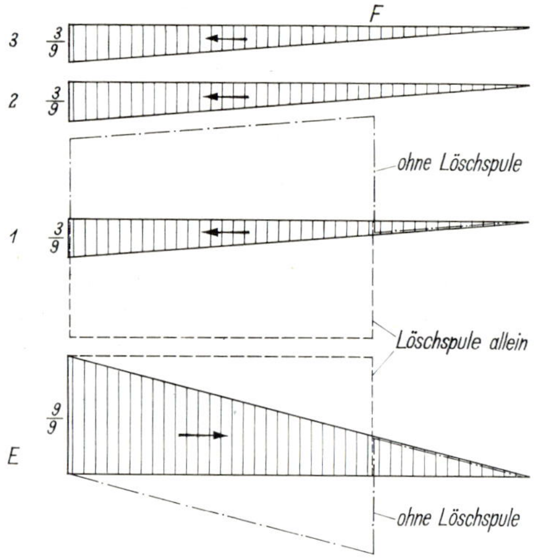

Bild 7.16 Zusatzströme in den Leitern und in der Erde des Beispieles aus Bild 7.15 unter Berücksichtigung der stetigen Verteilung der Erdkapazität.

Die Erdschlußspulen werden als Eisendrosseln, die bei hohen Spannungen in Ölkesseln untergebracht sind, ausgeführt. Zur Abstimmung ihrer Induktivität auf die vom jeweiligen Ausbau- und Schaltzustand des Netzes abhängige Erdkapazität werden sie meist entweder mit Anzapfungen oder mit einem veränderlichen Luftspalt (Tauchkern) versehen.

Beim Anschluß einer Erdschlußspule ist darauf zu achten, daß der Sternpunkt des Transformators, an den sie angeschlossen werden soll, entsprechend dem zu erwartenden Spulenstrom einphasig belastbar ist. Die Sternpunktbelastbarkeit von Transformatoren verschiedener Schaltgruppen ist in Tab. 5.2 (S. 150) angegeben. Selbstverständlich darf sich ein Transformator durch den Spulenstrom bei einem stehenden Erdschluß nicht unzulässig erwärmen. Unter Berücksichtigung der Vorbelastung des Transformators kann man bei voll belastbarem Sternpunkt eine Drosselleistung von etwa 20% der Transformatornennleistung zulassen. Ist die erforderliche Kompensationsleistung größer, müssen an mehreren Transformatoren Erdschlußspulen angeschlossen werden. Die Aufteilung des gesamten Kompensationsstromes auf mehrere Spulen wird durch die Längsimpedanzen der Leitungen einschließlich Erde und der Transformatoren bestimmt. Dabei ist bei letzteren wegen der Sternpunktbelastbarkeit auf die Schaltgruppe zu achten. Im allgemeinen ist es am günstigsten, die Spulen möglichst gleichmäßig im Netz zu verteilen.

Wie schon in Abschn. 7.1 erwähnt, dürfen zwei Netzbezirke nicht am gleichen Transformator geerdet werden, da sich sonst die bei Erdschluß auftretende Potentialverlagerung (zu den Leitererdspannungen im fehlerfreien Betrieb addiert sich bei Erdschluß die Spannung $-\underline{U}$) von einem Netzbezirk zum anderen überträgt.

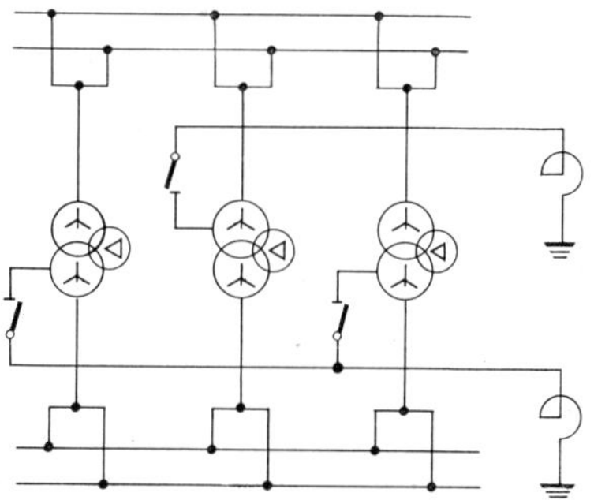

Bild 7.17 Anschluß der Erdschlußspulen zweier Netzbezirke an *verschiedene* Transformatoren.

Bei den vorangegangenen Überlegungen waren die Längsimpedanzen der Leitungen einschließlich Erde und der Transformatoren gegenüber den Reaktanzen der Erdkapazitäten vernachlässigt worden. Ebenso blieb der ohmsche Widerstand der Erdschlußspule gegenüber deren Reaktanz unberücksichtigt. Die vernachlässigten Längsimpedanzen der Leitungen und Transformatoren sind zwar klein gegen die Reaktanzen der Erdkapazitäten, und der ohmsche Widerstand der Erdschlußspule ist klein gegen deren Reaktanz, so daß sie die Größe des kapazitiven Erdschlußstromes bzw. des induktiven Stromes der Erdschlußspule nicht beeinflussen, die vernachlässigten ohmschen Widerstände haben jedoch eine Drehung der Ströme zur Folge, derart, daß der über die Erdkapazitäten fließende Strom und der Strom in der Erdschlußspule einander nicht genau entgegengesetzt sind und sich aufheben. Es bleibt deshalb auch bei exakter Abstimmung infolge der ohmschen Widerstände von Leitungen einschließlich Erde und Transformatoren einerseits und der Erdschlußspule andererseits ein, wenn auch geringer, über die Erdschlußstelle fließender Strom übrig. Er wird als Reststrom $\underline{I}_R$ bezeichnet und beträgt in Hochspannungsnetzen (220 kV bis 110 kV) etwa 2,5 bis 5%, in Mittelspannungsnetzen (60 kV und darunter) bis 10% und mehr des unkompensierten Erdschlußstromes.

In Bild 7.18 ist der Einfluß des ohmschen Widerstandes der Erdschlußspule gezeigt. Die ohmschen Widerstände der Leitungen und Transformatoren sind hierbei jedoch nicht berücksichtigt. Eine genaue Betrachtung einschließlich der ohmschen Widerstände von Leitungen und Transformatoren ist nur mit dem später behandelten Verfahren der symmetrischen Komponenten in übersichtlicher Form möglich.

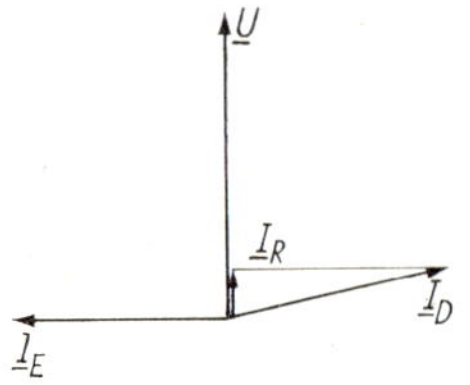

Bild 7.18 Zeigerdiagramm des durch den ohmschen Widerstand der Erdschlußspule verursachten Reststromes.

Obwohl, wie gezeigt, der Erdschlußstrom durch die Kompensation nicht völlig aufgehoben werden kann, bleibt in nicht zu großen Netzen die erwünschte Wirkung erhalten: Der Erdschlußlichtbogen kann bei den niedrigen Restströmen nicht stabil brennen. Er erlischt von selbst wieder. Daher auch die Bezeichnung Löschspule und gelöschtes Netz. Die Größe des Reststromes, bei dem noch ein sicheres Erlöschen des Lichtbogens erfolgt, beträgt bei 110-kV-Freileitungsnetzen etwa 100 A, bei Mittelspannungsfreileitungsnetzen etwa 50 A. Das Erlöschen des Lichtbogens ist zweifellos ein großer Vorteil des gelöscht betriebenen Netzes: Bei einer großen Anzahl von Erdschlüssen ist, insbesondere in Freileitungsnetzen, nach Erlöschen des Lichtbogens die Erdschlußursache verschwunden, so daß der Fehler ohne Abschaltungen selbsttätig beseitigt wird. Bleibt ein Erdschluß im gelöschten Netz bestehen, so ist es im allgemeinen kein Lichtbogen-Erdschluß mit seiner zerstörenden Wirkung. Das Netz kann deshalb in dieser Hinsicht ohne Bedenken längere Zeit mit dem bestehenden Erdschluß weiter betrieben werden. Allerdings besteht hierbei die Gefahr, daß infolge der Spannungserhöhung der fehlerfreien Leiter ein weiterer Erdschluß auftritt und es zu einem kurzschlußartigen Doppelerdschluß (Abschn. 7.4) kommt. Um die Wahrscheinlichkeit des Auftretens eines Doppelerdschlusses gering zu halten, ist es nötig, die mit Dauererdschluß behaftete Leitung schnell herauszuschalten. Hier zeigt sich nun ein wesentlicher Nachteil der Erdschlußlöschung: Das Orten der Erdschlußstelle durch Leitungsschutzeinrichtungen und damit das selektive Abschalten des Fehlers ist sehr schwierig, während das Orten durch versuchsweises Ab- und wieder Zuschalten von Leitungen viel Zeit in Anspruch nimmt.

In ausgedehnten Überlandnetzen kann der Reststrom Größen erreichen, die ein sicheres Erlöschen des Erdschlußlichtbogens nicht mehr gewährleisten. Der eigentliche Sinn der Erdschlußlöschung ist dann hinfällig. Solche Netze werden deshalb meist starr geerdet im Sinne von VDE 0111 oder doch zumindest niederohmig geerdet betrieben. So werden z. B. das deutsche 380-kV-Netz, das 220-kV-Netz und bereits einige 110-kV-Netze starr geerdet betrieben. Die starre Erdung bringt wegen der geringeren Spannungserhöhung der fehlerfreien Leiter zusätzliche Sicherheit bzw. eine Ersparnis in der Isolation. Außerdem können fehlerbehaftete Leitungen durch Leitungsschutzeinrichtungen sicher erfaßt und selektiv abgeschaltet werden. Lichtbogenfehler können durch einpolige Kurzunterbrechung beseitigt werden. Die bei Erdschlüssen auftretenden Ströme sind im Vergleich zu den Nennströmen der Leitungen groß oder zumindest in deren Größenordnung, weshalb der Erdschluß im starr geerdeten (und niederohmig geerdeten) Netz als Erd*kurz*schluß bezeichnet wird. Das Problem bei der starren Erdung sind die großen Erdkurzschlußströme, die durch sie an den Betriebs- und Schutzerdungen hervorgerufenen hohen Erderspannungen und die Beeinflussung von Fernmeldeleitungen. Um die nach VDE 0141 zulässigen Berührungs- und Schrittspannungen einzuhalten, sind unter Umständen große Aufwendungen für die Erdungen und Erdungsanlagen erforderlich. Unter Verzicht auf die durch die starre Erdung mögliche Ersparnis in der Isolation können diese Aufwendungen durch Einbau strombegrenzender niederohmig induktiver oder ohmscher Widerstände in die Sternpunkterdungen vermindert werden.

Die Berechnung der Erdkurzschlußströme im starr oder niederohmig geerdeten Netz kann, wie bereits erwähnt, nicht auf die einfache Weise erfolgen, wie es beim isoliert und gelöscht betriebenen Netz möglich ist, da die ohmschen und insbesondere die induktiven Widerstände der Leitungen einschließlich Erde und der Transformatoren die die Kurzschlußströme bestimmenden Größen sind und deshalb nicht vernachlässigt werden können. Es ist zweckmäßig, dieses Problem mit Hilfe der symmetrischen Komponenten zu untersuchen.

7.4 Der Doppelerdschluß im isolierten und im gelöschten Netz

Ein Doppelerdschluß liegt vor, wenn innerhalb eines Netzbezirkes gleichzeitig an verschiedenen Stellen verschiedene Leiter Erdberührung haben. Es ergibt sich hierdurch ein, im Gegensatz zu den Strombahnen bei einfachem Erdschluß, *galvanisch* geschlossener Stromkreis, in dem ein seiner Größe nach kurzschlußartiger Strom fließt. Ein Doppelerdschluß muß deshalb sofort abgeschaltet werden. Die über die Kapazitäten fließenden Ströme können gegenüber dem großen in der Kurzschlußbahn fließenden Strom vernachlässigt werden, d. h. die Leitungskapazitäten können unberücksichtigt bleiben. Sehr wichtig ist beim Doppelerdschluß die Tatsache, daß der Doppelerdschlußstrom von der einen Fehlerstelle zur anderen Fehlerstelle über Erde nicht auf dem kürzesten Wege, sondern grundsätzlich unterhalb der Leitungen fließt (s. Bild 7.19). In Bild 7.19 ist die Strombahn bei einem Doppelerdschluß in einem im wesentlichen aus zwei Leitungsstrahlen bestehenden Netzbezirk wiedergegeben. Wenn man die Primärspannung des Transformators als starr annimmt, ergibt sich für den Doppelerdschlußstrom dieses Beispieles

$$\underline{I}_{DE} = \frac{\underline{U}_{12}}{2\,\underline{Z}_k + s_1(2r_B + j2x_B) + (s_2 + s_3)\,[r_B + r_E + j(x_B + x_E)]}. \qquad (7.012)$$

Hierbei ist $\underline{Z}_k$ die Kurzschlußimpedanz des speisenden Transformators, $r_B + jx_B$ die auf die Länge bezogene Betriebsimpedanz der Leitungen und $r_E + jx_E$ die auf die Länge bezogene Impedanz der Erd-

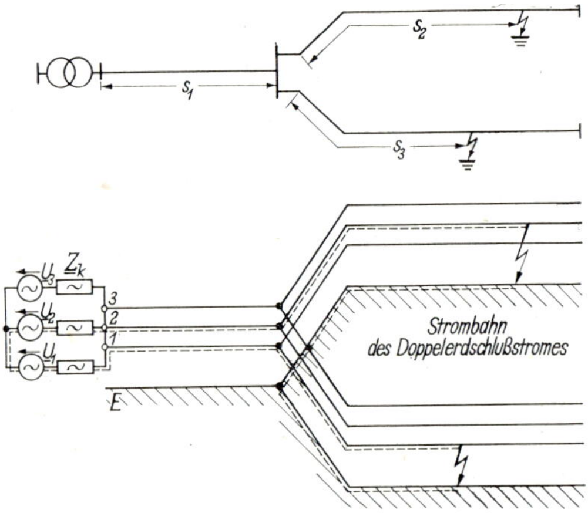

Bild 7.19 Strombahn beim Doppelerdschluß in einem einseitig gespeisten, im wesentlichen aus zwei Leitungen bestehenden Netzbezirk.

rückleitung einschließlich eines evtl. vorhandenen Erdseiles (s. a. Abschn. 6.3.08, Bilder 6.26 und 6.27). $\underline{U}_{12}$ ist die Leiterspannung der fehlerbehafteten Leiter an der Speisestelle. Der Doppelerdschlußstrom läßt sich nur dann auf die angegebene einfache Weise berechnen, wenn sowohl die Erdkapazitäten als auch die Leitwerte evtl. vorhandener Erdungen vernachlässigbar sind. In Netzen mit freiem Sternpunkt und gelöschten Netzen trifft dies im allgemeinen zu.

7.5 Übungsaufgabe zu Kapitel 7

Ein Transformator versorgt über eine Sammelschiene ein isoliert betriebenes 30-kV-Netz, das aus einer 100 km langen Ringleitung und drei 50 km langen Strahlen besteht (Bild 7.20).

a) Man berechne den Erdschlußstrom bei einem Erdschluß des Leites 1 der Ringleitung. Die Fehlerstelle F teile die Ringleitung im Verhältnis 2:1. Ferner ist die Stromverteilung in der Erde im ganzen Netz anzugeben.

b) An den Sternpunkt des Transformators wird eine auf Resonanz abgestimmte Erdschlußspule ($R_D = 0$) angeschlossen. Welche Leistung muß die Spule haben? Wie ändert sich die oben bestimmte Stromverteilung? Wie groß ist der Reststrom an der Erdschlußstelle, wenn die Spule ein Verhältnis $R_D/X_D = 1\%$ besitzt und angenommen wird, daß der unkompensierte Erdschlußstrom rein kapazitiv ist?

c) Wie groß ist der Doppelerdschlußstrom, wenn außer dem Erdschluß auf der Ringleitung ein Erdschluß des Leiters 2 am Ende eines der drei Strahlen auftritt?

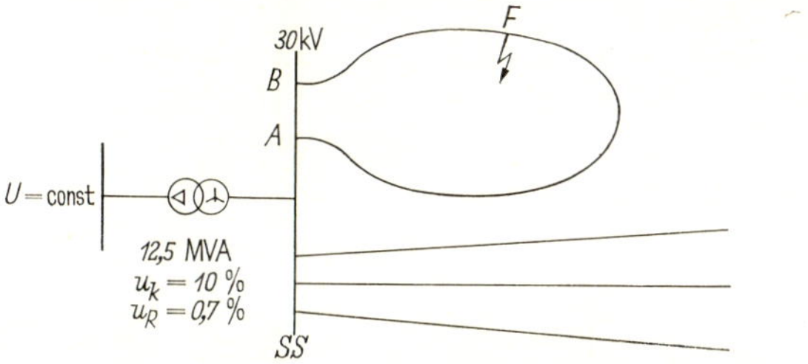

$r_B = 0{,}64\,\Omega/\text{km}$ $x_B = 0{,}4\,\Omega/\text{km}$ $c_E = 6\,\text{nF/km}$ $D = 1{,}7\,\text{m}$ $\delta = 1000\,\text{m}$

Bild 7.20 Erdschluß in einem 30-kV-Netz, bestehend aus einer Ringleitung und drei Strahlen.

Zu a): Die zusätzlich bei Erdschluß auftretenden Ströme und Spannungen werden ermittelt, indem man das unbelastete, passive Netz an der Fehlerstelle mit der Spannung $\underline{U}_{1Ez} = -\underline{U}_1$ speist.

Nach den Ausführungen in Abschn. 7.2 können bei der Bestimmung der Zusatzströme die Längswiderstände im Netz vernachlässigt und die Erdkapazitäten des ganzen Netzbezirks zusammengefaßt werden. Der Erdschlußstrom und die Stromverteilung in der Erde werden nur durch die Zusatzspannung $-\underline{U}_1$ an der Fehlerstelle bestimmt. Man erhält für den Erdschlußstrom mit $\underline{U}_1 = \dfrac{30\,\text{kV}}{\sqrt{3}}\,\underline{/0^\circ}$

$$\underline{I}_E = j\omega\, 3 c_E \Sigma s \underline{U}_1 = j\,\frac{100\,\pi\; 3 \cdot 6\,\text{As}\; 250\,\text{km}\; 30\,\text{kV}}{\text{s}\quad 10^9\,\text{Vcm}\quad \sqrt{3}} = j\,24{,}5\ \text{A}.$$

Da die Länge der Ringleitung 2/5 der gesamten Netzlänge ausmacht, fließen 2/5 I_E über die Erdkapazitäten der Ringleitung. Der verbleibende Rest des Erdschlußstromes teilt sich an der Fehlerstelle in der Erde entsprechend den Strecken $\overline{AF}$ und $\overline{BF}$ auf und fließt unterhalb der Ringleitung zur Sammelschiene und von dort über die Erdkapazitäten der Strahlen. Die Verteilung der in der Erde unterhalb der (aufgeschnittenen) Ringleitung und unter den drei Strahlen fließenden Ströme sieht dann folgendermaßen aus:

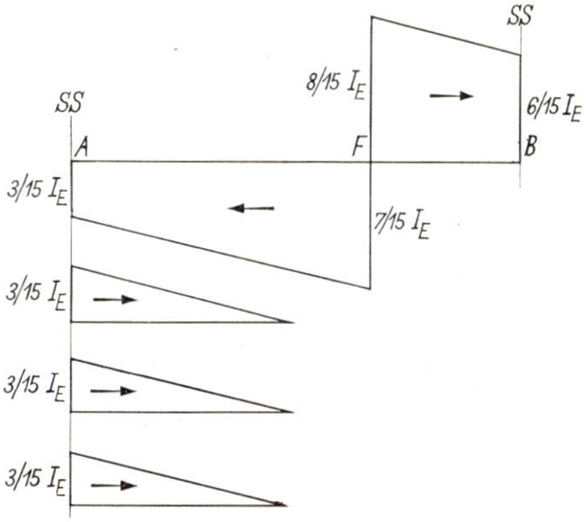

Bild 7.21 Stromverteilung in der Erde unterhalb der Ringleitung und der drei Strahlen.

Zu b: Nach Gl. (7.011) ergibt sich für die Drosselleistung:

$$Q_D = U_N^2\, \omega c_E\, \Sigma s = \frac{(30\text{ kV})^2\, 100\pi\, 6\text{ As}\;\; 250\text{ km}}{\text{s}\;\; 10^4\text{ V km}} = 424\text{ kVA}.$$

Die veränderte Stromverteilung erhält man, indem man dem Strom in der Erde unter der Ringleitung den Drosselstrom überlagert:

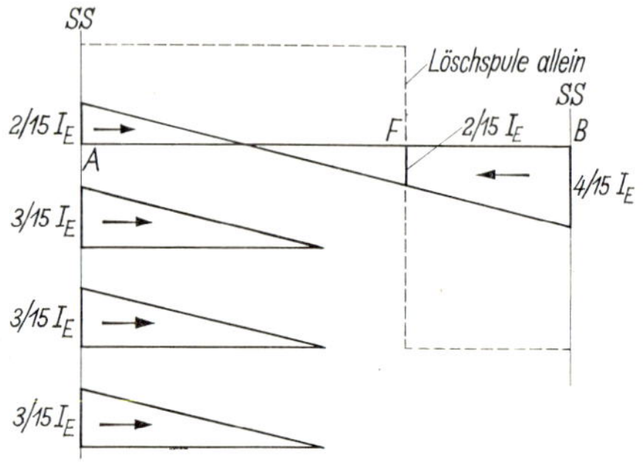

Bild 7.22 Stromverteilung in der Erde bei gelöschtem Netz.

Der Reststrom an der Erdschlußstelle wird

$$\underline{I}_{\text{Rest}} = \frac{U_N}{\sqrt{3}} \left(\frac{1}{R_D + j X_D} + j\, 3\, \omega\, C_E \right)$$

oder wegen $X_D = 3\, \omega\, C_E$ und $X_D \gg R_D$

$$\underline{I}_{\text{Rest}} \approx \frac{U_N}{\sqrt{3}}\, 3\, \omega\, C_E\, \frac{R_D}{X_D} = I_E\, \frac{R_D}{X_D} = 24{,}5\text{ A} \cdot 1\% = 0{,}245\text{ A}.$$

Zu c): Für den Doppelerdschlußstrom erhält man:

$$\underline{I}_{DE} = \frac{\underline{U}_{12}}{2\, \underline{Z}_k + [r_B + r_E + j(x_B + x_E)] \left[\frac{33{,}3\text{ km} \cdot 66{,}6\text{ km}}{100\text{ km}} + 50\text{ km} \right]},$$

$$\underline{U}_{12} = 30\text{ kV}\; \underline{/30^\circ}, \quad R_k = \frac{u_R\, U_N^2}{S_N} = \frac{0{,}7\,\%\, (30\text{ kV})^2}{12{,}5\text{ MVA}} = 0{,}504\;\Omega,$$

$$u_X = \sqrt{u_k^2 - u_R^2} = \sqrt{100 - 0{,}49}\,\% = 9{,}98\%,$$

$$X_k = \frac{u_X\, U_N^2}{S_N} = \frac{9{,}89\,\%\, (30\text{ kV})^2}{12{,}5\text{ MVA}} = 7{,}18\;\Omega.$$

Für r_E ergibt sich nach Gl. (6.068):

$$r_E = \frac{\mu_0\, \omega}{8} = 0{,}0494\;\Omega/\text{km}.$$

Nach Gl. (6.071) erhält man für x_E:

$$x_E = \omega \frac{\mu_0}{2\pi} \ln \frac{\delta}{D} = \frac{100\,\pi}{\mathrm{s}} \, \frac{4\,\pi\,\mathrm{Vs}}{10^4\,\mathrm{A\,km}\,2\,\pi} \ln \frac{1000\,\mathrm{m}}{1{,}7\,\mathrm{m}} = 0{,}4\,\Omega/\mathrm{km}.$$

Damit erhält man für den Doppelerdschlußstrom:

$$\underline{I}_{DE} = \frac{30\,\mathrm{kV}\ \underline{/30^\circ}}{2(0{,}504 + j\,7{,}18)\,\Omega + (0{,}64 + 0{,}0494 + j\,0{,}8)\,\dfrac{\Omega}{\mathrm{km}}\,(22{,}2 + 50)\,\mathrm{km}}$$

$$= 343\ \underline{/-24{,}9^\circ}\ \mathrm{A}.$$

8 Der Kurzschluß im Drehstromnetz

Unter einem Kurzschluß versteht man die widerstandslose oder nahezu widerstandslose Verbindung zweier oder mehrerer Leiter, zwischen denen im ungestörten Betrieb eine Spannung liegt. Bild 8.01 zeigt die verschiedenen Kurzschlußarten auf einer symmetrischen, starr geerdeten Drehstromleitung an konstanter Spannung. Der vierte Leiter mit den Werten R_E und X_E ist stellvertretend für den Mp-Leiter oder die Erde.

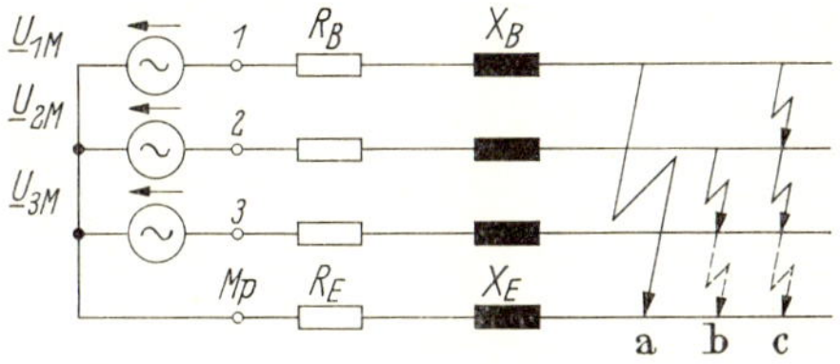

Bild 8.01 Verschiedene Kurzschlußarten auf einer Drehstromleitung.

Man unterscheidet folgende Kurzschlußarten:

a) Einpoliger Kurzschluß; die Verbindung eines Hauptleiters mit dem Mp-Leiter (Erde). Der hierbei fließende Strom ist nach Bild 8.01

$$I_{k\,1\,\mathrm{pol}} = \frac{U_M}{\sqrt{(R_B + R_E)^2 + (X_B + X_E)^2}}. \tag{8.001}$$

Nimmt man näherungsweise an, daß $R_E \approx R_B$ und $X_E \approx X_B$ ist, ergibt sich

$$I_{k\,1\,\mathrm{pol}} = \frac{1}{2} \frac{U_M}{\sqrt{R_B^2 + X_B^2}}.$$

b) Zweipoliger Kurzschluß; die Verbindung zweier Hauptleiter mit oder ohne gleichzeitige Berührung des Mp-Leiters. Für den zweipoligen Kurzschluß ohne Berührung des Mp-Leiters erhält man aus Bild 8.01

$$I_{k\,2\,\mathrm{pol}} = \frac{\sqrt{3}}{2} \frac{U_M}{\sqrt{R_B^2 + X_B^2}}. \tag{8.002}$$

Die Ströme, die bei einem zweipoligen Kurzschluß mit Berührung des Mp-Leiters auftreten, lassen sich aus Bild 8.01 nicht direkt ablesen. Die Rechnung ergibt mit obiger Näherung für die Ströme in den Hauptleitern

$$I_{k\,2\,\mathrm{pol}} = 0{,}882 \, \frac{U_M}{\sqrt{R_B^2 + X_B^2}}$$

und für den Strom im Mp-Leiter

$$I_M = \frac{1}{3} \, \frac{U_M}{\sqrt{R_B^2 + X_B^2}} \,.$$

c) Dreipoliger Kurzschluß; die Verbindung aller drei Hauptleiter mit oder ohne zusätzliche Berührung des Mp-Leiters. Der dreipolige Kurzschluß stellt eine „symmetrische Belastung" der Leitung dar. Für den Strom ergibt sich daher

$$I_{k\,3\,\mathrm{pol}} = \frac{U_M}{\sqrt{R_B^2 + X_B^2}} \,. \tag{8.003}$$

In dem einfachen Fall von Bild 8.01 liefert also der dreipolige Kurzschluß den größten Strom. Zu diesem Ergebnis gelangt man auch dann, wenn man die vereinfachende Annahme $R_E \approx R_B$, $X_E \approx X_B$ nicht trifft.

Bei Kurzschlüssen in unmittelbarer Nähe eines Generators oder hinter Transformatoren können die Verhältnisse allerdings anders liegen. Da aber für sehr viele Anordnungen der dreipolige Kurzschluß am gefährlichsten ist, wird in Kapitel 8 ausführlich darauf eingegangen. Die in Einzelfällen notwendige Berechnung von unsymmetrischen Fehlern wird dann in einem besonderen Kapitel dargestellt.

8.1 Dreipoliger Kurzschluß hinter dem Transformator

Ein Transformator mit der Nennleistung S_N und der Kurzschlußspannung u_k wird primärseitig an die starre Spannung u mit der Zeitabhängigkeit

$$u = \sqrt{2} \, \frac{U}{\sqrt{3}} \cos(\omega t + \varphi_u)$$

gelegt und sekundärseitig zur Zeit $t = 0$ dreipolig kurzgeschlossen. Der Verlauf des Kurzschlußstromes i_k läßt sich dann nach der vereinfachten Ersatzschaltung des Transformators (Bild 5.07) bestimmen.

Alle Größen in Bild 8.02 beziehen sich auf die Primärseite des Transformators. Der Kurzschlußstrom auf der Sekundärseite ergibt sich durch Umrechnung mit dem Windungsverhältnis $ü = w_1/w_2$. Das Problem ist damit zurückgeführt auf das Schalten einer Wechselspannung auf eine verlustbehaftete Induktivität. Die folgende Rechnung gilt also prinzipiell auch für eine kurzgeschlossene Leitung an starrer Spannung oder eine Kombination von Transformator und Leitung.

Die Differentialgleichung für den Kurzschlußstrom vom Zeitpunkt $t = 0$ an lautet:

$$u = R_k i_k + L_k \frac{di_k}{dt}.$$

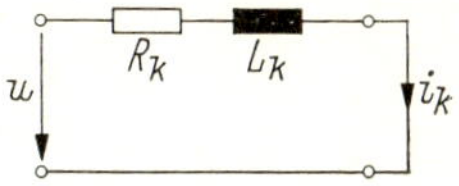

Bild 8.02 Vereinfachte einphasige Ersatzschaltung des kurzgeschlossenen Transformators.

Eine partikuläre Lösung dieser Gleichung ist der Strom im eingeschwungenen Zustand

$$i_{kp} = \sqrt{2} I_k \cos(\omega t + \varphi_i)$$

mit

$$I_k = \frac{U}{\sqrt{3}\,|R_k + j\omega L_k|} = \frac{U}{\sqrt{3}\,Z_k} = \frac{I_N}{u_k} \frac{U}{U_N} \tag{8.004}$$

und

$$\varphi_i = \varphi_u - \operatorname{Arc} \underline{Z}_k.$$

Die Lösung der homogenen Differentialgleichung lautet

$$i_{kh} = I_0 \cdot e^{-t/T}$$

mit der Integrationskonstante I_0, die aus den Anfangsbedingungen bestimmt wird, und der Zeitkonstante

$$T = \frac{L_k}{R_k} = \frac{X_k}{\omega R_k} = \frac{u_X}{\omega u_R}.$$

Für kleine Transformatoren ist $u_X \approx u_R$ und damit $T \approx 3$ ms, während für große Transformatoren $u_X \approx 10\, u_R$ und damit $T \approx 30$ ms ist.

Der gesamte Strom i_k wird

$$i_k = i_{kh} + i_{kp} = \sqrt{2}\, I_k \cos(\omega t + \varphi_i) + I_0 e^{-t/T}.$$

Eine Energiebetrachtung ergibt, daß der Strom i_k im Schaltaugenblick $t = 0$ stetig sein muß, d. h. $i_k(0) = 0$.

Damit erhält man schließlich für i_k

$$i_k = \sqrt{2} I_k [\cos(\omega t + \varphi_i) - \cos \varphi_i e^{-t/T}]. \tag{8.005}$$

Bild 8.03 zeigt den zeitlichen Verlauf von i_k für ein bestimmtes φ_i. Dem Dauerstrom überlagert sich ein abklingender Gleichstrom, der dafür sorgt, daß der Strom im Schaltaugenblick zu Null wird. Man unterscheidet bei dem Stromverlauf zwei charakteristische Größen, die ihn im wesentlichen beschreiben und die auch für die Beanspruchung der

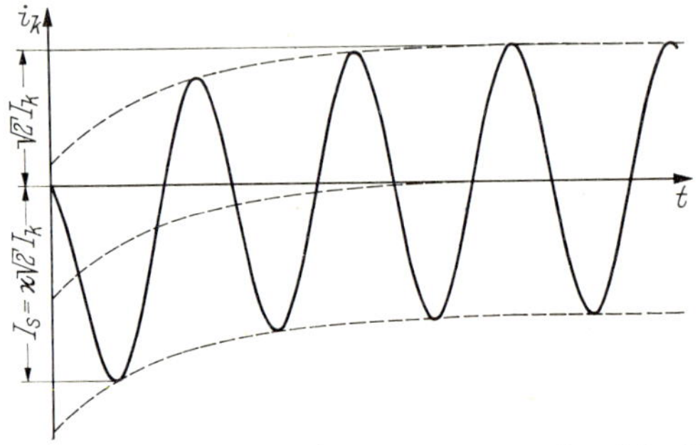

Bild 8.03 Verlauf des Kurzschlußstromes i_k für $\varphi_u = +\pi/2$ und Arc $\underline{Z}_k = 60°$.

Anlagenteile durch den Kurzschlußstrom maßgeblich sind. Die erste Größe ist der Effektivwert des Wechselstromanteils

$$I_k = \frac{I_N}{u_k}\,\frac{U}{U_N},$$

die zweite Kenngröße der größte auftretende Augenblickswert des Kurzschlußstromes. Dieser Wert ist für die dynamische Beanspruchung der Anlage maßgebend und wird deshalb bei der Berechnung der mechanischen Kräfte zugrunde gelegt. Er trägt den Namen Stoßkurzschlußstrom I_s und hängt, wie aus Bild 8.03 ersichtlich ist, einmal vom Schaltaugenblick und zum anderen von der Zeitkonstante des abklingenden Ausgleichstromes ab. Die partielle Ableitung von $i_k(t, \varphi_i)$ nach t und nach φ_i ergibt, daß der Stoßkurzschlußstrom I_s maximal wird, wenn der Phasenwinkel der Spannung $\varphi_u = \pm\,\pi/2$ ist. Der ungünstigste Schaltaugenblick fällt also mit dem Nulldurchgang der Spannung zusammen. Der zum ungünstigsten Schaltaugenblick gehörende Stoßkurzschlußstrom I_s ist nur über eine transzendente Gleichung zu gewinnen. Mit guter Näherung kann man jedoch I_s gleich dem Wert von i_k zum Zeitpunkt der ersten Amplitude des Wechselanteils des Kurzschlußstromes setzen. Man erhält mit dieser Näherung

$$I_s = \sqrt{2}\,I_k\left[1 + \frac{1}{\sqrt{(R_k/X_k)^2 + 1}}\cdot e^{-(\pi/2 + \arctan X_k/R_k)\frac{R_k}{X_k}}\right] = \varkappa\sqrt{2}\,I_k. \quad (8.006)$$

$\varkappa$ ist ein Faktor, der ausschließlich vom Verhältnis R_k/X_k oder allgemeiner vom Verhältnis R/X der Kurzschlußbahn abhängt. Sein Verlauf ist in Bild 8.04 angegeben.

Für praktische Zwecke genügt es meist, mit $\varkappa = 1{,}8$ zu rechnen.

$$I_s = 1{,}8 \sqrt{2}\, I_k. \qquad (8.006\text{a})$$

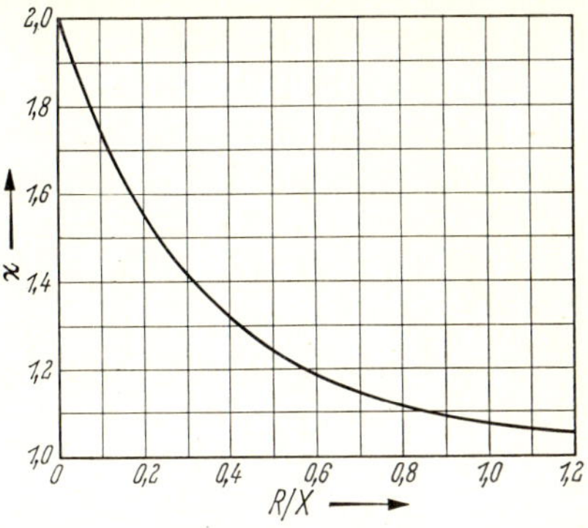

Bild 8.04 Der Faktor $\varkappa$ als Funktion des Verhältnisses R/X der Kurzschlußbahn nach VDE 0102.

8.2 Dreipoliger Kurzschluß der Synchronmaschine

Der Kurzschlußstrom beim Transformator an starrer Spannung ergab sich als Überlagerung eines sinusförmigen Wechselstromes konstanter Amplitude und eines abklingenden Gleichstromes, dessen Größe vom Schaltzeitpunkt abhing. Bei der Synchronmaschine sind die Verhältnisse komplizierter. Während des Ausgleichsvorganges bleiben weder die treibende Spannung, noch die begrenzende Reaktanz konstant. Es klingen deshalb auch die Amplituden des Wechselstromes ab, und zwar erst rasch und dann langsamer auf die Amplitude des Dauerkurzschlußstromes $\sqrt{2} I_k$. Bild 8.05 zeigt den zeitlichen Verlauf des Stromes bei einem dreipoligen Kurzschluß hinter der Synchronmaschine im ungünstigsten Schaltaugenblick, d. h. während des Spannungs-Nulldurchganges.

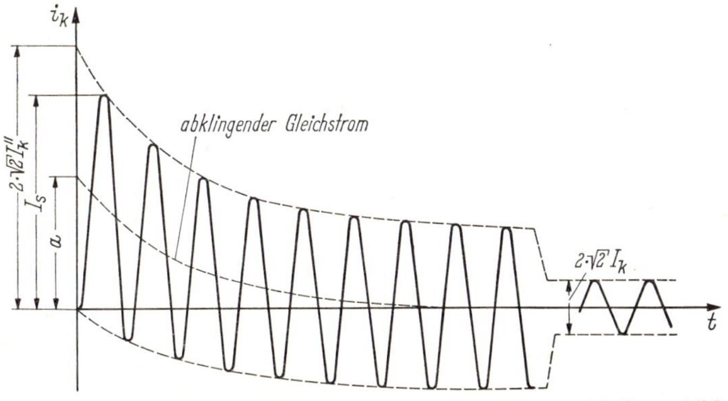

Bild 8.05 Verlauf des dreipoligen Kurzschlußstromes im ungünstigsten Schaltaugenblick (nach VDE 0102).

Da der Widerstand der Kurzschlußbahn nahezu rein induktiv ist, eilt der Strom der treibenden Spannung um 90° nach. Im Zeitpunkt des Schaltens müßte er demnach auf den Wert $-\sqrt{2}\,I_k''$ springen. Die Induktivität im Stromkreis verhindert aber eine sprunghafte Stromänderung, so daß der Kurzschlußwechselstrom zusammen mit dem Gleichstromglied $a \cdot e^{-t/T_g}$ im Schaltaugenblick mit Null beginnt. Der Anfangswert a des abklingenden Gleichstromes muß dann gleich $\sqrt{2}\,I_k''$, dem Scheitelwert des „Anfangs-Kurzschlußwechselstromes" sein. Der höchste auftretende Augenblickswert ist der Stoßkurzschlußstrom I_s. Er ist schon vom Transformator her bekannt.

Würde man unter Bild 8.05 noch den zeitlichen Verlauf der Ströme in der zweiten und dritten Phase eintragen, so ergäbe sich neben der veränderten Phasenlage folgender Unterschied: Die Gleichstromglieder sind nur halb so groß und nach unten geklappt. Ihre Summe ist, genau wie die Summe der Wechselstromglieder, in jedem Augenblick gleich Null. Der größtmögliche Stoßkurzschlußstrom kann stets nur in einer Phase auftreten.

Die Zeitkonstante T_g wird durch den Ständerwiderstand beeinflußt. Sie beträgt bei Turbogeneratoren ungefähr 0,15 s; bei Schenkelpolmaschinen kann sie Werte bis 0,35 s erreichen.

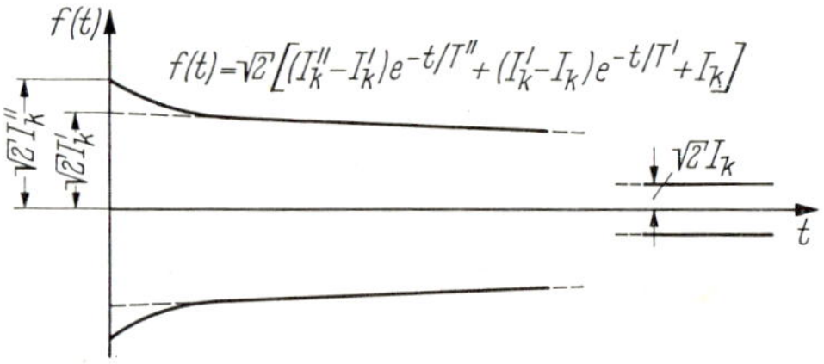

Bild 8.06 Hüllkurve des Kurzschlußwechselstromes.

Die Begrenzungslinie $f(t)$ des Kurzschlußstromes ohne Gleichstromglied, d. h. des symmetrischen Kurzschlußstromes, ist in Bild 8.06 angegeben.

Die Gleichung für den zeitlichen Verlauf des Kurzschlußstromes lautet dann allgemein für einen beliebigen Schaltaugenblick:

$$
\begin{aligned}
i_k(t) &= f(t) \cdot \cos(\omega t + \varphi_i) + a \cdot e^{-t/T_g} \\
&= \sqrt{2}[(I_k'' - I_k')\, e^{-t/T''} + (I_k' - I_k)\, e^{-t/T'} + I_k] \cos(\omega t + \varphi_i) + \\
&\quad - \sqrt{2}\, I_k'' \cos \varphi_i\, e^{-t/T_g}. \qquad (8.007)
\end{aligned}
$$

Der in Bild 8.06 angegebene Verlauf des symmetrischen Kurzschlußstromes kann etwa so erklärt werden: Der die Ständerwicklung induzierende magnetische Fluß kann sich bei Eintritt des Kurzschlusses nicht sofort ändern. Er behält vielmehr im ersten Moment den Wert bei, der sich aus der Vorbelastung ergibt. Im ersten Augenblick des Kurzschlusses kann deshalb die Spannung E'', die dem resultierenden Fluß der Vorbelastung entspricht, als treibende Spannung aufgefaßt werden. Die rasche Erhöhung des Ständerstromes, ohne Änderung des Flusses, wird durch Ausgleichströme in der Erreger- und der Dämpferwicklung ermöglicht. Der sog. Anfangs-Kurzschlußwechselstrom I_k'' wird durch die ,,Anfangsreaktanz" oder auch ,,subtransiente Reaktanz" X_d'', die sich aus dem Zusammenwirken von Ständer-, Erreger- und Dämpferwicklung ergibt, begrenzt.

Wegen des geringen Kupfergewichtes der Dämpferwicklung ist die Zeitkonstante des Ausgleichstromes in der Dämpferwicklung klein. Der durch die Dämpferwicklung verursachte subtransiente Teil des Kurzschlußstromes $\sqrt{2}(I_k'' - I_k')\, e^{-t/T''} \cdot \cos(\omega t + \varphi_i)$ verschwindet daher rasch. T'' liegt im Mittel bei 0,03 s, d. h., daß der subtransiente Teil des Kurzschlußstromes nach etwa vier Perioden abgeklungen ist. Danach fließt nur noch in der Erregerwicklung ein Ausgleichstrom, der wesentlich langsamer abklingt. Ihm entspricht der ,,transiente" Teil des Kurzschlußstromes $\sqrt{2}\,(I_k' - I_k) \cdot e^{-t/T'} \cdot \cos(\omega t + \varphi_i)$. Für die Berechnung von I_k' gilt als begrenzende Reaktanz die ,,transiente Reaktanz" oder ,,Übergangsreaktanz" X_d', die sich aus dem Zusammenwirken von Ständer- und Erregerwicklung ergibt. Die zugehörige treibende Spannung ist die transiente Spannung E', die wie E'' durch die Vorbelastung bestimmt ist (Bild 8.07). Die transiente Zeitkonstante T' beträgt bei Turbogeneratoren etwa 1,3 s, bei Schenkelpolgeneratoren 1,6 s. Entsprechend dieser Zeitkonstante klingt der Kurzschlußwechselstrom nach Verschwinden des subtransienten Teiles auf den Wert des Dauerkurzschlußstromes I_k ab. Dieser ist durch die Polradspannung E als treibende Spannung und die Synchronreaktanz X_d als begrenzende Reaktanz gegeben.

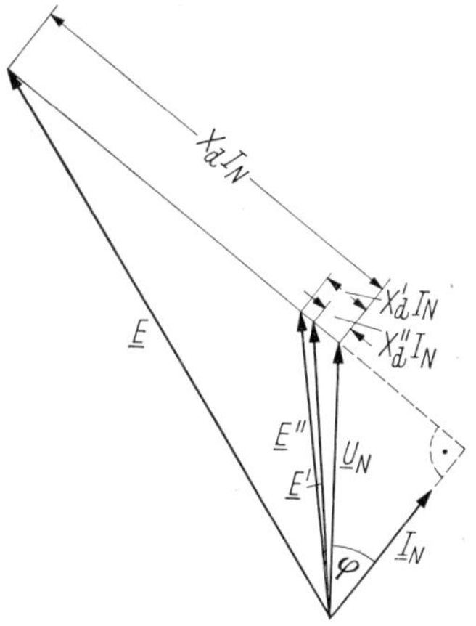

Bild 8.07 Zeigerbild eines mit S_N und $\cos\varphi = 0{,}8$ belasteten Turbogenerators bei Vernachlässigung des Ständerwiderstandes.

In Bild 8.07 ist das vereinfachte Zeigerdiagramm für eine Synchronmaschine mit Vollpol-Läufer bei Nennstrom und $\cos\varphi = 0{,}8$ wiedergegeben. Aus dem Diagramm können für diesen Betrieb die verschiedenen Spannungen E'', E' und E entnommen werden.

Bei anderen Betriebszuständen ergeben sich für die treibenden Spannungen entsprechend andere Werte. Sättigungserscheinungen, sowie die

Erhöhung der Polradspannung durch Regeleinrichtungen sollen hier nicht berücksichtigt werden.

Für den dreipoligen Kurzschluß hinter dem Generator gilt demnach:

$$I_k'' = \frac{E''}{X_d''}, \qquad I_k' = \frac{E'}{X_d'}, \qquad I_k = \frac{E}{X_d}. \qquad (8.008)$$

Die Größen in Gl. (8.008) heißen:

I_k'' Anfangs-Kurzschlußwechselstrom,
I_k' Übergangs-Kurzschlußwechselstrom,
I_k Dauerkurzschlußstrom,
X_d'' subtransiente Längsreaktanz,
X_d' transiente Längsreaktanz,
X_d synchrone Längsreaktanz.

Bei Maschinen mit unterschiedlichem Luftspalt in Längs- und Querachse (Schenkelpolmaschinen) schwankt die Reaktanz, je nach Betriebszustand, zwischen den Werten der Längs- und der Querreaktanz. Für den Kurzschluß sind praktisch nur die Reaktanzen in der Längsachse maßgebend. Sie werden durch einen Kurzschlußversuch bei der zuvor mit Nennspannung erregten, leerlaufenden Maschine bestimmt und sind in der Regel als bezogene Größen angegeben. Für Turbogeneratoren gelten die Richtwerte:

$$x_d'' = \frac{X_d''\, I_N}{U_N/\sqrt{3}} \approx 12\%, \; x_d' = \frac{X_d'\, I_N}{U_N/\sqrt{3}} \approx 18\%, \; x_d = \frac{X_d\, I_N}{U_N/\sqrt{3}} \approx 160\%. \qquad (8.009)$$

Mit diesen Reaktanzen lassen sich bei Kenntnis der Vorbelastung die treibenden Spannungen E'', E' und E bestimmen und daraus die Ströme I_k'', I_k' und I_k.

Wurde der Generator vor dem Kurzschluß im Leerlauf betrieben, so gilt

$$E'' = E' = E = U_0. \qquad (8.010)$$

Den Stoßkurzschlußstrom berechnet man wie in Abschn. 8.1, ersetzt aber I_k durch I_k''. Gl. (8.006) lautet dann für die Synchronmaschine:

$$I_s = \varkappa \sqrt{2}\, I_k''. \qquad (8.011)$$

8.3 Dreipoliger Kurzschluß im Netz

Bei einem im Netz auftretenden Kurzschluß (Netzkurzschluß) befinden sich zwischen dem speisenden Generator und der Kurzschlußstelle impedanzbehaftete Netzteile, die aus Leitungen und Transformatoren bestehen. Sind in der Kurzschlußbahn Transformatoren mit von 1 abweichenden Übersetzungen, so ist es zweckmäßig, die vom Kurzschlußstrom durchflossenen Netzteile verschiedener Spannung auf eine einzige Bezugsspannung nach Abschn. 5.7 umzurechnen. Als Bezugsspannung wird vielfach 10 kV als Leiterspannung gewählt, unabhängig davon, ob in dem betrachteten Netz diese Spannung vorhanden ist oder nicht. Mit der Bezugsspannung 10 kV ergeben sich für die Berechnung der Impedanzen, was die Zahlenwerte betrifft, besonders einfache Gleichungen (s. Abschn. 8.4). Nach der Umrechnung stehen in der Ersatzschaltung des Netzes nur noch Impedanzen und keine idealen Übertrager mehr (Bild 5.21). Querglieder können bei der Kurzschlußberechnung im allgemeinen vernachlässigt werden. Beim einfach gespeisten Kurzschluß im Netz ist daher in Reihe zur Reaktanz des speisenden Generators eine Impedanz $\underline{Z}_{\text{Netz}} = R_{\text{Netz}} + jX_{\text{Netz}}$ geschaltet, die dem Netzteil entspricht, der zwischen Speisestelle und Kurzschlußstelle liegt. Diese Impedanz ist selbstverständlich während des ganzen Kurzschlußvorganges — im Gegensatz zur Reaktanz des speisenden Generators — konstant. Der Verlauf des Kurzschlußstromes bei einem Kurzschluß im Netz unterscheidet sich von dem bei einem Klemmenkurzschluß einer Synchronmaschine auftretenden nicht grundsätzlich. Auch hier kann der Stromverlauf durch die Stromwerte I_k'', I_k' und I_k charakterisiert werden. Ebenso gilt für den Stoßkurzschlußstrom I_s Gl. (8.011). Durch die zusätzliche Impedanz $\underline{Z}_{\text{Netz}}$ werden lediglich alle Stromwerte I_k'', I_k' und I_k verkleinert. Dabei ist wegen $X_d'' \ll X_d$ der Einfluß von $\underline{Z}_{\text{Netz}}$ auf den Anfangs-Kurzschlußwechselstrom I_k'' wesentlich größer als auf den Dauerkurzschlußstrom I_k. Dies bedeutet, daß das Abklingverhalten des Kurzschlußstromes durch die Netzimpedanz je nach ihrer Größe mehr oder weniger abgeschwächt wird. Entsprechend den Gln. (8.008) gilt beim Netzkurzschluß

$$\underline{I}_k'' = \frac{\underline{E}''}{jX_d'' + \underline{Z}_{\text{Netz}}}, \quad \underline{I}_k' = \frac{\underline{E}'}{jX_d' + \underline{Z}_{\text{Netz}}}, \quad \underline{I}_k = \frac{\underline{E}}{jX_d + \underline{Z}_{\text{Netz}}}. \tag{8.012}$$

Die Spannungen $\underline{E}''$, $\underline{E}'$ und, wenn man von einer Änderung der Erregung der speisenden Synchronmaschine bei länger andauernden Kurzschlüssen absieht, auch $\underline{E}$ können aus dem Zeigerdiagramm der Vorbelastung bestimmt werden. In den meisten Fällen kann zur Berechnung des Anfangs-Kurzschlußwechselstromes I_k''

$$E'' = 1{,}1\,\frac{U}{\sqrt{3}} \tag{8.013}$$

gesetzt werden. U ist hierbei die Netzbetriebsspannung, d. h. die Spannung, mit der ein ungestörtes Netz im Normalfalle betrieben wird. Im allgemeinen weicht sie nur wenig von der Nennspannung U_N des Netzes ab. Es kann daher

$$U \approx U_N \tag{8.014}$$

geschrieben werden.

Um den Einfluß der Netzimpedanz auf das Abklingen des Kurzschlußstromes zu veranschaulichen, sei das Verhältnis Anfangs-Kurzschlußwechselstrom zu Dauerkurzschlußstrom unter Vernachlässigung des ohmschen Anteiles der Netzimpedanz für den Kurzschluß ohne Vorbelastung betrachtet. Der ohmsche Anteil der Netzimpedanz kann, was die Berechnung der Stromwerte von (8.012) betrifft, vernachlässigt werden, wenn $R_{\text{Netz}}/X_{\text{Netz}} \leq 0{,}3$ ist. Für den Kurzschluß ohne Vorbelastung gilt $\underline{E}'' = \underline{E}' = \underline{E}$. Somit wird

$$\frac{I_k''}{I_k} = \frac{X_d + X_{\text{Netz}}}{X_d'' + X_{\text{Netz}}} = \frac{1 + X_{\text{Netz}}/X_d}{X_d''/X_d + X_{\text{Netz}}/X_d}.$$

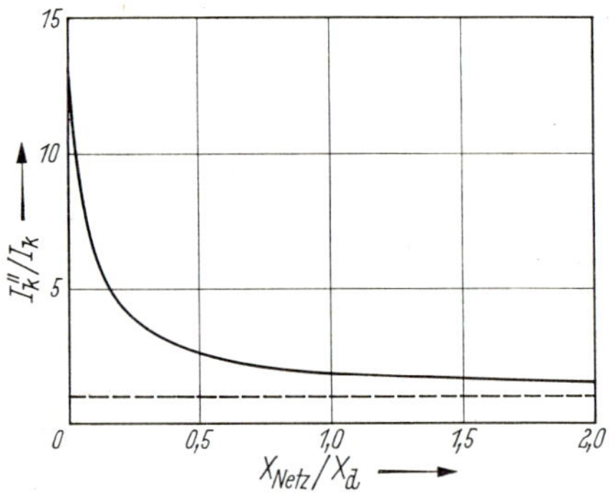

Bild 8.08 Das Verhältnis I_k''/I_k als Funktion von X_{Netz}/X_d bei einem Kurzschluß ohne Vorbelastung und unveränderter Erregung. $X_d''/X_d = 0{,}075$ (Turbogenerator).

In Bild 8.08 ist diese Gleichung für $X_d''/X_d = 0{,}075$ (Turbogenerator) aufgetragen. Es ist zu erkennen, daß mit wachsender Entfernung vom Generator (wachsendes X_{Netz}/X_d) der Unterschied zwischen I_k'' und I_k kleiner wird und das Abklingen des Kurzschlußstromes immer weniger stark ausgeprägt ist.

Je nach Größe des Unterschiedes zwischen Anfangs-Kurzschlußwechselstrom und Dauerkurzschlußstrom unterscheidet man zwischen generatornahen Kurzschlüssen, bei denen dieser Unterschied groß ist, und generatorfernen, bei denen er klein ist. Der Übergang vom einen zum anderen ist selbstverständlich stetig. Als Maß für die „elektrische Entfernung" eines Kurzschlusses vom Generator wird das Verhältnis des Nennstromes I_N des betrachteten Generators zum Anfangs-Kurzschlußwechselstrom I_k'' benützt. Dies ist möglich, wenn die relative Anfangsreaktanz x_d'' für alle Generatoren als ungefähr gleich angesehen wird. Es ist

$$\frac{I_N}{I_k''} \approx \frac{|\,j X_d'' + \underline{Z}_{\text{Netz}}\,|\, I_N}{U_N/\sqrt{3}} = \left| j x_d'' + \frac{\underline{Z}_{\text{Netz}}\, I_N}{U_N/\sqrt{3}} \right|.$$

I_k'' ist der Anfangs-Kurzschlußwechselstrom, bei mehrfach gespeistem Kurzschluß der Anteil am Anfangs-Kurzschlußwechselstrom, der auf den betrachteten Generator entfällt. U_N ist hier die Nennspannung des Generators, I_N der auf die gleiche Spannungsstufe wie I_k'' bezogene zugehörige Nennstrom. Bei der Berechnung von I_N ist zu berücksichtigen, daß die genormten Generatornennspannungen um 5% höher als die zugehörigen Reihenspannungen sind. Das Zeichen $\approx$ steht deshalb, weil die Generatornennspannung im allgemeinen nur ungefähr gleich dem 1,1fachen Wert der Netzspannung ist.

Nach VDE 0102 werden Kurzschlüsse als generatornah bezeichnet, wenn der Quotient $I_N/I_k'' = 0{,}5$ oder kleiner ist. Als generatorfern gelten Kurzschlüsse, wenn $I_N/I_k'' > 0{,}5$ ist.

An Stelle des Anfangs-Kurzschlußwechselstromes I_k'' wird sehr häufig mit der sog. Anfangs-Kurzschlußwechselstromleistung S_k'' gerechnet. Darunter versteht man eine Scheinleistung, die formal aus der Netzbetriebsspannung und dem Anfangs-Kurzschlußwechselstrom errechnet wird:

$$S_k'' = \sqrt{3}\, U I_k''. \quad (8.015)$$

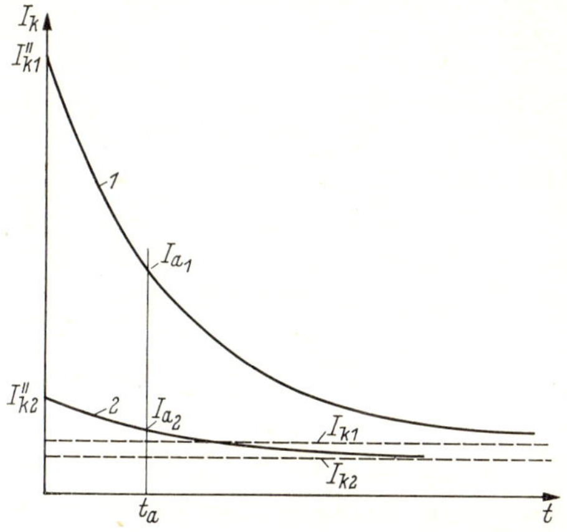

Bild 8.09 Zeitliche Abhängigkeit des Effektivwertes des symmetrischen Kurzschlußstromes bei einem generatornahen (1) und einem generatorfernen Kurzschluß (2).

Die Anfangs-Kurzschlußwechselstromleistung, meist einfach Kurzschlußleistung genannt, tritt im allgemeinen nirgends als wirkliche Scheinleistung auf. Sie ist nur ein anderer Ausdruck für I_k'', der den Vorteil der Invarianz im Hinblick auf die Spannung besitzt. So ist es für die Kurzschlußleistung z. B. gleichgültig, welche Spannung bei der Berechnung eines Kurzschlusses als Bezugsspannung gewählt wird. Das Maß für den elektrischen Abstand eines Kurzschlusses vom Generator kann hiermit auch in Leistungen ausgedrückt werden, da $I_N/I_k'' \approx S_N/S_k''$ ist. S_N ist entsprechend I_N die Nennleistung des betrachteten Generators. Das Zeichen $\approx$ steht wiederum, da die 1,1fache Netzbetriebsspannung und die Generatornennspannung nur ungefähr gleich sind.

Die Tatsache, daß der Anfangs-Kurzschlußstrom abklingt, ist für die Beanspruchung der Schalter beim Abschalten eines Kurzschlusses von Bedeutung. Wird ein Kurzschluß nicht sofort nach seinem Eintreten abgeschaltet, sondern verstreicht eine gewisse Zeit bis zum Abschalten, so brauchen die Schalter nicht den hohen Anfangs-Kurzschlußstrom zu unterbrechen.

Die Zeit zwischen dem Eintreten des Kurzschlusses und seiner Abschaltung wird als Schaltverzug t_a bezeichnet, der Effektivwert des bei der Kontakttrennung über den Schalter fließenden Wechselstromes wird als Ausschaltwechselstrom oder symmetrischer Ausschaltstrom I_a bezeichnet. Die Größe des symmetrischen Ausschaltstromes hängt außer vom Anfangs-Kurzschlußwechselstrom und vom Schaltverzug von der elektrischen Entfernung des Kurzschlußortes vom Generator ab. Nach VDE 0102 schreibt man

$$I_a = \mu I_k''. \tag{8.016}$$

Die Abhängigkeit vom Schaltverzug und von der elektrischen Entfernung des Kurzschlusses steckt hierbei in dem Faktor μ.

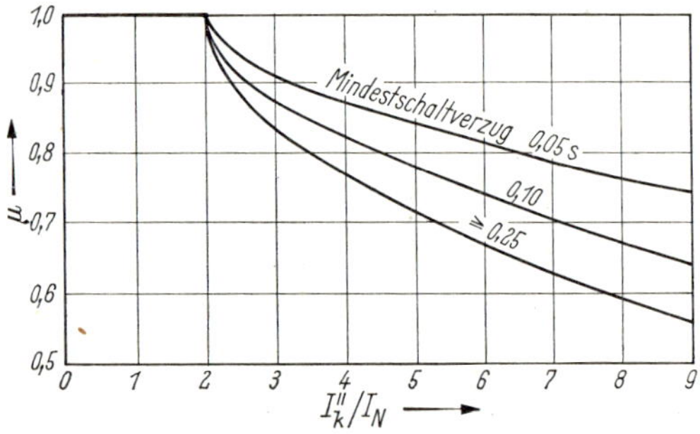

Bild 8.10 Der Faktor μ als Funktion von I_k''/I_N (nach VDE 0102).

Er ist in Bild 8.10 in Abhängigkeit von I_k''/I_N, dem Kehrwert der elektrischen Entfernung des Kurzschlusses vom Generator, und vom Schaltverzug angegeben. Bei der Berechnung von Ausschaltströmen zur Dimensionierung von Schaltern ist für den Schaltverzug der kleinstmögliche, der sog. Mindestschaltverzug einzusetzen, damit die Berechnung den höchstmöglichen Ausschaltstrom liefert. Der Mindestschaltverzug ist die Summe aus Ansprecheigenzeit der Relais und Ausschaltzeit des Schalters. Einstellbare Verzögerungen werden hierbei nicht berücksichtigt.

In Bild 8.09 ist die zeitliche Abhängigkeit des Effektivwertes des symmetrischen Kurzschlußstromes (ohne Gleichstromglied) bei einem generatornahen (*1*) und einem generatorfernen (*2*) Kurzschluß qualitativ wiedergegeben. Nach $t = t_a$ soll in beiden Fällen der Kurzschluß unterbrochen werden. Beim generatornahen Kurzschluß ist der Ausschaltstrom gegenüber dem Anfangs-Kurzschlußstrom wesentlich kleiner. Beim generatorfernen ist dieser Unterschied nur gering. Mit zunehmender Entfernung des Kurzschlusses vom Generator nähert sich der Ausschaltstrom dem Dauerkurzschlußstrom I_k.

Ähnlich wie dem Anfangs-Kurzschlußwechselstrom I_k'' die Kurzschlußleistung S_k'' zugeordnet wurde, wird dem symmetrischen Ausschaltstrom I_a die „Netzausschaltleistung" S_a zugeordnet. Sie ist eine aus der Netzbetriebsspannung U und dem symmetrischen Ausschaltstrom formal errechnete Scheinleistung:

$$S_a = \sqrt{3}\, U I_a. \tag{8.017}$$

Auch sie ist wie die Kurzschlußleistung keine wirkliche Scheinleistung. Sie ist lediglich ein anderer Ausdruck für den symmetrischen Ausschaltstrom und besitzt gegenüber diesem den Vorteil der Invarianz im Hinblick auf die Spannung.

Wird ein Kurzschluß von mehreren Generatoren bzw. Kraftwerken gespeist, so kann der Ausschaltstrom auf folgende Weise bestimmt werden: Zunächst werden der Anfangs-Kurzschlußwechselstrom an der Kurzschlußstelle und die auf die einzelnen Generatoren entfallenden Anteile dieses Stromes berechnet. Danach kann für jeden Generator aus dem errechneten Anteil am Anfangs-Kurzschlußwechselstrom bei ge-

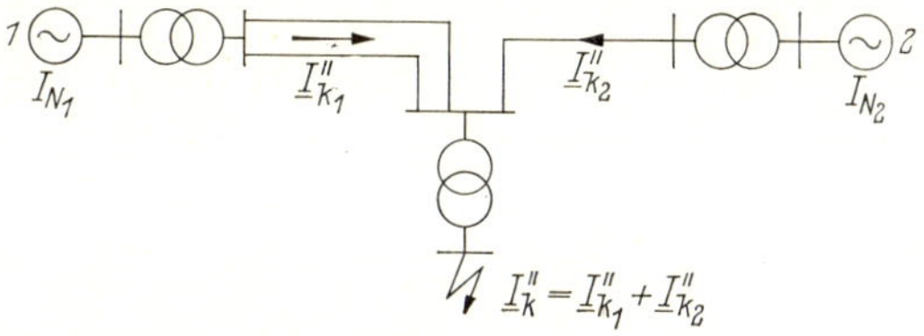

Bild 8.11 Zweifach gespeister Kurzschluß.

gebenem Generatornennstrom und gegebenem Mindestschaltverzug der Faktor μ aus Bild 8.10 ermittelt werden. Der gesamte Ausschaltstrom ergibt sich dann als Summe der mit den zugehörigen Faktoren μ multiplizierten Anteile am Anfangs-Kurzschlußwechselstrom der einzelnen Generatoren. Für das in Bild 8.11 dargestellte Beispiel, in dem zwei Generatoren auf einen Kurzschluß speisen, ergibt sich für den Ausschaltstrom an der Kurzschlußstelle

$$\underline{I}_a = \mu_1 \underline{I}_{k_1}'' + \mu_2 \underline{I}_{k_2}''.$$

Dabei sind $\underline{I}_{k_1}''$ und $\underline{I}_{k_2}''$ die auf die beiden speisenden Generatoren 1 und 2 entfallenden Anteile am Anfangs-Kurzschlußwechselstrom an der Fehlerstelle und μ_1 und μ_2 die zugehörigen Faktoren μ.

Ein Netz, das bei einem Kurzschluß in einem mit ihm verbundenen Netz über die Verbindungsstelle einen zeitlich angenähert konstanten Anteil $I''_{k\text{Netz}} \approx I_{k\text{Netz}}$ am Kurzschlußstrom liefert, wird als leistungsstark (im Hinblick auf den Kurzschluß im anderen Netz) bezeichnet. Solche leistungsstarken Netze können bei der Kurzschlußberechnung durch eine Spannungsquelle mit der Spannung $1{,}1\, U/\sqrt{3}$ und eine Impedanz Z_{Netz} ersetzt werden, die sich aus der Kurzschlußleistung des leistungsstarken Netzes an der Verbindungsstelle $S''_{k\text{Netz}}$ berechnen läßt:

$$Z_{\text{Netz}} = 1{,}1\, \frac{U^2}{S''_{k\text{Netz}}}. \tag{8.018}$$

Die Impedanz leistungsstarker Netze ist vorwiegend induktiv. Es kann daher $Z_{\text{Netz}} \approx X_{\text{Netz}}$ gesetzt werden.

Der von einem leistungsstarken Netz herrührende Anteil am Kurzschlußstrom klingt definitionsgemäß nicht ab. Der Anteil $I''_{k\text{Netz}}$ am Anfangs-Kurzschlußwechselstrom ist gleich dem Anteil $I_{k\,\text{Netz}}$ am Dauerkurzschlußstrom. Für den von einem leistungsstarken Netz gelieferten Anteil $I_{a\,\text{Netz}}$ am Ausschaltstrom gilt daher

$$I_{a\,\text{Netz}} \approx I''_{k\,\text{Netz}} \approx I_{k\,\text{Netz}}, \tag{8.019}$$

d. h. es ist $\mu = 1$ zu setzen.

Der Ausschaltstrom, bzw. die in Gl. (8.017) definierte Netzausschaltleistung, ist für die Beanspruchung eines Leistungsschalters nicht allein maßgebend. Auch die Spannung, die während des Ausschaltvorganges und insbesondere nach der Unterbrechung des Stromes an der Schaltstrecke liegt, ist von großer Bedeutung. Beim Öffnen des Schalters wird ein Lichtbogen zwischen den Schaltstücken gezündet. Dieser Lichtbogen wird durch das Auseinanderrücken der Schaltstücke gelängt und je nach Schalterart durch eine Öl-, Gas- oder Wasserströmung intensiv gekühlt, bis er schließlich in einem Nulldurchgang des Stromes erlischt und nicht wiederzündet.

Vor der Trennung der Kontaktstücke ist die Spannung über der Schaltstrecke Null. Solange der Lichtbogen brennt, ist sie gleich der relativ niedrigen Lichtbogenspannung. Nach der Unterbrechung des Stromes muß sie gleich der Generatorspannung werden. Da Generatorspannung und Kurzschlußstrom angenähert um 90° phasenverschoben sind, hat die Generatorspannung im Nulldurchgang des Stromes angenähert ihren Höchstwert. Die Spannung an der Schaltstrecke muß daher nach der Unterbrechung des Stromes im Nulldurchgang auf einen hohen Wert ansteigen. Dieser Anstieg geschieht im allgemeinen in Form einer gedämpften Schwingung. Die Spannung, die unmittelbar nach der Unterbrechung des Stromes über der Schaltstrecke liegt, wird als Einschwingspannung bezeichnet. Ihr zeitlicher Verlauf ist vom Netzaufbau abhängig. Im allgemeinen treten in der Einschwingspannung mehrere Frequenzen auf. In Bild 8.12b ist die Einschwingspannung dargestellt, die beim Öffnen des in Bild 8.12a wiedergegebenen Stromkreises am Schalter auftritt. Wegen des einfachen Aufbaues dieses Stromkreises besitzt er nur *eine* Eigenfrequenz, die Einschwingspannung ist einfrequent.

Damit nach der Unterbrechung des Stromes im Nulldurchgang der Lichtbogen nicht wiederzünden kann, muß die Spannungsfestigkeit der Schaltstrecke schneller als die Einschwingspannung anwachsen. In Bild 8.13 ist der Verlauf der Einschwingspannung von Bild 8.12b mit

a

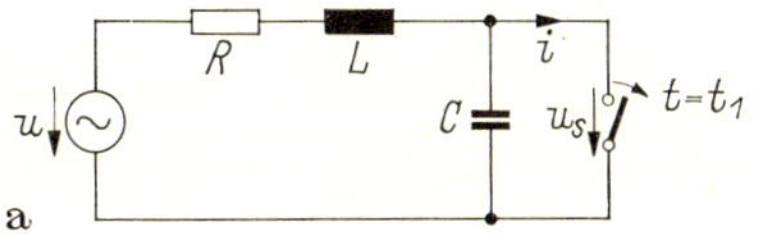

b

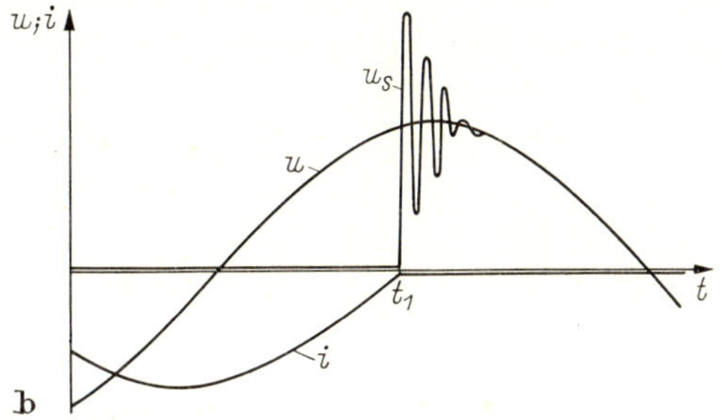

Bild 8.12a u. b Zeitlicher Verlauf der Spannung am Schalter bei lichtbogenfreier Unterbrechung des Stromes in einem einfachen Stromkreis.
u_s Einschwingspannung; u Generatorspannung; i Strom.

gedehntem Zeitmaßstab wiedergegeben. Außerdem ist gestrichelt das Anwachsen der Spannungsfestigkeit angedeutet. Wenn keine Wiederzündung erfolgen soll, muß die Kurve der Spannungsfestigkeit immer über der Kurve der Einschwingspannung liegen.

Zur Kennzeichnung genügt bei einfrequenten Einschwingspannungen die Festlegung des Scheitelpunktes der Einschwingspannung nach Größe und Zeit $(P_m(e_m, t_m))$. Als Kenngrößen dienen der ,,Überschwingfaktor“

$$\gamma = \frac{e_m}{u}$$

mit e_m als Höchstwert der Einschwingspannung und u als zugehörigem Augenblickswert des betriebsfrequenten Anteiles der Einschwingspannung und der „Einschwingfrequenz“

$$f = \frac{1}{2t_m},$$

wobei t_m die zu e_m gehörende Zeit ist.

Bei mehrfrequenten Einschwingspannungen genügen diese Angaben unter Umständen nicht mehr. In diesem Falle sind zur Kennzeichnung zwei Punkte des zeitlichen Verlaufes der Einschwingspannung $P_1(e_1, t_1)$ und $P_c(e_c, t_c)$ erforderlich (Bild 8.14). Sie werden durch die Angabe der „Anfangssteilheit“

$$S = \frac{e_1}{t_1},$$

des „Aufschwingfaktors“

$$\sigma = \frac{e_1}{u},$$

der „Einschwingfrequenz“

$$f_e = \frac{1}{2t_c}$$

und des „Überschwingfaktors“

$$\gamma = \frac{e_c}{u}$$

festgelegt.

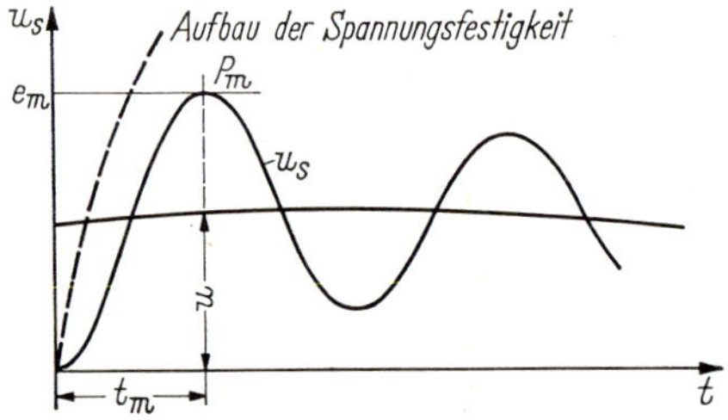

Bild 8.13 Einschwingspannung nach Bild 8.12b und Spannungsfestigkeit in gedehntem Zeitmaßstab dargestellt.

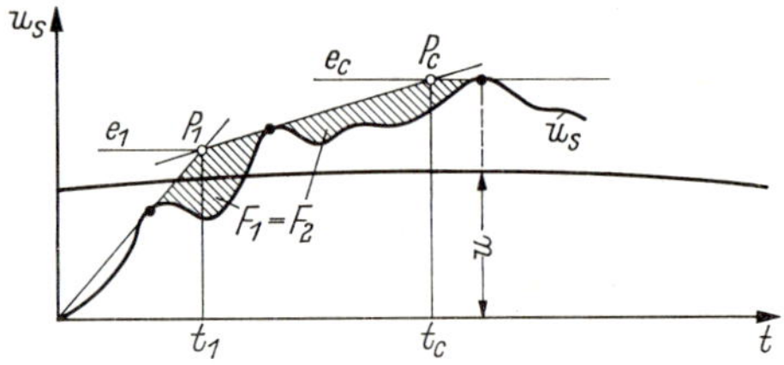

Bild 8.14 Zur Charakterisierung einer mehrfrequenten Einschwingspannung (nach VDE 0670).

8.4 Die Kurzschlußberechnung mit 10 kV als Bezugsspannung

Im allgemeinen hat man es bei Kurzschlußberechnungen mit Netzen verschiedener Spannungsstufen zu tun. Es ist deshalb zweckmäßig, Spannungen, Ströme und Impedanzen auf eine einheitliche Bezugsspannung umzurechnen (s. Abschn. 5.7). Als Bezugsspannung wird am besten 10 kV gewählt, da hierfür die Zahlenwerte der einzelnen Gleichungen einfach werden. Die Bezugsspannung 10 kV ist im Sinne einer Netznennspannung zu verstehen. Die zu 10 kV gehörende Netzbetriebsspannung ist dann $10\,\text{kV}\,\frac{U}{U_N}$. U ist die tatsächliche Netzbetriebsspannung, U_N die tatsächliche Netznennspannung der betrachteten Spannungsstufe. Im folgenden sei $U \approx U_N$. Die Bezugsspannung 10 kV kann dann sowohl Netzbetriebsspannung als auch Netznennspannung sein.

Bei der Kurzschlußberechnung wird nun wie folgt vorgegangen: Man berechnet zunächst aus den gegebenen Nennleistungen der Generatoren S_N und den zugehörigen relativen Anfangsreaktanzen x''_d die auf 10 kV bezogenen Anfangsreaktanzen $X''_{d_{10}}$, aus den gegebenen Nennleistungen S_N der Transformatoren und den zugehörigen relativen Kurzschlußspannungen $\underline{u}_k$ die auf 10 kV bezogenen Kurzschlußimpedanzen $\underline{Z}_{k_{10}}$ der Transformatoren und rechnet die Leitungsimpedanzen auf 10 kV um.

Es gilt für die Anfangsreaktanzen

$$X''_{d_{10}} = x''_d \frac{100}{S_N/\text{MVA}}\,\Omega, \tag{8.020}$$

für die Kurzschlußimpedanzen der Transformatoren

$$\underline{Z}_{k_{10}} = \left(u_R \frac{100}{S_N/\text{MVA}} + j u_X \frac{100}{S_N/\text{MVA}}\right)\Omega \tag{8.021}$$

und für die Leitungsimpedanzen

$$\underline{Z}_{B_{10}} = \underline{Z}_B \left(\frac{10}{U/\text{kV}}\right)^2. \tag{8.022}$$

Für die Impedanz eines am Kurzschluß beteiligten leistungsstarken Netzes gilt nach (8.018) für die Bezugsspannung 10 kV

$$Z_{\text{Netz}\,10} = 1{,}1 \frac{100}{S''_{k\text{Netz}}/\text{MVA}}\,\Omega. \tag{8.023}$$

Anschließend wird das Netz durch Zusammenfassen von in Reihe oder parallel liegenden Impedanzen und durch eventuell erforderliche Netzumwandlungen (Stern-Dreieckumwandlung) auf eine resultierende Impedanz $Z_{\text{res}_{10}}$ zurückgeführt. Die Kurzschlußleistung ergibt sich dann nach Gl. (8.015) mit (8.012) und (8.013) zu

$$S''_k = 1{,}1 \frac{100}{Z_{\text{res}_{10}}/\Omega}\,\text{MVA} \tag{8.024}$$

und der Anfangs-Kurzschlußwechselstrom

$$I''_k = \frac{S''_k/\text{MVA}}{\sqrt{3}\,U/\text{kV}}\,\text{kA}. \tag{8.025}$$

U ist hier die Spannung des Netzteiles, in dem der Kurzschlußstrom bestimmt werden soll.

In Abschn. 8.6 wird als Übungsaufgabe der Anfangs-Kurzschlußstrom und der Ausschaltstrom in einem einfachen Netz berechnet.

8.5 Die thermische Kurzschlußbeanspruchung

Die vom Kurzschlußstrom durchflossenen Teile einer elektrischen Anlage werden thermisch und mechanisch beansprucht. Während die größte mechanische Beanspruchung durch den höchsten Augenblickswert des Kurzschlußstromes, den Stoßkurzschlußstrom, bestimmt wird, ist für die thermische Beanspruchung die Kurzschlußzeit und der gesamte Verlauf des Kurzschlußstromes von Bedeutung. Je nach der elektrischen Entfernung des Kurzschlusses vom Generator müssen hierbei außer dem Dauerkurzschlußstrom auch die abklingenden Wechselstromanteile und das Gleichstromglied berücksichtigt werden.

Zur Vereinfachung der Rechnung sei angenommen, daß während der geringen Kurzschlußdauer die gesamte Stromwärme im Leiter gespeichert und keine Wärme an die Umgebung abgegeben wird. Eine vom Kurzschlußstrom gelieferte Wärmemenge dQ ruft dann nur eine Temperaturerhöhung $d\vartheta$ hervor. Es ist

$$dQ = mc\,d\vartheta\,.$$

m ist die Masse des Leiters und c seine auf die Masse bezogene spezifische Wärme. Andererseits gilt die Beziehung

$$dQ = R i_k^2\, dt\,.$$

Daraus folgt

$$mc\,d\vartheta = R i_k^2\, dt\,. \tag{8.026}$$

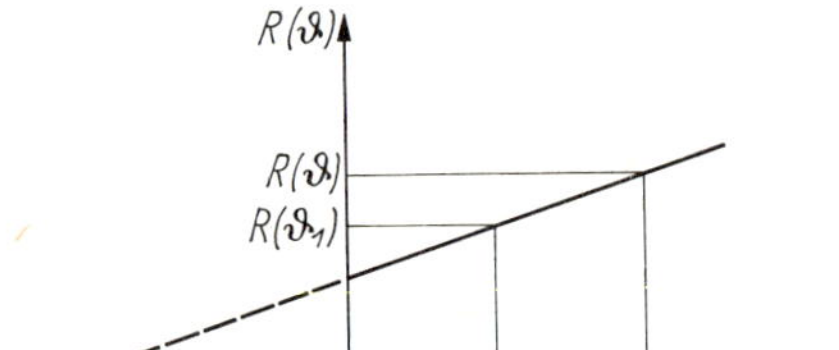

Bild 8.15 Der ohmsche Widerstand als Funktion der Temperatur.

R ist der ohmsche Widerstand des Leiters. Er nimmt in erster Näherung linear mit der Temperatur zu (Bild 8.15).

ϑ_0 in Bild 8.15 ist vom Material abhängig und beträgt z. B. für Kupfer $-235\,°C$, für Aluminium $-245\,°C$.

Aus Bild 8.15 ergibt sich

$$R(\vartheta) = R(\vartheta_1)\,\frac{\vartheta - \vartheta_0}{\vartheta_1 - \vartheta_0}\,. \tag{8.027}$$

Diese Gleichung wird nun in Gl. (8.026) eingesetzt:

$$m c \, d\vartheta = R(\vartheta_1) \frac{\vartheta - \vartheta_0}{\vartheta_1 - \vartheta_0} i_k^2 \, dt .$$

Mit $R(\vartheta_1) = l/\varkappa_1 F$ und $m = l F \varrho$, wobei ϱ die Dichte des Leiters ist, ergibt sich

$$\frac{\vartheta_1 - \vartheta_0}{\vartheta - \vartheta_0} d\vartheta = \frac{1}{\varkappa_1 \varrho c F^2} i_k^2 \, dt .$$

Die spezifische Wärme c ist weitgehend unabhängig von der Temperatur. Damit folgt für den gesamten Temperaturanstieg des Leiters von der Anfangstemperatur ϑ_1 auf die Temperatur ϑ_2 in der Zeit t_k:

$$\begin{aligned} (\vartheta_1 - \vartheta_0) \int_{\vartheta_1}^{\vartheta_2} \frac{d\vartheta}{\vartheta - \vartheta_0} &= \frac{1}{\varkappa_1 \varrho c F^2} \int_0^{t_k} i_k^2 \, dt \\ (\vartheta_1 - \vartheta_0) \ln \frac{\vartheta_2 - \vartheta_0}{\vartheta_1 - \vartheta_0} &= \frac{1}{\varkappa_1 \varrho c F^2} \int_0^{t_k} i_k^2 \, dt . \end{aligned} \qquad (8.028)$$

Das Integral in der Gl. (8.028) wird nun näher betrachtet. Hat man es mit einem generatorfernen Kurzschluß zu tun, so kann, wie in Abschn. 8.3 erwähnt,

$$I_k'' = I_k = \text{const}$$

gesetzt werden. Damit erhält man für das Integral

$$\int_0^{t_k} i_k^2 \, dt = I_k{}^2 \int_0^{t_k} dt = I_k^2 \, t_k . \qquad (8.029)$$

Bei einem generatornahen Kurzschluß ist diese Vereinfachung nicht mehr zulässig.

R. Roeper [*26*] hat die genaue Berechnung des Integrals durchgeführt und die Ergebnisse für den praktischen Gebrauch in Diagrammen festgehalten. Er setzt

$$\int_0^{t_k} i_k^2 \, dt = (m + n) \, (I_k'')^2 \, t_k , \qquad (8.030)$$

rechnet also mit dem Anfangs-Kurzschlußwechselstrom I_k'' und zwei Korrekturfaktoren m und n. m berücksichtigt das abklingende Gleichstromglied und n die abklingenden Wechselstromanteile. Zahlenwerte für m und n lassen sich aus Bild 8.16 entnehmen. Parameter ist im ersten Fall die Konstante $\varkappa$, die von der Berechnung des Kurzschlußstromes I_s her bekannt ist, im zweiten Fall das Verhältnis I_k''/I_k.

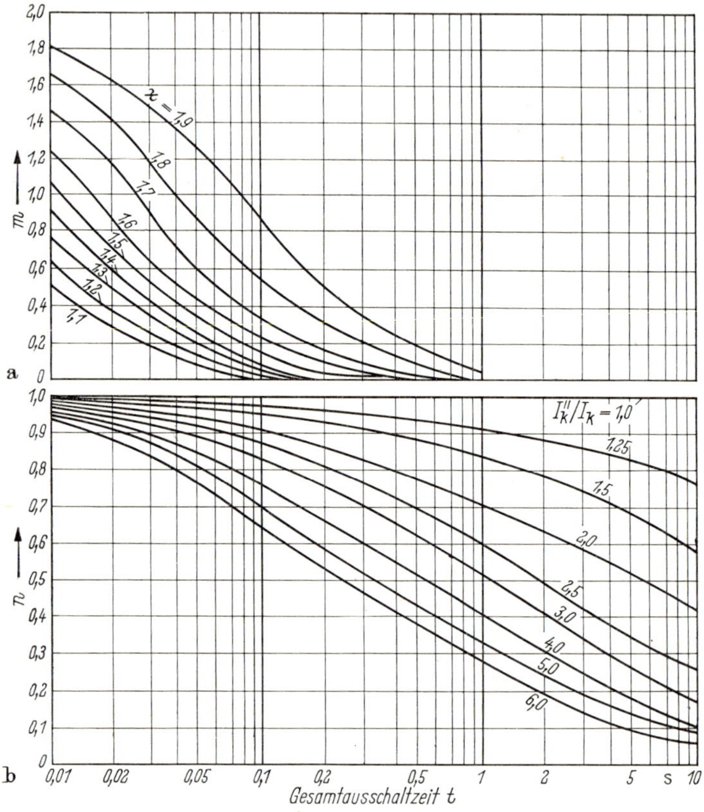

Bild 8.16a u. b Die Faktoren m und n zur Berechnung des thermisch wirksamen Kurzschlußstromes (nach VDE 0103).

Als thermisch wirksamen Mittelwert des Kurzschlußstromes I_m bezeichnet man den Effektivwert des Stromes, der in einer Sekunde die gleiche Wärmemenge erzeugt wie der Kurzschlußstrom i_k in der Zeit t_k. Es gilt dann nach Gl. (8.030)

$$I_m = I_k'' \sqrt{(m + n) \left(\frac{t_k}{\mathrm{s}}\right)}. \tag{8.031}$$

Dieses sogenannte $(m + n)$-Verfahren ist auch in den VDE-Bestimmungen 0103 enthalten.

Die thermische Belastungsgrenze wird für die verschiedenen Anlagenteile entweder durch den Nenn-Kurzzeitstrom I_{th} (Einsekundenstrom) oder durch die zulässige Grenztemperatur ϑ_{zul} angegeben. Der Einsekundenstrom (Effektivwert) kann 1 s lang von dem betreffenden Anlagenteil ausgehalten werden. Man wird ein Gerät daher so auswählen, daß

$$I_m < I_{th}$$

gilt. Ersetzt man in Gl. (8.028) das Integral durch $I_{th}^2 \cdot 1\,\text{s}$ und ϑ_2 durch ϑ_{zul}, so kann man die Nenn-Kurzzeit-Stromdichte $S_{th} = I_{th}/F$ für einen Stromleiter angeben:

$$S_{th} = \sqrt{\frac{(\vartheta_1 - \vartheta_0)\ln(\vartheta_{\text{zul}} - \vartheta_0)/(\vartheta_1 - \vartheta_0)\,\varkappa_1 \varrho c}{1\,\text{s}}}. \tag{8.032}$$

In VDE 0103 ist die Abhängigkeit der Nenn-Kurzzeit-Stromdichte S_{th} von der Betriebstemperatur ϑ_1 und der Grenztemperatur ϑ_{zul} für verschiedene Materialien in Diagrammen dargestellt.

8.6 Übungsaufgabe zu den Kapiteln 8 und 10

a) Man berechne für das Netz in Bild 8.17 den Anfangs-Kurzschlußwechselstrom I_k'' und die zugehörige Kurzschlußleistung S_k'' für einen an der 20-kV-Sammelschiene auftretenden dreipoligen Kurzschluß. Das 110-kV-Netz mit der Kurzschlußleistung 1100 MVA kann im Hinblick auf den Kurzschluß an der 20-kV-Sammelschiene als leistungsstark angesehen werden. Ohmsche Widerstände sollen nicht berücksichtigt werden. Die Netzbetriebsspannung sei gleich der Netznennspannung.

b) Wie groß sind der Ausschaltstrom I_a und die Ausschaltleistung S_a für den eingezeichneten Schalter auf der Sekundärseite von Transformator 3 bei einem Mindestschaltverzug von 0,1 s?

c) Die Leiter der 20-kV-Sammelschiene bestehen aus zwei Teilleitern 50×10 mm mit 25 mm Mittenabstand. Welche Kraft pro Länge wirkt bei dem berechneten Kurzschluß auf die Teilleiter, wenn für den Faktor $\varkappa$ näherungsweise 1,8 gesetzt wird?

Zu a: Gemäß Abschn. 8.4 werden die Reaktanzen (ohmsche Widerstände sollen nicht berücksichtigt werden) aller Übertragungselemente auf die Spannung 10 kV bezogen und zu einer resultierenden Reaktanz $X_{\text{res}_{10}}$ zusammengefaßt. Im einzelnen ergibt sich für den Generator nach (8.020)

$$X_{d_{10}}'' = \frac{12}{40}\,\Omega = 0{,}3\,\Omega,$$

nach (8.021) für die Transformatoren 1 und 2

$$X_{k_{10}} = \frac{8}{40}\,\Omega = 0{,}2\,\Omega,$$

für den Transformator 3

$$X_{k_{10}} = \frac{9}{60}\,\Omega = 0{,}15\,\Omega,$$

nach (8.022) für die 60-kV-Leitung

$$X_{B_{10}} = \frac{18 \cdot 0{,}2}{36}\,\Omega = 0{,}1\,\Omega$$

und für die 110-kV-Leitung

$$X_{B_{10}} = \frac{121 \cdot 0{,}4}{121}\,\Omega = 0{,}4\,\Omega$$

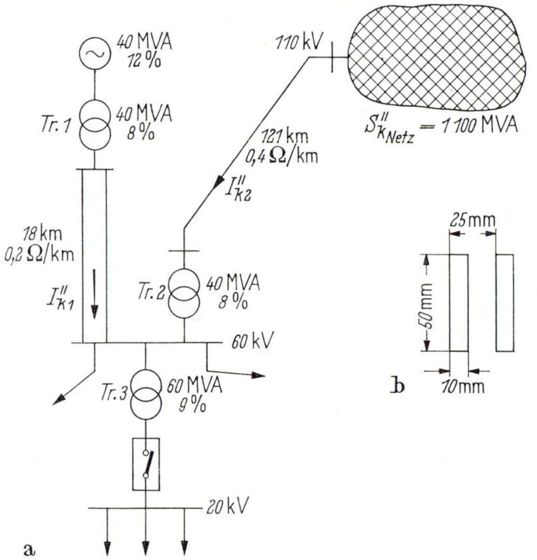

Bild 8.17a u. b Übungsaufgabe zur Kurzschlußberechnung.
a) Zu untersuchendes Netz; b) Querschnitt eines Leiters der 20-kV-Sammelschiene.

und schließlich für das leistungsstarke 110-kV-Netz nach (8.023)

$$X_{\mathrm{Netz}_{10}} = 1{,}1\,\frac{100}{1100}\,\Omega = 0{,}1\,\Omega\,.$$

Hiermit ergibt sich das in Bild 8.18a wiedergegebene Netzwerk.

Durch Zusammenfassen ergibt sich die resultierende Reaktanz

$$X_{\mathrm{res}_{10}} = 0{,}473\,\Omega\,.$$

Die Kurzschlußleistung wird nun nach (8.024)

$$S_k'' = 1{,}1\,\frac{100}{0{,}473}\,\mathrm{MVA} = 233\,\mathrm{MVA}$$

und der Anfangs-Kurzschlußwechselstrom

$$I_k'' = \frac{233}{\sqrt{3}\,20}\ \text{kA} = 6{,}7\ \text{kA}.$$

Zu b: Die Aufteilung von I_k'' in I_{k_1}'' und I_{k_2}'' erfolgt nach Bild 8.18b und ergibt

$$I_{k_1}'' = \frac{0{,}7}{0{,}6 + 0{,}7}\ 6{,}7\ \text{kA} = 3{,}6\ \text{kA}\,,$$

$$I_{k_2}'' = \frac{0{,}6}{0{,}6 + 0{,}7}\ 6{,}7\ \text{kA} = 3{,}1\ \text{kA}.$$

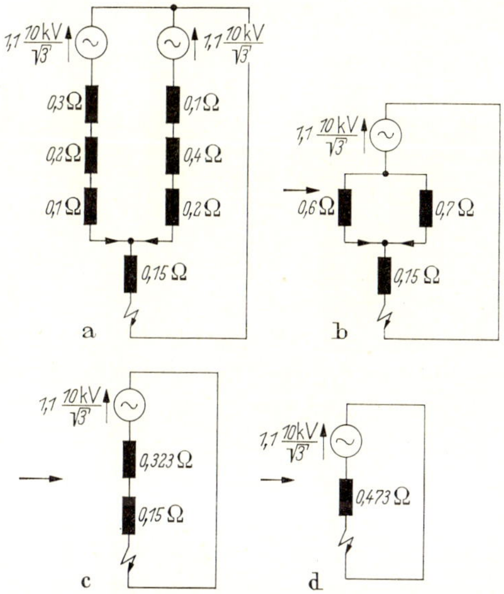

Bild 8.18a–d Zusammenfassen der Reaktanzen des Netzes aus Bild 8.17 zu einer resultierenden Reaktanz.

Zur Bestimmung des Faktors μ_1 muß der Nennstrom des Generators berechnet werden. Die genormten Generatornennspannungen sind um 5% höher als die zugehörigen Reihenspannungen. Der auf 20 kV (Spannung auf der Sekundärseite des Transformators, auf der der betrachtete Schalter liegt) bezogene Nennstrom des Generators wird daher

$$I_{N_{20}} = \frac{40\ \text{MVA}}{\sqrt{3}\ 20\ \text{kV} \cdot 1{,}05} = 1{,}1\ \text{kA}.$$

Es ist zweckmäßig, den Generatornennstrom gleich für die Spannung auszurechnen, für die der Kurzschlußstrom I_k'' und die Teilkurzschlußströme I_{k_1}'' und I_{k_2}'' bestimmt wurden. Nun wird zur Ermittlung von μ_1

$$\frac{I_{k_1}}{I_{N_{20}}} = \frac{3{,}6}{1{,}1} = 3{,}3.$$

Aus Bild 8.10 ergibt sich damit für einen Mindestschaltverzug $t_a = 0{,}1$ s

$$\mu_1 = 0{,}86.$$

μ_2 ist, da das 110-kV-Netz leistungsstark ist, eins, und es wird

$$I_a = (0{,}86 \cdot 3{,}6 + 1 \cdot 3{,}1)\ \text{kA} = 6{,}2\ \text{kA}$$

und

$$S_a = \sqrt{3}\ 20\ \text{kV} \cdot 6{,}2\ \text{kA} = 125\ \text{MVA}.$$

Zu c: Für die größte Kraft, die auf die Teilleiter der Sammelschiene wirkt, ist der Stoßkurzschlußstrom I_s entscheidend. Er ist nach Gl. (8.011) mit $\varkappa = 1{,}8$

$$I_s = 1{,}8\ \sqrt{2} \cdot 6{,}7\ \text{kA} = 17\ \text{kA}.$$

Wegen des geringen Abstandes der Teilleiter untereinander muß bei der Berechnung der auf sie wirkenden Kraft ein Korrekturfaktor nach Bild 10.07 berücksichtigt werden. Für die angegebenen Sammelschienenabmessungen wird $k = 0{,}72$. Hiermit ist die gesuchte Kraft nach (10.006a)

$$\frac{K}{s} = 2{,}04 \cdot 10^{-2} \frac{1}{0{,}025\ \text{m}} (17/2)^2 \cdot 0{,}72 = 42{,}5\ \text{kp/m}.$$

9 Das Verfahren der symmetrischen Komponenten zur Behandlung unsymmetrischer Fehler

In früheren Abschnitten ist gezeigt worden, daß ein symmetrisch aufgebautes und betriebenes Drehstromnetz durch eine einphasige Ersatzschaltung dargestellt werden kann. Im allgemeinen sind die Generatoren, Transformatoren und Leitungen eines Drehstromnetzes symmetrisch. Für die Belastung trifft dies im Normalfall wenigstens angenähert zu. Fehler im Netz, insbesondere unsymmetrische Kurzschlüsse und Leiterunterbrechungen, und einpolige Abschaltungen stellen jedoch extreme Unsymmetrien dar. Solche Unsymmetrien müssen an vollständigen dreiphasigen Ersatzschaltungen, die sehr unübersichtlich sind, untersucht werden.

Mit dem Verfahren der symmetrischen Komponenten, bei dem statt mit den wirklichen Strömen und Spannungen mit ihren ,,symmetrischen Komponenten" gerechnet wird, ist es möglich, zyklisch symmetrische Netze oder Netzteile mit ihren gesamten Eigenschaften durch drei einphasige Ersatzschaltungen, die ,,Komponenten-Ersatzschaltungen", wiederzugeben. Was unter zyklischer Symmetrie zu verstehen ist, wird später gezeigt. Die drei einphasigen Komponenten-Ersatzschaltungen sind, wenn im ganzen Netz die Bedingung der zyklischen Symmetrie erfüllt ist, voneinander unabhängig. Ist das Netz dagegen an einzelnen Stellen unsymmetrisch, so müssen an diesen Stellen die symmetrischen

Komponenten der Spannungen und Ströme bestimmte Bedingungen erfüllen. Diese Bedingungen lassen sich durch Schaltverbindungen zwischen den drei Komponenten-Ersatzschaltungen erzwingen. Das Netzwerk, das sich auf diese Weise ergibt, stellt ein vollständiges Abbild des dreiphasigen Netzes dar. Es ist gegenüber der dreiphasigen Schaltung wesentlich übersichtlicher.

Im folgenden sei nur der Fall einer einzigen Unsymmetrie im Netz ausführlich betrachtet, und zwar für die möglichen unsymmetrischen Kurzschlüsse und Leiterunterbrechungen. Für ein weitergehendes Studium, insbesondere auch für das Studium anderer Komponentensysteme, sei auf die Literatur [*9*, *12*, *14*, *15*, *17*, *25*] verwiesen.

9.1 Herleitung der Komponenten-Ersatzschaltungen eines zyklisch symmetrischen Netzes

$\underline{I}_1$, $\underline{I}_2$ und $\underline{I}_3$ seien Ströme eines unsymmetrischen Drehstromsystemes. Mit

$$\underline{a} = \underline{/+120^\circ}, \quad \underline{a}^2 = \underline{/-120^\circ}, \quad \underline{a}^3 = 1, \qquad 1 + \underline{a} + \underline{a}^2 = 0 \tag{9.001}$$

lassen sich folgende Identitäten anschreiben:

$$\underline{I}_1 = \frac{1}{3}(\underline{I}_1 + \underline{I}_2 + \underline{I}_3) + \frac{1}{3}(\underline{I}_1 + \underline{a}\underline{I}_2 + \underline{a}^2\underline{I}_3) + \frac{1}{3}(\underline{I}_1 + \underline{a}^2\underline{I}_2 + \underline{a}\underline{I}_3),$$

$$\underline{I}_2 = \frac{1}{3}(\underline{I}_1 + \underline{I}_2 + \underline{I}_3) + \frac{1}{3}(\underline{a}^2\underline{I}_1 + \underline{I}_2 + \underline{a}\underline{I}_3) + \frac{1}{3}(\underline{a}\underline{I}_1 + \underline{I}_2 + \underline{a}^2\underline{I}_3),$$

$$\underline{I}_3 = \frac{1}{3}(\underline{I}_1 + \underline{I}_2 + \underline{I}_3) + \frac{1}{3}(\underline{a}\underline{I}_1 + \underline{a}^2\underline{I}_2 + \underline{I}_3) + \frac{1}{3}(\underline{a}^2\underline{I}_1 + \underline{a}\underline{I}_2 + \underline{I}_3).$$

Mit

$$\begin{aligned} \underline{I}^0 &= \frac{1}{3}(\underline{I}_1 + \underline{I}_2 + \underline{I}_3), \\ \underline{I}^m &= \frac{1}{3}(\underline{I}_1 + \underline{a}\underline{I}_2 + \underline{a}^2\underline{I}_3), \\ \underline{I}^g &= \frac{1}{3}(\underline{I}_1 + \underline{a}^2\underline{I}_2 + \underline{a}\underline{I}_3) \end{aligned} \tag{9.002}$$

ist dann

$$\begin{aligned} \underline{I}_1 &= \underline{I}^0 + \underline{I}^m + \underline{I}^g, \\ \underline{I}_2 &= \underline{I}^0 + \underline{a}^2\underline{I}^m + \underline{a}\underline{I}^g, \\ \underline{I}_3 &= \underline{I}^0 + \underline{a}\underline{I}^m + \underline{a}^2\underline{I}^g. \end{aligned} \tag{9.003}$$

Nach Gl. (9.003) kann man sich die Ströme $\underline{I}_1$, $\underline{I}_2$ und $\underline{I}_3$ jeweils aus drei Komponenten zusammengesetzt denken: In der ersten Spalte nach dem Gleichheitszeichen in (9.003) steht ein System aus drei gleichen Strömen, $\underline{I}^0, \underline{I}^0, \underline{I}^0$. Es wird als Nullsystem bezeichnet. In der zweiten Spalte steht ein rechtsdrehendes symmetrisches Drehstromsystem $\underline{I}^m$, $\underline{a}^2\underline{I}^m$, $\underline{a}\,\underline{I}^m$. Es wird als Rechtssystem oder Mitsystem bezeichnet. In der dritten Spalte steht schließlich ein linksdrehendes symmetrisches Drehstromsystem $\underline{I}^g$, $\underline{a}\,\underline{I}^g$, $\underline{a}^2\underline{I}^g$. Es wird als Linkssystem oder Gegensystem bezeichnet. Die drei Ströme $\underline{I}_1$, $\underline{I}_2$ und $\underline{I}_3$ lassen sich also aus drei unter sich symmetrischen Stromsystemen zusammensetzen, und zwar aus einem System gleichphasiger Ströme, einem rechts- und einem linksdrehenden Drehstromsystem. Die drei Systeme sind durch die Komponenten $\underline{I}^0$, $\underline{I}^m$ und $\underline{I}^g$ des Stromes $\underline{I}_1$ im Leiter 1 bestimmt. Im engeren Sinne versteht man unter den symmetrischen Komponenten eines Drehstromsystems die Komponenten der zum Leiter 1 gehörenden Drehstromgröße. Der Leiter 1 wird daher als Bezugsleiter bezeichnet. Die Komponenten der Ströme und Spannungen des Leiters 1 tauchen später in den Komponenten-Ersatzschaltungen auf.

Die Gln. (9.002) geben die Umwandlung der wirklichen Ströme in ihre symmetrischen Komponenten an, während die Gln. (9.003) die Rücktransformation der symmetrischen Komponenten in die wirklichen Drehstromgrößen darstellen. Die hier am Beispiel eines Systems von Strömen gezeigte Zerlegung in symmetrische Komponenten läßt sich genauso für Spannungen, Ladungen, Feldstärken usw. durchführen. Die Gln. (9.002) und (9.003) gelten dann sinngemäß. Für ein System unsymmetrischer Spannungen ist z. B.

$$\begin{aligned} \underline{U}^0 &= \frac{1}{3}\,(\underline{U}_1 + \underline{U}_2 + \underline{U}_3),\\ \underline{U}^m &= \frac{1}{3}\,(\underline{U}_1 + \underline{a}\,\underline{U}_2 + \underline{a}^2\underline{U}_3),\\ \underline{U}^g &= \frac{1}{3}\,(\underline{U}_1 + \underline{a}^2\underline{U}_2 + \underline{a}\,\underline{U}_3) \end{aligned} \qquad (9.004)$$

und

$$\begin{aligned} \underline{U}_1 &= \underline{U}^0 + \underline{U}^m + \underline{U}^g,\\ \underline{U}_2 &= \underline{U}^0 + \underline{a}^2\underline{U}^m + \underline{a}\,\underline{U}^g,\\ \underline{U}_3 &= \underline{U}^0 + \underline{a}\,\underline{U}^m + \underline{a}^2\underline{U}^g. \end{aligned} \qquad (9.005)$$

Der Vorteil der Zerlegung in symmetrische Komponenten soll an folgendem Beispiel gezeigt werden: Ein allgemeines, aktives lineares Drehstromnetz sei an einer Stelle mit den Klemmen 1, 2, 3 und E durch unsymmetrische Ströme, die durch Stromquellen erzwungen werden, belastet (Bild 9.01). Gefragt ist nach dem Zusammenhang zwischen den Spannungen $\underline{U}_1$, $\underline{U}_2$ und $\underline{U}_3$ der drei Klemmen 1, 2 und 3 gegen die Klemme E und den Strömen $\underline{I}_1$, $\underline{I}_2$ und $\underline{I}_3$ in den Hauptleitern. Nach dem Überlagerungssatz erhält man die Spannungen als Summe der Teilspannungen, die an den Klemmen liegen, wenn einmal bei aktivem Netz die Stromquellen unwirksam sind, und zum anderen, wenn bei passivem Netz abwechselnd jeweils eine Stromquelle wirksam ist. Man erhält

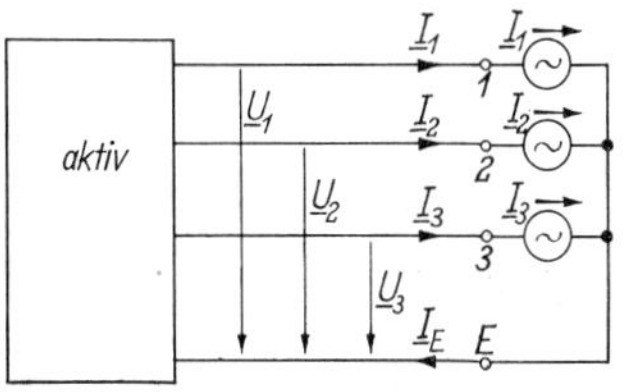

Bild 9.01 Beliebiges lineares Drehstromnetz, das an den Klemmen 1, 2, 3 und E durch unsymmetrische Ströme, die durch Stromquellen erzwungen werden, belastet ist.

$$\begin{aligned}
\underline{U}_1 &= \underline{U}_{1_l} - (\underline{Z}_{11}\underline{I}_1 + \underline{Z}_{12}\underline{I}_2 + \underline{Z}_{13}\underline{I}_3),\\
\underline{U}_2 &= \underline{U}_{2_l} - (\underline{Z}_{21}\underline{I}_1 + \underline{Z}_{22}\underline{I}_2 + \underline{Z}_{23}\underline{I}_3),\\
\underline{U}_3 &= \underline{U}_{3_l} - (\underline{Z}_{31}\underline{I}_1 + \underline{Z}_{32}\underline{I}_2 + \underline{Z}_{33}\underline{I}_3),
\end{aligned} \tag{9.006}$$

wobei die verschiedenen $\underline{Z}_{ik}$ Proportionalitätsfaktoren der Ströme sind. Auf ihre Bedeutung sei nicht eingegangen. $\underline{U}_{1_l}$, $\underline{U}_{2_l}$ und $\underline{U}_{3_l}$ sind die an den Klemmen 1, 2 und 3 gegen die Klemme E bei unbelastetem Netz auftretenden Spannungen. Wie man sieht, hängen die Spannungen von allen Strömen ab.

Ist das Netz so geartet, daß durch zyklisches Vertauschen der Quellen im Netz und der Stromquellen der Belastung die Spannungen an den Klemmen 1, 2 und 3 gegen E ebenfalls zyklisch vertauscht werden, so wird das Netz als zyklisch symmetrisch bezeichnet. Zyklische Symmetrie ist gegeben, wenn in den Gln. (9.006)

$$\begin{aligned}
\underline{Z}_{11} &= \underline{Z}_{22} = \underline{Z}_{33} = \underline{Z},\\
\underline{Z}_{12} &= \underline{Z}_{23} = \underline{Z}_{31} = \underline{Z}_R,\\
\underline{Z}_{21} &= \underline{Z}_{32} = \underline{Z}_{13} = \underline{Z}_L
\end{aligned} \tag{9.007}$$

ist. Aus (9.006) wird dann

$$\begin{aligned}
\underline{U}_1 &= \underline{U}_{1_l} - (\underline{Z}\,\underline{I}_1 + \underline{Z}_R\underline{I}_2 + \underline{Z}_L\underline{I}_3),\\
\underline{U}_2 &= \underline{U}_{2_l} - (\underline{Z}_L\underline{I}_1 + \underline{Z}\,\underline{I}_2 + \underline{Z}_R\underline{I}_3),\\
\underline{U}_3 &= \underline{U}_{3_l} - (\underline{Z}_R\underline{I}_1 + \underline{Z}_L\underline{I}_2 + \underline{Z}\,\underline{I}_3).
\end{aligned} \tag{9.008}$$

Auch bei zyklischer Symmetrie hängen die Spannungen von allen drei Strömen ab. Ersetzt man nun in (9.008) die Ströme und Spannungen durch ihre symmetrischen Komponenten nach (9.003) und (9.005), erhält man mit

$$\begin{aligned} \underline{Z}^0 &= \underline{Z} + \underline{Z}_R + \underline{Z}_L, \\ \underline{Z}^m &= \underline{Z} + \underline{a}^2 \underline{Z}_R + \underline{a}\, \underline{Z}_L, \\ \underline{Z}^g &= \underline{Z} + \underline{a}\, \underline{Z}_R + \underline{a}^2 \underline{Z}_L \end{aligned} \tag{9.009}$$

$$\begin{aligned} \underline{U}^0 &= \underline{U}_l^0 - \underline{Z}^0 \underline{I}^0, \\ \underline{U}^m &= \underline{U}_l^m - \underline{Z}^m \underline{I}^m, \\ \underline{U}^g &= \underline{U}_l^g - \underline{Z}^g \underline{I}^g. \end{aligned} \tag{9.010}$$

$\underline{U}^0$, $\underline{U}^m$ und $\underline{U}^g$ sind die symmetrischen Komponenten der betrachteten Spannungen $\underline{U}_1$, $\underline{U}_2$ und $\underline{U}_3$; $\underline{U}_l^0$, $\underline{U}_l^m$ und $\underline{U}_l^g$ die der Leerlaufspannungen $\underline{U}_{1_l}$, $\underline{U}_{2_l}$ und $\underline{U}_{3_l}$. $\underline{Z}^0$ wird als Nullimpedanz, $\underline{Z}^m$ als Mit- und $\underline{Z}^g$ als Gegenimpedanz bezeichnet. Wie man sieht, stehen in den einzelnen Gln. (9.010) nur jeweils gleiche Komponenten miteinander in Zusammenhang. Das Gleichungssystem (9.010) ist im Gegensatz zu (9.008) entkoppelt. Den Gln. (9.010) entsprechen die in Bild 9.02 wiedergegebenen Schaltungen, die wie die Gleichungen voneinander unabhängig sind.

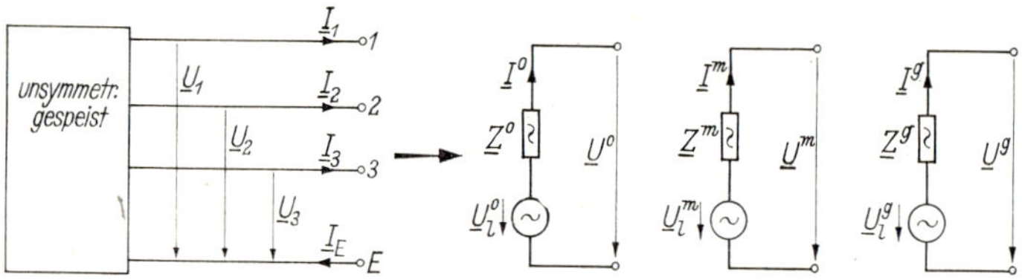

Bild 9.02 Beliebig gespeistes zyklisch symmetrisches Netz mit seinen Komponenten-Ersatzschaltungen.

Durch die Einführung der symmetrischen Komponenten wird das betrachtete Netz unter der Bedingung der zyklischen Symmetrie im Hinblick auf die Klemmen 1, 2, 3 und E durch drei voneinander unabhängige impedanzbehaftete Spannungsquellen ersetzt. Diese Umwandlung stellt bei der Untersuchung von Unsymmetrien eine wesentliche Vereinfachung dar.

Die Eigenschaft der zyklischen Symmetrie wird von den Generatoren, Transformatoren und Leitungen eines Drehstromnetzes mit genügender Genauigkeit erfüllt. Für ruhende Anlagenteile (Transformatoren, Leitungen, Drosselspulen, Kapazitäten usw.) ist zyklische Symmetrie und Symmetrie das gleiche. Sie bedeutet die Gleichwertigkeit aller drei Leiter. Befinden sich in dem in Bild 9.02 betrachteten Netz keine umlaufenden Maschinen oder sind deren Impedanzen vernachlässigbar klein, so gilt

$$\underline{Z}_R = \underline{Z}_L. \tag{9.011}$$

Mit- und Gegenimpedanz sind nach (9.009) für solche Netze gleich.

Ein Drehstromnetz wird im Normalfalle durch die Generatoren nur mit symmetrischen Rechtssystemen gespeist. Da ein zyklisch symmetrisches Netz keine Unsymmetrien verursachen kann, müssen dann auch die Leerlaufspannungen $\underline{U}_{1_l}$, $\underline{U}_{2_l}$ und $\underline{U}_{3_l}$ an der betrachteten Stelle des Netzes ein symmetrisches Rechtssystem bilden. Die Leerlaufspannung

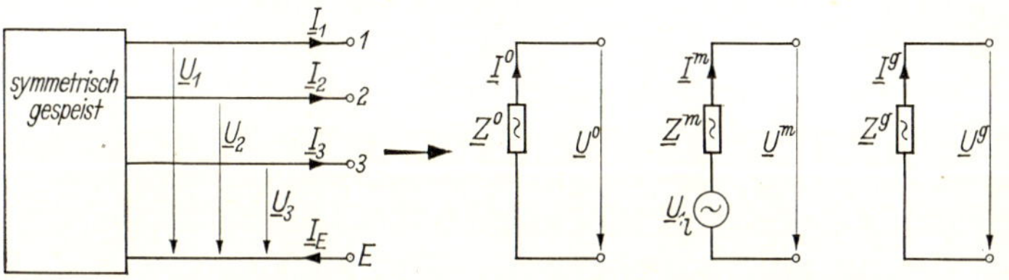

Bild 9.03 Ausschließlich durch Rechtssysteme gespeistes zyklisch symmetrisches Netz und seine Komponenten-Ersatzschaltungen.

des Nullsystems $\underline{U}_l^0$ und die des Gegensystems $\underline{U}_l^g$ verschwinden daher, während die Leerlaufspannung des Mitsystems $\underline{U}_l^m = \underline{U}_{1_l}$ wird. In Bild 9.03 sind die Komponenten-Ersatzschaltungen eines symmetrisch gespeisten Netzes wiedergegeben. Nullsystem und Gegensystem sind passiv. Symmetrisch gespeiste Netze stellen den Normalfall dar. Daher sollen im folgenden nur noch solche Netze betrachtet werden.

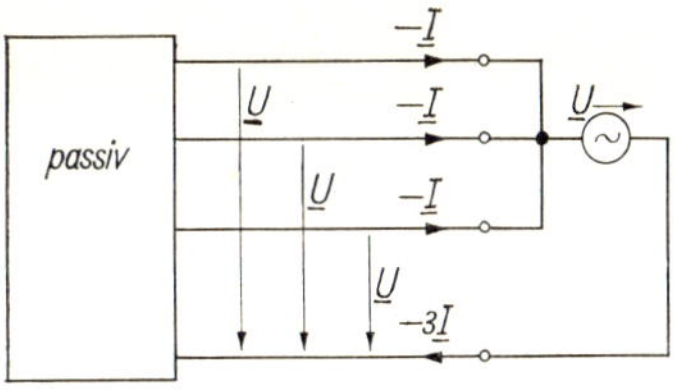

Bild 9.04 Bestimmung der Nullimpedanz.

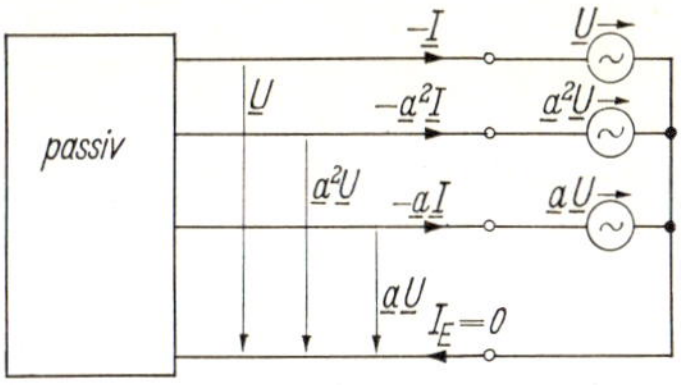

Bild 9.05 Bestimmung der Mitimpedanz.

Die „symmetrischen Impedanzen“ $\underline{Z}^0$, $\underline{Z}^m$ und $\underline{Z}^g$ eines Netzes lassen sich auf folgende Weise bestimmen: Zunächst werden die Quellen des Netzes passiv gemacht. Dann speist man zur Ermittlung der Nullimpedanz $\underline{Z}^0$ das Netz an den betrachteten Klemmen mit drei nach Betrag und Phase gleichen Spannungen $\underline{U}_1 = \underline{U}_2 = \underline{U}_3 = \underline{U}$ (Bild 9.04). Aus Symmetriegründen fließen bei dieser Speisung in allen drei Hauptleitern gleiche Ströme $\underline{I}_1 = \underline{I}_2 = \underline{I}_3 = -\underline{I}$.

Die Nullkomponente dieser Ströme ist nach (9.002) $\underline{I}^0 = -\underline{I}$, während die der speisenden Spannungen nach (9.004) $\underline{U}^0 = \underline{U}$ ist. Die Nullimpedanz wird somit nach (9.010)

$$\underline{Z}^0 = \frac{\underline{U}^0}{-\underline{I}^0} = \frac{\underline{U}}{\underline{I}}.$$

Zur Ermittlung der Mitimpedanz $\underline{Z}^m$ wird an die Klemmen des betrachteten Netzes ein symmetrisches rechtsdrehendes Spannungssystem $\underline{U}_1 = \underline{U}$, $\underline{U}_2 = \underline{a}^2\underline{U}$, $\underline{U}_3 = \underline{a}\,\underline{U}$ gelegt. Aus Symmetriegründen bilden dann auch die dadurch verursachten Ströme ein symmetrisches Rechtssystem: $\underline{I}_1 = -\underline{I}$, $\underline{I}_2 = -\underline{a}^2\underline{I}$, $\underline{I}_3 = -\underline{a}\,\underline{I}$.

Die Mitkomponente dieser Ströme ist nach (9.002) $\underline{I}^m = -\underline{I}$, die der Spannungen $\underline{U}^m = \underline{U}$. Somit wird nach (9.010)

$$\underline{Z}_m = \frac{\underline{U}^m}{-\underline{I}^m} = \frac{\underline{U}}{\underline{I}}.$$

Ganz entsprechend erhält man die Impedanz des Gegensystemes $\underline{Z}^g$, wenn an Stelle eines rechtsdrehenden ein linksdrehendes symmetrisches Spannungssystem angelegt und in gleicher Weise verfahren wird. Es ist dann

$$\underline{Z}^g = \frac{\underline{U}^g}{-\underline{I}^g} = \frac{\underline{U}}{\underline{I}}.$$

9.2 Die Verknüpfung der Komponenten-Ersatzschaltungen eines Drehstromnetzes zur Darstellung unsymmetrischer Fehler

Im vorigen Abschnitt ist gezeigt worden, wie ein zyklisch symmetrisches Drehstromnetz im Hinblick auf einen dreiphasigen Ausgang mit den Klemmen 1, 2, 3 und E durch Einführen der symmetrischen Komponenten auf drei einphasige Ersatzschaltungen zurückgeführt werden kann. Nun sollen an den betrachteten Klemmen des Drehstromnetzes unsymmetrische Fehler auftreten. Es zeigt sich, daß dann die Komponenten-Ersatzschaltungen des Netzes nicht mehr voneinander unabhängig sind. Sie müssen an der Stelle, die dem Fehlerort im Drehstromnetz entspricht, auf eine für jede Fehlerart charakteristische Weise verknüpft werden. Damit in einem konkreten Fall die im vorigen Abschnitt benützte Darstellung des Drehstromnetzes durch einen Kasten mit vier Klemmen möglich ist, muß die Fehlerstelle, wenn sie nicht zufällig am Ende einer Stichleitung liegt, besonders herausgezogen werden. Man denkt sich an der Fehlerstelle eine impedanzlose Leitung angeschlossen, deren Ende dann den Klemmen 1, 2, 3 und E entspricht, während sich das gesamte wirkliche Netz in dem Kasten befinden soll (Bild 9.06).

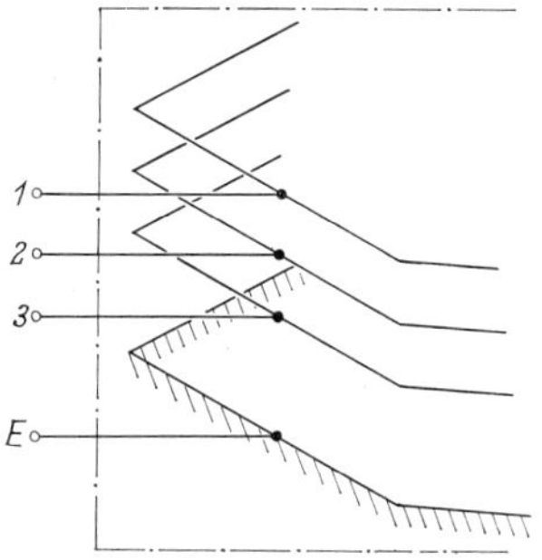

Bild 9.06 „Herausziehen" der Fehlerstelle bei Fehlern, die im Zuge einer Leitung auftreten.

Der Stromübergang an der Fehlerstelle soll zunächst widerstandslos erfolgen. Später wird gezeigt, wie Fehlerwiderstände berücksichtigt werden können.

Bei der Untersuchung der verschiedenen Fehlerfälle hat man grundsätzlich sechs Unbekannte, die drei Spannungen $\underline{U}_1$, $\underline{U}_2$ und $\underline{U}_3$ und die drei Ströme $\underline{I}_1$, $\underline{I}_2$ und $\underline{I}_3$, an der Fehlerstelle zu bestimmen. Man braucht also sechs Gleichungen. Drei Gleichungen sind bereits durch die Beziehungen (9.008) bekannt. Sie stellen den durch das Netz gegebenen Zusammenhang zwischen den Spannungen und den Strömen an der Fehlerstelle dar. Die fehlenden Gleichungen lassen sich aus den Fehlerverbindungen ablesen. Beim einpoligen Erdschluß ist z. B. die Spannung des fehlerbehafteten Leiters Null, da er leitend mit E verbunden ist, und die Ströme der fehlerfreien Leiter sind, da sie keinerlei leitende Verbindung besitzen, ebenfalls Null. Hat man die drei Gleichungen aus den Fehlerverbindungen gefunden, werden sie mit den Gln. (9.002) und (9.004) bzw. (9.003) und (9.005) in Beziehungen zwischen den Komponenten umgewandelt. Zusammen mit den Gln. (9.010), die den durch das Netz gegebenen Zusammenhang zwischen Spannungs- und Stromkomponenten an der Fehlerstelle wiedergeben, besitzt man nun sechs Gleichungen zur Berechnung der sechs unbekannten Komponenten $\underline{U}^0$, $\underline{U}^m$, $\underline{U}^g$ und $\underline{I}^0$, $\underline{I}^m$, $\underline{I}^g$. Die Beziehungen, die sich zwischen den Komponenten aus den Fehlerverbindungen ergeben, lassen sich bei geeigneter Wahl der Bezifferung der Leiter durch einfache Schaltverbindungen zwischen den Komponenten-Ersatzschaltungen des Netzes an der Fehlerstelle erfüllen. Damit wird die Auflösung des Gleichungssystems aus den erwähnten sechs Gleichungen für die symmetrischen Komponenten der Spannungen und der Ströme an der Fehlerstelle auf eine Netzwerksberechnung zurückgeführt. Die Bezifferung der Leiter ist so zu wählen, daß die Fehler symmetrisch zu dem mit der Ziffer 1 versehenen Leiter liegen. Beim einpoligen Erdschluß muß hierfür der fehlerbehaftete Leiter, beim zweipoligen Kurzschluß und beim zweipoligen Erdschluß der fehlerfreie Leiter mit 1 beziffert werden. Wird eine andere Wahl getroffen, müssen die Komponenten-Ersatzschaltungen des Netzes teilweise durch Übertrager, die Spannungen und Ströme um $\underline{a}$ bzw. $\underline{a}^2$ drehen, verbunden werden. Dadurch wird die gesamte Schaltung weniger übersichtlich und die Berechnung der Komponenten erschwert. Sind schließlich die symmetrischen Komponenten der Spannungen und Ströme an der Fehlerstelle gefunden, lassen sich hieraus nach (9.003) und (9.005) die gesuchten wirklichen Drehstromgrößen bestimmen.

9.2.1 Der zweipolige Kurzschluß

In Bild 9.07 ist die Fehlerverbindung eines zweipoligen Kurzschlusses gezeigt. Die Bezifferung ist so gewählt, daß der fehlerfreie Leiter der Leiter 1 ist.

Man liest ab:

$$\underline{I}_1 = 0, \quad \underline{I}_2 = -\underline{I}_3, \quad \underline{U}_2 = \underline{U}_3.$$

Mit den Gln. (9.002) und (9.004) ergeben sich hieraus für die Komponenten die Beziehungen

$$\underline{I}^0 = 0, \quad \underline{I}^m = -\underline{I}^g, \quad \underline{U}^m = \underline{U}^g.$$

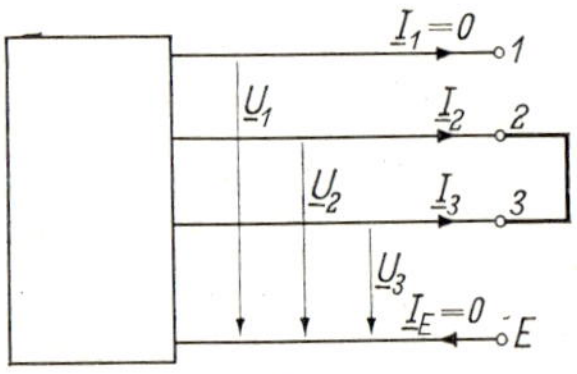

Bild 9.07 Zweipoliger Kurzschluß.

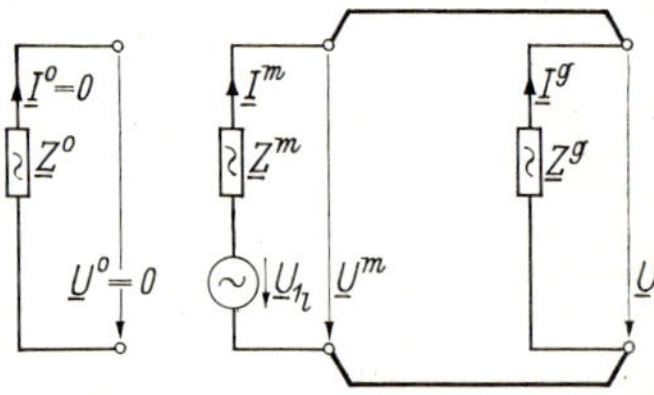

Bild 9.08 Verknüpfung der Komponenten-Ersatzschaltungen bei einem zweipoligen Kurzschluß.

Diese Bedingungen werden durch die in Bild 9.08 wiedergegebene Schaltung erfüllt. Sie stellt die für den zweipoligen Kurzschluß charakteristische Verknüpfung der Komponenten-Ersatzschaltungen des Netzes dar. Mit- und Gegensystem sind an der Fehlerstelle parallel geschaltet. Das Nullsystem ist offen und trägt zum Kurzschlußstrom nichts bei.

Aus Bild 9.08 liest man ab:

$$\underline{I}^0 = 0, \quad \underline{I}^m = \frac{\underline{U}_{1l}}{\underline{Z}^m + \underline{Z}^g} = -\underline{I}^g,$$

$$\underline{U}^0 = 0, \quad \underline{U}^m = \underline{U}_{1_l} \frac{\underline{Z}^g}{\underline{Z}^m + \underline{Z}^g} = \underline{U}^g.$$

Hiermit wird nach (9.003) und (9.005) unter Berücksichtigung von (9.001) der Kurzschlußstrom

$$\underline{I}_2 = -\underline{I}_3 = -j\sqrt{3}\,\frac{\underline{U}_{1l}}{\underline{Z}^m + \underline{Z}^g}, \tag{9.012}$$

die Spannung des fehlerfreien Leiters 1

$$\underline{U}_1 = \underline{U}_{1_l} \frac{2\underline{Z}^g}{\underline{Z}^m + \underline{Z}^g} \tag{9.013}$$

und die Spannung der kurzgeschlossenen Leiter 2 und 3

$$\underline{U}_2 = \underline{U}_3 = -\underline{U}_{1_l} \frac{\underline{Z}^g}{\underline{Z}^m + \underline{Z}^g}. \tag{9.014}$$

9.2.2 Der zweipolige Erdkurzschluß

In Bild 9.09 sind die Fehlerverbindungen des zweipoligen Erdkurzschlusses dargestellt.

Folgende Beziehungen lassen sich ablesen:

$$\underline{I}_1 = 0, \quad \underline{U}_2 = 0, \quad \underline{U}_3 = 0.$$

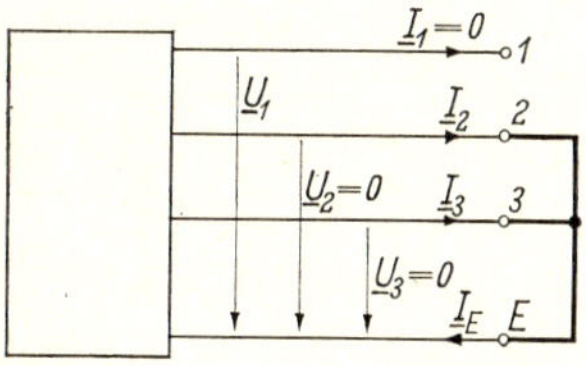

Bild 9.09 Zweipoliger Erdkurzschluß.

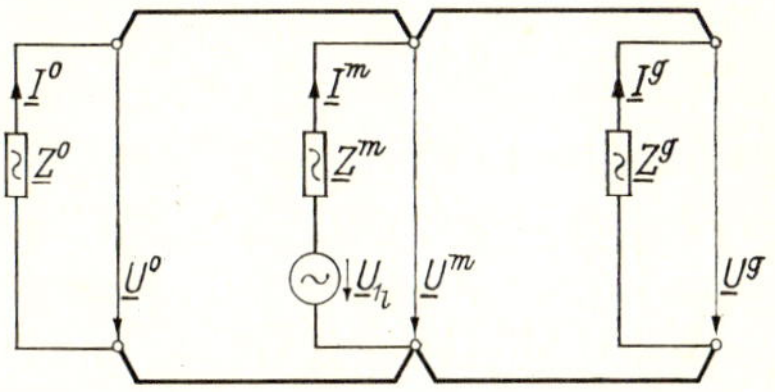

Bild 9.10 Verknüpfung der Komponenten-Ersatzschaltungen bei einem zweipoligen Erd(kurz)schluß.

Mit (9.003) und (9.005) findet man hieraus für die Komponenten

$$\underline{I}^0 + \underline{I}^m + \underline{I}^g = 0, \quad \underline{U}^0 = \underline{U}^m, \quad \underline{U}^m = \underline{U}^g.$$

Diese Bedingungen werden durch die in Bild 9.10 wiedergegebene Schaltung für die Komponenten erfüllt. Sie stellt die für den zweipoligen Erdschluß charakteristische Zusammenschaltung der Komponenten-Ersatzschaltungen des Netzes dar. Die drei Komponenten-Ersatzschaltungen des Netzes sind an der Fehlerstelle parallel geschaltet.

Aus der Schaltung ergibt sich mit $\underline{Y}^0 = \frac{1}{\underline{Z}^0}$, $\underline{Y}^m = \frac{1}{\underline{Z}^m}$, $\underline{Y}^g = \frac{1}{\underline{Z}^g}$

$$\underline{I}^0 = -\underline{U}_{1_l} \frac{\underline{Y}^m \underline{Y}^0}{\underline{Y}^0 + \underline{Y}^m + \underline{Y}^g}, \quad \underline{I}^m = \underline{U}_{1_l} \frac{\underline{Y}^m (\underline{Y}^g + \underline{Y}^0)}{\underline{Y}^0 + \underline{Y}^m + \underline{Y}^g},$$

$$\underline{I}^g = -\underline{U}_{1_l} \frac{\underline{Y}^m \underline{Y}^g}{\underline{Y}^0 + \underline{Y}^m + \underline{Y}^g},$$

$$\underline{U}^0 = \underline{U}^m = \underline{U}^g = \underline{U}_{1_l} \frac{\underline{Y}^m}{\underline{Y}^0 + \underline{Y}^m + \underline{Y}^g}.$$

Nach den Gln. (9.003) und (9.005) wird nun unter Berücksichtigung von (9.001)

$$\underline{I}_2 = -j\sqrt{3}\,\underline{U}_{1_l}\frac{\underline{Y}^0\cdot\underline{/-60^\circ} + \underline{Y}^g}{\underline{Y}^0 + \underline{Y}^m + \underline{Y}^g}\cdot\underline{Y}^m, \tag{9.015}$$

$$\underline{I}_3 = j\sqrt{3}\,\underline{U}_{1_l}\frac{\underline{Y}^0\cdot\underline{/+60^\circ} + \underline{Y}^g}{\underline{Y}^0 + \underline{Y}^m + \underline{Y}^g}\cdot\underline{Y}^m, \tag{9.016}$$

$$\underline{U}_1 = \underline{U}_{1_l}\frac{3\,\underline{Y}^m}{\underline{Y}^0 + \underline{Y}^m + \underline{Y}^g} \tag{9.017}$$

und der in der Erde fließende Strom

$$\underline{I}_E = \underline{I}_2 + \underline{I}_3 = -\underline{U}_{1_l}\frac{3\,\underline{Y}^0}{\underline{Y}^0 + \underline{Y}^m + \underline{Y}^g}\cdot\underline{Y}^m, \tag{9.018}$$

9.2.3 Der einpolige Erdschluß bzw. Erdkurzschluß

In Bild 9.11 ist die Fehlerverbindung eines einpoligen Erdschlusses bzw. Erdkurzschlusses gezeigt. Die Bezifferung der Leiter ist, wie beschrieben, so gewählt, daß der fehlerbehaftete Leiter der Leiter 1 ist.

Aus Bild 9.11 entnimmt man

$$\underline{I}_2 = 0,\quad \underline{I}_3 = 0,\quad \underline{U}_1 = 0.$$

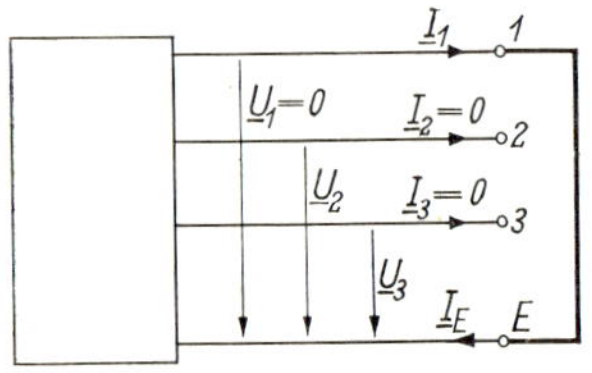

Bild 9.11 Einpoliger Erd(kurz)schluß.

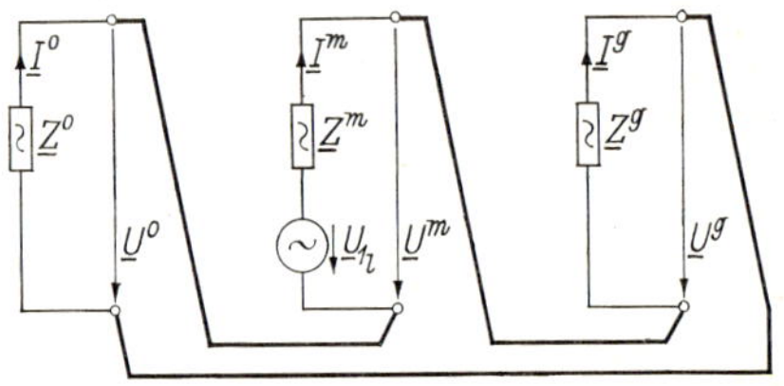

Bild 9.12 Verknüpfung der Komponenten-Ersatzschaltungen bei einem einpoligen Erd(kurz)schluß.

Hieraus folgt für die Komponenten nach (9.002) und (9.005)

$$\underline{I}^0 = \underline{I}^m,\quad \underline{I}^m = \underline{I}^g,\quad \underline{U}^0 + \underline{U}^m + \underline{U}^g = 0.$$

Diese Bedingungen werden durch die Schaltung in Bild 9.12 erfüllt. Sie stellt die charakteristische Verknüpfung der Komponenten-Ersatzschaltungen des Netzes an der Fehlerstelle für den einpoligen Erdschluß dar. Die drei Komponenten-Ersatzschaltungen sind in Reihe geschaltet.

Aus Bild 9.12 liest man ab

$$\underline{I}^0 = \underline{I}^m = \underline{I}^g = \underline{U}_{1l} \frac{1}{\underline{Z}^0 + \underline{Z}^m + \underline{Z}^g},$$

$$\underline{U}^0 = -\underline{U}_{1_l} \frac{\underline{Z}^0}{\underline{Z}^0 + \underline{Z}^m + \underline{Z}^g}, \qquad \underline{U}^m = \underline{U}_{1_l} \frac{\underline{Z}^0 + \underline{Z}^g}{\underline{Z}^0 + \underline{Z}^m + \underline{Z}^g},$$

$$\underline{U}^g = -\underline{U}_{1_l} \frac{\underline{Z}^g}{\underline{Z}^0 + \underline{Z}^m + \underline{Z}^g}.$$

Damit wird der Erd(kurz)schlußstrom

$$\underline{I}_1 = 3\underline{I}^m = 3 \frac{\underline{U}_{1l}}{\underline{Z}^0 + \underline{Z}^m + \underline{Z}^g} \tag{9.019}$$

und die Spannungen der fehlerfreien Leiter 2 und 3

$$\underline{U}_2 = \sqrt{3}\,\underline{U}_1 \cdot \underline{/-150^\circ}\, \frac{\underline{Z}^0 + \underline{Z}^g \cdot \underline{/+60^\circ}}{\underline{Z}^0 + \underline{Z}^m + \underline{Z}^g}, \tag{9.020}$$

$$\underline{U}_3 = \sqrt{3}\,\underline{U}_{1_l} \cdot \underline{/+150^\circ}\, \frac{\underline{Z}^0 + \underline{Z}^g \cdot \underline{/-60^\circ}}{\underline{Z}^0 + \underline{Z}^m + \underline{Z}^g}. \tag{9.021}$$

9.3 Die Komponenten-Ersatzschaltungen der einzelnen Anlagenteile

In Abschn. 9.1 sind die Komponenten-Ersatzschaltungen eines zyklisch symmetrischen Netzes im Hinblick auf eine bestimmte Stelle des Netzes abgeleitet worden. Außerdem ist gezeigt worden, wie die symmetrischen Impedanzen $\underline{Z}^0$, $\underline{Z}^m$ und $\underline{Z}^g$ bestimmt werden können. Eine Messung der Impedanzen ist jedoch in der Praxis auf die geschilderte Weise nicht möglich, da sich Netze nicht einfach passiv machen lassen. Aus diesem Grunde ist man gezwungen, die Komponenten-Ersatzschaltungen der einzelnen Anlagenteile (Generatoren, Transformatoren, Leitungen usw.) zu suchen und diese entsprechend der Schaltung des betrachteten Netzes zusammenzusetzen. Aus den „Komponenten-Netzwerken", die sich hierbei ergeben, werden dann die resultierenden Impedanzen $\underline{Z}^0$, $\underline{Z}^m$ und $\underline{Z}^g$ für die betrachtete Stelle des Netzes berechnet.

Bei den Anlagenteilen ist zu unterscheiden zwischen solchen, die nur einen Ausgang oder einen Eingang besitzen (Generatoren, Motoren und andere Lasten) und solchen, die sowohl einen Ausgang als auch einen Eingang besitzen (Transformatoren und Leitungen).

In Bild 9.13 sind die Komponenten-Ersatzschaltungen einer Synchronmaschine wiedergegeben. Sie entsprechen denen eines allgemeinen zyklisch symmetrischen, symmetrisch gespeisten Netzes (Bild 9.03). Sie gelten unabhängig davon, ob die Maschine als Generator, Motor oder zur Erzeugung von Blindleistung als Phasenschieber läuft. Die Impedanzen der Ersatzschaltungen werden mit den in den Bildern 9.04 und 9.05 angegebenen Schaltungen bestimmt. Dabei muß die Maschine mit synchroner Drehzahl in normaler Drehrichtung angetrieben und die Erregerspannung zu Null gemacht werden. Man erhält so die für stationäre Zustände geltenden Impedanzen.

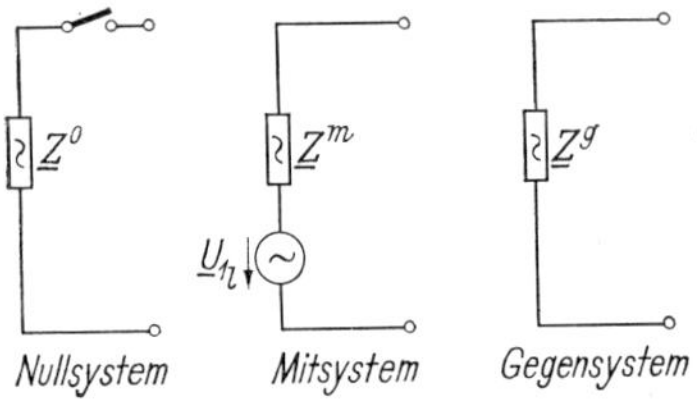

Bild 9.13 Komponenten-Ersatzschaltungen der Synchronmaschine.

Die *Nullimpedanz* ist klein, da sich die Durchflutungen der drei Wicklungsstränge des Ständers bei Speisung mit gleichphasigen Strömen teilweise aufheben. Im allgemeinen wird der Sternpunkt einer Synchronmaschine nicht angeschlossen, d. h. geerdet oder gegebenenfalls mit dem *Mp*-Leiter verbunden. Der in Bild 9.13 in Reihe mit der Nullimpedanz gezeichnete Schalter ist dann offen, die Nullimpedanz ist effektiv unendlich groß und kann weggelassen werden.

Für die *Mitimpedanz* findet man unter Vernachlässigung des ohmschen Widerstandes der Ständerwicklung bei Maschinen mit Vollpolläufern die synchrone Längsreaktanz

$$X^m = X_d.$$

Bei Maschinen mit ausgeprägten Polen läßt sich im allgemeinen Fall eine Komponenten-Ersatzschaltung für das Mitsystem nach Bild 9.13 nicht angeben. Man ist gezwungen, getrennt in Längs- und Querachse zu rechnen. Im Kurzschlußfall dagegen ist eine solche Ersatzschaltung möglich. Im Dauerkurzschluß ist die Mitreaktanz der Schenkelpolmaschine praktisch gleich ihrer synchronen Längsreaktanz.

Die *Gegenreaktanz* ist wesentlich kleiner: Bei Speisung des Ständers mit den Spannungen eines Gegensystems bildet sich im Luftspalt der Maschine ein Drehfeld aus, das entgegen der normalen Drehrichtung synchron umläuft. Relativ zum Polrad, das sich in normaler Drehrichtung dreht, besitzt dieses „inverse" Drehfeld die doppelte synchrone Geschwindigkeit. In den Wicklungen des Polrades (Erreger- und Dämpferwicklung) werden daher Ströme induziert, die einen Ausgleich der Amperewindungen der Ständerströme ermöglichen. Die Gegenreaktanz ist gleich dem Mittelwert aus subtransienter Längs- und subtransienter Querreaktanz

$$X^g = \frac{1}{2}\,(X_d'' + X_q''),$$

da die subtransienten Reaktanzen die Verkettung der Ständerwicklung einerseits und der Erreger- und Dämpferwicklung andererseits wiedergeben und da das inverse Drehfeld wegen seiner Relativbewegung zum Polrad abwechselnd einmal in der Längsachse und einmal in der Querachse liegt.

Als treibende Spannung ist in die Ersatzschaltung des Mitsystems die Polradspannung $\underline{E}$ einzusetzen.

Bei der Berechnung des Anfangs-Kurzschlußwechselstromes steht in der Ersatzschaltung des Mitsystems als Mitreaktanz die subtransiente Reaktanz X''_d und als treibende Spannung die zugehörige Spannung $\underline{E}''$ (s. Abschn. 8.1). Die Reaktanz des Gegensystems bleibt unverändert.

Die Komponenten-Ersatzschaltungen der Induktionsmaschine und anderer asynchroner Motoren unterscheiden sich von denen der Synchronmaschine durch das Fehlen der Spannungsquelle im Mitsystem. Für nicht motorische Verbraucher ist außerdem $\underline{Z}^m = \underline{Z}^g$. Für eine Sternschaltung aus drei gleichen Verbrauchern und angeschlossenem *Mp*-Leiter gilt $\underline{Z}^0 = \underline{Z}^m = \underline{Z}^g$.

Leitungen und Transformatoren besitzen sowohl einen dreiphasigen Eingang als auch einen dreiphasigen Ausgang. Im allgemeinen Fall, daß Ein- und Ausgang aus je vier Klemmen bestehen, stellen Leitungen und Transformatoren Achtpole dar. Auch solche Achtpole lassen sich unter der Bedingung der zyklischen Symmetrie durch drei entkoppelte einphasige Komponenten-Ersatzschaltungen wiedergeben.

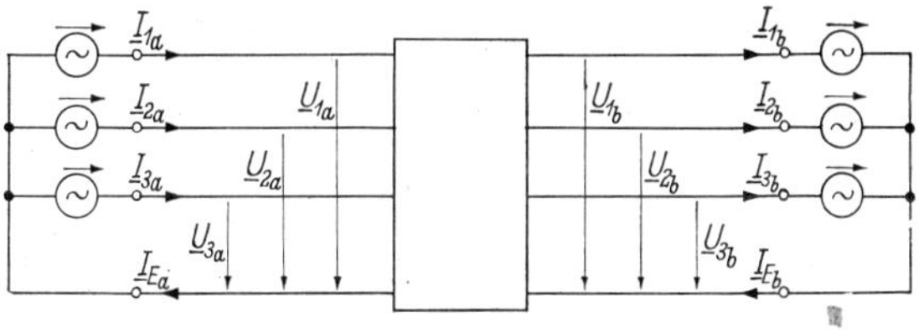

Bild 9.14 Zyklisch symmetrischer Achtpol, dessen Ströme durch Stromquellen erzwungen werden.

In Bild 9.14 ist ein allgemeiner, linearer, passiver Achtpol als Kasten mit zweimal vier Klemmen dargestellt. Die hinein- und herausfließenden Ströme $\underline{I}_{1_a}$ bis $\underline{I}_{3_b}$ seien durch Stromquellen erzwungen. Die Spannungen $\underline{U}_{1_a}$ bis $\underline{U}_{3_b}$ lassen sich dann nach dem Überlagerungssatz als lineare Funktionen aller sechs Ströme angeben. Führt man in diese Gleichungen statt der wirklichen Ströme und Spannungen ihre symmetrischen Komponenten ein, so erhält man unter der Bedingung der zyklischen Symmetrie drei Gleichungspaare folgender Form:

$$\underline{U}_a^0 = \underline{Z}_{aa}^0 \underline{I}_a^0 - \underline{Z}_{ab}^0 \underline{I}_b^0 \qquad \underline{U}_a^m = \underline{Z}_{aa}^m \underline{I}_a^m - \underline{Z}_{ab}^m \underline{I}_b^m$$

$$\underline{U}_b^0 = \underline{Z}_{ba}^0 \underline{I}_a^0 - \underline{Z}_{bb}^0 \underline{I}_b^0, \qquad \underline{U}_b^m = \underline{Z}_{ba}^m \underline{I}_a^m - \underline{Z}_{bb}^m \underline{I}_b^m,$$

$$\underline{U}_a^g = \underline{Z}_{aa}^g \underline{I}_a^g - \underline{Z}_{ab}^g \underline{I}_b^g$$

$$\underline{U}_b^g = \underline{Z}_{ba}^g \underline{I}_a^g - \underline{Z}_{bb}^g \underline{I}_b^g.$$

Sie geben die Abhängigkeit der symmetrischen Komponenten der Spannungen von denen der Ströme an Ein- und Ausgang des Achtpoles wieder. Die verschiedenen Impedanzen $\underline{Z}$ sind die zugehörigen Proportionalitätsfaktoren der Stromkomponenten. Wie man sieht, sind die drei Gleichungspaare voneinander unabhängig. Jedes Paar stellt für sich Vierpolgleichungen in Widerstandsform dar. Hieraus ergibt sich, daß die Komponenten-Ersatzschaltungen des zyklisch symmetrischen Achtpoles Vierpole sind. Sie können durch *Pi*- oder *T*-Schaltungen dargestellt werden.

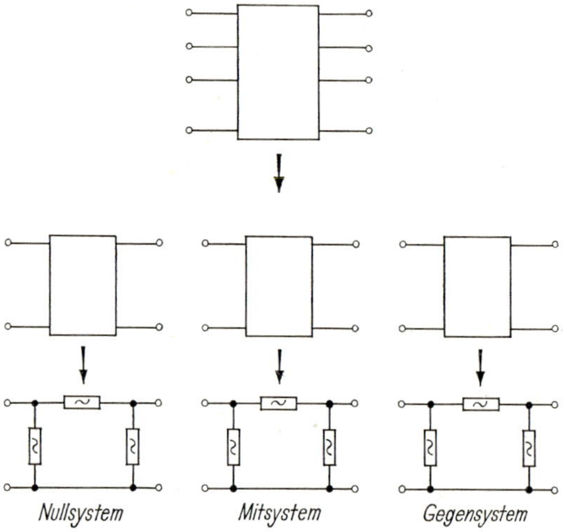

Bild 9.15 Durch Einführen der symmetrischen Komponenten von Spannungen und Strömen läßt sich ein zyklisch symmetrischer Achtpol mit seinen gesamten Eigenschaften durch drei voneinander unabhängige Vierpole, die z. B. als *Pi*-Glieder dargestellt werden können, ersetzen.

Da Leitungen und Transformatoren ruhende Anlagenteile darstellen, sind ihre Ersatzschaltungen für das Mit- und das Gegensystem gleich. Die Ersatzschaltungen für das Mit- und das Gegensystem entsprechen den in den Abschn. 4.05 und 4.07 bzw. 5.2 für symmetrischen Betrieb hergeleiteten einphasigen Ersatzschaltungen. Die Größen ihrer Impedanzen lassen sich mit den dort beschriebenen Leerlauf- und Kurzschlußmessungen bestimmen. Auf ähnliche Weise findet man auch die Werte der Impedanzen der Ersatzschaltung des Nullsystems. Durch geeignete Leerlauf- und Kurzschlußmessungen, bei denen mit einem Nullsystem von Spannungen gespeist wird, lassen sich auch hier die Impedanzen bestimmen.

Leitungen sind im Hinblick auf ihre beiden Enden symmetrisch. Für alle drei Komponentensysteme ergeben sich daher symmetrische *Pi*- oder *T*-Schaltungen, deren Impedanzen durch zwei Messungen bestimmt werden können. In Bild 9.16 sind diese Messungen für die Impedanzen der Null-Ersatzschaltung gezeigt. Bei nicht zu langen Leitungen kann beim Kurzschlußversuch der Einfluß der Querglieder (Erdkapazitäten) und beim Leerlaufversuch der Einfluß der Längsimpedanzen vernachlässigt werden.

Man findet als Komponenten-Ersatzschaltungen die in Bild 9.17 wiedergegebenen *Pi*-Glieder. $\underline{Z}_B$ ist die Betriebsimpedanz der Leitung, $\underline{Z}_E$ die resultierende Impedanz der Erdrückleitung oder gegebenenfalls des *Mp*-Leiters und C_E die Erdkapazität.

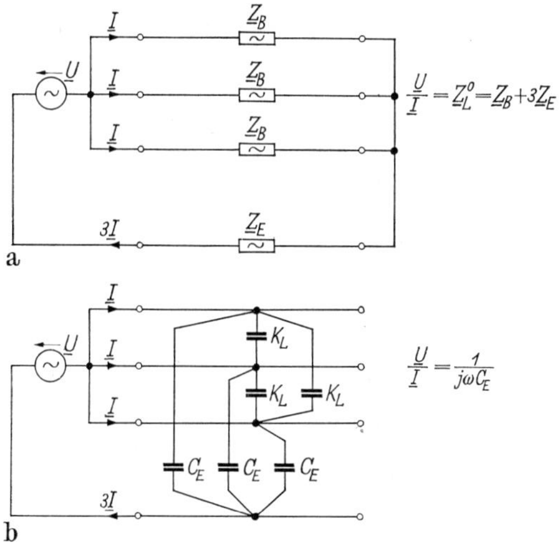

Bild 9.16a u. b Kurzschluß- und Leerlaufmessung zur Bestimmung der Impedanzen der Null-Ersatzschaltung einer Leitung.
a) Kurzschlußmessung; b) Leerlaufmessung.

Transformatoren ergeben nach der Umrechnung der Sekundärseite auf die Primärseite oder umgekehrt für symmetrischen Drehstrombetrieb Ersatzschaltungen, die im Hinblick auf die Primär- und die Sekundärseite wenigstens angenähert gleichwertig sind. Außerdem kann meist der Magnetisierungsstrom vernachlässigt werden. Diese Vernachlässigung ist gleichbedeutend mit der Annahme, daß die Hauptreaktanz X_h unendlich groß ist. Es ergibt sich dann die vereinfachte Ersatzschaltung von Bild 5.07. Sie gilt für Mit- und Gegensystem.

Für das Nullsystem ist je nach Schaltung der Wicklungen des Transformators keine Symmetrie im Hinblick auf Primär- und Sekundärseite gegeben. Außerdem kann der Magnetisierungsstrom nicht in jedem Fall vernachlässigt werden. Grundsätzlich kann jedoch auch die Komponenten-Ersatzschaltung des Nullsystems als *Pi*- oder *T*-Schaltung aufgefaßt werden. Die drei Impedanzen ergeben sich dann im allgemeinen Fall aus drei Messungen. Transformatoren, die eine Dreieckswicklung besitzen, können auf der Seite dieser Wicklung keinen Nullstrom führen, da kein Sternpunkt vorhanden ist. Für solche Transformatoren reduziert sich die Ersatzschaltung des Nullsystems von einem Vierpol auf einen Zweipol, auf eine einfache Impedanz also, die durch eine einzige Messung bestimmt werden kann.

Auch Transformatoren, die an und für sich zwei Sternpunkte besitzen, also etwa *Yy*- und *Yz*-Transformatoren, werden meist mit nur einem Sternpunkt angeschlossen. Die Ersatzschaltung für das Nullsystem reduziert sich dann auch hier auf eine einfache Impedanz. Die Größe dieser Impedanz ist je nach Schaltung der Wicklungen und der Ausführung des Eisenkernes verschieden. Die Nullimpedanz eines Transformators ist für seine Sternpunktsbelastbarkeit entscheidend. Bei einphasiger Belastung wirkt die Summe aus Null-, Mit- und Gegenimpedanz als innere Impedanz des Transformators [s. Gl. (9.019), die den einpoligen Kurzschlußstrom allgemein angibt]. Ist die Nullimpedanz ungefähr gleich der Mit- und Gegenimpedanz oder gar kleiner als diese, ist der Sternpunkt voll mit dem Nennstrom des Transformators belastbar, ohne daß sich die Transformatorspannungen dabei wesentlich ändern.

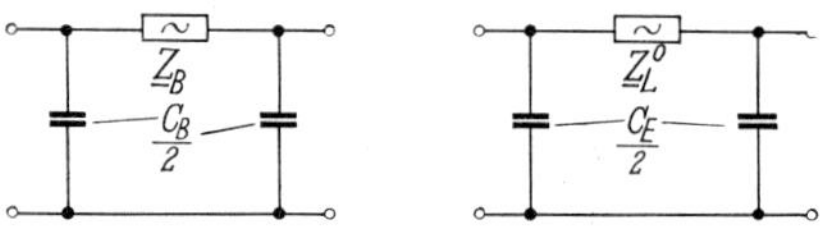

Bild 9.17 Komponenten-Ersatzschaltungen der Drehstromleitung für Leitungslängen unter 500 km.

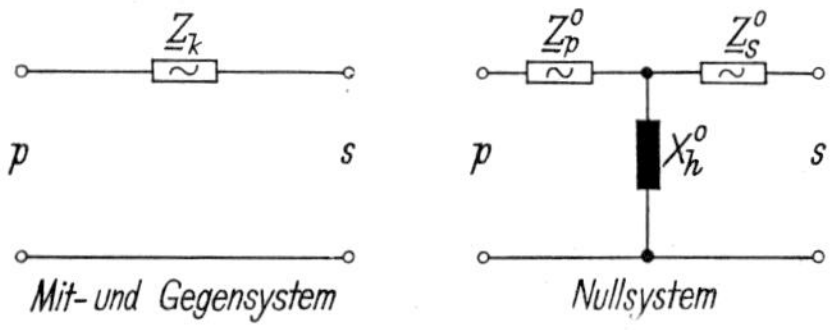

Bild 9.18 Allgemeine Komponenten-Ersatzschaltungen des Zweiwicklungstransformators. In Mit- und Gegensystem ist die Hauptreaktanz vernachlässigt. *p* Primärklemmen; *s* Sekundärklemmen.

Zunächst sei ein *Yy*-Transformator betrachtet, dessen primärer Sternpunkt nicht angeschlossen ist. Zur Bestimmung der Nullimpedanz werde er auf der Sekundärseite mit einem System gleichphasiger Spannungen gespeist (Bild 9.19a). Die nicht gespeiste Primärwicklung ist stromlos. Deshalb wirkt der Transformator wie eine Drossel. In der gespeisten Sekundärwicklung fließen gleichphasige Magnetisierungsströme, die in den drei bewickelten Schenkeln des Transformators gleichphasige Flüsse erzeugen. Bei einem Dreischenkel-Transformator können sich diese gleichphasigen Flüsse nur durch die Luft und über den Transformatorkessel schließen. Wegen der geringen magnetischen Leitfähigkeit auf diesem Wege ist ein relativ hoher Magnetisierungsstrom nötig. Die Nullreaktanz eines solchen Transformators ist deshalb wesentlich kleiner als die Hauptreaktanz X_h der Ersatzschaltung des Mit- und Gegensystems. Sie beträgt einige Vielfache der Kurzschlußreaktanz X_k.

Hat der Transformator jedoch einen Fünfschenkelkern, so können sich die gleichphasigen Flüsse über den vierten und fünften Schenkel in magnetisch gut leitendem Eisen schließen. Die Nullreaktanz solcher Transformatoren ist deshalb wesentlich größer. Allerdings ist zu beachten, daß der Querschnitt des vierten und fünften Schenkels zusammen nur den Querschnitt *eines* bewickelten Schenkels ergibt und daher eine Sättigung des magnetischen Rückschlusses schon bei relativ niedrigen Nullspannungen eintritt.

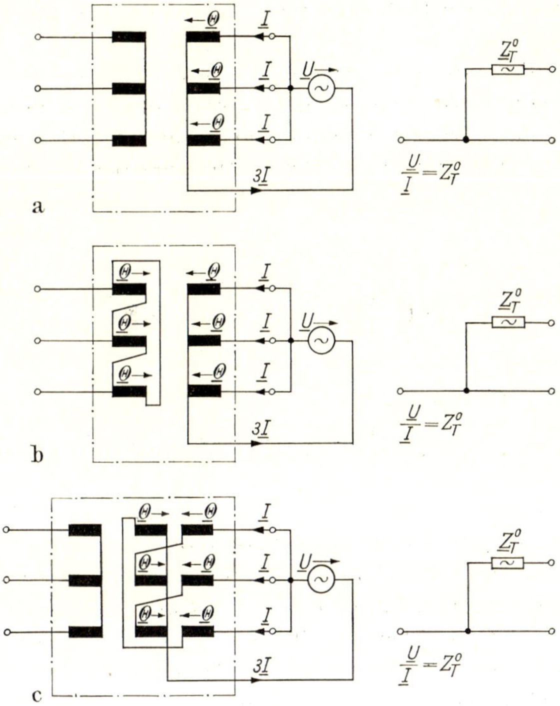

Bild 9.19a–c Bestimmung der Nullimpedanzen von Transformatoren mit nur einem herausgeführten Sternpunkt. a) *Yy*-Schaltung; b) *Dy*-Schaltung; c) *Yz*-Schaltung.

Bei Drehstromtransformatoren, die aus drei Einphasen-Einheiten bestehen, hat jede Einheit ihren eigenen magnetischen Rückschluß. Die Nullreaktanz eines solchen Drehstromsatzes aus drei Einphasentransformatoren ist bei *Yy*-Schaltung und nur einem angeschlossenen Sternpunkt gleich der Hauptreaktanz X_h der Ersatzschaltung des Mit- und Gegensystems. X_h ist wenigstens um zwei Zehnerpotenzen größer als die Kurzschlußreaktanz X_k.

Ein *Dy-Transformator* besitzt nur sekundärseitig einen Sternpunkt. Auf der Primärseite kann daher kein Nullsystem angeschlossen werden.

Die Schaltung zur Bestimmung der Nullimpedanz ist in Bild 9.19b dargestellt. Wie man sieht, stellt die in sich geschlossene Dreieckswicklung der Primärseite für das angelegte Nullspannungssystem eine Kurzschlußwicklung dar. Der vom Transformator aufgenommene Strom ist nur durch die Streuung zwischen Sekundär- und Primärwicklung und deren ohmsche Widerstände begrenzt. Die Nullreaktanz entspricht bei *Dy*-Transformatoren mit Fünfschenkelkern und bei Drehstromsätzen aus drei Einphasentransformatoren der Kurzschlußreaktanz X_k. Bei *Dy*-Transformatoren mit Dreischenkelkern ist sie wegen des erschwerten magnetischen Rückschlusses für die gleichphasigen Flüsse etwa 20% geringer.

Ein Transformator der *Schaltung Yz* besitzt zwar primär- und sekundärseitig einen Sternpunkt, es wird jedoch praktisch immer nur der Sternpunkt der Zickzack-Wicklung angeschlossen. Die im Stern geschaltete Primärwicklung ist bei der Bestimmung der Nullimpedanz nach

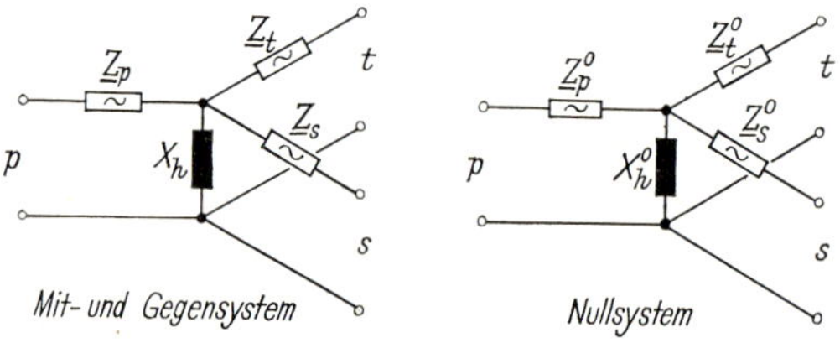

Bild 9.20 Allgemeine Komponenten-Ersatzschaltungen des Dreiwicklungstransformators. *p* Primärklemmen; *s* Sekundärklemmen; *t* Tertiärklemmen.

Bild 9.19c stromlos. Die Durchflutungen der auf einem Schenkel liegenden zwei Wicklungsteile der Zickzack-Wicklung sind einander entgegengerichtet. Der vom Transformator aufgenommene Strom wird daher nur durch die Streuung zwischen den Wicklungsteilen der Zickzack-Wicklung, die auf einem Schenkel liegen, und durch den ohmschen Widerstand der Zickzack-Wicklung begrenzt. Da die Streuung zwischen den Wicklungsteilen einer Zickzack-Wicklung gering ist, insbesondere, wenn die Wicklungsteile übereinander liegen, ergeben sich für Transformatoren dieser Schaltung sehr kleine Nullreaktanzen. Sie betragen etwa ein Zehntel der Kurzschlußreaktanz.

Dreiwicklungstransformatoren sind Transformatoren, die außer Primär- und Sekundärwicklung eine dritte Wicklung, die Tertiärwicklung, besitzen. Rechnet man die Sekundär- und Tertiärgrößen eines solchen Transformators auf primär mit den zugehörigen Übersetzungen um, so lassen sich für die Komponenten-Ersatzschaltungen eines Dreiwicklungstransformators allgemein Schaltungen angeben, die den in Bild 9.20 wiedergegebenen entsprechen. Sie besitzen entsprechend den drei Wicklungen drei Klemmenpaare. Die vier Impedanzen können durch eine

Leerlauf- und drei Kurzschlußmessungen bestimmt werden. Bei den letzteren wird jeweils eine Wicklung kurzgeschlossen und eine gespeist.

Der häufigste Dreiwicklungstransformator ist ein Transformator, dessen Primär- und Sekundärwicklung im Stern und dessen Tertiärwicklung im Dreieck geschaltet ist. Die Null-Ersatzschaltung eines solchen Transformators besitzt nur zwei Klemmenpaare. Sie ergibt sich als T-Schaltung, wenn in der allgemeinen Ersatzschaltung für das Nullsystem das zur Dreieckswicklung gehörende Klemmenpaar kurzgeschlossen wird und die entsprechende Impedanz mit der Hauptreaktanz zusammengefaßt wird. In Bild 9.21 sind die Komponenten-Ersatzschaltungen eines solchen Transformators dargestellt. Dabei ist die Hauptreaktanz in der Ersatzschaltung des Mit- und Gegensystems vernachlässigt. Ist nur ein Sternpunkt angeschlossen, reduziert sich die Null-Ersatzschaltung auf eine einzige Impedanz, die gleich der Nullimpedanz des entsprechenden Zweiwicklungstransformators ist.

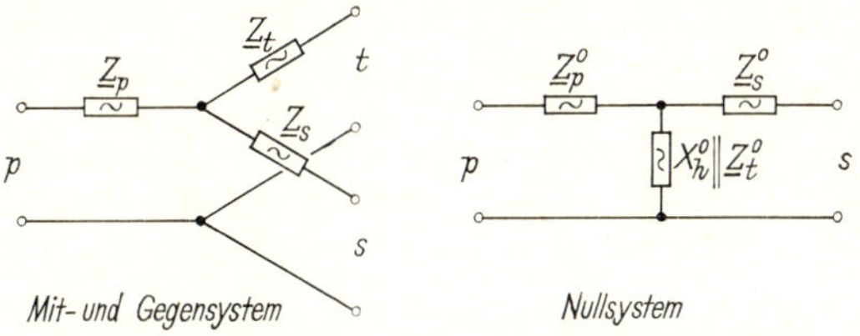

Bild 9.21 Komponenten-Ersatzschaltungen eines Dreiwicklungstransformators mit im Dreieck geschalteter Tertiärwicklung.

Erdungsimpedanzen, die an den Sternpunkt eines Transformators angeschlossen sind, werden auf folgende Weise berücksichtigt: Man denkt sich auf der Seite des Transformators, die geerdet werden soll, einen Achtpol vorgeschaltet, dessen Hauptleiterklemmen durchverbunden sind und zwischen dessen Erdklemmen die Sternpunktsimpedanz $\underline{Z}_{St}$ liegt. Dieser Achtpol ist zyklisch symmetrisch und läßt sich deshalb in unabhängige Komponenten-Ersatzschaltungen zerlegen (Bild 9.22). Wie man sieht, ist im Nullsystem die Nullimpedanz des Transformators mit der dreifachen Sternpunktsimpedanz in Reihe geschaltet.

Zum Abschluß dieses Abschnittes sind in Bild 9.23 die Komponenten-Netzwerke einer einfachen Übertragung dargestellt und zur Berechnung des Anfangs-Kurzschlußwechselstromes für einen einpoligen Erdschluß an der Fehlerstelle in Reihe geschaltet. Die Übertragung besteht aus einem Turbogenerator, der über einen Transformator, eine Leitung und einen zweiten Transformator in ein Netz starrer Spannung ($S_k'' = \infty$) speist. Am Anfang und Ende der Leitung ist je ein symmetrischer dreiphasiger Verbraucher $\underline{Z}_V$ angeschlossen. Der Erdschluß tritt in der Mitte der Leitung auf.

Die Komponenten-Ersatzschaltungen sind in der Reihenfolge Mit-, Gegen-, Nullsystem von oben nach unten angeordnet. Diese Reihenfolge ist die übliche im Gegensatz zur bisher verwendeten, die der Reihenfolge der Komponenten in den Gln. (9.003) und (9.005) entspricht. Senkrecht

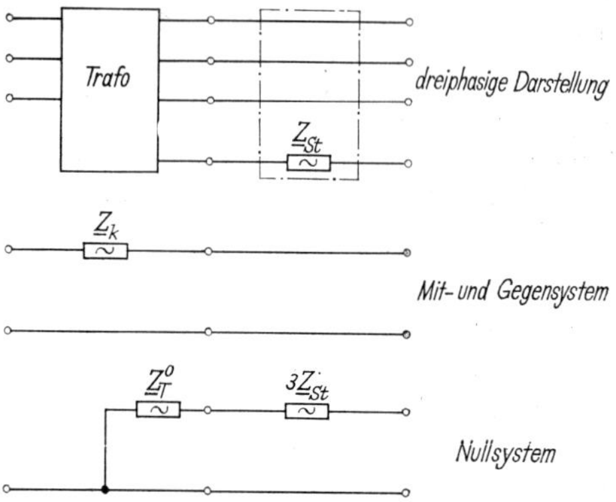

Bild 9.22 Berücksichtigung einer Erdungsimpedanz in den Komponenten-Ersatzschaltungen.

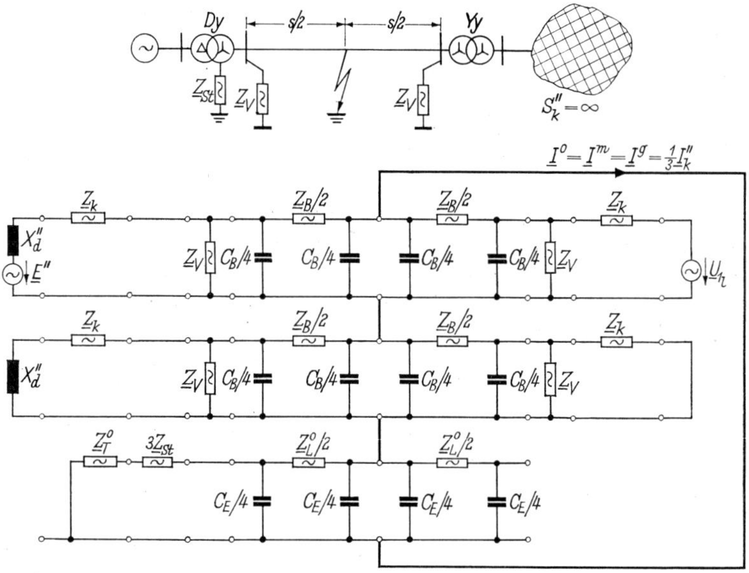

Bild 9.23 Beispiel zur Anwendung des Verfahrens der symmetrischen Komponenten.

untereinander stehen die zusammengehörigen Komponenten-Ersatzschaltungen der einzelnen Teile der Übertragung. Von links beginnend Generator, Transformator, Sternpunktsimpedanz, Verbraucher, erste Leitungshälfte, Fehlerstelle, zweite Leitungshälfte, Verbraucher, Transformator, starres Netz. Da der Anfangs-Kurzschlußwechselstrom bestimmt werden soll, ist im Mitsystem für den Generator die subtransiente Reaktanz und die subtransiente treibende Spannung eingesetzt worden. Bei der rechnerischen Auswertung eines solchen Systems können vielfach die Kapazitäten in Mit- und Gegensystem vernachlässigt werden. Im Nullsystem können die Erdkapazitäten weggelassen werden, wenn die Sternpunktsimpedanz und die Nullimpedanz des geerdeten Transformators klein genug sind. Bei freiem Sternpunkt oder abgestimmter induktiver Erdung können bei kleiner Netzausdehnung u. U. die Längsglieder in allen drei Netzwerken vernachlässigt werden.

Will man außer den Strömen und Spannungen an der Fehlerstelle auch Ströme und Spannungen an anderen Stellen des Netzes berechnen, so bestimmt man auch hierfür zunächst die symmetrischen Komponenten dieser Ströme und Spannungen aus den zusammengeschalteten Komponenten-Netzen und geht dann zu den wirklichen Drehstromgrößen über. Hierbei ist zu beachten, daß phasendrehende Transformatoren die Ströme und Spannungen des Mitsystems beim Übergang von der Primärseite zur Sekundärseite um $k \cdot 30°$ im Uhrzeigersinn verdrehen, die Ströme und Spannungen des Gegensystems jedoch im Gegenuhrzeigersinn (s. a. S. 150), während die Ströme und Spannungen des Nullsystems, sofern sie überhaupt übertragen werden, gar nicht gedreht werden.

9.4 Die Berücksichtigung von Fehlerwiderständen

In Abschn. 9.2 ist angenommen worden, daß der Stromübergang an der Fehlerstelle widerstandslos erfolgt. Diese Voraussetzung wird nun fallengelassen. Als Fehlerwiderstände kommen insbesondere Lichtbogenwiderstände in Frage. Diese sind rein ohmsch. Die folgenden Betrachtungen werden deshalb mit ohmschen Fehlerwiderständen durchgeführt, lassen sich jedoch in gleicher Weise mit Impedanzen anstellen.

Auch widerstandsbehaftete Fehler müssen symmetrisch zur Bezugsphase liegen, damit sich einfache Verknüpfungen der Komponenten-Netzwerke ergeben. Beim zweipoligen Kurzschluß und beim einpoligen Erd(kurz)schluß bedeutet diese Bedingung nur, daß die Bezifferung der Leiter entsprechend gewählt werden muß, während für den zweipoligen Erdkurzschluß außerdem die Fehlerwiderstände in den beiden fehlerbehafteten Leitern gleich sein müssen.

Grundsätzlich kann man bei der Behandlung widerstandsbehafteter Fehler so vorgehen, wie es in Abschn. 9.2 für die widerstandslosen Fehler beschrieben worden ist: Man liest aus den Fehlerverbindungen drei unabhängige Gleichungen für die wirklichen Ströme und Spannungen ab, ersetzt in diesen die Ströme und Spannungen durch ihre symmetrischen

Komponenten und sucht für die Beziehungen, die sich dabei ergeben, eine Schaltung zur Verknüpfung der Komponenten-Netzwerke an der Fehlerstelle. Dieser Weg braucht jedoch in den einfachen Fällen des zweipoligen Kurzschlusses, des zweipoligen Erdkurzschlusses und des einpoligen Erd(kurz)schlusses nicht eingeschlagen zu werden. Die Fehlerwiderstände

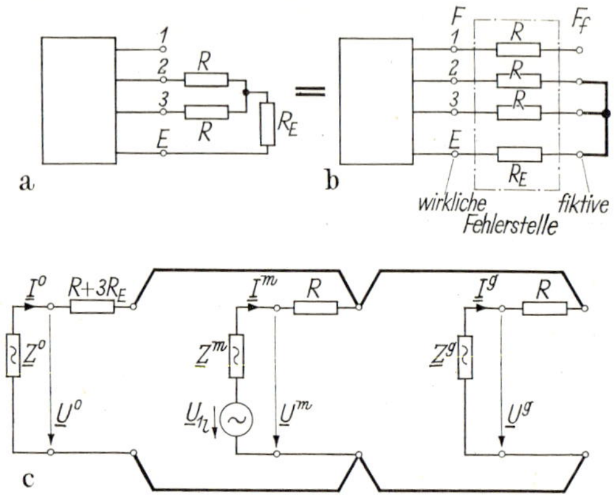

Bild 9.24 a – c Widerstandsbehafteter zweipoliger Erdkurzschluß.
a) Fehlerverbindungen; b) Fehlerwiderstände zu symmetrischem Achtpol ergänzt;
c) Verknüpfung der Komponenten-Ersatzschaltungen.

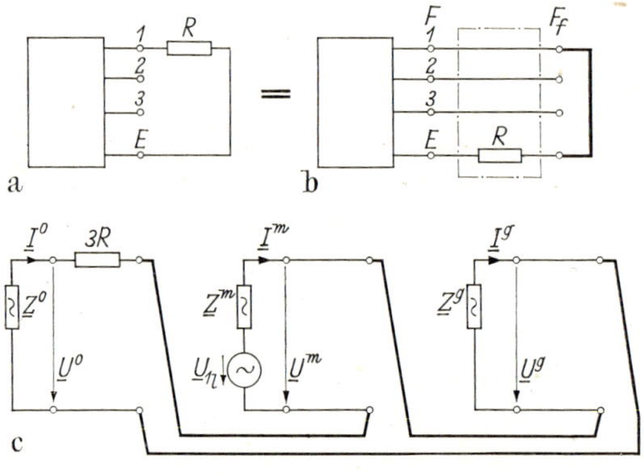

Bild 9.25 a – c Widerstandsbehafteter einpoliger Erd(kurz)schluß.
a) Fehlerverbindung; b) Fehlerwiderstand zu symmetrischem Achtpol ergänzt;
c) Verknüpfung der Komponenten-Ersatzschaltungen.

lassen sich in diesen Fällen, ohne daß effektiv an den Fehlerverbindungen etwas geändert wird, durch Ergänzen in symmetrische Achtpole umwandeln, die dann dem Netz zugeschlagen werden können. Das Problem wird dadurch auf den jeweils entsprechenden widerstandslosen Fehler zurückgeführt. Allerdings müssen die Verknüpfungen der Komponenten-Netzwerke an einer fiktiven Fehlerstelle F_f vorgenommen werden, die hinter dem Achtpol liegt, der sich durch Ergänzen der Fehlerwiderstände ergibt.

In Bild 9.24a ist die Fehlerverbindung des widerstandsbehafteten zweipoligen Erdkurzschlusses wiedergegeben. Daneben sind in Bild 9.24b die Fehlerwiderstände zu einem symmetrischen Achtpol ergänzt, ohne daß an den tatsächlichen Verhältnissen etwas geändert wurde. Als Schaltung zur Verknüpfung der Komponenten-Netzwerke ergibt sich die in Bild 9.24c wiedergegebene.

Sie entspricht der Schaltung in Bild 9.10. In Reihe zu den symmetrischen Impedanzen des Netzes sind jedoch die symmetrischen Impedanzen des Achtpoles der Fehlerwiderstände ($R+3R_E$, R, R) geschaltet. Für $R_E=\infty$ wird aus dem zweipoligen Erdkurzschluß ein zweipoliger Kurzschluß.

Die entsprechenden Bilder für den einpoligen Erd(kurz)schluß sind in Bild 9.25 dargestellt. Die symmetrischen Impedanzen des Achtpoles der Fehlerwiderstände sind hier $3R$, 0, 0.

Einen Fall, der sich nicht so einfach wie die vorigen lösen läßt, stellt ein dreipoliger Kurzschluß dar, bei dem ein Lichtbogen zwischen den Leitern 1 und 2 und zwischen den Leitern 1 und 3, nicht jedoch zwischen 2 und 3 brennt. In Bild 9.26 ist ein solcher Kurzschluß dargestellt. Man beachte die Bezifferung der Leiter 3, 1, 2 von oben nach unten. Hier ist es nicht möglich, durch Ergänzen aus den Fehlerwiderständen einen symmetrischen Achtpol zu machen, ohne daß die Kurzschlußströme dadurch beeinflußt werden. Man ist daher gezwungen, nach dem bereits beschriebenen Schema vorzugehen, d. h. aus den Fehlerverbindungen drei unabhängige Gleichungen abzulesen, diese in Beziehungen zwischen den Komponenten umzuwandeln und dann eine Verknüpfungsschaltung zu suchen.

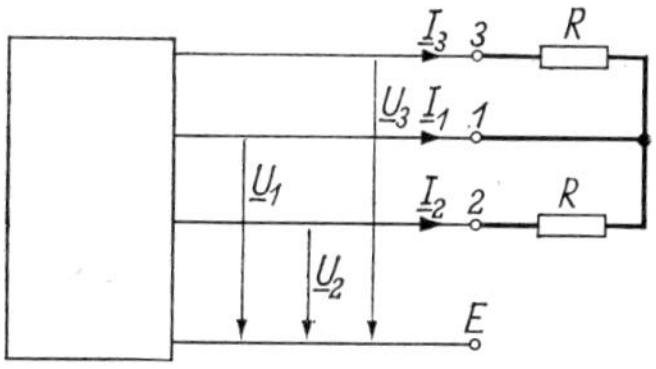

Bild 9.26 Fehlerverbindungen eines dreipoligen Lichtbogenkurzschlusses, bei dem ein Lichtbogen zwischen den Leitern 1 und 2 und zwischen den Leitern 1 und 3 brennt.

Aus Bild 9.26 liest man ab

$$\underline{I}_1+\underline{I}_2+\underline{I}_3=0, \quad \underline{U}_2-\underline{U}_1=\underline{I}_2 R, \quad \underline{U}_3-\underline{U}_1=\underline{I}_3 R.$$

Nach Einführen der Komponenten ergibt sich

$$\begin{aligned}
&\underline{I}^0=0,\\
&\underline{U}^m(\underline{a}^2-1)+\underline{U}^g(\underline{a}-1)=R(\underline{a}^2\underline{I}^m+\underline{a}\,\underline{I}^g),\\
&\underline{U}^m(\underline{a}-1)+\underline{U}^g(\underline{a}^2-1)=R(\underline{a}\,\underline{I}^m+\underline{a}^2\underline{I}^g). \qquad (9.022)
\end{aligned}$$

Aus den beiden Gln. (9.022) findet man

$$\underline{U}^m = \frac{2}{3}\, R\, \underline{I}^m - \frac{1}{3}\, R\, \underline{I}^g,$$
$$\underline{U}^g = -\frac{1}{3}\, R\, \underline{I}^m + \frac{2}{3}\, R\, \underline{I}^g. \tag{9.023}$$

Das Gleichungspaar (9.022) stellt Vierpolgleichungen für die Spannungen und Ströme von Mit- und Gegensystem dar. Die Komponenten-Ersatzschaltungen des Mit- und Gegensystems sind also über einen Vierpol miteinander zu verknüpfen, für den diese Gleichungen gelten. Versucht man, diesen Vierpol durch eine *Pi*- oder *T*-Schaltung zu verwirklichen, stellt man fest, daß jeweils ein negativer ohmscher Widerstand auftaucht, der diese Schaltungen zur Verknüpfung der Komponenten-Netzwerke auf einem Netzmodell ausschließt. In Bild 9.27 ist eine Verknüpfungsschaltung über einen Vierpol wiedergegeben, der nur positive ohmsche Widerstände enthält. Es ist leicht nachzuprüfen, daß für diesen Vierpol die Gln. (9.023) gelten.

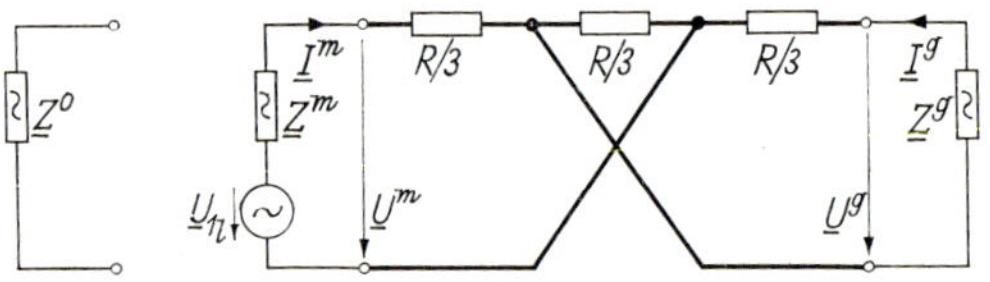

Bild 9.27 Schaltung zur Verknüpfung der Komponenten-Netzwerke für den dreipoligen Kurzschluß aus Bild 9.26.

9.5 Leiterunterbrechungen und Doppelfehler

Sowohl bei der Untersuchung von Leiterunterbrechungen als auch bei der Untersuchung von Doppelfehlern treten aktive Achtpole auf. Es ist deshalb gerechtfertigt, die beiden sonst durchaus verschiedenen Fehlerarten gemeinsam zu behandeln. Bei den Leiterunterbrechungen entstehen Achtpole durch das Auftrennen des Netzes an der Fehlerstelle. Die Enden der unterbrochenen Leiter stellen die Klemmen dieser Achtpole dar. Die Erdklemmen sind durchverbunden. Über den Achtpolen, also vom Eingang zum Ausgang, liegen interessierende Spannungen. Sie sind wegen der durchverbundenen Erdklemmen gleich der Differenz der Spannungen der Hauptleiter gegen Erde an Ein- und Ausgang.

Bei den Doppelfehlern, hierunter versteht man zwei gleichzeitig an verschiedenen Stellen des Netzes auftretende Fehler, sind die Leiter an den beiden Fehlerstellen die Klemmen der Achtpole. Die Erdklemmen sind nicht durchverbunden, und die Spannungen über den Achtpolen interessieren nicht.

9.5.1 Leiterunterbrechungen

Das Verfahren der symmetrischen Komponenten läßt sich auch auf Leiterunterbrechungen anwenden. Hierzu denkt man sich das Netz an der späteren Fehlerstelle in allen drei Hauptleitern unterbrochen. Das Netz stellt dann, wenn es nicht gerade durch die Unterbrechungsstelle in zwei getrennte Netze geteilt wird, im Hinblick auf die Enden der unterbrochenen Leiter einen Achtpol dar, dessen Erdklemmen durchverbunden sind. In Bild 9.28a ist ein solcher Achtpol durch einen Kasten

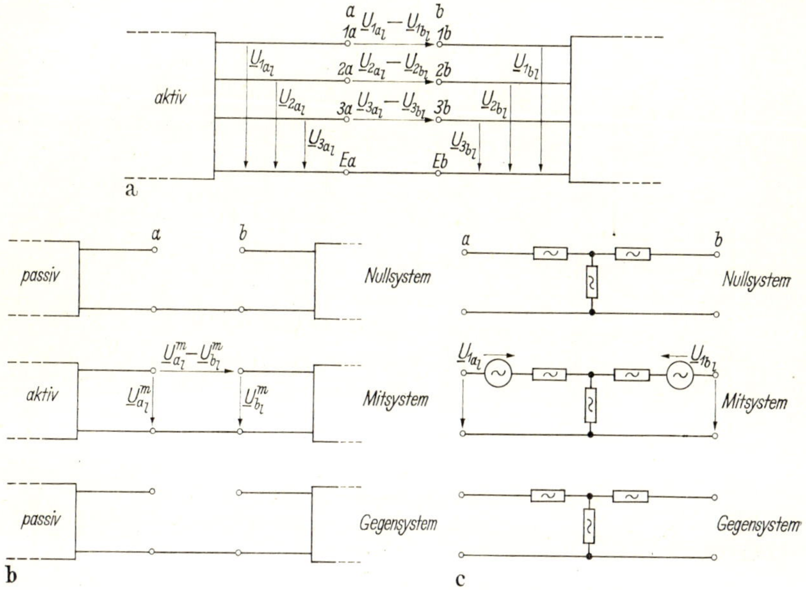

Bild 9.28a–c Durch Auftrennen des Netzes an der Fehlerstelle entstandener Achtpol und seine Komponenten-Ersatzschaltungen.
a) Achtpol; b) Komponenten-Ersatzschaltungen als allgemeine Vierpole; c) als T-Schaltungen dargestellt.

dargestellt, von dem nur die beiden Seitenwände gezeichnet sind und der hinter der Zeichenebene geschlossen zu denken ist. Er enthält das gesamte Netz und ist deshalb aktiv. Die Spannungen, die nach dem Unterbrechen an den linken und rechten Leiterenden gegen Erde anstehen, sind seine Leerlaufspannungen $\underline{U}_{1a_l}$ bis $\underline{U}_{3b_l}$. Unter der Bedingung der zyklischen Symmetrie läßt er sich durch Einführen der symmetrischen Komponenten von Spannungen und Strömen in drei voneinander unabhängige Vierpole als Komponenten-Ersatzschaltungen umwandeln (Bild 9.28b). Bei symmetrischer Speisung des Netzes sind die Vierpole des Null- und des Gegensystems passiv, und nur der des Mitsystems ist aktiv.

Über der Fehlerstelle liegen unabhängig von der Art des Fehlers die Differenzen der Spannungen der linken und rechten Leiterenden gegen Erde. In den Komponenten-Ersatzschaltungen müssen daher die Differenzen der entsprechenden Spannungskomponenten über der Fehlerstelle liegen, d. h., daß auch in den Vierpolen der Komponenten-Ersatzschaltungen die unteren Klemmen durchzuverbinden sind (Bild 9.28b). Werden die Vierpole als *Pi*- oder *T*-Schaltungen verwirklicht, so sind diese Verbindungen von selbst gegeben. Bild 9.28c zeigt die aus *T*-Schaltungen bestehenden Komponenten-Ersatzschaltungen des betrachteten Netzes. Die den Leiterenden entsprechenden Klemmen sind beim Übergang von Bild 9.28b auf 9.28c gleichsam auseinandergebogen worden. Die Spannungen der beiden Spannungsquellen in dem Vierpol des Mitsystems sind gleich den Spannungen des Bezugsleiters (Leiter 1) links bzw. rechts der Fehlerstelle, wenn alle drei Hauptleiter unterbrochen sind.

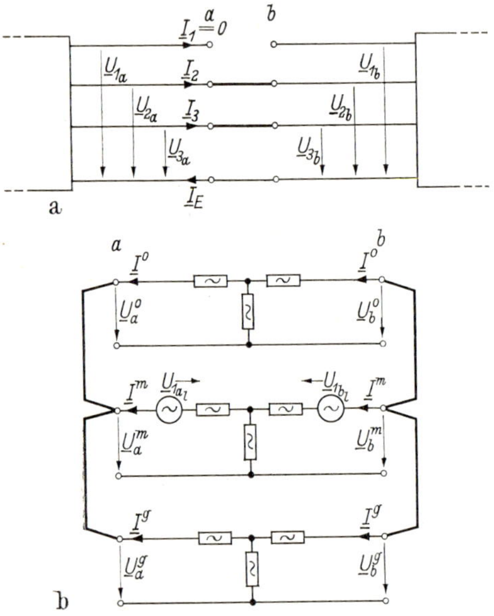

Bild 9.29a u. b Einpolige Leiterunterbrechung und zugehörige Verknüpfung der Komponenten-Ersatzschaltungen des Netzes.

Stellt man nun zwischen den Enden der unterbrochenen Leiter beliebige Verbindungen her, so hat man im allgemeinen Fall insgesamt zwölf unbekannte Drehstromgrößen, drei Spannungen und drei Ströme auf jeder Seite, zu berechnen. Beschränkt man sich auf solche Verbindungen, wie sie zu einfachen Leiterunterbrechungen ohne gleichzeitige Kurz- oder Erdschlüsse gehören, verringert sich die Anzahl der Unbekannten dagegen auf neun, da die Ströme links und rechts der Fehlerstelle bei einfachen Leiterunterbrechungen gleich sind. Der Zusammenhang zwischen Spannungen und Strömen, der durch das Netz gegeben ist, besteht aus sechs Gleichungen. Es fehlen also noch drei Gleichungen. Diese fehlenden Gleichungen lassen sich aus den Verbindungen zwischen den linken und rechten Leiterenden ablesen. Durch Einführen der symmetrischen Komponenten findet man die entsprechenden Beziehungen zwischen den Komponenten. Aus diesen Zusammenhängen lassen sich die Verknüpfungsschaltungen der Komponenten-Netzwerke ableiten. Damit die Verknüpfungen einfach werden, müssen auch hier die Fehler symmetrisch zum Bezugsleiter liegen, d. h., daß bei einer einpoligen Unterbrechung der unterbrochene Leiter, bei einer zweipoligen Unterbrechung der nicht unterbrochene Leiter mit 1 beziffert werden muß.

Betrachtet sei zunächst die einpolige Unterbrechung, wie sie in Bild 9.29a dargestellt ist. Man liest ab

$$\underline{I}_1 = 0, \quad \underline{U}_{2_a} = \underline{U}_{2_b}, \quad \underline{U}_{3_a} = \underline{U}_{3_b}.$$

Für die Komponenten folgt hieraus

$$\underline{I}^0 + \underline{I}^m + \underline{I}^g = 0, \quad \underline{U}_a^0 - \underline{U}_b^0 = \underline{U}_a^m - \underline{U}_b^m = \underline{U}_a^g - \underline{U}_b^g.$$

Diese Zusammenhänge werden durch die Schaltung in Bild 9.29b erfüllt. Wie man sieht, sind die Vierpole der Komponenten-Ersatzschaltungen an ihren oberen Klemmen auf beiden Seiten parallel geschaltet, während die unteren Klemmen frei sind. Die Vierpole wirken als Zweipole.

Für die zweipolige Unterbrechung liest man aus Bild 9.30a

$$\underline{I}_2 = 0,$$

$$\underline{I}_3 = 0,$$

$$\underline{U}_{1_a} = \underline{U}_{1_b}$$

ab. Daraus erhält man für die Komponenten

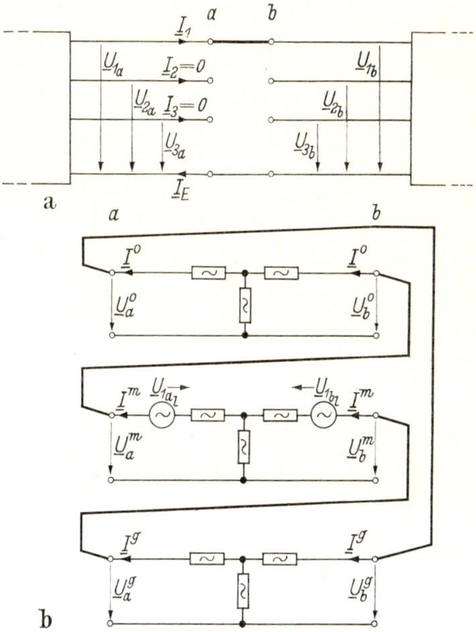

Bild 9.30a u. b Zweipolige Leiterunterbrechung und zugehörige Verknüpfung der Komponenten-Ersatzschaltungen des Netzes.

$$\underline{I}^0 = \underline{I}^m = \underline{I}^g, \quad (\underline{U}_a^0 - \underline{U}_b^0) + (\underline{U}_a^m - \underline{U}_b^m) + (\underline{U}_a^g - \underline{U}_b^g) = 0.$$

Diese Zusammenhänge führen zu der Schaltung in Bild 9.30b. Bei der zweipoligen Unterbrechung müssen die Vierpole der Komponenten-Ersatzschaltungen an ihren oberen Klemmen in Reihe geschaltet werden. Die unteren bleiben wiederum frei. Sie bleiben immer dann frei, wenn eine Leiterunterbrechung ohne gleichzeitige Kurz- oder Erdschlüsse vorliegt.

Aus den Schaltungen der Bilder 9.29b und 9.30b lassen sich die symmetrischen Komponenten der Ströme und Spannungen für die beiden Fehlerfälle, einpolige bzw. zweipolige Unterbrechung, ohne Schwierigkeiten bestimmen, wenn die Impedanzen der T-Schaltungen bekannt sind. Über die Gln. (9.003) und (9.005) ergeben sich dann schließlich die Ströme und Spannungen selbst. Zur Berechnung der gesuchten Vierpole werden die Komponentennetzwerke aus den Komponenten-Ersatz-

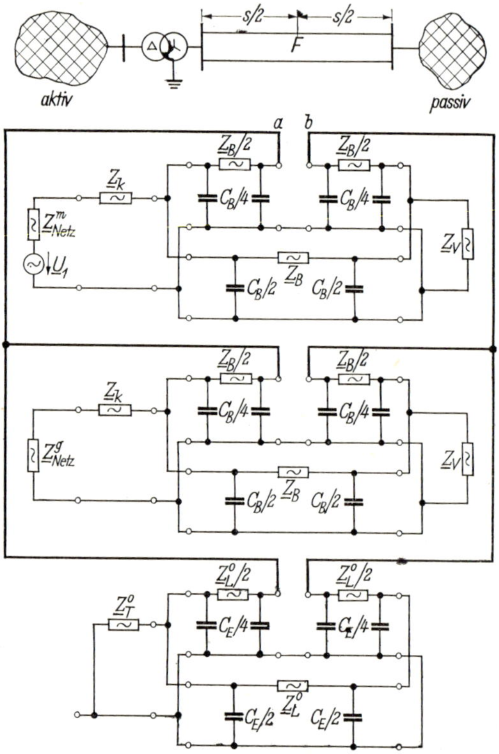

Bild 9.31 Beispiel für eine einpolige Leiterunterbrechung. Die Komponenten-Netzwerke sind in der Reihenfolge Mit-, Gegen-, Nullsystem gezeichnet.

schaltungen der einzelnen Anlagenteile (Generatoren, Transformatoren, Leitungen, Lasten usw.) entsprechend dem Netzaufbau zusammengeschaltet und z. B. durch Netzumwandlungen auf T-Glieder zurückgeführt. Es ist zweckmäßig, die Komponenten-Vierpole bei reinen Leiterunterbrechungen, wie es hier geschehen ist, als T-Schaltungen aufzufassen, da bei freien unteren Klemmen das Querglied einer T-Schaltung stromlos ist.

In Bild 9.31 sind die Komponenten-Netzwerke einer einfachen Übertragung dargestellt und zur Untersuchung einer einpoligen Leiterunterbrechung miteinander verknüpft. Die Übertragung besteht aus einem speisenden Netz, das über einen Transformator und eine Doppelleitung Energie in ein reines Verbrauchernetz liefert. Die Leiterunterbrechung trete in der Mitte des einen Systems der Doppelleitung auf.

Tritt gleichzeitig mit der Unterbrechung eines Leiters ein Erdschluß dieses Leiters auf, so müssen in den Komponentennetzen an der Fehlerstelle sowohl die Bedingungen des einpoligen Erdschlusses als auch die der einpoligen Leiterunterbrechung erfüllt werden. Man muß die Verknüpfungsschaltungen beider Fehler gleichzeitig ausführen. Dabei ist jedoch zu beachten, daß nur eine der beiden Verknüpfungen durch galvanische Verbindungen, wie es bisher immer geschehen ist, vorgenommen werden darf. Die zweite muß über ideale Isolierübertrager erfolgen, weil sonst Zusammenhänge erzwungen werden, die nicht gefordert sind.

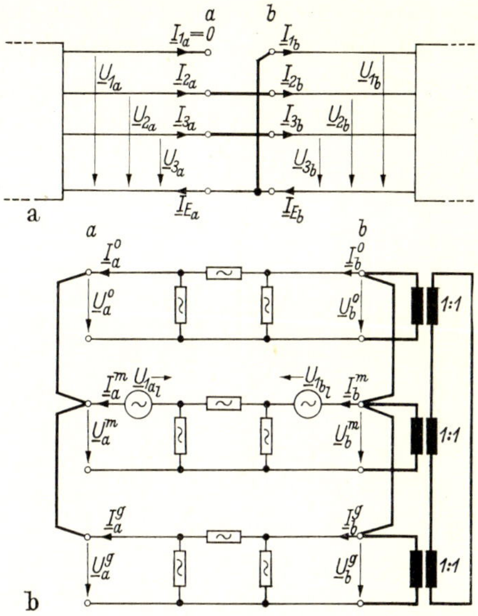

Bild 9.32a u. b Einpolige Leiterunterbrechung mit gleichzeitigem Erdschluß und zugehörige Verknüpfung der Komponenten-Ersatzschaltungen des Netzes.

In Bild 9.32 ist der Fall der einpoligen Unterbrechung mit Erdschluß und die zugehörige Verknüpfung der Komponentennetze dargestellt. Würde die Verknüpfung für den Erdschluß nicht mit Isolierübertragern vorgenommen, wären auf der b-Seite alle Spannungskomponenten und damit auch die zugehörigen Spannungen Null.

9.5.2 Doppelfehler

Unter einem Doppelfehler versteht man, wie schon erwähnt, zwei gleichzeitig an verschiedenen Stellen eines Netzes auftretende Fehler. Der wichtigste Doppelfehler ist der Doppelerdschluß, bei dem zwei verschiedene Leiter an verschiedenen Stellen des Netzes leitende Verbindung zur Erde besitzen. Das Netz stellt im Hinblick auf die beiden Fehlerstellen, die man sich beide, wie in Bild 9.06 gezeigt, „herausgezogen" denken muß, einen aktiven Achtpol dar. Seine Komponenten-Ersatzschaltungen sind Vierpole. Um die durch die Fehlerverbindungen gegebenen

Zusammenhänge zwischen den Komponenten erfüllen zu können, müssen die Klemmen dieser Vierpole entsprechend der Fehlerart verknüpft werden. Dabei treten jedoch zwei Schwierigkeiten auf: Erstens ist es nicht bei jeder Kombination von Fehlern möglich, die Leiter so zu beziffern, daß beide Fehler symmetrisch zum Bezugsleiter liegen. Man wird also in solchen Fällen zur Verknüpfung der Komponenten-Vierpole auf einer Seite Übertrager benötigen, die Spannungen und Ströme um $\underline{a}$ bzw. $\underline{a}^2$ drehen. Solche Übertrager lassen sich durch einfache Mittel nicht realisieren. Zweitens können auch bei Kombinationen, bei denen beide Fehler symmetrisch zum Bezugsleiter liegen, die Verknüpfungen der Komponenten-Vierpole nicht an beiden Fehlerstellen galvanisch vorgenommen werden. Es werden sonst wie bei der im vorigen Abschn. 9.5.1 behandelten einpoligen Leiterunterbrechung mit gleichzeitigem Erdschluß Zusammenhänge zwischen den Spannungskomponenten erzwungen, die nicht gefordert sind. Die Verknüpfung der Komponenten-Ersatzschaltungen muß deshalb auch hier an einer Fehlerstelle über Isolierübertrager erfolgen.

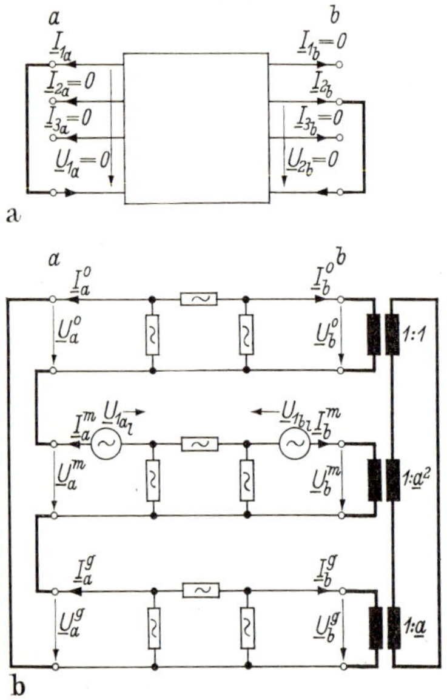

Bild 9.33 Doppelerdschluß der Leiter 1 und 2 mit zugehöriger Verknüpfung der Komponenten-Ersatzschaltungen des Netzes.

In Bild 9.33 ist die Verknüpfung der Komponenten-Vierpole für einen Doppelerdschluß dargestellt. An der Fehlerstelle a hat der Leiter 1, an der Fehlerstelle b der Leiter 2 Erdschluß. An der Fehlerstelle a sind die Verbindungen entsprechend dem einpoligen Erdschluß des Leiters 1 nach Bild 9.12 ausgeführt. An der Fehlerstelle b gilt

$$\underline{I}_{1_b} = 0, \quad \underline{I}_{3_b} = 0, \quad \underline{U}_{2_b} = 0.$$

Für die Komponenten ergibt sich hieraus nach den Gln. (9.002) und (9.005)

$$\underline{I}_b^0 = \underline{a}^2\,\underline{I}_b^m = \underline{a}\,\underline{I}_b^g, \quad \underline{U}_b^0 + \underline{a}^2\,\underline{U}_b^m + \underline{a}\,\underline{U}_b^g = 0.$$

Diese Zusammenhänge werden durch die dargestellte Verknüpfung erzwungen.

9.6 Übungsaufgabe zu Kapitel 9

In Bild 9.34 ist eine Leitung dargestellt, die durch einen Dy-Transformator gespeist wird. Die Spannung auf der Primärseite des Transformators sei starr und gleich der Nennspannung des Transformators. Der Sternpunkt des Transformators ist unmittelbar geerdet, der Erdungswiderstand beträgt $R_{St} = 1\,\Omega$. Der Transformator sei als Dreischenkeltransformator ausgeführt. Am Ende der Leitung tritt ein einpoliger Erdkurzschluß über einen Fehlerwiderstand von 1,21 Ω auf.

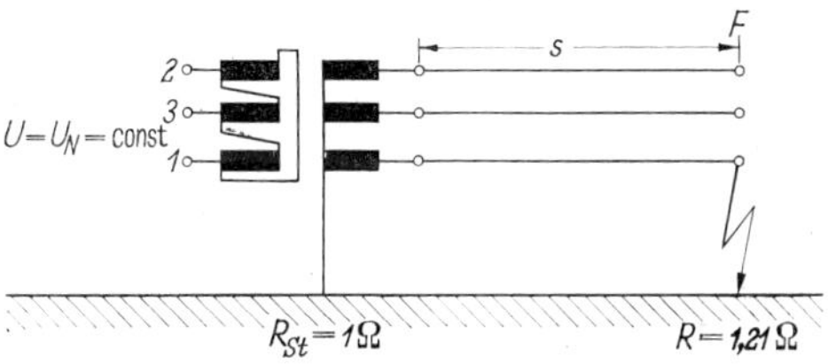

Bild 9.34 Beispiel zur Berechnung eines unsymmetrischen Kurzschlusses mit symmetrischen Komponenten.
Transformator: $S_N = 10$ MVA, $ü = 110$ kV/10 kV, $u_k = 10\%$, $u_R = 0{,}8\%$, Dreischenkelkern.
Leitung: $F = 70$ mm² Cu, $2\varrho = 10{,}5$ mm, $D = 1{,}2$ m, $s = 10$ km, $\delta = 1100$ m.

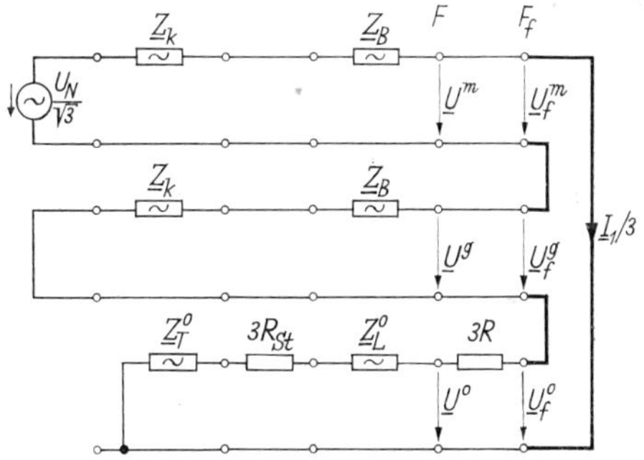

Bild 9.35 Schaltung zur Berechnung des Kurzschlußstromes für das Beispiel in Bild 9.35. Der Index *f* deutet auf die fiktive Fehlerstelle hin.

a) Man gebe die Komponenten-Ersatzschaltungen der Übertragung an und schalte sie zur Berechnung des Erdkurzschlußstromes an der Fehlerstelle zusammen.

b) Wie groß sind der Erdkurzschlußstrom und die Leiter-Erdspannungen an der Fehlerstelle?

Zu a: Die Komponenten-Ersatzschaltungen der Übertragung sind in Bild 9.35 wiedergegeben und zur Berechnung des Erdkurzschlußstromes entsprechend Bild 9.25 miteinander verknüpft. Die Betriebskapazitäten in Mit- und Gegensystem können weggelassen werden, da sie den Erdkurzschlußstrom praktisch nicht beeinflussen. Wegen der niederohmigen Erdung des Transformatorsternpunktes sind auch die Erdkapazitäten im Nullsystem vernachlässigbar.

Für den Transformator ergeben sich folgende Impedanzen:
Mit- und Gegensystem:

$$Z_k = \frac{u_k U_N^2}{S_N} = \frac{0{,}1 \cdot (10\,\mathrm{kV})^2}{10\,\mathrm{MVA}} = 1{,}00\,\Omega\,,$$

$$R_k = \frac{u_R U_N^2}{S_N} \frac{0{,}008 \cdot (10\,\mathrm{kV})^2}{10\,\mathrm{MVA}} = 0{,}08\,\Omega\,,$$

$$X_k \approx Z_k\,,$$

somit

$$\underline{Z}_k = (0{,}08 + j\,1{,}00)\,\Omega\,.$$

Nullsystem:

Bei einem Dy-Transformator mit Dreischenkelkern ist die Nullreaktanz ungefähr 80% der Kurzschlußreaktanz

$$X_T^0 = 0{,}8\,X_k = 0{,}8\,\Omega\,,$$

während der ohmsche Widerstand in allen Systemen gleich ist

$$R_T^0 = R_k = 0{,}08\,\Omega\,.$$

Somit ist

$$\underline{Z}_T^0 = (0{,}08 + j\,0{,}80)\,\Omega\,.$$

Für die Leitung erhält man:
Mit- und Gegensystem:

$$X_B = \omega \frac{\mu_0 s}{2\pi}\left(\ln\frac{D}{\varrho} + \frac{1}{4}\right)$$

$$= \frac{100\pi \cdot 0{,}4\pi \cdot 10^{-3}\,\mathrm{Vs} \cdot 10\,\mathrm{km}}{2\pi \cdot \mathrm{s} \cdot \mathrm{A\,km}}\left(\ln\frac{1{,}2\,\mathrm{m}}{5{,}25\,\mathrm{mm}} + \frac{1}{4}\right) = 3{,}57\,\Omega$$

nach Gl. (6.058) und nach (6.003)

$$R_B = \frac{20}{70}\,10\,\Omega = 2{,}86\,\Omega\,.$$

Somit ist

$$\underline{Z}_B = (2{,}86 + j\,3{,}57)\,\Omega\,.$$

Nullsystem:
Die Nullreaktanz der Leitung ist

$$X_L^0 = X_B + 3\,X_E\,.$$

X_E ergibt sich nach Gl. (6.071)

$$X_E = \omega \frac{\mu_0 s}{2\pi} \ln\frac{\delta}{D} = \frac{100\,\pi \cdot 0{,}4\pi \cdot 10^{-3}\,\mathrm{Vs} \cdot 10\,\mathrm{km}}{2\pi \cdot \mathrm{s} \cdot \mathrm{Akm}} \ln\frac{1100\,\mathrm{m}}{1{,}2\,\mathrm{m}} = 4{,}29\,\Omega\,.$$

Der ohmsche Widerstand ist

$$R_L^0 = R_B + 3\,R_E\,.$$

R_E ergibt nach Gl. (6.068)

$$R_E = \frac{1}{8}\,\mu_0 s\omega = \frac{1}{8}\,\frac{0{,}4\,\pi\cdot 10^{-3}\,\text{Vs}\cdot 10\,\text{km}\cdot 100\,\pi}{\text{Akm}\cdot\text{s}} = 0{,}494\,\Omega.$$

Somit ist

$$\underline{Z}_L^0 = (4{,}34 + j\,16{,}44)\,\Omega.$$

Die Nullimpedanz der Sternpunkterdung ist

$$3R_{St} = 3\,\Omega.$$

Zu b: Der Erdkurzschlußstrom ergibt sich nach Gl. (9.019) zu

$$\underline{I}_1 = 3\,\frac{U_N/\sqrt{3}}{\underline{Z}_f^0 + \underline{Z}_f^m + \underline{Z}_f^g},$$

wobei $\underline{Z}_f^0$, $\underline{Z}_f^m$ und $\underline{Z}_f^g$ die symmetrischen Impedanzen bezüglich der fiktiven Fehlerstelle F_f sind. Es ist

$$\underline{Z}_f^m = \underline{Z}_f^g = \underline{Z}_k + \underline{Z}_B = (2{,}94 + j\,4{,}57)\,\Omega = 5{,}44\,\underline{/57{,}3^\circ}\,\Omega$$

und

$$\underline{Z}_f^0 = \underline{Z}_T^0 + \underline{Z}_L^0 + 3R_{St} + 3R = (11{,}05 + j\,17{,}24)\,\Omega = 20{,}5\,\underline{/57{,}3^\circ}\,\Omega.$$

Der Kurzschlußstrom wird nun mit

$$\underline{Z}_f^0 + 2\,\underline{Z}_f^m = 31{,}38\,\underline{/57{,}3^\circ}\,\Omega$$

$$\underline{I}_1 = 3\,\frac{10\,\text{kV}/\sqrt{3}}{31{,}38\,\underline{/57{,}3^\circ}\,\Omega} = 552\,\underline{/-57{,}3^\circ}\,\text{A}.$$

Für die Spannungskomponenten an der fiktiven Fehlerstelle F_f erhält man unter Berücksichtigung, daß $\underline{I}^0 = \underline{I}^m = \underline{I}^g = \frac{1}{3}\,\underline{I}_1$ ist,

$$\underline{U}_f^0 = -\underline{Z}_f^0\,\underline{I}^0 = -20{,}5\,\underline{/57{,}3^\circ}\,\Omega\cdot 184\,\underline{/-57{,}3^\circ}\,\text{A} = -3778\,\text{V},$$

$$\underline{U}_f^m = \frac{10\,\text{kV}}{\sqrt{3}} - \underline{Z}_f^m\,\underline{I}^m = \frac{10\,\text{kV}}{\sqrt{3}} - 5{,}44\,\underline{/57{,}3^\circ}\,\Omega\cdot 184\,\underline{/-57{,}3^\circ}\,\text{A} = 4778\,\text{V},$$

$$\underline{U}_f^g = -\underline{Z}_f^g\,\underline{I}^g = -5{,}44\,\underline{/57{,}3^\circ}\,\Omega\cdot 184\,\underline{/-57{,}3^\circ}\,\text{A} = -1000\,\text{V}.$$

Die Komponenten der Spannungen an der wirklichen Fehlerstelle F sind

$$\underline{U}^0 = \underline{U}_f^0 + 3R\,\underline{I}^0 = -3778\,\text{V} + 3{,}63\,\Omega\cdot 184\,\underline{/57{,}3^\circ}\,\text{A} = 3480\,\underline{/189{,}3^\circ}\,\text{V},$$

$$\underline{U}^m = \underline{U}_f^m = 4778\,\text{V} \quad\text{und}\quad \underline{U}^g = \underline{U}_f^g = -1000\,\text{V}.$$

Hieraus ergeben sich die Spannungen an der Fehlerstelle

$$\underline{U}_1 = \underline{U}^0 + \underline{U}^m + \underline{U}^g = 667\,\underline{/-57{,}3^\circ}\,\text{V},$$

$$\underline{U}_2 = \underline{U}^0 + \underline{a}^2\,\underline{U}^m + \underline{a}\,\underline{U}^g = 7680\,\underline{/-133{,}7^\circ}\,\text{V},$$

$$\underline{U}_3 = \underline{U}^0 + \underline{a}\,\underline{U}^m + \underline{a}^2\,\underline{U}^g = 6910\,\underline{/140{,}1^\circ}\,\text{V}.$$

10 Die mechanischen Kräfte im elektrischen und magnetischen Feld

Im elektrischen Feld werden auf ruhende und bewegte Ladungen Kräfte ausgeübt, im magnetischen Feld dagegen nur auf bewegte Ladungen. Zur Berechnung dieser Kräfte sei von Bild 10.01 ausgegangen.

In Bild 10.01a ist ein dünner, gerader Leiter im elektrischen Feld dargestellt. Er verläuft senkrecht zur Zeichenebene und ist mit der Ladung Q geladen. Das elektrische Feld soll in der Umgebung dieser Linienladung ursprünglich homogen gewesen sein. Die Kraft des elektrischen Feldes auf diesen Leiter ist

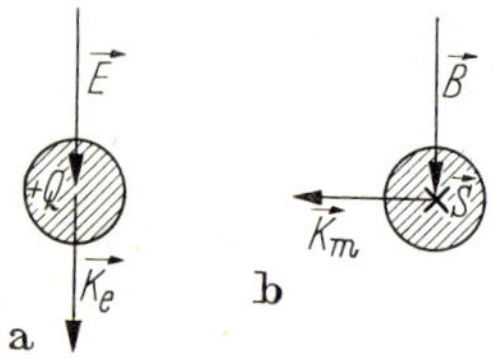

Bild 10.01a u. b
a) Kraft des elektrischen Feldes auf einen geladenen Leiter;
b) Kraft des magnetischen Feldes auf einen stromdurchflossenen Leiter.

$$\vec{K}_e = Q\vec{E}. \tag{10.001}$$

Sie wirkt bei positiver Ladung $+Q$ in Richtung der elektrischen Feldstärke, bei negativer Ladung in umgekehrter Richtung. $\vec{E}$ bedeutet die ursprüngliche elektrische Feldstärke am Ort der Linienladung. Man erkennt an Gl. (10.001), daß im homogenen Bereich des elektrischen Feldes die Kraft $\vec{K}_e$, die man sich im Schwerpunkt des Leiters angreifend denken kann, von dessen Lage unabhängig ist.

In Bild 10.01b wird derselbe Leiter in den homogenen Bereich eines magnetischen Feldes gebracht. Verbindet man die Enden des Leiters mit den Klemmen einer Spannungsquelle, so fließt durch ihn ein Strom I, und das magnetische Feld übt auf ihn eine Kraft

$$\vec{K}_m = sF\vec{S} \times \vec{B} \tag{10.002}$$

aus. Dabei bedeutet s die Länge des Leiters, F seinen Querschnitt und $\vec{S} \times \vec{B}$ das vektorielle Produkt aus Stromdichte und magnetischer Induktion. In diesem Falle ist die Kraft $\vec{K}_m$ nach Betrag und Richtung von der Lage des Leiters, bzw. der Richtung der Stromdichte abhängig. Bildet die magnetische Induktion, wie in Bild 10.01b gezeichnet, mit dem Leiter einen rechten Winkel, so wird der Betrag von $\vec{K}_m$ am größten:

$$K_m = sFSB = sIB.$$

Die in den Gln. (10.001) und (10.002) vorkommenden Größen Q, $\vec{E}$, $\vec{S}$, $\vec{B}$ können auch als Augenblickswerte zeitabhängiger Größen aufgefaßt werden. Auf der linken Seite der Gleichungen steht dann der entsprechende Augenblickswert $\vec{K}_e$ bzw. $\vec{K}_m$ der Kraft.

10.1 Berechnung der Kraft auf die Leiter einer Schleife aufgrund ihres elektrischen Feldes

In Bild 10.02 ist der Verlauf der elektrischen Feldlinien in der Umgebung zweier paralleler Leiter mit gleicher und entgegengesetzt gleicher Ladung dargestellt. Tragen die beiden Leiter die gleiche Ladung, wie etwa die Teilleiter eines Bündelleiters, so sucht die Kraft den Abstand der Leiter zu vergrößern. Die Feldlinien der beiden Leiter stoßen sich gewissermaßen ab. Sind die Leiter entgegengesetzt geladen, wie die Leiter einer Schleife mit Hin- und Rückleitung, so haben die Kräfte die

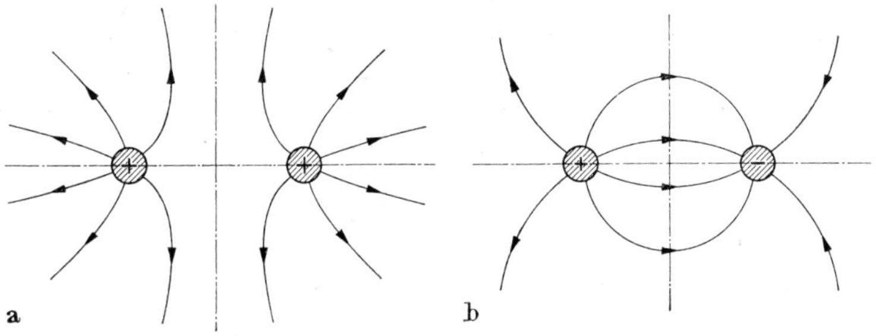

Bild 10.02a u. b Verlauf der elektrischen Feldlinien zweier paralleler Leiter mit gleicher (a) und entgegengesetzter Ladung (b).

umgekehrte Richtung, die beiden Leiter ziehen sich an. Den Betrag dieser Kräfte berechnet man in der folgenden Weise:

Die beiden parallelen Leiter 1 und 2 seien mit den Ladungen Q_1 und Q_2 geladen (Bild 10.03) und sollen näherungsweise parallele Linienladungen darstellen, d. h. der Radius ϱ der Leiter soll klein gegen den Abstand D und dieser wiederum klein gegen die Länge s der Leiter sein.

Die elektrische Feldstärke, hervorgerufen von der Ladung auf dem Leiter 1 am Ort des Leiters 2, ist dann

$$E_1 = \frac{Q_1}{2\pi\varepsilon\, Ds}.$$

Bild 10.03 Zur Berechnung der Kraft des elektrischen Feldes.

Die auf den Leiter 2 ausgeübte Kraft wird nach Gl. (10.001)

$$K = \frac{Q_1 Q_2}{2\pi\varepsilon\, Ds}. \qquad (10.003)$$

Sind die beiden Leiter Hin- und Rückleitung einer Schleife, an der die Spannung U_{12} liegt, so sind die Ladungen Q_1 und Q_2 entgegengesetzt gleich:

$$Q_1 = Q, \qquad Q_2 = -Q.$$

Mit der Beziehung $Q = C_S U_{12}$, wobei C_S nach Gl. (6.134) die Kapazität der Schleife darstellt, läßt sich die Kraft in Abhängigkeit von der Spannung U_{12} ausdrücken:

$$K = \frac{1}{2\,\pi\varepsilon\,Ds}\left(\frac{\pi\varepsilon s}{\ln D/\varrho}\,U_{12}\right)^2, \qquad K = \frac{\pi\varepsilon s}{2D\ln^2 D/\varrho}\,U_{12}^2. \quad (10.004)$$

Für Luft als Dielektrikum erhält man daraus die zugeschnittene Größengleichung

$$\frac{K}{\text{kp}} = \frac{1{,}42\cdot 10^{-6}}{\ln^2/D\varrho}\,\frac{s}{D}\left(\frac{U_{12}}{\text{kV}}\right)^2. \quad (10.004\,\text{a})$$

Wendet man Gl. (10.004a) auf Anordnungen an, wie sie in der Praxis vorkommen, so sieht man, daß die Kraft, die durch das elektrische Feld hervorgerufen wird, keine große Rolle spielt. Dagegen kann die Kraft aufgrund des magnetischen Feldes, die im nächsten Abschnitt für eine Leiterschleife bestimmt wird, für eine Anlage gefährlich werden, wenn in ihr ein Fehler auftritt, der mit großen Strömen verbunden ist.

10.2 Berechnung der Kraft auf die Leiter einer Schleife aufgrund ihres magnetischen Feldes

10.2.1. Leiter mit rundem Querschnitt

Der Verlauf der Feldlinien in Bild 10.04 läßt erkennen, daß bei gleicher Stromrichtung in den Leitern anziehende, bei entgegengesetzter Stromrichtung abstoßende Kräfte wirken. Zur Berechnung dieser Kräfte wird von Bild 10.05 ausgegangen.

Durch die beiden parallelen Leiter 1 und 2 sollen die Ströme I_1 und I_2 fließen. Die von dem Strom I_1 am Ort des Leiters 2 hervorgerufene magnetische Induktion ist

$$B_1 = \frac{\mu}{2\pi D}\,I_1.$$

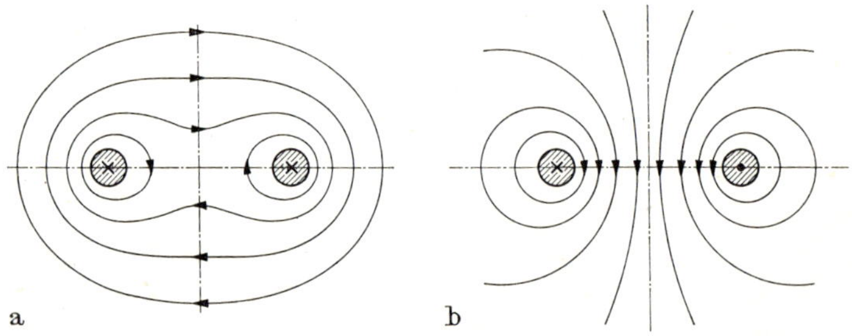

Bild 10.04a u. b Verlauf der magnetischen Feldlinien zweier paralleler Leiter bei gleicher (a) und entgegengesetzter Stromrichtung (b).

Die auf den Leiter 2 ausgeübte Kraft wird nach Gl. (10.002)

$$K = \frac{\mu s}{2\pi D} I_1 I_2. \tag{10.005}$$

Werden die beiden Leiter als Schleife betrieben, so sind die Ströme I_1 und I_2 entgegengesetzt gleich:

$$I_1 = I, \qquad I_2 = -I.$$

Bild 10.05 Zur Berechnung der Kraft des magnetischen Feldes.

Die Kraft auf die Leiter der Schleife wird dann

$$K = \frac{\mu s}{2\pi D} I^2. \tag{10.006}$$

Die zugeschnittene Größengleichung dazu lautet mit $\mu = \mu_0$

$$\frac{K}{\mathrm{kp}} = 2{,}04 \cdot 10^{-2} \frac{s}{D} \left(\frac{I}{\mathrm{kA}}\right)^2. \tag{10.006a}$$

Unter Voraussetzung gleichmäßiger Stromverteilung im Leiter gelten die Gln. (10.006) und (10.006a) exakt auch für nahe beieinander liegende runde Leiter ($2\varrho \leq D$).

Hat man es statt einer Leiterschleife mit mehreren parallelen Leitern 1, 2, 3 ... zu tun, die die Ströme I_1, I_2, $I_3 \ldots$ führen, so ergibt sich z. B. die auf den Leiter 1 wirkende resultierende Kraft $\vec{K}_1$ durch vektorielle Addition der Teilkräfte $\vec{K}_{12}$, $\vec{K}_{13} \ldots$, die jeweils von den Strömen I_1 und I_2, I_1 und $I_3 \ldots$ hervorgerufen werden. Bei Drehstrom sind ferner die unterschiedlichen Phasenlagen der Ströme zu berücksichtigen, bei einem dreipoligen Kurzschluß auch noch die unterschiedlichen Gleichstromglieder.

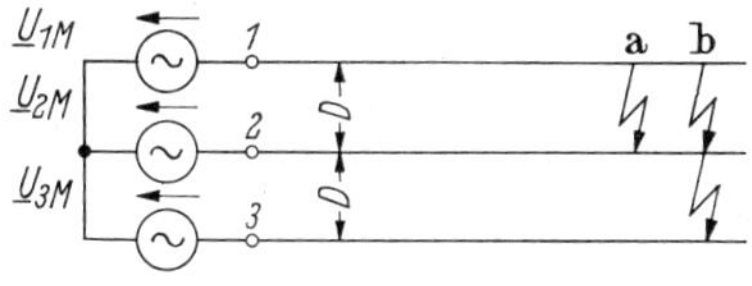

Bild 10.06 Zur Bestimmung der größten auftretenden Kräfte.
a) Zweipoliger, b) dreipoliger Kurzschluß.

In Bild 10.06 sind die drei Leiter eines Drehstromsystems in einer Ebene angeordnet. Ermittelt man bei einem zweipoligen Kurzschluß zwischen dem mittleren und einem der äußeren Hauptleiter und bei einem dreipoligen Kurzschluß für verschiedene Schaltzeitpunkte den zeitlichen Verlauf der Kräfte, die an den Leitern angreifen, so findet man unter der Annahme, daß das Gleichstromglied nach einer halben Periode des Wechselstromes ($t = \pi/\omega$) auf das 0,8fache seines Höchstwertes (entsprechend dem Faktor $\varkappa = 1{,}8$) gedämpft ist, im ungünstigsten Fall

$$K_{2\,\mathrm{pol}} = 1{,}8^2 \frac{\mu s}{2\pi D} \left(\sqrt{2}\, I''_{k\,2\,\mathrm{pol}}\right)^2, \qquad (10.007\,\mathrm{a})$$

$$K_{3\,\mathrm{pol}} = 2{,}8 \frac{\mu s}{2\pi D} \left(\sqrt{2}\, I''_{k\,3\,\mathrm{pol}}\right)^2. \qquad (10.007\,\mathrm{b})$$

$K_{3\,\mathrm{pol}}$ greift am mittleren Hauptleiter an. Nimmt man die speisenden Spannungen in Bild (10.06) als starr an, so gilt nach Gl. (8.002) und (8.003)

$$I_{k\,2\,\mathrm{pol}} = \frac{\sqrt{3}}{2} I_{k\,3\,\mathrm{pol}}\,.$$

Damit wird

$$K_{3\,\mathrm{pol}} = 1{,}15\, K_{2\,\mathrm{pol}}\,.$$

In diesem Fall ergibt also der dreipolige Kurzschluß die größte mechanische Beanspruchung.

10.2.2 Leiter mit rechteckigem Querschnitt

Ist der Abstand D der Leiter groß gegenüber ihrer Dicke a oder ist das Verhältnis $a/b \approx 1$, so kann man bei Leitern mit rechteckigem Querschnitt die Kraft aufgrund des magnetischen Feldes genauso berechnen

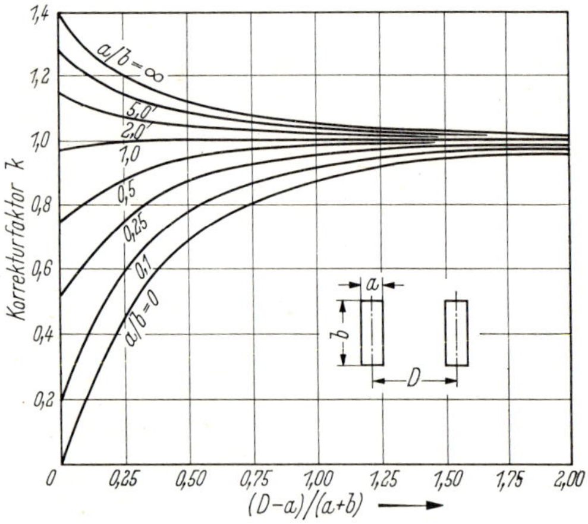

Bild 10.07 Korrekturfaktor k für die Kraft zur Berücksichtigung der Abmessungen und des Abstandes von Rechteckleitern (nach W. LEHMANN [21]).

wie bei runden Leitern. Liegt dagegen der Abstand D in der Größenordnung von a und ist $a/b \neq 1$, so ist die nach Gl. (10.006) gefundene Kraft mit einem Korrekturfaktor k zu multiplizieren, der sich aus Bild 10.07 entnehmen läßt. Die darin enthaltenen Kurven beruhen auf der genauen Berechnung der Kraft zwischen rechteckigen Leitern, wobei man unter Annahme konstanter Stromdichte die Querschnittsflächen $a \cdot b$ in Flächenelemente $da \cdot db$ unterteilt und durch Integration der Teilkräfte die gesamte Kraft erhält.

Bei Sammelschienen mit ihrem geringen Abstand D ist im Fehlerfall die mechanische Beanspruchung besonders groß. Sie sind meist auf isolierenden Stützern befestigt und stellen abschnittsweise einen beiderseits eingespannten Balken dar, der eine von der Geometrie und dem Werkstoff abhängige Eigenfrequenz besitzt. Sie spielt bei Betrieb mit Gleichstrom keine Rolle. Bei Wechselstrom hingegen ist die Frequenz der Kräfte gleich der doppelten Stromfrequenz. Es können dann durch Resonanz hohe dynamische Beanspruchungen entstehen, die ein Vielfaches der statischen betragen. Man muß daher unbedingt vermeiden, daß die Eigenfrequenz der Schienen mit der doppelten Stromfrequenz zusammenfällt.

Die genaue Berechnung der Eigenfrequenz eines doppelt eingespannten Balkens ist sehr umständlich. Es zeigt sich, daß neben der Grundfrequenz f_1 unendlich viele höhere Frequenzen auftreten, wobei die Beziehung gilt

$$\frac{f_{n+1}}{f_n} \approx \left[\frac{(n+1) - 0{,}25}{n - 0{,}25}\right]^2 .$$

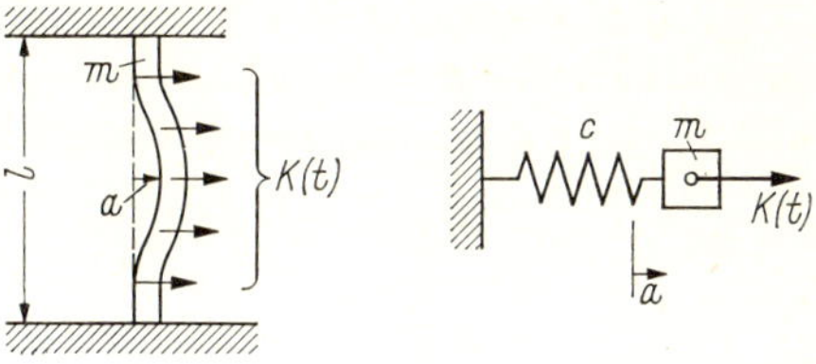

Bild 10.08 Vergleich des doppelt eingespannten Balkens mit einer Feder.

Man gelangt jedoch auf einfache Weise zu einer guten Näherungsformel für f_1, wenn man sich den doppelt eingespannten Balken, der die Masse m habe und an dem eine gleichmäßig verteilte Kraft $K(t)$ angreife, durch eine Feder ersetzt denkt, bei der die gleiche Masse m in einem Punkt konzentriert ist und auch die Kraft $K(t)$ in diesem Punkt angreift (Bild 10.08).

Beide Anordnungen stellen schwingungsfähige Gebilde dar. Die Federkonstante c bestimmt man aus der Bedingung, daß beide Systeme bei gleicher Belastung auch gleiche Auslenkung haben müssen:

$$a_{\text{stat.}} = \frac{K l^3}{384 E I} = \frac{K}{c}\,; \qquad c = \frac{384\, E I}{l^3} .$$

E ist der Elastizitätsmodul und I das Trägheitsmoment des Balkens. Die Eigenfrequenz der Feder ist durch die Gleichung

$$f = \frac{1}{2\pi}\sqrt{\frac{c}{m}}$$

gegeben.

In diese Gleichung wird der gefundene Wert für c eingesetzt:

$$f = \frac{1}{2\pi} \sqrt{\frac{384\,E\,I}{m\,l^3}}.$$

Mit $m = G/g$, wobei G das Gewicht des Balkens ist und $g = 981\ \mathrm{cm/s^2}$, erhält man dann für $f = f_1$

$$f_1 = \frac{1}{2\pi}\frac{1}{l^2}\sqrt{384 \cdot 981}\sqrt{\frac{E\,I}{G/l}}\ \mathrm{cm\,s^{-1}}, \qquad \frac{f_1}{\mathrm{s^{-1}}} = 98\,\frac{1}{l^2}\sqrt{\frac{E\,I}{G/l}}\ \mathrm{cm}.$$

Die genaue Rechnung liefert

$$\frac{f_1}{\mathrm{s^{-1}}} = 112\,\frac{1}{l^2}\sqrt{\frac{E\,I}{G/l}}\ \mathrm{cm}. \qquad (10.008)$$

10.3 Bestimmung der Kräfte aus der Feldenergie

Zu einer allgemeinen Beziehung für die im magnetischen oder im elektrischen Feld wirkenden Kräfte kommt man durch eine Energiebetrachtung. Dabei soll von Bild 10.09 ausgegangen werden.

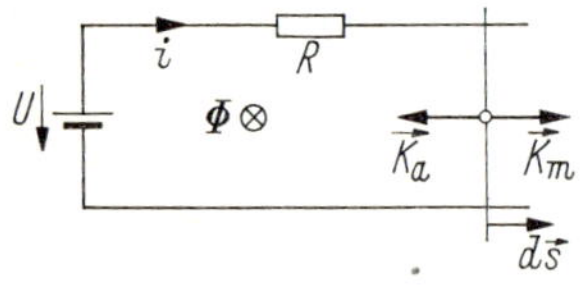

Bild 10.09 Ein über eine bewegliche Querverbindung geschlossener Stromkreis.

Zwei parallele Leiter, die an der Spannungsquelle U liegen, seien durch eine bewegliche Querverbindung, z. B. eine Stricknadel, kurzgeschlossen. Der Widerstand der so entstandenen Leiterschleife sei R und der Strom in der Schleife i. Nimmt man nun an, daß das magnetische Feld auf die Nadel eine Kraft $\vec{K}_m$ ausübt, so muß ihr von außen eine gleich große Kraft $\vec{K}_a$ entgegenwirken, wenn die Nadel in Ruhe bleiben soll. Man kann dann in Gedanken die Nadel in der Zeit dt um ein Wegstück $d\vec{s}$ in Richtung der Kraft $\vec{K}_m$ verschieben und folgende Energiebilanz aufstellen:

$$U\,i\,dt = R\,i^2\,dt + K_m\,ds + d\,W_m. \qquad (10.009)$$

Auf der linken Seite der Gleichung steht die von der Spannungsquelle in der Zeit dt gelieferte elektrische Energie. Sie wird zum Teil in thermische Energie $R\,i^2\,dt$ umgewandelt, zum Teil in mechanische Arbeit $K_m\,ds$, und schließlich erhöht sich noch die magnetische Energie der Anordnung um den Betrag $d\,W_m$.

Wendet man das Induktionsgesetz auf die Leiterschleife an, so erhält man

$$\oint \vec{E}\, d\vec{r} = -\frac{d\Phi}{dt}; \quad -U + Ri = -\frac{d\Phi}{dt}; \quad U - Ri = \frac{d\Phi}{dt};$$

$$Ui - Ri^2 = i\,\frac{d\Phi}{dt}.$$

Wird diese Beziehung in Gl. (10.009) eingesetzt, so ergibt sich

$$i\, d\Phi = K_m\, ds + d W_m.$$

Es gilt:

$$\Phi = Li; \qquad d\Phi = L\, di + i\, dL$$

$$W_m = \frac{1}{2} L i^2; \quad d W_m = L i\, di + \frac{1}{2} i^2\, dL.$$

Damit folgt:

$$L i\, di + i^2\, dL = K_m\, ds + L i\, di + \frac{1}{2} i^2\, dL.$$

Es ergibt sich: $K_m\, ds = \frac{1}{2} i^2\, dL = \frac{1}{2} i^2 \frac{\partial L}{\partial s}\, ds,$

$$K_m = \frac{1}{2} i^2 \frac{\partial L}{\partial s}. \tag{10.010}$$

Gl. (10.010) gibt die Kraft auf den Kurzschlußbügel einer kurzgeschlossenen Leiterschleife wieder. Auf gleiche Weise kann die Kraft berechnet werden, die auf Hin- und Rückleiter einer Schleife wirkt. Man nimmt an Stelle einer Vergrößerung der Schleifenlänge eine Vergrößerung des Leiterabstandes an. Die Induktivität ist dann nach dem Leiterabstand zu differenzieren. In beiden Fällen ist die Kraft so gerichtet, daß sie die Induktivität zu vergrößern sucht.

Für die Kraft auf den Kurzschlußbügel erhält man aus Gl. (10.010), wenn die Schleifenlänge viel größer als der Leiterabstand ist, mit Gl. (6.019) unter Vernachlässigung der inneren Induktivität

$$K_m = \frac{1}{2} i^2 \frac{\partial L}{\partial s} = \frac{1}{2} i^2 \frac{\mu_0}{\pi} \ln D/\varrho.$$

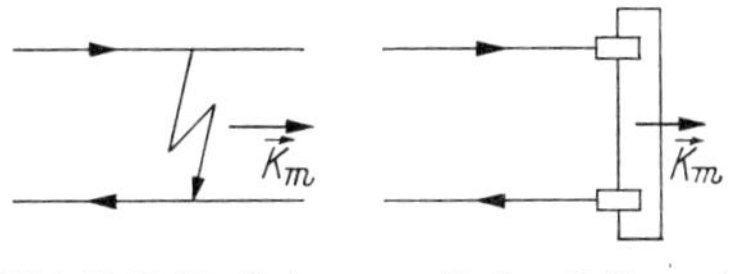

Bild 10.10 Kraft des magnetischen Feldes auf einen Lichtbogen bzw. ein Trennmesser.

Diese Kraft treibt z. B. einen Lichtbogen auf einer Sammelschiene von der Speisestelle fort und sucht Trennmesser und Sicherungen, die in der in Bild 10.10 dargestellten Art angebracht sind, aufzureißen.

Die Kraft, die auf Hin- und Rückleiter einer Schleife wirkt, ist

$$K_m = \frac{1}{2}\, i^2 \frac{\partial L}{\partial D} = \frac{1}{2}\, i^2 \frac{\mu_0 s}{\pi} \frac{1}{D}. \tag{10.011}$$

Durch sie werden im Kurzschlußfall die Befestigungen der Leiter beansprucht.

Für die Kraft, die durch das *elektrische* Feld auf die zwei Leiter einer Schleife ausgeübt wird, läßt sich eine Beziehung finden, die Gl. (10.011) entspricht:

$$K_e = \frac{1}{2}\, u^2 \frac{\partial C}{\partial D} = \frac{1}{2}\, u^2 \frac{\pi \varepsilon_0 s}{(\ln D/\varrho)^2} \frac{1}{D}. \tag{10.012}$$

Zu einem interessanten Ergebnis kommt man, wenn man bei einer verlustlosen, mit natürlicher Leistung betriebenen Wechselstromfreileitung das Verhältnis K_e/K_m nach den Gln. (10.011) und (10.012) untersucht. Das elektrische Feld ergibt eine anziehende, das magnetische eine abstoßende Kraft. Es ist:

$$K_m = \frac{1}{2}\, I^2 \frac{\partial L}{\partial D} = \frac{1}{2}\, I^2 \frac{\mu_0 s}{\pi} \frac{1}{D},$$

$$K_e = \frac{1}{2}\, U^2 \frac{\partial C}{\partial D} = \frac{1}{2}\, U^2 \frac{\pi \varepsilon_0 s}{(\ln D/\varrho)^2} \frac{1}{D},$$

$$\frac{K_e}{K_m} = \frac{\frac{1}{2}\, U^2 \frac{\pi \varepsilon_0 s}{(\ln D/\varrho)^2} \frac{1}{D}}{\frac{1}{2}\, I^2 \frac{\mu_0 s}{\pi} \frac{1}{D}} = \frac{U^2 \frac{\pi \varepsilon_0 s}{\ln D/\varrho}}{I^2 \frac{\mu_0 s}{\pi} \ln D/\varrho} = \frac{U^2}{I^2} \frac{C}{L} = \frac{U^2}{I^2} \frac{1}{Z^2} = \frac{U^2}{I^2} \frac{I_E^2}{U_E^2}.$$

Da entlang einer verlustlosen, mit dem Wellenwiderstand Z abgeschlossenen Leitung die Beträge U und I konstant sind, ergibt sich

$$\frac{K_e}{K_m} = 1.$$

Bei Betrieb mit natürlicher Leistung heben sich die beiden Kräfte gegenseitig auf. Die Leiter sind kräftefrei.

11 Die Stabilität der Energieübertragung mit Drehstrom

In einem von mehreren Synchronmaschinen gespeisten Netz ist für einen einwandfreien Betrieb die Aufrechterhaltung des Synchronismus der speisenden Maschinen Voraussetzung. Der Verlust des Synchronismus ist eine der schwersten Störungen, die in einem Netz auftreten können. Die Eigenschaft eines Übertragungssystems, den Synchronismus zu wahren, bezeichnet man als Stabilität. Man unterscheidet zwischen der sogenannten statischen Stabilität, bei der die Gleichgewichtszustände zwischen den Antriebsmomenten und den elektrischen Momenten der Synchronmaschinen untersucht werden, und der dynamischen Stabilität, die sich mit der Frage befaßt, welchen Einfluß Laststöße und Netzfehler auf den Synchronismus haben.

Die Stabilität hat nur in räumlich weit ausgedehnten Netzen Bedeutung, in denen große Leistungen über große Entfernungen übertragen werden. In Netzen geringer Ausdehnung mit relativ kleinen übertragenen Leistungen ist die Stabilität praktisch immer gewährleistet und stellt deshalb kein Problem dar. Das Gebiet der Stabilität ist sehr umfangreich und teilweise auch sehr kompliziert. So erfordert die Behandlung des Mehrmaschinenproblems, bei dem mehr als zwei Synchronmaschinen in ein Netz einspeisen, bereits erheblichen mathematischen Aufwand, der den Rahmen dieses Buches überschreiten würde. Der in den folgenden Abschnitten behandelte Stoff ist als Einführung in das Problem der Stabilität gedacht. Es werden deshalb nur Vollpolmaschinen behandelt und Stabilitätskriterien nur für maximal zwei Maschinen aufgestellt. Für ein weitergehendes Studium sei auf Spezialliteratur verwiesen.

11.1 Die statische Stabilität von Energieübertragungssystemen

Unter der statischen Stabilität versteht man, wie schon oben erwähnt, den stabilen Gleichgewichtszustand zwischen den Antriebsmomenten und den elektrischen Momenten bzw. den zugehörigen Antriebsleistungen und elektrischen Leistungen der in einem Netz zusammenarbeitenden Synchronmaschinen. Bei der Untersuchung, ob statische Stabilität gegeben ist, wird der Einfluß von Regeleinrichtungen nicht in die Betrachtungen eingeschlossen, so daß die zu untersuchenden Systeme nur aus den mit konstanter Leistung angetriebenen, konstant erregten Synchronmaschinen und dem Übertragungsnetz bestehen.

Die ausführlichen Betrachtungen seien hier auf maximal zwei Maschinen beschränkt. Dabei ist, wie auch im folgenden, unter einer Synchronmaschine nicht unbedingt eine einzige Maschine zu verstehen.

Synchronmaschinen, die direkt oder angenähert direkt parallel geschaltet sind, können zu Ersatzmaschinen mit der jeweiligen Summenleistung zusammengefaßt werden.

11.1.1 Einspeisung einer Synchronmaschine in ein Netz starrer Spannung

Es sei eine Energieübertragung betrachtet, bei der eine Synchronmaschine (eine Ersatzmaschine) über eine Leitung oder auch einen ganzen Netzteil in ein Netz starrer Spannung speist (Bild 11.01). Starre Spannung bedeutet, daß sie weder in ihrem Betrag, noch in ihrer Phasenlage durch die betrachtete Synchronmaschine beeinflußt wird. Dies ist der Fall, wenn die Gesamtleistung der Generatoren des Netzes groß gegen die Leistung der betrachteten Synchronmaschine ist und die Generatoren des starren Netzes eng miteinander gekoppelt sind.

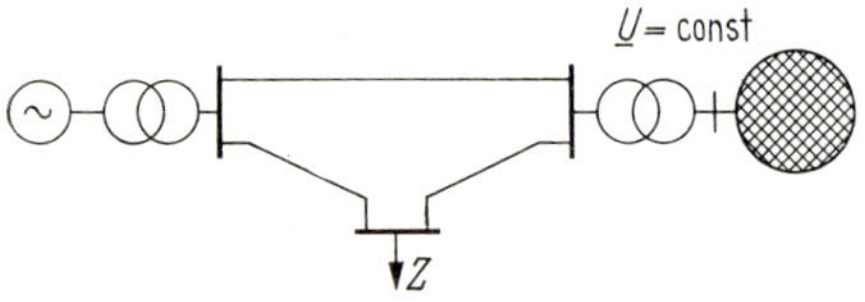

Bild 11.01 Schaltbild einer Energieübertragung, bei der eine Synchronmaschine mit einer Zwischenentnahme bei Z in ein Netz starrer Spannung speist.

Das Problem ist einfach zu behandeln, da die Stabilität von nur einer Maschine in Frage steht. Es braucht nur die Art des Gleichgewichts, in dem sich der Rotor dieser einen Maschine unter der Einwirkung des mechanischen Antriebsmomentes und des elektrischen Momentes in dem interessierenden Betriebszustand befindet, bestimmt zu werden. Hierzu kann, wie gezeigt wird, ein einfaches, aus der allgemeinen Mechanik bekanntes Kriterium herangezogen werden. Zunächst ist es jedoch erforderlich, das von der Synchronmaschine aufgebrachte elektrische Drehmoment in Abhängigkeit des Polradwinkels zu berechnen. Da Leistung und Drehmoment einander proportional sind, kann die Berechnung des Drehmomentes über die elektrische Leistung P_e, die die Synchronmaschine erzeugt, erfolgen. Es ist

$$M_e(\vartheta) = \frac{P_e(\vartheta)}{\omega_0/p}. \tag{11.001}$$

Dabei ist ω_0 die konstante, zur Nennfrequenz gehörende Kreisfrequenz, p die Polpaarzahl der betrachteten Maschine und ϑ der Winkel zwischen Polradspannung und der Spannung des starren Netzes.

11.1.1.1 Ermittlung der von einer Synchronmaschine erzeugten Leistung. Betrachtet werde eine Maschine, die über ein beliebiges Übertragungsnetz in ein Netz starrer Spannung speist. In Bild 11.02 ist dies in einer einphasigen Schaltung wiedergegeben. Das beliebige Übertragungsnetz, das auch Zwischenentnahmen enthalten kann, ist als Kasten dargestellt. Die starre Spannung $\underline{U}$ ist durch eine Spannungsquelle verifiziert.

Die Ersatzschaltung der Synchronmaschine besteht aus der Polradspannung $\underline{E}$ als Spannungsquelle und der synchronen Reaktanz X_d als innere Impedanz. Faßt man X_d mit dem Übertragungsnetz zusammen (Bild 11.03), so wird das Problem von der Synchronmaschine abstrahiert: Eine Spannungsquelle $\underline{E}$ speist das eine Klemmenpaar eines beliebigen Vierpoles, an dessen anderem Klemmenpaar eine Spannungsquelle $\underline{U}$ liegt.

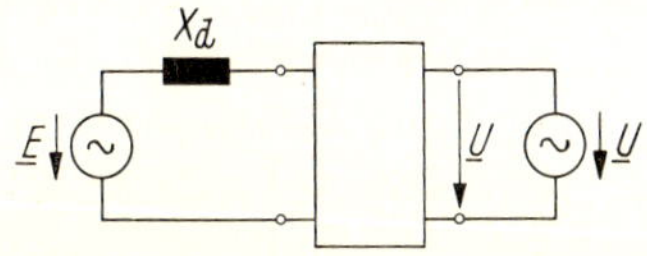

Bild 11.02 Einphasige Schaltung einer Energieübertragung, bei der eine Synchronmaschine in ein Netz starrer Spannung speist. Das Übertragungsnetz ist als Vierpol dargestellt, die konstante Spannung des starren Netzes wird durch eine Spannungsquelle erzwungen.

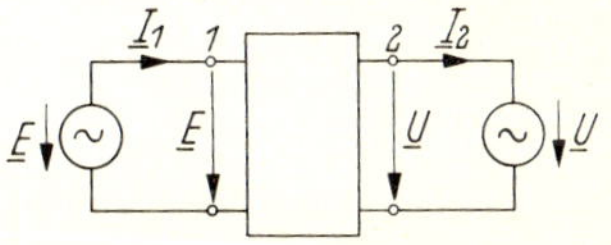

Bild 11.03 Wie Bild 11.02, jedoch ist die Synchronreaktanz der Maschine dem Übertragungsnetz zugeschlagen.

Die von der Spannungsquelle $\underline{E}$ gelieferte Leistung ist zu berechnen. Für den durch den Kasten dargestellten Vierpol gilt, Linearität vorausgesetzt,

$$\begin{aligned} \underline{I}_1 &= \frac{1}{\underline{Z}_{11}} \underline{E} - \frac{1}{\underline{Z}_{12}} \underline{U}, \\ \underline{I}_2 &= \frac{1}{\underline{Z}_{21}} \underline{E} - \frac{1}{\underline{Z}_{22}} \underline{U}. \end{aligned} \tag{11.002}$$

$\underline{Z}_{11}$ und $\underline{Z}_{22}$ werden als Eigenimpedanzen des Klemmenpaares 1 bzw. 2, $\underline{Z}_{12} = \underline{Z}_{21}$ als Kopplungsimpedanz der Klemmenpaare 1 und 2 bezeichnet. Für die von der Synchronmaschine erzeugte dreiphasige Wirkleistung ergibt sich

$$P_e = Re\, \underline{S} = 3\, Re\, \underline{E}\underline{I}_1^* = 3 \left[E^2\, Re \frac{1}{\underline{Z}_{11}^*} - Re\, \underline{E}\, \underline{U}^* \frac{1}{\underline{Z}_{12}^*} \right]. \tag{11.003}$$

Mit

$$\begin{aligned} \underline{Z}_{11} &= Z_{11} \underline{/\varphi_{11}}, \\ \underline{Z}_{22} &= Z_{22} \underline{/\varphi_{22}}, \\ \underline{Z}_{12} &= \underline{Z}_{21} = Z_{12} \underline{/\varphi_{12}} \end{aligned} \tag{11.004}$$

ergibt sich aus (11.003)

$$P_e = 3 \left[E^2 \frac{1}{Z_{11}} \cos\varphi_{11} - E\, U \frac{1}{Z_{12}} \cos(\vartheta + \varphi_{12}) \right]. \tag{11.005}$$

ϑ ist der Winkel zwischen der Polradspannung $\underline{E}$ und der Spannung $\underline{U}$ des starren Netzes. In der Theorie der Synchronmaschine wird unter dem Polradwinkel oder Lastwinkel ϑ der Winkel zwischen Polradspannung und Klemmenspannung der Synchronmaschine verstanden. Es ist hier jedoch zweckmäßig, den Polradwinkel als Winkel zwischen Polradspannung und der starren Spannung $\underline{U}$ zu definieren. Es ist also

$$\vartheta = \operatorname{Arc} \underline{E} - \operatorname{Arc} \underline{U}. \tag{11.006}$$

(11.005) ist die Gleichung der Leistungskennlinie eines beliebigen Übertragungsnetzes. Die von der Synchronmaschine eingespeiste Leistung ist nur vom Winkel ϑ abhängig und kann nur bis zu einem Maximalwert

$$P_{e_{\max}} = 3\left[E^2 \frac{1}{Z_{11}} \cos \varphi_{11} + E\,U \frac{1}{Z_{12}}\right] \tag{11.007}$$

gesteigert werden.

Bei Stabilitätsuntersuchungen können vielfach die ohmschen Widerstände der Übertragungselemente vernachlässigt werden. Setzt man noch voraus, daß in dem Übertragungsnetz keine Wirkleistung entnommen wird, so müssen Eigen- und Kopplungsimpedanzen rein imaginär sein. Der Winkel φ_{12} der Kopplungsimpedanz beträgt, da diese Impedanz praktisch immer induktiv ist, $+90°$. Somit wird für diesen Fall

$$P_e = 3 \frac{E\,U}{Z_{12}} \sin \vartheta = 3 \frac{E\,U}{X_{12}} \sin \vartheta. \tag{11.008}$$

(11.008) ist die Gleichung der Leistungskennlinie einer Übertragung aus verlustlosen Übertragungselementen, wenn keine Zwischenentnahme von Wirkleistung erfolgt. Die von der Spannungsquelle $\underline{E}$ eingespeiste Leistung ändert sich sinusförmig mit dem Winkel ϑ und erreicht bei $\vartheta = 90°$ den Maximalwert

$$P_{e_{\max}} = 3 \frac{E\,U}{X_{12}}. \tag{11.009}$$

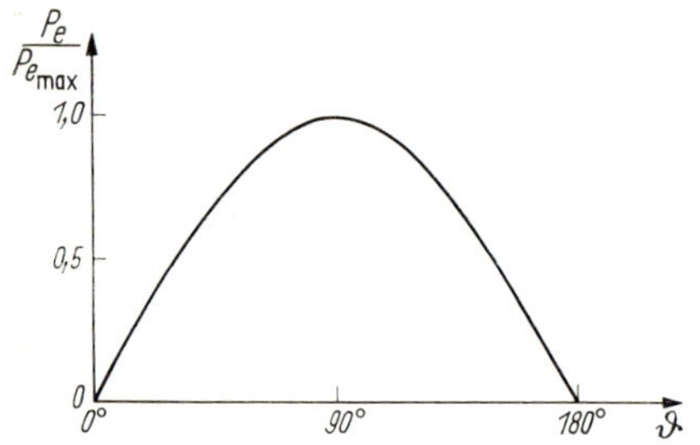

Bild 11.04 Leistungskennlinie einer verlustlosen Übertragung ohne Zwischenentnahme von Wirkleistung.

In Bild 11.04 ist Gl. (11.008) in einem Diagramm wiedergegeben. Dabei ist die Leistung auf ihren Maximalwert bezogen.

Die Bestimmung der für die Berechnung der Leistungskennlinien erforderlichen Impedanzen $\underline{Z}_{11}$ und $\underline{Z}_{12}$ ergibt sich aus den Gln. (11.002): Die Spannung $\underline{U}$ wird durch Kurzschließen zu Null gemacht, und dann werden für diesen Zustand die Quotienten $\underline{E}/\underline{I}_1$ und $\underline{E}/\underline{I}_2$ berechnet. Wie man aus den Gln. (11.002) ersieht, sind diese Quotienten bereits die gesuchten Impedanzen:

$$(\underline{E}/\underline{I}_1)_{\underline{U}=0} = \underline{Z}_{11}, \quad (\underline{E}/\underline{I}_2)_{\underline{U}=0} = \underline{Z}_{12}. \tag{11.009}$$

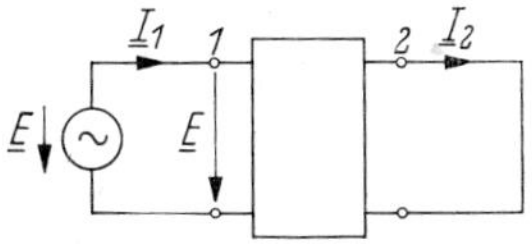

Bild 11.05 Zur Bestimmung der Eigenimpedanz $\underline{Z}_{11}$ und der Kopplungsimpedanz $\underline{Z}_{12}$ nach Gl. (11.009) wird das Klemmenpaar 2 kurzgeschlossen.

Zur Berechnung der obigen Quotienten ist es zweckmäßig, die einzelnen Übertragungselemente mit ihren Ersatzschaltungen wiederzugeben und dann, ausgehend vom Strom $\underline{I}_2$, die Spannung $\underline{E}$ und den Strom $\underline{I}_1$ in Abhängigkeit von $\underline{I}_2$ zu bestimmen. Ergibt sich hierbei

$$\underline{E} = \underline{Z}\underline{I}_2 \quad \text{und} \quad \underline{I}_1 = \underline{\lambda}\underline{I}_2, \tag{11.010}$$

so ist

$$\underline{Z}_{12} = (\underline{E}/\underline{I}_2)_{\underline{U}=0} = \underline{Z}, \quad \underline{Z}_{11} = (\underline{E}/\underline{I}_1)_{\underline{U}=0} = \underline{Z}/\underline{\lambda}. \tag{11.011}$$

Im folgenden sollen zwei Beispiele für die Berechnung der Eigenimpedanz $\underline{Z}_{11}$ und der Kopplungsimpedanz $\underline{Z}_{12}$ behandelt werden. Im ersten Fall sei eine Übertragung gegeben, bei der eine Synchronmaschine über einen Transformator und eine Leitung in ein Netz starrer Spannung speist. Hinter dem Transformator werde eine Scheinleistung $\underline{S}$, der eine Admittanz $\underline{Y}$ entspricht, abgenommen. Die Übertragungselemente seien verlustlos.

In Bild 11.06 ist die Übertragung und ihre Ersatzschaltung wiedergegeben. In der Ersatzschaltung ist das Klemmenpaar 2 zur Bestimmung von $\underline{Z}_{11}$ und $\underline{Z}_{22}$, wie beschrieben, kurzgeschlossen. Die Spannung an der Verbraucheradmittanz sei mit $\underline{U}_G$ bezeichnet. Dann ist

$$\underline{U}_G = jX_L\underline{I}_2. \tag{11.012}$$

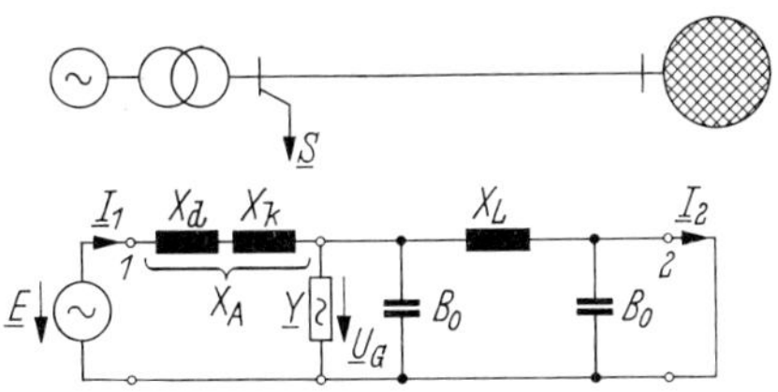

Bild 11.06 Beispiel zur Bestimmung der Eigen- und Kopplungsimpedanz für eine Übertragung mit Zwischenentnahme. Das Klemmenpaar 2 ist kurzgeschlossen.

Hiermit wird der Strom $\underline{I}_1$, wenn die Admittanz $\underline{Y}$ und der ihr parallel geschaltete kapazitive Leitwert jB_0 zu $\underline{Y}' = \underline{Y} + jB_0$ zusammengefaßt werden,

$$\underline{I}_1 = \underline{I}_2(1 + jX_L\underline{Y}') = \underline{I}_2\underline{\lambda} \tag{11.013}$$

und schließlich die Spannung $\underline{E}$ (11.014)

$$\underline{E} = \underline{I}_2[jX_L + jX_A(1 + jX_L\underline{Y}')].$$

Nach (11.011) wird aus (11.014)

$$\underline{Z}_{12} = j(X_A + X_L) - X_A X_L \underline{Y}',$$

aus (11.014) und (11.013)

$$\underline{Z}_{11} = [j(X_A + X_L) - X_A X_L \underline{Y}'] \frac{1}{1 + jX_L\underline{Y}'}.$$

Im zweiten Beispiel speise eine Synchronmaschine über einen Transformator, eine Leitung und einen zweiten Transformator in ein Netz starrer Spannung (Bild 11.07). Verluste seien wiederum vernachlässigt.

Die Leitung soll diesmal nicht durch ihre Ersatzschaltung, sondern durch ihre Leitungsgleichungen nach (4.066) und (4.067) gegeben sein. Aus (4.066) und (4.067) ergeben sich Spannung und Strom am Anfang der Leitung in Abhängigkeit von Spannung und Strom am Ende der Leitung zu

$$\underline{U}_A = \underline{U}_E \cos b + jZ_W \underline{I}_E \sin b,$$

(11.015)

$$\underline{I}_A = \underline{I}_E \cos b + j\frac{\underline{U}_E}{Z_W} \sin b.$$

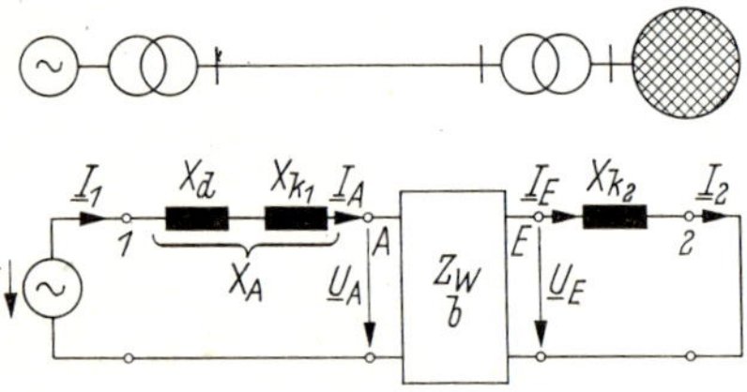

Bild 11.07 Beispiel zur Bestimmung der Eigen- und Kopplungsimpedanz einer Übertragung ohne Zwischenentnahme.

Nun ist aber $\underline{I}_A = \underline{I}_1$, $\underline{I}_E = \underline{I}_2$ und $\underline{U}_E = jX_{k_2}\underline{I}_2$, so daß

$$\underline{I}_1 = \underline{I}_2\left(\cos b - \frac{X_{k_2}}{Z_W}\sin b\right) \qquad (11.016)$$

und

$$\underline{U}_A = \underline{I}_2(jX_{k_2}\cos b + jZ_W \sin b). \qquad (11.017)$$

$\underline{E}$ wird schließlich

$$\underline{E} = \underline{I}_2\left[jX_{k_2}\cos b + jZ_W \sin b + jX_A\left(\cos b - \frac{X_{k_2}}{Z_W}\sin b\right)\right] \qquad (11.018)$$

und $\underline{Z}_{12}$

$$\underline{Z}_{12} = j\left[(X_A + X_{k_2})\cos b + \left(Z_W - \frac{X_A X_{k_2}}{Z_W}\right)\sin b\right]. \qquad (11.019)$$

Die Berechnung von $\underline{Z}_{11}$ erübrigt sich, da die Übertragungselemente verlustlos angenommen worden sind und keine Zwischenentnahme von Wirkleistung erfolgt, so daß der erste Summand in Gl. (11.005) keinen Beitrag zur Leistung bringt.

Sind die Übertragungsnetze nicht so einfach aufgebaut wie in den behandelten Beispielen, so müssen zur Bestimmung der gesuchten Impedanzen die in Abschnitt 2.7 beschriebenen Verfahren zur Netzwerksberechnung herangezogen werden.

Abschließend sei noch erwähnt, daß, wenn der das Übertragungsnetz darstellende Vierpol als *Pi*-Schaltung (Bild 11.08) aufgefaßt wird, die Kopplungsimpedanz $\underline{Z}_{12}$ gleich dessen Längsglied ist, während die Eigenimpedanzen $\underline{Z}_{11}$ und $\underline{Z}_{22}$ durch

$$\underline{Z}_{11} = \frac{\underline{Z}_{12}\,\underline{Z}_{10}}{\underline{Z}_{12} + \underline{Z}_{10}} \quad \text{und} \quad \underline{Z}_{22} = \frac{\underline{Z}_{12}\,\underline{Z}_{20}}{\underline{Z}_{12} + \underline{Z}_{20}} \tag{11.020}$$

gegeben sind.

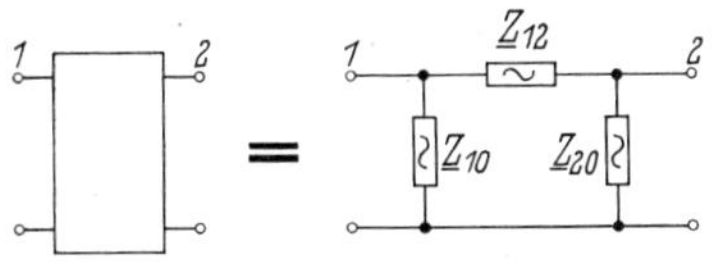

Bild 11.08 Zur Bestimmung der Eigen- und Kopplungsimpedanzen aus der *Pi*-Ersatzschaltung des Übertragungsnetzes.

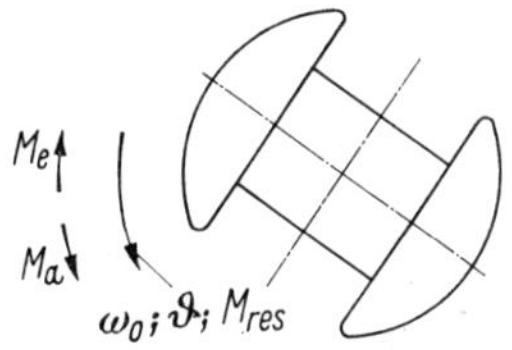

Bild 11.09 Festlegung der Zählrichtung von Winkeln und Drehmomenten.

11.1.1.2 Das Stabilitätskriterium einer Synchronmaschine. In Bild 11.09 ist das Polrad einer zweipoligen Synchronmaschine, das sich mit der Winkelgeschwindigkeit ω_0 in der angegebenen Pfeilrichtung drehen möge, angedeutet. In Pfeilrichtung zählen auch der Polradwinkel ϑ und die auf das Polrad wirkenden Drehmomente positiv. Das Moment, mit dem das Polrad durch die zugehörige Turbine angetrieben wird, das Antriebsmoment M_a, ist dann positiv, während das elektrische Moment M_e bei Generatorbetrieb der Maschine entgegen der Drehrichtung wirkt und somit negativ einzusetzen ist. Es ergibt sich insgesamt ein resultierendes Moment M_{res}

$$M_{\text{res}} = M_a - M_e(\vartheta), \tag{11.021}$$

wobei M_e eine Funktion des Polradwinkels ϑ ist, während M_a konstant ist. Im stationären Zustand, d. h. wenn sich das Polrad mit konstanter Winkelgeschwindigkeit dreht, muß das resultierende Moment Null sein. Ist dies bei einem Polradwinkel ϑ_0 der Fall, so gilt

$$M_{\text{res}}(\vartheta_0) = M_a - M_e(\vartheta_0) = 0. \tag{11.022}$$

Bei $\vartheta = \vartheta_0$ sind Antriebsmoment und elektrisches Moment im Gleichgewicht. Die Frage lautet nun, um welche Art des Gleichgewichts es sich handelt, um stabiles oder labiles Gleichgewicht. Die Art des Gleichgewichtes, in dem sich ein Körper unter der Einwirkung zweier Kräfte befindet, kann folgendermaßen ermittelt werden: Man verschiebt den betrachteten Körper in Gedanken um ein kleines Stück aus der Gleichgewichtslage und stellt fest, welche Richtung die hierdurch verursachte resultierende Kraft besitzt. Sind die Richtungen der resultierenden Kraft und der Verschiebung einander entgegengesetzt, so versucht die resultierende Kraft die angenommene Verschiebung zu verkleinern, bis die Ausgangslage wieder erreicht ist. Das untersuchte Gleichgewicht ist deshalb stabil. Sind resultierende Kraft und Verschiebung dagegen gleichgerichtet, so versucht die resultierende Kraft die Verschiebung zu vergrößern. Der Ausgangszustand kann nicht mehr erreicht werden. Das untersuchte Gleichgewicht ist deshalb labil.

Auf den betrachteten Rotor angewandt, bedeutet dies: das Gleichgewicht im Betriebspunkt $\vartheta = \vartheta_0$ ist dann stabil, wenn eine angenommene kleine Änderung des Polradwinkels um $\Delta\vartheta$ ein resultierendes Moment hervorruft, das entgegen der angenommenen Winkeländerung gerichtet ist und das den Rotor wieder in seine Ausgangslage zurückzudrehen sucht. Entsprechend ist das Polrad in labilem Gleichgewicht, wenn bei der angenommenen Änderung des Polradwinkels um $\Delta\vartheta$ ein resultierendes Moment hervorgerufen wird, das mit der angenommenen Winkeländerung gleichgerichtet ist und diese zu vergrößern sucht. Das Polrad kehrt dann nicht mehr in den alten Betriebspunkt ϑ_0 zurück.

Mathematisch läßt sich dieses Kriterium folgendermaßen fassen: Für kleine Winkeländerungen $\Delta\vartheta$ gilt

$$M_{\mathrm{res}}(\vartheta_0 + \Delta\vartheta) \approx M_{\mathrm{res}}(\vartheta_0) + \left(\frac{d M_{\mathrm{res}}}{d\vartheta}\right)_{\vartheta=\vartheta_0} \Delta\vartheta \tag{11.023}$$

oder wegen (11.022) und der Konstanz des Antriebsmomentes

$$M_{\mathrm{res}}(\vartheta_0 + \Delta\vartheta) \approx -\left(\frac{d M_e}{d\vartheta}\right)_{\vartheta=\vartheta_0} \Delta\vartheta\,. \tag{11.024}$$

Hieraus folgt nach dem oben Gesagten, daß ϑ_0 dann ein stabiler Betriebspunkt ist, wenn

$$\left(\frac{d M_e}{d\vartheta}\right)_{\vartheta=\vartheta_0} > 0 \tag{11.025}$$

ist, denn dann wirkt bei einer Änderung von ϑ das resultierende Moment unabhängig von der Richtung der angenommenen Verschiebung ihr entgegen. Entsprechend ist ϑ_0 ein labiler Betriebspunkt, wenn

$$\left(\frac{dM_e}{d\vartheta}\right)_{\vartheta=\vartheta_0} < 0 \tag{11.026}$$

ist.

Wegen Gl. (11.001) kann in den Gln. (11.025) und (11.026) das elektrische Moment durch die elektrische Leistung ersetzt werden, so daß gilt: Stabiles Gleichgewicht, wenn

$$\left(\frac{dP_e}{d\vartheta}\right)_{\vartheta=\vartheta_0} > 0, \tag{11.027}$$

labiles Gleichgewicht, wenn

$$\left(\frac{dP_e}{d\vartheta}\right)_{\vartheta=\vartheta_0} < 0. \tag{11.028}$$

In Bild 11.10 ist die Leistungskennlinie einer verlustlosen Übertragung nach Bild 11.04 zusammen mit der konstanten Antriebsleistung wiedergegeben. Die Gerade der Antriebsleistung schneidet die Leistungskennlinie in zwei Punkten, ϑ_{0s} und ϑ_{0l}. In beiden Punkten sind Antriebsmoment und elektrisches Moment im Gleichgewicht. Im Punkt ϑ_{0s} ergibt sich bei einer Änderung des Winkels ϑ um $\Delta\vartheta$ ein resultierendes Moment, das der Änderung entgegengerichtet ist, während im Punkt ϑ_{0l}

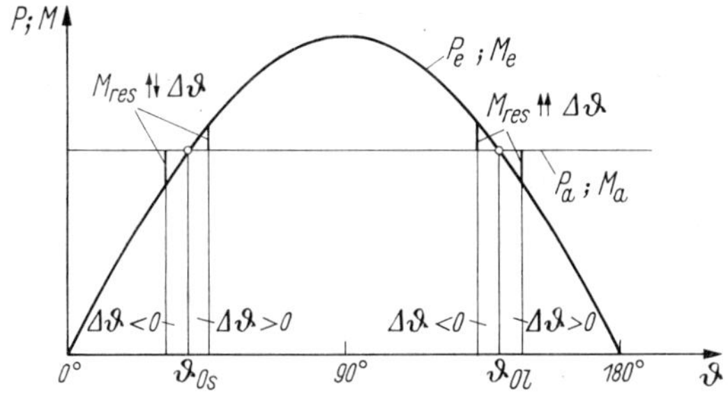

Bild 11.10 Stabiler und labiler Betriebspunkt bei einer Leistungskennlinie nach Bild 11.04.

das bei einer Winkeländerung auftretende resultierende Moment mit der Winkeländerung gleichgerichtet ist. ϑ_{0s} ist demnach ein stabiler, ϑ_{0l} ein labiler Betriebspunkt. Dieses Ergebnis folgt auch direkt aus den Gln. (11.027) und (11.028). Statisch stabiler Betrieb ist nur auf dem ansteigenden Ast der Leistungskennlinie möglich, hier also zwischen 0° und 90°. Im praktischen Betrieb läßt sich die obere Grenze jedoch mit Rücksicht auf Schwankungen der Spannung des starren Netzes und der Antriebsleistung und auf Fehler im Übertragungsnetz nicht ausnützen.

Bei welcher Leistung bzw. bei welchem Winkel der Synchronismus in diesen Fällen noch gewahrt bleibt, ist, da es sich hierbei um plötzlich auftretende Änderungen handelt, eine Frage der dynamischen Stabilität.

11.1.1.3 Die Grenzleistung eines Übertragungssystems. Aus den vorigen beiden Abschnitten geht hervor, daß die von einer Synchronmaschine, die über ein beliebiges Übertragungsnetz in ein Netz starrer Spannung speist, erzeugte Leistung bei vorgegebener maximaler Erregung den nach Gl. (11.007) festgelegten Höchstwert nicht überschreiten kann. Ferner ist gezeigt worden, daß nur im ansteigenden Ast der Leistungskennlinie bis zu diesem Höchstwert ein statisch stabiler Betrieb möglich ist. Falls nicht eine zusätzliche Bedingung gestellt wird, ist also die im Hinblick auf die statische Stabilität größte mögliche Speiseleistung der Synchronmaschine mit der bei vorgegebener maximaler Erregung überhaupt erreichbaren Speiseleistung identisch. Die Grenzleistung, d. h. die höchste einspeisbare Leistung, ist hier durch die maximale Erregung der Maschine gegeben. Dies braucht nicht unbedingt der Fall zu sein. Stellt man die Forderung, daß die Klemmenspannung der Maschine oder die Sekundärspannung des Maschinentransformators eine bestimmte Höhe nicht überschreiten darf, so ist die höchste stabil einspeisbare Leistung durchaus nicht gleich der unter dieser Bedingung überhaupt möglichen Speiseleistung. Die Grenze für die höchste Leistung ist dann nicht unbedingt durch die maximale Erregung der Maschine gegeben.

Die oben angeführte Forderung nach Begrenzung der Klemmenspannung der Maschine muß aus Isolationsgründen gestellt werden. Die Maschine, der zugehörige Maschinentransformator und die abgehende Leitung sind nur für eine bestimmte maximale Spannung ausgelegt.

Die Ermittlung der Grenzleistung für den Fall der beschränkten Klemmenspannung sei an einem einfachen Beispiel gezeigt: Eine Synchronmaschine speise über einen Transformator und ein Übertragungsnetz, das näherungsweise als Reaktanz gegeben sei, in ein Netz starrer Spannung. Es sei gefordert, daß die Spannung $\underline{U}_G$ auf der Sekundärseite des Maschinentransformators gleich der Spannung des starren Netzes sei.

Die Vernachlässigung der Leitungskapazitäten, die der Ersatzschaltung des Übertragungsnetzes zugrunde liegt, ist bei den hier in Frage kommenden Leitungslängen eigentlich nicht zulässig. Sie führt bei geringen Belastungen und insbesondere bei der Ermittlung der übertragenen Blindleistung zu merklichen Fehlern. Dennoch kann das Wesentliche mit dem gewählten einfachen Beispiel, bei dem die Rechnungen leicht durchzuführen sind, gezeigt werden. Später wird noch eine Formel für die Grenzleistung der stabilen Übertragung bei Berücksichtigung der Leitungskapazitäten angegeben werden. An den Klemmen 2 der Schaltung in

Bild 11.11 werde die Wirkleistung P entnommen, die wegen der Vernachlässigung der Verluste auch gleich der von der Synchronmaschine eingespeisten Leistung P_e ist. Soll die Bedingung

$$|\underline{U}_G| = |\underline{U}| \tag{11.029}$$

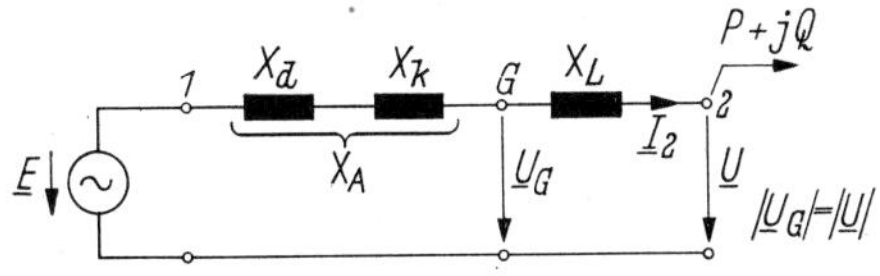

Bild 11.11 Einfaches Beispiel zur Bestimmung der unter der Bedingung $|\underline{U}_G| = |\underline{U}|$ durch die statische Stabilität gegebenen Grenzleistung.

eingehalten werden, so ist die an den Klemmen 2 abzunehmende Blindleistung Q nicht mehr frei wählbar. Sie ist vielmehr abhängig von der übertragenen Wirkleistung P:

$$Q = Q(P). \tag{11.030}$$

Ist $\Delta \underline{u}' = u_l' + j u_q'$ der relative Spannungsabfall zwischen der Sekundärseite des Transformators und dem starren Netz, so muß zur Erfüllung von (11.029)

$$1 = (1 + u_l')^2 + u_q'^2 \tag{11.031}$$

sein. Der gesamte Spannungsabfall zwischen $\underline{E}$ und $\underline{U}$ sei $\Delta \underline{u} = u_l + j u_q$. Setzt man

$$\frac{X_L}{X_A + X_L} = \frac{X_L}{X} = \beta, \tag{11.032}$$

so ist nach (4.110) und (4.111)

$$\begin{aligned} u_l' &= \frac{Q X_L}{3 U^2} = \frac{Q X}{3 U^2} \beta = \beta u_l, \\ u_q' &= \frac{P X_L}{3 U^2} = \frac{P X}{3 U^2} \beta = \beta u_q. \end{aligned} \tag{11.033}$$

Aus Gl. (11.031) findet man nun

$$u_l = \frac{1}{\beta} \left[-1 \pm \sqrt{1 - (\beta u_q)^2} \right]. \tag{11.034}$$

Da, wie man aus (11.033) sieht, der Querspannungsabfall ein Maß für die übertragene Wirkleistung, der Längsspannungsabfall ein Maß für die übertragene Blindleistung ist, stellt Gl. (11.034) bereits den gesuchten Zusammenhang (11.030) dar. Für den Winkel ϑ ergibt sich hiermit

$$\tan\vartheta = \frac{u_q}{1+u_l} = \frac{u_q}{1+\frac{1}{\beta}\left(-1\pm\sqrt{1-(\beta u_q)^2}\right)}. \tag{11.035}$$

Nimmt man wiederum u_q als Maß für die Wirkleistung, so stellt Gl. (11.035) den Zusammenhang zwischen übertragener bzw. eingespeister Wirkleistung und dem Polradwinkel ϑ dar, und zwar unter der Bedingung (11.029).

In Bild 11.12 ist der Verlauf von u_q und u_l sowie der zugehörigen Polradspannung $e = E/U$ in Abhängigkeit von ϑ für $\beta = 0{,}35$ aufgetragen. Das Maximum von u_q und damit der übertragenen Wirkleistung tritt bei einem Winkel von 123° auf. Es ist

$$u_{q\max} = \frac{1}{\beta}, \qquad P_{\max} = \frac{3\,U^2}{X}\,\frac{1}{\beta} = \frac{3\,U^2}{X_L}. \tag{11.036}$$

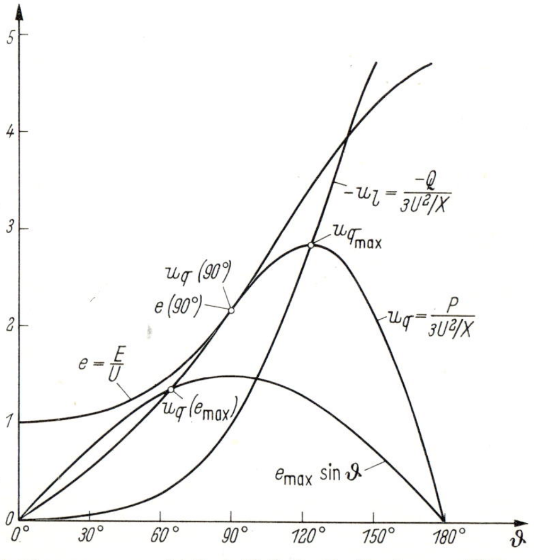

Bild 11.12 Quer- und Längsspannungsabfall als Maß für die übertragene Wirk- und Blindleistung sowie relative Polradspannung in Abhängigkeit von ϑ für eine Übertragung nach Bild 11.11 unter der Bedingung (11.029) und $\beta = 0{,}35$. Die Kurve $e_{\max}\cdot\sin\vartheta$ stellt die auf $3\,U^2/X$ bezogene Leistungskennlinie der Übertragung für eine maximale Erregung, die kleiner als E (90°) ist, dar.

Diese Beziehung ist leicht einzusehen, da bei Einhaltung der Bedingung (11.029) über die Reaktanz X_L maximal diese Leistung übertragen werden kann. Allerdings beträgt der Winkel zwischen $\underline{U}$ und $\underline{U}_G$ in diesem Fall bereits 90°, so daß ϑ größer als 90° ist und somit jenseits der Grenze der statischen Stabilität liegt. Die höchste statisch stabil übertragbare Leistung ergibt sich für $\vartheta = 90°$. Da $\tan 90° = \infty$ ist, muß hierfür der Nenner der rechten Seite von Gl. (11.035) zu Null werden. Dies ist der Fall, wenn

$$u_q = u_q(90°) = \sqrt{\frac{2}{\beta} - 1} = \sqrt{1 + 2\frac{X_A}{X_L}} \tag{11.037}$$

bzw.

$$P = P(90°) = \frac{3U^2}{X}\sqrt{1 + 2\frac{X_A}{X_L}}. \tag{11.038}$$

Die zugehörige Polradspannung ist, da ϑ 90° beträgt, gleich dem Querspannungabfall

$$\frac{E(90°)}{U} = e(90°) = u_q(90°). \tag{11.039}$$

In Bild 11.13 sind die zu den Leistungen P_{max} und $P(90°)$ gehörenden Zeigerdiagramme wiedergegeben.

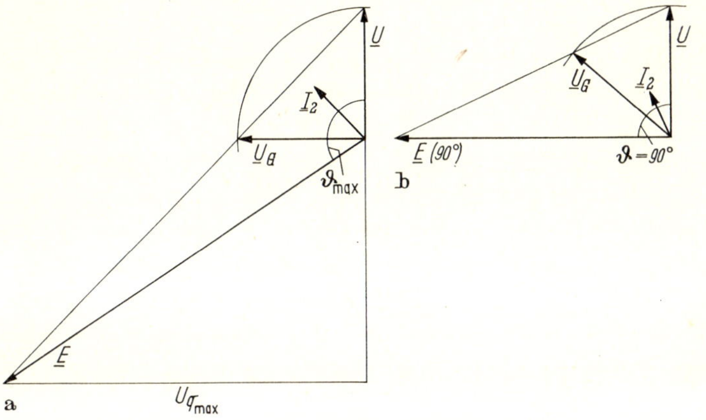

Bild 11.13a u. b Zeigerdiagramme der Übertragung nach Bild 11.11 für a) $P = P_{max}$ und b) $P = P(90°)$.

Wenn die Maschine über den Wert $E(90°)$ erregt werden kann, wenn also $E_{max} > E(90°)$ ist, dann stellt die Leistung $P(90°)$ die höchste übertragbare Leistung und damit die Grenzleistung dar. Für diesen Fall ist

$$P_{Gr} = P(90°). \tag{11.040}$$

Läßt sich die Maschine dagegen nicht bis zu dem Wert $E(90°)$ erregen, ist also $E_{max} < E(90°)$, so ist die maximale übertragbare Leistung durch die größte Erregung begrenzt, und die Grenzleistung ist in diesem Fall

$$P_{Gr} = P(E_{max}). \tag{11.041}$$

Der zu $P(E_{\max})$ gehörende Querspannungsabfall ergibt sich aus

$$e^2 = (1 + u_l)^2 + u_q^2 \tag{11.042}$$

für $e = e_{\max} = E_{\max}/U$ mit Gl. (11.034) zu

$$u_q(e_{\max}) = \sqrt{\frac{e_{\max}^2 - 1}{2\left(\frac{1}{\beta} - 1\right)}\left(\frac{2}{\beta} - \frac{e_{\max}^2 - 1}{2\left(\frac{1}{\beta} - 1\right)}\right)}. \tag{11.043}$$

In Bild 11.12 ist dieser Wert für eine Polradspannung $E_{\max} < E(90°)$ bzw. $e_{\max} < e(90°)$ eingetragen. $P(e_{\max})$ selbst ist nach Gl. (11.033)

$$P(e_{\max}) = u_q(e_{\max}) \frac{3U^2}{X}. \tag{11.044}$$

Die Berechnung von $P(90°)$ unter Berücksichtigung von Quergliedern ist bereits wesentlich umständlicher, obwohl der Rechengang der gleiche ist. Die Ersatzschaltung eines beliebigen verlustlosen Übertragungsnetzes kann immer als *Pi*-Schaltung aus Induktivitäten und Kapazitäten dargestellt werden. Im allgemeinen ist das Längsglied induktiv, während die Querglieder kapazitiv sind. In Bild 11.14 ist die

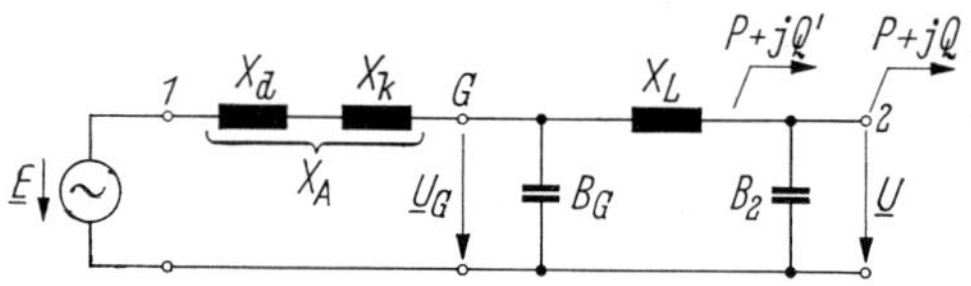

Bild 11.14 Übertragung wie Bild 11.11, jedoch mit kapazitiven Quergliedern.

Ersatzschaltung einer solchen Übertragung wiedergegeben. Die beiden Querglieder der *Pi*-Schaltung sind nur dann gleich, wenn das Übertragungsnetz zwischen den Klemmenpaaren G und 2 im Hinblick auf diese Klemmenpaare symmetrisch ist.

Für die höchste unter der Bedingung (11.029) stabil übertragbare Leistung findet man

$$P(90°) = \frac{3U^2}{X_A + X_L - X_A X_L B_G} \sqrt{(1 - X_A B_G)^2 + 2\frac{X_A}{X_L}(1 - X_A B_G)}. \tag{11.045}$$

Das Längsglied B_2 an den Klemmen 2 hat keinen Einfluß, da es an der starren Spannung $\underline{U}$ liegt. Ohne die Bedingung (11.029) wäre die höchste einspeisbare bzw. übertragbare Leistung bei der Polradspannung E

$$P_{\max} = \frac{3EU}{X_A + X_L - X_A X_L B_G}. \tag{11.046}$$

Die zu $P(90°)$ aus Gl. (11.045) gehörende Polradspannung ist somit

$$E(90°) = U \sqrt{(1 - X_A B_G)^2 + 2\left(\frac{X_A}{X_L}\right)(1 - X_A B_G)}\,.$$

Es ist leicht nachzuprüfen, daß die Gln. (11.045) und (11.046) für $B_G = 0$ in die entsprechenden Gln. (11.038) und (11.039) des einfachen Übertragungsnetzes ohne Querglieder übergehen.

Zum Abschluß dieses Abschnittes sei noch auf folgendes hingewiesen: Bei der Prüfung der statischen Stabilität werden, wie bereits zu Beginn des Abschn. 11.1 erwähnt, Regeleinrichtungen nicht berücksichtigt. Das bedeutet, daß bei der zur Untersuchung der Stabilität angenommenen Veränderung des Polradwinkels Antriebsleistung und Polradspannung konstant sind. Unter dieser Voraussetzung ergab sich in 11.1.2 90° als Grenzwinkel bei einer verlustlosen Übertragung ohne Zwischenentnahme von Wirkleistung. Würde man den Spannungsregler, der die Klemmenspannung des Generators konstant hält, in die Betrachtungen einschließen, könnten sich auch Grenzwinkel über 90° ergeben. Mit einem entsprechend schnell arbeitenden Regler wäre sogar ein Betrieb auf dem ganzen ansteigenden Ast der Kurve $P(\vartheta)_{U_G=U}$ möglich. Der stabile Bereich, der sich bei Berücksichtigung des Spannungsreglers jenseits der Grenze der statischen Stabilität ergibt, wird als Bereich künstlicher Stabilität bezeichnet, da ohne den Regler in diesem Bereich kein stabiler Betrieb möglich ist.

11.1.2 Die statische Stabilität bei zwei Synchronmaschinen

Für die Stabilität eines Übertragungssystemes, bei dem zwei Synchronmaschinen in ein passives Netz speisen, ist es noch möglich, auf relativ einfache Weise ein Stabilitätskriterium aufzustellen. Dies beruht auf der Tatsache, daß die von den zwei Maschinen eingespeisten Leistungen, wie noch gezeigt wird, nur von *einer* Variablen abhängen. Bei Übertragungssystemen mit mehr als zwei Synchronmaschinen ist die Aufstellung eines Stabilitätskriteriums wesentlich schwieriger.

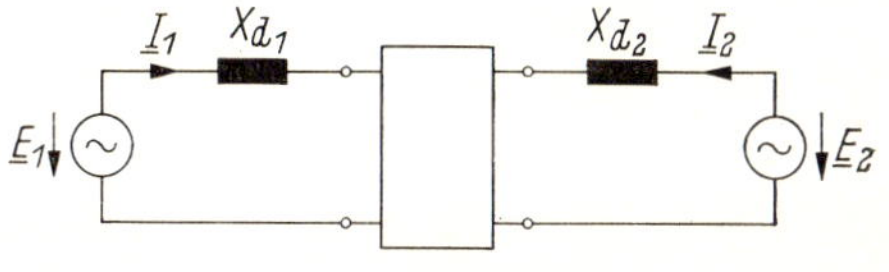

Bild 11.15 Einphasige Schaltung einer Übertragung, bei der zwei Synchronmaschinen in ein passives Übertragungsnetz speisen.

In Bild 11.15 ist die einphasige Ersatzschaltung einer Übertragung wiedergegeben, bei der zwei Synchronmaschinen in ein beliebiges passives, durch einen Kasten dargestelltes Netz speisen. Gefragt ist, unter welchen Bedingungen eine solche Übertragung stabil ist.

Zur Aufstellung eines Stabilitätskriteriums ist es zunächst erforderlich, die von den Maschinen 1 und 2 eingespeisten Leistungen P_{e_1} und P_{e_2} zu bestimmen. Die Berechnung dieser Leistungen kann auf gleiche Weise erfolgen, wie in Abschn. 11.1.1.1 die Speiseleistung einer Synchronmaschine ermittelt wurde, die in ein Netz starrer Spannung speist. Wenn die Synchronreaktanzen dem Übertragungsnetz zugeschlagen werden (Bild 11.16), wird deutlich, daß es sich um das gleiche Problem wie in Abschn. 11.1.1.1 handelt.

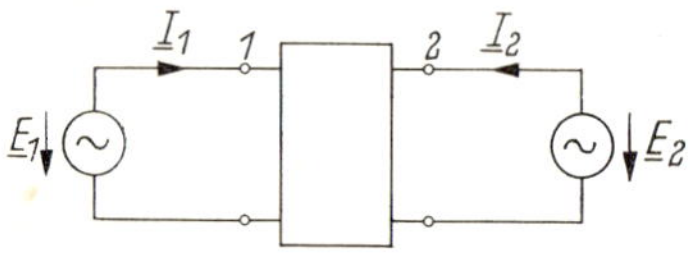

Bild 11.16 Schaltung wie in Bild 11.15. Die Synchronreaktanzen der beiden Maschinen sind jedoch dem Übertragungsnetz zugeschlagen.

Entsprechend (11.002) gilt hier bei umgekehrtem Stromzählpfeil von $\underline{I}_2$

$$\begin{aligned} \underline{I}_1 &= \frac{1}{\underline{Z}_{11}} \underline{E}_1 - \frac{1}{\underline{Z}_{12}} \underline{E}_2, \\ \underline{I}_2 &= -\frac{1}{\underline{Z}_{21}} \underline{E}_1 + \frac{1}{\underline{Z}_{22}} \underline{E}_2. \end{aligned} \tag{11.047}$$

Hieraus folgt für die Leistungen der beiden Maschinen entsprechend (11.005)

$$\begin{aligned} P_{e_1} &= 3\left[\frac{E_1^2}{Z_{11}} \cos \varphi_{11} - \frac{E_1 E_2}{Z_{12}} \cos(\vartheta_1 - \vartheta_2 + \varphi_{12})\right], \\ P_{e_2} &= 3\left[\frac{E_2^2}{Z_{22}} \cos \varphi_{22} - \frac{E_1 E_2}{Z_{12}} \cos(\vartheta_1 - \vartheta_2 - \varphi_{12})\right]. \end{aligned} \tag{11.048}$$

Die eingespeisten Leistungen hängen nur von der Differenz der von einer beliebigen Bezugsgröße aus gerechneten Polradwinkel der beiden Maschinen ab. Die Differenz der Polradwinkel entspricht dem Winkel ϑ zwischen der Polradspannung und der Spannung des starren Netzes bei der Behandlung einer Synchronmaschine, die in ein Netz starrer Spannung speist. Es sei deshalb entsprechend (11.006)

$$\operatorname{Arc} \underline{E}_1 - \operatorname{Arc} \underline{E}_2 = \vartheta_1 - \vartheta_2 = \vartheta \tag{11.049}$$

gesetzt, so daß

$$\begin{aligned} P_{e_1} &= 3\left[\frac{E_1^2}{Z_{11}} \cos \varphi_{11} - \frac{E_1 E_2}{Z_{12}} \cos(\vartheta + \varphi_{12})\right], \\ P_{e_2} &= 3\left[\frac{E_2^2}{Z_{22}} \cos \varphi_{22} - \frac{E_1 E_2}{Z_{12}} \cos(\vartheta - \varphi_{12})\right] \end{aligned} \tag{11.050}$$

wird.

In Bild 11.18 sind als Beispiel die Leistungskennlinien $P_{e_1}(\vartheta)$ und $P_{e_2}(\vartheta)$ der in Bild 11.17a dargestellten Übertragung wiedergegeben. In Bild 11.17b ist die zugehörige einphasige Ersatzschaltung mit auf 220 kV bezogenen Spannungen und Impedanzen angegeben.

In Abschn. 11.1.1.2 ist gezeigt worden, daß das Polrad einer Synchronmaschine dann in stabilem Gleichgewicht ist, wenn bei einer angenommenen kleinen Änderung des Polradwinkels ein resultierendes Moment hervorgerufen wird, das so gerichtet ist, daß der ursprüngliche Zustand wieder hergestellt wird. Auf gleiche Weise kann auch hier die Stabilität nachgeprüft werden.

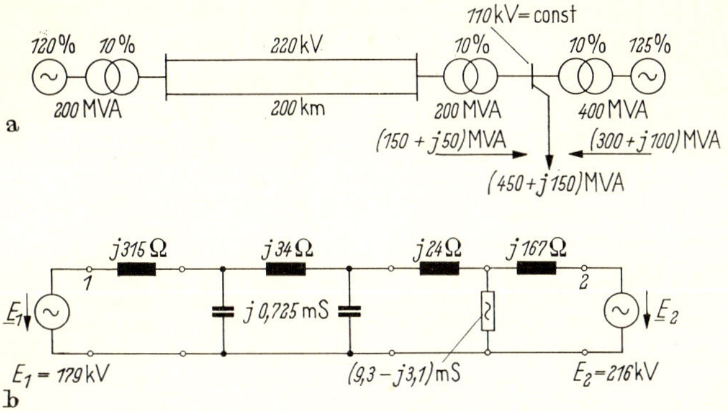

Bild 11.17 a u. b Beispiel einer Energieübertragung, bei der zwei Synchronmaschinen in ein verlustloses Übertragungsnetz speisen.

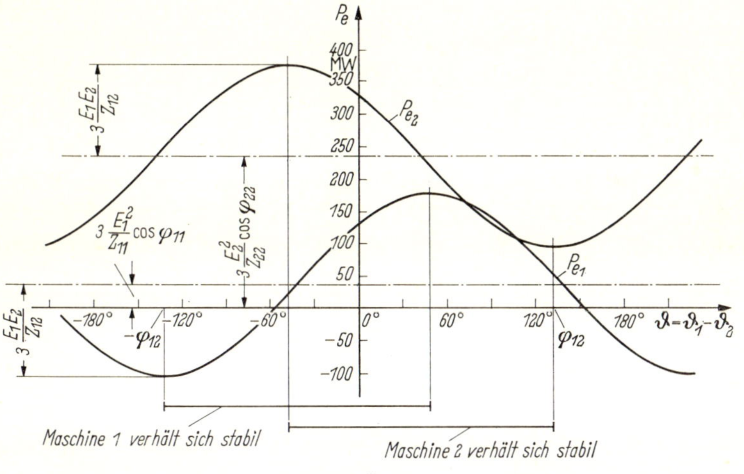

Bild 11.18 Leistungskennlinien der Übertragung nach Bild 11.17a u. b.

Bei zwei Maschinen sind die Speiseleistungen, wie gezeigt wurde, nur von der Differenz der Polradwinkel $\vartheta = \vartheta_1 - \vartheta_2$ abhängig. Ein bestimmter Betriebszustand ist deshalb durch ϑ allein gekennzeichnet. Zur Nachprüfung der Stabilität in einem Betriebspunkt, dem die Winkeldifferenz ϑ_0 zugeordnet sei, wird diese Winkeldifferenz durch Verschieben der beiden Polräder um kleine Winkel $\Delta\vartheta_1$ und $\Delta\vartheta_2$ in beliebiger Richtung um den Wert $\Delta\vartheta = \Delta\vartheta_1 - \Delta\vartheta_2$ geändert. Für diese Änderung werden die auf die Polräder der beiden Maschinen wirkenden resultierenden Momente bzw. die zugehörigen Leistungen bestimmt. Sind die resultierenden Momente bzw. Leistungen beider Maschinen so gerichtet, daß sie die angenommene Änderung der Winkeldifferenz ϑ zu verkleinern und damit den durch ϑ_0 gekennzeichneten ursprünglichen Betriebszustand wieder herbeizuführen suchen, dann ist die Übertragung stabil.

In Bild 11.19 sind die Zeiger der Polradspannungen der beiden betrachteten Maschinen wiedergegeben. Die Maschine 1 läuft voraus, die Maschine 2 folgt mit einem Winkelunterschied ϑ_0. ϑ_0 entspricht dem Betriebszustand, bei dem die Antriebsmomente mit den elektrischen Momenten im Gleichgewicht sind. Winkel und Drehmomente sowie die

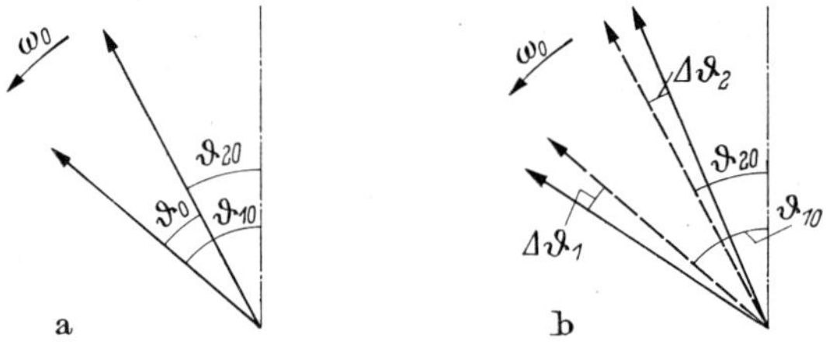

Bild 11.19a u. b Zur Herleitung eines Stabilitätskriteriums für zwei Synchronmaschinen.

zugehörigen Leistungen zählen in der angegebenen Drehrichtung positiv. In Bild 11.19b ist $\Delta\vartheta_1$ positiv und $\Delta\vartheta_2$ negativ angenommen, so daß beide Winkeländerungen ϑ vergrößern. Diese Annahme ist willkürlich, sie hat keinen Einfluß auf das Ergebnis. Die den resultierenden Momenten entsprechenden Leistungen ergeben sich zu

$$P_{1_{\mathrm{res}}}(\vartheta_0 + \Delta\vartheta) = -\left(\frac{dP_{e_1}}{d\vartheta}\right)_{\vartheta=\vartheta_0} \Delta\vartheta,$$
$$P_{2_{\mathrm{res}}}(\vartheta_0 + \Delta\vartheta) = -\left(\frac{dP_{e_2}}{d\vartheta}\right)_{\vartheta=\vartheta_0} \Delta\vartheta. \tag{11.051}$$

Ist nun wie in Bild 11.19 die Maschine 2 die nachlaufende $(\vartheta_2 < \vartheta_1)$, dann verhält sich Maschine 1 stabil, wenn sie bei einer Vergrößerung von ϑ durch das resultierende Moment gebremst wird und so der Differenzwinkel wieder verkleinert wird. Hierfür ist ein entgegen der Drehrichtung, also in negativem Sinn wirkendes resultierendes Moment erforderlich. Diese Bedingung ist nach (11.051) erfüllt, wenn

$$\left(\frac{dP_{e_1}}{d\vartheta}\right)_{\vartheta=\vartheta_0} > 0 \tag{11.052}$$

ist. Die Maschine 2 dagegen verhält sich stabil, wenn sie bei einer Vergrößerung von ϑ durch das an ihr wirkende resultierende Moment in positiver Richtung beschleunigt wird und so der Differenzwinkel ebenfalls verkleinert wird. Hierfür ist ein in Drehrichtung wirkendes resultierendes Moment erforderlich, d. h. es muß nach (11.051)

$$\left(\frac{dP_{e_2}}{d\vartheta}\right)_{\vartheta=\vartheta_0} < 0 \tag{11.053}$$

sein. In einem Betriebspunkt, in dem sich beide Maschinen stabil verhalten, für den sowohl (11.052) als auch (11.053) erfüllt sind, ist die Übertragung sicher stabil. Sie ist sicher labil, wenn

$$\left(\frac{dP_{e_1}}{d\vartheta}\right)_{\vartheta=\vartheta_0} < 0 \tag{11.054}$$

und

$$\left(\frac{dP_{e_2}}{d\vartheta}\right)_{\vartheta=\vartheta_0} > 0 \tag{11.055}$$

ist, da sich dann beide Maschinen labil verhalten. In Bild 11.18 sind die stabilen Bereiche der beiden Maschinen eingetragen. Wo sie sich überschneiden, ist die Übertragung sicher stabil.

Verhält sich nur eine Maschine stabil, die andere jedoch labil, so kann die Übertragung insgesamt dennoch stabil sein, d. h., daß der Synchronismus der beiden Maschinen nach einer kleinen Störung ohne Eingreifen der Regler wieder erreicht wird: Angenommen, die vorauslaufende Maschine 1 verhalte sich in einem bestimmten Betriebspunkt ϑ_0 labil, die nachlaufende Maschine 2 jedoch stabil, und es trete eine zufällige Vergrößerung von ϑ auf, dann wird an der labilen Maschine 1 ein in positiver Richtung wirkendes resultierendes Moment wirksam, das die Winkeldifferenz weiter zu vergrößern sucht und die Maschine 1 in positiver Richtung beschleunigt. An der Maschine 2, die sich stabil verhält, wird ein resultierendes Moment hervorgerufen, das ebenfalls in positiver Richtung wirkt und die Maschine in dieser Richtung beschleunigt, das jedoch die Winkeldifferenz zu verringern sucht. Das Polrad der Maschine 2 läuft dem Polrad der Maschine 1 nach. Wenn die Beschleunigung des Polrades der Maschine 2 größer als die des Polrades der Maschine 1 ist, gelingt es der Maschine 2, die ursprüngliche Winkeldifferenz wieder herzustellen, d. h. der Ausgangszustand wird wieder erreicht. Allgemein kann gesagt werden, daß die Übertragung insgesamt auch dann stabil ist, wenn sich zwar nur eine Maschine stabil verhält, diese jedoch bei einer angenommenen Änderung von ϑ die größere Beschleunigung erfährt. Die Beschleunigungen der beiden Polräder ergeben sich aus den resultierenden Momenten bzw. Leistungen nach Abschn. 11.2.1, Gl. (11.071) und Gl. (11.051) zu

$$\begin{aligned} \frac{d^2\vartheta_1}{dt^2} &= -\frac{\omega_0}{S_{N_1} T_{a_1}} \frac{dP_{e_1}}{d\vartheta} \Delta\vartheta, \\ \frac{d^2\vartheta_2}{dt^2} &= -\frac{\omega_0}{S_{N_2} T_{a_2}} \frac{dP_{e_2}}{d\vartheta} \Delta\vartheta. \end{aligned} \tag{11.056}$$

Nach dem oben Gesagten muß nun

$$\frac{d^2\vartheta_2}{dt^2} > \frac{d^2\vartheta_1}{dt^2} \tag{11.057}$$

oder

$$-\frac{d^2\vartheta_1}{dt^2} + \frac{d^2\vartheta_2}{dt^2} > 0 \tag{11.058}$$

sein. Setzt man die Beschleunigungen nach (11.056) ein, wird schließlich

$$\frac{\omega_0}{S_{N_1} T_{a_1}} \frac{dP_{e_1}}{d\vartheta} - \frac{\omega_0}{S_{N_2} T_{a_2}} \frac{dP_{e_2}}{d\vartheta} > 0. \tag{11.059}$$

Diese Gleichung gilt auch, wie man leicht nachprüfen kann, wenn Maschine 1 als stabil und Maschine 2 als labil angenommen wird. Es ist nur auf die Vorzeichen der Beschleunigungen zu achten.

In (11.059) sind auch die Stabilitätsbedingungen (11.052) und (11.053) eingeschlossen, so daß (11.059) als einziges Stabilitätskriterium des Zweimaschinenproblems angesehen werden kann.

Für ein Energieübertragungssystem, bei dem mehr als zwei Synchronmaschinen in ein Netz speisen, läßt sich ein Stabilitätskriterium nicht auf so einfache Weise aufstellen, wie es für zwei Maschinen noch möglich ist. Die Speiseleistungen sind nicht mehr nur von *einer* Veränderlichen abhängig. Für das Stabilitätskriterium des Mehrmaschinenproblems sei auf die Literatur verwiesen [*10*, *11*, *16*, *17*].

In jedem Fall ist es jedoch erforderlich, die Speiseleistungen der einzelnen Maschinen in Abhängigkeit der Polradwinkel zu errechnen. Speisen n Synchronmaschinen in ein beliebiges passives (jedoch lineares) Netz, so sind die Speiseströme der Maschinen lineare Funktionen der n Polradspannungen. Der Speisestrom der i-ten Maschine ist

$$\underline{I}_i = \frac{\underline{E}_i}{\underline{Z}_{ii}} - \sum_{\substack{k=1 \\ k \neq i}}^{k=n} \frac{\underline{E}_k}{\underline{Z}_{ik}}, \tag{11.060}$$

wenn die Strompfeile wie in Bild 11.20 angenommen werden.

In Bild 11.20 speisen $n = 4$ Maschinen in ein als Kasten dargestelltes Übertragungsnetz. Die Synchronreaktanzen der Maschinen sind dem Übertragungsnetz zugeschlagen.

$\underline{Z}_{ii}$ wird als Eigenimpedanz des Klemmenpaares i, $\underline{Z}_{ik} = \underline{Z}_{ki}$ als Kopplungsimpedanz der Klemmenpaare i und k bezeichnet. Die Impedanzen können dadurch bestimmt werden, daß abwechselnd alle Polradspannungen bis auf jeweils eine zu Null gemacht werden. Es ist dann, wenn $\underline{E}_i$ die einzige wirksame Polradspannung ist,

$$\underline{Z}_{ii} = \frac{\underline{E}_i}{\underline{I}_i}, \qquad \underline{Z}_{ik} = \underline{Z}_{ki} = -\frac{\underline{E}_i}{\underline{I}_k}. \tag{11.061}$$

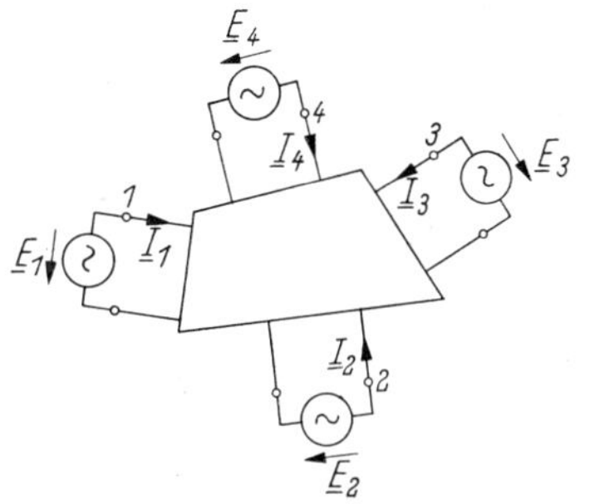

Bild 11.20 Schaltbild einer Übertragung, bei der vier Synchronmaschinen in ein passives Netz speisen. Das Übertragungsnetz einschließlich der Synchronreaktanzen ist als Kasten dargestellt.

Für die Speiseleistung der i-ten Maschine findet man

$$P_{e_i} = 3\,Re\,\underline{E}_i\underline{I}_i^* = 3\left[\frac{E_i^2}{Z_{ii}}\cos\varphi_{ii} - \sum_{\substack{k=1\\k\neq i}}^{k=n}\frac{E_iE_k}{Z_{ik}}\cos(\vartheta_i - \vartheta_k + \varphi_{ik})\right]. \tag{11.062}$$

Die Speiseleistung hängt also von $n - 1$ Differenzen der Polradwinkel ab.

Die Ermittlung der Eigen- und Kopplungsimpedanzen kann auf folgende Weise geschehen: Man stellt zunächst die Ersatzschaltung des gesamten Übertragungsnetzes einschließlich der speisenden Synchronmaschinen aus den Ersatzschaltungen der einzelnen Elemente zusammen und versucht, dieses Netzwerk durch Stern-Vieleckumwandlungen auf ein vollständiges $(n + 1)$-Eck zurückzuführen. Diese Umwandlung erfordert unter Umständen erhebliche Rechenarbeit. Aus dem erhaltenen vollständigen Vieleck können die gesuchten Impedanzen unter Berücksichtigung von (11.061) leicht abgelesen werden. In Bild 11.21 ist für $n = 4$ Maschinen das angestrebte vollständige $(n + 1 = 5)$-Eck mit den Polradspannungen als speisenden Spannungsquellen wiedergegeben.

Denkt man sich die Spannungsquellen alle bis auf eine, z. B. $\underline{E}_1$, unwirksam, so sind alle Impedanzen, die den unwirksamen Spannungsquellen parallel geschaltet sind ($\underline{Z}_{20}$, $\underline{Z}_{30}$ und $\underline{Z}_{40}$), und die zwischen unwirksamen Spannungsquellen liegenden Impedanzen ($\underline{Z}_{23}$, $\underline{Z}_{34}$ und $\underline{Z}_{24}$) kurzgeschlossen und somit stromlos. In Bild 11.22 ist dieser Fall wiedergegeben. Die stromlosen Impedanzen sind hierbei weggelassen.

Unter Beachtung von (11.061) findet man, daß die Kopplungsimpedanzen $\underline{Z}_{ik}$ mit den Impedanzen der entsprechenden Vieleckseiten identisch sind. Für die Eigenimpedanz des Klemmenpaares 1 (Klemmen 1 und 0) ergibt sich die resultierende Impedanz der Parallelschaltung aller verbliebenen Impedanzen. Es gilt daher allgemein für die Eigenimpedanz des Klemmenpaares i (Klemmen i und 0)

$$\frac{1}{\underline{Z}_{ii}} = \frac{1}{\underline{Z}_{i0}} + \sum_{k=1}^{k=n} \frac{1}{\underline{Z}_{ik}}. \tag{11.063}$$

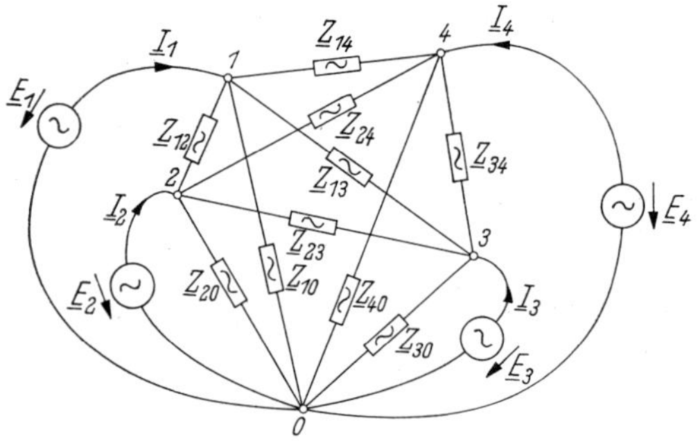

Bild 11.21 Schaltung der Übertragung nach Bild 11.20. Das Übertragungsnetz (einschließlich der Synchronreaktanzen der Maschinen) ist als vollständiges Impedanz-Fünfeck wiedergegeben.

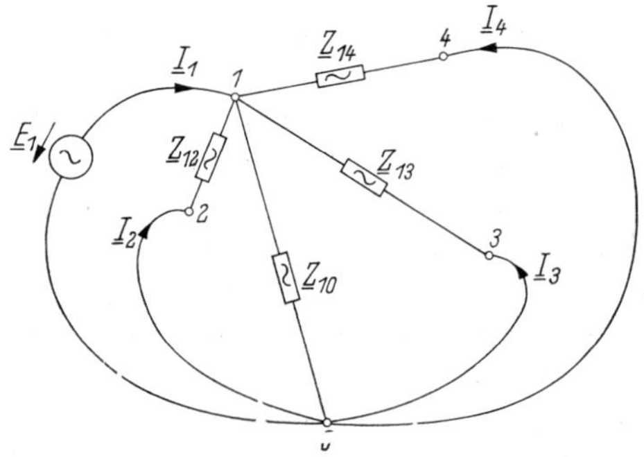

Bild 11.22 Zur Bestimmung der Eigen- und Kopplungsimpedanzen der Schaltung aus Bild 11.21: Bei $\underline{E}_1$ als einziger wirksamer Spannungsquelle führen nur die Impedanzen $\underline{Z}_{10}$ $\underline{Z}_{12}$, $\underline{Z}_{13}$ und $\underline{Z}_{14}$ Strom.

Selbstverständlich ist hierin auch der oben behandelte Fall $n = 2$ Maschinen eingeschlossen. Das zugehörige (vollständige) Dreieck ist nichts anderes als die *Pi*-Schaltung, deren Längsglied die Kopplungsimpedanz $\underline{Z}_{12}$ ist und für deren Eigenimpedanzen $\underline{Z}_{11} = \underline{Z}_{10}\underline{Z}_{12}/(\underline{Z}_{10} + \underline{Z}_{12})$ und $\underline{Z}_{22} = \underline{Z}_{20}\underline{Z}_{12}/(\underline{Z}_{20} + \underline{Z}_{12})$ gilt [s. Gl. (11.020)].

11.1.3 Mittel zur Erhöhung der übertragbaren Leistung

Von den verschiedenen Möglichkeiten zur Erhöhung der übertragbaren Leistung bzw. zur Verbesserung der Stabilität sollen hier nur der Einbau von Kondensatoren als Reihen- oder als Parallelkondensatoren sowie die zusätzliche Belastung einer Synchronmaschine durch Blindleistung besprochen werden.

In Abschn. 11.1.1.1 wurde gezeigt, daß die maximal übertragbare Leistung bei verlustlosen Übertragungselementen und ohne Zwischenentnahme von Wirkleistung bei festgegebener Spannung des gespeisten Netzes proportional der Polradspannung der speisenden Maschine und umgekehrt proportional der Längsreaktanz der *Pi*-Ersatzschaltung (Kopplungsimpedanz) des Übertragungsnetzes ist. Zur Erhöhung der übertragbaren Leistung kann deshalb in dieser Hinsicht entweder die Polradspannung erhöht oder die Kopplungsreaktanz verkleinert werden. Eine Verkleinerung der Kopplungsreaktanz kann durch den Einbau von Kondensatoren in das Übertragungsnetz erreicht werden. Die Polradspannung kann meist nicht ohne weiteres erhöht werden, da sich hierbei auch die Klemmenspannung der Maschine und damit die Anfangsspannung der Leitung erhöhen würde. Wird jedoch gleichzeitig zusätzliche Blindleistung an der Maschine entnommen, so ist eine Erhöhung der Polradspannung und damit eine Verbesserung der Stabilität ohne Änderung der Klemmenspannung möglich. Die hierdurch erzielbare Verbesserung der Stabilität ist dann am größten, wenn die Maschine vorher mit einem $\cos\varphi$ nahe 1 belastet war.

11.1.3.1 Verbesserung der Stabilität durch Einbau von Kondensatoren in das Übertragungsnetz. Bei einer verlustlosen Übertragung ohne Zwischenentnahme von Wirkleistung ist, wie in Abschn. 11.1.1.1 gezeigt wurde, die Längsreaktanz der resultierenden *Pi*-Ersatzschaltung des Übertragungsnetzes für die maximal übertragbare Leistung entscheidend. Diese Reaktanz setzt sich im wesentlichen aus der Synchronreaktanz der speisenden Maschine und den Längsreaktanzen der einzelnen Übertragungselemente zusammen. Es liegt nahe, anzunehmen, daß durch das Zwischenschalten eines Reihenkondensators die resultierende Längsreaktanz durch die negative Reaktanz des Kondensators verkleinert werden kann. In Bild 11.23 ist eine verlustlose Übertragung dargestellt, die aus Generator, Transformator und einer durch einen Reihenkondensator unterbrochenen Leitung besteht.

Zur Berechnung der gesuchten Längsreaktanz der resultierenden *Pi*-Ersatzschaltung, die gleich der Kopplungsreaktanz X_{12} der Klemmenpaare 1 und 2 ist, wird das Klemmenpaar 2, wie in Abschn. 11.1.1.1 beschrieben, kurzgeschlossen und der Quotient $\underline{E}/\underline{I}_2$ für $\underline{U} = 0$ bestimmt.

Man findet auf gleichem Wege wie in den Beispielen des Abschn. 11.1.1.1 mit $b = b_1 + b_2$ für die gesuchte Reaktanz

$$X_{12} = Z_W \sin b + X_A \cos b - X_C \cos b_2 \left(\cos b_1 - \frac{X_A}{Z_W} \sin b_1\right). \qquad (11.064)$$

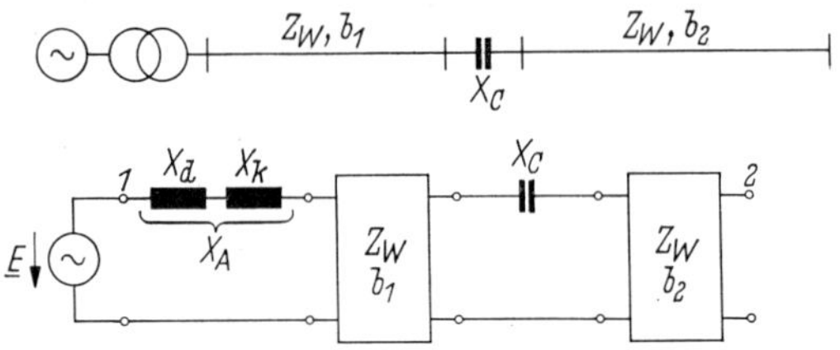

Bild 11.23 Beispiel zur Berechnung der Auswirkung eines Reihenkondensators auf die Kopplungsreaktanz einer verlustlosen Übertragung.

Ohne Kondensator $(X_C = 0)$ wäre

$$X_{12} = Z_W \sin b + X_A \cos b . \qquad (11.065)$$

Eine Verminderung der Kopplungsreaktanz durch den Reihenkondensator tritt offensichtlich nur ein, wenn der Klammerausdruck in Gl. (11.064) größer als Null ist. Um mit einem Kondensator einer bestimmten Kapazität die größtmögliche Verminderung der Kopplungsreaktanz zu erhalten, muß der Einbauort für den Reihenkondensator passend gewählt werden. Die maximal übertragbare Leistung wird entsprechend der Verminderung der Kopplungsreaktanz erhöht. Wegen dieser Erhöhung kann bei gleichem Übertragungswinkel eine größere Leistung übertragen werden als ohne Reihenkondensator. Bei gleicher Leistung ergibt sich ein kleinerer Übertragungswinkel und damit eine Verbesserung der Stabilität.

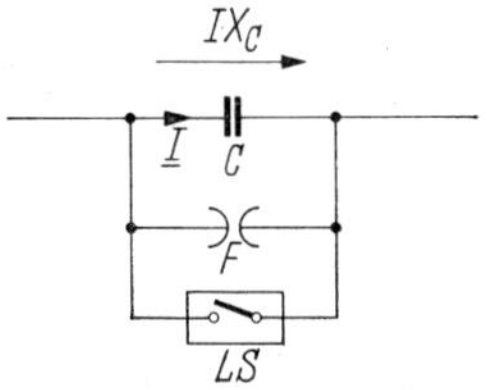

Bild 11.24 Kurzschlußschutz eines Reihenkondensators. C Reihenkondensator; F Funkenstrecke; LS Leistungsschalter.

Beim Einbau von Reihenkondensatoren ist darauf zu achten, daß sie bei einem Kurzschluß vom Kurzschlußstrom durchflossen werden. Da die Spannung am Kondensator dem Leitungsstrom proportional ist, können im Kurzschlußfall Spannungen am Kondensator auftreten, die entsprechend der Höhe des Kurzschlußstromes ein Mehrfaches des Wertes im fehlerfreien Betrieb betragen. Ein Reihenkondensator muß deshalb mit einem entsprechenden Kurzschlußschutz versehen werden. In Bild 11.24 ist die Schaltung eines solchen Schutzes angegeben.

Bei Auftreten einer Überspannung am Kondensator spricht die Funkenstrecke F an und begrenzt die Spannung am Kondensator auf ihre

Brennspannung. Außerdem wird durch das Ansprechen der Funkenstrecke veranlaßt, daß der Leistungsschalter *LS* geschlossen wird und so Kondensator und Funkenstrecke überbrückt werden, so daß der ganze Kurzschlußstrom ausschließlich über den Schalter fließt. Funkenstrecke und Kondensator sind dann stromlos. Nach Beseitigung des Kurzschlusses öffnet der Schalter sofort wieder, so daß die Kompensationswirkung des Kondensators wieder wirksam wird.

Durch eine entsprechende Bemessung des Reihenkondensators wäre es möglich, die Kopplungsimpedanz bis auf die ohmschen Widerstände zu reduzieren. Eine solche starke Verminderung der Kopplungsimpedanz ist jedoch keineswegs erwünscht, da dann bei einem Kurzschluß der Strom nur durch die geringen ohmschen Widerstände begrenzt würde. Man wird immer nur so weit kompensieren, wie es für die Stabilität nötig ist.

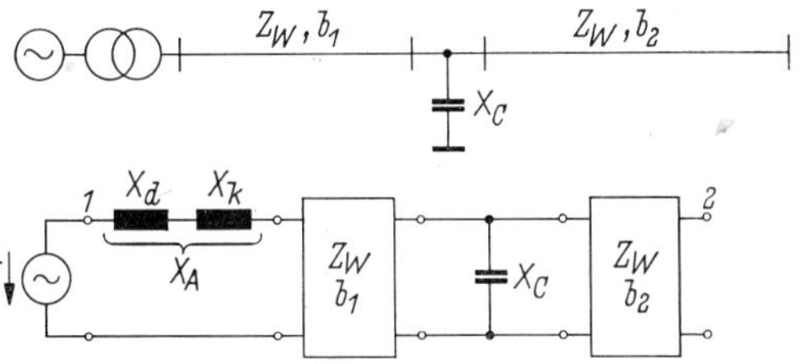

Bild 11.25 Beispiel zur Berechnung der Auswirkung eines Parallelkondensators auf die Kopplungsreaktanz einer verlustlosen Übertragung.

Eine ähnliche Verminderung der Kopplungsreaktanz kann durch Einfügen eines Parallelkondensators, eines sog. Stützkondensators, erreicht werden. In Bild 11.25 ist an die Stelle des Reihenkondensators der oben behandelten Übertragung ein Parallelkondensator gesetzt worden.

Die gesuchte Kopplungsreaktanz ergibt sich hierfür zu

$$X_{12} = Z_W \sin b + X_A \cos b - \frac{Z_W^2}{X_C} \sin b_2 \left(\sin b_1 + \frac{X_A}{Z_W} \cos b_1 \right). \qquad (11.066)$$

Ohne Parallelkondensator wäre sie um den negativen Summanden größer.

Aus Gl. (11.066) ist zu entnehmen, daß der Anschluß einer Drosselspule die Kopplungsreaktanz vergrößert ($X_D = -X_C$). Daß unter Umständen der Anschluß einer Drosselspule die Stabilität dennoch vergrößern kann, sei im folgenden Abschnitt gezeigt.

11.1.3.2 Verbesserung der Stabilität durch zusätzliche Entnahme von Blindleistung. Grundsätzlich kann die Stabilität einer Übertragung durch Erhöhung der Polradspannung der speisenden Maschine verbessert werden. Die Erhöhung der Polradspannung hat jedoch, wenn nicht sonst noch geeignete Veränderungen vorgenommen werden, auch eine Erhöhung der Klemmenspannung der Maschine bzw. der Anfangsspannung der Leitung zur Folge. Außerdem ändert sich auch die übertragene Blindleistung des Systems.

In Bild 11.26 ist eine Übertragung, deren Leitung näherungsweise nur durch eine Reaktanz X_L dargestellt ist, mit dem zugehörigen Zeigerdiagramm der Spannungen wiedergegeben. In dieses Zeigerdiagramm sind für die Polradspannung $\underline{E}$ und die Spannung $\underline{U}_G$ am Leitungsanfang die Linien für konstante übertragene Wirkleistung angegeben.

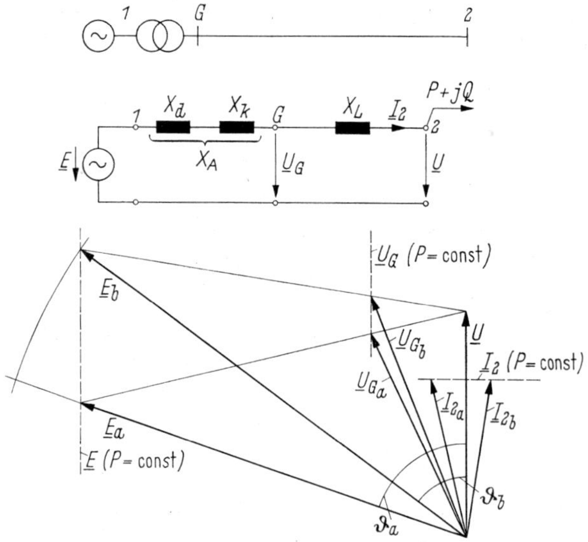

Bild 11.26 Auswirkung der Erhöhung der Polradspannung von E_a auf E_b. Es wird $U_{G_a} > U_{G_b}$ und $\vartheta_b < \vartheta_a$.

Bei Erhöhung der Polradspannung von E_a auf E_b ergibt sich bei gleicher übertragener Wirkleistung ($P = \text{const}$) ein kleinerer Winkel $\vartheta\,(\vartheta_b < \vartheta_a)$. Die Spannung U_G wird jedoch vergrößert ($U_{G_b} > U_{G_a}$) und die übertragene Blindleistung um einen induktiven Anteil erhöht.

Eine Erhöhung der Polradspannung, ohne daß die Spannung U_G ebenfalls vergrößert wird, ist möglich, wenn gleichzeitig an dem Klemmenpaar G Blindleistung im geeigneter Höhe durch eine Drossel entnommen wird. Die Wirkung dieser Maßnahme ist aus dem Zeigerdiagramm von Bild 11.27 zu ersehen:

Die Vergrößerung von E_a auf $E_c = E_b$ ergibt bei unverändertem U_G und unverändertem $\underline{I}_2$ einen kleineren Winkel $\vartheta\,(\vartheta_c < \vartheta_a)$, der jedoch größer als ϑ_b aus Bild 11.26 ist.

Die Abnahme von Blindleistung an G gestattet, wie man sieht, bei gleichem U_G die Polradspannung zu erhöhen und damit die Stabilität zu verbessern. Die hierdurch erzielbare Verbesserung der Stabilität ist dann am größten, wenn die Maschine im Zustand a mit einem $\cos\varphi$ nahe 1 betrieben wurde, wie dies in den Bildern 11.26 und 11.27 der Fall ist.

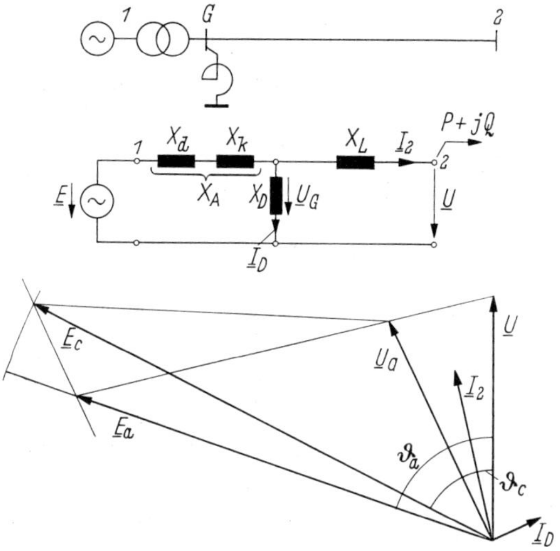

Bild 11.27 Auswirkung der Erhöhung der Polradspannung von E_a auf $E_c = E_b$ (aus Bild 11.26) bei gleichzeitiger Entnahme von Blindleistung derart, daß $\underline{U}_G$ unverändert bleibt. Es wird $\vartheta_c > \vartheta_a$.

11.2 Dynamische Stabilität

Als dynamisch stabil wird ein Übertragungssystem bezeichnet, wenn der Synchronismus beim plötzlichen Übergang von einem Übertragungszustand in einen anderen, für die beide statische Stabilität gegeben ist, gewahrt bleibt. Der Übertragungszustand eines Systems ist durch die für diesen Zustand geltenden Leistungskennlinien und die Antriebsleistungen der Maschinen bestimmt.

Von den möglichen Änderungen des Übertragungszustandes haben praktische Bedeutung:

1. Schaltvorgänge, die die Impedanzen des Übertragungsnetzes verändern, etwa die Abschaltung von Leitungen, Zu- oder Abschaltung großer Lasten und die Abschaltung belasteter Generatoren.

2. Fehler im Übertragungsnetz: Kurzschlüsse und gegebenenfalls Leiterunterbrechungen. Sie verändern ebenfalls die Impedanzen des Übertragungsnetzes.

Der Übergang vom einen Zustand zum anderen erfolgt über Pendelungen der Polräder der beteiligten Maschinen, der Spannungen, Ströme und Leistungen. In den meisten Fällen steht es nach dem ersten Ausschlag, der im allgemeinen bereits einige Zehntelsekunden nach Eintritt der plötzlichen Veränderung des Übertragungszustandes erreicht wird, fest, ob wieder ein stabiler Betriebspunkt erreicht werden kann oder nicht. Dieser Zeitabschnitt fällt in den transienten Bereich der Synchronmaschine, in dem näherungsweise E' als konstante treibende Spannung und X_d' als konstante wirksame Reaktanz angesehen werden können (s. Abschn. 8.2).

Im folgenden werden einige Beispiele zur Erläuterung des Problems der dynamischen Stabilität angeführt. In allen Fällen werden einfache Übertragungen behandelt, bei denen eine Synchronmaschine über ein verlustloses Übertragungsnetz ohne Zwischenentnahme in ein Netz starrer Spannung speist. Die in Abschn. 11.1.1.1 für eine solche Übertragung abgeleitete Leistungsgleichung lautet für den hier interessierenden transienten Bereich

$$P_e' = \frac{3\,E'U}{X_{12}'} \sin \vartheta'. \qquad (11.067)$$

X_{12}' erhält man, indem man bei der Berechnung der Kopplungsreaktanz an die Stelle von $X_d \to X_d'$ setzt. E' ergibt sich aus dem Übertragungszustand vor Eintritt der plötzlichen Veränderung. Die transiente Leistungskennlinie hat im allgemeinen eine größere Amplitude als die zugehörige statische Kennlinie. Zwar ist die Spannung E' im Zähler kleiner als die Polradspannung, der Einfluß der kleineren Reaktanz ist jedoch in der Regel größer.

Bild 11.28 zeigt eine Übertragung, bei der ein Generator über einen Transformator und eine Doppelleitung in ein Netz starrer Spannung speist. In diesem einfachen Fall gilt für die Kopplungsreaktanz

$$X_{12} = X_d + X_k + X_B/2\,,$$

$$X_{12}' = X_d' + X_k + X_B/2\,.$$

Der Generator wird mit der konstanten Leistung P_{a_A} angetrieben. Es stellt sich der stabile Betriebspunkt A mit den zugehörigen Winkeln ϑ_A und ϑ_A' ein. Wird die Antriebsleistung langsam auf P_{a_B} erhöht, derart, daß Antriebsleistung und elektrische Leistung praktisch immer im Gleichgewicht sind, so wandert der Betriebspunkt entlang der Kurve $P_e(\vartheta)$ bis zu dem Punkt D, ohne daß die synchrone Winkelgeschwindigkeit überschritten wird. Dieser Vorgang ist nicht dynamisch. Wird dagegen die Antriebsleistung sprunghaft auf P_{a_B} erhöht, so ist erstens für die abgegebene Leistung für kurze Zeit die transiente Leistungskennlinie $P_e'(\vartheta')$ maßgebend, und zweitens ergibt sich eine resultierende Leistung $P_{\text{res}} = P_{a_B} - P_e'(\vartheta')$, die den Rotor beschleunigt, so daß seine Winkelgeschwindigkeit die synchrone übersteigt und der Winkel ϑ' vergrößert wird. Während der Bewegung von ϑ'_A nach ϑ'_B wird der Rotor beschleunigt, bis im Punkt B die resultierende Leistung Null wird. Da der Rotor in diesem Punkt jedoch eine Winkelgeschwindigkeit besitzt, die größer als die synchrone ist, vergrößert sich ϑ' über ϑ'_B hinaus. Jenseits von ϑ'_B ist die resultierende Leistung negativ und wirkt bremsend auf den Rotor, so daß er bei ϑ'_C die synchrone Winkelgeschwindigkeit wieder erreicht. Durch die dort wirkende negative resultierende Leistung wird er noch weiter abgebremst, seine Winkelgeschwindigkeit sinkt unter die synchrone, und der Winkel ϑ' verkleinert sich wieder. Der Rotor pendelt auf diese

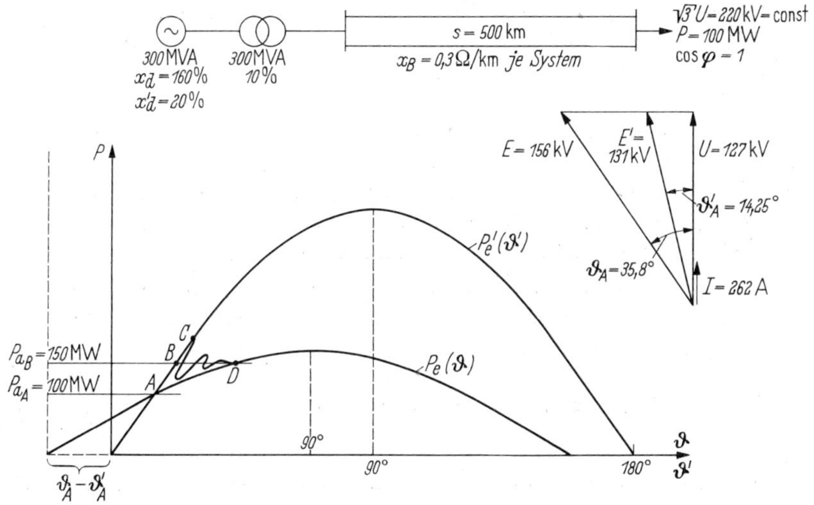

Bild 11.28 Durch sprunghafte Erhöhung der Antriebsleistung verursachte Pendelung.

Weise einige Male um den Punkt B, wobei die Ausschläge Leistungskennlinien folgen, die sich mehr und mehr von der Kurve $P'_e(\vartheta')$ entfernen und der statischen Kurve $P_e(\vartheta)$ nähern. Die Größe der Ausschläge wird wegen der Dämpfung immer kleiner, und schließlich stellt sich der stabile Betriebspunkt D auf der statischen Kennlinie ein.

Während der Betrag von $\underline{E}$ nach dem Ausgleichsvorgang wieder dieselbe Größe erreicht wie vorher, ändert sich $\underline{E}'$ nach Größe und Winkel infolge der höheren abgegebenen Leistung. Wollte man, vom Betriebspunkt D ausgehend, eine neue Störung untersuchen, so müßte durch ihn eine neue transiente Leistungskennlinie mit veränderter Amplitude gelegt werden. Die bisherige transiente Leistungskennlinie hat für eine von diesem Betriebspunkt ausgehende Störung keine Gültigkeit.

Wie bereits erwähnt, erkennt man meistens schon nach dem ersten Ausschlag der Pendelung, ob der Generator wieder zu einem stabilen

Betriebspunkt gelangt oder nicht. Während dieser Zeitspanne ist zumindest näherungsweise die transiente Leistungskennlinie nach (11.067) maßgebend. Für die Beurteilung der dynamischen Stabilität braucht also, wenn die Pendelungen nicht zu lange dauern, das Abwandern des Betriebspunktes auf den Punkt D der statischen Kennlinie nicht berücksichtigt zu werden. In den Abschn. 11.2.2 und 11.2.3 wird deshalb nur noch mit transienten Leistungsgleichungen nach (11.067) gerechnet.

11.2.1 Die Schwingungsgleichung der Synchronmaschine

Die Differentialgleichung für die Relativbewegung des Rotors einer Synchronmaschine gegenüber der synchronen Winkelgeschwindigkeit ω_0/p lautet

$$\theta \frac{d^2}{dt^2} (\vartheta/p) = M_{res} \,. \qquad (11.068)$$

Darin bedeuten θ das Trägheitsmoment von Rotor und Antriebsmaschine, p die Polpaarzahl, ϑ/p den räumlichen Polradwinkel und M_{res} das auf den Rotor wirkende resultierende Moment. Es setzt sich aus dem Antriebsmoment M_a, dem elektrischen Moment M_e und einem Dämpfungsmoment, das proportional der zeitlichen Änderung des Polradwinkels ist, zusammen. Es ist

$$M_{\mathrm{res}} = M_a - M_e - A \frac{d\vartheta}{dt}\,. \qquad (11.069)$$

A ist die sog. Dämpfungskonstante. Zweckmäßig geht man bei Antriebsmoment und elektrischem Moment zu den Leistungen über. Allgemein ist die Leistung eines Drehmomentes M gleich dem Produkt des Momentes und der (räumlichen) Winkelgeschwindigkeit. Die räumliche Winkelgeschwindigkeit ist, wenn ω_0 die synchrone elektrische Winkelgeschwindigkeit ist,

$$\frac{1}{p}\left(\omega_0 + \frac{d\vartheta}{dt}\right),$$

so daß

$$P = M \frac{1}{p}\left(\omega_0 + \frac{d\vartheta}{dt}\right)$$

wird. Während der zu untersuchenden Ausgleichsvorgänge ist meist $\frac{d\vartheta}{dt} \ll \omega_0$. Man kann daher, ohne einen großen Fehler zu machen,

$$P \approx M \frac{\omega_0}{p} \qquad (11.070)$$

Die Anwendung von Gl. (11.078) sei an einem einfachen Beispiel gezeigt. In Bild 11.29 ist die Übertragung von Bild 11.28 mit geänderter übertragener Leistung wiedergegeben. Auf der angedeuteten statischen Kennlinie

$$P_e = \frac{3EU}{X_d + X_k + X_B/2} \sin\vartheta$$

stellt sich der stabile Betriebspunkt A ein, der der angenommenen übertragenen Leistung entspricht. Nun soll plötzlich — etwa durch eine Fehlauslösung eines Relais — ein System der Doppelleitung abgeschaltet werden. Die Gleichung der Leistungskennlinie, die nach der Abschaltung für kurze Zeit gilt, lautet

$$P'_e = \frac{3\,E'U}{X'_d + X_k + X_B} \sin\vartheta' .$$

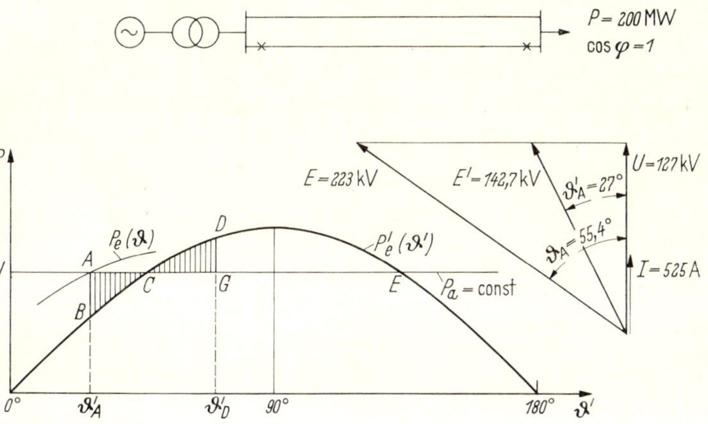

Bild 11.29 Beurteilung der dynamischen Stabilität mit Hilfe des Flächensatzes.

Der Betriebspunkt springt von A nach B. Dabei entsteht eine Differenz zwischen der während des ganzen Vorganges als konstant angenommenen Antriebsleistung P_a und der von der Maschine abgegebenen elektrischen Leistung P'_e. Es ist $P_{\text{res}} = P_a - P'_e > 0$. Der Rotor der Maschine wird beschleunigt, und zwar so lange, bis im Punkt C die resultierende Leistung Null wird. Danach wird der Rotor abgebremst, da sich jenseits von C das Vorzeichen von P_{res} umkehrt. Im Punkt D erreicht der Rotor schließlich wieder seine synchrone Winkelgeschwindigkeit, d. h. $\dot{\vartheta}'$ ist in diesem Punkt Null. Die Richtung der Relativbewegung kehrt sich um, und der Winkel ϑ' wird wieder kleiner. Der zum Umkehrpunkt D gehörende Winkel ϑ'_D ist der maximale Winkel, der erreicht werden kann. Er ist entscheidend dafür, ob der Synchronismus nach der

Abschaltung erhalten bleibt oder nicht. Die Berechnung des Winkels ϑ'_D kann mit Gl. (11.078) erfolgen: Im Schaltaugenblick ist die zeitliche Änderung des Polradwinkels noch Null

$$\dot{\vartheta}'(\vartheta'_A) = 0 .$$

Im Umkehrpunkt ist die zeitliche Änderung des Polradwinkels wieder Null

$$\dot{\vartheta}'(\vartheta'_D) = 0 .$$

Führt man diese Bedingungen in Gl. (11.078) mit $\vartheta'_1 = \vartheta'_A$ und $\vartheta'_2 = \vartheta'_D$ ein, so ergibt sich

$$\int_{\vartheta'_A}^{\vartheta'_D} P_{\text{res}}(\vartheta')\, d\vartheta' = 0 . \qquad (11.079)$$

Hieraus läßt sich ϑ'_D bestimmen. Das Integral von (11.079) setzt sich aus zwei Anteilen zusammen, aus einem, bei dem $P_{\text{res}} > 0$, d. h. $P_a > P'_e$ ist und der Rotor beschleunigt wird, und einem Anteil, bei dem $P_{\text{res}} < 0$, d. h. $P_a < P'_e$ ist und der Rotor gebremst wird. Im Diagramm der Leistungskennlinien und der Antriebsleistung entsprechen den beiden Anteilen des Integrals Flächen, die zwischen der Antriebsgeraden und der jeweils gültigen Kennlinie $P'_e(\vartheta')$ liegen. Dem positiven entsprechen solche, die unterhalb der Antriebsgeraden, und dem negativen Anteil solche, die oberhalb der Antriebsgeraden liegen. Im betrachteten Beispiel sind es die Flächen ABC und CDG. Damit Gl. (11.079) erfüllt ist, müssen positiver und negativer Anteil des Integrals betragsmäßig gleich sein, d. h., daß auch die entsprechenden Flächen gleich sein müssen. Aus dieser Forderung stammt die Bezeichnung „Flächensatz" für Gl. (11.079).

Ist Gl. (11.079) nicht vor Erreichen des Grenzpunktes E erfüllt, kann der Rotor nicht mehr auf die synchrone Winkelgeschwindigkeit abgebremst werden, da er jenseits von E erneut beschleunigt wird. Die Maschine fällt dann außer Tritt. Aus dieser Tatsache ergibt sich ein einfaches Stabilitätskriterium: Die betrachtete Maschine verhält sich bei dem untersuchten Vorgang stabil, wenn

$$\int_{\vartheta'_A}^{\vartheta'_E} P_{\text{res}}(\vartheta')\, d\vartheta' < 0 \qquad (11.080)$$

ist. Da die Dämpfung des Rotors, die in der Rechnung vernachlässigt wurde, in Wirklichkeit immer wirksam ist, wird er den nach (11.079) ermittelten Umkehrpunkt nicht ganz erreichen, so daß an Stelle von (11.080) auch

$$\int_{\vartheta'_A}^{\vartheta'_E} P_{\text{res}}(\vartheta')\, d\vartheta' \leq 0 \qquad (11.081)$$

geschrieben werden kann.

Sehr nützlich ist das Kriterium (11.081) zur Untersuchung der Stabilität bei Kurzunterbrechung. Tritt auf einer Leitung eines Übertragungsnetzes, über das ein Kraftwerk in ein größeres Netz speist, ein Kurzschluß auf, so wird hierdurch die einspeisbare Leistung im allgemeinen erheblich vermindert. Die Synchronmaschinen des Kraftwerkes werden durch die konstant bleibende Antriebsleistung beschleunigt, und es besteht die Gefahr des Außertrittfallens. Durch das Abtrennen der fehler-

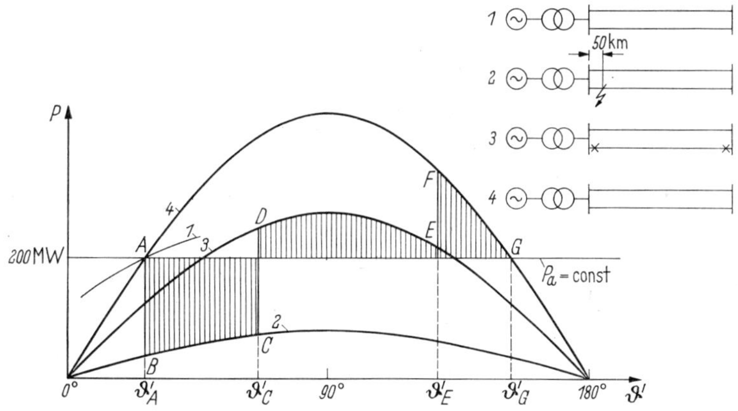

Bild 11.30 Anwendung des Flächensatzes bei einer Kurzunterbrechung.

behafteten Leitung werden die Übertragungsverhältnisse wieder verbessert; unter Umständen jedoch nicht so, daß die Stabilität ohne Wiederzuschalten der abgetrennten Leitung erhalten bleibt. In einem solchen Fall ist es wichtig, die größte zulässige Zeit bis zur Wiedereinschaltung der abgetrennten Leitung zu kennen. Während dieser Zeit muß sich die Lichtbogenstrecke entionisiert haben, damit beim Wiedereinschalten der Lichtbogen nicht neu zündet. Mit dem Flächensatz läßt sich zwar nicht der Zeitpunkt der Wiederzuschaltung der abgetrennten Leitung ermitteln, wohl aber der zugehörige Polradwinkel ϑ'. Als Beispiel soll die Übertragung von Bild 11.29 dienen.

Im ungestörten Betrieb wird eine Leistung von $P = 200$ MW, $\cos\varphi = 1$ übertragen. Es stellt sich der stabile Betriebspunkt A ein, der durch den Schnittpunkt der Geraden $P_a = \text{const}$ und der angedeuteten statischen Kennlinie (1)

$$P_e = \frac{3EU}{X_d + X_k + X_B/2} \sin \vartheta$$

gegeben ist. Zur Zeit $t = 0$ soll auf einem System der Doppelleitung, 50 km vom Transformator entfernt, ein dreipoliger Kurzschluß auftreten. Die für kurze Zeit nach dem Auftreten des Kurzschlusses übertragbare Leistung wird durch die Kennlinie (2)

$$P'_e = \frac{3E'U}{11(X'_d + X_k) + X_B} \sin \vartheta'$$

beschrieben. Der Nenner dieser Gleichung stellt die transiente Kopplungsreaktanz für den Fall eines Kurzschlusses an der angenommenen Stelle dar. Sie kann durch eine Stern-Dreieckumwandlung gewonnen werden.

Der Betriebspunkt rückt von A nach B, und die resultierende Leistung beschleunigt den Rotor der Maschine. Bei $\vartheta'_C = 66°$ — dieser Winkel wird, wie später gezeigt wird, bei einer Anlaufzeitkonstante $T_a = 10$ s nach ca. 0,3 s erreicht — soll das fehlerbehaftete System abgeschaltet werden. Der Betriebspunkt springt dann von C nach D auf der neuen Kennlinie (3)

$$P'_e = \frac{3E'U}{X'_d + X_k + X_B} \sin \vartheta'.$$

Von diesem Zeitpunkt an wird der Rotor wieder verzögert. Die schraffierten Flächen lassen jedoch erkennen, daß er seine synchrone Drehzahl nicht wieder erreicht, wenn nicht das ausgefallene System rechtzeitig wieder zugeschaltet wird. Den kritischen Winkel ϑ'_E, bei dem die Zuschaltung spätestens erfolgen muß, erhält man aus dem Flächensatz (11.079), der für diesen Fall

$$\int_{\vartheta'_A}^{\vartheta'_G} P_{\text{res}}(\vartheta')\, d\vartheta' = 0$$

lautet. Die schraffierte Fläche unterhalb der Antriebsgeraden $P_a = \text{const}$ muß gleich den schraffierten Flächen oberhalb dieser Geraden sein. Man erhält so für den kritischen Winkel $\vartheta'_E = 127{,}6°$. Wird bei diesem Winkel das abgetrennte System wieder zugeschaltet, so springt der Betriebspunkt nach F auf der transienten Kennlinie (4) der fehlerfreien Übertragung. Diese Kennlinie lautet

$$P'_e = \frac{3E'U}{X'_d + X_k + X_B/2} \sin \vartheta'.$$

Nach der Zuschaltung wächst ϑ' noch weiter bis ϑ'_G und müßte theoretisch von da ab konstant bleiben, da in dem Punkt G ein resultierendes Moment nicht vorhanden ist. Praktisch befindet sich der Rotor aber in einem labilen Gleichgewicht, die kleinste Störung bewirkt eine weitere Vergrößerung des Polradwinkels oder eine Verkleinerung.

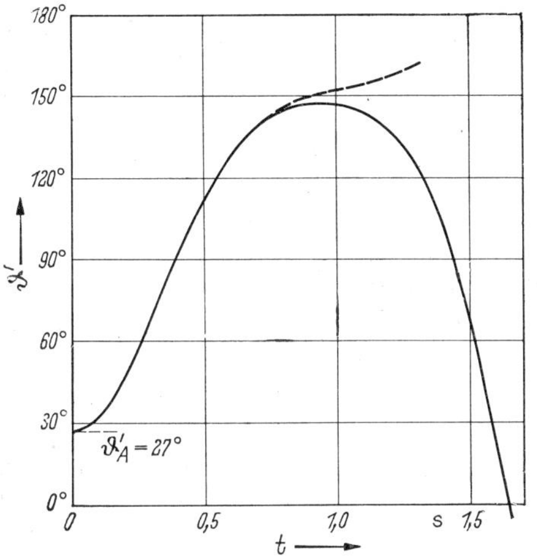

Bild 11.31 Verlauf des Polradwinkels $\vartheta'(t)$, wenn in dem Beispiel von Bild 11.30 bei $\vartheta' = 127°$ (ausgezogene Kurve, stabiles Verhalten), bzw. bei $\vartheta' = 128°$ (gestrichelte Kurve, instabiles Verhalten) das abgetrennte System wieder zugeschaltet wird.

In Bild 11.31 ist der Verlauf von $\vartheta'(t)$ wiedergegeben. Die gestrichelte (instabile) Kurve ergibt sich, wenn erst bei $\vartheta' = 128°$ die abgetrennte Leitung wieder zugeschaltet wird, die ausgezogene (stabile) Kurve erhält man, wenn bereits bei $\vartheta' = 127°$ geschaltet wird. In diesem Fall wird der Winkel $\vartheta'_G = 153°$ nicht erreicht; der maximale Polradwinkel beträgt $\vartheta' = 147{,}2°$.

Die beiden Kurven wurden mit dem im folgenden Abschnitt 11.2.3 beschriebenen Verfahren zur Lösung der Schwingungsgleichung der Synchronmaschine errechnet.

Der Aussagewert von Bild 11.31 wird allerdings dadurch eingeschränkt, daß die dynamischen Leistungskennlinien in Bild 11.30 nur für wenige Zehntelsekunden gültig sind, während sich die Kurven $\vartheta'(t)$ über eine Zeitspanne von mehr als einer Sekunde erstrecken.

11.2.3 Numerische Integration der Schwingungsgleichung

Die Lösung der Differentialgleichung (11.075) ist, wie schon erwähnt, in geschlossener Form nicht möglich. Im folgenden wird ein numerisches Verfahren zur Bestimmung des Verlaufes $\vartheta'(t)$, der für die Ermittlung von kritischen Abschaltzeiten, der zulässigen Unterbrechungsdauer bei Kurzunterbrechung usw. gebraucht wird, beschrieben. Die Leistung $P_{\mathrm{res}}(\vartheta')$ ist bekannt oder kann unabhängig von der Lösung der Differentialgleichung (11.075) bestimmt werden. Ebenso sind die Anfangsbedingungen $\vartheta'(0) = \vartheta'_0$ und $\dot{\vartheta}'(0) = \dot{\vartheta}'_0$ bekannt. Sie ergeben sich aus

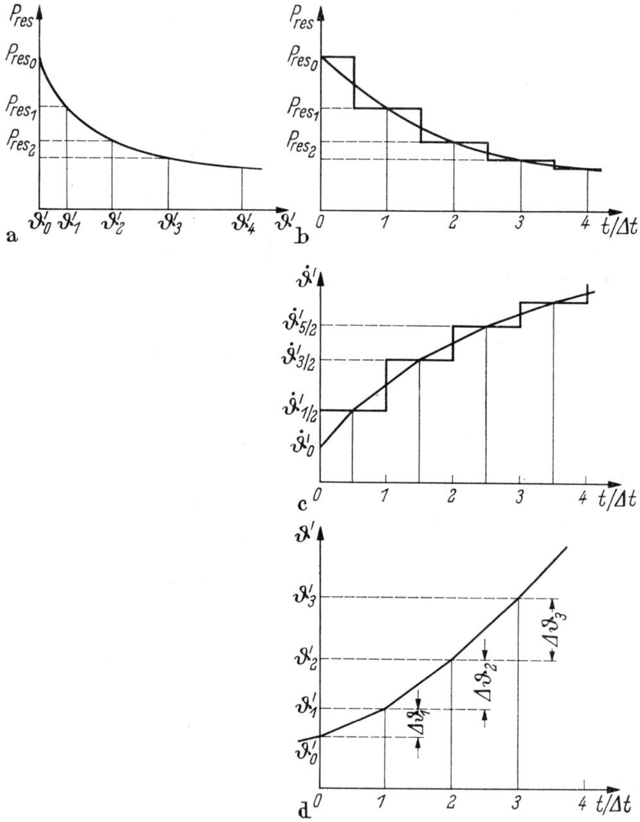

Bild 11.32a–d Erläuterung der numerischen Integration der Schwingungsgleichung der Synchronmaschine.

der Forderung, daß ϑ' und $\dot{\vartheta}'$ stetig sein müssen. In den meisten Fällen ist $\dot{\vartheta}'_0 = 0$. ϑ'_0 läßt sich aus dem Übertragungszustand vor Eintreten der Veränderung bestimmen.

In Bild 11.32a ist ein Beispiel für den Verlauf von $P_{\mathrm{res}}(\vartheta')$ angegeben. Nun wird angenommen, daß der zugehörige zeitliche Verlauf $P_{\mathrm{res}}(t)$ der in Bild 11.32b wiedergegebene sei. Dieser Verlauf wird durch eine Treppenkurve mit der Stufenbreite Δt angenähert. Die Höhe der einzelnen Stufen ist gleich dem Wert der wahren Kurve in der Mitte der Stufe. Während der Zeit

$$0 \leq t \leq \frac{1}{2}\,\Delta t \tag{11.082}$$

ist dann die resultierende Leistung konstant gleich P_{res_0}. Nach Gl. (11.075) ist die zugehörige, ebenfalls konstante Winkelbeschleunigung

$$\ddot{\vartheta}_0' = \frac{P_{\mathrm{res}_0}\,\omega_0}{S_N\,T_a}. \tag{11.083}$$

Diese konstante Winkelbeschleunigung bewirkt in dem Zeitabschnitt (11.082) einen linearen Anstieg der zeitlichen Änderung von ϑ' um den Betrag

$$\dot{\vartheta}_{1/2}' - \dot{\vartheta}_0' = \ddot{\vartheta}_0'\,\frac{1}{2}\,\Delta t. \tag{11.084}$$

Im Abschnitt

$$\frac{1}{2}\,\Delta t \leq t \leq \frac{3}{2}\,\Delta t \tag{11.085}$$

ist die resultierende Leistung konstant gleich P_{res_1} und die zugehörige konstante Beschleunigung

$$\ddot{\vartheta}_1' = \frac{P_{\mathrm{res}_1}\omega_0}{S_N\,T_a}. \tag{11.086}$$

Sie verursacht in dem Zeitabschnitt (11.085) einen linearen Anstieg der zeitlichen Änderung von ϑ' um den Betrag

$$\dot{\vartheta}_{3/2}' - \dot{\vartheta}_{1/2}' = \ddot{\vartheta}_1'\,\Delta t. \tag{11.087}$$

Entsprechendes gilt für alle anschließenden Zeitabschnitte Δt. Auf diese Weise ergibt sich ein abschnittsweise linearer zeitlicher Verlauf von $\dot{\vartheta}'$ (Bild 11.32c). Dieser Verlauf wird ebenfalls durch einen Treppenzug angenähert, dessen Stufenhöhen $\dot{\vartheta}_{1/2}'$, $\dot{\vartheta}_{3/2}'$ usw. sind. Im Intervall

$$0 \leq t \leq \Delta t \tag{11.088}$$

ist dann die zeitliche Änderung von ϑ' konstant gleich $\dot{\vartheta}_{1/2}'$, so daß der Winkelzuwachs in diesem Intervall

$$\Delta\vartheta_1' = \dot{\vartheta}_{1/2}'\Delta t \tag{11.089}$$

oder mit (11.084) und (11.083)

$$\Delta\vartheta_1' = \frac{1}{2}\frac{P_{\mathrm{res}_0}\,\omega_0}{S_N T_a}(\Delta t)^2 + \dot{\vartheta}_0'\Delta t \tag{11.090}$$

beträgt. Der Winkelzuwachs im zweiten Intervall

$$\Delta t \leq t \leq 2\Delta t \tag{11.091}$$

wird

$$\Delta\vartheta_2' = \dot{\vartheta}_{3/2}'\,\Delta t \tag{11.092}$$

oder mit (11.087), (11.086) und (11.089)

$$\Delta\vartheta_2' = \Delta\vartheta_1' + \frac{P_{\mathrm{res}_1}\omega_0}{S_N T_a}(\Delta t)^2. \tag{11.093}$$

Allgemein erhält man für den Winkelzuwachs im n-ten Intervall

$$\Delta\vartheta_n' = \Delta\vartheta_{n-1}' + \frac{P_{\mathrm{res}_{n-1}}\,\omega_0}{S_N T_a}(\Delta t)^2, \tag{11.094}$$

wobei $n = 2, 3, 4, \ldots$ ist. Im ersten Intervall gilt dagegen Gl. (11.090).

Mit den Gln. (11.090) und (11.094) läßt sich nun der zeitliche Verlauf $\vartheta'(t)$ schrittweise bestimmen: Man berechnet zunächst P_{res_0} aus der Antriebsleistung der Synchronmaschine und der im neuen Zustand geltenden transienten Leistungskennlinie für den Ausgangswinkel $\vartheta'(0) = \vartheta_0'$. Danach läßt sich aus (11.090) der Winkelzuwachs im ersten Intervall Δt bestimmen. Nun ist ϑ_1', der Winkel, der nach dem ersten Intervall erreicht wird, bekannt, und $P_{\mathrm{res}_1} = P_{\mathrm{res}}(\vartheta_1')$ kann berechnet werden. Hiermit ergibt sich aus (11.094) für $n = 2$ der Winkelzuwachs im zweiten Intervall, so daß danach der Winkel ϑ_2', der nach dem zweiten Intervall erreicht wird, bekannt ist. Hiermit findet man $\mathrm{P}_{\mathrm{res}_2} = P_{\mathrm{res}}(\vartheta_2')$ und wiederum aus (11.094), jetzt jedoch für $n = 3$, den Winkelzuwachs im dritten Intervall. Auf diese Weise läßt sich schrittweise der gesamte Verlauf $\vartheta'(t)$ errechnen.

Die zu wählende Intervallbreite hängt von der gewünschten Genauigkeit und der höchsten auftretenden zeitlichen Änderung von ϑ' ab. Es ist zweckmäßig, sie unter 0,05 s anzusetzen. Zu Beginn eines Ausgleichsvorganges ist, wie schon erwähnt, die zeitliche Änderung von ϑ' Null ($\dot{\vartheta}'(0) = \dot{\vartheta}_0' = 0$), so daß der zweite Summand in Gl. (11.090) wegfällt.

Treten im Verlauf von P_{res} Unstetigkeiten auf, wie es in dem Beispiel aus Bild 11.30 der Fall ist, so ist es zweckmäßig, bis zum Ende des Intervalls, in dem der Sprung auftritt, nach der alten Kennlinie zu rechnen,

ϑ' bzw. t an der Sprungstelle durch Interpolation zu bestimmen und von dort die Rechnung neu zu beginnen. Die neuen Anfangsbedingungen ergeben sich aus der Forderung, daß sowohl ϑ' als auch $\dot{\vartheta}'$ stetig sein müssen. Da $\dot{\vartheta}'$ an der Sprungstelle noch nicht bekannt ist, muß es entweder nach Gl. (11.078) oder durch numerische Differentiation der bereits errechneten Kurve $\vartheta'(t)$ an der Sprungstelle bestimmt werden.

Das oben besprochene Verfahren läßt sich auch bei der Berechnung eines Problems mit mehreren Synchronmaschinen anwenden. Die einzelnen Rechenschritte sind dann für alle Maschinen parallel durchzuführen. Zuerst müssen jedoch die Leistungskennlinien für den Ausgleichsvorgang, den man untersuchen will, nach (11.062) unter Berücksichtigung der transienten Größen berechnet werden. Aus dem Übertragungszustand vor Eintreten der Veränderung findet man die Antriebsleistungen P_{a_i}, die Ausgangspolradwinkel ϑ'_{0_i} und die transienten Spannungen E'_i. Danach können die Gln. (11.090) und (11.094) sinngemäß angewandt werden.

Literaturverzeichnis

[1] *AEG-Hilfsbuch*, Berlin-Grunewald 1960.

[2] BIERMANNS, J.: Hochspannung und Hochleistung, München: Hanser 1949.

[3] BIERMANNS, J.: Energieübertragung über große Entfernungen, Karlsruhe: Braun 1949.

[4] BÖDEFELD-SEQUENZ: Elektrische Maschinen, 6. Aufl., Wien: Springer 1962.

[5] BONFERT, K.: Betriebsverhalten des Synchronmaschine, Berlin/Göttingen/Heidelberg: Springer 1962.

[6] BRÜDERLINK, R.: Induktivität und Kapazität von Starkstromfreileitungen, Karlsruhe: Braun 1954.

[7] BUCHHOLD/HAPPOLDT: Elektrische Kraftwerke und Netze, 4. Aufl., Berlin/Göttingen/Heidelberg: Springer 1963.

[8] BUCHHOLZ, H.: Untersuchungen über die Wärmeverluste, die magnetische Energie und das Induktionsgesetz bei Mehrfachleitersystemen unter Berücksichtigung des Einflusses der Erde. Arch. Elektrotechn. 21 (1928) H. 2, 106–140.

[9] CLARKE, E.: Circuit Analysis of A–C Power Systems, New York: Wiley and Sons; London: Chapman and Hall 1950.

[10] CRARY, S. B.: Power Systems Stability, Vol. I, II, New York: Wiley and Sons 1947.

[11] EDELMANN, H.: Berechnung elektrischer Verbundnetze, Berlin/Göttingen/Heidelberg: Springer 1963.

[12] EVANS, C. F., and R. D. WAGNER: Symmetrical Components, London: McGraw-Hill 1963.

[13] FLECK, B.: Hochspannungs- und Niederspannungs-Schaltanlagen, Essen: Girardet 1958.

[14] FUNK, G.: Der Kurzschluß im Drehstromnetz, München: Oldenbourg 1962.

[15] HOCHRAINER, A.: Symmetrische Komponenten in Drehstromsystemen, Berlin/Göttingen/Heidelberg: Springer 1957.

[16] KAMINSKI, A.: Stabilität des elektrischen Verbundbetriebes, Berlin: VEB Verlag Technik 1959.

[17] KIMBARK, E. W.: Power System Stability, 2 Bde., New York: Wiley and Sons; London: Chapman and Hall 1948.

[18] KOVÁCS, K. P., u. I. RÁCZ: Transiente Vorgänge in Wechselstrommaschinen, Bd. II, Budapest: Verlag d. Ung. Akademie d. Wissensch. 1959.

[19] KÜPFMÜLLER, K.: Einführung in die theoretische Elektrotechnik, 8. Aufl., Berlin/Göttingen/Heidelberg: Springer 1965.

[20] LAIBLE, TH.: Die Theorie der Synchronmaschine im nichtstationären Betrieb, Berlin/Göttingen/Heidelberg: Springer 1952.

[21] LEHMANN, W.: Elektrodynamische Beanspruchung paralleler Leiter. ETZ A 76 (1955) 482–488.

[22] LESCH, G.: Lehrbuch der Hochspannungstechnik, Berlin/Göttingen/Heidelberg: Springer 1959.

[23] POLLACZEK, F.: Über das Feld einer unendlich langen wechselstromdurchflossenen Einfachleitung. Elektr. Nachr.-Techn. 3 (1926) 339–359.

[24] Richter, R.: Elektrische Maschinen, Bd. 1—5, Basel: Birkhäuser 1954.
[25] Roeper, R.: Kurzschlußströme in Drehstromnetzen, Erlangen: Siemens 1962.
[26] Roeper, R.: Ermittlung der thermischen Beanspruchung bei nichtstationären Kurzschlußströmen. ETZ 70 (1949) 131—135.
[27] Rüdenberg, R.: Elektrische Schaltvorgänge, 4. Aufl., Berlin/Göttingen/Heidelberg: Springer 1953.
[28] Rüdenberg, R.: Die Ausbreitung der Erdströme in der Umgebung von Wechselstromleitungen. Z. angew. Math. Mech. 5 (1925) H. 5, 361—389.
[29] Sirotinski, L. I.: Hochspannungstechnik, Bd. 1, T. 1, Berlin: VEB Verlag Technik 1955.
[30] *VDE-Vorschriften*, Bd. I—IV.

Sachverzeichnis

Ableitung g_B 174f.
Admittanz 27
Aldrey 169, 173
Anfangs-Kurzschlußwechselstrom 280
— — -leistung 285
Anfangssteilheit 290
Anlaufzeitkonstante 371
Aronschaltung 76, 86
Aufschwingfaktor 290
Ausschaltleistung 287
Ausschaltstrom 286

Balanciertes System 62
Beeinflussung, induktive 182ff., 247ff.
—, kapazitive 239ff.
Benutzungsdauer der Höchstlast 6
Betriebsdiagramm der Leitung 107ff.
Betriebsinduktivität 89, 97, 190f.
Betriebskapazität 90, 97, 224
Betriebsweisen von Netzen 258
Bezugsknoten 34
Blindleistung 45
Blindleistungsmessung im symm. Dreiphasensystem 78ff.
Blindwiderstand, -leitwert 27
Bündelleiter 202ff., 237ff.

Dämpfungskonstante 94
Dauerkurzschlußstrom 279
Dielektrikumsverluste 175
Dielektrizitätskonstante 15
Doppelerdschluß 271ff., 274, 328
Doppelfehler 327f.
Doppelleitungen 192ff., 235ff.
Drehzeiger 11
Dreiphasensystem, symmetrisches 67ff.
Dreiwicklungstransformator 316f.
Durchflutungsgesetz 13
Durchhang der Leitung 219

Effektivwert 9
— -zeiger 24
Eigenfrequenz einer Sammelschiene 337f.
Eigenimpedanz 343, 345ff., 361f.
Einfluß der Erde auf das elektrische Feld 217ff.
Einschwingfrequenz 290
Einsekundenstrom 295
Eisenverluste 152, 156f.
elektrisches Feld eines Leiters 212ff.
Erde als stromführender Leiter 198ff.
Erdschluß 256ff.
— im gelöscht betriebenen Netz 266ff.
— im isoliert betriebenen Netz 259ff.
Erdschlußanzeige-Relais 265
Erdschlußspule 266ff.
Erdseil 191ff., 196f., 230
Erdung, mittelbare, unmittelbare 256, 258
Erdungsziffer 256
Erhöhung der übertragbaren Leistung 363ff.
Ersatzradius von Bündelleitern 205f.
Ersatzschaltung der Drehstromleitung 105ff.
— des Drehstromtranformators 152ff.
— von Leitungen unter 500 km Länge 111ff.
Ersatzspannungsquelle 37ff., 154
Ersatzstromquelle 40

Faktor k zur Korrektur der Kraft 336
Faktoren m und n 294
Faktor $\varkappa$ 279
Faktor μ 286
Fehlerwiderstände 319ff.
Ferranti-Effekt 102
Flächensatz 372ff.
Flußkoeffizienten 186
Fortpflanzungsgeschwindigkeit 93, 97
Fortpflanzungskonstante 94, 96
Fourier-Zerlegung 10f.
Frequenz 10

Gegeninduktivität 151, 184
Gegensystem 300
gelöschte Netze 256, 270
Gleichrichtwert 9
Grenzleistung 350ff.

Gröbl-Seil 170
Grundlast-Kraftwerke 5
Grundschwingungsgehalt 13

Harmonische Funktion 9
Harmonische höherer Ordnung 81
Hauptgleichungen der Maxwellschen Theorie 13f.
Hohlleiter, Feldstärkeverlauf 177
Hohlseil 171

Impedanz 27
Induktionsgesetz 14
Induktivität, Definition 179f.
—, komplexe 188
Induktivitäten von Bündelleitern 202ff.
— von Doppelleitungen 192f.
— von Dreileitersystemen 188ff.
— von Mehrleitersystemen 185ff.
— von Sammelschienen 209ff.
— von verdrillten Leitungen 194ff.
— von Vierleitersystemen 191f.

Kapazität eines Koaxialkabels 214f.
— einer Leiterschleife 215ff., 222ff.
Kapazitäten von Doppelleitungen 235ff.
— von Leitungen aus Bündelleitern 237ff.
— von symmetrischen Drehstromleitungen 228ff.
— von verdrillten Leitungen 231ff.
Kennbuchstaben und Kennzahlen von Transformatoren 149
Kirchhoffsche Maschen- und Knotenpunktregel 15f.
Knotenanalyse 33ff., 51ff., 139ff.
Koaxialkabel 214f.
Kompensationsdrosseln bei Drehstromleitungen 103f.
komplexe Scheinleistung 47
Komponenten-Ersatzschaltungen der einzelnen Anlagenteile 309ff.
— — eines zyklisch symmetrischen Netzes 299ff.
Kondensator, idealer 18f.
Konduktanz 27
Kopplungsimpedanz 343ff., 361f.
Koronaeinsatzfeldstärke 244f.
Koronaverluste 89, 112, 174f., 202
Kraft auf einen Leiter 332f.
— auf eine Leiterschleife 333ff.
Kreisfrequenz 10
Kupferverluste 155
Kurzschluß, dreipoliger, im Netz 282ff.
—, —, der Synchronmaschine 279ff.
—, —, hinter dem Transformator 276ff.
—, einpoliger 308f.
—, zweipoliger 306ff.
Kurzschlußbeanspruchung, thermische 292ff.
Kurzschlußberechnung mit 10 kV als Bezugsspannung 290ff.
Kurzschlußimpedanz 153
Kurzschlußspannung 156
Kurzschlußversuch bei der Drehstromleitung 114f.
— beim Drehstromtransformator 155f.

Längsreaktanz 282
Längsspannung 117ff.
Leerlaufversuch bei der Drehstromleitung 115
— beim Drehstromtransformator 156f.
Leistung 44ff.
Leistungsinvarianz 152, 166
Leistungskennlinie 344, 357
Leistungsschwingung 47
Leiter-Erdspannung 265, 329
Leiterseile, Querschnitte und Aufbau 170f.
Leiterspannung 57
Leiterunterbrechungen 323ff.
Leitfähigkeit verschiedener Leitermetalle 173
Leitung, verlustlose 99ff.
Leitungsgleichungen 87ff.
lineares Mittel 8

Magnetisierbarkeit von Stahlseilen 198
Maschenanalyse 30ff., 51f.
Maxwellsche Gleichungen 13ff.
Mehrphasensysteme 54ff.
—, allgemeine 55ff.
—, spezielle 64ff.
—, symmetrische 61ff.
Mindestschaltverzug 286
Mitsystem 300
Mittelpunktsleiter 57
—, impedanzloser 74
mittlere geometrische Abstände 208

Natürliche Leistung 97ff.
Nenn-Kurzzeitstromdichte 295
Nennspannung des Generators 285

Nennspannung der Leitung 98, 122
Nennwerte eines Transformators 148f.
Netz, leistungsstarkes 288
Netzausschaltleistung 287
Netzbetriebsspannung 283, 290
Netzbezirk 256f.
Netznennspannung 284, 291
Netzumwandlung 41, 54, 137ff.
Netzwerke 30ff., 134ff.
Nullsystem 300
numerische Integration 377ff.

Oberschwingungen im symm. Drehstromsystem 79ff.
Oberschwingungsgehalt 12f.
ohmscher Widerstand der Drehstromleitung 169ff.
— — der Erde 201
— —, idealer 17
— —, Leitwert 27

Parallelbetrieb von Transformatoren 159ff., 167ff.
Parallelkondensator 365
Parallelschaltung von Impedanzen 29, 50f.
Periode 8
Permeabilität 15, 198
Petersen-Spule 266
Phasenkonstante 94, 97
Phasenzahl 58
Pi-Schaltung 105f., 312
Polradwinkel 344
Potentialkoeffizienten 220
Pumpspeicherkraftwerke 5

Querreaktanz 282
Querspannung 117ff.

Randfeldstärke 244ff.
Reaktanz 27
Rechtssysteme 68
Reflexionsfaktor 95
Reihenkondensator 364
Reihenschaltung von Impedanzen 28, 50f.
Resistanz 27
Reststrom 269f.
Ringschaltung, geschlossene 56f.
—, offene 56

Schaltgruppen von Transformatoren 150
Scheinleistung 45
Scheinleistungsbilanz 120
Scheinleistungsmoment 124
Scheinleistungszeiger 48
Scheinwiderstand, -leitwert 27
Schlaglänge 169
Schlaglängenverhältnis 172
Schwingungsgleichung 370f.
Spannungsabfall 116
— bei Fernübertragungsleitungen mit Zwischenentnahmen 119ff.
— einer Leitung 116ff.
— bei Nieder- und Mittelspannungsleitungen mit Zwischenentnahmen 121ff.
— im Transformator 158f.
Spannungsfestigkeit 289f.
Spannungsquelle, ideale 19ff.
Spannungsregler 355
Spannungsverlust 119, 126
Spiegelungsprinzip 217f.
Spitzenkraftwerke 5
Spule, ideale 18
Stabilität, dynamische 367ff.
—, statische 341ff.
Stabilitätskriterium 347ff.
Stahl-Aluminiumseil 170f.
starre Erdung 256
Stern-Dreieckumwandlung 41ff., 54
Sternpunkt, freier 69ff., 83
Sternpunktbelastbarkeit 150
Sternpunkterdungen 257f.
Sternpunktsverschiebung 73
Sternschaltung 57f.
Sternspannung 57, 62
Stoßkurzschlußstrom 278f.
Stromquelle, ideale 19ff.
Stromverteilung in vermaschten Netzen 134ff.
subtransiente Längsreaktanz 282
— Spannung 281
— Zeitkonstante 281
Suszeptanz 27
symbolische Rechnung 24ff.
symmetrische Drehstromleitung 228
— Impedanzen eines Netzes 303f.
— Komponenten 298ff.
synchrone Längsreaktanz 282

Tagesbelastungskurve 5
Teilkapazitäten 220ff.
thermisch wirksamer Mittelwert 294
Transformator 147ff.

Transformator, idealer 165
—, Leistungs-, Zusatz-, Spar- 147f.
transiente Längsreaktanz 282
— Spannung 281
— Zeitkonstante 281
T-Schaltung 105f., 312

Übergangs-Kurzschlußwechselstrom 282
Überlagerungssatz 36f., 84, 138f., 260
Überschwingfaktor 289
Umspannverluste 164f.

Verbundseile 170
verdrillte Leitungen 194ff., 231ff.
verlustlose Leitung 99ff.
verteilte Last 126
Verwerfen von Lasten 129ff., 145f.
Vierpolgleichungen 105, 311f., 321f.
vollständiger Baum 32
Vorzeichenfestlegung 20f., 45

Wechselgrößen 8f.
Wellenlänge 97
Wellenwiderstand 94, 96ff.
Windungszahl 152
Wirkleistung 44f.
Wirkleistungsmessung im symm. Dreiphasensystem 74ff.
Wirkungsgrad einer Leitung 99
wirtschaftlicher Einsatz von Transformatoren 164f.

Zeiger 27
Zickzackdrossel 83
Zickzackschaltung 149
$2^1/_2$-Schaltung 77, 86
Zweiphasensystem, symmetrisches 64f.
—, unsymmetrisches 65ff.
Zweipole, idealisierte 16ff.
zweiseitig gespeiste Leitung 129ff.
zyklische Symmetrie 301